LA VENTE

Tom Hopkins
auteur du GUIDE DU SUCCÈS

LA VENTE

Apprenez les principes dont se servent les champions

LES ÉDITIONS DE L'HOMME

DISTRIBUTEURS EXCLUSIFS:

- Pour le Canada
  et les États-Unis:
  MESSAGERIES ADP*
  955, rue Amherst
  Montréal, Québec
  H2L 3K4
  Tél.: (514) 523-1182
  Télécopieur: (514) 939-0406
  * Filiale de Sogides ltée

- Pour la France et les autres pays:
  VIVENDI UNIVERSAL PUBLISHING SERVICES
  Immeuble Paryseine, 3, Allée de la Seine
  94854 Ivry Cedex
  Tél.: 01 49 59 11 89/91
  Télécopieur: 01 49 59 11 96
  Commandes: Tél.: 02 38 32 71 00
  Télécopieur: 02 38 32 71 28

- Pour la Suisse:
  VIVENDI UNIVERSAL PUBLISHING SERVICES SUISSE
  Case postale 69 - 1701 Fribourg - Suisse
  Tél.: (41-26) 460-80-60
  Télécopieur: (41-26) 460-80-68
  Internet: www.havas.ch
  Email: office@havas.ch
  DISTRIBUTION: OLF SA
  Z.I. 3, Corminbœuf
  Case postale 1061
  CH-1701 FRIBOURG
  Commandes: Tél.: (41-26) 467-53-33
  Télécopieur: (41-26) 467-54-66

- Pour la Belgique et le Luxembourg:
  VIVENDI UNIVERSAL PUBLISHING SERVICES BENELUX
  Boulevard de l'Europe 117
  B-1301 Wavre
  Tél.: (010) 42-03-20
  Télécopieur: (010) 41-20-24
  http://www.vups.be
  Email: info@vups.be

Ce livre a été publié en américain sous le titre: *How to Master the Art of Selling*
Bibliothèque nationale du Québec
Dépôt légal — 2e trimestre 1983

ISBN 2-7619-1384-1

À mes parents,
Les et Kathy Hopkins,
en témoignage de gratitude,
de respect et d'affection

Voir, c'est croire, mais pour être dans le vrai, il faut ressentir.

Thomas Fuller

Il n'est pas de domaine où il ne soit difficile d'exceller.

Thornton Wilder

C'est de sa langue que l'homme tire sa force, car la faculté qu'il a de s'exprimer surpasse en pouvoir toutes celles qu'il a de se battre.

Ptahhotep —
3000 ans avant notre ère.

Remerciements

Ce livre existe parce que des milliers d'auditeurs de mes séminaires sont devenus des champions de la vente. C'est le succès qu'ils ont connu après avoir assimilé la substance de mon enseignement qui m'a convaincu de la nécessité de diffuser celui-ci par le livre.

Des centaines de personnes ont nourri mon savoir en matière de vente, et si je n'en cite que quelques-unes, c'est à tous que j'exprime ici ma gratitude. Mes remerciements plus particuliers à Tom G. Murphy, qui fut mon ami le plus proche et mon conseiller; à la famille Edwards — Doug, Jerry, et Jay, leur fils — qui furent pour moi une source d'encouragement et de soutien; à Danielle Kennedy, qui compte parmi les meilleurs spécialistes de l'enseignement de la vente aux États-Unis et sut me prouver que le prix qu'il faut payer pour faire de ses rêves une réalité n'est jamais excessif; à Art Mortell enfin, à qui je dois l'essentiel de la substance de mes chapitres 5 et 6.

Mes remerciements aussi à tous ceux de mon équipe pour leurs innombrables contributions. C'est leur dynamisme, leur compétence et leur loyauté qui a fait de notre entreprise commerciale ce qu'elle est, et de ce livre une réalité.

Introduction

James Buchanan Brady pouvait emprunter des millions sur la seule garantie de son nom. Avant même d'avoir atteint trente ans, ce familier d'industriels et de financiers qui comptaient parmi les plus éminents de l'époque était entré dans la légende et Lillian Russel, la plus célèbre des actrices des Années folles, fut sa grande amie de toujours et parfois sa compagne.

Ce n'est plus que par son surnom qu'on le connaît encore: Diamond Jim. James Buchanan Brady portait en effet sur lui plus de richesses que bien des banques n'en ont dans leurs coffres. Ses boutons de manchettes, sa montre, le pommeau de sa canne et tous ses doigts étincelaient de diamants.

Pourquoi parler ici de cet homme? Parce que Diamond Jim Brady était vendeur, et qu'il avait gagné plus d'argent à vendre du matériel ferroviaire qu'il n'aurait pu en dilapider, bien qu'à Broadway sa réputation de prodigalité fût sans pareille. C'était hier... et Brady était un super-pro.

La vente, elle, remonte à la nuit des temps. On sait désormais qu'à l'Âge de pierre l'homme parcourait de grandes distances pour acquérir des biens qu'il ne pouvait ni se procurer ni amasser sur son territoire de chasse. On a donc de bonnes raisons de penser que l'échange est plus ancien que la guerre, et que nous descendons plus probablement tous de négociants paisibles — et donc de vendeurs, car qui dit troc dit art de vendre — que de pillards brutaux et vivant de rapines.

Puis vint le marché à ciel ouvert. Mais avant même qu'apparaisse l'aube de l'histoire humaine, le marché en plein air — où chacun vient exposer ce qu'il a à vendre — est déjà dépassé. Pour pratiquer son commerce, le marchand s'est confiné dans une échoppe inamovible et permanente, et c'est de moins en moins que le négociant-voyageur transporte sur son dos les articles de son négoce. L'animal et le navire ont pris le relais et se substituent progressivement à lui. Alors l'évolution s'arrête et, à quelques détails près, c'est ce très ancien système de distribution des marchandises qui fut légué au Nouveau Monde.

Ce fut vers 1800 que s'accomplit une révolution qui devait transformer la vente en ce que nous connaissons d'elle aujourd'hui. Une révolution à vrai dire très tranquille. Les propriétaires d'une modeste industrie lainière du Massachusetts décidèrent d'exécuter davantage de travail que ne leur en demandaient les marchands des environs. Avec l'esprit de décision qui caractérise les gens de la Nouvelle-Angleterre, ils prirent le taureau par les cornes et louèrent les services d'un homme dont la tâche serait d'aller présenter des échantillons de pièces de lainages aux boutiquiers de villes éloignées, et de prendre au passage des commandes qui seraient livrées plus tard. De nos jours, la méthode nous semble d'une affligeante simplicité. Mais à cette époque, c'était une véritable innovation. Car s'il fallait de l'intelligence pour concevoir une idée semblable, il fallait aussi du courage pour tenter de la mettre en application, et de la persévérance pour la rentabiliser. Pourtant, en quelques années, cette nouvelle façon de vendre avait été adoptée par les filatures concurrentes, et par l'industrie manufacturière en général. Par la suite, le système de la distribution des biens de consommation ne devait plus jamais être le même.

C'est à peu près à cette époque aussi que furent construits les premiers chemins de fer. À cette nouvelle façon de se déplacer s'adaptait parfaitement la nouvelle façon de vendre. Et bientôt le commis voyageur chargé de son volumineux colis d'échantillonnage devint une figure familière partout où courait le rail. Il ne portait pas encore l'appellation de vendeur ou de représentant. On le désignait du nom de "tambour", par assimilation avec son prédécesseur le colporteur, qui battait du tambour pour attirer le public autour de sa carriole quand il arrivait dans les villages.

Celui qui devait devenir le premier des super-pros dans l'histoire de la vente naquit en 1844. John H. Patterson était encore tout jeune quand le rail mit en communication l'Atlantique et le Pacifique, et déjà sa carrière avait pris des allures de météore. Il fut le premier à créer un réseau commercial véritablement transcontinental, le premier à mettre sur pied un programme d'enseignement pour les vendeurs, le premier aussi à organiser un état-major de vente hiérarchisé reposant sur des agents régionaux et locaux agissant sur toute l'étendue du territoire américain. C'est lui qui le premier systématisa le système de rétribution à la commission. Et il fut le premier encore à garantir à ses représentants l'exclusivité des ventes sur leur secteur, alors que jusque-là maintes compagnies commerciales mettaient aux prises deux de leurs agents sur un même territoire et les laissaient se battre pour vendre les mêmes produits aux mêmes consommateurs. Il fallut que Patterson dénonçât la folie de cette pratique pour qu'on y mît un terme.

En 1895 un jeune homme entra au service de Patterson. Il s'appelait Thomas J. Watson et devait lui aussi devenir un super-pro de la vente. Après être devenu l'un des plus proches collaborateurs de Patterson, il se sépara de lui pour mener seul sa barque. Il devint ainsi la cheville ouvrière d'une des entreprises de vente les plus dynamiques que le monde ait jamais connues.

La plus remarquable des contributions apportées par Watson à la vente reposait sur l'idée qu'un vendeur doit continuellement enrichir ses connaissances et s'entraîner à son métier. Concept d'une grande sagacité. Car de nos jours plus n'est besoin de fréquenter l'école pour continuer à s'instruire et se recycler. Les livres, les cassettes, les conférences, les séminaires, les revues spécialisées, les programmes vidéo y suffisent... et l'énumération des sources de l'apprentissage ne s'arrête pas là. Cesser d'apprendre, c'est commencer à sombrer. Nul ne peut espérer surnager s'il n'en apprend davantage. On va de l'avant ou on coule à pic. C'était déjà vrai il y a mille ans. Mais la différence, c'est que de nos jours il faut incomparablement moins de temps que jadis pour prospérer ou être éliminé.

Le troisième super-pro de l'histoire de la vente se nomme W. Dubiski. Il avait tout juste quatorze ans et ne parlait pas un traître mot d'anglais quand il mit le pied sur le territoire américain après le tournant du siècle. Quatre ans plus tard il gagnait sa vie en écrivant à la craie les cours du jour à la Bourse de New York. Après ces débuts modestes, il ne lui fallut pas plus de trois années pour mettre sur pied sa propre affaire de vente au public de titres et de valeurs boursières. Mieux que quiconque — si ce n'est Watson — Dubiski avait parfaitement compris de quelle façon pouvaient s'exploiter les possibilités qu'avant lui avait découvertes Patterson. S'inspirant de ses concepts, Dubiski perfectionna massivement la formation de ses vendeurs. Il perfectionna aussi leur conditionnement psychologique — à une époque où cette pratique faisait merveille — grâce à des réunions de vente préliminaires d'un genre un peu particulier. Pour cela il avait élaboré une philosophie de vente tout à fait neuve pour leur faire vendre ses actions à la criée. Dubiski était passé maître dans l'art de mettre en scène ce qu'on pourrait appeler — mais qu'importe l'appellation — le coup d'éperon à l'enthousiasme. Chaque matin ses vendeurs (tous des hommes à cette époque) se réunissaient pour participer à des séances de litanies collectives durant lesquelles ils devaient psalmodier en choeur, acclamer, proclamer des louanges, ce qui n'était que la transposition sur le plan commercial d'une ferveur de renouveau religieux quasiment mystique. Nul ne pouvait obtenir un poste de direction dans la firme de Dubiski s'il n'était capable de donner chaque matin aux vendeurs de son équipe le coup de fouet qui les motiverait et les inciterait à chanter des couplets et des hymnes à la gloire de leur compagnie. Une fois qu'ainsi ils avaient été portés à un état proche de la transe, on les larguait sur le monde innocent. Douze ans à peine après avoir débarqué sur le continent américain, Dubiski revendait sa firme. Il se retirait des affaires en possession de cinq millions de dollars en bons du gouvernement. En 1914, il semblait inimaginable qu'un garçon de l'âge précocement respectable de vingt-six ans ait pu amasser une fortune pareille.

C'est vingt ans plus tard que pour ma part je me mis en quête d'un premier emploi. Et si je suis devenu vendeur, c'est qu'à cette époque où la Grande Dépression touchait à son plus creux, la vente était le seul débouché possible. Je commençai donc à exercer mon métier au sein d'une équipe itinérante. Le système qui était le nôtre est facile à comprendre: si tu ne vends pas tu ne manges pas. Au sens propre du terme. Ce que nous vendions, c'étaient des articles de papeterie aux maîtres d'école et aux secrétaires. Ces gens gagnaient environ quatre dollars par semaine, et ce que nous leur vendions coûtait trois dollars soixante-quinze. Les affaires étaient difficiles. Et si nous finalisions nos ventes, c'est qu'il s'agissait pour nous d'une question de survie.

Nous vivions comme des bohémiens et à vrai dire vendions n'importe quoi. Dis-moi ce que tu veux et je te le fournis. Ce n'est qu'au lendemain de la Seconde Guerre mondiale que je devins directeur commercial d'une société qui vendait des petits avions. En une année, il y eut trois mille appareils de commercialisés. Un record jamais approché par quiconque. Puis d'un seul coup les affaires furent dans le creux de la vague. Nul ne voulut plus acheter d'avion et la société s'enlisa.

J'entrai alors dans un bureau doté d'une brillante équipe de collaborateurs, et dont l'activité consistait à conseiller les entreprises sur l'attitude qu'elles devaient observer pour se conformer aux obligations fiscales et aux réglementations professionnelles. Mais je faillis presque reprendre ma liberté quand on me demanda d'ingurgiter tels quels des arguments de vente en conserve et tout prêts à la digestion. Par bonheur on sut toucher ma corde sensible en me demandant si j'étais absolument certain de tout savoir de ce que je devais savoir pour vendre. J'eus assez de bon sens pour admettre que tel n'était pas le cas. Aussi, et pour la première fois, me fit-on directement participer à une présentation de vente, et dans des circonstances qui me contraignirent à apprendre à vendre. Trois mois plus tard mon employeur me nommait directeur commercial. C'est alors que je fis la connaissance de celui qui allait devenir mon maître à penser. Bob Barber était véritablement un génie de la vente, un super-pro, et c'est à lui que je dois d'avoir pu poser les fondations sur lesquelles repose toute ma carrière.

Je m'associai plus tard avec lui et quelques autres pour former une compagnie qui allait commercialiser le premier en date des dictaphones à fil magnétique. Ce fut un succès total, et bientôt nous revendîmes l'affaire pour une somme rondelette. Je me retrouvai donc totalement disponible.

Il y avait des années que j'étais conscient de l'existence d'une énorme lacune dans le domaine de la vente. Car s'il existait des recherchistes et des conseillers en affaires, rien de semblable pour la vente. Je décidai donc de combler cette lacune et de créer de toutes pièces une nouvelle profession. Ce que je fis. Encore que l'avenir se chargeât de me démontrer que c'était loin d'être si simple que je me l'étais imaginé. La plus grande difficulté, c'était qu'en dépit de mes dons pour la vente, je ne pouvais pas davantage aller proposer et vendre mes services qu'un médecin ou un avocat ne peuvent aller vendre les leurs en faisant du colportage. Je me mis donc à parler devant tout auditoire qui acceptait de m'entendre. Et c'est ainsi que, petit à petit et grâce à mon public, j'édifiai ma carrière de conseiller en ventes. Mon premier client m'offrit à l'époque vingt-cinq dollars par jour pour mes services. Depuis bien des années je n'avais jamais gagné si peu.

Mon vrai démarrage eut lieu quand le représentant local d'une des plus importantes compagnies d'assurances me chargea de recruter et de former à mes techniques de vente une équipe d'agents. Mais ce fut seulement plus tard, quand la direction générale de la compagnie s'avisa des résultats obtenus, que j'acquis une envergure véritablement nationale. Enfin j'étais sur la bonne voie.

En 1959, j'éditai un programme enregistré intitulé "Conclure une vente." C'était une innovation. Une innovation en ce sens que pour la première fois l'art de vendre était fractionné en tactiques et en techniques que chacun pouvait acquérir pour peu qu'il décidât de les apprendre. Aucun enregistrement du même genre n'avait jamais connu un tel succès et par la suite, quand je faisais une conférence, on prit l'habitude de me présenter à mes auditeurs comme "le père de la vente moderne".

C'est à peu près à cette époque que je fis la connaissance de Tom Hopkins. Au cours d'un séminaire en Californie, je me souviens fort bien de l'avoir remarqué au premier rang. Je me demande d'ailleurs comment j'aurais bien pu l'ignorer, étant donné qu'il portait un uniforme de musicien de fanfare et que je n'avais encore vu personne prendre des notes aussi vite et aussi consciencieusement. On eut dit qu'il voulait intercepter mes paroles avant même qu'elles me fussent sorties de la bouche. Je me fis la réflexion qu'il s'agissait là d'un élément à suivre.

La deuxième fois que je le vis, il était venu m'accueillir à l'aéroport de Los Angeles, où j'avais été appelé en consultation par la direction de la firme qui l'employait. Il portait un costume neuf et pilotait une voiture neuve. Un peu plus tard, au bureau central, le président de cette firme me confia que Tom avait parfaitement assimilé mes techniques et qu'il avait littéralement décollé comme une fusée.

Tom devait bientôt devenir le plus grand vendeur en immobilier de tous les temps. Je sus plus tard que pendant quelques années il avait pris la direction commerciale de certaines affaires. Jusqu'au jour où j'appris que nous étions voisins et qu'il poursuivait ses buts avec une rigueur qui eut impressionné tous ses grands aînés de la vente. Il avait adapté, perfectionné et enrichi toute la substance que je lui avais léguée, tout comme j'avais moi-même adapté, perfectionné et enrichi jadis celle que d'autres m'avaient léguée.

Depuis, Tom Hopkins a consacré des années à faire progresser l'art de vendre grâce aux séminaires formateurs et stimulants qu'il anime, ou aux cassettes et bandes vidéo qui véhiculent son message en son absence. Et à présent nous vient ce livre écrit par ce super-pro, et qui représente le sommet d'un siècle de perfectionnements dans l'apprentissage de la vente. Un livre que se doit de lire quiconque ambitionne de réussir.

J. Douglas Edwards

Chapitre 1

Le métier de vendre: mythes et réalités

J'ai appris de longue date que la vente est tout à la fois le plus rémunérateur des travaux ardus et le moins lucratif des travaux faciles. J'ai découvert aussi que la vente a ceci de stimulant qu'elle résulte d'un choix: le mien. Et rien que le mien. Et que c'est donc de moi qu'il dépendait d'en faire le plus rémunérateur des travaux ardus, ou bien de me contenter de la considérer comme le moins lucratif des travaux faciles. J'ai pris conscience que les résultats que j'obtiendrais tout au long de ma carrière de vendeur ne dépendraient que de moi, et qu'aucune volonté extérieure à la mienne n'y changerait quoi que ce soit. Pas plus que n'y changerait quoi que ce soit l'apport des autres. La seule donnée qui avait vraiment de l'importance, c'était ce que j'accomplissais pour moi, ce que seul je me décernais.

Êtes-vous au moins d'accord avec moi sur ce premier point? Je le souhaite, étant donné que tout le propos de ce livre repose sur l'*a priori* que ce sont le talent, le savoir, le recours à nos énergies disponibles qui font notre force, et que ces qualités sont perfectibles pour peu que nous soyons foncièrement décidés à y consacrer du temps, de la persévérance et de l'argent. Existe-t-il meilleur objet d'investissement que soi-même? Certes non, s'il faut en croire un sentiment très général. Mais il n'empêche que beaucoup d'entre nous ne se conforment pas toujours à cette conviction avec assez d'assiduité ou de détermination.

Votre plus grande richesse, c'est vous. Sachez donc lui consacrer le temps, l'effort, l'argent qui conviennent pour la perfectionner, la peaufiner, l'encourager.

Voyons tout d'abord quelques-uns des avantages que présente la vente.

Le premier de ces avantages et c'est la raison pour laquelle j'aime vendre — est la liberté de pouvoir s'exprimer à sa guise. Notre profession compte encore parmi les rares qui permettent à l'individu d'être authentique, une des rares qui, par son essence même, lui permettent d'agir à sa convenance. Cette liberté, c'est pour vous que vous la gagnez, en sortant victorieux de compétitions dans lesquelles le dynamisme et l'obstination sont indispensables et hautement appréciés. Pour la santé de l'économie, aucune activité n'est plus vitale que la vente; aucune ne repose davantage sur l'initiative individuelle.

Le deuxième avantage de la vente est qu'elle vous laisse toute liberté de connaître une réussite à la mesure de vos aspirations. Dans une profession telle que la nôtre, c'est à vous seul de tracer les limites supérieures de vos revenus. Pas de plafond qui vous soit imposé.

Une telle affirmation peut vous paraître contestable. Il peut vous sembler, par exemple, que la limite théorique de vos gains soit représentée par le revenu le plus élevé qu'ait obtenu le vendeur le plus qualifié de la société pour laquelle vous travaillez. Mais est-ce à dire qu'un autre ne puisse gagner davantage encore? Bien sûr que non. Cela veut simplement dire que vous et vos autres collègues vendeurs, dont les revenus sont inférieurs à ceux que vous prenez pour référence, ne savent appliquer ni les stratégies ni les techniques de celui qui a battu tous les records de vente.

Le troisième avantage de la vente est qu'elle est en soi un défi quotidien. On peut exercer la plupart des professions sans en éprouver jamais de stimulation particulière. Tel n'est pas le cas avec la vente, puisque chaque jour qui passe vous confronte à de nouveaux défis. Voilà qui devrait non point vous accabler, mais vous revigorer au contraire. Ô combien, puisque notre société, hyperplanifiée et organisée dans ses moindres échanges, nous propose bien peu d'activités lucratives où l'individu, au lever du jour, ignore du tout au tout de quoi sera fait le crépuscule. Quel privilège que de se livrer à l'une de ces rares et précieuses activités où liberté et défis ne sont pas les exceptions, mais les fidèles compagnons de route. Vendre, c'est ne jamais savoir quelles perspectives vont s'ouvrir, quels trophées on pourra remporter — ni quelles catastrophes risquent de survenir. Pour le vendeur, chaque jour est une aventure. Dans ce métier, on peut en quarante-huit heures chuter des cimes de l'allégresse au gouffre du découragement. Quitte à retrouver dès le lendemain l'ivresse des sommets. Fantastique, non?

Avouez avec moi que c'est fantastique.

Et dites-vous chaque matin que c'est le défi en lui-même qui est fantastique, divertissant, et que vous l'attendez de pied ferme. Mettez-vous dans les dispositions d'esprit propices à vous donner le goût de relever ce défi. Puis traquez-le, débusquez-le, soumettez-le. C'est ainsi qu'il faut vous y prendre si vous voulez vous élever au-dessus de la moyenne. Vous voyez grand? Alors n'hésitez pas. Le plus court chemin, pour accéder à des gains élevés, coupe tout droit à travers les défis qui s'opposent à votre progression.

Le quatrième avantage que présente la vente est le volume élevé des profits qu'elle fournit en retour d'un investissement de départ modique. Qu'en coûte-t-il en effet de mettre le pied dans cette profession où aucun plafond théorique ne limite le revenu? Faites une comparaison avec ce qu'il en coûterait, disons, d'investir dans un de ces restaurants *fast food* qui depuis quelque temps connaissent un succès spectaculaire. En règle générale, qui veut créer en toute propriété une affaire de ce genre doit investir 200 000 dollars sinon plus, s'astreindre à des heures de travail interminables eu égard à la modicité du salaire qu'en général il se reverse, le tout dans l'espoir d'un revenu de 40 000 dollars à partir de la deuxième année d'exploitation. Or, c'est pour une infime fraction d'un tel investissement initial qu'on peut entreprendre une carrière de vendeur et en retirer beaucoup plus vite des gains bien supérieurs si l'on applique les principes exposés dans ce livre. Le pouvoir multiplicateur du modeste investissement requis pour entreprendre une carrière de vendeur m'a toujours stupéfait. Et ce n'est pas la moins stimulante des perspectives.

Le cinquième avantage de la vente, c'est qu'il s'agit d'une activité plaisante. Vous êtes-vous imaginé le nombre de gens qui ne prennent aucun plaisir à faire leur travail parce que ce travail n'est rien d'autre pour eux qu'un gagne-pain? J'ai pour philosophie que ce qui déplaît ne vaut pas d'être accompli. Vivre, c'est avoir plaisir à vivre. Et il n'y a aucune raison de ne pas prendre un peu de ce plaisir tout en faisant bénéficier les êtres qui nous sont chers d'un confortable revenu.

Le sixième avantage de la profession de vendeur est le sentiment de satisfaction qu'il procure. On éprouve de la satisfaction chaque fois qu'un client vous quitte nanti du produit qu'on lui a vendu, une certaine émotion à l'idée d'être venu en aide aux autres et de pouvoir se dire le soir en rentrant chez soi: "C'est grâce à moi si une famille de plus bénéficie désormais, et à sa pleine satisfaction, de ce que mon entreprise est en mesure de lui offrir." Et chaque fois qu'un supérieur ou un chef de service contresigne le bon d'une commande passée par l'un de vos clients, il vous est satisfaisant, stimulant, de savoir que vous avez aidé votre entreprise à réaliser le but qu'elle s'est assigné. Les bénéfices que retirent les gens pour lesquels vous travaillez varient en proportion directe de votre aptitude et de votre talent. Mieux vous savez vendre et mieux les autres — votre clientèle, votre famille, l'économie nationale, peuvent en tirer parti.

Nul autre que vous ne peut limiter votre prospérité. Si votre ambition est de gagner davantage, alors apprenez-en davantage. Autrement dit, travaillez davantage, et consacrez davantage de temps à vos activités professionnelles. Ce sera par un accroissement de gains que vous sera compté en cours de route ce supplément d'assiduité.

Dans le monde qui est le nôtre, la plupart des gens exercent un métier, une profession — et vivent parfois une existence — qui ne sont pas à la hauteur de leurs vraies capacités, lesquelles demeurent confinées dans des limites étriquées. Loin de faciliter leur épanouissement, leur tâche quotidienne l'entrave. Ils n'ont de goût pour rien de ce qui touche à leurs occupations professionnelles, exception faite pour le sentiment de sécurité que leur donnent ces occupations coutumières. Si bien qu'au lieu de se risquer à tenter ce qui leur est inconnu et qu'ils pourraient peut-être accomplir par plaisir, ils se résignent à s'emprisonner dans ce qui leur est familier mais pourtant leur déplaît.

Le vendeur professionnel ne trace d'autres limites à sa réussite que celles qu'il décide lui-même de s'imposer. À tout instant, il sait qu'il peut se surpasser. Il sait que c'est sa compétence qui conditionne sa réussite. Il ne craint guère d'être confronté à des occurrences nouvelles et inconnues, puisque c'est là pour lui un phénomène de routine. Et c'est en cela précisément — en cette stimulation de la réussite personnelle — que réside **le septième avantage** de la vente professionnelle.

Vous désirez accroître vos gains? Commencez par accroître vos compétences. Étudiez les techniques qu'expose ce livre. Étudiez le produit ou le service que vous devez vendre. Étudiez votre clientèle ainsi que le terrain sur lequel vous exercez vos activités. Saisissez toutes les occasions d'exercer vos talents sans cesse accrus. Agissez conformément aux règles que vous savez devoir respecter. Et si vous vous en tenez à ce programme, vous ne pouvez manquer de porter vos gains à un niveau beaucoup plus élevé.

Car si ma démarche a un objet, c'est bien de vous aider à gagner davantage. Alors, ne vous détournez pas de ce livre. Augmentez votre savoir-faire, augmentez vos revenus et retirez votre part des bienfaits de l'existence. Il n'existe pour cela d'autre moyen que celui d'augmenter vos compétences. Je connais beaucoup de professionnels de la vente dont les revenus sont supérieurs à 100 000 dollars par an; d'autres qui dépassent le demi-million de dollars. Et ce qui m'intrigue le plus, c'est la variété de leurs cheminements individuels, la diversité de leurs personnalités, et la gamme de leurs préoccupations. Tous ont pourtant bien des points communs, dont le plus manifeste est la qualité qu'ils ont d'être parfaitement compétents dans leur domaine. Tous connaissent à fond leur métier. Ce livre — tout comme mes séminaires — se propose de vous enseigner à acquérir cette compétence.

C'est à dessein que je viens d'employer le mot *acquérir*.

Car un obstacle risque de contrarier cette acquisition de la compétence. Un obstacle qu'à présent nous allons examiner.

Le don inné pour la vente: un mythe.

Une infinité de gens croient dur comme fer que le talent de vendre est une qualité infuse. L'idée est en effet tentante, en ce sens qu'elle nous permet de ne pas nous sentir responsables de nos performances. Or, cette conviction fallacieuse et fort répandue n'est rien d'autre qu'une notion parfaitement destructrice, et que je tiens sans plus tarder à éliminer de votre esprit.

Un million de vendeurs, ou peu s'en faut, ont participé à mes séminaires à travers le pays. Parmi ceux-ci, il m'a été donné de rencontrer des gens dotés d'une forte personnalité, et qui très vite se sont engagés dans la bonne direction. Beaucoup d'autres sont encore très loin d'avoir exploité leurs possibilités réelles, parmi lesquels certains, malheureusement, ne progresseront jamais de façon significative, pour la simple raison qu'ils croient fermement au mythe selon lequel la vente est un don qu'on possède ou non en naissant.

Or, ce mythe s'exerce dans deux directions.

Quelques individus sont persuadés qu'ils détiennent ce don inné. Et s'il est certain qu'une telle assurance facilite amplement la confiance qu'ils ont en eux, cela peut tout aussi bien les conduire à un excès de confiance proprement démesuré. Si bien que cette conviction dont ils sont imprégnés leur fait croire qu'ils n'ont nul besoin d'acquérir — à l'encontre du commun des mortels — les fastidieux rudiments d'une compétence qu'ils possèdent naturellement. Il en résulte généralement que ces gens stagnent très au-dessous de leurs capacités réelles.

D'autres, beaucoup plus nombreux, sont au contraire persuadés qu'ils n'ont pas le don, et que par conséquent il est tout à fait inutile qu'ils s'efforcent d'acquérir la moindre compétence. Ce qui est une autre façon de stagner eux aussi au-dessous de leurs possibilités réelles.

"Je ne suis pas fait pour vendre. Je ne suis pas venu au monde avec la grâce, le don, le charisme. Si j'étais né autrement, si j'avais été doté d'un tempérament d'accrocheur, peut-être pourrais-je moi aussi faire merveille. Mais ce n'est pas le cas, et je ne ferai jamais de prodiges dans la vente."

Ne vous hâtez pas trop d'affirmer que vous n'ajoutez pas foi à ce mythe. Car si j'en juge par la fréquence selon laquelle ce genre de propos revient dans mes séminaires, il faut se garder de le prendre à la légère. En réalité, je suis convaincu que la plupart des vendeurs qui n'exploitent pas pleinement leurs capacités sont les victimes de ce mythe sournois, que j'entends dénoncer et éliminer une fois pour toutes.

Aucun vendeur de haut vol n'est jamais né tel. Imagine-t-on qu'un enfant à sa naissance serait capable de proclamer tout aussitôt: "Sentez-vous à l'aise, braves gens, et n'hésitez pas à me poser les questions qui vous viennent à l'esprit"? Alors que le petit bonhomme a une bien longue route à parcourir avant d'être seulement en mesure d'apprendre à marcher, à parler, à se mouvoir sans ses couches. Alors qu'il lui reste une foule de choses à apprendre, et qu'il faudra bien qu'il passe par là si un jour il veut devenir un vendeur d'envergure. Les psychologues discutent sur le point de savoir si c'est l'instinct ou bien l'apprentissage qui nous rend capables d'émettre spontanément un son puissant, mais tous s'accordent à penser que ce qui se rapporte à l'art de vendre doit faire l'objet d'un apprentissage préalable.

Alors, cessez de vous inventer de bonnes excuses pour ne pas avoir à faire le rude apprentissage de la compétence au cours de votre carrière de vendeur. Il importe peu que vous vous preniez pour un génie ou un sous-doué. Ce qui importe, c'est que vous devrez vous aussi payer le prix d'un tel apprentissage.

L'important est que vous ne cessiez jamais de vérifier et de réapprendre vos connaissances acquises. Les professionnels de la vente réexaminent une fois l'an les règles de base de leur métier. Et c'est précisément par ces rudiments que nous allons commencer.

Cinq règles de base pour obtenir l'efficacité souhaitée

Ce que peu d'entre nous sommes prêts à admettre est pourtant une vérité fondamentale: à savoir que le vendeur d'élite — tout comme l'athlète accompli — connaît et applique à fond les données de base de sa spécialité. Bien des gens aimeraient se dire qu'il doit bien exister un raccourci quelconque permettant de contourner ces données de base, et que si l'on peut découvrir ce raccourci, il doit bien exister aussi quelque part une formule secrète grâce à laquelle il suffit de se tourner les pouces et d'attendre que l'argent afflue de lui-même. Plus vite vous vous débarrasserez de cette illusion et plus vite — en appliquant précisément les règles de base de la vente — vous atteindrez le sommet que vous ambitionnez d'atteindre.

La première de ces règles de base se rapporte à la **prospection**. Si, à l'exemple de la plupart de ceux qui suivent mes séminaires, vous éprouvez quelque défiance pour ce mot, libérez-vous dès à présent de cette prévention. Car s'il vous est désagréable de faire de la prospection, c'est tout simplement parce que nul ne vous a appris à le faire de façon rationnelle. Nous y reviendrons.

La deuxième règle de base consiste à savoir établir des **contacts** de façon professionnelle.

La troisième règle, c'est la pertinence dans le **choix de l'interlocuteur**. Bien des vendeurs passent le plus clair de leur temps à discuter avec des interlocuteurs inadéquats. En agissant ainsi, vous aurez beau déployer toute l'éloquence du monde pour la cause d'un produit ou d'un service, ce sera parfaitement inutile et vos gains n'augmenteront pas. Nous vous expliquerons comment vous assurer que c'est bien avec un interlocuteur adéquat que vous allez investir votre temps, un interlocuteur susceptible de prendre une décision *positive*, au lieu d'user votre salive avec un interlocuteur inadéquat et seulement capable de prendre une décision *négative*.

La quatrième règle de base pour développer la compétence consiste à apprendre à parer aux **objections** de façon efficace. Il est possible que vous soyez de ceux à qui on ne fait jamais aucune objection. En quel cas ce quatrième point est évidemment sans intérêt pour vous. Mais peut-être vous est-il arrivé de rencontrer des prospects désireux de se donner un peu de recul avant de prendre leur décision, ou qui possédaient déjà un produit (ou bien avaient déjà bénéficié d'un service) équivalent à celui que vous leur proposiez. Ou encore qui restaient fidèles depuis des années à l'un de vos concurrents. Vous êtes-vous déjà trouvé dans des situations semblables? Si tel est le cas, continuez à lire ce livre et vous y trouverez de quoi vous faire sourire à l'avenir s'il arrive que des objections de ce genre vous soient opposées. Oui, sourire en réagissant comme il convient. Et dans la plupart des cas le tour sera joué. Mais avant d'en arriver là, il vous faudra assimiler certains concepts, les adapter aux situations auxquelles vous serez confronté, et apprendre le vocabulaire qui rend ces concepts efficaces.

La cinquième et dernière règle de base est de savoir **conclure** une vente. Un grand nombre de vendeurs, bons et moins bons, sont parfaitement capables de maîtriser la phase de prospection, d'établir le contact avec le client, de déterminer si celui-ci est adéquat ou non et d'annihiler les objections de façon si parfaite qu'ils n'ont pour ainsi dire pas besoin de faire l'effort d'apprendre à conclure une vente. Et c'est précisément ce qui les empêche d'être des vendeurs de tout premier plan. Car conclure une vente est tout un art, certes, mais procède également d'une certaine science. L'un comme l'autre ne s'improvisent pas et résultent d'un apprentissage préalable.

Mais nous avons, pour la plupart d'entre nous, oublié comment on apprend. C'est pourquoi nous allons rapidement revoir à présent les différentes étapes d'un apprentissage, qui s'appliquent non seulement au contenu de ce livre, mais aussi à tous les autres sujets d'étude de votre choix.

Gagner de l'argent cinq fois plus vite

C'est la faculté d'apprendre vite qui détermine la rapidité avec laquelle on accomplit sa réussite personnelle, la promptitude avec laquelle on réussit à vendre. Les adultes se laissent aisément aller à cette habitude d'esprit qui consiste à se contenter de ce qu'on sait déjà et à se garder de faire le moindre effort méthodique pour acquérir et cultiver des connaissances nouvelles. Et cette attitude est tout à fait fâcheuse. Car la faculté d'accéder à une catégorie supérieure de revenus dérive de performances professionnelles supérieures, lesquelles dérivent à leur tour d'un savoir supérieur. Et cette suprématie ne s'amorce qu'en acquérant et mettant en application un système d'apprentissage de qualité supérieure. Un système que nous allons examiner point par point.

1. **L'impact.** Vous n'êtes pas sans avoir observé que plus un sujet vous intéresse, et mieux vous mémorisez tout ce qui s'y rapporte. Pour apprendre quoi que ce soit avec une précision et une rapidité accrues, commencez par vous y préparer mentalement durant quelques instants. Essayez d'approfondir jusqu'à quel point la connaissance du sujet en question vous faciliterait les choses, et de visualiser le bénéfice que vous pourriez tirer de cette connaissance. Essayez de rendre présent à votre esprit, sous les traits d'un tableau clair et vivant, les raisons pour lesquelles vous allez emmagasiner cette connaissance. Ensuite, chaque fois que vous ferez l'effort de l'assimiler, ménagez-vous une ou deux secondes pour vous remémorer le tableau clair et vivant des bénéfices que vous attendez. En procédant ainsi, vous rendrez plus intense l'impact des données à acquérir, et vous rendrez ces données plus rapidement assimilables.

2. C'est **la répétition** qui est la clé de l'apprentissage. C'est en répétant inlassablement une donnée que vous la ferez vôtre. Tous les vendeurs de grand talent que je connais ont commencé par utiliser des arguments de vente dont ils savent l'efficacité. Des arguments qu'ils ont façonnés à leurs propres mesures et adaptés à leurs propres personnalités. Cela fait, ils n'ont cessé de se répéter ces arguments et de les réviser jusqu'à ce qu'ils en aient parfaitement maîtrisé la formulation. Alors seulement ils ont été à même de les émettre avec conviction. Et les résultats ne se sont pas fait attendre.

Autrement dit, ils ont su rendre efficace la répétition. En quoi consiste au juste une répétition efficace? Cela n'a rien à voir avec ces vagues rengaines obsessionnelles fredonnées dans le brouillard. Par répétition efficace, nous faisons allusion à une réactualisation lucide et intense, qui consiste pour vous à découper pièce par pièce les éléments d'un ensemble que vous allez soigneusement ajuster à vos mesures. Répéter efficacement une argumentation de vente, c'est l'écrire, la lire, l'énoncer à haute voix et l'entendre. Vous devez la dramatiser jusqu'à ce qu'elle danse véritablement dans votre esprit. Répéter efficacement, c'est ne pas ménager sa peine pour que l'argumentation appropriée fasse littéralement partie de vous-même.

Ces données de base sont essentielles. Ce sont les fondations sur lesquelles va reposer tout l'édifice. C'est pourquoi, une fois posées ces fondations, vous ne devrez pas le moins du monde ralentir votre effort. Pour la bonne raison qu'on ne s'installe pas dans une maison dépourvue de murs. Vous allez immédiatement passer à l'étape suivante de l'apprentissage.

Il m'arrive fréquemment de revenir dans des villes où j'ai déjà organisé des séminaires et, en ces occasions, je vois immanquablement des vedettes de la vente revenir vers moi pour suivre de nouveau mes programmes didactiques. Et tous ceux d'entre eux qui me confient qu'ils ont doublé ou quadruplé leurs revenus déclarent que c'est parce qu'ils ont assidûment pratiqué l'étape suivante, que nous allons maintenant évoquer.

3. **L'organisation.** Ce qui régit la possession peut se résumer en une formule: ou bien on use de ce que l'on possède, ou bien on le perd. Cette formule s'applique à toutes les formes de la connaissance, et plus particulièrement au talent de vendre. Il s'utilise ou bien il dépérit.

Une extraordinaire vérité s'applique aux talents et aux connaissances: c'est qu'ils ne s'émoussent pas à l'usage. Bien au contraire. Quand on les exerce intensément, la connaissance s'approfondit, prend un sens plus aigu, le talent se fortifie et s'éprouve.

La pratique assidue des talents et des connaissances liés à la vente est la seule voie à suivre pour aboutir à des revenus élevés. Pour parcourir cette voie, vous devez organiser votre temps de façon efficace, vous placer dans des conditions de lieu et de temps appropriées, et sélectionner soigneusement ceux que vous allez faire bénéficier de vos arguments de vente bien rodés, sans cesse perfectionnés. L'organisation du temps est bien sûr plus importante dans certains types de vente que dans d'autres, mais dans tous les cas le choix des interlocuteurs est vital et conditionne le succès. Ce qui requiert un très haut degré d'organisation.

Sans doute entrevoyez-vous dès à présent où nous voulons en venir, à savoir qu'apprendre dans le seul but d'apprendre est stérile. Ce n'est qu'une forme de jeu. Ce qui donne son sens à la connaissance — à toute connaissance — c'est l'application qu'on lui donne. La connaissance doit être utilitaire. Dans le cas contraire, elle n'est rien d'autre que le fertilisant qu'on laisse dans son emballage.

On fait de nos jours grand tapage autour des énergies de remplacement. Existe-t-il meilleure énergie de remplacement que celle du talent et du savoir utilisée de façon adéquate? Ni l'un ni l'autre ne nous viennent seuls. C'est à nous de les susciter. À nous de les répandre sur le limon fertile de notre propre territoire. À nous de les faire fleurir et fructifier.

C'est à nous de découvrir les heures privilégiées durant lesquelles nos arguments de vente sont les plus percutants, et d'organiser en conséquence notre emploi du temps.

Imposez-vous des horaires rigides. Utilisez efficacement la totalité de votre temps de telle sorte que vous puissiez tirer le maximum de ces heures privilégiées, et en obtenir le plus haut revenu possible.

C'est en ce sens qu'il faut entendre le mot organisation, appliqué au talent de vendre dont vous êtes en train de faire l'apprentissage.

Que vous vous trouviez en présence de chefs d'entreprise à qui vous êtes venu proposer des avions d'affaires, des ordinateurs ou quoi que ce soit d'autre, ou bien d'une famille à qui vous désirez vendre des appareils électro-ménagers, que vous soyez dans le salon d'un homme qui dépense inconsidérément son argent au lieu de contracter une assurance-vie au bénéfice de ceux qu'il aime, le temps est venu pour vous de mettre à l'épreuve les arguments de vente percutants que vous avez peaufinés pour les autres. Vous avez fait de vous une machine à vendre. C'est le moment de la faire fonctionner et d'en obtenir le meilleur rendement.

C'est à l'instant où vous passez opportunément en surmultipliée, à l'instant où vous commencez à jouer de toutes les possibilités de votre mécanique, que vous pouvez considérer avec un plus grand enthousiasme votre nouveau destin. Lecteur de ce livre et futur vendeur d'élite, vous voilà prêt à vous dégager du peloton pour venir vous joindre aux coureurs de tête. Prêt à vous propulser plus vite et plus loin grâce aux compétences nouvelles que vous venez d'acquérir. Prêt à aborder la quatrième étape de l'apprentissage et du succès.

4. **L'intériorisation.** Cette étape ne se présente qu'une fois que vous avez exploité votre capacité d'impact, que vous avez taillé le

schéma de vente-type à vos mesures et l'avez personnalisé, et que par la répétition vous avez acquis la maîtrise de votre argumentation. Dès que vous êtes capable d'utiliser tout cet acquis avec une efficacité suffisante, les résultats que vous en obtenez engendrent d'eux-mêmes l'énergie qu'il faut pour vous faire accéder au stade supérieur de la performance. D'un seul coup vous cessez de ressasser ces différents concepts que vous avez assimilés et une nouvelle réalité se fait jour: vous ne faites plus qu'un avec ces concepts. Ils sont devenus partie de vous-même. Vous vous êtes identifié à eux.

Il m'est arrivé de voir des champions de la vente que j'avais formés venir me présenter leurs épouses lors de telle ou telle de mes conférences. Après m'avoir écouté pendant quelques minutes, celles-ci manquaient rarement de me dire: "Mon mari dégage exactement la même impression que vous quand il s'exprime."

Pourtant, telle n'était pas exactement la vérité. En fait, quand les maris en question s'exprimaient, ce n'était nullement une imitation de moi que leurs épouses écoutaient, mais un langage minutieusement élaboré que les uns et les autres avions en commun. Car ce sont les mêmes techniques qu'eux et moi utilisions. Et ce que nous formulions les uns et les autres, c'était l'expérience commune d'une même réussite née d'une connaissance intériorisée de façon identique.

L'intériorisation est l'avant-dernière étape vers l'achèvement de tout apprentissage. Le jour où vous pourrez affirmer que vous avez intériorisé la totalité des concepts exposés dans ce livre, ce jour-là seulement vous serez en mesure de dominer vos connaissances. Pourtant, dans le domaine qui nous occupe ici, vous aurez beau avoir accédé à un palier supérieur, cela ne signifiera pas pour autant que vous êtes hors du danger de rétrograder au niveau d'un rendement moyen.

5. **La réactualisation.** Il arrive bien souvent en effet qu'un vendeur qui s'est hissé au faîte de la réussite soit tenté de se détourner quelque peu des efforts et des techniques qui l'ont porté à ces hauteurs. Tant que vous vous battez âprement pour gravir la pente ascendante, il vous paraît tout naturel de vous dire: "Si j'atteins le sommet, ce n'est certainement pas moi qui oublierai les efforts que j'ai faits pour en arriver là!" C'est pourtant ce qu'il se produit. Et c'est bien compréhensible. Car alors vous n'avez pas envie de ruminer vos difficultés de jadis, si ce n'est pour rire d'elles. Au cours de mes séances de formation professionnelle, c'est avec les

vedettes de la vente qui perdent pied que je rencontre les plus grandes difficultés. Ils ne veulent pas admettre que l'explication de leur déclin tient à ce qu'ils ont cessé de pratiquer ce qui au départ a fait d'eux des super-champions. Quelle autre raison pourrait expliquer qu'ils aient rétrogradé au niveau de l'honnête moyenne? Bien sûr, il est facile de diagnostiquer chez telle ou telle vedette que si son chiffre d'affaires décline, c'est à cause de ses trois apéritifs du midi, de ses trois heures de piscine quotidiennes, et de la désinvolture avec laquelle ce vendeur traite les gens depuis qu'il a réussi. Mais il ne faut pas pour autant perdre de vue que s'il a connu une telle réussite, c'est que du temps qu'il s'efforçait âprement de s'élever au-dessus de la médiocrité, il savait se contenter d'un repas léger qui lui laissait les idées claires pour le restant de l'après-midi, réserver ses meilleures heures à sa clientèle, et se conduire courtoisement avec elle. Et vous pouvez être persuadé aussi qu'à l'époque où s'amorçait sa réussite, il savait consacrer tout le temps qu'il faut pour appliquer à ses activités les règles de base de la vente.

Quand vous avez fait vos premiers pas dans la profession, vous avez commencé par étudier votre produit. Vous avez appris quelques techniques de vente. Vous en avez sélectionné quelques-unes. Vous avez mis à contribution vos connaissances théoriques et vous vous êtes mis à gagner de l'argent. Et c'est alors que vous avez commencé soudain à faire la fine bouche et que vous avez cessé de vous en tenir à ce que votre employeur exigeait de vous. Et puis vous vous êtes mis à rétrograder.

Beaucoup de ceux qui me lisent en ce moment auront doublé leurs revenus six mois après avoir reposé cet ouvrage. Puis ils cesseront de faire ce qu'ici je leur conseille de faire. C'est-à-dire qu'ils cesseront de faire ce qui précisément leur aura permis de doubler leurs revenus.

Ne vous arrêtez pas en chemin.

Au contraire, faites ce que font tous les sportifs de métier. Il existe mille analogies entre sportifs et vendeurs professionnels.

Vous savez fort bien que les équipes sportives ne cessent de s'entraîner. Vous n'êtes pas surpris d'apprendre non plus que pour faire partie d'une équipe scolaire les plus jeunes doivent commencer par apprendre les règles du jeu. Et les équipes scolaires s'entraînent elles aussi. Normal, direz-vous, puisqu'elles sont composées de jeunes qui ont encore tout à apprendre. Mais avant l'ouverture de chaque saison, les athlètes professionnels sont eux aussi en nage sur le terrain. L'avant-centre comme l'arrière gauche. Tous galopent et transpirent d'abondance. Ils essaient bien sûr de nouvelles feintes ou de nouvelles passes, mais c'est à répéter des stratégies de base qu'ils occupent le plus clair de leur temps. À vrai dire, ce qui est surprenant dans leur cas, c'est que plus un sportif est un vrai professionnel, plus il est doué — qu'il s'agisse d'un homme ou d'une femme — et plus il consacre de temps à l'entraînement et au maintien de sa forme. Et cela porte un nom tout simple: la discipline. D'accord? Il n'y a là rien d'autre qu'une exacte transposition au jeu de ce qui se passe normalement lors de la construction de la personnalité: on s'efforce de faire ce qu'on sait devoir être fait.

Placez une note dans votre aide-mémoire afin de relire ce livre dans un an. Je sais qu'à ce moment-là il y aura de fortes chances pour que vous vous disiez: "Je ne vais pas me remettre à potasser ce truc-là. C'est du déjà vu. J'en ai déjà pris tout ce qu'il y a à en prendre."

Je souhaite pourtant que telle ne soit pas votre attitude. Je souhaite que vous ne restreigniez pas l'efficacité de votre apprentissage. Je souhaite que vous n'assigniez pas un plafond à vos possibilités de gains et de revenus. Ré-actualisez vos connaissances. Au moins une fois par année. Je souhaite que vous ne décidiez pas de vous laisser glisser dans le bourbier de la médiocrité. Que vous sachiez garder intacte une compétence durement acquise. Améliorez encore vos connaissances en les enrichissant.

Plutôt que de laisser végéter vos aptitudes, faites-les croître. Vous saurez de vous-même puiser dans votre acquis ce qui pour vous est le plus important. Chaque fois que vous réviserez en profondeur les éléments de votre savoir, vous y découvrirez des choses que vous n'y aviez jamais décelées auparavant, des concepts que vous n'étiez pas prêt à utiliser dans le passé. Quelle que soit l'époque où vous réviserez ce que vous possédez déjà, en ré-actualisant votre acquis, vous ne ferez que l'enrichir.

L'outil de base

Et d'abord, une question: si le joueur de golf se sert de son club, le tennisman de sa raquette, et le menuisier de son marteau, de quel outil se sert donc le professionnel de la vente?

D'un outil qui nous a valu aux uns et aux autres bien des déboires, n'est-ce pas? Mais connaissez-vous un seul joueur de golf qui ne se soit jamais servi sur le parcours de son club pour propulser la balle à côté du trou? Un joueur de tennis qui n'ait jamais usé de sa raquette pour envoyer son coup dans le filet? Un menuisier qui ne se soit jamais donné un coup de marteau sur le pouce?

Connaissez-vous un seul vendeur qui n'ait jamais manqué son but en se servant mal de l'outil de base de son métier?

On devrait pourtant pouvoir se fier à cet outil de base — cet orifice du visage qu'on appelle bouche — mais il peut lui aussi avoir des défaillances. Les mots que vous prononcez peuvent tout aussi bien compromettre une vente que la faciliter. On devrait se représenter la bouche comme un instrument bien affûté dont il faut se servir avec à-propos si l'on désire en tirer plus de bénéfice que de dommage. Mais ne demandez pas pour autant l'impossible, tant il est vrai qu'il serait déraisonnable de vous attendre à ne jamais faire appel à une mauvaise argumentation en présence de vos prospects ou de vos clients.

Mal assurer son coup sur un court de tennis, c'est exactement user d'une mauvaise argumentation dans le domaine de la vente. Chaque année à Wimbledon, on peut voir de futurs gagnants du tournoi retourner à leur adversaire des balles trop faciles à reprendre. Et chaque fois on les voit perdre le point. Alors qu'ils le gagnent — et c'est généralement le cas — s'ils se servent de leur raquette pour tirer des balles que l'adversaire ne saurait retourner.

Dans une activité comme dans l'autre — le tennis et la vente — le tout est d'apprendre à éviter de commettre les fautes les plus communes. Avec cette différence que, dans la vente, on est constamment confronté à des situations nouvelles et uniques, et donc constamment à la merci d'une faute, elle aussi nouvelle et unique, due la plupart du temps au mauvais usage que l'on fait de la parole.

En revanche, et voilà qui est réconfortant, si vous apprenez à user d'une argumentation correcte, si vous vous concentrez intensément sur les propos que vous allez tenir à vos interlocuteurs, il ne restera plus guère de place dans votre discours pour les propos que vous pourriez regretter par la suite. Et plus guère de risque non plus pour qu'une phrase malheureuse vienne compromettre quelque point essentiel de votre argumentation. Efforcez-vous d'adopter l'attitude détendue, enjouée, assurée, qui vous vient naturellement quand vous développez les arguments que vous possédez à fond, au lieu de vous figer dans l'attitude tendue, lugubre, pusillanime, qui est la vôtre quand par mégarde vous trébuchez sur le choix de vos mots ou de vos points de discours. Acceptez le fait qu'il peut vous arriver à vous aussi de mal formuler ce que vous voulez dire. Respectez toujours les autres dans vos propos — c'est vous-même, et non pas eux, que vous devez prendre pour cible de vos plaisanteries — et apprenez à exploiter à fond une argumentation adéquate. En procédant ainsi, ce que votre discours a de percutant ne se retournera jamais contre vous.

Je consacre ma vie à aider des hommes et des femmes qui ont l'ambition de gagner davantage, mais qui n'en ont pas nécessairement l'aptitude. En règle générale, c'est au cours de mes séminaires que je leur dispense mon enseignement, alors qu'aujourd'hui c'est dans le calme d'une pièce où je suis seul que je rédige ce livre. Mais dans les deux cas l'objet de ma démarche est le même: prodiguer aux autres cette aide qu'ils attendent de moi. Mais ceci fait, ce sera à vous de jouer. Je sais parfaitement quelle contribution je suis capable de vous apporter, pour avoir eu la chance de pouvoir former des milliers de gens, ici comme à l'étranger, qui comptent à présent parmi les professionnels de la vente les plus en vue. Des hommes et des femmes qui eux aussi étaient ambitieux, mais qui jugeaient que leur formation, tout comme leurs revenus, était insuffisante. Ils sont donc venus assister à mes séminaires pour y apprendre l'essentiel. Puis ils ont appliqué quotidiennement à leur métier ce qu'ils y avaient appris. Si bien qu'un beau jour, ils se sont trouvés non seulement en possession de l'ambition et du savoir requis, mais aussi des revenus qu'ils espéraient.

Ce qui me comble le plus dans l'existence, c'est de revoir des gens qui, après avoir suivi mon enseignement et m'avoir quitté pour obtenir grâce à lui tout le succès qui leur faisait défaut, reviennent ensuite m'en faire part et en discuter avec moi.

Je me souviens par exemple de l'un d'entre eux, Robert Burns, dont la réussite est véritablement stupéfiante. Jusqu'à l'âge de dix-huit ans, il avait travaillé en totale dépendance dans la ferme de son père. Mais il attendait davantage de la vie que ce qu'il pouvait en soulever au bout d'une fourche, et décida un jour de se lancer dans la vente. Il vint donc suivre mes cours de formation. Tout récemment, alors qu'il venait tout juste de fêter son vingt-troisième anniversaire, ses commissions pour l'année avaient franchi la barre du demi-million de dollars. Le seul mot qui, selon moi, dépeigne un tel phénomène est celui d'exaltation. Car c'est bien d'exaltation qu'il s'agit quand on peut se dire, après avoir acquis les éléments de base de la vente pour en faire un tel usage, qu'il n'existe plus de plafond théorique à ses revenus. Bien des gens pourtant me confient qu'ils se sentent trop jeunes pour entreprendre une carrière de vendeur. Robert Burns n'était pas de ceux-là.

D'autres, au contraire, se croient trop vieux. Telle Gertrude Nunn, dont j'ai fait la connaissance il y a sept ans. Son employeur venait de lui faire savoir qu'elle lui semblait trop âgée pour continuer à travailler pour lui, et l'incitait à prendre une retraite anticipée. Elle donna sa démission, hésita ensuite pendant quelques semaines sur la voie à suivre, puis décida qu'elle ne voulait pas se trouver brusquement écartée de la vie active. Elle ne possédait aucune formation particulière qui la préparât à la vente mais — le hasard fait bien les choses — elle eut vent de mes séminaires et vint les suivre. Sept ans ont passé depuis. Gertrude Nunn a soixante-quinze ans, gagne plus de 100 000 dollars par an, et n'a jamais pris tant de goût à la vie.

Quant à Jimmy Walker, il avait seize ans quand il commença à travailler à la commission pour le compte d'une compagnie d'assurances. L'an dernier, le chiffre d'affaires de son portefeuille assurance-vie a atteint 25 millions de dollars. Quelque chose d'aussi remarquable que de courir le 100 mètres en moins de dix secondes. Vous connaissez beaucoup de gens — et plus particulièrement de gens de vingt ans — assez riches pour acheter une équipe sportive professionnelle qui compte parmi les premières?* C'est pourtant ce qu'a fait Jimmy Walker.

Un mot enfin de David Bernstein devenu, très jeune lui aussi, le président d'une des quatre compagnies américaines de location d'automobiles de luxe. Je n'avais cessé pour ma part pendant quatre ans de préconiser l'usage de lettres de remerciement après la première prise de contact avec la clientèle. Mais je n'ai jamais vu quiconque user de cette technique avec autant d'à-propos et d'efficacité que lui. Il y avait à peine une semaine qu'un membre de mon équipe et moi-même l'avions rencontré à titre de clients éventuels, qu'il nous faisait parvenir à chacun quatre lettres de ce genre signées de sa main, toutes admirablement rédigées, sincères et très personnelles. Ce qui nous fit forte impression.

---

* En Amérique du Nord, les équipes sportives professionnelles (baseball, football, hockey) "appartiennent" en règle générale à des investisseurs privés et fortunés, et sont donc cessibles au même titre que les sociétés commerciales, alors qu'en Europe, si les équipes ne peuvent être globalement "vendues" d'une ville à l'autre, ce sont les joueurs pris individuellement (au football surtout) qui font souvent l'objet d'un "rachat" par un autre club. N.d.T.

Mais si l'on excepte le fait que ces quatre personnes ont toutes suivi assidûment et appliqué intensément nos techniques, que peuvent-elles bien avoir en commun?

En fait, douze caractéristiques, qui font de chacun d'eux un champion de la vente. Douze caractéristiques que nous allons soigneusement examiner au cours du chapitre suivant.

Chapitre 2

Les douze principes actifs de la réussite

Ces douze principes s'interpénètrent et se chevauchent, de sorte qu'il est impossible d'agir favorablement sur l'un d'eux sans que tous les autres s'en trouvent corrélativement stimulés. Tout comme il est impossible aussi d'en ignorer un seul sans que la maîtrise qu'on a de tous les autres s'en trouve affectée.

Premier principe. Un as de la vente s'affirme dès qu'il franchit une porte. Peu importe qu'il soit tiré à quatre épingles et de la façon la plus conservatrice qui soit, habillé selon la toute nouvelle mode, ou bien que sa toilette se situe quelque part entre ces deux extrêmes: sa tenue, sa prestance, affichent d'emblée le sceau immédiatement décelable d'une forte personnalité. Il suffit d'un regard pour percevoir qu'on est en présence d'une force affirmée, que l'individu révèle une personnalité unique, pleinement consciente de sa propre valeur, et que cette impression qu'il dégage va bien au-delà de la "bonne présentation". Peu importe ce dont la nature et le temps l'ont comblé. Ce qui compte, c'est qu'il s'est doté lui-même d'une *attitude* de commandement qui ne s'oublie pas.

Deuxième principe. Tous les champions de la vente que nous avons formés tirent une immense fierté de la profession qu'ils exercent ainsi que de leurs propres qualités d'êtres humains. Cette fierté, ils la fondent sur le sérieux avec lequel ils ont su assumer leurs responsabilités et tirer parti de leurs capacités. Elle les dispense en outre de condescendre à chercher assistance auprès de quiconque moins efficace qu'eux. On ne devient pas champion de la vente si l'on ne possède pas intimement cette *fierté.*

Troisième principe. Les vendeurs d'élite exhalent la confiance en soi. Si vous débutez dans la profession, vous pouvez être tenté de vous dire: "Comment pourrais-je être sûr de moi alors que j'ignore tout de ce métier?"

Je reconnais parfaitement que la prudence conseille de ne pas faire preuve d'un excès d'assurance dans toutes les circonstances où on ne maîtrise pas clairement ses actes. Dans de telles situations, l'excès de confiance en soi conduit généralement le présomptueux à dériver au fil du courant et à se fracasser sur les écueils. Et si vous êtes de ce genre, il n'est pas douteux que quelques échecs cuisants ne tarderont guère à vous faire repartir d'un bon pied. Le dommage n'en sera guère lourd: vous y aurez gagné quelques belles occasions de fortifier votre sens de l'humour.

À l'opposé, tomber dans le manque d'assurance représente un danger tout aussi grave. Jour après jour, tandis que vous affirmerez mieux vos talents, vous apprendrez à prendre confiance en vous. N'oubliez pas que vos clients, vos prospects, ne vous jugent qu'à travers l'étroit champ d'habileté professionnelle que représente la connaissance minutieuse que vous avez d'un produit ou d'un service. Les gens avec qui vous établissez des contacts sont sensibles à votre credo, à la conviction et à la confiance que vous affirmez en leur faisant des offres. Quand vous aurez terminé l'apprentissage que vous propose ce livre, vous disposerez de tout l'outillage nécessaire pour aider vos interlocuteurs à prendre une décision positive. Vous aurez foi en votre propre valeur et votre comportement témoignera de votre assurance.

Quatrième principe. Gertrude Nunn, dont j'ai déjà parlé plus haut, est l'exemple vivant d'une des qualités que je préconise dans mon enseignement: celle de savoir diriger ses entrevues avec chaleur et en respectant son interlocuteur. Est-ce à dire que cette chaleur et ce respect de l'autre qui lui sont si propres fassent obstacle à ses démarches quand il s'agit pour elle de conclure une vente? Pas le moins du monde. Les vendeurs d'élite savent aussi conclure une vente dans le respect de leurs clients.

Ce que je viens d'affirmer peut vous sembler contradictoire, surtout si vous avez tendance à considérer votre profession comme une entreprise essentiellement destinée à soutirer indûment de l'argent à des gens dont l'intention est de ne pas en dépenser.

Parlons un peu de cette conception des choses, puisqu'elle vient sur le tapis et qu'elle est bien ancrée dans des millions d'esprits.

C'est une conception qui est née des agissements d'une minorité de vendeurs persuadés que la vente n'est rien d'autre que de l'agression pure et simple. Il est certain que ces vautours de la profession finiront par être éliminés un jour par la génération montante des vendeurs conscients de leurs responsabilités, attentifs à la sélection pertinente de leurs prospects, soucieux de leurs clients, et soucieux aussi de s'assurer que les profits que ceux-ci retirent de leurs acquisitions compensent largement l'investissement qu'ils ont fait. Un tel changement est déjà dans l'air. Déjà des vendeurs entraînés à la vente, et qui n'éprouvent ni l'envie ni le besoin de s'abaisser à des pratiques déloyales, prennent graduellement la place des arnaqueurs de la profession. Il faut bien convenir que cette substitution est lente, et qu'il faudra un certain temps pour qu'elle s'accomplisse totalement. Mais le processus est en marche, et j'entends vous associer au bon combat pour l'honneur de la profession.

Nous avons tous entendu prononcer des phrases du genre: "J'ai fait moi aussi de la vente, mais je n'étais pas assez agressif." Ceux qui parlent ainsi ne se rendent même pas compte que s'ils ont échoué, c'est faute d'avoir appris à établir convenablement des contacts et d'avoir acquis les compétences nécessaires à l'exercice de leur ancien métier. En réalité, la plupart d'entre eux n'ont même jamais assimilé le plein sens du mot sélectionner, tel qu'appliqué à l'art de la vente. Si bien qu'en désespoir de cause ils en sont venus à conclure des ventes avec des prospects pour qui, ils le savaient d'avance, le produit ou le service qu'ils vendaient ne présentait pas le moindre intérêt. D'où ce sentiment de perpétrer une sorte d'escroquerie morale chez ces vendeurs parfaitement honnêtes qui, faute d'acquérir valablement les compétences requises par leur métier, ont préféré un beau jour se libérer de leur culpabilité en changeant de profession.

Les vendeurs d'élite ne connaissent pas ces incertitudes, pour la bonne raison qu'ils ne tentent jamais une approche auprès de gens qu'ils savent ne pas devoir approcher. Ils n'ont nullement besoin de harceler leur clientèle. Les techniques qu'ils emploient sont si puissantes qu'ils savent convaincre sans jamais heurter, et conclure une vente en respectant les intérêts de leurs interlocuteurs — c'est-à-dire avec compréhension et *respect*.

Cinquième principe. Pour la plupart des champions de la vente, c'est d'abord en soi qu'il convient de placer sa confiance. Ils sont conscients de vivre dans un monde dont bien des gens se soucient fort peu, et dans la marche duquel bien peu d'individus s'engagent activement. La plupart de nos contemporains semblent indifférents à tout ce qui ne leur apporte pas une satisfaction instantanée, indifférents même à ce qui pourrait dans l'avenir augmenter leur bien-être. Les as de la vente savent parfaitement qu'ils ne pourront rien changer à la culture dominante. Aussi se contentent-ils de suivre le monde comme il va sans se laisser submerger par des interrogations qu'ils ne peuvent résoudre. C'est donc d'eux-mêmes qu'ils se soucient au premier chef, en s'efforçant par leur profession de venir en aide à leur clientèle et à leur entourage. Ils ont bien entendu souvent d'autres sources d'intérêt, mais en règle générale ils ne concentrent leurs efforts que dans le domaine où ils se savent efficaces. Quoi qu'ils entreprennent, c'est en eux-mêmes qu'ils placent leur confiance, et c'est ce qui leur donne leur *assurance.*

Sixième principe. Les champions de la vente entendent s'enrichir. Parfaitement, s'enrichir. Ils veulent disposer d'un revenu élevé, et par là même d'un capital suffisant pour que son investissement judicieux leur procure l'indépendance financière. Il n'y a rien de répréhensible au fait de s'enrichir, à partir du moment où ceux au service desquels on se place y trouvent aussi leur avantage. C'est la raison pour laquelle les vendeurs d'élite profilent des valeurs et adoptent un mode de vie qui leur permettent de réaliser leur ambition, laquelle est de *s'enrichir.*

Septième principe. Je sais d'expérience que chez tous les champions de la vente couve cette qualité difficile à évaluer qu'est la volonté tenace de réussir. Des années durant, bien des responsables d'une équipe de vente se sont tenus le raisonnement suivant: "Si on pouvait mesurer objectivement le degré d'ambition de chaque individu, le problème de la sélection des vendeurs serait résolu. D'avance on saurait qui aura la persévérance de s'obstiner quand tout va mal, et qui baissera les bras. Plus besoin de s'en remettre uniquement à ceux qui semblent présenter toutes les qualités requises, mais à qui il en manque précisément une: l'ambition. Ce qui les conduit un jour ou l'autre à abandonner." Malheureusement, cette ambition personnelle, il n'existe aucune technique pour la jauger. Tout au plus pouvez-vous tenter d'évaluer la quantité d'ambition dont vous disposez en vous posant à vous-même les questions suivantes:

Jusqu'où peut aller mon endurance avant que je ne décide de renoncer?

Combien de déconvenues puis-je encore encaisser aujourd'hui avant d'abandonner pour rentrer chez moi et me détendre?

Si vous avez l'envergure d'un vrai champion de la vente, votre réponse à ces questions sera qu'en aucun cas vous n'abandonnerez la partie, quelles que soient les épreuves que vous traversez, parce que ces épreuves ne sauraient être mises en balance avec votre *ambition.*

Huitième principe. Nous avons déjà discuté de ce principe et nous en discuterons encore, car c'est en lui que réside la clé du succès. Les champions de la vente apprennent à bien cerner leurs craintes, encore que ce ne soit pas si facile, tant il est vrai que nous excellons tous à nous les dissimuler. Pourtant les champions s'obstinent à regarder bien en face ce qui leur fait peur, afin de pouvoir l'attaquer de front et en venir à bout. Cette assurance que dégagent les as de la vente vient précisément de ce qu'ils ont *surmonté leurs craintes.*

Neuvième principe. Nombre de vendeurs ne se sentent bien dans leur peau que si tout tourne rond. C'est des autres, et de la tournure des événements, que dépend leur enthousiasme. Est-ce votre cas? Si oui, je vous invite à faire l'effort de réflexion qui convient et à vous demander ce qui vous conduit à vous laisser abattre par les aléas et incertitudes du destin. Pourquoi vous imaginez-vous uniquement dans le rôle d'un simple passager de ce grand voyage qu'est la vie? Qui vous empêche de prendre la barre à votre tour et de mettre à votre guise le cap sur la destination de votre choix?

Devez-vous nécessairement attendre que les choses tournent d'elles-mêmes favorablement pour vous sentir bien vous aussi? C'est pourtant ce que vous faites en vous contentant de vous aligner sur la moyenne. C'est pourtant ce que fait le "préposé à la vente" qui se dit qu'il sera toujours temps de faire un effort si un acheteur vient le solliciter. Ce qui frappe chez les vendeurs d'élite, c'est qu'il est impossible de déterminer si c'est depuis une heure, un jour, une semaine ou un mois que pour eux les vents sont favorables. Comment s'y prennent-ils donc pour masquer ainsi leurs sentiments? Disons d'abord qu'il ne s'agit pas d'un masque. Ils prennent tout simplement du goût à vivre. Ils ont confiance en eux-mêmes. Ils savent parfaitement qu'ils rencontreront des obstacles, et que si ce n'est pas cette semaine, ce sera la suivante. Ils savent que dans les années à venir, certaines saisons seront plus clémentes que d'autres. Ils vivent intensément au présent, mais n'oublient pas que demain sera aussi au rendez-vous. Ils savent que tout peut changer du jour au lendemain — peu importe si aujourd'hui leur apporte prospérité ou malchance — mais que ce qui ne changera pas, en dépit de toutes les circonstances, ce sera le niveau de leurs performances. Et c'est ce qui les satisfait. Ils portent en eux leur joie de vivre. Ils ne se laissent pas assombrir par les détails. S'ils ont affaire à un client irascible, ils s'en accommodent. Ils trouvent d'eux-mêmes la solution adéquate. Puis ils n'y songent plus. Le passé est le passé.

Les champions de la vente savent aussi qu'un jour ou l'autre, quelle que soit leur compétence, la longue série de leurs réussites pourra être interrompue par un échec, mais que ce jour-là ils n'éprouveront nullement le besoin de masquer leurs sentiments, puisque de toute façon leur *enthousiasme* demeurera intact.

Dixième principe. Les vendeurs de haut niveau qui participent à nos séminaires ont en général avec leur clientèle des rapports de type affectif. Les véritables champions de la vente multiplient les attentions à l'égard de leurs clients, et ces sentiments authentiques sont loin de passer inaperçus de ces derniers. C'est d'ailleurs pourquoi les champions de la vente, par le simple effet du bouche-à-oreille qui se répand à travers leur clientèle, disposent généralement d'un abondant carnet d'adresses de clients éventuels. Je ne crois pas qu'un vendeur ait jamais fait des affaires d'or, dans le cadre d'un marché normal, s'il n'a su élargir ainsi, par ricochet, l'éventail de ses contacts. Et c'est tout à son mérite. Nous vous indiquerons par la suite comment vous y prendre pour multiplier vous-même ces contacts en vous recommandant de vos clients, lesquels ne songent pas toujours à vous les suggérer spontanément. Mais derrière la technique en elle-même, ce sont vos attentions, ainsi que le soin que vous prenez de votre clientèle, qui seront déterminants. Quand un acheteur auquel vous faites une offre ne perçoit dans vos yeux que le déclic de la caisse enregistreuse qui affiche votre commission s'il dit oui, il se mettra infailliblement sur la défensive. Tant et si bien qu'au lieu d'avoir suscité chez lui (parce qu'il est conscient que vous vous souciez de son bien-être) une raison émotionnelle de traiter avec vous, vous n'aurez abouti qu'à lui fournir toutes les motivations voulues pour qu'il fasse marche arrière.

Je n'ai connu que très peu de vendeurs misanthropes. Sur les millions d'hommes et de femmes qui exercent ce métier, il en existe pourtant des milliers qui détestent leurs semblables. Ce qui ne les empêche pas toujours d'accumuler de coquets revenus. Mais je n'en ai jamais connu aucun qui n'ait constamment changé d'emploi, tant il est vrai qu'en règle générale ceux qui haïssent les autres s'attirent plus vite des ennemis que des bénéfices. En revanche, les as de la vente ont plutôt tendance à la stabilité professionnelle, et consacrent souvent une part de leurs confortables revenus à consolider leur clientèle, leur savoir-faire ne s'appliquant pas seulement à l'activité de vente proprement dite, mais encore à l'*attention* qu'ils portent à leurs clients.

Onzième principe. Vous sentez-vous blessé dans votre amour-propre quand on vous éconduit ou vous préfère un concurrent? Il vous est peut-être arrivé de vous entendre dire, par un client de longue date ou par quelqu'un à qui vous venez de faire la présentation complète d'un produit, qu'il vous rappellerait la semaine suivante, après s'être documenté sur un produit concurrent... dont il avait fait l'acquisition quand huit jours plus tard vous repassez le voir. Il vous est peut-être arrivé aussi de rencontrer des gens qui se déclaraient "très intéressés" et qui, vous ayant donné rendez-vous la semaine suivante, vous informaient calmement qu'ils avaient été séduits par une autre marque dès le lendemain de votre première visite. Avez-vous déjà fait une expérience de ce genre? Pas encore? Patience. Cela ne saurait tarder.

Ainsi va la vente, ainsi vont les affaires.

Les situations de ce genre sont imprévisibles, et vous devez apprendre à les accepter avec philosophie. *Un champion de la vente ne doit s'en formaliser.*

Douzième principe. Le dernier des traits qui caractérisent les vendeurs d'élite vaut aussi pour leurs employeurs. Les uns comme les autres croient au *recyclage continu des connaissances*. Les uns comme les autres se tiennent scrupuleusement au courant des nouvelles techniques de vente, étudient les plus récentes méthodes. Les directions commerciales des firmes encouragent leurs vendeurs à participer à des séminaires, écouter et visionner cassettes ou vidéocassettes, lire des ouvrages spécialisés. Un as de la vente n'a jamais besoin d'être poussé à faire ce genre d'investissement intellectuel. Il sait parfaitement que c'est en injectant des idées neuves dans son esprit que de meilleures performances en résulteront. Il sait que c'est dans sa boîte crânienne que se situe le lieu d'élection à partir duquel il maîtrisera mieux son propre environnement, et que par voie de conséquence il s'attirera ainsi de nouveaux avantages: vacances plus agréables, mode de vie plus confortable et plus prestigieux, ainsi que ces multiples fantaisies que seul permet l'argent. Cette idée n'est d'ailleurs pas originale, puisque Benjamin Franklin affirmait déjà: "Videz dans votre esprit les pièces de votre bourse, et c'est avec de l'or que votre esprit la remplira."

Vous ne pouvez manquer votre coup

Bien que je ne compte plus les fois où cela m'est arrivé, je suis toujours étonné quand, revenant dans une ville où je suis déjà passé, je revois infailliblement les mêmes personnes venir s'asseoir en face de moi et prendre consciencieusement des notes. C'est ainsi qu'il s'est produit voici quelques mois une anecdote cocasse durant un de mes séminaires qui regroupait quelque quinze cents participants et participantes. Au premier rang était assis un homme dont le visage me parut familier. "Il me semble, me dis-je en moi-même, l'avoir déjà vu ici il y a cinq ans."

De l'estrade sur laquelle je me trouvais, je le questionnai donc et découvris que je ne m'étais pas trompé. Je lui demandai alors s'il s'était fait accompagner de ses collègues de travail.

"On pourrait croire, me répliqua-til, que le fait d'être le meilleur vendeur de ma société me donne un certain ascendant sur les autres. Mais pas du tout, car j'ai parlé de votre séminaire à tout mon entourage, et les seuls de mes collègues qui y soient venus sont tous des vendeurs de première force. C'est d'ailleurs chaque fois la même chose. Ceux qui ne viennent jamais sont toujours ceux qui en auraient le plus grand besoin."

"C'est un refrain qui m'est familier, lui dis-je. Mais supposons qu'un de ces collègues auxquels vous faites allusion — un de ceux qui auraient le plus besoin de se recycler — rentre ce soir chez lui pour s'entendre dire par sa femme que la canalisation des toilettes fuit et que la réparation va coûter 50 dollars. Comment croyez-vous que tous les deux vont réagir? Certainement pas en se disant: "Ne levons pas le petit doigt. Beaucoup trop cher." Non, ils feront réparer leur toilette."

Il est surprenant de constater que bien des gens commencent par dépenser leur argent ici ou là avant même de songer à l'investir en eux-mêmes. J'éprouve une certaine fierté à l'idée que vous avez investi un peu d'argent pour acquérir ce livre, mais pourtant cet investissement ne représente qu'une faible fraction de ce qu'il va vous falloir encore investir en temps pour l'assimiler parfaitement. Et, bien que par votre travail de vendeur vous puissiez gagner des milliers de fois ce que représente le prix de ce livre, il n'empêche qu'il vous reste à investir le temps qu'il faut pour en extraire la substance.

Ce temps, je ne dispose d'aucun moyen de vous le restituer. Le temps qui passe ne revient plus. Et c'est pourquoi je ressens toute la nécessité morale de vous livrer à travers ces lignes un message aussi puissant et efficace que possible. C'est pour moi une obligation. Et une obligation lourde. Mais c'en est une tout aussi lourde pour vous. Car il n'y a que de vous que peut provenir l'ambition de réussir.

Tandis que vous lisez ces lignes, il se peut que vous soyez déjà animé d'une telle ambition. Il se peut encore que vous soyez bien décidé à la développer en vous. C'est la raison pour laquelle vous ne pouvez pas manquer votre coup, pour peu que vous investissiez le temps, l'argent et l'effort qui feront de vous un individu plus productif.

Mais nous vivons dans une culture qui ne cesse de nous distraire de nos buts. À chaque pas quelque chose exige notre attention: le match du dimanche, la série télévisée du lundi, la réunion au club du mardi, la sortie avec les enfants du mercredi, la partie de cartes du jeudi, l'invitation du vendredi, le film du samedi... sans parler du café au lit du dimanche matin, de la pêche, de la chasse, que sais-je encore? Quand donc trouver le temps de s'instruire et d'enrichir ses compétences?

Car l'ambition exige du temps. Il vous faudra accepter qu'elle annule votre place de spectateur à la tribune. Mais en revanche elle vous fera descendre sur le terrain, et pour y participer activement au plus grisant de tous les matches: celui où se joue votre vie.

Sans doute êtes-vous bien décidé à livrer ce match. Et à jouer serré. Tout en vous demandant si vous possédez bien l'ambition requise. Et c'est tout à fait normal, puisque l'ambition est un comportement-réponse qui s'acquiert. Mais un comportement extrêmement subtil et complexe.

Développer son ambition

Les trois méthodes exposées ci-après pour développer en vous l'ambition tenace de réussir sont d'une efficacité absolument indéniable. Mais pour qu'elles soient efficaces, encore faut-il que vous le décidiez.

- Le plus grand obstacle au développement de l'ambition est la conviction que nous avons de ne jamais pouvoir l'assouvir, la conviction que le plus sage est donc de la faire taire si nous ne voulons pas nous sentir frustrés. John Galbraith a qualifié ce processus d'"accommodement à l'indigence". Il fait remarquer à ce propos que l'on choisit toujours le niveau de vie qu'on juge acceptable, et que cela ne s'accompagne d'aucun sentiment de contrainte. Nous tentons sans cesse de nous convaincre que notre niveau de vie est acceptable, ou alors nous faisons un surcroît d'effort pour l'améliorer. Si vous vous obstinez à croiser passivement au large en vous persuadant que le vent poussera tout seul votre navire à bon port, vous risquez de vous morfondre loin de la côte pendant un certain temps. Beaucoup de gens refusent de voir les choses en face, et d'admettre qu'un navire ne peut appareiller que si l'on monte à bord pour hisser les voiles et prendre la barre. Les Cubains qui ont fui le régime de Castro sans un sou vaillant en poche sont à présent prospères, et les Vietnamiens qui ont franchi l'océan sur des navires de fortune s'apprêtent à prospérer à leur tour. Cela dit, qu'avez-vous à alléguer pour vous excuser de ne pas faire comme eux?

La vérité est qu'il n'existe aucune excuse de ne pas réussir dans ce monde industrialisé de la fin du XXe siècle. Pas plus qu'il n'en existe pour les Américains depuis le jour où un certain Peter Minuit a chassé les Indiens de Manhattan en les escroquant.* Si vous n'éprouvez pas l'ambition intense de vivre mieux, c'est que vous vous racontez des histoires à dormir debout, à vous-même comme à ceux qui vous sont chers. C'est que vous choisissez délibérément de stagner à un niveau de vie indigent par rapport à celui qu'avec un surcroît d'effort vous êtes capable d'acquérir. Tout repose sur vos épaules, et vous ne pourrez en aucune façon vous décharger sur un autre d'une partie de vos responsabilités.

---

* Selon une tradition bien ancrée dans les esprits, mais que ne confirme aucun document péremptoire, Peter Minuit, premier gouverneur général de la Nouvelle-Amsterdam, aurait "acheté" en 1626 l'île de Manhattan aux Indiens Canarsee qui l'occupaient, pour un ballot de hardes et de colifichets d'une valeur de 60 guilders (environ 25 dollars). N.d.T.

Je connais des immigrants à présent fort aisés qui ont commencé par être ouvriers agricoles. Croyez-vous qu'ils auraient acquis leur aisance si dès le départ ils ne s'étaient crus capables de faire un travail mieux rétribué que la cueillette des fruits? Si les voeux que vous faites pour votre crépuscule dépassent les ambitions qui furent les vôtres au petit matin, commencez donc par dialoguer avec vous-même. Et par dialoguer à fond, car vous avez mille choses à vous dire. Commencez donc par vous convaincre que vous êtes parfaitement capable de réussir — et vous réussirez.

- Sachez exactement ce que vous voulez. Puis passez avec vous-même des contrats précis: en faisant ceci, j'obtiendrai cela. Ne vous obstinez pas à travailler pour rien.
- Procédez par étapes. Si vous n'avez jamais gagné plus que le salaire minimum, ne vous fixez pas pour objectif le demi-million de dollars la première année. Prenez pour objectif un niveau de revenus qui vous stimule sans trop vous effrayer. L'essentiel est d'avoir confiance en vous.

Je vous souhaite de partager ma sincère conviction. Vous avez contracté une lourde obligation vis-à-vis de vous-même et de votre entourage familial. Cette obligation vous met en demeure d'assimiler le contenu de ce livre. Faites-le à fond, et le plus tôt possible. Puis mettez-vous à utiliser vos pleines capacités. Faute de quoi, vous n'atteindrez jamais à la qualité de vie qui est à votre portée.

S P R: Ce qui sépare le succès de l'échec

En ce moment précis, vous valez ce que vaut votre R, et pas plus. Mais votre R est peut-être médiocre du fait que vous n'avez pas su observer une P convenable, tant il est vrai qu'il est quasiment impossible d'observer la bonne P si quelqu'un d'autre ne vous donne pas le S approprié.

Le propos de ce livre est de vous fournir ce S approprié, et de vous le fournir avec assez d'impulsion et d'enthousiasme pour que vous sachiez observer la P nécessaire au développement d'une R personnelle efficace.

Je m'explique.

Je viens de faire allusion à la théorie du stimulus-pause-réponse. Vous êtes ce soir chez vous et vous posez par inadvertance le pied sur la queue de votre chat. Ce faisant, vous lui donnez un stimulus. Un stimulus qui va provoquer chez lui une réponse instantanée. L'animal ne prendra certainement pas le temps de se tenir à lui-même le raisonnement suivant: "Tu m'as eu. Bon, je te revaudrai ça un jour ou l'autre. En attendant, voyons voir si je ne ferais pas mieux de miauler pour pouvoir sortir ma queue de là-dessous." La réaction instantanée du chat sera au contraire S — R, Stimulus — Réponse.

Du fait de la complexité de leur cerveau, les humains disposent d'une gamme de réponses infiniment plus étendue. Une fois que le stimulus est enregistré, ils peuvent marquer un temps de pause pour l'intégrer et l'analyser, afin de décider quelle est la réaction la plus appropriée à la situation, et enfin répondre. Écrivez sur une feuille de papier la formule résumant le tout:

S — P — R

Stimulus — Pause — Réponse. À présent, tracez une flèche verticale sous la lettre P et notez sous sa pointe, l'un au-dessous de l'autre, les trois mots suivants, fondamentaux pour vous, puisqu'ils expriment des notions qui vont rendre efficaces vos pauses:

PRÉPARATION
ENTRAÎNEMENT
RÉPÉTITION

Quoi que vous décidiez de faire, ce sont la préparation, l'entraînement et les répétitions auxquels vous vous êtes livré au préalable qui décideront du résultat de votre action. Une des difficultés majeures que je rencontre avec ceux qui débutent dans la vente, c'est de les convaincre que, s'ils ne savent pas très exactement ce qu'ils vont dire quand ils seront en présence d'un client, alors il sera trop tard.

Les vendeurs adorent l'improvisation. Les vendeurs d'envergure moyenne, voulais-je dire. Car les champions de la vente, eux, préfèrent gagner de l'argent. Aussi ne se risquent-ils pas à naviguer à vue. Ils préparent soigneusement leur itinéraire.

Une des raisons pour lesquelles les débutants s'imaginent qu'ils peuvent ainsi se laisser porter au gré des courants et gagner la partie tient à l'idée erronée qu'ils se font de la discussion avec le client. Ils entrevoient la rencontre sous la forme d'un dialogue à bâtons rompus où chacun prend tout le temps voulu pour raconter des blagues, bavarder du sport et du beau temps, et suivre son petit bonhomme de chemin sans trop se soucier des obstacles imprévus de la route. Mais ce qu'ils ne réalisent pas c'est que, même au fil de ces conversations indolentes, le temps consacré aux affaires sérieuses passe incroyablement vite.

Il est notoire que certains directeurs des achats, quand ils reçoivent un représentant, préfèrent parler avec lui de tout et de rien plutôt que d'écouter la présentation que leur visiteur est venu leur faire de son produit. Beaucoup d'acheteurs procèdent de la même façon. Pourtant, quand vous allez proposer un produit ou un service au directeur des achats d'une entreprise qui en fait un usage régulier — des fournitures industrielles, par exemple — vous pouvez vous dire à coup sûr que votre interlocuteur travaille lui aussi régulièrement avec des représentants auxquels il donne sa préférence. Et, à moins que vous n'ayez minutieusement mis au point une stratégie imparable avant même de franchir le seuil, ce seront ces concurrents privilégiés qui vous coifferont invariablement au poteau.

Songez à ce qu'il m'arriverait si je me présentais sur un court de tennis en affirmant au professionnel contre lequel je vais disputer la partie que je vais le battre à plate couture.

Tout d'abord, j'assurerais tant bien que mal mon service — plop — et la balle me reviendrait aussitôt... ou plutôt reviendrait là où je ne me trouve pas. Je la verrais revenir en me disant: "O.K., tu fonces là-bas et tu la retournes en revers." Mais le temps d'y courir, j'aurais déjà perdu et la balle et le point.

Pourtant, en dépit de mon peu d'entraînement, ma réponse a été relativement rapide. Mais pas assez, loin s'en faut. Toute la différence entre mon adversaire, le tennisman professionnel, et moi-même, tient à ce qu'il passe son temps à frapper des dizaines de milliers de balles, quand moi je n'en frappe qu'une seule, faute d'y consacrer le temps.

Ce n'est pas tout, me direz-vous; le professionnel en question est probablement beaucoup plus doué que vous de nature. Je ne discuterai certes pas de cet aspect des choses, mais ferai simplement la remarque suivante: supposons que nous remontions le cours du temps jusqu'au jour où ce pro a frappé sa première balle, et que ce jour-là il ait choisi de se consacrer à la natation plutôt qu'au tennis. Et supposons aussi que, ce même jour, ce soit moi qui ait pris sa place. Peu importe la carrière de tennisman que j'aurais bien pu faire depuis, ce qui compterait c'est que pendant des années j'aurais donné des dizaines de milliers de coups de raquette alors que mon adversaire d'aujourd'hui aurait employé tout ce temps à bien d'autres choses. Et qu'arriverait-il maintenant si nous nous trouvions face à face sur un court? J'aurais derrière moi des années de tennis à plein temps, et lui des années de natation. Il aurait bien du mal à reconnaître une raquette d'un banjo. Le résultat? Ce serait moi qui l'expulserais du court, quelles que puissent être ses dispositions naturelles pour le tennis. Car tout est affaire de préparation, laquelle inclut la concentration d'esprit et l'apprentissage de la confiance en soi. Et ceci vaut dans la grande majorité des domaines. Qu'il s'agisse de sport, de vente, ou de n'importe quelle autre activité, celui qui s'y est préparé à fond connaît rarement l'échec.

Tous les types de préparation intensive ont-ils un dénominateur commun?

Oui, la rapidité d'action.

C'est la préparation intensive qui développe la promptitude des réponses. Répondre plus promptement, c'est aussi améliorer de façon automatique la qualité de la réponse. Autrement dit, ce n'est pas tant la rapidité de réponse en elle-même qui importe, puisque la vente n'est pas toujours une course contre la montre, mais le temps qu'on s'accorde pour sélectionner la bonne réponse, celle qui soit la plus pertinente, et pour la formuler de façon décontractée. Cette façon de procéder vous laisse aussi toute latitude pour réfléchir à la pièce que vous allez déplacer au coup suivant. Tandis que si vous vous laissez porter par le cours des événements, vous ne pourrez tout simplement pas vous maintenir à flot.

Les champions de la vente aiment provoquer les arguments contraires. Ils aiment les entendre de la bouche de collègues de même envergure qu'eux, ou bien les découvrir dans des livres, ou bien tout simplement les inventer. Ils sont ravis chaque fois qu'on leur oppose une objection nouvelle...sauf si cette objection émane d'un client. Et soyez assuré que, quelle que soit la rapidité avec laquelle ils élaborent d'eux-mêmes ces objections, ils sont aussi prompts à leur inventer des réponses. Mais ils ne s'en tiennent pas là. Ils se préparent, s'entraînent, répètent ces réponses qu'ils jugent les meilleures. Avant même d'intercepter quelque nouvelle objection émise par un client, ils sont instantanément en mesure de lui opposer la meilleure parade. Ce n'est ni plus ni moins que du professionnalisme, et cette mécanique d'esprit et de comportement se traduit en espèces sonnantes et trébuchantes.

De fil en aiguille vous devez vous dire: “Si c’est aussi simple que cela, comment se fait-il que tous les vendeurs du monde ne procèdent pas ainsi, et depuis belle lurette?”

Aussi simple, oui. Mais en théorie seulement. C’est l’application qui est complexe, car elle varie selon chaque type de produit ou de service, et suit le cours d’une constante évolution. Il ne suffit pas d’apprendre à manier quelques parades, de garder en mémoire quelques réponses appropriées, et de se libérer ensuite l’esprit en se disant que le tour est joué. Ce qui caractérise les champions de la vente, c’est qu’ils gardent leur esprit en alerte pour considérer les nouvelles objections qu’on leur oppose, et aussi pour améliorer la qualité des réponses qu’ils doivent apporter aux objections classiques.

Pensez-vous que vos prospects, quand vous leur présentez un produit ou un service, peuvent vous opposer des arguments du genre de ceux qui suivent?

- “On en a fait l’essai (on en a déjà eu un) il y a trois ans, et on a été déçus du résultat.”
- “Voyez-vous, nous ne sommes pas du genre à prendre sur-le-champ une décision de ce genre. Votre magnétoscope est magnifique et nous plaît beaucoup, mais nous allons nous renseigner d’abord sur ce qu’on nous propose ailleurs.”
- “Vos prix sont beaucoup trop élevés.”

À présent que vous avez considéré un instant ces trois objections très communes, vous vous dites: “Il faudra qu’un jour ou l’autre je me mette à étudier sérieusement les réponses qu’il convient d’apporter à ce genre d’objections. Mais pour l’instant, je vais continuer à me débrouiller comme ça, puisque la présence d’un client me stimule l’adrénaline et que de temps en temps je ne m’en tire pas si mal.”

Certes. Et c’est sans doute pourquoi vous battez tous les records de vente. Car bien entendu vous battez tous les records de vente, n’est-ce pas? Sinon, il doit bien y avoir une raison, vous ne croyez pas? Et si cette raison tenait tout simplement à ce qu’au lieu de vous préparer, de vous entraîner, de répéter, vous vous contentez de voir comment les choses tournent pour émettre une réponse? Nul n’est jamais devenu un vendeur de grande compétence sans avoir acquis au préalable la compétence de faire face aux objections.

Un véritable professionnel de la vente (c’est-à-dire quelqu’un qui a décidé de cesser de jouer le jeu pour rien et de le rendre lucratif) dispose toujours d'une réponse efficace à opposer aux objections, sans même prendre le temps d'y réfléchir. Il est comme le chat sur la queue duquel on marche. C'est l'objection qui représente pour lui le stimulus. Et sa réponse est immédiate et percutante.

Dans le chapitre consacré aux objections, je vous indiquerai quelles réponses appropriées il convient d'opposer aux objections de base communes à la plupart des situations de vente. Ensuite, une fois que vous vous serez préparé à énoncer ces réponses standard, que vous vous y serez entraîné par la répétition, vous serez suffisamment familiarisé avec la méthode pour être capable d'élaborer de vous-même de nouvelles réponses efficaces aux objections qui pourraient surgir parmi votre clientèle du moment.

Étudiez attentivement ces objections standard. Ce sont celles que vous entendrez formuler chaque jour en exerçant votre profession. Si vous ne les avez jamais étudiées, c'est que vous ne réalisez pas que tous les entretiens avec la clientèle qui se terminent fructueusement pour vous se rapportent au modèle résumé ci-après sous forme d'un diagramme: voir à la page 51.

Il s'agit là, bien entendu, d'un diagramme considérablement simplifié. La phase des échanges de politesses, par exemple, peut inclure un préambule de présentation facilitant l'établissement du contact et, sauf s'il s'agit de vente au comptoir, vous aurez probablement à poser beaucoup plus de questions et à répondre à beaucoup plus d'objections que nous n'en avons schématisées. Mais le processus essentiel de l'échange est résumé dans ce diagramme, et c'est le concept de base qui importe. Il exprime l'essence même de la vente. La fonction du vendeur professionnel consiste à connaître toutes les questions et objections qu'un prospect est susceptible de poser ou d'élever, à posséder à fond les informations et les réponses propres à satisfaire à ces questions et objections prévisibles, et à savoir quelles tentatives de conclusion vont guider ce prospect vers l'acceptation finale. Et voilà donc qu'après avoir accumulé des arguments contraires que vous avez démontés les uns après les autres, votre homme finit par sortir en emportant le magnétoscope que vous lui avez vendu. Que s'est-il donc produit?

Il s'est produit que vous avez très exactement prévu ce qu'il allait vous dire, et aussi ce qu'il fallait lui dire.

Ce qui nous amène à souligner une fois de plus l'importance de la préparation, de l'entraînement, et de la répétition. Les tech-

Progression de la vente

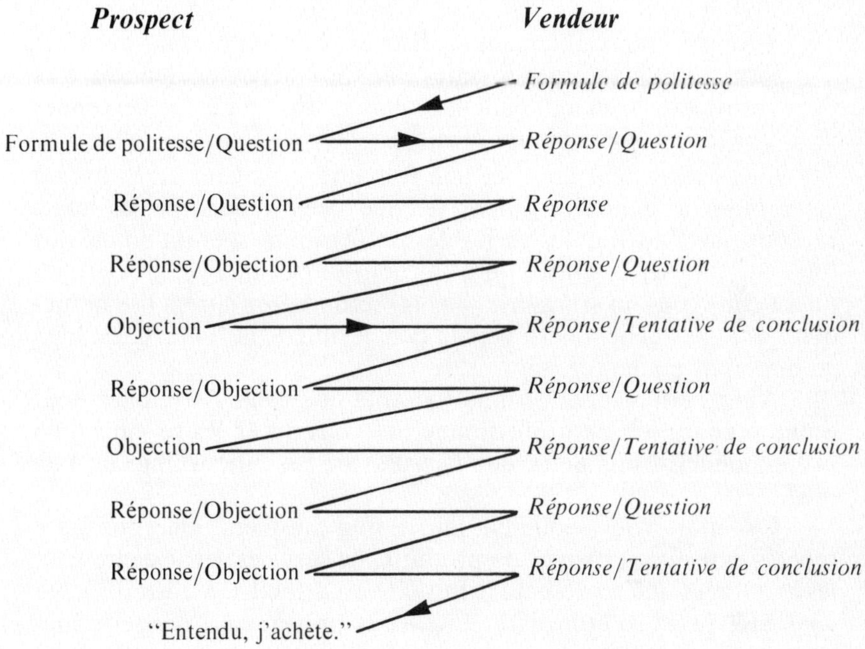

niques qui ont fait le succès de milliers et de milliers de vendeurs seront exposées dans ce livre, de même que les objections qu'il convient de leur faire et les réponses à ces objections et aussi les techniques de conclusion. Mais ce n'est pas une lecture hâtive qui vous permettra d'utiliser de façon naturelle cette somme de données quand vous vous trouverez dans le bureau d'un de vos clients dont le téléphone sonne, ou bien dans une salle de démonstration aux prises avec un couple dont les enfants se chamaillent. Si vous vous contentez de survoler cet ouvrage, vous ne devez guère espérer mieux que d'en restituer une infime fraction, même dans les cas où vos entretiens avec vos clients seront les plus favorables. Il vous faut donc littéralement incorporer les données de ce livre, les faire véritablement vôtres. En d'autres termes vous devez:

- préparer le discours précis que vous utiliserez jusqu'à ce qu'il devienne pour vous une seconde nature;
- vous entraîner à formuler ce discours avec clarté et conviction;
- répéter inlassablement ce discours en vous plaçant dans des situations identiques à celles dans lesquelles vous aurez à le formuler, en demandant la collaboration d'autres personnes qui joueront le rôle de clients.

C'est seulement ensuite, une fois que vous vous serez livré à cette mise en condition intensive, que vous obtiendrez les hauts revenus que s'attirent les véritables professionnels, étant donné que lorsque vous serez confronté à un acheteur et que celui-ci provoquera chez vous un stimulus, vous lui retournerez la réponse immédiate qui vous acheminera vers la conclusion de la vente. C'est bien ce que vous souhaitez, non?

Alors, faites-le. C'est aussi simple que cela. Astreignez-vous à une préparation de professionnel, et vous aurez les revenus d'un professionnel. Mais ne tardez pas. Partez dès aujourd'hui du bon pied.

Ces mots vous semblent sans doute familiers. On vous les a répétés cent fois à propos de produits, de services, pour démontrer les avantages que représente le fait d'avoir atteint son objectif. Vous vous êtes procuré mon livre. Êtes-vous prêt aussi à acquérir mes propres concepts? À investir le temps et l'effort requis pour les faire vôtres?

À vous de décider. Je souhaite simplement que vous fassiez le bon choix.

Chapitre 3

L'art de poser les questions

Vous reconnaîtrez avec moi que, lors de votre première rencontre avec un nouveau prospect, il ne serait pas mauvais que vous l'ameniez, par une succession d'assentiments de détail, à vous donner le oui définitif par lequel il vous signifie qu'il est d'accord pour acheter. Le raisonnement se tient, non?

C'est l'évidence même.

D'où l'intérêt de pouvoir disposer d'une technique éprouvée pour susciter chez un client éventuel cette série préliminaire d'assentiments mineurs, n'est-ce pas? Or, c'est précisément ce que nous permet de faire la *technique du lasso**, toujours d'accord? À propos, vous n'êtes pas un peu fatigué par cette cascade de questions? Ce qui prouve bien qu'il ne faut pas trop abuser de cette technique. Elle peut être fort efficace mais devient vite fastidieuse si on ne se contente pas d'y recourir à faible dose. Il s'agit d'une tactique d'interrogation qui repose sur le principe de la non-contradiction, et par laquelle on place l'interlocuteur dans l'obligation d'abonder dans le sens d'une vérité considérée comme absolue; pris au lasso, immobilisé, il n'a pas le choix, il ne peut qu'approuver.

Il existe quatre types de coups de lasso: le coup de lasso simple, inversé, intégré ou réfléchi. C'est le dosage judicieux de ces quatre formules qui permet d'utiliser de façon naturelle cette technique

---

* Dans le texte américain, "tie-downs". N.d.T.

percutante. Nous allons à présent les passer en revue et vous suggérer de quelle façon il faut s'entraîner à les manier pour en faire une habitude de langage hautement efficace.

Coup de lasso simple

Dans ce cas, l'interrogation forme la partie terminale de la phrase et se présente ainsi:

"De nos jours, il est devenu indispensable de faire des économies de carburant, *n'est-ce pas?*"

Si la proposition que vous énoncez repose sur une vérité que le prospect perçoit clairement, que peut-il faire d'autre que de tomber d'accord avec vous? Et si c'est sur une des qualités de votre produit qu'il tombe d'accord, c'est un pas en avant qu'il vient de faire vers l'achat du produit, vous en convenez?

Suivent quelques exemples de ces lassos qu'on lance en début de phrase et qui vous seront fort utiles.

Non?	C'est aussi votre opinion?
D'accord?	Qu'en pensez-vous?
N'est-ce pas?	C'est bien votre avis?
Qu'en dites-vous?	Vous ne trouvez pas?

Bien sûr, il en existe d'autres. Placez-les en fin de phrase, afin de provoquer chez votre interlocuteur de multiples assentiments mineurs. Vendre, c'est maîtriser l'art de poser à bon escient des questions qui déclenchent ces assentiments mineurs, lesquels vous permettront d'acheminer votre prospect vers une décision finale positive. Dans son essence, la vente est une opération simple où le bon de commande n'est rien d'autre que la somme de tous les assentiments mineurs que vous aurez su provoquer, qu'en pensez-vous?

Et à présent, au travail. Un sportif professionnel doit être en mesure de mener de front plusieurs activités. Si par exemple il s'agit d'un tennisman, il doit simultanément pouvoir courir, suivre des yeux le trajet de la balle, lever le bras pour assurer son coup, frapper au moment opportun. Il en va de même pour le vendeur professionnel qui, lui aussi, doit pouvoir coordonner plusieurs activités. Tandis qu'il fait la présentation de son produit, il lui faut prévoir les objections qui peuvent surgir et tenir compte de ce qui s'est dit dans le passé pour être mieux préparé dans l'avenir. Son cerveau est un véritable ordinateur.

Lisez l'une après l'autre les phrases qui suivent et, le plus vite possible, complétez-les par écrit avec le lasso qui vous semble le plus approprié. Placez-vous devant une glace pour faire cet exercice, en vous assurant de temps à autre que vous adoptez bien l'air entendu et le mouvement de tête qui conviennent. Les pros doivent savoir coordonner plusieurs activités, non?

"De nos jours, la plupart des sociétés qui vont de l'avant sont équipées d'ordinateurs, ______________?"

"Il serait avantageux pour vous d'avoir un téléphone intérieur, ______________?"

"Nous avons tous à coeur le bien-être de nos proches, ______________?"

"C'est un appareil très amusant, ______________?"

"Il faut bien sûr apprendre à s'en servir, ______________?"

"À présent vous le faites tout à fait naturellement, ______________?"

"C'est la qualité qui compte, ______________?"

"Un beau jour on prend sa retraite pour pouvoir profiter un peu des douceurs de l'existence, ______________?"

"Il est nécessaire d'apprendre à faire plusieurs choses à la fois, ______________?"

"Avec un peu d'habitude, vous verrez que les coups de lasso vous viendront d'eux-mêmes, ______________?"

"C'est celui-ci qui était le bon, ______________?"

"Au bout d'un certain temps, vous aurez élaboré des centaines de questions qui amèneront vos clients à vouloir profiter des avantages de votre produit ou de votre service, ______________?"

"À tout moment un champion de la vente doit être capable d'inventer quinze questions assorties d'un coup de lasso pour les besoins de son argumentation, _______________?"

"Vous êtes un vendeur d'élite, _______________?"

"Elle a choisi des couleurs magnifiques, _______________?"

"Voilà qui va joliment gonfler votre portefeuille d'actions, _______________?"

"La sécurité nous préoccupe tous énormément, _______________?"

"Vous vous tirez très bien de cet exercice, _______________?"

Avant de passer aux autres façons d'utiliser la technique du lasso, incrustez-vous solidement dans l'esprit ce qui suit:

Avant d'avoir recours à la technique du lasso, attendez que l'acheteur lui-même émette un stimulus positif.

Sinon vous risquez de susciter chez lui une réponse négative. Pour illustrer ceci, imaginons que je vende des photocopieurs de bureau et que j'aie rendez-vous avec le directeur de bureau de la compagnie Makebux.

Mon intention est de vendre à Makebux un modèle SuperPow que fabrique ma maison. Le principal avantage des machines SuperPow, outre qu'elles impressionnent très rapidement des copies d'excellente qualité, est qu'elles en font aussi le tri et le classement à très grande vitesse. Si j'ai décidé de vendre une machine de ce type à Makebux, c'est (1) que ma commission sur la vente est appréciable, (2) que les performances techniques de ce modèle facilitent mon argumentation de vente, (3) que je n'ai encore vendu aucun SuperPow dans cette partie de mon secteur, et qu'en placer un chez Makebux m'y ouvrirait une porte. Ces raisons sont toutes plus excellentes les unes que les autres, certes. Mais ce sont les miennes, pas celles de Makebux.

J'ai donc fait pas mal de kilomètres pour venir voir mon client et je range ma voiture dans le parc de stationnement de Makebux. Dans le coffre se trouve un SuperPow et rien d'autre. Car c'est un

SuperPow que je veux vendre, et j'ai décidé que c'était celui-ci qu'allait acheter Makebux. Aussi l'ai-je empaqueté dans une enveloppe flatteuse et me suis-je muni d'une chemise de présentation attrayante sur laquelle j'ai composé à la machine une formule du genre: "Les avantages que présente SuperPow pour Makebux." Je suis convaincu de l'excellence du SuperPow. Je vais donc mener les choses rondement.

J'attaque donc mon entrevue dans les termes suivants: "Ce qu'il vous faut, c'est un photocopieur qui soit différent des autres, n'est-ce pas? Une machine qui fasse aussi le tri et le classement des copies, si j'ai bien compris?"

Mon interlocuteur hoche la tête en signe de dénégation. "Hélas non, nous n'avons pas besoin de classer nos documents en liasses, étant donné que de l'autre côté de la rue nous disposons d'un service d'impression intégré qui est parfaitement équipé pour ce genre de travail. Ce qu'il nous faut ici dans nos bureaux, c'est une machine simple et fiable qui se contente de nous faire des copies d'excellente qualité."

Je me suis tout simplement coupé l'herbe sous le pied.

Parce que je n'ai pas interrogé. J'ai *affirmé*. Je n'ai pas su attendre que le stimulus positif me vienne de mon prospect et j'ai foncé tête baissée dans une équipée qui m'a mené droit au ravin. C'est le stimulus positif émanant de l'acheteur qui compte pour le professionnel, et non pas celui qui émane de lui-même. Quelle que soit ma hâte d'implanter un SuperPow dans cette partie de mon secteur, quelle que soit ma volonté d'emporter la partie, quel que soit mon désir d'en retirer une prime substantielle, Makebux n'achètera pas le photocopieur que je suis venu lui proposer. Il m'aurait fallu la moitié du temps que je viens de passer en pure perte pour conclure avec Makebux la vente d'un SuperPup, notre modèle courant de bureau sans système de triage et de classement.

Et cela, j'aurais pu le faire si j'avais pris la peine de me renseigner par téléphone, avant mon rendez-vous, sur les besoins réels de mon client. Et s'il ne m'avait pas été possible de le faire, j'aurais dû articuler ma présentation de telle sorte qu'à tout instant il m'eût été possible en cours d'entrevue de bifurquer et d'axer ma présentation sur le modèle qui répondait exactement aux desiderata de mon client.

Le coup de lasso inversé

Pour varier la technique et rendre le dialogue plus vivant, on peut avantageusement lancer son lasso en début de phrase. Avant de décider qu'il s'agit là d'un jeu d'cnfant, nc perdez pas de vue que nous traitons ici de ces habitudes de langage sur lesquelles reposent votre carrière de vendeur, dans cette arène mouvante et exigeante qu'est l'entrevue avec l'acheteur. Et que ce n'est pas par accident qu'un vendeur qualifié est capable de mélanger harmonieusement dans son discours les quatre façons de formuler cette technique, de les utiliser de façon naturelle sans cesser de se concentrer sur son client. Une telle maîtrise nécessite bien des répétitions.

Entraînez-vous à prononcer les mêmes phrases en plaçant l'interrogation d'abord au début, puis à la fin. Relisez rapidement les phrases que nous venons de voir dans le sous-titre précédent et prononcez-les à haute voix après inversion. Il suffit le plus souvent d'une légère modification, un mot ajouté par exemple, ou bien une légère variation d'intonation en jouant de la forme affirmative au lieu de la forme interrogative, pour que le discours coule tout naturellement. Ainsi: "De nos jours, la plupart des sociétés qui vont de l'avant sont équipées d'ordinateurs, n'est-ce pas?" devient après inversion: "N'est-ce pas un fait reconnu par tous que de nos jours la plupart des sociétés qui vont de l'avant sont équipées d'ordinateurs?"

Le coup de lasso intégré

Une façon élégante de dissimuler le "lasso" avec lequel vous vous apprêtez à ligoter votre interlocuteur consiste à le glisser au milieu d'une phrase complexe. Ce n'est pas si difficile. Voyons un exemple qui met en parallèle trois façons d'utiliser la technique:

"Il faut d'abord l'avoir bien en main pour le contrôler parfaitement, vous êtes bien d'accord?"

"N'est-ce pas qu'une fois qu'on l'a bien en main on le contrôle parfaitement?"

"Dès qu'on l'a bien en main, vous pouvez imaginer combien on le contrôle parfaitement?"

Prenons comme autre exemple une des phrases les plus courtes qui figurent dans l'exercice précédent: "C'est un appareil très amusant, n'est-ce pas?" Il suffit pour dissimuler le "lasso" ("n'est-ce pas"), de l'intégrer dans la phrase (où il devient: "vous pouvez imaginer..."): "Quand on l'a bien en main, vous pouvez imaginer à quel point cet appareil est amusant?"

La technique en soi n'est pas compliquée. Entraînez-vous à moduler ainsi les phrases qui précèdent. Revoyez-les, malaxez-les pour en faire des éléments de discours plus complexes, dans lesquels les "lassos" seront intégrés, ou bien placés alternativement au début et à la fin. La plupart des phrases, ou des bouts de phrases, qui suivent expriment une notion de temps. Traitez-les comme les précédentes:

"Vous devez être satisfait de voir qu'à présent ce problème est résolu, non?"

"Quand vous recevrez votre commande la semaine prochaine, votre épouse en sera enchantée, n'est-ce pas?"

"Une fois en possession de ce modèle, comment envisagez-vous...?"

"À notre époque d'inflation galopante, n'êtes-vous pas d'accord avec moi que...?"

"Quand vous..."

"Une fois que nous..."

"Puisque vous désirez que votre prochain ____________ vous serve longtemps, ne serait-il pas judicieux de...?"

Préparez-vous, entraînez-vous à répéter quinze questions de votre cru. Puis inventez-en quinze autres, en les utilisant selon les trois formes que nous venons de voir. Vous vous rendrez vite compte que cette pratique deviendra rapidement, et sans effort, une habitude de langage qui relèvera le volume de vos ventes, ainsi que votre moral et votre compte en banque.

Le coup de lasso réfléchi

Cette dernière variante offre de multiples possibilités et consiste, dans sa forme la plus simple, à utiliser en le "réfléchissant" par une phrase d'approbation, tout ce qui dans le discours d'un prospect peut constituer un élément de vente positif.

Prospect: Pour moi, c'est la qualité qui prime.
Vendeur: Je suis heureux de vous l'entendre dire.

Si votre interlocuteur l'a dit, c'est que cela représente pour lui une vérité et si, chaque fois qu'il énonce ainsi quelque chose susceptible de favoriser la vente, vous lui "réfléchissez" son propos, cela vous permet d'obtenir de lui une série d'assentiments mineurs, d'accord?

Vous avez noté au passage ce "lasso" dans la ligne qui précède? Oui? Parfait. Cela démontre que vous commencez à acquérir les réflexes qu'il faut pour en tirer vous-même parti.

Êtes-vous d'accord pour admettre avec moi que les stimuli qui interviennent au cours des entrevues avec la clientèle sont rapides et variés? Oui, je suppose.

Ceci étant admis, ne convient-il pas de réagir à ces stimuli par des réponses aussi promptes et efficaces que possible?

C'est l'évidence même, et toute la substance de ce livre tend vers ce but. Car non seulement le maniement de ces quatre techniques que nous venons de voir va devenir pour vous une activité réflexe, mais encore, une fois que vous aurez assimilé l'ensemble des autres techniques exposées dans ces pages, serez-vous à même de les employer instantanément, de façon automatique, dans toutes les circonstances où elles risquent de vous faciliter une vente. Si vous intégrez parfaitement toutes ces données, vous ne pourrez manquer d'accroître vos revenus, êtes-vous prêt à en convenir?

Reconnaissez à présent que les quatre paragraphes qui précèdent comportent un échantillonnage assez varié de la technique du lasso. Vous le reconnaissez? À vous de vous en servir désormais comme d'un tremplin pour acheminer votre client vers le oui final.

Le jour où vous serez assez entraîné pour déceler instantanément que le moment est venu de "réfléchir" un argument avant même que votre interlocuteur ait achevé sa phrase, ou bien le jour où vous saurez spontanément recourir au type de coup de lasso qui s'impose pour mener la conversation à votre avantage, en variant habilement les formules de ce genre qui renforcent l'intérêt de votre prospect et l'amènent à la conclusion finale, alors vous pourrez vous prévaloir d'avoir acquis une compétence technique de champion. Il n'y a d'ailleurs pas de quoi s'en faire une montagne et vous verrez que, le jour où vous maîtriserez ces techniques, vous aurez aisément accru (et sans bourse délier) vos capacités de gains, et qu'il vous semblera désormais tout naturel de ne plus vous satisfaire d'autres méthodes que de celles qu'utilisent les champions.

Dans l'exemple qui suit, le vendeur réfléchit au prospect, l'un après l'autre ses arguments positifs. Imaginons que le client en présence duquel vous vous trouvez soit surtout préoccupé par la couleur du produit que vous avez à lui vendre:

Prospect: J'aime bien le vert.
Vendeur: C'est en effet une couleur qui s'accorde aux émotions. C'est pourquoi nous présentons nos derniers modèles en trois nuances différentes de vert. Laquelle vous séduirait le plus, Brume de Bali, Mer d'Irlande, ou Printemps d'Acapulco?
Prospect: Je préfère Brume de Bali. C'est ce qui me semble le plus reposant.
Vendeur: N'est-ce pas?

Amenez ensuite par d'autres questions votre client à émettre d'autres opinions que vous pourrez approuver en série, ce qui l'acheminera vers l'achat de votre produit.

Cette technique est particulièrement efficace avec les prospects qui ne s'en laissent pas aisément conter et qui entendent mener la discussion à leur guise. Ignorez délibérément tout ce que leur discours peut comporter de négatif, sauf s'il s'agit pour vous de rectifier une information erronée. Efforcez-vous de les inciter à émettre des jugements positifs dont vous pourrez tirer parti en les leur "réfléchissant" en lançant habilement votre lasso.

Prospect: Vos modèles sont un peu lourdauds.
Vendeur: (Il évite de commenter cette déclaration négative.) Il s'agit là du modèle standard. Si vous voulez bien me suivre, j'aimerais savoir ce que vous pensez de notre nouveau modèle, le Barrier-buster.
Prospect: Voilà au moins un modèle qui a de l'allure.
Vendeur: Je ne vous le fais pas dire. Je ne sais pas si vous êtes de mon avis, mais cela doit faire une drôle d'impression d'être assis là-dedans.
Prospect: Sûrement. L'impression de glisser sur le sol.
Vendeur: N'est-ce pas? On s'imagine ce que ça doit être de l'avoir bien en main.
Prospect: Difficile à imaginer. Mais j'aimerais bien m'en rendre compte par moi-même.

Ensuite, tout dépend des informations que vous possédez déjà sur l'acheteur — c'est-à-dire de la sélection préalable dont il a fait ou non l'objet — et de la politique d'argumentation que vous allez choisir. Mais il n'empêche que, d'ores et déjà, en lançant habilement quelques lassos et en menant la conversation à votre avantage par des questions à suivre, vous venez d'obtenir trois assentiments successifs et vous vous êtes placé en position dominante. Voilà un avantage promptement acquis.

Les occasions de réfléchir les arguments de l'interlocuteur sont aussi rapides à surgir qu'à disparaître, d'où l'importance d'être parfaitement entraîné à les saisir au vol. Ce qui est relativement simple. Il suffit pour cela, quand vous êtes en voiture pour vous rendre à votre bureau ou à vos rendez-vous, de prendre les nouvelles à la radio, ou bien d'écouter n'importe quel programme riche en déclarations positives, et de vous exercer en cours de route à compléter à haute voix ces déclarations d'un coup de "lasso".

Ou encore de mettre à profit les conversations que vous pouvez mener ici et là avec les autres, et de vous exercer à les mener à votre avantage en utilisant de façon répétée cette technique.

La proposition alternative

Du fait de la facilité avec laquelle on en use, c'est une de mes techniques préférées. Elle consiste à donner au prospect le choix entre deux réponses qui, l'une comme l'autre, font avancer positivement les choses.

Si en effet vous posez à votre prospect une question à laquelle il peut répondre soit par oui, soit par non, que va-t-il se produire dans la plupart des cas?

Il va dire non.

Car nous réagissons tous de la même façon, en jugeant qu'il est plus simple de dire non que de dire oui. C'est pourquoi les professionnels emploient si volontiers la technique de la proposition alternative et se gardent bien de poser des questions qui risquent de provoquer un *non* dans la bouche du prospect.

D'ailleurs, on peut tout aussi bien user de ce procédé dans les préliminaires que dans la phase de conclusion. Dans la plupart des activités de vente, il est bien souvent impossible de conclure une affaire sans avoir au préalable fixé rendez-vous avec l'acheteur. En règle générale, plus nombreux sont les rendez-vous, et plus nombreuses seront les ventes — d'accord?

D'où l'importance de ne pas multiplier les rendez-vous inutiles, et de ne pas se trouver bloqué avant même d'avoir démarré. C'est la raison pour laquelle le professionnel ne pose jamais de questions telles que: "Puis-je venir vous voir cet après-midi?"

Quelle sera en effet la réaction de la plupart des acheteurs si on leur pose une question pareille? "Je suis vraiment trop occupé aujourd'hui — vous expliqueront-ils — et je vous rappellerai dès que je serai un peu plus libre." Tu parles, qu'ils vont vous rappeler!

Le professionnel propose au contraire à son interlocuteur deux solutions possibles: "Je serai cet après-midi dans votre secteur, M. Tremblay. Qu'est-ce qui vous conviendrait le mieux, que je passe vous voir vers deux heures, ou bien préférez-vous que je vienne une heure plus tard?"

Si on vous répond: "Je préférerais vers trois heures", vous venez d'obtenir votre rendez-vous. Et ceci en donnant à votre client le choix entre deux solutions devant lesquelles il ne pouvait répondre que par un oui, alors qu'il se serait empressé de sauter sur une réponse négative si vous lui en aviez fourni l'occasion.

Ce type de progression par la proposition alternative est superbe. "Décidons dès à présent de la date de livraison, Mme Pépin. Que préférez-vous, le premier, ou bien le quinze du prochain mois?"

"Oh, je préfèrerais l'avoir dès le premier du mois." Si Mme Pépin vous fait une réponse de ce genre, la voilà déjà quasiment en possession de son acquisition, non?

Si ce que vous vendez exige que l'acheteur verse des arrhes à la commande, ne lui demandez pas d'emblée s'il aimerait verser un acompte. Usez ici encore d'une proposition alternative. Bien entendu, c'est la valeur intrinsèque de votre produit et la politique de vente suivie par votre employeur qui décideront de la forme de votre question. Il est bien évident que si c'est un biréacteur d'affaires de trois millions de dollars que vous vendez, tout porte à croire que le service commercial de votre entreprise va prendre de sérieux renseignements sur le client avant de le laisser s'envoler aux commandes de l'appareil. Vous vous en doutiez, n'est-ce pas?

Bien entendu, si vous vendez des avions à réaction, vous pouvez toujours demander à votre prospect: "Combien aimeriez-vous verser en acompte?"

Au risque de voir votre homme vous montrer le portrait d'Abraham Lincoln* en vous déclarant: "J'ai justement cinq dollars sous la main. Laissez-moi donc votre appareil."

---

* Dont l'effigie figure en vignette sur les billets de banque américains de cinq dollars. N.d.T.

Vous tiendrez donc compte des données de ce genre, et emploierez probablement une formule telle que: "Vous savez comme moi qu'il s'agit d'une acquisition relativement importante. Qu'est-ce qui vous convient le mieux, 5 pour cent, 10 pour cent d'acompte?"

Quelle solution votre interlocuteur va-t-il s'empresser de choisir?

Celle de 5 pour cent.

Et c'est bien entendu à cela que vous vouliez l'amener. Si tel n'était pas le cas, il eût suffi de formuler autrement votre question. Le tout est de placer votre prospect en face d'un choix à faire entre deux solutions qui ne peuvent ni l'une ni l'autre provoquer un non. Dans les deux cas vous aurez fait faire un pas en avant à votre acheteur éventuel.

Supposons que vous proposiez aux gens d'acheter un des plus extraordinaires services qui soient: une assurance-vie. Compte tenu de l'énorme publicité dont bénéficient les assurances-vie depuis plus d'un siècle, il est stupéfiant de constater de nos jours que bien des gens n'éprouvent pas le besoin d'en contracter une. La raison majeure en est que ces gens n'ont jamais eu affaire à des représentants ou des courtiers en assurances véritablement professionnels.

Pour ma part, si je me trouvais en face de vous, souriant et détendu (car j'aurais évidemment assimilé tout ce que vous êtes en train d'apprendre par la lecture de ce livre), je m'y prendrais de la façon suivante: "Dites-moi, M. Champagne, est-ce votre femme qui sera bénéficiaire de la prime, ou bien votre famille prise dans son ensemble?"

Ma proposition vous laisse le choix entre deux solutions. Si vous me répondez: "Je souhaite que ce soit ma femme", vous voilà déjà pratiquement en possession du contrat d'assurance-vie qui vous fait défaut. Mais quelle que soit la solution que vous auriez choisie, vous auriez fait un pas en avant vers l'acquisition du service que je suis venu vous proposer.

Le pouvoir de convaincre

Au cours de mes six premiers mois de vente, il m'est arrivé un tas d'aventures qui à présent me semblent comiques, mais qui sur le moment ne me faisaient pas rire du tout. Car le drame, c'est que durant ces six mois je n'avais réussi qu'une seule vente, et que mon revenu mensuel moyen ne dépassait pas quarante-deux dollars.

J'avais alors dix-neuf ans. Les caissières des supermarchés gagnaient bien plus d'argent en une semaine que je n'en gagnais en un mois. Pis encore, je jugeais cet état de choses tout à fait naturel, puisque les caissières des supermarchés faisaient parfaitement leur travail, alors que de toute évidence ce n'était nullement mon cas.

Est-ce à dire que j'étais vaincu d'avance, dépressif, prêt à jeter l'éponge? L'alternative était claire: ou bien il me faudrait apprendre le b-a ba du métier et m'y mettre vraiment, ou bien je devrais abandonner la partie — et avec elle mes rêves — pour choisir un emploi quelconque à salaire plafonné, en renonçant du même coup aux avantages de la profession que j'avais choisie. Une décision s'imposait d'urgence. Car si je ne la prenais pas de moi-même, et vite, c'étaient les difficultés financières qui allaient s'en charger.

Un jour où, ruminant mes problèmes, je regardais par la fenêtre d'un bureau de la maison qui m'employait, je vis une petite voiture de sport flambant neuve entrer dans le parc de stationnement. Un jeune homme impeccablement vêtu en descendit et se dirigea vers l'entrée. Il semblait tant respirer la réussite qu'il piqua ma curiosité. Au point que lorsqu'il pénétra dans la pièce, je ne pus me retenir de lui demander ce qu'il faisait dans l'existence.

Il émanait de lui une sorte d'aura de confiance en soi que je n'avais encore jamais perçue chez quiconque. Il répondit à ma question en me déclarant qu'il faisait de la vente.

"Et... ça marche bien?", lui demandai-je.

"Pas mal. Je me suis fait cette année 25 000 dollars." À cette époque, c'était une somme énorme, si vous vous en souvenez.

"Je serais curieux de savoir comment tu t'y prends", lui dis-je

"J'ai appris à établir le contact et à convaincre, me répondit-il. Pas toi?"

Je lui confiai alors que je songeais sérieusement à changer de métier, et que je n'étais pas fait pour la vente.

Il m'écouta pendant quelque temps, puis me demanda si j'avais entendu parler de J. Douglas Edwards.

Non, ce nom-là ne me disait rien.

"Un maître dans l'art de convaincre", m'affirma-t-il.

"D'accord, mais je ne vois pas le rapport..."

"Il peut t'enseigner ce qu'il faut dire, et comment te conduire avec la clientèle. À toi ensuite de mettre en pratique ce qu'il t'aura appris si tu veux gagner beaucoup d'argent."

"J'en aurais grand besoin", dis-je. À cette époque, la société pour laquelle je travaillais organisait pour ses vendeurs des cours du genre "Accroche-toi à mort à ton client". C'était ainsi qu'on voyait les choses dans la maison.

Alors le garçon que je trouvais si élégant s'assit près de moi et, dans la demi-heure qui suivit, sut me convaincre d'aller suivre moi aussi les sessions de J. Douglas Edwards. L'inscription coûtait 150$, ce qui en ce temps-là représentait pour moi une véritable fortune. Mais mon interlocuteur avait su me persuader des avantages que j'en retirerais par la suite. Je m'inscrivis donc au cours.

Il n'y avait pas une heure que j'étais assis dans la salle que déjà j'avais pris conscience de ma totale ignorance en matière de vente. Le séminaire était fort instructif, et du genre de ceux qu'à présent j'organise moi-même chaque mois un peu partout dans les grandes villes du Canada et des États-Unis. Pour obtenir le diplôme final, il nous fallait apprendre mot à mot les techniques de l'art de convaincre.

Au début, j'opposais une sérieuse résistance — un peu comme vous le faites vous-même aujourd'hui — à ce mode d'apprentissage. Puis, petit à petit, ce que nous disait J. Douglas Edwards se mit à faire son chemin dans mon cerveau et j'en vins à me dire: "Au fond, pourquoi ne pas essayer de tout apprendre par coeur? L'esprit d'émulation est si faible dans notre groupe qu'avec un peu d'effort je pourrais aisément me classer dans les premiers."

Alors je me mis à tout apprendre par coeur, comme si c'était de ma propre vie qu'il s'agissait, et non pas d'un simple examen où l'on cherche à décrocher une mention honorable. Deux heures de sommeil par nuit durant une semaine, et je savais mon programme sur le bout des ongles.

Quand je repris mes activités de vendeur, tout devint différent. Je savais exactement ce qu'il convenait de dire à mes clients, et tout tenait à cela. Mes ventes décollèrent littéralement, et mes revenus montèrent eux aussi en flèche. Je me sentais bien dans ma peau, et une infinité de choses plutôt agréables commencèrent à survenir et à se consolider d'elles-mêmes. Ces techniques de conviction que j'avais assimilées se trouvent toutes exposées dans cet ouvrage. C'est en les utilisant à votre tour que votre vie s'en trouvera elle aussi heureusement transformée. Mais pour les utiliser à bon escient, il convient d'abord de les connaître à la perfection. Une brève lecture n'y suffit pas. Commençons d'abord par les préliminaires.

La technique porc-épic

C'est la plus efficace de toutes les approches préliminaires. Imaginez un porc-épic qui s'égosille en hérissant ses longs piquants. Un porc-épic que quelqu'un met dans un sac pour vous le lancer. Comment réagissez-vous?

Vous le relancez immédiatement à l'envoyeur.

Cela résume toute la technique, laquelle consiste à répondre à la question d'un prospect par une autre question, élaborée de telle sorte que ce soit vous qui gardiez le contrôle de l'entretien et qui acheminiez votre interlocuteur vers l'étape suivante de votre stratégie de vente.

Je devance tout de suite votre objection. Vous vous demandez si le fait de ne pas répondre à une question précise par une réponse précise ne va pas contrarier vos prospects.

Je vais donc vous faire à mon tour une réponse porc-épic "Pourquoi craignez-vous tant de contrarier vos prospects, alors que le plus important pour vous est d'abord d'établir avec eux le contact pour les faire bénéficier ensuite, et à leur pleine satisfaction, de ce que vous leur proposez?"

Dans tous les types de vente, vous serez constamment confronté à des questions auxquelles vous ne pourrez répondre que par oui ou par non, mais qui ne feront pas avancer les choses pour autant. On vous demandera constamment de fournir des renseignements que vous serez certes à même de donner, mais qui ne hâteront pas davantage la conclusion des ventes. Par exemple, une question comme "Quel est le délai de livraison?" est très commune. Elle est aussi de celles qui vous permettront dans la plupart des cas de relancer le porc-épic à son envoyeur.

Prospect: "Vous pourriez nous livrer la commande le premier du mois prochain?"

Si vous répliquez: "Naturellement. Aucune difficulté." — la discussion risque d'en rester là. Que ferait le professionnel de la vente dans un cas semblable?

Il aurait un sourire affable et demanderait: "C'est le premier du mois qui vous conviendrait le mieux?" Car en s'exprimant ainsi, il sait que si le prospect répond par l'affirmative, la vente est pratiquement faite.

Aussi bizarre que cela puisse paraître, beaucoup d'acheteurs ne tiennent pas nécessairement à une livraison rapide, soit qu'ils préfèrent retarder le paiement, échelonner les échéances ou éviter des frais d'entreposage, soit qu'ils aiment mieux remettre au plus tard possible le coût de l'installation s'il s'agit d'un produit qui en nécessite une. Dans les cas semblables, la technique porc-épic aura pour vous l'avantage de faire préciser à vos prospects leurs desiderata.

Voyons deux autres exemples de cette technique.

Prospect: Votre police d'assurance-vie prévoit-elle que la prime soit payée comptant au bénéficiaire?

Vendeur: Vous attachez beaucoup d'importance à un paiement au comptant?

Prospect: Bien au contraire. Je ne tiens pas du tout à débourser davantage pour contracter une formule de ce genre.

N'est-il pas de première importance de mettre en évidence des données semblables? Si vous vous étiez obstiné à vendre à ce prospect une police incluant le paiement comptant de la prime au bénéficiaire, vous vous seriez littéralement desservi. Étant donné que votre interlocuteur ne voit pas du tout où serait pour lui l'avantage de payer plus cher pour que le contrat comprenne une clause de ce genre, c'est du paiement échelonné que vous devez lui vendre, ce qui établira entre lui et vous un climat de confiance, quitte à mieux le renseigner par la suite pour l'amener à gonfler sa police. Et si en revanche il vous avait répondu: "Je tiens beaucoup à ce que la prime soit payée au comptant", alors vous auriez su également comment orienter la suite de votre présentation.

Prospect: Celle-ci existe-t-elle en rose?

Vendeur: C'est en rose qu'elle vous plairait?

Le champion de la vente qui vient de prononcer cette phrase sait fort bien quel parti il peut tirer de la technique porc-épic, et combien il est important de poser sa question en manifestant à l'acheteur, par son attitude et son intonation, une amicale compréhension. Mais l'impact du porc-épic est au contraire ruiné si on en abuse, ou bien si on le renvoie au prospect sur le ton du défi, ou en lui signifiant que c'est à prendre ou à laisser. Par contre si vous savez user de cette technique avec mesure, elle sera pour vous une véritable mine d'or. Examinons à présent une autre technique très percutante, que bien des professionnels utilisent dès le début de leur présentation.

La mise en situation

Il est fort possible que vous utilisiez déjà cette technique sans même vous rendre compte qu'elle a à son actif une longue série de succès. S'il arrive que ce soit votre prospect qui prenne de lui-même les devants et se mette en situation de posséder ce que vous lui proposez d'acheter, tant mieux pour vous. Sinon, c'est à vous de favoriser votre intérêt et de le mettre dans une telle situation par une question appropriée. C'est à vous d'inventer des questions de ce type, que vous pourrez ensuite placer dans tous vos entretiens avec la clientèle. Vous ne tarderez pas à voir combien la conclusion de vos ventes s'en trouvera facilitée.

Mettre un prospect en situation, c'est lui poser une question portant sur les avantages concrets du produit ou du service que vous voulez lui vendre, et qui devance la question qu'il se poserait lui-même s'il était déjà en possession de ce produit ou de ce service.

En d'autres termes, il s'agit de lui poser par anticipation une question qui normalement ne se pose qu'une fois qu'on a fait l'acquisition du produit ou du service considérés. Si c'est votre client qui vous pose une question de ce type avant même d'avoir conclu son achat, il ne fait donc que vous confirmer qu'il s'est déjà mis de lui-même en situation d'acheteur. Voyons concrètement comment se présentent les choses et imaginons le cas d'un chef d'entreprise qui envisagerait l'achat, disons, d'un avion d'affaires de trois millions de dollars. Vous lui posez la question suivante:

"Votre intention est-elle de réserver cet appareil à l'usage exclusif de votre personnel, M. Tronchemotte, ou bien espérez-vous éventuellement le louer à la demande?"

Vous venez de lui proposer une alternative, d'accord? Une alternative qui, à un autre plan, le met également en situation. Car si, en dehors des périodes où il va utiliser l'avion pour les besoins de son entreprise, M. Tronchemotte envisage de l'offrir en location, voilà qui va considérablement réduire les coûts d'exploitation de l'appareil. Ce que vous voulez, c'est qu'il prenne clairement conscience de ces possibilités avant même qu'il ait pris sa décision, en faisant appel à son raisonnement de futur propriétaire de l'appareil.

Les questions qui mettent directement en situation d'acquéreur un acheteur éventuel peuvent s'appliquer à presque tous les types de produits ou de services. Elles représentent tout à la fois pour vous un défi et une mise en demeure. Un défi, parce que tous les produits ne s'y prêtent pas aussi facilement; et une mise en demeure parce que seules ces questions, par lesquelles vous placez déjà votre interlocuteur en situation d'acquéreur, vous contraignent à déployer vos pleines capacités.

Étant donné que j'ignore tout de ce que vous vendez, il m'est évidemment impossible de formuler ces questions à votre place. Et c'est fort bien ainsi. Car vous êtes infiniment mieux à même que moi d'élaborer par écrit les phrases qui sont susceptibles de placer harmonieusement vos clients dans la situation de futurs possesseurs, du fait que c'est vous, et non moi, qui connaissez vos propres contraintes et votre propre marché. Il y a bien longtemps, à l'époque où je suivais les séminaires de J. Douglas Edwards — j'avais alors dix-neuf ans et je venais d'essuyer un bel échec dans la vente, je l'ai déjà raconté — celui-ci nous dit: "Vous voulez devenir de véritables professionnels? Alors, servez-vous de ce que je vous enseigne pour le reconstruire par vous-même en l'accordant à votre produit et à votre tempérament. Vous n'ignorez pas que c'est ce que font tous les véritables professionnels de la vente."

Ces mises en situation par le biais d'une interrogation, comme d'ailleurs toutes les autres techniques exposées dans ce livre, vous fournissent l'occasion de maîtriser les conditions mêmes de votre prospérité. Car c'est du sceau de votre personnalité que vos méthodes de vente doivent être marquées. Alors, inventez, servez-vous de vos inventions — et prospérez.

Vous attendez de moi, du moins je l'espère, que je stimule votre capacité d'invention. Je sais que vous êtes créatif. Nous sommes tous abondamment pourvus de ce don — mais nombreux sont ceux qui n'en font qu'un usage restreint. Ce que je vais vous confier à présent, j'y crois intensément: **la créativité passe d'abord par l'imitation**. C'est en imitant que Michel-Ange a acquis sa technique. C'est en étudiant les méthodes de ses maîtres qu'il a commencé à créer ses propres chefs-d'oeuvre. Et Shakespeare, bien avant de devenir dramaturge, a commencé par être acteur. C'est en jouant dans les pièces des autres qu'il a appris à écrire les siennes. Son génie d'imitateur ne s'est d'ailleurs pas borné à cela, puisque c'est également chez les autres qu'il a puisé l'intrigue de beaucoup de ses pièces les plus populaires, avant de marquer ses oeuvres de son originalité.

À mesure que vous découvrez les différentes technique que ce texte vous propose, ne vous contentez pas de rester assis dans votre fauteuil et de vous dire: "Jamais je ne serai capable d'articuler ces phrases. Ni d'utiliser ces mots qui ne sont pas les miens."

En un sens, vous faites bien de raisonner ainsi, et cela prouve que vous pensez qu'il existe des façons plus élaborées et plus efficaces d'exprimer certaines choses et de faire plus intensément valoir vos arguments. C'est pourquoi, si ma formulation n'est pas la vôtre, ne devez-vous en garder que les idées et les phrases qui vous semblent les plus utiles, en écartant tout le reste et en inventant votre propre vocabulaire. Créez vous-même votre propre outillage. Sans vous soucier de ce qui, dans votre discours, vous appartient en propre ou bien provient de moi. L'essentiel est de vous concentrer suffisamment pour élaborer des techniques efficaces qui vous vaudront, par vos ventes, de nouvelles amitiés et de nouveaux clients.

Un des principaux écueils auxquels sont confrontés ceux qui enseignent la vente — et cela s'applique sans doute aussi à tous les autres enseignements — vient de ce qu'il faut fournir aux disciples un solide canevas de techniques, de théories, de méthodes et de connaissances, tout en évitant soigneusement d'étouffer leur créativité. Il est malaisé de toujours éviter cet écueil, étant donné qu'il tient moins aux disciples eux-mêmes qu'à celui qui les instruit. La plupart d'entre nous attendons de l'enseignement deux choses incompatibles:

- Nous attendons de nos instructeurs qu'ils nous enseignent le moyen adéquat, unique, et qui soit le meilleur, de mettre en pratique leur enseignement.
- Nous refusons d'autre part de nous laisser emprisonner dans tout système rigide qui nous serait imposé sous prétexte que nous avons décidé de nous instruire.

Réfléchissez bien à cette contradiction. Vous attendez de ce livre qu'il vous apprenne à maîtriser l'art de vendre ce que vous avez à vendre, mais vous vous refusez à répéter comme un perroquet un discours qui ne vous semble pas naturel parce qu'il est celui d'un autre.

Il peut même parfois vous arriver de penser que ce serait merveilleux s'il suffisait d'une soixantaine de formules bien hiérarchisées pour maîtriser l'art de la vente. Et pourtant vous savez bien que si les choses étaient vraiment aussi simples, s'il suffisait à n'importe qui de lire un livre pour devenir le mieux rétribué des vendeurs, sans faire profondément et intensément appel à son expérience, son talent, son originalité, son entrain, son enthousiasme, alors le premier venu en serait capable. S'il en était ainsi, si chacun pouvait s'improviser vendeur d'élite, la vente ne serait guère plus rentable que la mise en boîte des sardines.

Votre ambition n'est ni de me ressembler, ni de vous exprimer comme je le fais, ni de pratiquer la vente à ma manière. Votre ambition est de rester vous-même, de vous exprimer avec votre propre vocabulaire, et de vendre comme vous entendez le faire. Le pouvoir et la satisfaction que vous tirez des connaissances et du tour de main que vous avez acquis tiennent à ce que ceux-ci sont marqués de votre empreinte. Et le but final de ce livre est de vous amener à vous dire: "À présent que j'ai assimilé les techniques et les concepts d'un professionnel, à mon tour de personnaliser cet acquis en le rédigeant dans mes propres termes."

Si votre désir de porter vos revenus à un haut niveau est sincère, à vous de vous servir de la matière première que représentent ces pages pour en faire ce produit fini que sera une méthode de vente efficace.

"Il doit y avoir de l'or sous cette butte", affirmaient les prospecteurs de jadis. Alors ils chargeaient leur attirail sur le dos d'un âne, grimpaient la pente, et se mettaient à extraire l'or à la pelle et à la pioche. Mais ils n'étaient pas pour autant au bout de leurs peines. Il leur fallait ensuite charrier tout le minerai qu'ils venaient d'extraire pour aller le vendre à quelqu'un qui fût capable de le raffiner et d'en extraire l'or.

Ces pages contiennent du minerai d'or. À vous de l'extraire et de le raffiner pour en isoler le principe scintillant qui vous fera vendre et vous vaudra de hauts revenus.

Le processus est simple. Assimilez mon vocabulaire et mes concepts, enchâssez-les dans votre esprit, puis transformez ce matériau brut en une méthode de réussite qui vous soit personnelle. C'est d'abord en assimilant le matériau contenu dans ces pages que vous ferez le premier pas sur la voie qui mène au succès. Ensuite seulement vous relèverez le défi d'aller plus avant. Commençons donc par apprendre les préliminaires de l'approche. Ce sera pour vous une excellente façon d'entamer le processus de personnalisation.

Révisez radicalement certaines conceptions

Bien des vendeurs ont une conception de la vente absolument contraire à ce qu'en réalité devrait être cette activité. Quand vous avez vous-même débuté dans cette profession, peut-être avez-vous pensé: "À présent, le plus clair de mon travail va consister à parler, parler, parler."

Et vous voilà parti prêcher la bonne parole:

"Voyez un peu la merveille, bonnes gens. Garantie contre la rouille, les effilochures et les accrocs. Jamais de cloques ni de déchirures. Aucune fuite à craindre. Vous allez m'en dire des nouvelles. N'attendez pas pour profiter de l'aubaine."

L'authentique professionnel, le véritable champion de la vente, sait fort bien qu'on ne possède qu'une bouche et deux oreilles, et qu'il faut savoir équilibrer l'usage qu'on fait de l'une et des autres. Ce qui veut dire qu'après avoir parlé pendant dix secondes, mieux vaut fermer la bouche et ouvrir toutes grandes ses oreilles pour écouter pendant vingt secondes. Ce qui veut dire aussi qu'au lieu de submerger le client éventuel sous le verbiage, c'est d'abord lui qu'il faut encourager à s'exprimer. Comparons l'une à l'autre les deux façons de procéder.

Voyons d'abord comment s'y prend le vendeur ordinaire:

- "C'est assurément ce qui se fait de mieux. Aucun produit concurrent ne présente les mêmes qualités et ne peut soutenir la comparaison avec la nôtre, pour la bonne raison que nous avons pris dans ce domaine une avance considérable."
- "Cette assurance sera beaucoup plus avantageuse pour vous que toutes celles qu'on pourra vous offrir ailleurs. Votre intérêt serait donc d'en contracter une immédiatement."
- "Cet article est immédiatement disponible. Pourquoi perdre du temps à en chercher un autre ailleurs, puisqu'en plus le nôtre est moins cher?"

En procédant de cette façon, que fait le vendeur?

Il force la vente.

Il bonimente en affirmant aux gens des choses qu'ils n'ont pas la moindre envie d'entendre. Il essaie de leur enfourner dans la gorge des arguments qui de toute évidence ne peuvent convaincre que lui-même et qui se résument à ceci: "La seule chose qui m'intéresse est de mettre de l'argent dans les poches, et il m'est absolument indifférent que ce que vous achetez vous soit d'une quelconque utilité."

Une tactique de ce genre n'aboutit qu'à faire fuir tout le monde, excepté peut-être ceux qui aiment discuter pour le seul plaisir de discuter.

Au contraire, le véritable professionnel de la vente ne donnera jamais l'impression à son client qu'il veut à tout prix lui forcer la main. Pour l'excellente raison qu'il se garde bien de le faire, étant donné qu'il ne cherche nullement à brusquer les choses, mais à convaincre.

En évitant de parler à tout bout de champ, en consacrant presque tout l'entretien à écouter ce que dit le client tout en lui posant ici et là une question habile, le champion de la vente sait acheminer insensiblement son interlocuteur du contact initial à la mise en situation d'heureux bénéficiaire des avantages d'un produit ou d'un service. Tout au long de cet interrogatoire vif et circonstancié, le véritable professionnel observe donc une attitude d'intérêt et de compréhension qui encourage le prospect à lui révéler toutes les informations souhaitables.

Vous est-il déjà arrivé d'acheter quelque chose à un authentique vendeur? Peut-être pas, car les authentiques vendeurs ne courent pas les rues, et c'est ce qui explique le volume de leurs revenus. Mais si vous avez fait une expérience semblable (avant de vous consacrer vous-même à la vente), sans doute ne vous en êtes-vous même pas rendu compte, tant votre interlocuteur était affable, détendu, diplomate, et savait vous donner l'impression que vous vous trouviez en présence d'un ami qui vous connaissait bien. Si bien que l'idée que vous aviez affaire à un as de la vente ne vous a même pas effleuré l'esprit.

N'avez-vous pas été surpris aussi par la facilité avec laquelle vous vous êtes parfois confié à certains vendeurs avant même de leur acheter un objet quelconque? Leur vivacité d'esprit, l'intérêt qu'ils vous portaient, vous mettaient parfaitement à l'aise. En vous remémorant ces rencontres, il vous semble à présent que c'était vous qui meniez la conversation, et que votre interlocuteur ne faisait que vous suivre. Et c'est la vérité. Mais en surface seulement. Car en réalité c'était lui le meneur de jeu et vous le participant.

Par quel phénomène?

Quand un professionnel dispose d'une certaine gamme de produits ou de services à vendre, il sait s'arranger pour que ce soit le client qui ouvre le jeu. Il sait attendre que ce soit vous qui abattiez la première carte pour prendre la direction des opérations et vous acheminer sans heurt vers le meilleur choix possible, en se servant des réponses que vous apportez aux questions habiles qu'il vous pose chemin faisant. Il sait vous présenter le licou sans même que vous songiez à regimber. Et vous achetez.

Questions informatives et questions directrices

Les professionnels de la vente ont recours à deux types de questions: celles qui les renseignent sur les besoins de leurs clients, et celles qui amènent ces derniers à prendre une décision finale positive. Il peut arriver aussi, si le vendeur est hautement compétent et si le contexte de l'entretien s'y prête, que ces deux types de questions soient confondus en un seul.

Les questions informatives sont si simples, si évidentes en elles-mêmes, qu'on ne soulignera jamais assez quels en sont les inconvénients si elles sont utilisées sans subtilité:

"Puis-je vous être utile?"

"Non, merci. Je regarde simplement vos articles."

Et pourtant, combien de vendeurs au détail ne posent-ils pas depuis des années, et une bonne cinquantaine de fois par jour, cette même et sempiternelle question, sans jamais se décider à changer de tactique? Est-il étonnant dans ces conditions qu'ils soient toujours préposés au même rayon de mercerie? Cesseront-ils enfin un jour de poser cette question casse-cou? Espérons-le pour eux, s'ils désirent une promotion.

Vendeur: Bonjour. Si vous avez besoin d'un renseignement, n'hésitez pas à me le demander. Mais prenez d'abord tout votre temps pour jeter un coup d'oeil partout où il vous plaira.

Prospect: Justement je me disais... auriez-vous...?

Dans certaines circonstances, un simple commentaire fait par le vendeur peut apporter beaucoup plus d'information sur le client que ne le ferait une question. Il est bien évident que si par exemple vous êtes représentant, vous aurez bien rarement l'occasion de demander à vos clients d'entrée de jeu si vous pouvez les aider. Mais en revanche il vous sera difficile de savoir toujours éviter les questions casse-cou du genre:

"Dois-je aussi ajouter à votre commande du mois prochain un Pichtegorne n° 10?"

"Non. Je vous remercie. J'en ai encore d'avance pour un certain temps."

Au lieu de vous laisser ainsi enferrer, ne vaudrait-il pas mieux formuler autrement la question:

"Est-ce le Pichtegorne n° 10, ou bien le n° 12 que vous utilisez habituellement?"

"Désirez-vous en recevoir chaque mois, chaque trimestre, ou bien une fois par an?"

La première des règles à observer est la suivante:

UNE QUESTION INFORMATIVE NE DOIT PAS ÊTRE UNE QUESTION CASSE-COU.

Il s'agit là d'un concept fort important. Aussi vais-je revenir à la charge: qu'est-ce qu'une question casse-cou au juste?

Toute question à laquelle le client peut répondre par oui ou par non est une question casse-cou.

Si en effet vous donnez le choix à vos prospects, vous sciez ni plus ni moins la branche qui vous soutient, puisque dans une proportion comprise entre 55 et 99 pour cent des cas, ce sera par un *non* de préférence à un *oui* qu'ils vont répondre à la question qui leur est posée.

Comment tirer parti des questions directrices

Ouvrons ici une parenthèse sur la notion de vérité. De quoi s'agit-il au juste? Voilà des milliers d'années qu'on débat de cette question sans jamais être tombé d'accord sur sa définition. Nous ne tenterons pas ici de résoudre philosophiquement ce problème. Je me contenterai simplement d'insister sur une évidence: dans la vie de tous les jours, c'est ce que chacun croit qui représente pour lui la vérité. Si vous croyez que SuperVroum à haut indice d'octane est le seul carburant qui soit digne de la voiture de sport que vous bichonnez avec amour, vous vous débrouillerez pour faire le plein avec SuperVroum H.I.O., quitte à le payer plus cher. Peu importe si en réalité une bonne demi-douzaine d'autres marques conviendraient tout autant à votre carburateur. La vérité pour vous est de ne jamais rien mettre d'autre dans votre réservoir que du SuperVroum H.I.O.

Nous admettrons donc que dans la vie courante c'est ce que chacun croit qui représente pour lui la vérité. Et je n'ironise pas; je cherche simplement à rester pragmatique. Vous aurez beau proposer au client le meilleur et le plus élaboré des produits, le plus résistant et le moins coûteux, celui dont les caractéristiques sont uniques en leur genre et correspondent exactement à ses exigences: il n'achètera jamais ce produit s'il ne croit pas que toutes ces données répondent à sa propre vérité.

Comment faut-il donc nous y prendre pour lui faire admettre ce que nous savons vrai?

On peut bien sûr essayer de le lui expliquer, lui assener nos arguments sans nous soucier de savoir s'il veut ou non les entendre. On peut aussi lui faire clairement comprendre à quel point il faut être borné pour demeurer réfractaire à la vérité de nos arguments.

Mais notre homme n'en sera pas convaincu pour autant. Pourquoi? Tout simplement parce que nous lui aurons dit une vérité qu'il se refuse à admettre. C'est la raison pour laquelle les professionnels de la vente se servent d'un concept tout à fait différent. Un concept simple et efficace, et qui peut se résumer ainsi:

Si c'est moi qui le dis, il ne me croira pas;
Si c'est lui qui le dit, c'est que pour lui c'est vrai.

Ce maître concept de la vente professionnelle conditionne également le succès des questions directrices. C'est pourquoi les vendeurs qui le respectent n'amènent jamais leurs clients à se dire en les écoutant:

"Beau parleur, va, si tu crois que je ne vois pas où tu veux en venir! La seule chose qui t'intéresse, c'est de me faire acheter ce que tu me proposes. Mais tu te fourres le doigt dans l'oeil si tu t'imagines que tu vas m'avoir avec tes boniments. On ne me la fait pas comme ça. Cause toujours!"

Tandis que vous vous escrimez ainsi à lui débiter vos arguments de vente, à lui vanter les merveilles de votre produit, à lui décrire ses caractéristiques et à lui mettre sous le nez un bon de garantie, observez-vous à quelle vitesse votre prospect bat en retraite? Voyez-vous son visage se fermer tandis qu'il croise les bras sur sa poitrine en vous fusillant du regard?

En vous comportant ainsi, vous n'êtes rien d'autre que l'expéditeur d'un colis sans destinataire. Vos chances de succès se volatilisent.

Tandis que lorsque le professionnel ouvre la bouche, c'est avant tout pour encourager son prospect à s'exprimer et à poser les questions qui feront progresser la vente. Voyons comment les choses se passent:

"Ce qui vous préoccupe, si j'ai bien compris, c'est avant tout la qualité du produit, n'est-ce pas?"

Vous me ferez sans doute remarquer que la question, posée telle quelle, laisse à l'interlocuteur le choix entre une réponse positive et une réponse négative. Et c'est exact, mais il ne s'agit pas pour autant d'une question casse-cou, étant donné qu'il serait bien improbable que le prospect répliquât: "La qualité? Mais pas du tout. Je me moque complètement de la qualité. Ce que je cherche, c'est quelque chose qui soit réellement de la camelote."

Autre exemple: "Je suppose que vous aimeriez qu'en cas de panne toutes les pièces mécaniques soient couvertes par une sérieuse garantie?"

"Bien entendu", vous répondra-t-on invariablement. Il serait ici encore paradoxal qu'on vous dise: "Une garantie? Que voulez-vous que j'en fasse? En général je m'en sers pour allumer mon feu. Vous pouvez me dire à quoi ça sert? Moi, vous savez, pourvu que le machin tienne le coup jusqu'à ce que je sois rentré chez moi, ça me suffit amplement."

Autre exemple: "Un vendeur qui se respecte tient beaucoup à la réputation qu'il se fait auprès de la clientèle, vous l'imaginez bien."

Est-il un seul client qui sur un point semblable vous contredira pour vous affirmer: "Je ne tiens pas du tout à faire affaire avec un vendeur qualifié. Je préfère mille fois acheter quelque chose à un zigoto qui ne sait pas du tout de quoi il parle."

Autre exemple encore: "Vous êtes certainement d'avis qu'il vaut mieux traiter avec des fournisseurs sérieux qui suivent leur clientèle?"

"Traiter avec des fournisseurs sérieux? Que me chantez-vous là? J'aime beaucoup mieux les petits rigolos. Allez mon vieux, videz-moi le plancher si vous êtes sérieux."

Vous connaissez beaucoup de clients qui vous feront une réponse de ce genre?

C'est la raison pour laquelle les vendeurs dignes de ce nom sont peu loquaces et se contentent de questionner.

Mais attention! Ne vous empressez pas trop de reposer ce livre pour vous ruer dehors et vous mettre à questionner tout ce qui, de près ou de loin, ressemble à un prospect.

Gardez votre enthousiasme pour terminer ce chapitre.

Donc, en règle générale, mieux vaut interroger qu'affirmer. Ce qui ne veut pas dire qu'il soit toujours simple de poser des questions déterminantes.

Car si vous voulez être efficace et faire de bonnes affaires, efforcez-vous toujours:

(1) de poser les questions informatives qui vous apprendront tout ce que vos prospects attendent de ce qu'ils vont acquérir, de sorte que vous saurez exactement quel produit ou service leur proposer, et de quelle façon vous y prendre;

(2) de poser aussi les questions directrices qui amèneront vos clients à vous déclarer qu'ils croient en ce que vous les aurez amenés à croire à propos des qualités de votre produit. Si c'est vous qui le dites, ils ne vous croiront pas. Si vous le leur faites dire, c'est que pour eux il s'agira d'une vérité.

Une chose encore à ce sujet: ne leur posez que des questions auxquelles ils sont en mesure de répondre.

Que ressentons-nous quand on nous pose une question dont nous ignorons la réponse? Qu'éprouveriez-vous par exemple si quelqu'un entrait dans votre bureau pour vous tenir le discours suivant: "Nous avons trois différents types d'appareils: ceux de la Série G sont équipés d'un présélecteur et d'une imprimante; ceux de la Série E sont programmables pour plus de deux cents fonctions et opérations; et ceux de la Série Super-Z sont munis d'un réducteur de diffraction par microgrille avec possibilité de couplage d'un module d'amplification prévu pour une utilisation simultanée QKD par entrée indépendante. Quel modèle vous conviendrait le mieux?"

Vous imaginez-vous que dans un cas semblable un prospect va répondre: "Écoutez, je ne comprends pas un traître mot de ce que vous me racontez. Alors, mettez-moi le modèle qui vous semble le meilleur et remplissez vous-même le bon de commande. Je vais vous le signer."

Trois règles pour poser des questions

RÈGLE NUMÉRO UN: ***toujours attendre que le contact soit établi avant de prendre l'initiative des opérations***, ce qui exige un temps variable d'un cas à l'autre. N'oubliez jamais que si vous tentez d'emblée de convaincre un prospect, vous ruinez d'avance vos chances de succès.

RÈGLE NUMÉRO DEUX: ***ne jamais laisser à un prospect la possibilité de réfléchir avant de répondre, sinon sa réponse risque de ne pas être celle qu'on attend de lui.*** Comment s'y prendre? Grâce à une bonne préparation. Préparez soigneusement vos entretiens, entraînez-vous, faites des répétitions. Vous verrez que vous mènerez très vite les choses tambour battant et que votre moral s'en ressentira. C'est par la préparation, l'entraînement et la répétition que vous apprendrez à éviter les situations en porte-à-faux dans lesquelles pourrait vous placer un prospect, si ses réponses vous prennent au dépourvu ou bien vous obligent à changer votre fusil d'épaule.

RÈGLE NUMÉRO TROIS: ***ne jamais acheminer un prospect vers la décision finale avant d'avoir soi-même pris ladite décision.*** Vos clients connaissent-ils tous vos produits? Non. Si vous avez plusieurs produits ou services à offrir, combien le client moyen en choisit-il généralement?

Un seul.

Il arrive souvent que des vendeurs ou des représentants disposent d'une gamme de produits qui varie entre cinquante et cinq cents articles, de sorte qu'il leur faudrait plusieurs camionnettes s'ils voulaient transporter leur échantillonnage complet. Ce qui serait irréalisable, et d'ailleurs parfaitement inutile.

Votre tâche de vendeur consiste à prendre les décisions à la place de vos clients. Quelle serait en effet votre raison d'être si vous ne le faisiez pas, puisqu'alors vos interlocuteurs demeureraient pour vous d'éternels prospects... qui s'empresseraient de se transformer en clients pour celui de vos concurrents qui serait capable et aurait décidé, lui, de prendre une décision positive à leur place.

Ce dernier point peut vous sembler quelque peu difficile à admettre, puisqu'en effet je vous ai engagé à délimiter dans un premier temps les avantages que vos clients attendent de ce qu'ils vont acheter, puis dans un second temps à leur vendre le produit qui comblera leurs voeux. Dans ces conditions, où votre propre décision peut-elle bien intervenir?

Je vais répondre à cette question par un exemple concret. Supposons que demain matin vous vous éveilliez avec une forte fièvre. Vous pouvez à peine vous mouvoir et vous savez que vous êtes vraiment malade. Pourtant, vous vous forcez à vous lever et, mal assuré sur vos jambes, vous allez consulter le médecin le plus proche. Lequel vous accueille avec un large sourire et vous déclare: "Comme c'est gentil à vous d'être venu me voir! Surtout avec une mine aussi épouvantable. Vous avez une idée de ce qu'il vous arrive?"

"Pas la moindre."

"Qu'à cela ne tienne. Il y a ici une bonne centaine de livres de médecine sur les rayonnages. Asseyez-vous, prenez vos aises, et essayez de vous y retrouver au milieu de tous ces traités. Pendant ce temps-là, je vais aller faire un parcours de golf, et j'espère qu'à mon retour vous aurez trouvé ce qui ne va pas. Rendez-moi ce petit service et je vous trouverai un traitement qui vous remettra tout de suite sur pieds." Devant une incompétence aussi manifeste, vous allez évidemment vous empresser de repasser la porte et d'aller voir un autre médecin.

Que feriez-vous encore si un architecte vous demandait de dessiner vous-même le plan de votre future maison? Ou si un avocat vous invitait à plaider vous-même votre propre cause? Vous refuseriez tout simplement de vous en remettre à eux, en estimant que ni l'un ni l'autre ne sont des professionnels. Faute de prendre à votre place les décisions qui vous concernent, faute d'exploiter à votre avantage les possibilités qui s'offrent, ils ne vous sont tous deux d'aucun secours.

Ce qui caractérise un professionnel, c'est qu'il possède une connaissance suffisante de son métier pour résoudre certains problèmes à la place de ses clients et exploiter certaines possibilités à leur avantage. Le rôle d'un médecin est de résoudre les problèmes de santé de ses malades et de tout faire pour que ceux-ci recouvrent vigueur et activité; celui d'un architecte est de résoudre des problèmes d'espace et de procurer à ses clients un meilleur cadre de vie. De la même façon, le rôle des professionnels de la vente est aussi de résoudre des problèmes de consommation ou de service, et de faire en sorte que leurs clients en retirent un surcroît de productivité, de joie de vivre, de sécurité, de revenus, de prestige, ainsi qu'une multitude d'autres avantages.

Dans un cas comme dans l'autre, il est du devoir d'un professionnel de mettre à la disposition de sa clientèle une somme de connaissances qui puisse satisfaire à toutes leurs exigences. À lui de décider aussi lesquelles, parmi ces connaissances, serviront au mieux les intérêts de ses clients. Et cette décision, c'est à travers une procédure de consultation très soigneusement mise au point que le professionnel doit la prendre. Ce qui détermine grandement son succès, c'est sa capacité de comprendre et de bien définir les difficultés et les possibilités propres à chacun de ses clients. Ceci s'applique aussi bien aux architectes, aux avocats, aux conseillers et aux vendeurs qu'à tous les autres spécialistes. Pour pouvoir déterminer — et donc comprendre — les difficultés et possibilités propres à chacun de leurs clients, certains professionnels ont recours à un procédé de consultation qui peut donner la fausse impression d'avoir été laissé au hasard et de se dérouler au petit bonheur. Tout simplement parce que c'est leur manière à eux de procéder, et que cette manière s'est révélée pour eux la plus efficace. C'est en adoptant une attitude souple et détendue qu'ils savent obtenir de leurs clients des informations meilleures et plus abondantes que s'ils traitaient ces derniers conformément à une stratégie de vente plus rigide. Ce que font pour leur part d'autres professionnels qui, eux, donnent leur préférence à une procédure d'échange plus articulée, plus structurée, plus "visible" aussi, mais dont ils savent admirablement tirer parti.

Mais qu'il attaque de front ou bien qu'il procède par le détour d'une consultation plus subtile, c'est le professionnel qui doit tirer les ficelles de l'entretien. Il sait quelles informations il doit obtenir de chaque client, et comment les obtenir. Et cela vaut aussi bien pour l'avocat ou le conseiller en gestion que pour le vendeur. Les uns comme les autres, s'ils sont véritablement compétents, mettent toujours à la disposition de leurs clients plus de connaissances que ceux-ci ne peuvent en épuiser. En gardant la maîtrise de l'entretien, ils évitent à leurs clients — tout comme à eux-mêmes — de perdre inutilement du temps, et savent prendre pour les autres les décisions qui s'imposent.

Réfléchissez pendant quelques instants au grand nombre de ces vendeurs qui, se trouvant en présence d'un acheteur éventuel — peu importe la façon dont ils l'ont repéré — laissent alors cet acheteur éventuel prendre et garder l'initiative de l'entretien. Si dans ces conditions ils parviennent à faire leur démonstration ou leur exposé, il faut bien admettre que ce n'est pas à leur propre savoir-faire qu'ils le doivent, mais bien plutôt à la chance ou à la volonté d'acheter de leur interlocuteur. Trop heureux si ce n'est pas le prospect qui dirige encore les opérations en cours de démonstration ou de présentation! Le résultat, dans les cas semblables, c'est qu'il est bien rare que l'acheteur potentiel finisse par bénéficier des avantages du produit ou du service qu'on est venu lui proposer. Brillant résultat!

Il arrive aussi à certains vendeurs de faire retomber sur le produit qu'ils ont à vendre la responsabilité de leurs propres déboires: "C'est parce que nous ne sommes absolument pas compétitifs sur le marché", ont-ils tendance à proclamer. Mais alors, comment expliquer que c'est le produit en question qui est en cause, puisque tel ou tel collègue, qui pourtant vend le même article et pour la même maison, réussit à convaincre des foules d'acheteurs et se remplit les poches? S'il y parvient, alors c'est que les autres vendeurs doivent y parvenir aussi. Rien ne compromet plus vite l'avenir d'un vendeur que l'habitude qu'il prend de faire retomber sur un produit ou un service la responsabilité de son propre manque de professionnalisme.

Un expert-comptable doit tout connaître de la fiscalité et du mécanisme des transactions commerciales; un architecte doit tout savoir de la résistance des matériaux et de la confection des plans; un professionnel, quelle que soit sa spécialité, doit tout savoir de son domaine d'activités. Et vous alors, que devez-vous savoir?

Vous devez connaître, et de façon parfaite, tout ce qui est énuméré ci-après: le produit ou le service que vous avez à vendre; le système de sélection grâce auquel sont établies les listes de vos prospects; le procédé qui vous aide à diagnostiquer la situation de vos prospects et à délimiter très exactement les difficultés et les possibilités propres à chacun d'entre eux; enfin, les techniques professionnelles qui vous permettront de contrer les objections, de faire efficacement vos présentations et démonstrations, et, pour finir, de conclure vos ventes.

Tout repose sur la connaissance exhaustive et détaillée de ce que vous avez à vendre. Pas de prospection percutante, pas de présentation ou de démonstration péremptoire, pas de conclusion efficace, si vous ne connaissez d'abord en profondeur ce que vous offrez à vos prospects — c'est-à-dire le produit ou le service que vous devez vendre.

Saisissez donc toutes les occasions qui se présentent à vous d'en apprendre davantage sur ce que vous proposez. Plus encore: saisissez aussi toutes les occasions d'en apprendre davantage sur les applications, les possibilités, les avantages liés à votre produit ou votre service, ainsi que sur ses inconvénients et ses limites d'utilisation. Car chaque produit, chaque service, présente des avantages qui sont circonscrits à l'intérieur d'étroites limites d'utilisation, en dehors desquelles ils perdent toute utilité pratique. D'autre part chaque produit, chaque service, présente certains inconvénients. Et si vous tentez délibérément d'ignorer ces inconvénients, on ne tardera guère à démasquer votre ignorance, et dans des circonstances qui ne tourneront généralement pas à votre avantage.

C'est dont pour vous une priorité absolue que de stocker un énorme capital de données spécialisées se rapportant à ce que vous offrez. Une telle somme de savoir doit inclure une connaissance approfondie de la concurrence, en même temps qu'une perception détaillée des besoins réels de vos acheteurs. Faute de posséder ces données, comment pourriez-vous décider avec pertinence que tel ou tel prospect peut — et doit — se métamorphoser pour vous en client? Impossible. C'est de la parfaite connaissance d'un produit que procède le savoir-faire requis pour aborder la clientèle de façon efficace, professionnelle, et pour atteindre à de hauts revenus.

Que fait un médecin quand un malade vient le consulter? Il commence par lui poser des questions. Puis, à l'aide d'un appareillage adéquat, il procède à divers examens pour rassembler d'autres éléments de diagnostic. C'est seulement après avoir éliminé une multitudes de maladies et en avoir isolé une qu'il décide de ce que sera le traitement.

C'est ainsi que vous devez vous y prendre. Posez d'abord des questions à votre prospect. Puis utilisez vous aussi votre appareillage de diagnostic — ce peut être une mini-calculatrice, un bloc-notes, un mètre-ruban, ou tout simplement votre matière grise — pour accumuler davantage d'informations. Alors seulement vous voilà en mesure d'isoler le produit ou le service précis qui va résoudre les difficultés de votre nouveau client, ou bien lui ouvrir de nouvelles perspectives.

La courroie de transmission de votre professionnalisme, ce sont les questions que vous posez. Le sous-titre suivant va vous fournir tout le matériel voulu pour ériger solidement l'appareillage de votre propre courroie de transmission.

Douze conseils pratiques pour poser des questions

Si vous posez des questions à vos prospects ou à vos clients, c'est avec une idée bien arrêtée derrière la tête. Ou plutôt avec plusieurs idées bien arrêtées que nous allons énumérer ici:

Premièrement. Si vous posez des questions, c'est avant tout pour prendre et garder le contrôle de la situation.

Deuxièmement. Si vous posez des questions, c'est pour déterminer dans un premier temps le domaine qui intéresse votre interlocuteur; ensuite, d'autres questions vous permettront de circonscrire le champ plus étroit à l'intérieur duquel vous allez pouvoir servir le mieux possible les intérêts de cet interlocuteur; d'autres questions enfin vous feront isoler avec exactitude l'article ou le service particulier que vous êtes en mesure de fournir.

Troisièmement. Si vous posez des questions, c'est pour vous attirer les assentiments minimes qui vont de proche en proche grossir un flux d'assentiments de plus en plus déterminants, lesquels vont à leur tour aboutir au courant principal de ce fleuve qu'est l'acceptation finale de votre proposition.

Quatrièmement. Les questions que vous posez ont pour fonction d'éveiller les émotions de vos interlocuteurs et de canaliser ces émotions vers l'achat final. Un chapitre ultérieur sera consacré à ce point particulier.

Cinquièmement. Si vous posez des questions, c'est pour bien cerner les objections qu'on risque de vous faire. Il est exceptionnel qu'un prospect qui a été soigneusement sélectionné et entrepris vous aligne en série toutes les objections classiques qu'on peut opposer à votre produit. Il se contentera en général d'émettre les quelques objections isolées qui lui semblent importantes. En cernant bien ces dernières, puis en les contrant de façon professionnelle, le vendeur digne de ce nom sait fort bien que son client — s'il a fait l'objet d'une sélection sérieuse — ne s'obstinera pas indéfiniment à émettre toute la gamme des arguments contraires imaginables. Mais il n'empêche qu'on vous fera presque toujours une objection ou une autre. C'est pourquoi les champions de la vente prennent d'eux-mêmes les devants et provoquent les objections au lieu de les éluder craintivement.

Sixièmement. Si vous posez des questions, c'est bien entendu aussi pour répondre aux objections. Et la meilleure façon de procéder est assurément de répliquer par une question porc-épic, à laquelle le client devra répondre à son tour de façon telle qu'il découvrira bien vite que son objection n'en était en réalité pas une, et qu'elle peut même représenter pour lui un avantage.

Septièmement. *Si vous posez des questions, c'est pour déterminer les bénéfices que le prospect va acquérir.* Oui, j'ai bien dit: les bénéfices. Car ce ne sont pas tant des produits ou des services qu'achètent les clients, mais les bénéfices qu'ils espèrent retirer de ces produits ou de ces services après en avoir fait l'acquisition.

Huitièmement. Si vous posez des questions, c'est pour prouver ou corroborer certaines allégations, certaines données émises par votre interlocuteur. Si c'était vous qui les énonciez, il ne vous croirait pas. Si c'est lui qui les proclame, c'est qu'il s'agit pour lui d'une vérité.

Neuvièmement. Si vous posez des questions, c'est pour vous assurer (1) que la vente progresse et que votre prospect est sur la bonne voie, ce qui vous permet (2) d'aborder l'étape suivante de votre démarche.

Dixièmement. Si vous posez des questions, c'est pour amener vos interlocuteurs à se mettre dans l'état d'esprit et à prendre des décisions de futurs propriétaires.

Onzièmement. Si vous posez des questions, c'est pour aider vos clients à évaluer rationnellement la décision qu'ils ont envie de prendre, étant entendu que vous êtes bien décidé vous aussi à la leur faire prendre. N'attendons-nous pas tous que quelqu'un nous pousse à acheter cette luxueuse voiture, nous fasse comprendre que nous devrions vivre dans une maison plus spacieuse et plus confortable, nous presse de faire l'acquisition de cette robe ou de ce costume qui nous vaudrait des compliments? Et quand nous tombons en admiration devant telle merveille de l'électronique, tel gadget mirifique, tel bateau fringant, n'est-ce point avec l'espoir secret de voir surgir à nos côtés celui ou celle qui va nous en créer le besoin et nous inciter à en faire l'acquisition? Ne souhaitons-nous pas tous qu'on nous aide à évaluer rationnellement nos désirs, qu'on nous démontre logique à l'appui que ce sont là désirs parfaitement légitimes? Quand ce sont nos propres émotions qui nous crient "J'EN AI ENVIE", ne ressentons-nous pas intensément le besoin d'être approuvé? Si, bien entendu. Alors, sachez aider vos clients, par des questions appropriées, à cerner rationnellement les décisions qu'ils ont envie de prendre, en vous aidant pour ce faire de commentaires clairs et fermes.

Douzièmement. Si vous posez des questions, c'est enfin pour décider vos interlocuteurs à acheter. L'impact de ces questions ne dépend que de l'habileté avec laquelle vous les posez, ainsi que nous le verrons au chapitre 15. Mais ne commettez pas l'erreur de ne vous concentrer que sur ce que vous dites. Ne perdez pas de vue que, s'il est vital de poser des questions adéquates et pertinentes, il est tout aussi vital de savoir adapter ses méthodes de vente aux réponses que font les clients.

Nous allons à présent tourner la page et voir comment créer les conditions les plus favorables à la vente.

Chapitre 4

Créer le climat favorable

Un vendeur digne de ce nom ne vend à ses prospects que ce dont ils peuvent tirer bénéfice et avantage. Il y a des années que je respecte personnellement cette règle, car je suis convaincu qu'elle est la clé du succès: *ne vendez pas ce que vous, vous désirez vendre; ne vendez que ce que les autres désirent acheter.*

Il est surprenant de constater que bien des vendeurs ne savent décrire, expliquer et tenter de vendre que les caractéristiques du produit ou du service qui les séduit, eux.

- "Ce qui me plaît dans cet appareil, c'est qu'il peut également couper les grains de raisin en tranches." Bien entendu, le prospect se moque éperdument de l'importance que vous attachez personnellement au fait que votre appareil puisse couper les raisins en tranches.
- "Voyez-vous, j'ai moi aussi contracté la même assurance-vie." Pourquoi voulez-vous que le prospect se sente concerné par cette décision, alors que les raisons qui vous ont poussé à la prendre sont strictement les vôtres, pas les siennes.
- "Quand vous ferez le plein de ce petit bolide avec Super-Vroum, méfiez-vous. C'est capable au démarrage de vous coller sur votre siège et de vous user un train de pneus." Alors que, comme par hasard, vous avez affaire à un pépère qui trouve exorbitant le prix du carburant et qui cherche une voiture économique.

Le champion de la vente ne se risque jamais à vanter les avantages de son produit avant d'avoir identifié quels bénéfices en attend le prospect. Alors que le vendeur ordinaire saute à pieds joints sur la première occasion venue de faire miroiter ces avantages, ce qui amène infailliblement le prospect à se dire: "Ce truc-là ne présente pas pour moi le moindre intérêt." Continuez à agir de cette manière, et vous ne tarderez pas à voir votre prospect vous tourner le dos (s'il se trouve sur votre territoire), à moins que ce ne soit vous qui ne deviez plier bagage (si c'est vous qui vous trouvez sur le sien). Car il faut bien nous mettre d'accord sur un point: votre produit ou votre service, qui va le payer, vous, ou bien votre client?

C'est la raison pour laquelle vous vous devez de lui donner ce qu'il attend. C'est l'évidence même. Vous vous devez de lui vendre les caractéristiques qui répondront à ce qu'il espère.

Alors, me direz-vous, comment peut-on prendre des décisions à la place d'un client si précisément on ne doit lui vendre que ce qu'il désire acheter?

C'est pourtant bien simple. Les gens exigent toujours plus qu'ils ne peuvent obtenir. L'argent n'est qu'un des facteurs qui conditionnent nos réticences et restrictions. Le temps en est un autre. Car les gens voudraient que les carrosseries des voitures soient plus petites, mais leur intérieur plus spacieux, que les aliments soient plus succulents, mais ne fassent pas grossir, que les investissements soient plus profitables, mais moins risqués. Ils voudraient tout avoir à la fois. Et vous savez fort bien que c'est irréalisable. C'est donc à vous qu'il appartient de décider, en tenant compte des multiples produits ou services que vous avez à offrir et des multiples désirs de ceux à qui vous les offrez, quel article les satisfera le mieux. Dans la plupart des cas, il vous est impossible de tout montrer à vos clients de ce que vous avez à vendre, impossible de les guider pas à pas dans le dédale de vos connaissances jusqu'à ce qu'ils se décident à acheter l'article de leur choix. Ce ne serait d'ailleurs ni efficace, ni professionnel, ni rentable. L'objet de votre entrevue (qu'il s'agisse de quelques brèves questions posées à un prospect par téléphone ou bien d'un entretien plus prolongé dans le bureau d'un client), est donc de diagnostiquer le problème qui se pose à eux et de déterminer quelles perspectives de vente s'imposent. C'est ensuite seulement que vous aurez à décider de la façon dont il faut procéder. Une telle opération ne doit donc pas vous amener à discuter avec vos clients de toutes les possibilités d'achat qui s'offrent à eux, étant donné que vous savez fort bien par expérience quels sont les articles qu'ils n'achèteront en aucun cas. Aussi, une partie de votre intervention de vendeur consiste-t-elle à gagner du temps à vos clients aussi bien qu'à vous-même. Quand on entre chez un médecin avec un bras cassé, ce n'est pas pour s'entendre dire qu'il faut vous radiographier la jambe.

Choisissez bien vos interlocuteurs

Beaucoup de vendeurs passent le plus clair de leur temps à discuter avec des gens qui n'ont pas le pouvoir de prendre la décision d'acheter. C'est là un des écueils constants de la vente et de la représentation, que celles-ci s'exercent dans le cadre d'un marché commercial, industriel, ou bien administratif et gouvernemental. Bien souvent il est impossible d'approcher directement l'individu investi du pouvoir décisionnel. Bien souvent aussi vous vous entendrez dire que nul n'est personnellement investi de ce pouvoir, mais que toutes les décisions sont prises collectivement par un conseil d'administration ou un quelconque comité exécutif. Cela dit, on vous laissera ensuite clairement comprendre que la plupart des membres du collectif en question sont absents, ou bien trop occupés pour vous recevoir. Bref, il s'agit d'un comité fondamentalement inapprochable.

On ne vous a pourtant rien dit d'autre que la vérité — mais pas toute la vérité. Car le comité en question existe. Il se réunit régulièrement. Il est là pour prendre des décisions. Il est même là pour approuver toutes les décisions de quelque importance. Mais en pratique il vous est impossible d'approcher les différents membres de ce comité. Alors que, selon la loi, ou selon les statuts de la société intéressée, c'est lui qui détient tous les pouvoirs.

Pourtant, le fait que cette entité collective inapprochable exerce tous les pouvoirs est sans grande importance pour vous. Elle dispose du pouvoir absolu, certes, mais elle ne l'exerce guère, du fait de la complexité et du temps qu'exigent certaines décisions. Si bien que, bon gré mal gré, les membres de la direction, les administrateurs, les commissions créées ci et là au sein de ces organisations, doivent s'en remettre aux gnomes anonymes qui leur préparent dans la coulisse des recommandations qu'il ne leur reste plus qu'à approuver. Ou à désapprouver. Bien entendu, ces gnomes ne sont anonymes que parce qu'ils ne détiennent pas le pouvoir de signer les bilans d'exercice de fin d'année et que leurs noms ne sont pas gravés sur les plaques commémoratives qui ornent le siège de leur société. *Mais en réalité ce sont leurs signatures qui décident du sort des commandes.*

La vente offre peu de situations dans lesquelles il soit à la fois si simple et si complexe de court-circuiter le pouvoir officiel, peu de situations dans lesquelles la perception aiguë des infimes indices, des mille nuances subtiles qui dénotent le pouvoir réel, soit plus aisément récompensée.

Les grandes entreprises, les administrations publiques, apppliquent des procédures d'achat qui mobilisent beaucoup de monde, beaucoup de temps, beaucoup de paperasses, et qui se déroulent selon un protocole rigide, pleinement conforme aux obligations légales ou statutaires. C'est cette vitrine officielle qui est la seule visible de l'extérieur, et que renforce encore la multitude des dossiers grâce auxquels l'entreprise ou l'administration peut démontrer à tout instant que ses activités répondent à toutes les exigences statutaires ou législatives.

En réalité pourtant, il en va tout autrement. Et c'est en dehors de ce cadre rigide que sont prises les décisions réelles, qu'il ne reste plus qu'à "légaliser" par un simple jeu d'écriture après qu'elles ont été exécutées.

Les gnomes savent admirablement tirer parti de ces circonstances. Ils savent fort bien faire jouer à leur avantage les rouages de ces comités inapprochables quand il le faut. Ils savent fort bien aussi faire échouer les projets ou défavoriser les gens qui n'ont pas leurs bonnes grâces.

Il faut une certaine souplesse pour savoir tirer avantage de ce genre de situations, car la rigidité de manoeuvre risquerait de tout compromettre. C'est pourquoi, si vous êtes amené à traiter vos affaires avec ces comités inapprochables, il vous sera fort profitable de garder présentes à l'esprit les quelques directives qui suivent. Appliquez-les aveuglément, et vous verrez que plus d'une fois elles vous sortiront de l'ornière.

- Les gnomes vivent dans une constante insécurité et défendent avec une jalousie féroce les pouvoirs dont les a investis le comité inapprochable. *Faites sentir aux gnomes que ce sont des gens importants.* Laissez-leur comprendre que vous êtes rien moins qu'enchanté de traiter avec eux plutôt qu'avec quiconque détient le titre et l'autorité officiels.

• Vous attachez une grande valeur, une grande importance à ce que vous avez à offrir à telle entreprise ou telle administration. Et c'est fondamental. Mais que cela ne vous fasse pas perdre de vue que la plupart des membres de ces fameux comités inapprochables sont bien trop préoccupés par leurs propres projets et marottes pour se soucier beaucoup des vôtres. Ne laissez jamais entendre à un gnome que vous êtes bien décidé à lui marcher sur les pieds pour vous adresser directement au comité décisionnel, à moins que vous ne teniez vraiment à vous en faire un ennemi juré. Sauf si, d'une façon ou d'une autre, vous pouvez approcher ces comités inapprochables et traiter directement avec eux (ce qui par définition est hautement improbable et concrètement impossible), vous aurez presque assurément besoin de la coopération des gnomes pour en venir à vos fins. Songez-y dès l'instant où vous ferez le projet de faire des affaires avec certaines entreprises ou administrations.

• Assurez-vous que c'est bien au bon gnome que vous vous adressez, et non pas à quelque sous-fifre dont la tâche principale consiste à éconduire les représentants que le bon gnome ne veut pas recevoir.

• Il existe deux sortes de gnomes: ceux qui adorent étaler leurs pouvoirs et qui pour ce faire prennent des initiatives; et ceux qui craignent tellement de perdre leurs pouvoirs qu'ils ne prennent jamais la moindre initiative. Ne tentez jamais d'arracher une décision à un gnome de la seconde variété. Plus vous vous y obstinerez, et plus vous userez vos forces en pure perte.

• C'est seulement après un certain temps, quand vous n'aurez toujours rien vendu à tel ou tel gnome, mais que le marché que vous entendez traiter vous semblera toujours en valoir la peine, que vous devrez déclencher l'offensive finale. Si alors, sur la recommandation d'un ami, ou grâce à vos relations politiques, ou bien malgré l'assiduité avec laquelle vous avez recherché le contact, il vous est toujours impossible d'approcher directement quelqu'inapprochable du comité, passez résolument par-dessus la tête du gnome et adressez-vous à l'un de ses supérieurs hiérarchiques qui soit assez puissant pour faire avancer vos propositions. Vous vous serez fait un solide ennemi du gnome, mais qu'aurez-vous à y perdre, puisque vous aurez d'ores et déjà perdu son appui — ou que tout au moins vous n'aurez pas réussi à vous le gagner? C'est le seul moyen de vous en sortir.

Au chapitre 12, je vous indiquerai quelques stratagèmes pour bien identifier l'interlocuteur avec lequel il convient de traiter. Souvenez-vous que cette difficulté de repérage du "bon interlocuteur" ne surgit pas seulement quand il s'agit de vendre à une grande entreprise ou à une administration, mais qu'elle peut survenir aussi dans la vente au détail, quand par exemple on se trouve en présence d'une famille entière.

Supposons que vous ayez affaire à un couple. Vous établissez immédiatement le contact avec l'un des deux époux — au point que le voilà prêt à vous acheter tout ce que vous avez à lui vendre — alors qu'en réalité c'est le conjoint qui détient les cordons de la bourse et donne le feu vert. Vous devez donc être capable d'identifier dès le début celui des époux qui détient le pouvoir de dire oui à votre proposition, et dans un second temps d'obtenir de lui ce oui sans que l'autre puisse l'annuler par une décision contraire.

Dans la vente au détail, il est fréquent d'avoir affaire à trois types de combinaisons familiales:

Un seul parent.

La famille au complet (le père, la mère et les enfants).

La famille au grand complet (la famille au complet augmentée de quelques membres de la parenté).

Si vous n'appartenez pas vous-même, ou si vous n'êtes pas directement lié à une famille nombreuse et unie, vous ne soupçonnez sans doute pas quelles influences internes peuvent s'y exercer. Vous ne soupçonnez sans doute pas, face à ce jeune couple qu'accompagne un paisible vieillard, que c'est pourtant ce grand-père qui en définitive va décider pour tout le monde.

Ne faite pas appel à la logique, mais aux émotions

Bien des vendeurs appuient leur argumentation sur la logique et seulement la logique. Rappelez-vous pourtant que

c'est rarement la logique qui pousse les gens à acheter.

Nombreux sont ceux qui pensent que l'émotion est totalement étrangère à l'achat et à la vente de la plupart des marchandises.

Qui donc par exemple se sentirait vibrer pour les peaux de porc, les grains de cacao ou les balles de coton? Mais les spéculateurs, qui parient ainsi sur leur avenir, ainsi que certains manufacturiers, toujours à l'affût d'une surproduction mondiale de ces denrées qui va entraîner un effondrement des cours; et enfin les consommateurs eux-mêmes, qui au contraire craignent une sous-production responsable de la hausse des prix. Tant il est vrai que même sur les produits et les services les moins nobles peuvent s'établir ou s'effondrer des fortunes et des renommées.

Qu'en est-il des articles de consommation courante, dont les caractéristiques sont à peu près toutes identiques?

Le fait que la plupart des produits concurrents soient à peu près tous semblables prouve bien que ce sont des facteurs émotionnels qui interviennent dans le choix qu'on en fait. Au moment où il passe commande, l'acheteur ne fait que flatter ses propres préférences, rétablir à son avantage un certain équilibre, ou simplement satisfaire un certain caprice sans pour autant en ressentir de la culpabilité. C'est dans de telles situations que l'art de la vente prend toute son importance et s'éclaire d'un sens nouveau.

Attraper la balle au bond

En quoi consiste le processus émotionnel qui pousse un individu à acheter? Tout commence par une modification de l'image de soi, qui fait que l'acheteur ou l'acheteuse se met à se considérer sous un jour nouveau. Si l'acquisition projetée est de faible importance, le changement n'a besoin d'être lui aussi que de faible importance. Mais si l'acquisition projetée est considérable eu égard aux disponibilités financières de l'acheteur ou de l'acheteuse, alors le changement d'image de soi qui va rendre possible une telle acquisition devra lui aussi être relativement considérable. Un tel changement peut survenir très vite, en quelques minutes — voire en quelques secondes. Les champions de la vente sont parfaitement aptes à détecter ces modifications de l'image de soi sitôt qu'elles se produisent au cours de l'entretien. Ils savent également fort bien consolider le nouvel état d'esprit que l'acheteur ou l'acheteuse viennent de pressentir à l'idée que le merveilleux objet qu'ils vont acquérir leur procurera satisfaction ou plaisir, ou leur attirera les compliments de leurs amis, ou bien encore répondra à leurs mérites ou à leurs besoins. À vous, quand vous décelez chez vos prospects ces ambitions contenues, de consolider la nouvelle image qu'ils ont soudain d'eux-mêmes. Si vous agissez ainsi à leur égard, ils ne se contenteront pas d'apprécier votre produit, ils le voudront ardemment, ils le jugeront nécessaire et indispensable, ils estimeront qu'il leur est impossible de repartir les mains vides — et ils vous l'achèteront.

Quelques mises en garde ne sont pourtant pas inutiles, si l'on considère qu'on use et abuse souvent de cette technique de vente qui est de règle dans les souks et bazars d'Orient, et presque dans toutes les boutiques où se pratique la vente au détail de certains articles et accessoires.

"Cela vous va très bien", entendez-vous dire chaque fois que vous essayez un vêtement quelconque. Il arrive même que celui ou celle qui vous le dit ne daigne même pas vous lancer un regard.

Il est affligeant de constater qu'ainsi une technique admirable en soi puisse être dégradée par la désinvolture et l'hypocrisie. Car cette technique requiert attention et discipline. C'est à ce prix seulement qu'elle donne des résultats. Il convient donc de l'appliquer de la façon suivante:

Premièrement. Faites tout votre possible pour montrer à votre client l'intérêt que vous lui portez, tout en lui posant les questions qui vous renseigneront sur ce qu'il cherche à réaliser ou à obtenir. Ne faites jamais état devant lui de vos goûts et préférences, car ce qui vous convient ne convient pas nécessairement à chacun. Efforcez-vous donc en conséquence de voir les choses avec le regard de votre client.

Deuxièmement. Votre expérience professionnelle doit vous servir à guider votre client vers celui de vos produits ou de vos services qui représente pour lui la solution la plus appropriée.

Troisièmement. Attendez que le stimulus positif vous vienne de lui. Une fois qu'il l'aura émis, si vous percevez qu'il vient de découvrir l'objet susceptible de combler ses voeux, consolidez la nouvelle image de lui-même que lui donne la perspective de posséder cet objet. Évitez d'employer des phrases éculées du genre de celles qu'il a déjà entendues cent fois, ou des mots auxquels il a cessé de croire depuis belle lurette. Concentrez toute votre attention sur lui. Tenez-lui un langage sincère et positif qui lui démontre qu'il est unique. En vous y prenant ainsi, non seulement vous assurerez votre vente, mais il vous adressera probablement de lui-même par la suite de nouveaux acheteurs. Le tout est pour vous de savoir vous discipliner et d'attendre que ce soit lui qui annonce positivement la couleur. Faute de quoi, vous ne pourrez que lui faire des suggestions qui ne le satisferont pas et vous enliser avant même de vous en rendre compte dans un marais d'incertitudes.

En écrivant ces lignes, c'est essentiellement à la vente au détail que je songe, mais ces principes généraux s'appliquent tout autant aux autres types de vente, étant donné que le dénominateur commun de toute l'affaire, c'est en définitive vous, vous dont la fonction est de vendre quelque chose à des êtres humains. On ne compte guère de machines parmi les acheteurs.

Que se passe-t-il si, au contraire, vous vous contentez de vous en tenir aux faits, si dans vos rapports avec vos clients vous ne faites appel qu'à la pure logique, en vous gardant bien d'éveiller chez eux la moindre émotion positive?

D'abord, votre simple qualité de vendeur va susciter chez eux des réactions émotionnelles négatives qui en feront des antagonistes. Émotionnellement parlant, il faut considérer un prospect comme un individu qui peut aussi bien se ranger dans votre camp que dans le camp adverse — et dans ce dernier cas vos chances de vendre sont dramatiquement réduites.

Au cours de mes séminaires, je demande souvent aux participants de me citer des raisons émotionnelles qui, selon eux, incitent les gens à acheter. J'obtiens en général des réponses de ce genre:

"Parce que c'est à la portée de leur bourse."
"Parce que c'est la bonne taille."
"Parce que les prix risquent d'augmenter."
"Parce que c'est exactement ce dont ils ont besoin."

Dans la plupart des cas, ce sont donc des raisons logiques qui me sont données en premier, bien avant qu'on songe à faire remarquer qu'une simple émotion peut, elle aussi, pousser un individu à acheter. Et c'est ce qui m'amène à croire qu'en général les vendeurs attachent trop d'importance aux réalités objectives, et trop peu aux facteurs émotionnels. Pourtant, si nous étions autre chose qu'une cacophonie d'émotions discordantes, nous n'achèterions jamais rien d'autre que ce qui répond à une démarche purement logique — et le monde dans lequel nous vivons manquerait singulièrement de fantaisie.

"Parce que c'est à la portée de leur bourse." Faux. Car c'est à partir du moment où on est émotionnellement tenté d'acquérir tel ou tel objet qu'on se pose la question de savoir si cet objet est ou non à la portée de nos moyens.

"Parce que c'est la bonne taille." Sans doute, mais quelle importance si le vêtement en question ne nous plaît pas?

"Parce que les prix risquent d'augmenter." Sans doute encore. Mais n'est-ce pas un mécanisme purement émotionnel qui pousse le client à garder son argent au lieu de le dépenser pour acquérir quelque chose qui ne lui convient pas?

"Parce que c'est exactement ce dont ils ont besoin." Ils en ont peut-être besoin, mais il reste qu'ils vont bel et bien acheter ce qui leur plaît.

L'émotion, voilà le ressort. Si vous êtes incapable d'éveiller chez l'acheteur des émotions positives, ce sont des émotions négatives qui naîtront d'elles-mêmes en lui — et vous perdrez la vente. Je pose donc de nouveau la question: en quoi consistent ces émotions positives qui incitent les gens à acheter?

À l'occasion d'un de mes séminaires une jeune femme vive d'esprit — et qui d'ailleurs poursuit une carrière prometteuse — me fit à cette question la réponse suivante: "Un certain style personnel." Je repris sa balle au bond:

"Nous vivons tous dans une société où nous devons nous vêtir, d'accord? lui dis-je. Il semble donc que ce soit une raison logique qui nous pousse à faire l'emplette de vêtements. Mais nous contentons-nous d'acheter au plus bas prix les hardes qui suffiraient à nous protéger du froid, de la pluie et de la nudité? Non. Nous achetons, et c'est vrai, un certain style personnel de vêtements que l'image que nous avons de nous-mêmes nous commande d'acheter. C'est par déterminisme émotionnel que nous achetons."

Une autre participante me cita aussi la "couleur" parmi les déterminismes de l'acquisition.

"La couleur est assurément un des facteurs émotionnels de l'acquisition, commentai-je. Dans le domaine de la confection ou de la décoration d'intérieur par exemple, il est bien connu que c'est la couleur plus que les qualités intrinsèques du produit qui détermine le choix, et qui pousse les gens à acheter des objets qu'ils n'auraient pas achetés si une couleur particulière n'avait pas retenu leur attention. Ce sont les couleurs qui expriment ce que nous sommes quand nous nous en parons, quand nous en faisons le choix pour revêtir les voitures dans lesquelles nous nous déplaçons, quand nous en décorons nos intérieurs ou nos lieux de travail. Chacun de nous éprouve des sentiments particuliers en présence de telle ou telle couleur, et ce sont celles que nous aimons que nous achetons."

Je demandai encore à l'assistance de me citer d'autres facteurs émotionnels susceptibles de conditionner l'acquisition. "La fierté de posséder", me dit quelqu'un.

"Bien entendu, approuvais-je. Tout être humain ressent le besoin de posséder, et la fierté de posséder n'est en réalité qu'un substitut de la fierté d'être. Non seulement il s'agit là d'un puissant déterminisme émotionnel en matière de vente, mais c'est aussi un facteur facile à éveiller. C'est ce que fait un vendeur quand il déclare par exemple à son client: "Si on vous voit au volant de cette voiture, on ne risquera pas de vous confondre avec un autre." Pourtant, n'importe quel véhicule en état de rouler devrait faire l'affaire s'il ne s'agissait que de nous déplacer. Oui, mais ce n'est pas tout à fait ainsi que les choses se passent. À y regarder de plus près, la plupart des gens veulent aussi que du véhicule dans lequel ils roulent émane une certaine symbolique sociale. Et c'est celui qu'ils estiment le plus propre à réfléchir cette symbolique qu'ils achètent."

Si vous voulez bien comprendre la nature de ces facteurs émotionnels qui conditionnent l'acte d'acheter, asseyez-vous donc devant la télévision pour regarder avec vos enfants les séquences publicitaires. Vous constaterez que les annonces sont exclusivement conçues pour faire appel aux émotions. Cela se déroule à peu près de la manière suivante: Paulo, sept ans, regarde sur l'écran Mimile Bradacier qui s'adresse directement à lui en le regardant droit dans les yeux. "Toi aussi tu veux devenir comme Mimile Bradacier, n'est-ce pas? Alors maman va t'acheter des Ookie-Gookies. Avec Ookie-Gookies, tu vas devenir aussi costaud que Mimile Bradacier." Et Paulo regarde Mimile Bradacier gonfler sa musculature, comme il le fait chaque fois que le film publicitaire revient sur le petit écran.

Et voilà que le lendemain Paulo déambule dans une allée de supermarché avec sa mère. Il regarde à gauche et à droite ce qui lui semble digne d'intérêt, et soudain son regard s'arrête sur un rayonnage bourré de Ookie-Gookies. Paulo ne va certainement pas dire à sa mère: "Voyons un peu quels ingrédients entrent dans la composition du produit avant de prendre une décision. Tiens, tiens... thiamine, riboflavine, niacine... Pas mal du tout. Très bon équilibrage des composants les plus nécessaires. On achète."

Non, Paulo ne fera rien de semblable. Paulo embrassera d'un seul regard Ookie-Gookies et Mimile Bradacier qui fait fléchir ses muscles et gonfle ses pectoraux. Et Paulo réclamera en trépignant:

"M'man, JE VEUX DES OOKIE-GOOKIES!" Aucune opération logique dans cette vente. Seules y sont intervenues des émotions.

En matière de vente, la logique n'est ni plus ni moins qu'un pistolet sans gâchette. Un pistolet qu'on peut braquer à volonté sur tout ce qui attire notre attention, mais avec lequel on ne peut pas faire feu. L'émotion aussi est comparable à un pistolet, mais à un pistolet qui cette fois est muni d'une gâchette. Un pistolet qui permet d'atteindre la cible. Chaque fois que vous suscitez chez un client une nouvelle émotion positive, c'est sur la gâchette que vous appuyez pour libérer le tir précis qui va précipiter la conclusion de la vente. Énumérons à présent les déterminants émotionnels les plus connus et les plus efficaces:

La couleur et le style personnel
La fierté de posséder
La vanité
Le besoin de sécurité
Le prestige et le statut social
L'ambition
La promotion professionnelle ou l'avancement
Le souci de garder son rang social et de ne pas déchoir
L'ambition d'améliorer ses conditions de vie
Le soin de sa santé
Le soin de sa famille
L'accroissement de la famille
La réduction de la famille

De tous les talents que vous pourrez acquérir en pratiquant cette profession, celui qui augmentera le plus considérablement vos revenus consiste à savoir faire naître chez vos clients des émotions de ce genre et à utiliser positivement ces émotions pour leur faire acheter ce que vous désirez leur vendre. Quant au vocabulaire dont vous allez vous servir, il variera selon ce que vous aurez à offrir, selon votre personnalité, selon les desiderata de vos acheteurs et selon les caractéristiques du marché. Étudiez soigneusement les facteurs émotionnels énumérés ci-dessus, et inventez-vous une liste de questions qui soient capables de faire naître l'un ou l'autre de ces facteurs émotionnels chez vos acheteurs. Si vous vendez des voitures de luxe par exemple, il doit vous être relativement simple d'élaborer plusieurs approches se rapportant chacune à plusieurs de ces facteurs émotionnels. Évidemment, si vous vendez de la tuyauterie en matière plastique à une entreprise de travaux publics, il vous sera difficile de faire jouer à votre avantage les mêmes déterminants... mais peut-être pourrez-vous dans ce cas faire appel dans l'esprit de votre client au facteur sécurité.

Vous voyez cette nouvelle babiole, ce gadget dernier cri? Vous n'avez pas la moindre raison de l'acheter, et voilà que brusquement vous en avez envie. Alors, émotionnellement, vous vous inventez des raisons, de bonnes et urgentes raisons de posséder l'objet. Des raisons qui n'expliquent nullement pourquoi vous en avez envie. Des raisons qui ont pour fonction de vous *prouver* à vous-même que vous en avez *besoin*, ne serait-ce que pour satisfaire un caprice. Et le plus étonnant, c'est la rapidité avec laquelle vous en êtes venu là, simplement parce que votre subite marotte vous y a incité.

Prenez en note ce qui suit et relisez-le souvent:

Les émotions positives déclenchent la vente; les émotions négatives la ruinent.

Tout en apprenant à susciter chez vos clients les émotions du type de celles que nous venons d'évoquer, gardez toujours présent à l'esprit le concept qui précède. Car toute vente peut être compromise par un appel qui serait fait maladroitement aux émotions d'un client, ou par l'incapacité du vendeur à canaliser ces émotions une fois qu'elles ont été exprimées. Rappelez-vous aussi que votre façon d'agir et de vous comporter, les mots que vous employez et la façon dont vous les employez, votre tenue, votre aisance, sont autant de facteurs qui suscitent chez vos clients certains déterminants émotionnels. Que vous le veuillez ou non, c'est avec leurs émotions que les gens réagiront à votre présence. Il ne faudrait pas croire que je plaisante en affirmant qu'il est essentiel pour vous de ne pas provoquer chez vos clients des réactions de crainte, d'irritation ou de dédain. Et pourtant, à la façon dont certains vendeurs approchent leurs prospects, les traitant comme s'ils venaient tout juste de choir d'une benne à ordures, on peut se demander s'il vient un seul instant à l'esprit de ces vendeurs que leurs prospects eux aussi peuvent avoir des sentiments. Car eux aussi peuvent éprouver de la crainte face à un interlocuteur brutal, de l'irritation si on les prend de haut, et du dédain s'ils ont affaire à un amateur ignare et incompétent.

Un exemple va éclairer mon propos. Imaginez-vous dans un magasin en compagnie de votre épouse. Et imaginez que le responsable du rayon où vous vous trouvez vous accueille en ces termes: "Salut. Content de vous voir, m'sieur. C'est très aimable à vous d'être venue aussi, m'ame. Parce que vous êtes mariés, je suppose

Félicitations. Vous faites un charmant couple. Tout va bien aujourd'hui?"

Il est bien évident que si un personnage que vous n'avez jamais vu s'adresse à vous en ces termes, ce ne sera pas nécessairement un mélange de crainte, de colère et de dédain que vous allez éprouver. Mais bel et bien une instinctive méfiance devant un tel sans-gêne. "De quoi se mêle-t-il, celui-là? En quoi cela le regarde-t-il que nous soyons mariés ou non? Quant à ses félicitations de commande, il peut les garder pour lui!"

Un client ne doit pas éprouver la moindre crainte en présence d'un vendeur. Et ce n'est certes pas la colère — ou le dédain — que vous pourrez provoquer qui vous faciliteront les choses.

Car nous sommes ici sur un territoire bien incertain. D'une part il vous faut être parfaitement conscient qu'il suffit souvent d'un rien pour éveiller chez un client des sentiments négatifs qui ont toutes les chances de compromettre vos espoirs de vente, et d'autre part vous devez veiller aussi à ce que la crainte de faire naître chez ce client de tels sentiments ne vous rende pas vous-même nerveux ou tendu, car votre nervosité ou votre tension retentirait négativement sur lui et compromettrait tout autant vos chances. La solution de ce dilemme consiste d'abord à bien le comprendre. Et c'est cette compréhension qui vous aidera à déplacer la bonne pièce sur l'échiquier, à mettre de votre côté les chances favorables, et à éveiller chez votre interlocuteur les sentiments positifs qui l'amèneront à acheter, plutôt que de susciter chez lui les sentiments négatifs qui vous acculeraient à la défaite.

Tout ce que vous dites à un client éventuel crée dans son esprit certaines images. À la condition bien entendu que votre discours soit pour lui compréhensible et qu'il vous écoute attentivement — condition à laquelle beaucoup d'entre nous n'attachons pas toujours une attention suffisante. La vie étant en soi changeante et compliquée, il est normal que ces images que vous créez dans l'esprit de vos prospects soient elles aussi changeantes et compliquées. À l'infini pourrait-on dire. Mais en ce qui vous concerne, c'est de votre strict point de vue de vendeur souhaitant conclure une vente que vous devez considérer cette infinie variété d'images. Et cela vous simplifie grandement les choses: car toute image que votre discours fait naître dans l'esprit de vos prospects renforce ou détruit vos chances de vendre. C'est en se plaçant de ce point de vue qu'on peut affirmer que toute image ne peut avoir sur la vente qu'un effet positif ou négatif.

Examinons à présent les forces relatives que représentent ces images négatives ou positives. Sont-elles, chacune pour soi, d'égal pouvoir? En d'autres termes, dix images négatives peuvent-elles contrebalancer l'influence de dix images positives et aboutir à une sorte de match nul? Ou bien une seule image positive peut-elle annihiler le pouvoir de cinq ou dix images négatives?

C'est malheureusement l'inverse qui est plus près de la vérité. À savoir qu'une seule image négative peut ruiner l'effet d'un grand nombre d'images positives. Peut-être vous sentez-vous assez sûr de vous pour considérer qu'après avoir inondé vos prospects d'images négatives, vous serez toujours assez habile, quand vous jugerez qu'il en est temps, pour récupérer la situation en les submergeant à point nommé d'images positives. Mais alors je vous invite à penser à ces forêts entières que peut détruire la minuscule cigarette qu'on néglige d'éteindre avant de la jeter hors de la voiture. Car le pouvoir des images négatives est incommensurable. Les champions de la vente ne s'aventurent jamais à les attiser. Un simple commentaire irréfléchi que l'on fait à un prospect peut faire écrouler toutes les chances de lui vendre quoi que ce soit. Territoire incertain, ai-je dit plus haut. Mais sur ce territoire, il vous faut pourtant vous risquer chaque fois que vous vous trouvez en présence d'un client éventuel. Mon propos n'est pas d'aligner ici les problèmes en série pour noircir le tableau, mais de voir les choses telles qu'elles sont.

D'abord, comprendre. Quand vous êtes en face d'un inconnu, vous ne pouvez deviner d'instinct quels sont ses centres d'intérêt. Et si vous cherchez à les percer à jour, vous avez bien plus de chances de vous fourvoyer que de tomber juste.

Alors, jouez gagnant. Accueillez vos clients ou présentez-vous à eux avec un sourire aimable, mais non forcé, et avec affabilité. Ne leur faites aucun compliment. Ne leur posez aucune question personnelle. Ne les accueillez pas avec obséquiosité non plus. Relisons la formule d'accueil imaginaire qui figure quelques paragraphes plus haut: "Salut. Content de vous voir, m'sieur. C'est très aimable à vous d'être venue aussi, ma'ame. Parce que vous êtes mariés, je suppose. Félicitations. Vous faites un charmant couple. Tout va bien aujourd'hui?" Vous semble-t-il qu'un tel discours éveille automatiquement la crainte, l'irritation, le dédain?

Si le personnage à qui je prête cette entrée en matière n'était pas un vendeur imaginaire, mais bien réel, il soutiendrait probablement que dans son esprit il ne s'agit là que d'une formule qui se veut courtoise. Pas nécessairement sincère, mais courtoise. Et cependant, quel sentiment cette formule fait-elle naître chez le couple qui se trouve devant ce vendeur?

Du mépris, et certainement pas une intention de courtoisie. En s'exprimant comme il le fait, ce vendeur signifie clairement à ce couple de clients qu'il les croit l'un et l'autre assez fats pour se sentir flattés par un vil compliment et une grimace de sourire. Malheureusement, il a affaire à des gens suffisamment vifs d'esprit pour percevoir immédiatement ce que leur interlocuteur pense d'eux. Ne nous y trompons pas, la plupart des gens ont cette même vivacité d'esprit. Ils n'ont nullement besoin d'analyser les choses pour les percevoir, car ce n'est pas avec de la logique qu'on réagit dans les cas semblables, mais avec des émotions instantanées. Si, dès la prise de contact, ce sont des images négatives que vous éveillez chez l'autre, vous perdez du même coup toutes vos chances de lui vendre quoi que ce soit. Avant même que vous compreniez ce qui s'est passé, il vous aura tourné le dos sans vous laisser la moindre possibilité de réparer les pots cassés. En fait, dans la grande majorité des situations de vente, et pour la grande majorité des vendeurs, la possibilité de réparer des dommages de ce genre reste extrêmement mince, pour ne pas dire inexistante, même si le prospect, au lieu de s'éloigner d'emblée, poursuit encore l'entretien pendant quelque temps.

Jouez donc gagnant. Comportez-vous en véritable professionnel chaque fois que vous vous trouvez en présence d'un nouveau client. Et vous verrez que vous ferez aboutir beaucoup plus de ventes. Le champion sait parfaitement qu'il a déjà assez à faire pour dissiper les craintes naturelles de ses clients, pour aller encore leur en créer de nouvelles dans l'esprit. Ce sont des émotions positives qu'il doit faire naître. Pas l'inverse. Ensuite, à lui de fournir à ses acheteurs la logique voulue pour consolider et rationaliser la décision qu'ils ont déjà prise émotionnellement. Il sait aussi qu'il n'atteindra jamais à cette ultime étape du processus de vente s'il n'a su au préalable faire naître les images positives qui prévaudront contre les négatives.

Pour ce faire, une excellente façon de procéder consiste à éliminer du vocabulaire un certain nombre de mots qui jouent un rôle inhibiteur. Nous ne nous rendons pas toujours bien compte de l'action destructrice que peuvent exercer sur les ventes certains termes qui apeurent les gens. Ce sont ces termes que nous allons à présent passer en revue, ce qui nous apprendra à mettre l'acheteur en confiance au lieu de l'effaroucher.

Les mots à ne jamais employer et leurs substituts

Des centaines de milliers de vendeurs n'ont pas la moindre idée de ce que peuvent bien être ces mots qui pour eux devraient être tabous, ce qui en soi est déjà grave. Mais ce qui est plus grave encore, c'est que certains vendeurs qui, eux, savent parfaitement de quoi il s'agit, continuent à employer ces mots malgré le manque à gagner que cela entraîne pour eux. Définissons d'abord ce dont il est question.

Par mot tabou il faut entendre toute formulation susceptible d'effaroucher le prospect, ou de lui rappeler que vous êtes là pour vous efforcer de lui faire acheter.

Quand on prononce un de ces mots tabous devant un prospect, il est fréquent de le voir s'esquiver par une réponse du genre: "Non, je vous remercie... Je ne faisais que regarder... pour passer le temps..."

Et si c'est en cours d'entretien qu'il vous arrive de laisser échapper un mot tabou, vous entendrez dans la plupart des cas votre prospect vous dire: "Je vais y réfléchir. Je voulais d'abord me documenter. Je vous rappellerai quand je me serai décidé."

Les mots tabous font assurément du beau travail. Ils effraient tellement les clients éventuels que pour la plupart ils s'empressent de prendre leurs distances, aussi bien par rapport à vous que par rapport à toutes les propositions que vous pourrez bien leur faire. Alors, s'il vous arrive à vous aussi de recourir parfois à ces tournures dépréciatives, ne cherchez pas ailleurs vos ennemis: ils sont dans votre vocabulaire. Énumérons ces parias à proscrire:

Le prix, le coût. Chaque fois que vous renseignez un client sur la valeur d'un article de la façon suivante:

"Le prix est de tant" ou

"Cela coûte tant",

il sait d'avance ce qui va suivre. Il sait que vous allez le travailler au corps, lui forcer la main pour qu'il se décide, et tenter à tout prix de lui faire acheter. C'est la raison pour laquelle le professionnel de la vente préférera toujours employer l'expression:

INVESTISSEMENT GLOBAL

Car que fait-on quand on investit?

On place son argent avec l'espoir qu'il va rapporter des intérêts ou des bénéfices.

Que fait-on au contraire quand on paie tel ou tel prix ou quand on couvre tel ou tel coût?

On dépense de l'argent. Qu'il s'agisse d'un cercueil à deux places, d'un éléphant blanc, de dépenses courantes ou de factures quelconques, dans tous les cas, payer, c'est débourser un certain montant d'argent qu'on ne reverra jamais plus.

C'est donc toujours d'investissement global que parlera un professionnel de la vente. Ce qui ne veut pas dire qu'il faille à tout bout de champ ramener cette expression sur le tapis, comme ont tendance à le faire certains vendeurs. Plusieurs autres tournures de rechange permettent de bannir à tout jamais les mots "prix" et "coût" du lexique de la vente:

UNE VALEUR DE TANT
OFFRIR POUR TANT, OFFRIR À TANT
PROPOSER POUR TANT, PROPOSER À TANT
LAISSER POUR TANT, LAISSER À TANT
ABANDONNER POUR TANT, ABANDONNER À TANT
EN DEMANDER TANT

Afin d'éviter toute confusion, ou toute question que vous ne souhaitez pas qu'on vous pose, il vous suffira de jouer habilement de ces différents substituts selon les circonstances. Si vous dites à un client: "Nous en demandons 975 dollars." Il se pourrait fort bien qu'il vous réplique: "Vous avez bien raison d'en demander ce prix-là, mais moi, je vous en offre moins. Jusqu'à quel prix pouvez-vous descendre?"

La façon de contourner ce problème dépend, entre autres, de la méthode de vente qui vous est imposée. Si vous devez vous servir d'un tarif imprimé par exemple, et que votre client sait que la politique de votre employeur est d'appliquer le prix unique, sans réduction possible, vous pouvez lui annoncer, après avoir consulté votre tarif, le montant de l'article qui l'intéresse en vous servant d'une des formules suivantes:

"La valeur de ce modèle est de... tant."
"Nous l'affichons à... tant."
"Celui-ci est offert à... tant."
"Nous le laissons à... tant."

Rédigez avec précision les phrases qui vous permettront d'intégrer ces différentes formulations et exercez-vous à les répéter en vous mettant dans une situation identique à celle où vous êtes quand la clientèle vous questionne sur les prix. Et si vous trouvez cet exercice trop exigeant, dites-vous que la vente aussi est une profession exigeante. Ou alors, tirez une fois pour toutes un trait sur la perspective d'avoir un jour des revenus de professionnel.

Prix de catalogue: Autre terme tabou, sauf quand il s'agit de vente au détail, ou de vente soumise à l'affichage obligatoire des prix. Mais dans tous les autres types de vente où il est possible au client d'obtenir un escompte ou une remise de prix, si vous dites "prix de catalogue", votre interlocuteur s'imaginera que vous êtes en train de lui faire un appel du pied pour qu'il vous demande une réduction. Et si vous prononcez ce mot affreux alors que le prix de ce que vous vendez est fixe et incompressible, l'effet sera encore plus désastreux puisque vous inciterez pour ainsi dire votre client à aller d'abord se renseigner auprès de vos concurrents pour voir s'il ne peut pas obtenir la même chose à moins cher.

Acompte. Si vous voulez vraiment faire paniquer vos prospects, vous ne pouvez mieux faire que de leur parler de vous verser un acompte. Aussi, comme tout bon professionnel, emploierez-vous la formule correcte et rassurante d'

INVESTISSEMENT INITIAL

Traites et mensualités. Encore des termes qui risquent de vous faire aboutir exactement à l'opposé de ce que vous souhaitiez, et de faire naître les pires craintes chez vos prospects. La plupart des gens sont en effet effrayés à l'idée de devoir effectuer des paiements à la fin de chaque mois. N'en ont-ils pas déjà suffisamment à faire? Et quelle image ces mots évoquent-ils pour vous?

Un tas de factures et d'échéances: le loyer, l'électricité, le téléphone, pour ne citer que les principales.

Ce sont des mots qui vous rappellent infailliblement la pile d'impayés qui grignotent votre chéquier en fin de mois. "Alors, suffit comme ça! J'en ai déjà assez, de ces mensualités qui me rendent malade! Vivement la dernière traite, ouf! Et d'ailleurs, je n'aurais jamais dû faire la bêtise d'acheter un machin pareil!"

Les mots "traite" et "mensualité" relèvent en effet de la terminologie des comptables; ce sont aussi les termes favoris des sociétés de recouvrement de créances. Aussi les professionnels leur préfèrent-ils l'expression:

INVESTISSEMENT MENSUEL

Police, contrat. Que se passe-t-il dans l'esprit des gens quand on prononce ces mots devant eux? Il se passe qu'ils voient déjà se profiler à l'horizon des poursuites, un tribunal, un juge qui va décider de leur sort, des avocats qui vont leur envoyer leurs notes d'honoraires, bref, un tas d'ennuis en perspective.

Le champion de la vente ne parle jamais de "police" ni de "contrat", mais de

FORMULE D'ACCORD
ou de
PROTOCOLE D'ENTENTE

Voyons encore un autre terme hideux, et qui va vous surprendre. Car les mots tabous ne sont pas nécessairement inusuels, comme l'étaient ceux qu'on vient de voir. Ils peuvent aussi relever du vocabulaire le plus courant. Comme par exemple le verbe acheter.

Acheter. Mettez-vous bien dans la tête que personne n'a envie d'acheter, mais que tout le monde a envie de posséder. Néanmoins, certains vendeurs tournent leurs présentations de la façon suivante:

> "Acheter ici, c'est la garantie d'une livraison immédiate."
>
> "Achetez ce modèle, et vous ne pourrez qu'en être satisfait."
>
> "Tous ceux qui ont acheté cet article n'ont eu qu'à s'en féliciter."

Comment votre interlocuteur réagit-il à ce verbiage? "Si j'achète ça, se dit-il, je dépense de l'argent. Or, je n'ai pas envie de dépenser mon argent. Mais j'aimerais pourtant bien avoir ce truc-là. Il faudrait que j'en trouve un du même genre, mais plus avantageux."

Les professionnels savent parfaitement que la plupart des gens veulent posséder, parce que la possession est synonyme de plaisir, alors que dépense, frais sont synonymes de privation ou d'effort. En conséquence, éliminez donc de votre vocabulaire le mot "acheter" et substituez-lui

ACQUÉRIR

Écrivons une seconde fois les trois phrases que nous venons de voir en remplaçant dans chacune le mot contraignant "acheter" par le mot "acquérir", lequel signifie littéralement: devenir propriétaire. Ce qui donne après remaniement:

"À ceux qui font l'acquisition de nos produits nous assurons une livraison immédiate."

"En faisant l'acquisition de ce modèle, vous ne pourrez qu'en être satisfait."

"Tous ceux qui possèdent cet article sont unanimes pour se féliciter de leur acquisition."

Le désir de posséder est en effet profondément ancré en chaque individu. Et cette force qui pousse à acquérir a trop d'importance pour que l'usage que vous allez en faire soit laissé au petit bonheur la chance. Aussi le professionnel de la vente s'arrange-t-il toujours pour raccorder directement les images précises de possession qui naissent chez ses clients à tel ou tel objet précis qu'il entend leur vendre. C'est pour cette même raison qu'il sait prendre le temps de s'asseoir et de coucher sur le papier les phrases qui, sans heurt, vont remplir ce but, et dans lesquelles seule l'idée d'acquisition et de possession revient à répétition alors que peuvent changer les autres éléments du discours. Pas question bien sûr de répéter comme un perroquet:

"Quand il sera à vous, vous serez parfaitement satisfait de ce dispositif à croisillons exclusif. Quand il sera bien à vous, vous ne pourrez que vous féliciter aussi de notre service après vente. Quand il sera bien à vous, vous serez à même d'en apprécier la durabilité."

Il est donc indispensable que vous élaboriez un ensemble de formules qui soient capables de faire naître chez vos prospects des images de possession, si vous voulez consolider en eux cette force intérieure qui les pousse à acquérir sans leur rappeler à tout propos que vous êtes là pour vendre. En peu de temps vous parviendrez à rédiger des phrases assez subtiles pour escamoter ce que votre technique comporte d'un peu trop évident. Et un entraînement de quelques minutes sera suffisant pour que ces formules de vente deviennent pour vous une seconde nature. Mais, quel que soit le temps qu'il faudra pour y parvenir, cela se traduira concrètement pour vous par un compte en banque un peu mieux fourni que si vous vous obstiniez à discuter à bâtons rompus avec la clientèle. Suivent à présent quelques exemples de formulations propres à créer chez un prospect des images de possession:

> "Ce dispositif à croisillons a été spécialement conçu pour nous et a été incorporé à tous nos modèles. Quand vous aurez choisi celui que *vous aimeriez acquérir*, vous pourrez donc être absolument certain que c'est bien un dispositif à croisillons que vous ramenez *chez vous*."
>
> "Notre point d'honneur, c'est avant tout la réputation de notre service après vente. C'est aussi important pour nous que pour les *propriétaires* de tous nos appareils. Quand vous serez vous-même *en possession* de l'un d'entre eux, vous ne pourrez que vous féliciter de la priorité absolue que nous donnons à nos *acquéreurs* pour le service après vente."
>
> "Étant donné que toute la rentabilité de votre entreprise repose sur une machine, c'est avant tout sa robustesse qui compte, non? Quand on *possède* une Bangboum et que toute une production repose sur elle, il est bien certain que sa fiabilité doit donner entière satisfaction."
>
> "Je vais vous montrer quelque chose qui va décupler vos possibilités quand vous l'aurez *acquis*. (Dans une phrase semblable, on pourrait aussi bien introduire des mots tels que "rentabilité", "marges bénéficiaires", ou toute autre expression sur laquelle on désire attirer l'attention du client.)
>
> "Quand vous aurez fait le choix du modèle que vous désirez *acquérir* — et je ne doute pas que vous le trouviez

parmi tous ceux que nous avons en stock — vous serez surpris de la modicité de l'investissement initial." Il est facile de remanier cette phrase en fonction du produit ou du service proposé: "Quand vous aurez choisi le modèle que vous aimeriez *acquérir*, vous serez agréablement surpris par la formule de garantie que nous proposons aux *propriétaires* de nos appareils." Et si c'est un service et non un produit que vous proposez, votre phrase peut encore se formuler ainsi: "Une fois que vous aurez décidé quel service vous voulez *acquérir*, vous serez surpris par l'économie de temps que vous allez pouvoir faire — et vous savez comme moi ce que coûte le temps — pour vous consacrer à des choses plus importantes."

Quand un argument avancé au cours d'une vente se révèle déterminant, c'est en fait parce qu'il est associé dans l'esprit de l'acheteur à une image de possession. Si donc vous êtes incapable par votre discours de faire coïncider l'intérêt proprement dit avec la satisfaction que peuvent éprouver vos clients à la perspective de posséder, c'est ou bien que votre argumentation n'est pas assez consistante, ou bien que vous n'êtes pas assez enthousiaste à l'égard de votre produit. Dans certains cas particuliers, c'est bien entendu à une tournure grammaticale négative que vous aurez recours pour que dans l'esprit de vos clients s'établisse la corrélation: "Une fois que vous serez en *possession* de ce système d'alarme, vous n'aurez plus besoin de vous soucier de..."

Maximisez vos capacités de vente. Associez étroitement vos arguments les plus percutants à ce désir de posséder si universellement répandu. Évidemment, vous n'allez pas débiter vos arguments à la queue leu leu, mais au contraire les distribuer habilement au fil de vos entrevues, en les amalgamant très naturellement aux autres éléments de votre argumentation. Je ne saurais trop vous rappeler à quel point il serait hasardeux pour vous d'user de cette technique de façon si répétitive que le client se rendrait vite compte qu'elle n'est qu'un procédé. Si cela se produisait, il opposerait probablement à votre talent de vendeur toute l'inertie dont il est capable et, pour peu qu'il prenne plaisir à ce petit jeu, c'est vous qui auriez tout à y perdre.

Afin de camoufler cette technique consistant à faire naître des images de possession dans l'esprit de votre interlocuteur, mieux vaut réserver les mots clés (acquérir, posséder) aux moments forts de l'argumentation et se contenter, quand on énonce des arguments de moindre impact, d'assortir ces derniers de tournures du type de celles qui figurent ci-après en *italiques:*

"Quand vous aurez sélectionné le motif dont *vous désirez décorer votre salon* — et je suis sûr que vous le trouverez sans difficulté parmi nos nombreux modèles — vous serez impressionné aussi par notre choix de revêtements."

"C'est une fois qu'*il sera bien à vous* que vous pourrez constater quel effet il produit sur les gens."

"*Une fois ce papier étendu sur vos murs*, vous verrez combien la pièce en sera égayée."

"Ce n'est qu'*après avoir fait installer l'appareil dans votre bureau* que vous apprécierez les économies de temps que vous allez pouvoir faire grâce à lui."

"*En adoptant cette formule*, vous allez découvrir tout de suite quelle augmentation de rendement vous pourrez obtenir dans votre service d'expédition."

"En décidant d'adopter ce service, vous vous rendrez vite compte de *l'importante plus-value que vous allez verser à l'actif de votre affaire*."

"Quand vous mettrez *cette petite merveille dans votre garage*, vous..."

"Dès que vous serez *de retour chez vous avec ce modèle*, vous..."

"Avec cette *acquisition*, finis les ennuis de pannes."

"Savoir qu'*à tout instant vous pouvez faire appel à nous*, c'est pour vous une garantie de..."

"*Une fois qu'il sera bien à vous*, vos problèmes de contenance et de surcharge appartiendront au passé."

Plusieurs des techniques exposées ci-dessus font jouer des ressorts émotionnels bien particuliers quand vos interlocuteurs sont des cadres salariés d'entreprises dont ils ne sont évidemment pas propriétaires. Un de ces ressorts émotionnels est très puissant, puisqu'il touche à ce qu'il y a de plus sensible dans l'univers mental du salarié, et peut se résumer en une question constamment présente à son esprit: "Comment faire pour accroître mon prestige et ma sécurité dans la hiérarchie?"

Cela s'appelle l'ambition et revient pour l'intéressé à se poser la question suivante chaque fois qu'il se trouve en présence d'un représentant: "Quel parti puis-je personnellement tirer de la situation?" Je ne fais nullement allusion ici à un quelconque pot-de-vin, encore qu'il soit bien connu que tel acheteur de telle grande entreprise ne signe ses bons de commande qu'après avoir été copieusement et discrètement "arrosé". Mais rien n'est plus aventureux pour un représentant que d'aller proposer de telles gratifications alors qu'on ne lui demande rien. À vous de prendre vos responsabilités si vous croyez devoir procéder de cette façon, mais je suis pour ma part convaincu que rien ne peut justifier cette déchéance qui consiste à corrompre et soudoyer les autres sous prétexte de conserver son emploi. Il y a dans l'existence un certain nombre de choses sur lesquelles on ne doit pas transiger, dont le respect de sa propre intégrité.

La vérité est que parmi vos interlocuteurs qui sont des cadres ou des gens occupant un poste de responsabilité, la plupart sont rongés par l'ambition. Ce ne sont pas pour autant des personnes malhonnêtes, mais ils sont conditionnés par des émotions du type "Quel parti puis-je personnellement en tirer?" Si bien qu'au lieu de transmettre vos propositions au comité chargé de les approuver (ou bien de s'empresser de les enfouir dans le dossier n° 13 sitôt que vous avez quitté leur bureau), voilà qu'ils vous donnent leur accord et vous passent commande, tant ils veulent être les premiers à tirer gloire d'avoir introduit dans la place quelque chose d'avantageux pour leur entreprise ou leur administration. Apprenez donc à lier ce que vous avez à offrir à ce désir d'avancement personnel qui anime vos interlocuteurs quand ils appartiennent à cette catégorie, et vous serez étonné des succès que vous remporterez ainsi auprès des sociétés très hiérarchisées ou des administrations. Cela n'exige qu'un peu de sensibilité, de doigté, et de persévérance.

Mais quelle que soit l'importance de ces données, ne sous-estimez pas le pouvoir des facteurs émotionnels qui sont mis en jeu. Il est essentiel de savoir que la plupart des acheteurs professionnels s'identifient tellement à leur entreprise, à leur administration, qu'ils réagissent émotionnellement tout comme s'ils en étaient les propriétaires. Sans doute faut-il rechercher les racines de ce phénomène dans la persistance de quelque instinct tribal. Jusqu'à un certain point, quiconque travaille pour le compte d'une vaste organisation ressent l'attraction qu'exerce sur lui le groupe et le besoin de partager une certaine loyauté collective, un certain sentiment du genre "Nous sommes les meilleurs!" Ce sont ces forces élémentaires et instinctives qui donnent aux groupes assez de cohésion pour se perpétuer, que ces groupes soient représentés par une famille, une compagnie, ou un ensemble organisé plus vaste.

Plus l'individu s'est élevé dans la hiérarchie, et plus fortement il éprouve ce sentiment d'appartenance. Les responsables du service des achats de ces organisations occupent tous un certain rang dans l'organigramme hiérarchique, et vous pouvez être assuré que si vous savez stimuler chez eux des réactions émotionnelles de propriété, ils y répondront positivement, tant est grande leur loyauté pour le groupe auquel ils appartiennent, même s'il leur arrive de le dénigrer ou de s'en plaindre.

Le verbe vendre

Avez-vous jamais entendu quiconque vous poser en souriant la question suivante: "Devine ce qu'on m'a vendu aujourd'hui?" Non, n'est-ce pas? Alors que vous avez fréquemment entendu dire: "Devine ce que je viens d'acheter?" Au plan de l'émotion, *acheté* est beaucoup plus que le participe passé d'un verbe du premier groupe: c'est le temps présent du verbe *posséder*. Acheter, c'est en quelque sorte se soumettre à un régime amaigrissant; tandis que posséder, c'est garder sa ligne. Faire l'inventaire de ses achats, c'est une façon détournée de faire valoir son orgueil de propriétaire, car bien qu'il soit assez mal porté de se vanter de ce qu'on possède, il est socialement acceptable de laisser percer sa fierté quand on acquiert quelque chose de neuf. Et la plupart des gens adorent le faire. Encore que bien peu de gens en soient conscients — et que bien moins de gens encore accepteraient de le reconnaître s'ils en prenaient conscience — cela revient pour eux à combler par de nouvelles acquisitions, et à répétition, un certain vide émotionnel. Aussi, si votre produit ou votre service se prête à cette technique (c'est le cas de la grande majorité d'entre eux), astreignez-vous à la petite corvée préliminaire qui consiste à préparer d'avance les formules qui vous permettront d'exploiter ces données au cours de votre argumentation. Leurs ressources énergétiques sont inépuisables.

Quand les gens utilisent des expressions telles que "*ce que j'ai acheté aujourd'hui*", ils expriment en fait ceci: "Regarde un peu quel facteur de promotion sociale je possède à partir d'aujourd'hui." Car ce sont eux qui ont pris la décision. Aussi entendent-ils que les autres admirent leur sagesse, leur élégance, leur puissance. Ils ne tiennent nullement à en partager la gloire, et surtout pas avec le vendeur qui leur a fait prendre leur décision ou les y a aidés. Et c'est simple à comprendre, étant donné qu'ils n'admettront à aucun prix que le choix qu'ils ont fait leur ait été dicté par d'autres déterminants que leur propre goût et leur propre esprit de décision. Ne perdez jamais ceci de vue quand, par exemple, il vous arrive de faire allusion devant un de vos acheteurs à quelqu'un qu'il connaît personnellement, et gardez-vous toujours dans ce cas d'utiliser des formules telles que: "C'est moi qui le lui ai vendu." En prononçant les mots "*j'ai vendu*", vous donnez de vous l'image d'un personnage capable d'aller empoigner par le col le premier crétin venu qui passe dans la rue pour l'obliger à signer sous la ligne que vous lui désignez du doigt afin de lui faciliter les choses. Vous donnez l'image d'un braconnier qui n'hésite pas à aller poser ses pièges sur les terres de ses acheteurs. Contentez-vous donc de leur montrer que vous êtes fier de votre clientèle, et laissez-leur toute la liberté de leurs choix.

Certains vendeurs tiennent à leurs prospects le langage suivant: "Il vous intéresserait probablement de savoir qui d'autre a adopté cette formule. Tenez, la semaine passée, j'en ai vendu une aux Zucchini, vous savez, juste au coin de la rue."

Qu'en pense l'interlocuteur? "Tu en as peut-être vendu une aux Zucchini, mon salaud, mais c'est pas demain la veille que tu vas m'en vendre une autre!" Et s'il résiste ainsi, c'est qu'il entend que ce soit lui, et pas un autre, qui décide de ce qu'il a à faire.

L'infinitif *vendre* exerce le même effet: le mot projette l'image de ces camelots en souliers vernis dont le bagout n'aboutit qu'à délester les badauds de leur argent. Un professionnel ne "vend" jamais rien à personne. Il ne traite qu'avec d'*heureux bénéficiaires* et d'*heureux propriétaires*. Le plus renfrogné des employés de bureau se sent réconforté quand il acquiert tel produit qu'il juge de meilleure qualité qu'un autre. Alors, invitez-le à en devenir l'heureux bénéficiaire plutôt que de chercher à le lui "vendre".

Des heureux bénéficiaires, des *heureux propriétaires*, vous pouvez en faire toute la journée. Mais ne vous obstinez pas pourtant à qualifier ainsi à répétition vos interlocuteurs, ce qui finirait par les incommoder. Proscrivez donc une fois pour toutes le verbe vendre et aidez-vous de tournures et de périphrases telles que:

FAIRE ACQUÉRIR
FAIRE BÉNÉFICIER
CONSEILLER DE...
RECOMMANDER DE...

TROUVER D'UN COMMUN ACCORD
LA BONNE FORMULE
ÉLIMINER LES DIFFICULTÉS MINEURES
METTRE À LA DISPOSITION...
FAIRE PROFITER DE PLUSIEURS ANNÉES D'EXPÉRIENCE
DONNER DES INFORMATIONS (ESSENTIELLES, INDISPENSABLES, UTILES)
AVOIR LE PLAISIR, L'AVANTAGE DE...
RÉGLER LES QUESTIONS DE DÉTAIL

Évitez, cela va sans dire, toute formulation qui serait infatuée ou désinvolte, et efforcez-vous de tenir des propos qui s'accordent à votre type d'activité. "C'est moi qui ai eu l'honneur d'être consulté à propos de cette acquisition" serait une formulation parfaitement ridicule si vous vendez des meubles en bois blanc, mais qui cesse de l'être si c'est de la vente d'un fonds de commerce qu'il s'agit. Si au contraire vous déclarez que vous avez "réglé les questions de détail" d'une affaire qui portait sur plusieurs millions de dollars, on aura plutôt tendance à vous prendre pour un sous-fifre.

Examinons à présent quelques formulations susceptibles de vous faciliter tout naturellement la tâche quotidienne:

"Vous aimeriez sans doute savoir si cette formule a du succès parmi notre clientèle. Vous devez sans doute connaître les Zucchini, qui habitent au coin de la rue. Et bien, tous les membres de la famille sont à présent les heureux bénéficiaires de notre Plan Six. Je le sais d'autant mieux que c'est d'un commun accord que nous avons trouvé la bonne formule. Et puisque vous les connaissez, pourquoi ne leur téléphoneriez-vous pas? Ils vous diraient eux-mêmes combien ils en sont satisfaits."

Au nouveau directeur d'une entreprise dont vous êtes depuis longtemps le fournisseur: "M. Klein? André Lespérance, de Nolls-Noyce à l'appareil. Il y a deux ans, votre compagnie a fait l'acquisition par mon intermédiaire d'un Gruntless Marvel. Puis-je vous demander si ce véhicule vous donne toujours satisfaction?"

À un prospect inconnu qui pour la première fois vous téléphone sur la recommandation d'un de vos clients habituels: "En effet, j'ai eu le plaisir l'an dernier de faire traiter cette excellente affaire à M. Dugenou."

Comparez attentivement ces diverses formulations à la tournure sommaire et désinvolte: "Ouais, c'est moi qui lui ai vendu ça." Puis exercez-vous à répéter les phrases qui seront pour vous les plus rentables, financièrement parlant, du fait qu'elles vous vaudront la confiance de vos clients et non plus leur méfiance ou leur animosité.

La vulgarité

Voilà bientôt vingt années de ma vie que je fais profession de vendre. Mais autant j'aime la vente, autant je déteste la vulgarité de langage avec laquelle on la pratique parfois. On dirait que certains vendeurs se complaisent à donner de leur profession l'image la moins flatteuse en ne manquant pas une occasion de déployer les pires stéréotypes qui s'appliquent à elle, car leur mentalité est celle de requins et leur langage celui d'aboyeurs de foire qui ne cessent de se prévaloir de leurs "boniments" et de leurs "escroqueries".

> "J'ai encore le temps d'en escroquer un autre avant de rentrer chez moi."
> "Laissez-moi vous baratiner pendant cinq minutes et vous verrez que vous serez convaincu."
> "Écoutez d'abord mon boniment, et vous me direz si la combine que je vous propose n'est pas unique en son genre."

Quand on emploie des mots aussi dépréciatifs, c'est qu'on se déprécie soi-même. C'est la façon qu'on a de s'exprimer qui traduit l'estime qu'on a pour soi-même.

Ne tombez pas dans ce travers. Veillez toujours à ce que vos interlocuteurs écoutent attentivement vos présentations et suivent avec intérêt vos démonstrations, mais ne tentez pas de les avoir "au boniment" ni de leur proposer une "combine" ou une "bonne occasion". En agissant ainsi, vous ne feriez qu'attirer leur attention sur le prix de ce que vous avez à vendre, et vous vous donneriez de faux espoirs de vente qui seraient vite déçus. Au lieu de recourir à ce langage de camelot, contentez-vous donc d'inviter en bon français vos interlocuteurs à

ÉCOUTER LA PRÉSENTATION
SPÉCIALEMENT CONÇUE
POUR VOTRE PRODUIT OU VOTRE SERVICE
PARTICIPER DIRECTEMENT À
VOTRE DÉMONSTRATION
PROFITER DES AVANTAGES
QUE VOUS LEUR PROPOSEZ

Si vous n'êtes pas convaincu que ces formules font naître chez vos interlocuteurs des images mentales, des émotions et des réactions positives, c'est que vous vous êtes fourvoyé en vous lançant dans la vente. Car si vous usez de certains mots qui relèvent du vocabulaire de la vulgarité, non seulement vous ferez surgir dans l'esprit de ceux qui vous écoutent des représentations dépréciatives et tenaces, mais vous en ferez surgir aussi ou bien renforcerez de vieux stéréotypes là où ils sont le plus pernicieux: dans votre propre esprit.

S'il est dans vos habitudes d'employer un tel vocabulaire, l'occasion est belle pour vous d'essayer d'imaginer quelle sorte de représentations, d'attitudes émotionnelles et intellectuelles votre langage peut susciter chez les autres. Alors que si vous vous conformez à ce que je préconise, je vous affirme que vos talents de vendeur et vos revenus s'en trouveront directement affectés. Mais avant d'en venir à ces conseils, attaquons-nous aux racines du mal.

Si vous refusez d'adopter une attitude plus positive à l'égard de votre profession, si vous ne pouvez vous retenir de faire appel à une terminologie de camelot, c'est probablement que vous y êtes poussé par de sérieuses raisons émotionnelles. Alors, regardez donc les choses en face et tâchez de vous accommoder d'elles en les sublimant par un peu de créativité. Et vous vous libérerez de ce carcan qui vous empêche de devenir un vendeur d'envergure. Que voulez-vous prouver au juste? Que vous avez du bagout? Que vous méprisez ouvertement ce que vous faites, pour mieux dissimuler votre peur d'échouer? À moins que vous n'ayez d'autres raisons d'afficher une attitude si désinvolte, qui sait? Mais il n'empêche que cette désinvolture risque de vous coûter cher, puisque dans la pratique c'est elle qui trace les frontières au-delà desquelles vous ne pouvez accroître vos revenus. Et cela tient à trois vérités de base:

- C'est l'estime que l'on porte à ce qu'on fait qui détermine en grande partie l'estime qu'on a de soi.

- C'est l'estime qu'on a de soi qui détermine l'attitude professionnelle.
- C'est l'attitude professionnelle qui détermine le niveau de revenu.

Tournez donc la page une fois pour toutes et demandez dorénavant à vos interlocuteurs, en vous exprimant correctement, d'écouter votre présentation attentivement et de réfléchir aux possibilités nouvelles que vous leur offrez. Autrement dit, c'est de respect et non plus de dédain que vous devez entourer votre métier et votre clientèle. C'est au prix de ce changement que vos revenus s'en ressentiront.

Est-il donc si difficile de bannir à tout jamais certains mots, certaines tournures de votre vocabulaire et de vos pensées? Certes, il ne suffit pas de cesser de les dire pour que votre comportement sous-jacent en soit radicalement transformé. Pour que le changement soit complet, il faut encore que ces tournures soient éliminées de votre esprit, de vos propos, même les plus inhabituels, et plus spécialement encore de ceux que vous pouvez tenir avec vos collègues de travail. C'est surtout à cette dernière exigence qu'il est le plus difficile de se plier, mais la fermeté de votre attitude fera clairement comprendre à vos collègues que votre intention est de réussir dans votre métier. Pas d'accumuler les échecs. C'est cette même fermeté d'attitude qui vous poussera dans le camp des vainqueurs et vous éloignera de celui des laissés pour compte. Et ce sera pour vous un grand pas de franchi. Ne vous y trompez pas cependant: si l'habitude du laisser-aller et de la vulgarité de langage est fortement ancrée en vous, il ne vous sera pas si facile de vous en départir — sauf si vous êtes bien décidé à réussir. En quel cas vous découvrirez vite que c'est à la fois facile, efficace, et fort agréable.

Voici donc ce que je vous propose. C'est tout simple. Le véritable nerf de la vente, c'est le pouvoir qu'ont certains mots de créer des images mentales favorables. À vous d'utiliser ce pouvoir. Ménagez-vous à présent une pause et inventez trois images mentales positives en vous y prenant de la façon suivante: détendez-vous, fermez les yeux, et imaginez-vous vêtu et paré comme vous préférez l'être quand vous traitez vos affaires. Imaginez ensuite (1) que vous êtes en train de faire la présentation de votre produit avec le plus parfait naturel; (2) que vous dirigez de main de maître une démonstration parfaitement au point et (3) que vous offrez à ceux qui vous écoutent l'occasion de devenir les heureux possesseurs de ce produit qui leur plaît, leur manque, et qu'ils ont les moyens d'acquérir. Faites en sorte que ces différentes représentations de vous-même soient parfaitement claires et nettes dans votre esprit, et nommez-les par leur nom à tour de rôle: *présentation, démonstration, offre d'une occasion à saisir.*

Et chaque fois qu'il vous vient à l'oreille ou à l'esprit (mais jamais à la bouche) un des termes dépréciatifs auxquels nous avons fait allusion (*baratin, boniment, bla-bla-bla, combine, etc.*), empressez-vous de chasser l'image que cela vous suggère, pour la remplacer par une image plus adéquate et plus positive telle que:

- C'est le bon moment pour faire cette présentation que je sais impeccable et absolument convaincante.
- Voilà une démonstration que je connais sur le bout des doigts.
- Je vais leur offrir une occasion superbe.

Une telle méthode est applicable à une infinie variété de situations négatives. Prenez le taureau par les cornes. Servez-vous du bon pour éliminer le mauvais.

Mais vous n'y parviendrez pas du jour au lendemain. Accordez-vous au moins un mois pour réussir. S'il vous arrive de prononcer une tournure négative et proscrite, voire même de penser à une telle formule sans que vous songiez à lui substituer immédiatement une représentation positive, recommencez tout à zéro. Obstinez-vous jusqu'à ce que vous soyez sûr de maîtriser cette technique depuis au moins trente jours consécutifs. Et faites alors le décompte des sommes dont vous êtes redevable à cet usage délibéré d'images positives.

Signer

C'est le dernier, mais aussi le plus traître des mots du vocabulaire de la vente, étant donné qu'il est capable de couler le navire alors qu'il n'est plus qu'à quelques encablures du port. Et le pire, c'est que les vendeurs qui constamment, à cause de ce mot-là, prennent un bain forcé ne se rendent pas toujours bien compte que c'est lui au dernier moment qui ouvre une voie d'eau dans la cale.

Vous êtes donc rentré à bon port et vous avez jeté l'ancre. Et c'est là que les ennuis surgissent. Tout s'est bien passé jusque-là et vous n'avez pas commis une seule faute de manoeuvre. Vous venez de remplir vous-même le formulaire d'acceptation qu'il ne vous reste plus qu'à faire approuver par votre client pour que la vente soit conclue. Vous jubilez. Intérieurement du moins, car vous cachez votre jubilation et vous retournez le formulaire pour le tendre à votre client par-dessus le bureau:

"Voilà qui est fait, commentez-vous. Il ne vous reste plus qu'à signer ici, sous la ligne du bas, et tout va marcher comme sur des roulettes."

Le sourire de votre prospect s'évanouit. Il contemple pendant un instant le bon de commande, s'éclaircit la voix, et vous déclare en marmonnant: "Oui... bien sûr... naturellement... mais voyez-vous, mon papa m'a toujours dit qu'il faut lire attentivement ce qui est écrit en petites lettres avant de signer quoi que ce soit."

L'ennui, c'est qu'il dit la vérité. Car c'est exactement ce que lui ont conseillé de faire son papa, sa grand-mère, son avocat, sa femme... tout le monde en somme. Si bien qu'en employant l'expression *signer ici*, vous n'avez rien fait d'autre que de provoquer instantanément chez lui une réaction négative qui l'a amené à se dire: "Attention. Sinon je vais me faire avoir. Mais ce n'est pas à moi que cela va arriver, pour la bonne raison que je ne signerai jamais aucun contrat unilatéralement rédigé sans en avoir scruté chaque virgule."

Et le voilà qui se met à décortiquer votre formule. Tiens, dans la première clause, il y a quelque chose qui lui rappelle qu'il ferait bien de se renseigner sur certains dégrèvements fiscaux. Et puis là, dans la seconde clause, il trouve encore autre chose d'obscur qu'il décide de faire éclaircir par son avocat. Bref, aucune chance pour vous de repartir aujourd'hui avec sa signature en poche.

Bien entendu, vous allez par la suite le relancer énergiquement. Mais le sort est contre vous. C'est d'abord son avocat qui est parti en vacances. Ensuite, le jour où celui-ci revient, c'est vous qui êtes à l'autre bout du pays pour assister à un salon commercial. Et puis, avant même que vous ayez pu obtenir de votre prospect un nouveau rendez-vous pour donner certaines explications à son avocat, toute l'affaire est remise en question du fait que les impératifs de l'économie vous ont obligé à augmenter considérablement vos tarifs. Ou bien c'est la politique de production de votre prospect qui change brusquement de cap. De toute façon, le climat émotionnel est à présent détérioré. Les atermoiements, les changements survenus dans l'intervalle, ont dépossédé votre acheteur de son entrain et de son enthousiasme du premier jour, et il ne juge plus du tout opportun à présent de faire affaire avec vous. Il ne vous reste plus qu'à tirer un trait sur cette vente que vous auriez conclue tout de suite si vous n'aviez pas eu la malheureuse idée quelques semaines plus tôt d'employer l'expression *signer ici.*

Même si la pièce que votre client doit approuver consiste en un modeste bon de commande, le mot *signer* reste un mot redoutable. Les champions de la vente ne laissent jamais entendre à leurs clients qu'ils doivent "signer" quoi que ce soit. Ils préfèrent recourir à divers autres mots ou expressions du vocabulaire, tels que:

APPROUVER
VALIDER
AUTORISER
METTRE EN BONNE ET DUE FORME
ENDOSSER
DONNER LE FEU VERT

Encore un truc qui n'a l'air de rien mais qui pourtant a son importance: quand vous tendez en souriant le document à votre client pour qu'il le signe, dites-lui: "Auriez-vous l'obligeance d'approuver en toutes lettres ce document, de sorte que je puisse vous faire livrer rapidement votre commande?" Vous ne lui demandez pas de "signer", mais d'approuver afin de bénéficier d'une livraison plus rapide. Et vous verrez que c'est pourtant son nom qu'il écrira au bas de la page. Son nom. Pas la formule: approuvé.

Il me reste à espérer que vous saurez investir le temps qu'il faut pour assimiler ce qui précède. Car c'est en s'habituant à employer une terminologie provoquant des réactions émotionnelles positives qu'on acquiert la maîtrise de la vente.

Un argumentaire en trois versions

La plupart des vendeurs ne se servent que d'un seul argumentaire et, du fait qu'ils emportent ainsi la conviction de certains prospects, ils tiennent pour négligeable que cet argumentaire tombe à plat dans la grande majorité des cas.

Supposons qu'il vous faille environ cinq minutes pour faire votre présentation de base. Naturellement, vous remodelez légèrement cette présentation pour l'adapter à chacun de vos prospects, mais c'est essentiellement la même que vous faites à tout le monde, selon un déroulement immuable. Tenons pour acquis que votre style est vivant, percutant, et agréable.

Fort bien, puisque le style que vous avez adopté se révèle efficace dans une fourchette comprise entre 30 et 60 pour cent des cas. (Efficace en ce sens qu'il vous permet de conclure vos ventes si tout se passe sans accident de parcours.) Cela dit, examinons d'un peu plus près ces 40 à 70 pour cent de prospects qui restent insensibles à ce discours vif, percutant et agréable que leur tient ce vendeur souriant et tiré à quatre épingles que vous êtes.

"Un instant, s'il vous plaît, m'interromprez-vous. Ce ne sont pas les hurluberlus qui achètent mon produit. Ce sont uniquement les gens sérieux et réfléchis."

Soit. Mais il n'empêche que ces gens sérieux et réfléchis n'en sont plus, depuis vingt ans, à leur première discussion de ce genre avec un vendeur ou un représentant vif, percutant et agréable. Et que ce genre de discussion doit tout de même bien commencer à les lasser, non? Vous ne pensez pas que l'envie les prend de déserter en courant la ligne de front chaque fois qu'un nouveau vendeur tiré à quatre épingles franchit leur porte? C'est alors qu'ils lui lancent des signaux de détresse — entendez par là qu'ils se mettent à lui raconter n'importe quoi, des blagues ou des histoires lugubres, en espérant que leur message va être capté et décodé.

Ce qui n'arrive que bien rarement.

Tout vendeur dispose pourtant d'une solide antenne pour recevoir ce genre de message. Mais la plupart du temps, il ne perçoit rien d'autre qu'un vague bruit de fond, tant il est préoccupé par ce qu'il doit dire. Si bien qu'il rate le message émis par son prospect, se lance tête baissée dans la présentation de son produit, et ne tarde guère à se retrouver dehors sans avoir pris la moindre commande. C'est de la même antenne que dispose le champion de la vente. Seulement lui, il sait capter clairement le message, pour la simple raison que c'est sur son prospect — pas sur son argumentaire — qu'il concentre toute son attention. Il possède tellement bien ce qu'il a à dire qu'il ne s'en soucie pas le moins du monde quand il se trouve ainsi placé dans l'expectative. Car en réalité ce n'est pas en une, mais en trois versions différentes qu'il est capable de formuler ce qu'il a à dire. Étant donné qu'il garde l'esprit clair, c'est donc l'attitude du prospect qui va lui dicter le choix de la version la mieux appropriée aux circonstances. Et c'est avec un nouveau bon de commande en poche qu'il ne tardera pas à prendre congé.

Comportez-vous en champion. Et usez vous aussi de ce concept en triade qui consiste à mettre au point et à répéter trois versions différentes pour chacun des points de votre argumentaire. Vous êtes d'ores et déjà capable de faire l'approche d'un client de diverses manières, mais vous augmenterez considérablement la souplesse de votre discours et de votre comportement à chaque situation de vente en vous exerçant à inventer et à mettre au point des réponses en triade.

Quelques explications s'imposent ici, étant donné que ce que je vous demande, ce n'est pas de tenir toutes prêtes trois ripostes différentes à opposer aux objections qu'on pourrait vous faire (encore que ce ne soit certainement pas une mauvaise tactique). Ce que je vous recommande ici, c'est d'inventer trois façons différentes de formuler une même riposte, et de vous entraîner à formuler cette même riposte en trois versions. La première sera volontiers populaire et quelque peu familière; la seconde sera un tantinet précieuse et châtiée; la troisième sera tournée en français courant, sans fioritures, et aisément intelligible.

Ce n'est pas tout, et ce concept en triade ne se borne pas à cela. Car chacune de ces versions pourra encore être formulée selon un débit rapide, moyen, ou lent. Chacune pourra être exprimée à voix douce, normale, ou forte. Votre attitude pourra elle aussi être respectueuse, familière, ou agressive. Ce qui, par combinaison des différents facteurs, nous donne 81 possibilités d'exprimer une même réponse (3 x 3 x 3 x 3 = 81). En appliquant ces données à chacun des éléments de votre argumentaire, vous disposerez d'un éventail de réponses tel qu'il vous sera facile de trouver laquelle s'adapte exactement à chaque cas. (Par "s'adapte exactement", je veux dire que s'il existe une possibilité réelle de vente, le choix de la bonne réponse doit nécessairement vous amener à conclure cette vente.)

À présent, faites votre présentation classique, puis mettez-en au point trois variations, que vous élaborerez par exemple selon les modes suivants:

(1) improvisé, décontracté, bon enfant;
(2) vigoureux, percutant, convaincant;
(3) compréhensif, sincère, personnel, ce dernier mode étant destiné aux innombrables personnes qui se méfient des formules toutes faites et ne se lient à leurs semblables que

de façon profonde, et à la condition qu'on respecte leur individualité.

Dans les variations qui précèdent, l'accent était mis sur l'émotion. Revenons au contenu de l'argumentaire proprement dit. Ici encore, il est simple de penser les choses en termes de triade:

(1) L'argument technique

La tactique consiste à monter en épingle toutes les innovations techniques que peut présenter le produit considéré, tactique qu'on peut encore renforcer en faisant intervenir dans l'argumentaire la possibilité d'allégements fiscaux ou de réduction des coûts de production s'il y a lieu. Ici, il n'est justifié de faire appel aux facteurs émotionnels que s'ils sont axés sur la perspective des économies que peut faire le client en achetant.

(2) L'argument mixte

Il s'agit d'une approche partiellement technique, et partiellement destinée à provoquer chez le prospect certaines réactions émotionnelles. Cette approche se fera en français correct et passe-partout, ni familier ni pédant.

(3) L'argument viscéral

On se servira ici d'un langage très terre-à-terre, lequel fera essentiellement appel aux émotions de l'interlocuteur. Une pincée de données techniques épicera avantageusement la sauce.

C'est donc au contenu du discours que se rapporte la triade qui précède. La forme qu'on donne au discours (la façon de l'exprimer en fonction de la situation considérée) ajoute encore aux chances de décrocher la vente. Le discours peut être modulé selon trois tonalités:

(1) Le ton léger

On peut être décontracté sans être désinvolte, et drôle sans être pour autant un farceur invétéré. Je connais pourtant des vendeurs qui préféreraient manquer une vente plutôt que de manquer une occasion de placer un bon mot. Aussi, avec vos prospects, ne ferez-vous appel à l'humour que si cela vous facilite la vente, et jamais pour le pur plaisir de plaisanter.

Et si sur le moment vous n'êtes pas en humeur de plaisanter, qu'à cela ne tienne: cela viendra en son temps. En attendant, faites une approche décontractée. Cela vous facilitera les choses en présence des prospects qui n'apprécient ni le maniérisme, ni l'excès de sérieux pendant le travail.

(2) Le ton neutre

Un discours simple, ouvert, et qui s'en tient aux faits, constitue une bonne entrée en matière quand vous avez affaire à des clients habituels assez difficiles de caractère, ou à des nouveaux prospects dont vous ignorez tout.

(3) Le ton sérieux

Dans les situations de forte pression, tenez-vous prêt à vous exprimer rapidement et avec concision. Rien ne marche dans les cas semblables, sauf peut-être le langage direct, à l'emporte-pièce. Surtout pas de plaisanteries ni de fioritures, ni la moindre confusion dans vos données techniques. Cela exige un entraînement sévère, et vous serez étonné du grand nombre de circonstances dans lesquelles c'est ce ton sérieux qu'il convient d'adopter. Mais vous serez également ravi de constater que bien souvent c'est grâce à lui si vous l'emportez.

Tel est donc ce concept ternaire qui peut sembler compliqué mais qui pourtant ne l'est pas. À vous d'apprendre par l'entraînement à penser en termes de triade:

trois chemins pour chaque trésor;
trois solutions pour chaque problème;
trois chances pour chaque occasion.

Ainsi, vous ne pourrez manquer de multiplier votre efficacité, de réduire vos frustrations, et d'accroître vos revenus.

La participation sensorielle

De combien de sens disposons-nous?

La vue. L'ouïe. Le toucher. Le goût. L'odorat. L'intuition. Un champion de la vente s'arrange toujours pour mettre à contribution chez ses interlocuteurs le plus grand nombre possible de leurs sens. À propos, vous qui êtes du genre à parler, parler, parler, PARLER devant vos clients, combien de leurs sens mobilisez-vous pendant ce temps?

Un seul, l'ouïe, plus un brin de vue. Parce qu'au bout d'un certain temps on doit se lasser de vous contempler, non? C'est pourquoi le champion applique la théorie suivante, que vous feriez bien de recopier et d'encadrer en rouge:

> ***Plus nombreux sont les sens que vous mettrez à contribution chez vos clients, plus grandes seront vos chances de réussir vos ventes.***

Vous découvrirez au fil de ce livre des techniques qui vous aideront à mobiliser chez vos prospects un nombre accru de sens au profit du service ou du produit que vous leur proposez. Ce qui, par association d'idées, m'amène à vous dire quelques mots d'un garçon que j'ai eu le plaisir de former, et qui est devenu dans sa province le numéro un de la vente immobilière.

Vous connaissez tous le principe de la maison témoin: des panneaux indicateurs, un fléchage guident les gens vers une construction qu'ils peuvent visiter et qui est la réplique exacte de celles qui sont à vendre. À l'intérieur les attend un vendeur, dont le rôle est de faire de ces visiteurs les heureux acquéreurs d'une des constructions du lotissement.

Dès que le garçon en question eût atteint un chiffre d'affaires largement au-dessus de la moyenne, il décida de reprendre à zéro toute sa technique d'argumentation après s'être posé la question suivante: "Dans toutes les ventes que j'ai réussies jusqu'ici, quel était chez mes clients le dénominateur commun?"

Il pensa tout d'abord qu'il s'agissait du besoin urgent de se loger, ou bien de la catégorie de revenus permettant aux visiteurs d'acheter une maison du prix de celles qu'on leur offrait. Pourtant, il avait vu défiler bien des gens qui remplissaient ces deux conditions, mais qui étaient allés acheter ailleurs après leur visite. En se creusant un peu la tête, il se rendit compte qu'en réalité le dénominateur commun — c'est-à-dire ce qui les faisait passer de la recherche d'un toit à l'installation définitive sous ce toit — était une sorte de déclic qui avait joué chez eux à un moment déterminé.

Il s'aperçut en effet que si les gens s'enthousiasment pour telle ou telle maison, alors ils s'y installent émotionnellement, et que ce n'est qu'ensuite qu'ils se mettent à tirer des plans — dans leur tête ou sur le papier — pour imaginer comment ils vont pouvoir concrètement l'acquérir.

Plus ce garçon y réfléchissait, plus il était convaincu que c'était ce genre de déclic qui avait joué chez ses acheteurs, et cela bien avant que lui-même ait entrepris de leur vendre quoi que ce soit. Il chercha donc à identifier ce déclic chez ses nouveaux prospects, et il apprit vite à l'identifier, même chez ceux qui d'ordinaire gardent pour eux leurs sentiments.

De quelle nature pouvait bien être ce carburant qui embrasait leurs intérêts jusqu'à ce point critique d'ignition où l'on décide d'acheter?

Ce carburant, c'est l'information. Mais l'information entendue au sens le plus large du terme, lequel inclut l'intégration des messages sensoriels.

Mais par quel cheminement cette information s'était-elle infiltrée dans l'esprit de ses acheteurs?

Il ne fallut guère de temps à ce garçon pour apprendre que les psychologues ne prétendent pas tout savoir des échanges subtils qui circulent entre nos sens et nos émotions. Il décida donc qu'à l'avenir il ferait la part de chaque activité sensorielle quand il entreprendrait de vendre son produit. Et cela, il le décida contre toutes les traditions de vente établies, et sans se soucier de ce que cette démarche exigeait de matière grise, de préparation et d'effort. Sans se soucier non plus du fait qu'aucun de ses collègues, aucun de ses concurrents, ne s'y prenait de cette façon.

Convaincu qu'il existe des traits d'union entre ce que nos sens réclament et ce que notre cerveau décide, ce garçon résolut de mettre ce principe à l'épreuve, c'est-à-dire d'alimenter ces impalpables traits d'union en messages aussi nombreux qu'ils pouvaient en véhiculer.

Les méthodes les plus simples étant toujours les meilleures, c'est donc de méthodes toutes simples qu'il se servit pour mettre son dessein à exécution.

Avez-vous déjà visité une maison modèle où brûle un bon feu dans l'âtre quand à l'extérieur il fait un suffocant 38° à l'ombre? Probablement pas, tant une idée pareille semble stupide.

C'est pourtant devant une joyeuse flambée que se retrouvaient les visiteurs en tenue d'été. On imagine leur étonnement. Alors le vendeur en question leur souriait chaleureusement en signe de connivence et leur demandait: "Savez-vous pourquoi je fais du feu en cette saison et par un si beau jour?"

Ils n'avaient d'autre solution que de répondre, ce qui brisait la glace.

"Je vais vous le dire, expliquait-il. J'essaie de faire ressentir aux gens qui viennent ici ce qu'on éprouve dans une maison en différentes saisons. Ma femme et moi adorons entendre crépiter un bon feu dans la cheminée quand il fait bien froid pendant les nuits d'hiver. Pas vous?"

N'était-ce pas les faire entrer dans le jeu? Faire qu'ils se souviendraient de cette maison? De ce vendeur?

Assurément. Ce seraient ces trois souvenirs qu'ils garderaient plus tard de leur visite.

Ce garçon s'était, bien entendu, arrangé pour ne pas avoir à recharger toutes les heures son feu d'une brassée de bois humide et malodorant. Après avoir fait quelques essais chez lui, il avait appris à confectionner de petits feux capables de tenir tout un après-midi et de dégager en permanence une bonne odeur de bois sec.

Et sa volonté de faire agréablement appel aux perceptions sensorielles de ses propects ne s'arrêtait pas là. Un appareil portatif diffusait aussi des programmes de musique douce. Dans la cuisine, il ne manquait jamais de renouveler le truc bien connu de la gousse de vanille qu'on passe pendant quelques instants au four pour qu'elle dégage dans toute la pièce une agréable senteur suggérant la chaleur du foyer et la joie de la bonne table. Il prenait soin aussi de donner à chaque pièce son éclairage le plus flatteur. Partout il savait inventer d'ingénieux moyens de séduire les acheteurs éventuels en sollicitant au maximum leurs organes sensitifs.

À quoi devait aboutir du point de vue des ventes une telle somme d'initiatives personnelles?

D'abord, ce fut bientôt avec un pourcentage plus élevé de visiteurs qu'il put établir le contact humain, car ceux-ci étaient parfaitement conscients d'avoir affaire à un vendeur différent des autres, intelligent et attentionné. Nul besoin de leur expliquer ce qu'ils pouvaient percevoir d'eux-mêmes. Bientôt aussi son succès devint notoire, fit boule de neige, et lui valut une avalanche de nouveaux prospects, venus sur la recommandation d'anciens clients. De sorte que ce garçon s'éleva bientôt au sommet du prestige professionnel, de la réussite financière, et de la satisfaction personnelle.

Et cela simplement pour avoir su mobiliser les perceptions sensorielles de ses clients afin d'éliminer chez eux cette puissante émotion négative qu'est la peur, et lui substituer cette galaxie d'émotions positives qui les disposait agréablement en sa faveur plutôt qu'en la faveur d'un concurrent. Cette manière d'être — qui est d'ailleurs toujours la sienne — résume l'essence même de ce que doit être un véritable vendeur professionnel, qui doit savoir tirer le meilleur parti possible de ces sentiments constructifs et rassurants qui attirent émotionnellement ses clients dans son sillage jusqu'à l'instant où ils vont proclamer: "Je le veux, je le veux. JE LE VEUX."

Chapitre 5

Pourquoi...?

“Pourquoi est-ce que je ne fais pas ce que je devrais faire?” Interrogez-vous. Et sérieusement. Parce que c’est de la réponse à cette question que dépend votre avenir. Tant que vous ne ferez pas ce que vous savez devoir faire, vous continuerez à vivre sous une juridiction anti-réussite que vous vous imposez à vous-même.

Une telle question en cache une autre: “Comment me contraindre à faire ce que je sais devoir faire?” Comment, c’est ce que nous allons bientôt apprendre. Mais avant d’aborder le comment, essayons d’abord de comprendre le pourquoi des choses.

Vous vous êtes souvent posé des questions de ce genre. Tous les vendeurs l’ont fait, excepté les individus d’élite (qui font ce qu’ils savent devoir faire) et les épaves de la profession (qui ne s’interrogent même plus, et depuis bien longtemps). Pour bien de raisons que je ne puis deviner, ce n’est pas à cette dernière catégorie que vous appartenez. Des raisons que je ne puis deviner, sauf une: c’est que présentement vous lisez ces lignes. C’est là la preuve que vous avez l’esprit ouvert aux idées neuves et qui parfois dérangent. C’est là la preuve que vous êtes bien décidé à modifier votre façon de procéder partout où cela vous semblera avantageux.

Quand vous avez débuté dans cette profession, de quoi étiez-vous abondamment pourvu?

D’enthousiasme.

Vous en souvenez-vous? Vous brûliez de réussir. Vous étiez grisé d’impatience. Vous vous disiez en défiant l’univers: “À nous deux, j'arrive. Puisque désormais tout m'est possible grâce à cette profession, mon énergie ne connaîtra pas de bornes."

Oui, vous étiez plein d'enthousiasme et d'ambition. Oui, vous aviez hâte de retrousser vos manches. Ce n'était pas une affaire pour vous de sauter hors du lit le matin, tant vous étiez pressé de vous atteler à la besogne. Vous aviez tout ce qu'il faut pour réussir. Tout, sauf une chose: le savoir-faire. Vous ignoriez encore tout du métier, mais qu'importe, puisque vous aviez l'enthousiasme.

Qu'est-il arrivé par la suite?

Les mois ont passé. Vous avez appris à bien connaître votre produit, votre secteur; vous avez appris à dénicher les clients, à déjouer les difficultés. Mais tandis que vous accumuliez cette somme de savoir-faire, qu'est-il advenu de votre enthousiasme?

Il s'est un peu effiloché, non? Pourtant si votre produit, lui, a conservé pour ses nouveaux adeptes les mêmes attraits qu'il avait à vos yeux du temps de vos débuts, il a perdu pour vous, à tout jamais, pas mal de sa fraîcheur. Non seulement vous avez eu le temps de découvrir les mauvais côtés que comporte toute organisation de vente, toute entreprise commerciale, tout objet manufacturé, mais vous avez su aussi trouver celui de vous appesantir sur ces aspects négatifs, et celui de les laisser prendre le dessus sur votre énergie.

En somme, vous avez perdu en enthousiasme ce que vous avez gagné en savoir-faire. Et votre rendement s'est cantonné autour de la moyenne, c'est-à-dire très au-dessous de vos possibilités. Pourtant, ne vous y trompez pas, vous savez qu'il y a en vous un champion qui lutte pour s'en sortir. Un fonceur capable de gagner beaucoup d'argent et d'aller loin.

Ce n'est pas que vous ignorez comment vous y prendre pour réussir, mais vous ne vous y décidez pas. Pourquoi? Dans la plupart des grandes organisations de vente, le manque de connaissances précises sur tel ou tel produit n'est pas en soi un problème bien grave pour les vendeurs qui ont acquis une certaine expérience. Ce n'est donc pas de là que viennent vos difficultés majeures. Vos difficultés majeures viennent de ce que vous ne vous décidez pas à faire ce que vous savez devoir faire depuis longtemps déjà.

À quoi cela tient-il?

À ceci: ce que vous devez faire ne coïncide plus avec ce que vous avez envie de faire. Sinon, vous le feriez.

Nous y voilà donc:

Pourquoi n'avez-vous pas envie de faire ce que vous devriez?

Pour la simple raison que vous êtes en conflit avec vous-même, parce que la pression accélératrice exercée par vos désirs et vos besoins n'est pas suffisante pour vaincre la pression contraire exercée par vos craintes et vos angoisses.

Nous verrons plus loin, et plus en détail, en quoi consistent ces désirs et ces besoins, ces motivations dont chacun ressent les effets. Tout comme chacun ressent, nous le verrons aussi, les effets contraires de certaines forces inhibitrices responsables de nos états de peur et d'anxiété, ce qui les rend si redoutables. Redoutables au point de faire que votre bouche s'assèche, que vos genoux tremblent comme volets battant au vent, qu'une brûlure vous incendie l'estomac — quand ils n'agissent pas de façon plus subtile et sournoise encore pour paralyser votre action. Redoutables et puissantes, les forces inhibitrices le sont à coup sûr. C'est pourquoi nous y regarderons bientôt de plus près.

Presque tous les gens ambitieux, à un moment ou à un autre de leur carrière, ont été rongés par un conflit intérieur de ce genre. Et beaucoup d'entre nous le sommes tout au long de notre vie active. Peut-être est-il même impossible de mettre fin à cette guerre incessante. Mais ce qui en revanche est possible, c'est de décider si nous voulons perdre à tout coup, perdre à l'occasion, gagner à l'occasion ou gagner à tout coup. Impossible, c'est bien évident, de conclure une vente à tout coup. Des facteurs que nous ne pouvons maîtriser seront toujours là pour nous faire trébucher de temps à autre, c'est entendu. Mais d'autre part, il est inacceptable, de partir battu d'avance, et systématiquement, sous prétexte que nous sommes incapables de surmonter nos vieilles peurs et nos vieilles angoisses.

Essayez de voir clair en vous. Dans le secret de vos pensées, essayez de savoir si ce n'est pas ce conflit qui constitue pour vous le principal obstacle à une réussite exceptionnelle. Manque d'aptitude? Connaissance insuffisante d'un produit? Ou tout simplement démission devant ce que vous savez devoir faire?

Surmonter ces peurs et ces angoisses est pourtant bien simple à partir du moment où on sait comment s'y prendre. Commencez donc par admettre que vous êtes comme tout le monde, et que si ces peurs et ces angoisses sont en vous, c'est que précisément vous êtes comme tout le monde. Elles sont en vous et vous ne les extériorisez pas? Sur ce point encore vous êtes comme tout le monde. Car les autres eux non plus ne les affichent pas, ces peurs et ces angoisses. Et pourtant elles sont en eux. Prendre conscience de cela, c'est déjà faire un premier pas en avant. Le second consistera pour vous à décider de ne plus laisser ces peurs et ces angoisses parfaitement surmontables s'interposer entre vous et les buts que vous vous fixez dans la vie.

C'est décidé? Alors, poursuivez votre lecture. Essayez de voir un peu plus clair dans vos états dépressifs. Observez de près l'ennemi et essayez de découvrir le défaut de sa cuirasse qui va vous permettre de l'éliminer. Étudiez les forces qui vous motivent et la façon de les mobiliser à votre avantage. Étudiez celles qui vous inhibent, afin de mieux les annihiler. Alors seulement vous vous mettrez à faire ce que vous savez devoir faire. Et vous le ferez tout naturellement, sans grand effort. Parce que telle sera votre décision.

Pourquoi la dépression

Vous arrive-t-il de passer par des moments de dépression? Vous arrive-t-il de ne pouvoir vous extraire du lit pour faire ce que vous savez devoir faire? Y a-t-il des jours où vous vous forcez à aller travailler, la tête vide, avec l'envie de vous terrer? Cela vous arrive? Voyons comment vous en êtes arrivé là.

Affirmons sans risque d'erreur que vous n'auriez pas choisi cette profession si au départ vous n'aviez pas eu l'intention bien arrêtée de gagner de l'argent. Affirmons encore sans risque d'erreur que vous ne contredirez pas la proposition suivante:

Lorsque je suis déprimé, je gagne moins d'argent que lorsque je suis plein d'enthousiasme.

Si vous êtes d'accord avec cette proposition, je pense que vous le serez encore avec la suivante: *Si je parviens à réduire le temps durant lequel je suis déprimé et à augmenter celui durant lequel je suis enthousiaste, je gagnerai davantage.*

Vous avez remarqué que je n'ai pas écrit: "Augmentez votre enthousiasme et vous réduirez automatiquement vos épisodes dépressifs." Les milliers de réunions de vendeurs qui se déroulent un peu partout chaque mois sont là pour prouver que le dynamisme qu'elles insufflent aux vendeurs dépressifs s'évanouit dès que ceux-ci ont quitté la salle. Vous aurez beau badigeonner n'importe quelle couche d'enthousiasme sur la rouille dépressive laissée par les conflits internes, la peinture s'écaillera. C'est sur l'allant, la pleine possession de ses moyens, la détermination, qu'adhère l'enthousiasme. "Réduisez vos épisodes dépressifs et vous augmenterez automatiquement votre enthousiasme." Comparez les deux phrases de ce paragraphe qui sont entre guillements. La différence entre ces deux préceptes apparemment similaires est énorme: le second produit un effet, mais pas le premier. Se conformer au premier n'aboutit qu'à glaner des échecs. Se conformer au second, c'est moissonner les bienfaits et les satisfactions de la réussite.

Bien sûr il faut user de tous les moyens acceptables qui soient propres à consolider l'enthousiasme. Mais encore faut-il qu'avant d'entreprendre cette utile démarche on ait l'assurance que la couche de fond sur laquelle on va repeindre soit suffisamment nette pour que l'enthousiasme y adhère. Vous allez donc nettoyer cette surface de toute la rouille qui vous déprime.

Pour ce faire, il faut d'abord que vous soyez en mesure de répondre à la question: d'où vient ma dépression?

Examinons de plus près le conflit responsable de cette frustration qui n'a cessé de s'accentuer jusqu'à vous déprimer complètement. C'est en fait toute une série d'événements qui vous a conduit à cet état de vulnérabilité dans lequel vous êtes plongé, tout comme si vous aviez vous-même "forgé la chaîne de votre dépression". C'est une expression que j'emploie volontiers, étant donné qu'elle suggère aussi ce que toute chaîne peut avoir de fragile, puisqu'il suffit de briser un seul de ses maillons pour la mettre hors d'usage. Cette chaîne qui vous a peu à peu ligoté de l'intérieur, vous l'avez forgée selon un processus qui peut se résumer ainsi:

1. La conscience de vos désirs et de vos besoins vous stimule et vous vous lancez dans la compétition. Imaginez-vous lançant le moteur d'une puissante voiture de sport.
2. La conscience de vos peurs et de vos angoisses vous inhibe. Votre voiture s'enlise jusqu'aux essieux. Les roues motrices patinent, mais sans aucun effet.
3. Plusieurs concurrents (vos collègues de travail) vous dépassent. Mais vous faites du "sur place" et votre sentiment de frustration grandit rapidement. Vous voyez très bien comment ils s'y prennent, et vous savez parfaitement que c'est ainsi qu'il faudrait vous y prendre vous aussi, mais plus vous le voulez, et plus il vous devient difficile de vous y décider. Vous ne faites qu'emballer le moteur. Vous restez sur place et vous vous embourbez de plus en plus. Votre sentiment de frustra-

tion grimpe en flèche et vous secouez furieusement le volant.

4. Du fait de votre incapacité de conclure vos ventes et de foncer pour satisfaire vos désirs et vos besoins, vous perdez confiance en votre produit, en la société qui vous emploie ou encore, qui pis est, en vous-même. C'est alors que le sentiment de frustration qui vous ronge tourne à la dépression. C'est alors que, renonçant à désembourber votre voiture, vous mettez le pied dans la gadoue pour continuer sur vos deux jambes.

5. Votre état dépressif est à présent trop prononcé pour que vous puissiez vous ressaisir de quelque façon efficace que ce soit. Et vous allez demeurer dans cet état d'immobilisme jusqu'à ce qu'une intervention extérieure vous en sorte.

Confronté à des aléas mécaniques comme ceux que nous venons de décrire un pilote automobile, lui, n'hésiterait pas un instant à patauger dans la boue pour aller chercher du secours et se faire remorquer pour se tirer de là. Mais il faut un certain temps au vendeur enlisé dans un épisode dépressif pour se décider à demander de l'aide, étant donné que la solution qui s'impose ne lui apparaît pas toujours clairement, et qu'il lui arrive même de ne pas avoir pleinement conscience de s'être fourvoyé dans une impasse banale d'où il est pourtant facile de sortir.

Si c'est présentement votre chiffre d'affaires qui vous déprime, ou si tel a été le cas par le passé, ou si encore vous pensez que cela peut se produire dans l'avenir, il vous sera fort utile de passer en revue les différentes sources de la motivation.

Les facteurs de motivation

Le premier facteur de motivation du véritable vendeur, c'est l'argent.

Pourquoi l'argent? Parce que c'est lui qui permet de combler les désirs et les besoins. L'argent, c'est bon.

Répétez-le à haute voix:

L'argent, c'est bon
L'argent c'est BON
L'ARGENT, C'EST BON

L'argent c'est bon, d'accord, *mais encore faut-il le gagner en proportion directe du service rendu.* Car, pour paraphraser une expression populaire, ce n'est pas l'argent seul qui fait le bonheur. Tout ce que l'argent peut permettre, c'est de rechercher ce qui fait le bonheur. Mais au cours de cette recherche, on est tout de même plus heureux quand on dispose d'argent que quand on en manque, n'est-ce pas?

Le deuxième facteur de motivation, c'est la sécurité.

C'est la théorie de Maslow sur la réalisation de soi qui sert de point de départ à la plupart des programmes de motivation. Cette théorie nous enseigne que l'espèce humaine doit lutter quotidiennement pour satisfaire ses besoins physiques, c'est-à-dire pour assurer sa sécurité. Dans les sociétés primitives, ce peut être un troupeau de chèvres qui symbolise la sécurité. Dans la nôtre, la sécurité s'obtient grâce à l'argent. Sans argent, impossible même de se vêtir. Et si vous êtes obligé de déambuler dans le plus simple appareil, admettez que vous n'allez pas vous sentir très à l'aise. Cela va beaucoup plus loin encore puisque vous ne vous sentez pas davantage à l'aise quand, dans certaines circonstances, vous n'êtes pas vêtu comme il conviendrait de l'être. L'argent nous permet d'acquérir une grande variété de biens qui nous procurent le sentiment de la sécurité. L'argent est donc un fantastique facteur de motivation, tant parce qu'il donne la mesure exacte de la réussite que parce qu'il procure le sentiment de la sécurité.

Le troisième facteur de motivation c'est la réussite.

La plupart des gens veulent réussir, mais très peu acceptent de faire ce qu'il faut pour cela. Je crois qu'un peu partout les individus se divisent en deux groupes: ceux qui ont la volonté de réussir, et ceux qui ne l'ont pas.

Les premiers ne représentent que 5 pour cent du total, le reste étant représenté par ceux qui n'ont pas vraiment l'ambition de réussir. On peut avancer pourtant qu'en "réussissant" leur non-réussite, ces derniers accomplissent une certaine forme de réussite, puisque c'est pour eux la façon la plus simple d'accepter l'échec qui les a conduits à ne rien réaliser de valable ni de significatif. Ceux qui n'aboutissent à rien ne font en somme que réussir ce qu'eux-mêmes pensent mériter: rien.

Beaucoup d'entre nous avons grandi dans un environnement peuplé d'êtres chers (nos mères, nos pères, nos frères, nos soeurs) qui étaient des êtres merveilleux, remarquables. Ce qui ne veut pas dire pour autant qu'ils avaient tous l'ambition de réussir.

Très bien. Très bien pour eux, voulais-je dire.

Mais nous qui avons cette ambition de réussir, nous avons peut-être subi dans nos familles l'influence de certains proches dont ce n'était pas le cas, et peut-être adopté ainsi les comportements de la non-réussite. La question n'est pas de nous en lamenter ni d'essayer de tirer d'affaire tel ou tel de ces proches dépourvu d'ambition. Ce serait d'ailleurs parfaitement irréalisable, car ce n'est pas de l'extérieur qu'on impose à quiconque cette volonté de réussir. C'est en soi-même que doit en naître l'impulsion. Si vous n'étiez pas animé de cette impulsion, vous ne seriez pas en train de lire ces lignes. Votre succès peut certes retentir sur ceux qui vous entourent. Il peut vous permettre de leur ouvrir certains accès à la connaissance, certaines possibilités. Mais vous ne leur inculquerez pas de force la volonté de réussir. Vous n'obtiendrez rien de durable en les poussant dans le dos pour les contraindre à franchir les portes que vous leur aurez ouvertes, si ce n'est pas d'eux-mêmes que leur en vient l'élan.

Êtes-vous prêt à quitter les rangs de ceux qui ne veulent pas réussir? Êtes-vous prêt à vous joindre à l'élite des 5 pour cent de la population qui gagne suffisamment d'argent pour pouvoir s'offrir tout ce que notre société nous propose de raffinements?

J'ai la chance, par le biais de mes séminaires, de mes cassettes, de mes programmes vidéo — et à présent par le biais de ce livre — d'entraîner bien des gens qui, las de stagner dans la médiocrité, sont fermement décidés à s'en sortir pour gagner davantage, et qui sont prêts à en payer le prix en changements et en efforts personnels. Je souhaite que vous ayez décidé qu'il est temps pour vous aussi de vous hisser au-dessus de la moyenne, de fuir la médiocrité. Temps pour vous de réaliser ces merveilleuses possibilités inhérentes à chaque être humain.

Le quatrième facteur de motivation, c'est le besoin d'être admiré.

C'est en effet une puissante source de motivation. Celui que personnellement je crois le plus important pour cette race particulière de gens que sont les vendeurs. C'est ce besoin d'admiration, beaucoup plus que n'importe quel autre, qui nous pousse tous à nous dépasser. Ce besoin est très général: votre conjoint, vos enfants, et jusqu'à votre patron, l'éprouvent eux aussi. Quand vous étiez enfant et que vous appreniez à faire la roue sur la pelouse du jardin, que recherchiez-vous d'autre, si ce n'était l'admiration de votre enrourage? "P'pa! M'man! Regardez! J'ai réussi!"

Ce besoin d'être apprécié et admiré nous conduit, nous les adultes, à pratiquer des jeux beaucoup plus complexes. Les voitures dans lesquelles nous roulons, les habits que nous revêtons, les restaurants où nous allons souper, les sites touristiques que nous visitons, et bien d'autres choses encore, sont autant de prétextes à nous attirer l'admiration des autres.

On fera remarquer que si la plupart de ces inventions nous sont devenues de première nécessité, d'autres ne nous servent qu'à satisfaire nos fantaisies. Sans doute, mais il reste que si nous ne ressentions pas le besoin d'être admirés, nous ne serions pas obsédés à ce point par la recherche d'un style de vie qui nous soit si personnel.

Nous ressentons tous un intense besoin d'être appréciés pour ce que nous sommes, et c'est pourquoi ce facteur de motivation atteint une puissance si dévastatrice lorsqu'il se déchaîne. C'est sur cet intense besoin d'admiration bien plus que sur les autres facteurs de motivation que beaucoup de responsables d'une équipe de vente font reposer leur chiffre d'affaires. C'est aussi parce qu'ils ne savent pas exploiter pertinemment ce facteur de motivation que d'autres — souvent bien plus nombreux que les premiers — passent à côté de bénéfices considérables. Car c'est avec pertinence, et au moment opportun, qu'il doit être mis à contribution. On ne doit le faire jouer qu'en respectant une certaine éthique, et à la condition que le but poursuivi soit digne de ce qu'on met en jeu.

Le cinquième facteur de motivation, c'est l'estime de l'entourage, et c'est une force motrice redoutable.

Songez-vous parfois à tous ceux qui luttent pour acquérir ou conserver l'estime des autres? C'est là une motivation majeure pour la plupart des gens. Les vendeurs ne font pas exception à la règle. C'est aussi leur talon d'Achille. Ne voulons-nous pas tous être estimés des autres?

Ouvrons ici une brève mais intéressante parenthèse à propos de tous ceux qui débutent dans la profession, quel que soit le type de vente considéré, et quel que soit aussi le produit ou le service qu'ils vont avoir à proposer. Quand vous commencez à travailler pour l'employeur qui vous a engagé (c'est peut-être votre première expérience de vente), alors que vous êtes plein d'enthousiasme pour votre emploi tout neuf, qui donc va vous guetter au virage pour vous observer et vous accepter ou vous rejeter? Les fonceurs, ceux qui réussissent? Ou bien les autres, les médiocres, ceux qui ne sont pas vraiment animés par la volonté de réussir? Les 5 pour cent? Ou bien les 95 pour cent?

À quel groupe appartiennent ceux qui se la coulent douce? Et à quel groupe ceux qui s'affairent à multiplier les démarches pour augmenter leurs revenus?

Un débutant a toutes les chances de s'entendre dire par un collègue: "Moi, je vais t'expliquer comment ça se passe dans la maison." Si on vous tient ce langage, il faut vous dire qu'il y a seulement une chance sur vingt pour que celui qui vous le tient appartienne à la catégorie des fonceurs, et qu'il se peut fort bien que des semaines s'écoulent avant que vous ayez même l'occasion de rencontrer un de ces fonceurs, pour la bonne raison que ceux-ci consacrent tout leur temps à ce qui précisément les a fait réussir. Quand d'une façon générale vous êtes mis en présence de ces gens qui constituent le fameux 5 pour cent, c'est pour entendre de leur bouche une formule du genre: "Content de te voir travailler dans l'équipe. La maison est sensationnelle. Tu vas faire de l'or. Heureux de te connaître. J'espère que nous nous reverrons."

Certains de vos collègues ne manqueront pas de vous dire en revanche que mon enseignement ne sert strictement à rien. Et ils vous le diront sans même avoir daigné examiner en toute honnêteté les techniques et les conseils que j'y expose. Ils vous le diront sans avoir rien fait de plus que feuilleter négligemment ces pages, dans l'espoir d'y découvrir quelque chose qu'ils puissent déformer ou ridiculiser. Ils vous le diront sans même avoir déposé ce livre sur une table pour en prendre connaissance. Ce sont pourtant ces vaincus d'avance qui tenteront de vous attirer à eux. La dernière chose qu'ils souhaitent, c'est de vous voir rejoindre le camp des gagnants. Un exemple concret va vous expliquer pourquoi ils attachent tant d'importance à ce que vous ne réussissiez pas.

Voilà bientôt onze ans que Jacque Lebel est représentant et travaille pour le compte de la société qui vient de vous engager. En cent vingt mois, il n'a pris la peine d'apprendre aucune nouvelle technique de vente. Vous, vous débutez. Et tout le monde, du haut en bas de la hiérarchie, attend de vous que vous réussissiez. Tout le monde sauf Jacques Lebel et ses congénères. Car chaque fois qu'un nouveau venu surgit du néant et se tire honorablement d'affaire, Jacques Lebel est confronté à une pénible interrogation: "Comment se fait-il que ce blanc-bec se débrouille alors que moi je n'y arrive pas"

N'importe qui serait pourtant capable de répondre à cette question. Si Jacques Lebel ne réussit pas, c'est qu'il refuse d'être efficace. Mais c'est aussi la seule explication que Jacques Lebel refuse d'admettre. Ce serait admettre du même coup que pour obtenir des résultats il lui faudrait d'abord changer de fond en comble ses habitudes et ses méthodes de travail. Et cela, c'est trop pénible, trop effrayant pour que Jacques Lebel accepte même d'y songer. Alors qu'il est si facile d'expliquer le succès des nouveaux venus par le favoritisme, la chance pure et simple, ou la malhonnêteté, ce qui permet en outre de se décharger sur un autre de sa propre culpabilité.

Mais peu importe l'ingéniosité que déploie Jacques Lebel pour se donner de bonnes excuses, peu importent le temps et la peine qu'il se donne pour que ses explications tiennent debout, les faits sont là, qui le rongent.

Aussi, après un ou deux précédents de ce genre, Jacques Lebel éprouve-t-il de l'angoisse chaque fois qu'un nouveau venu dans la maison démontre qu'il a toutes les chances de tenir ses promesses. Car Jacques Lebel sait par expérience que ce sont les gens vifs d'esprit, les travailleurs, ceux qui sont avides d'en savoir toujours plus, qui ont la sale manie de réussir sans tarder, ce qui l'oblige, lui, à se creuser mortellement la tête pour inventer une nouvelle raison plausible à son échec. Et peu à peu, le mal qui s'infiltre dans son subconscient crie délivrance. C'est alors que Jacques Lebel se met à fonder tout son comportement sur une idée lamentable et parfaitement désastreuse, à savoir que la meilleure façon de s'accommoder de la réussite des autres, c'est encore de se tenir à l'écart de tout ce qui, de près ou de loin, peut ressembler à de la réussite. Aussi atteint-il très vite ce degré zéro de la réussite qui le rend très expert à étouffer chez ses collègues toute velléité d'ambition. Il sait admirablement déceler et monter en épingle la moindre des défaillances dans leur enthousiasme, admirablement rameuter le consensus ambiant pour ralentir quiconque fait preuve d'énergie. Et si la manoeuvre échoue, alors ce sont les autres épaves et complices habituels de Jacques Lebel qui vont s'en prendre au vainqueur en herbe chaque fois qu'ils le pourront. Et c'est là que réside le principal danger pour le vendeur ambitieux qui ressent fortement le besoin d'être accepté par ses pairs. Car le prix de cette acceptation suppose le partage des valeurs dominantes, même si ces valeurs sont celles de la médiocrité. Seule une grande force de caractère permet de résister à ce genre de pression. Seule une grande force de caractère permet de payer à la réussite ce tribut supplémentaire qu'elle exige.

C'est généralement au terme d'une carrière bien remplie qu'on se retire des affaires pour se laisser vivre. La profession de vendeur est une des rares professions qui permette de se tourner les pouces et de prendre sa retraite tout en restant apparemment en activité. Alors, si quelqu'un dénigre ce livre et en conteste l'utilité, demandez-lui de vous avouer ce que sont ses revenus. Et si ces revenus sont inférieurs à ceux que vous ambitionnez d'obtenir, vous pouvez être certain que c'est à un Jacques Lebel que vous avez affaire.

Entourez-vous de gens qui ressemblent à ce que vous souhaitez être. Qu'on le veuille ou non, avec le temps, c'est aux gens dont on s'entoure qu'on finit par ressembler. Pas à ceux que l'on fuit. Nous adoptons inconsciemment les modèles de réussite — ou de non-réussite — des gens avec qui nous sommes quotidiennement au coude à coude. Nous assimilons inconsciemment les attitudes et les idées de notre entourage — du petit détail au concept majeur qui nous éperonnent vers la réussite, mais peuvent tout aussi bien nous engluer dans l'échec.

Ne vous entourez pas de gens dont les motivations financières et émotionnelles sont inférieures aux vôtre. C'est vous qui ressentez le besoin d'avancer. Pas eux. Ce ne sont pas eux qui vous aideront à élargir votre horizon ni vous stimuleront. Tenez-vous à l'écart de tous ceux qui risquent de vous corrompre, faute de quoi vous vous laisserez grignoter par leur influence, leurs avis, et aussi leurs échecs. Vos responsabilités familiales sont une chose; le choix de vos amis en est une autre. Entourez-vous de gens qui vous grandissent. Il est déjà bien difficile de gravir seul la pente. Ne vous rendez pas la tâche encore plus ardue — ou impossible — en traînant à votre suite une charge de poids morts.

Vous tenez vraiment à ce que tout le monde vous aime?

Allez-vous freiner votre élan vers la réussite pour l'unique raison que vous ne voulez pas contrarier ceux qui vous font comprendre qu'ils se moquent éperdument des gens résolus?

Vous ne pouvez pas vous permettre de chercher à vous faire aimer de ceux qui partent battus d'avance.

Écrivez sur une feuille les noms des personnes avec lesquelles vous passez le plus clair de votre temps. Examinez attentivement cette liste et interrogez-vous pour savoir si chacun des noms qu'elle comporte est celui de quelqu'un qui vous stimule dans le bon sens du terme. Faites ensuite une seconde liste qui va comprendre les noms de tous ceux qui ne constituent pas une force positive dans votre vie. Et demandez-vous enfin de quelles personnes nouvelles vous pourriez vous entourer pour remplacer les non-stimulants de votre seconde liste. Si vous prenez la décision de remplacer chacun des individus négatifs qui vous entourent par de nouvelles connaissances pleines d'enthousiasme et d'ambition, vous vous rendrez vite compte, et à votre grande satisfaction, que cette opération de substitution s'accomplit sans effort pour peu qu'elle soit graduelle. Pas besoin de rompre brusquement ni d'expliquer franchement les raisons de votre attitude. Il vous suffit d'être moins disponible à ceux qui vous diminuent, et de consacrer le temps ainsi libéré à des activités susceptibles de vous mettre en contact avec des gens qui vous grandissent. Et vous verrez que vous vous ferez de nouveaux amis.

Le sixième facteur de motivation, c'est l'estime de soi.

Cette acceptation de soi tel que l'on est, je souhaite que vous la possédiez, car sans elle il est impossible d'exploiter pleinement vos capacités.

Nous la désirons tous avidement. Elle est le calcium qui consolide le squelette de notre personnalité. Un squelette que beaucoup d'entre nous rendent fragile au contraire en faisant dépendre l'estime qu'ils ont d'eux-mêmes de l'approbation des autres, confusion qui ne leur simplifie pas l'existence.

Évidemment il sera difficile pour certains d'imaginer qu'on puisse avoir de l'estime pour soi quand les autres refusent de nous accepter tel que nous sommes. D'autre part, s'il est relativement commun de ne pas s'accepter tel qu'on est, il est beaucoup moins fréquent de faire ce qu'il faut pour se libérer de cette attitude, étant donné que c'est des autres que nous viennent nos impulsions positives, alors que c'est en nous que nous puisons nos impulsions négatives. C'est un jeu où personne ne gagne.

Plus nous nous prêtons à ce jeu, et plus nous devenons vulnérables car les autres, pressentant nos besoins, jouent de nos faiblesses à leur propre avantage et décident que nous allons perdre ou gagner en fonction de leurs seuls intérêts. Essayez de bien cerner quel genre d'approbation vous attendez de ceux qui vous entourent. Car si cette approbation, c'est de quelqu'un qui se sent menacé par votre réussite que vous l'attendez, vous risquez de l'attendre longtemps.

Avoir l'estime de soi, c'est donc s'accepter tel qu'on est. Vous en êtes là. Personne ne vous y a amené. Vous en êtes venu exactement là où vous vouliez en venir. L'estime de soi, on l'acquiert le jour où dans sa vie on plante un jalon à partir duquel l'opinion des autres va cesser de nous gouverner. Le jour où nous n'avons plus besoin de personne pour nous dicter ce qui est acceptable et ce qui ne l'est pas. Le jour où nous décidons seul de sauter dans un avion pour aller passer des vacances à l'autre bout du monde, ou bien de faire la grasse matinée parce que nous en avons envie. On l'acquiert à l'instant où nous savons dire non à ce jeu auquel nous n'avons plus envie de jouer, non au rôle que nous n'avons plus envie de tenir. À l'instant où enfin nous déployons toutes nos capacités, où nous devenons véritablement nous-mêmes et où nous savons que nous sommes devenus nous-mêmes, dans la pleine et glorieuse acception du terme. Cela vous stimule-t-il?

Très peu de gens en arrivent là.

Pourquoi avons-nous tant de mal à apprendre à nous accepter tel que nous sommes?

Parce que nous ne savons pas limiter le nombre de ceux dont nous recherchons l'approbation.

Parce que nous attendons bien plus d'approbation de la part des autres que ceux-ci ne veulent nous en donner, et qu'ainsi nous perdons nos forces dans une vaine attente.

Parce que nous ne voulons pas saisir à quel point il est important de s'accepter lucidement soi-même. Et quand nous pressentons vaguement cette nécessité, cela n'aboutit guère qu'à nous contraindre à accepter le statu quo et à nous retenir d'évoluer.

Car dès que nous ressentons le besoin de nous insurger, et quelle que soit l'intensité de ce besoin, des petites voix intérieures nous tintent avec insistance dans la tête pour nous inviter à garder la mesure et nous dissuader de sortir de notre rôle.

Oui, il est difficile de devenir soi-même quand on ne se sent pas confortablement soutenu par une bonne dose d'approbation extérieure; difficile de devenir soi-même tant qu'on lutte pour obtenir cette approbation.

Mais cette approbation — cet état de plein déploiement de vos capacités et de plus grand bonheur — cette approbation qui seule vous donnera l'estime de vous-même et rehaussera votre propre image, vous ne l'obtiendrez pourtant que grâce à votre réussite personnelle. C'est le sentiment de la sécurité qui conditionne la réussite. Et c'est l'argent qui conditionne le sentiment de la sécurité.

Vous aurez beau tout obtenir — sécurité, réussite, acceptation des autres — vous n'aurez pas pour autant gagné votre propre estime. Et vous connaissez sans doute des gens qui ont tout acquis de ce qu'on vient d'énumérer, mais qui cependant ne s'acceptent pas eux-mêmes.

De temps en temps les journaux nous apprennent qu'une vedette a mis fin à ses jours alors qu'elle était à l'apogée de sa gloire. Elle avait pourtant tout obtenu de ce qu'on peut souhaiter: la fortune, la sécurité, la renommée — c'est-à-dire l'approbation des autres. Tout, sauf l'acceptation de soi. Pourtant, tout le monde aimait cette vedette. Tout le monde, à l'exception d'une seule personne: elle-même. Elle était la seule à détester ce qu'elle était devenue pour satisfaire ses ambitions. Ainsi le suicide lui est-il enfin apparu comme la seule suite logique à son autocritique.

Le suicide à petit feu est une autre manifestation tout aussi logique de la non-acceptation de soi, que tant de gens s'infligent à eux-mêmes quand ce qu'ils réalisent ne comble pas la revendication des six facteurs de motivation que nous avons énumérés. C'est ce qu'il se produit parfois chez ceux qui attendent tout de la Providence, quand les réalités de la vie les ramènent durement sur terre. Alors ils se retranchent dans des habitudes et des comportements destructeurs, refusant ainsi toute productivité, se privant de toute joie de vivre, et de toute raison d'être. Ne vous tenez pas pour battu avant d'avoir lutté, et n'exigez pas tout de suite de l'existence des bienfaits disproportionnés.

Tels sont donc les six facteurs de motivation fondamentaux, ces puissants facteurs émotionnels et viscéraux qui gouvernent nos destinées. Ils nous terrassent si nous ne les dominons pas. Ils sont pour nous une source inépuisable d'énergie si nous savons les discipliner.

Revoyez-les attentivement, car ils nous affectent de bien des manières, en surface comme dans la profondeur de notre ego.

Vous n'apprendrez jamais assez à les connaître ni à contrôler leur énorme pouvoir.

Pour ce faire, commencez donc par récapituler votre passé, afin de le percevoir intimement. Car c'est lui qui a fait de vous ce que vous êtes à présent. Votre avenir proche ne sera bientôt que le passé d'un avenir plus lointain. Tandis que nous allons de l'avant au fil de ces pages, je vous prie de bien vouloir considérer que c'est de votre propre vie qu'il s'agit dans ce livre. La course du temps est la même pour tout le monde. Où en serez-vous dans cinq ans? Tracez-vous un plan d'action et tenez-vous en à lui afin d'en être à cette époque, là où vous l'aurez décidé. Et n'oubliez pas de vérifier le déroulement de votre plan quinquennal au moins une fois l'an.

Les facteurs d'inhibition

Examinons à présent pourquoi tant de gens n'obtiennent pas dans l'existence ce que pourtant ils souhaiteraient le plus posséder. Imaginez-vous le nombre de ceux qui, effrayés à l'idée de perdre la petite sécurité qui est la leur, refusent d'en sacrifier une partie pour acquérir la sécurité plus grande dont ils auraient pourtant bien besoin?

Mais qu'est-ce que la sécurité au juste? S'agit-il vraiment de quelque chose qu'il est possible d'acquérir?

Je crois pour ma part qu'il n'existe pas d'autre sécurité que celle qu'on se forge soi-même. Cette sécurité, elle n'existe que dans la mesure où l'on est capable de livrer cette lutte qu'on appelle la vie, et elle est directement proportionnelle à notre capacité d'assumer notre insécurité.

Il s'agit autrement dit pour nous de savoir renoncer à certaines choses auxquelles nous sommes ancrés, car s'ancrer à ce qu'on a, c'est se condamner à n'en avoir jamais plus. Ceci ne vaut pas seulement pour notre acquis professionnel, mais aussi pour nos affaires personnelles, nos possessions matérielles, nos responsabilités, nos possibilités et notre réseau de relations.

Il faut savoir dépenser pour gagner davantage. C'est vrai dans le monde des affaires, c'est également vrai pour vous. Car si vous êtes, par exemple, représentant et que vous travailliez pour une importante firme, ne perdez pas de vue que c'est votre propre clientèle, et donc votre propre affaire, que vous devez créer et faire prospérer. Et pour cela, les professionnels, les champions de la vente savent qu'il faut investir. Pas simplement investir du temps, mais aussi de l'argent. Nous verrons dans un autre chapitre comment investir son argent pour en gagner davantage, dans une correspondance suivie avec la clientèle, par exemple. Très peu de débutants savent en effet tirer de leur correspondance avec leur clientèle les bénéfices qu'ils devraient en retirer. Pourquoi? Parce qu'ils ne se décident pas à renoncer à une fraction de ce qu'ils ont acquis pour obtenir ce qu'ils ambitionnent d'obtenir. Ils ont bien entendu l'ambition de battre le record de vente qui va leur apporter sécurité et approbation des autres. Mais pour obtenir un jour ce qu'ils attendent de l'avenir, ils refusent de sacrifier quoi que ce soit de ce qu'ils ont déjà acquis.

Quelle inconséquence! C'est se comporter comme si l'avenir n'allait jamais survenir, ou bien comme s'il allait envahir notre existence sans même qu'on lui ait ménagé le moindre espace pour qu'il s'y installe. Si vous désirez qu'un jour votre avenir soit de meilleure qualité que votre présent, il faut que vous lui fassiez une place dans votre vie pour qu'il y prenne ses aises. Il faut que vous sachiez en payer le prix, pas nécessairement en investissant dans une correspondance méthodique avec votre clientèle, mais tout au moins en investissant dans votre crédibilité, laquelle s'exprime par une certaine tenue vestimentaire, par certains usages relevant de l'éducation, et par certains procédés de vente qui résultent d'un apprentissage. La réussite est exigeante. Elle sait comment en venir à ses fins. Quand vous aurez mis toutes les chances de votre côté, croyez-vous vraiment que vous n'en viendrez pas vous aussi à vos fins?

En tête des facteurs d'inhibition vient donc la crainte de perdre sa sécurité, la crainte de perdre ce qu'on possède déjà.

Pour combattre cette crainte, considérez qu'on n'enrichit ses relations, ses capacités et ses biens qu'au prix d'une volonté de changement. Analysez attentivement cette affirmation. Si vous voulez tout garder de ce que vous avez acquis sans rien vouloir en sacrifier, où trouverez-vous l'espace, le temps, l'argent et l'énergie qu'il faut pour accomplir des choses neuves? Qui veut être rasé de près doit sacrifier sa barbe.

Le deuxième facteur d'inhibition, c'est la crainte d'échouer.

Cette crainte, la plupart des gens l'éprouvent, et je l'ai éprouvée moi-même à mes débuts.

Voulez-vous que je vous enseigne une méthode infaillible pour ne jamais vous voir refuser un rendez-vous, pour ne jamais cafouiller quand vous présentez votre produit, pour ne jamais rater une vente?

C'est pourtant tout simple: ne cherchez jamais à obtenir le moindre rendez-vous, ni à faire la moindre présentation, ni à conclure la moindre vente.

Le plus sûr moyen de ne pas échouer, c'est en effet de ne jamais tenter quoi que ce soit. C'est sans doute pourquoi tant de gens dans cette profession se gardent bien, chaque jour qui passe, de prendre le moindre risque.

Je vais illustrer ceci en faisant appel à mes propres souvenirs. La première fois que je me suis trouvé face au public, c'était à l'école à l'occasion d'une pièce de théâtre. On m'avait donné le rôle du Prince Charmant et je devais caracoler sur la scène en brandissant un sabre en caoutchouc, pour finir par embrasser la Princesse. Étant donné mon âge à cette époque, cela ne me déplaisait pas outre mesure... Mes parents étaient bien entendu dans la salle. Et aussi pas mal d'amis ainsi que le reste de la famille. Je n'étais donc pas peu fier de jouer les vedettes. Le soir de la représentation, j'attendais donc dans la coulisse le moment de faire mon entrée en scène, superbe avec mes culottes et ma cape rouge, mes cothurnes d'argent et mon sabre étincelant de verroterie. J'étais fin prêt. Fin prêt, mais je n'avais encore jamais fait d'apparition en public.

Soudain ce fut mon tour de répliquer. J'entrai donc en scène. Et je figeai sur place, incapable de faire le moindre mouvement. Les autres acteurs s'étaient éclipsés et je me retrouvais seul au milieu de la scène. Ce ne fut que beaucoup plus tard que je réalisai combien cette expérience m'avait ébranlé.

Pendant je ne sais combien de temps, j'eus par la suite une peur panique d'affronter les groupes et je m'y refusais obstinément.

Des années passèrent et un jour je fus invité par une grande société commerciale qui avait entendu parler de mon chiffre d'affaires et m'avait écrit pour que je fasse une conférence en me demandant si j'acceptais d'enseigner mes méthodes à son équipe de vente.

"Pas question pour moi de prendre la parole en public!"

Mais quelqu'un de mon entourage qui m'était très cher me dit: "Tommy, essaie de te contraindre à faire ce que tu crains le plus. C'est l'unique façon de dominer ta peur."

Songez-y à votre tour. Je ne vous propose pas ici de braver un quelconque danger physique ou de risquer votre vie par défi, mais de songer à quelque chose qui soit en rapport avec votre profession, à quelque chose que vous ne vous décidez pas à accomplir parce que cela vous fait peur. Imaginez-vous en train de faire cette démarche que vous redoutez. Imaginez que vous l'accomplissez, que vous êtes tout à fait à l'aise en l'accomplissant, et que votre aisance vous conduit au succès. Si vous pouvez vous convaincre que vous êtes capable de faire quelque chose de ce genre, alors vous surmonterez les symptômes de la peur.

Il se peut aussi que la crainte de devoir réellement accomplir ce qui vous fait si peur soit la plus forte. Il faut parfois que nous laissions à certaines idées le temps de mijoter dans nos têtes pour qu'elles y fassent toutes seules leur chemin. Ne renoncez donc pas aux éventualités de ce genre. Prenez un feuillet. Transcrivez-y ce qui suit et classez-le soigneusement parmi vos cartes de crédit:

> ***Efforce-toi d'accomplir ce qui te fait le plus peur et tu domineras tes peurs.***

Relisez cette phrase chaque fois que vous en aurez l'occasion. Un jour, quand vous serez prêt et que vous ressentirez l'urgence de vaincre votre peur, vous serez soudain saisi par l'évidence de cette phrase, saisi aussi par cette autre et triste évidence: *si ce n'est pas nous qui dominons notre peur, c'est elle qui nous dominera*. C'est seulement alors que vous prendrez les mesures qui s'imposent, que vous relèverez le défi de la peur, et que vous en viendrez à bout une fois pour toutes. Et c'est ensuite, quand vous vous remémorerez cette étape, que vous réaliserez qu'en somme ce n'était pas si difficile. Chaque fois que vous dominerez une nouvelle peur, il vous sera de plus en plus facile de poursuivre sur votre lancée et de vous attaquer à la peur suivante. Ce qui ne signifie pas que votre première tentative sera nécessairement couronnée de succès. Mais par la suite la pente à gravir sera de moins en moins rude.

Le tout est de faire le premier pas. En essayant d'identifier ce que je craignais le plus dans la vie, à l'époque où l'on m'avait invité à faire cette conférence, j'en vins à la conclusion que ma plus grande peur, celle qui me dominait totalement, était d'affronter le public. C'est alors que je téléphonai à la firme en question pour dire que j'acceptais son invitation.

Il s'écoula environ un mois avant la date fixée pour ma conférence. Un mois de mortelle angoisse. Un mois pendant lequel à tout instant je me faisais reproche d'avoir accepté. Plus le jour fatidique approchait, et plus je sentais la panique m'envahir. "Qu'est-ce que je vais bien pouvoir leur raconter?" me demandais-je sans cesse. "Et pourquoi m'être mis dans un tel pétrin?"

Chaque soir, après avoir couché sur le papier ce que j'avais l'intention de dire, je me relisais à haute voix. Inlassablement. Et puis on me conseilla de tout résumer sur des feuillets de format carte postale. Alors je suivis le conseil et me mis à tout résumer sur des feuillets de format carte postale.

De toute la nuit qui précéda ma conférence, je ne pus fermer l'oeil. Quand le lendemain je pénétrai dans l'immense salle où je devais prendre la parole, trois mille personnes m'y attendaient. Quelqu'un me présenta au public tandis que je me tenais dans la coulisse, revivant dans l'angoisse mon fiasco d'autrefois, du temps que je jouais les Princes Charmants. Le discours de présentation s'acheva. C'était à mon tour d'entrer en scène...

> Un conseil en passant: si vous n'êtes pas conférencier professionnel, demandez toujours qu'on vous fournisse une estrade surmontée d'une tribune. Ce sera au moins ça pour vous cramponner, et personne ne s'apercevra que vos genoux tremblent.

J'étais si paniqué en compulsant mes notes que mes doigts malgré moi déchiraient les feuillets, et que je ne pouvais me décider à lever les yeux vers le public. Je parlai donc sans m'interrompre. Il avait été prévu que ma conférence durerait quarante-cinq minutes. En huit minutes, j'avais fait le tour de la question.

Si cette première conférence fut abominable, la deuxième fut horrible et la troisième atroce. La quatrième me valut quelques applaudissements clairsemés. Ce ne fut qu'après la cinquième que le public resta dans la salle pour me poser des questions. Aujourd'hui, à force de m'exprimer quotidiennement devant le plus merveilleux des publics, celui des vendeurs, je me lève le matin dans la hâte et l'excitation anticipée de me trouver en présence de mon auditoire. Et cela pour avoir un jour surmonté la peur d'échouer de mes débuts.

Mais combien n'essaient jamais de le faire, tant est grande leur crainte d'essuyer un échec? N'est-il pas affligeant de constater que beaucoup d'entre nous se confinent dans la médiocrité pour ne pas avoir à connaître les défaillances momentanées qui sont le tribut inévitable de la réussite? Si vous ne deviez garder de ce livre qu'une seule des idées qu'il expose, que ce soit au moins celle-ci, vous en serez récompensé: "Mon avenir est trop beau pour que je m'en prive moi-même."

Le troisième facteur d'inhibition, c'est le manque de confiance en soi.

Il concerne tout spécialement les vendeurs que nous sommes. Quand vous avez fait vos débuts dans cette profession, vous l'avez probablement fait savoir autour de vous. Comment ont alors réagi vos proches et vos amis?

"La vente? Tu veux vraiment te lancer dans la vente? Tu sais où ça va te mener? Tu vas crever de faim. Le poulet rôti le soir et la carcasse le lendemain. Tu es devenu fou, oui ou non?"

Des rengaines de ce genre suffisent à vous faire douter de votre belle assurance et à doucher votre enthousiasme avant même que vous ayez entrepris quoi que ce soit. Bien sûr, les craintes qu'on fait ainsi naître dans votre esprit peuvent dans certains cas vous éperonner et vous amener à redoubler d'effort. Mais elles peuvent aussi dans d'autres cas vous conduire à vous ménager d'avance des replis en cas d'échec: "Peut-être, mais je vais tout de même tenter le coup, répliquez-vous. On verra bien comment les choses tournent. Si ça me plaît, tant mieux, sinon, je n'aurai pas perdu grand-chose et il sera toujours temps de changer mon fusil d'épaule."

Le drame, c'est que ces acrobaties de langage qui s'appliquent à vos premiers pas dans la vente, c'est vous qui vous écoutez les dire. Un peu partout dans les pages de ce livre j'insiste sur le fait qu'une des méthodes les plus efficaces pour convaincre les gens tient en ces quelques mots: "Si c'est eux qui le disent, c'est que pour eux c'est la vérité." Cette méthode s'applique aussi dans notre cas, à notre avantage comme à nos dépens. Il est impossible d'entreprendre une carrière de vendeur en se disant: "Après tout, essayons toujours", sans que cette attitude d'esprit affaiblisse dès le départ notre volonté de venir à bout des embûches qui surgiront nécessairement entre vous et votre réussite (la désapprobation des autres, par exemple).

Contentez-vous tout simplement de déclarer autour de vous que vous avez décidé d'entreprendre une carrière dans la vente. Mais pas avec des "si" ou des "mais". Adoptez dès le départ un état d'esprit de réussite. Ne criez pas victoire avant d'avoir combattu, mais ne vous excusez pas d'avance non plus de vos éventuels insuccès. Ne prophétisez pas votre propre échec, et contentez-vous par la suite de démontrer aux autres que vous avez eu raison d'avoir eu l'ambition de réussir dans cette profession.

Ne vous attardez pas sur tout ce qui est médiocre, au risque de devenir vous-même un médiocre. Quand on n'en est qu'à ses débuts, quand on n'a pas encore l'expérience de la vente (ou bien qu'on n'a encore rien vendu du tout), on aurait aisément tendance à se dire qu'après tout il suffit d'atteindre un rendement moyen pour se la couler douce en toute sécurité et s'en satisfaire. Il n'en est rien. Il n'en est rien car dans la plupart des réseaux de vente, c'est en général un tiers des vendeurs qui fait les deux tiers du chiffre d'affaires. (Ces pourcentages varient bien sûr légèrement d'une année à l'autre et d'un cas particulier à l'autre, mais pas de façon significative.) C'est donc les deux tiers des commissions que se partage le tiers des vendeurs du groupe de tête, alors que le groupe des deux tiers de traînards doit se contenter de se partager les commissions provenant du tiers des ventes.

Soient deux fois plus de gens à se partager deux fois moins d'argent. Chaque fois qu'un traînard gagne un dollar, son collègue du groupe de tête en empoche quatre. Et tant que vous ne serez pas dans le peloton de tête, quoi de plus facile que d'accuser votre employeur d'user d'une politique discriminatoire? Ne tombez pas dans ce travers. Sinon, vous allez perdre de vue ces trois évidences que tous les vendeurs d'élite connaissent bien: (1) il n'est pas du tout de l'intérêt de la direction qu'une grande partie du chiffre d'affaires repose sur si peu de gens; (2) la direction est impuissante à vous faire passer dans le groupe de tête, c'est vous seul qui le pouvez; (3) si votre chiffre d'affaires se cantonne dans la moyenne, vous gagnez le quart de ce que vos collègues du groupe de tête prouvent qu'on peut empocher en faisant le même métier.

C'est le jour où vous déciderez vous-même de devenir champion que vous cesserez d'être un vendeur moyen, car les vendeurs moyens, eux, ne s'y décideront jamais. C'est le jour où vous déciderez vous-même de prendre les choses en mains pour réussir selon vos voeux que vous cesserez d'être moyen, car les vendeurs moyens, eux, ne feront jamais l'effort suffisant pour en sortir. C'est ensuite, une fois que vous aurez pris cette décision et que vous vous y tiendrez fermement, que vous commencerez à réagir différemment aux rebuffades et aux embûches du parcours.

Vous ne réussissez pas à obtenir de votre client un rendez-vous? Ce n'est pas une raison, vous le verrez, pour vous tenir un raisonnement de médiocre et pour vous dire: "Mais qu'est-ce que j'ai bien pu faire de pas correct pour qu'il ne veuille pas me recevoir?"

Quand vous verrez entrer dans votre espace d'exposition ou de démonstration un visiteur muet comme une carpe et qui va en ressortir sans avoir ouvert la bouche, vous ne vous demanderez plus: "Qu'est-ce que j'ai bien pu faire de pas correct?"

Quand vous ferez avec éloquence et verbe une présentation à un prospect qui vous jettera dehors avec toute la chaleur et la tendresse dont il est capable, vous ne vous demanderez plus: "Qu'est-ce que j'ai bien pu faire de pas correct?"

Non, ne vous posez jamais cette question, qui ne ferait que consolider votre manque de confiance en vous-même. Car dès qu'on l'alimente, le manque de confiance en soi se transforme en conviction négative.

Se laisser prendre au piège de la conviction négative, c'est se condamner à croire qu'on est incapable de faire correctement quoi que ce soit; à croire que tout ira nécessairement de travers et se soldera par un échec, quoi qu'on entreprenne, puisque c'est en nous-mêmes que les choses sont faussées au départ, et que dans tous les cas nous ne pouvons donc que courir à l'insuccès. Tels sont les effets de la conviction négative, et Dieu sait combien chaque situation de vente nous fournit d'occasions de nous y abandonner, pour peu qu'on s'expose inconsidérément à ce genre de virus! Mais c'est surtout pour les débutants que la conviction négative est redoutable. Car s'ils sautent sur toutes les occasions qui se présentent de se demander si ce qu'ils font est correct ou pas, ils n'en finiront plus de se poser cette question au cours de leur premier mois de vente.

Quelle question se pose au contraire le champion quand il lui arrive d'essuyer un échec?

"Où ai-je agi CORRECTEMENT?"

Et c'est correctement aussi qu'il continuera à déployer sa même tactique comme si de rien n'était, à garder la même attitude et à surmonter les rebuffades. Il essaiera de nouveau, s'obstinera, et finira par l'emporter. Ses succès s'ajouteront les uns aux autres, et même s'il lui arrive de temps en temps de douter de lui-même, ce n'est pas la sape sournoise de ces petits doutes qui pourra ébranler la pyramide de ses convictions.

Ce qui paralyse bien des gens, c'est qu'ils sont démobilisés, inhibés par leurs propres doutes et par le manque de confiance en eux-mêmes, lesquels finissent par se tourner en conviction négative. Alors, une bonne fois pour toutes, cessez de vous demander:

"Qu'ai-je donc fait de pas correct?" C'est sur "Où ai-je agi CORRECTEMENT?" qu'il faut bâtir.

"D'accord, allez-vous me dire, mais supposons que je me trouve sur mon lieu de travail, en pleine forme, parfaitement bien dans ma peau, et que m'arrive un prospect qui n'a pas la moindre intention d'acheter quoi que ce soit, mais qui s'ingénie à me mettre à rude épreuve avant de repartir les mains vides. Avant son arrivée, j'étais totalement détendu. Me voilà maintenant dans tous mes états. Comment, dans ces conditions, ne pas me demander: "Qu'ai-je donc fait de pas correct?" N'importe quel imbécile pourrait comprendre cela et se poser la même question."

N'importe quel imbécile, peut-être. Mais un vrai champion, lui, un familier du peloton de tête, a suffisamment de combativité et de confiance en soi pour rester indifférent aux fantaisies du premier guignol qui se présente.

Le quatrième facteur d'inhibition, c'est l'effort qu'il faut fournir si l'on veut changer.

Pour ceux qui suivent mes séminaires c'est ce facteur — qui compte parmi les plus pernicieux — qu'il est le plus difficile d'apprendre à surmonter. Vous ferez donc, du moins je l'espère, un effort tout particulier pour vous y employer.

Pourquoi tout changement exige-t-il de nous un effort? Sans doute résistons-nous au changement pour ne pas voir dépérir une partie ancienne de notre personnalité au profit de quelque chose à naître dont nous ne savons rien. Nous nous affligeons autant de la perte de ce qui nous est familier que nous peinons pour enfanter ce qui nous est inconnu. Tout cela est à vrai dire très primitif.

Certains opposent une résistance au changement parce qu'autrefois, sans doute au cours de leur enfance, des événements douloureux les ont frappés à l'improviste, ce qui chez eux se répercute à l'âge adulte par des remarques du genre: "Je n'aime guère l'imprévu." Ou encore par une certaine tendance à considérer que la meilleure façon de se garder des catastrophes est encore de ne pas les provoquer, en ne changeant rien à son existence.

Si nous résistons au changement, c'est aussi parce que nous croyons tous instinctivement que ce mot est synonyme de vieillissement, que d'une façon ou d'une autre tous les deux sont complices. "Si on pouvait arrêter le changement, on resterait éternellement jeune", voilà une phrase qui traduit bien cet espoir touchant et désespéré que partagent tous les hommes. Cet espoir futile qui s'exprime fort bien chez certaines personnes — jeunes et moins jeunes — qui continuent à s'habiller selon une mode vieille de cinq ou de vingt-cinq ans, qui conservent les usages et les opinions d'autrefois, ou se raccrochent obstinément à des méthodes de travail qui jadis ont eu du succès. Nous éprouvons tous le besoin de mettre un peu de nostalgie dans notre existence. Cela peut même être agréable et drôle. Mais malheureusement les nostalgiques des méthodes commerciales d'autrefois doivent eux aussi vivre avec leur siècle s'ils veulent maintenir leurs affaires à flot.

Ce ne sont pas seulement les individus qui résistent au changement, mais aussi les sociétés commerciales et les nations. Ce qui n'empêche en rien le monde de changer.

Combien de fois n'avons-nous pas entendu cette déclaration d'un bon sens plutôt douteux: "C'est comme ça"? Ou bien cette affirmation passe-partout: "On a toujours procédé de cette façon-là." Ou bien encore cette ineptie absolue: "Ce n'est pas maintenant que je vais changer." Malheureusement, ce qui était soi-disant impérissable est bientôt pris de vitesse par les forces inéluctables du changement, lesquelles rendent bien vite improductif ce qui le fut, et éliminent du circuit ceux qui ne s'y sont pas adaptés. En résistant au changement, on peut sans doute remporter sur lui d'éphémères victoires, mais jamais gagner la guerre. Au bout du compte, le choix à faire reste le même: le changement ou la défaite.

Réussir, c'est s'épargner de livrer des batailles qu'on ne peut gagner. Plutôt que de s'épuiser à lutter contre des forces invincibles, mieux vaut les mettre de son côté pour réussir et vaincre. La réussite est la compagne de route du changement.

Alors, ne résistez pas au changement. Au contraire, mettez-le de votre côté. Facile à dire, puisque nous le repoussons de toutes les forces de nos émotions, quand ce n'est pour des raisons intellectuelles, moins puissantes il est vrai. Pour briser ce cadre de pensée bien établi et tirer parti de la contribution puissante et positive que peut apporter le changement à votre propre dynamique, il convient d'observer les règles suivantes:

1. Regardez les choses bien en face afin de discerner quels freins émotionnels vous font redouter le changement. Essayez de départager lucidement ce que vous ressentez à la perspective de pouvoir intensifier votre rendement professionnel, de ce que vous ressentez à l'idée de renoncer à ce qui vous est

familier, habituel depuis des années, pour intégrer quelque chose de nouveau et d'étranger à vous.
2. Servez-vous de ce qu'il y a de meilleur dans vos habitudes de vie pour en faire les fondations sur lesquelles vous allez édifier le changement utile.
3. Prenez l'habitude de vous essayer à des choses nouvelles même quand rien ne vous y oblige.
4. Déclarez chaque jour à ceux qui vous entourent que vous êtes prompt à accepter les idées nouvelles, que vous aimez tâter de toutes les innovations, que vous ne cessez de vous instruire, de vous transformer, d'évoluer. Déclarez-le, vous y croirez. Puis vous vous mettrez vraiment à le faire.
5. S'il est vrai que tout changement comporte des aspects pénibles, celui que vous aurez vous-même décidé d'accomplir vous sera infiniment moins pénible que s'il vous était imposé de l'extérieur. Au lieu d'attendre passivement qu'on vous indique quelle direction prendre, c'est à vous de trancher vous-même dans le vif et de décider quels changements positifs vont embellir votre existence.

Mon propos n'est pas de vous faire changer à tout prix, mais de vous aider à vous sentir bien dans votre peau. Si vous ne l'êtes pas, faites l'effort d'endurer ce que tout changement comporte de temporairement pénible. C'est trop vous demander? Alors, continuez à préserver soigneusement sans rien y changer tout ce qui suffit à votre bonheur. Mais alors, si vous sentez que votre position devient de moins en moins confortable et que votre bonheur s'effrite parce que les choses changent tout de même, reconnaissez que ce qu'il y a de pénible dans ce changement, ce sont les autres qui vous l'imposent. C'est une situation bien connue. Aussi, la meilleure et sans doute l'unique chance que vous avez de vous en sortir est-elle encore de prendre en mains votre destin et de décider vous-même de ce qui doit changer.

Accepter que ces pages puissent vous aider, c'est accepter aussi de passer par une étape pénible. Regardez les choses en face. Ce que je vous demande, c'est d'apprendre à faire ce que présentement vous ne faites pas. C'est de faire des choses que vous n'avez encore jamais faites... comme par exemple de décrocher davantage de commandes.

Savez-vous qu'il existe un peu partout des vendeurs qui n'ont jamais *demandé* à un seul de leurs prospects d'acheter quoi que ce soit? Jamais jamais. Pas une seule fois. Inutile de passer en revue vos collègues de travail en vous demandant si parmi eux il en existe qui soient de ce genre. Commencez donc par vous regarder dans une glace.

Nous avons tous nos idées bien arrêtées, nos valeurs propres. Nous sommes nous-mêmes et on ne nous changera pas. Un exemple: prenons pour hypothèse que la décision de maigrir que vous venez d'arrêter soit parfaitement sage et se justifie par des raisons de santé. Supposons que vous ayez vingt-trois kilos de trop. Il est bien évident que si vous vous sentiez bien dans votre peau, vous auriez gardé votre poids et n'auriez jamais décidé de suivre un régime. C'est uniquement parce que ces vingt-trois kilos vous incommodent que vous avez jugé sage d'y faire quelque chose, vous êtes bien d'accord?

Du jour où vous allez commencer votre régime, vous allez passer par de mauvais quarts d'heure. Mais vous allez les endurer jusqu'à ce que vous ayez perdu vos vingt-trois kilos. Et que répondrez-vous le jour où un ami vous abordera en ville pour vous demander comment s'est passé ce régime? "Pfff! Une bagatelle, direz-vous. Je ne m'en suis seulement pas rendu compte."

Alors, à présent, cessez de lire et recopiez ce qui suit sur la première feuille de papier qui vous tombera sous la main:

Sitôt que nous tirons profit d'un changement, nous nous empressons d'oublier les efforts qu'il nous a coûtés.

Ceci s'applique à n'importe lequel des changements: sitôt que nous l'avons accompli, le souvenir des efforts qu'il nous aura fallu déployer pour l'accomplir s'estompe. L'exemple de la jeune mère qui pour la première fois met au monde un enfant en est peut-être la meilleure illustration. La plupart du temps, elle se jure bien tandis qu'elle accouche que c'est l'unique et dernière fois. JAMAIS PLUS! Mais ensuite on lui montre son enfant, ce magnifique fruit de l'amour de deux êtres, et elle le prend dans ses mains pour le serrer contre elle alors qu'il s'éveille à la vie. Et deux ans plus tard on va la retrouver, c'est plus que probable, sur la même table de travail du même hôpital. Ainsi en va-t-il de tous les changements positifs.

Je me souviens d'une certaine époque où nuit et jour je faisais de la prospection. Je détestais cette activité où je m'efforçais d'être meilleur que mes collègues... jusqu'au jour où je surmontai ce que cette étape avait de pénible et où l'argent se mit à affluer.

Ce qu'il en coûte d'efforts pour changer s'oublie dès qu'on a accompli ce qu'on s'était donné pour but d'accomplir. Et puis, il est terriblement grisant de prendre bien en mains les rênes de sa propre vie pour la diriger de façon positive et efficace. Mais voyons les choses telles qu'elles sont et considérons les raisons de notre conflit intérieur, puisque si nous aspirons tous à accomplir ce qui nous motive, nous ne nous en laissons pas moins submerger par ce qui nous inhibe.

"Je veux gagner de l'argent pour acquérir la sécurité, pour pouvoir me dire que j'ai réussi, pour m'attirer l'estime de mon entourage. Je sais que le jour où j'y serai parvenu, je me sentirai bien dans ma peau et j'aurai gagné ma propre estime. Mais je ne peux pas me décider à renoncer à ce que je possède de sécurité. Bien sûr que je ne m'accepte pas tel que je suis, mais je ne vis tout de même pas comme un misérable. Non, c'est décidé... je ne vais pas relancer ce client... il ne veut pas du système stéréo que je lui propose? Tant pis pour lui."

"S'il n'est pas capable de se rendre compte que nos voitures ont une meilleure tenue de route, c'est son affaire après tout. Tant pis, je laisse tomber."

"Il ne veut pas admettre que mon interphone est plus pratique et plus économique? Dommage, mais c'est lui qui s'en sert après tout, pas moi."

"Si je ne le rappelle pas, au moins il ne pourra pas me dire *non* et m'envoyer aux prunes."

Car bien entendu il est beaucoup plus simple de ne pas décrocher le téléphone que de s'accommoder de la peur d'un échec, de la peur d'encaisser un *non* en pleine face.

"Je ferais mieux de ne pas le rappeler. Il y a longtemps que j'avais prédit à tout le monde que je n'allais pas faire long feu dans ce métier. Ma mère ne cesse de me demander pourquoi je suis si tendu. Et mon père n'arrête pas de me dire: "Pourquoi travailles-tu autant? Personne ne te le demande?" Lui, bien sûr, il n'est pas arrivé à grand-chose, mais au moins il est heureux... enfin, à sa manière. Non, cette fois, je ne vais pas rappeler mon client."

Et quand se présentera la prochaine occasion de relancer ce prospect, ce sera le même refrain. Un refrain dont les dernières mesures seront toujours les mêmes: "Non, cette fois, je ne vais pas relancer mon client."

“De toute façon, les clients de ma boîte sont tous des bons à rien... un ramassis de têtes qui fonctionnent en 6 volts dans un système qui exige du 110. J’ai passé douze ans sur les bancs de l’école avant d’entrer à l’université, et pourtant cet imbécile que je devrais rappeler tout de suite est incapable de comprendre que c’est moi la grosse tête, et lui le débile. À le voir, on croirait ma parole qu’il a inventé la chlorpromazine! Mais si on lui retire son compte en banque, voulez-vous me dire ce qu’il en reste? Et c’est pour cet échantillon d’individu qu’on voudrait que je change? Soyons sérieux.”

Mais qui va y perdre en fin de compte?

Moi, pardi! Parce que si je me dérobe à l’effort requis pour changer, si je m’installe dans cette habitude que j’ai prise de partir battu d’avance, ce n’est pas un, mais une armée de bons de commande qui va me passer sous le nez. Chaque fois que je me retire ainsi de la course plutôt que de foncer au risque de ne pas la gagner, je ne fais que renforcer mes habitudes de défaitisme. Quand la lutte qui oppose dans l’esprit motivations et inhibitions prend l’allure d’un conflit ouvert, cela conduit tout droit à cet état intermédiaire qu’est le sentiment de frustration.

“Je me sens si frustré, moi qui voudrais tant gagner davantage! Mais pour rien au monde je ne lèverais le petit doigt.”

“Quelle frustration! Mais je ne vais tout de même pas recommencer à parcourir mon fichier. S’ils ne me rappellent pas, c’est leur problème.”

L’étape qui succède immédiatement au sentiment de frustration ne manque pas d’intérêt et porte le nom d’anxiété. Cette anxiété que certains décrivent bien quand ils affirment: “Je ne peux plus supporter cette espèce d’oppression.” D’autres laissent au contraire le mal couver silencieusement en eux.

Encore une étape et nous voilà aux confins de cette zone de danger où pourtant beaucoup d’entre nous s’aventurent chaque jour.

Où avez-vous été le plus heureux au cours de votre existence?

Dans le sein maternel.

Là était la vraie sécurité. Piscine chauffée, nourriture à satiété, pas de soucis fiscaux. Et puis soudain, sans crier gare, est venu le jour où vous avez fait votre entrée dans le monde. Et de quoi vous a-t-on gratifié à peine aviez-vous franchi le seuil? D’une bonne gifle. Votre première rebuffade.

Ensuite on a sectionné votre cordon ombilical.

Avez-vous songé parfois au nombre de gens qui errent à la recherche d'un refuge? Songez-y. Si vous ne pouvez assumer votre crainte d'insécurité pendant que vous travaillez à accroître votre sécurité, si vous ne pouvez supporter l'éventualité d'un refus quand vous cherchez à conclure une affaire, si vous ne pouvez vous faire à l'idée que tout le monde doute de soi à un moment ou à un autre, si vous refusez de changer et d'améliorer vos méthodes de vente, alors vous risquez fort de ne pas vous maintenir indéfiniment dans votre cocon. Un exemple va vous en donner la raison:

Je suis directeur des ventes et vous travaillez sous mon autorité. C'est aujourd'hui le jour où a lieu cette réunion hebdomadaire toujours animée et plutôt sympathique qui regroupe tous les vendeurs et représentants de mon réseau. Vous y serez donc présent avec tous vos collègues. Supposons arbitrairement qu'on puisse mesurer *l'anxiété* sur une échelle imaginaire graduée de zéro à mille, et qu'en ce qui me concerne la cote d'alerte à ne pas dépasser se situe à 700 degrés. Ce matin je me lève et constate après avoir pris ma douche que ma cote d'anxiété (C.A.) est de 50. Voilà qui me met d'excellente humeur. Au point de me dire: "Tout va pour le mieux. Je vais faire en sorte de rendre le meeting agréable à mon équipe, et faire de mon mieux pour remonter le moral à tout le monde. Les ventes ne vont pas fort en ce moment et personne ne se remplit les poches, mais j'ai au moins la chance d'avoir une équipe épatante."

En prenant mon petit déjeuner, l'idée me vient de voir où en sont les actions que pour la première fois de ma vie j'ai achetées. J'ai bien hésité un peu au début, mais j'ai fini par me laisser tenter. J'ouvre donc le journal pour y chercher la rubrique Bourse, et dans la rubrique Bourse, la cote de ces fameuses actions qui, à en croire mon courtier, doivent nous permettre à moi et à ma famille de faire des croisières autour du monde jusqu'à la fin de nous jours. Je constate tout de suite qu'il faudra un peu modifier ce projet, étant donné que ces actions mirifiques viennent de chuter de 50 pour cent. Du coup ma C.A. grimpe à 150. En voyant ma tête, ma femme se rend tout de suite compte que quelque chose ne tourne pas rond. Elle se penche au-dessus de mon épaule pour regarder le journal et prendre connaissance de la rubrique Bourse. Et la voilà qui se met à me féliciter de mon discernement et à me faire remarquer à l'aide d'un mot bref et suggestif à quel point il faut l'être pour avoir été compromettre tout l'avenir de sa famille sur un caprice boursier. Ma C.A. atteint à présent 300 degrés.

En montant dans ma voiture, je sais déjà que je vais arriver en retard au meeting. Champignon au plancher. Pas le choix. Un policier me siffle. Inévitable, un jour pareil. Je suis dans un tel état de nervosité que je ne cherche même pas à me disculper.

> La prochaine fois qu'un policier vous arrêtera, et avant même qu'il ait ouvert la bouche, regardez-le candidement dans les yeux avec un sourire contrit et dites-lui ingénument: "Je suis vraiment désolé de vous avoir dérangé pour un simple avertissement, monsieur le policier."

Mais évidemment, dans l'état où je suis ce matin, je suis bien incapable d'avoir la présence d'esprit de tenir un langage pareil. Bref, mon excès de vitesse va me coûter je ne sais combien. Ma C.A. est à présent à 500, et c'est avec vingt bonnes minutes de retard que j'arrive dans la salle de réunion où tout le monde m'attend, vous y compris. À peine suis-je entré que le téléphone sonne. C'est vous qui précisément le décrochez... pour me dire qu'on me demande au bout du fil. J'écoute.

"Je vais prendre l'appel dans mon bureau. Je reviens tout de suite", dis-je à l'attention de tout le monde après avoir réalisé que c'est le directeur général qui m'appelle pour me remonter le moral. Je m'esquive donc et je me précipite dans mon bureau pour reprendre la communication. Les choses se passent à peu près de la façon suivante:

"Écoutez-moi bien, Hopkins, je ne sais pas si vous vous en rendez compte, mais votre équipe obtient des résultats déplorables. Vos vendeurs passent leur temps à se tourner les pouces, le budget de publicité est englouti depuis longtemps, et pour vous dire le fond de ma pensée, vous êtes vous-même au-dessous de tout. Si vous ne vous décidez pas à cravacher votre écurie de zèbres, vous feriez bien de songer dès maintenant à vous recaser ailleurs."

Je raccroche. À travers la vitre de mon bureau, je vous vois tous, décontractés, attendre que commence la réunion. Autant dire qu'au moment où je vais vous rejoindre, ma C.A. gravite aux alentours de 750, c'est-à-dire bien au-dessus de ma cote d'alerte. J'ai un tel excès d'adrénaline en circulation qu'il ne me reste plus guère le choix, tel l'homme des cavernes, qu'entre deux attitudes: charger ou prendre la fuite. Étant donné que voilà déjà un certain temps que dans le monde des affaires on a renoncé à ces comportements quelque peu primitifs, il me faut donc bien trouver des équivalents modernes à ces réactions d'hostilité ou de retraite. Le malheur veut que ce matin je ne sois pas le moins du monde d'humeur à battre en retraite. Aussi la réunion ne va-t-elle pas se dérouler tout à fait comme je l'avais prévu en me levant. Les choses prennent la tournure suivante: "B'jour. Écoutez-moi bien, je ne sais pas si vous vous en rendez compte, mais cette équipe obtient des résultats déplorables. Au-dessous de tout. Je viens justement d'en parler avec le directeur général, et je tiens à tous vous prévenir personnellement de la chose suivante: si je suis foutu à la porte, je vous garantis que j'en connais un certain nombre qui ne vont pas tarder à me suivre."

Ouf, ça fait du bien. Je me sens mieux. Cette explosion d'hostilité à fait redescendre ma C.A. à 50 et résorbé mon trop-plein d'anxiété. Mais pour la refiler à qui, cette anxiété? À vous et à toute l'équipe. Parce que c'est vous qui à présent avez une C.A. de 750, et qui venez d'entrer dans votre zone de danger.

Il est absolument vital d'apprendre à contrôler les situations de ce genre. Ne vous y trompez pas, dans toutes les activités de vente, c'est quotidiennement que certaines contraintes pénibles vous tomberont en vrac sur le dos, quotidiennement que votre C.A. aura l'occasion de grimper en flèche.

L'unique façon d'affronter et de maîtriser ces situations, c'est de surmonter les contraintes et les angoisses qu'elles engendrent. Appliquez-vous à le faire si vous voulez vous maintenir dans votre zone de bien-être. Parce qu'il n'existe que deux zones possibles: celle du danger et celle du bien-être. C'est dans l'une ou bien dans l'autre que vous êtes condamné à vous tenir. Si vous vous laissez accabler par les contraintes et par l'anxiété, celles-ci deviendront vite intolérables. Refusez-leur le droit de cité, et elles ne vous agresseront pas. Dites-vous bien que chaque jour qui passe, il vous faudra vivre des expériences pénibles, qui toutes auront le pouvoir de vous angoisser, mais qui ne pourront pas exercer ce pouvoir si c'est vous qui décidez de réagir. Si vous décidez de faire avec assez d'application tout ce qu'il faut pour que le possible devienne réalité, vous vous maintiendrez sans peine dans votre zone de bien-être, car, libéré de tous ces malaises, c'est vers l'action que votre esprit se sera orienté.

Il vous est bien sûr arrivé que des gens s'emportent contre vous. Il vous est arrivé d'avoir affaire à des clients mécontents. Tous les vendeurs sont passés par là, et plus d'une fois. Ne nous masquons pas les faits. Tant que vous exercerez cette profession, vous rencontrerez des gens que vous mécontenterez, et qui vous le feront savoir. Sur cette mer ouverte qu'est la réussite, nul ne peut éviter ces vents contraires, qui se lèvent sans que nous y puissions rien, et qu'il ne nous est pas toujours possible de maîtriser. Mais c'est en nous qu'en revanche se lève l'angoisse et, cette fois, il nous est parfaitement possible d'y porter remède.

Il vous est certainement arrivé de décevoir ou de mécontenter des clients à qui vous aviez pourtant consacré tout votre coeur et toute votre bonne volonté. Et qui vous ont témoigné crûment, grossièrement peut-être, leur insatisfaction. À moins qu'ils n'aient préféré, par téléphone ou par lettre, en aviser directement votre patron. Ce qui vous a plongé dans votre zone de danger. Vous avez tous connu des situations semblables, par lesquelles passent tous les vendeurs, où il ne reste plus d'autre choix que la retraite ou l'hostilité ouverte.

Dans le chapitre qui suit, vous trouverez des directives concrètes que je vous invite à mettre en application chaque fois qu'un client annulera un rendez-vous, refusera une date de livraison, déclarera qu'il ne veut pas même entendre parler de votre produit, bref, chaque fois qu'on vous dira *non.* Suivez donc ces directives dans toutes les circonstances où on vous opposera un refus, et vous verrez que c'est vous-même qui bientôt irez au-devant de ces refus, au lieu de vous en abriter. Difficile à admettre, non? Vous allez pourtant pouvoir en juger par vous-même.

Chapitre 6

Apprendre à aimer le mot “non”

Quel est le premier mot que vous ont appris vos parents?

Le mot *non.*

Et comment vous a-t-on appris ce que *non* voulait dire? Par une bonne fessée. Pourquoi tous les parents s'y prennent-ils ainsi? Est-ce parce qu'ils ne nous aiment guère? Est-ce plutôt parce qu'ils nous aiment intensément?

Mais oui, bien sûr. S'ils nous ont claqué les fesses, c'est parce qu'ils savaient que nous risquions de nous blesser plus tard si nous n'apprenions pas à nous conduire d'une certaine manière. C'est donc pour notre bien qu'ils se sont efforcés d'enraciner dans nos esprits le sens du mot *non*, et de l'enraciner à l'aide du seul moyen dont ils disposaient, c'est-à-dire en nous apprenant à craindre ce mot.

Revenons au présent. Qu'est-ce qui s'interpose aujourd'hui entre vous et tout ce que vous ambitionnez de retirer de votre carrière de vendeur?

Le mot *non.*

Ce qui, par conséquent, nous afflige le plus relève d'une donnée pourtant fondamentale, à savoir que nous avons tous adopté une attitude qui n'est pas la bonne à l'égard de ce mot essentiel de la langue, et que cette habitude acquise depuis la plus tendre enfance n'a cessé de nous empoisonner l'existence.

Ne commettez pas l'erreur de prendre ces questions à la légère, étant donné que les réponses que vous pourrez y apporter contribueront beaucoup plus à augmenter le chiffre de vos affaires que si vous appreniez une douzaine de techniques nouvelles pour les conclure. C'est d'ailleurs tellement vrai que vous n'auriez aucune chance de mettre ces techniques à l'épreuve si au préalable vous n'aviez pas révisé de fond en comble la conception que vous avez du mot *non*.

Vous n'avez probablement jamais réfléchi à cela et bien peu de gens le font. Mais il n'est jamais trop tard pour bien le faire, c'est-à-dire en poursuivant votre lecture et en essayant d'aller au fond des choses. Car je vais vous prouver qu'un *non* peut être bénéfique, et non pas nuisible: je vais vous démontrer que les réponses dictées par la peur que vous aviez de ce mot quand vous étiez enfant ne peuvent plus vous conduire qu'à un cul-de-sac à présent que vous êtes adulte. Je vous apprendrai à l'instant à rejeter ce comportement primitif réactionnel et à lui substituer un nouveau comportement, positif cette fois, qui vous sortira de ce cul-de-sac et vous ouvrira la voie de toutes les réussites.

Repensez à votre enfance, et souvenez-vous des moments où vos parents se laissaient eux aussi emmener vers leurs zones de danger.

Bien entendu cela se produisait, quand par exemple surgissait entre votre père et votre mère une divergence sans grande signification en soi, mais qui se mettait à enfler jusqu'à déchaîner un bruyant orage déclaré. On l'a déjà dit: quand on entre dans la zone dangereuse, on n'a plus d'autre choix que la débandade ou l'ouverture des hostilités. Et si la dispute en question se produisait le matin d'un jour de semaine, c'est votre père qui finissait probablement par sortir pour partir au travail. Autrement dit, c'est votre père qui battait en retraite.

Votre mère, elle, restait à la maison. C'est donc elle qui ouvrait les hostilités. On vous avait pourtant bien dit de ne pas toucher à la casserole, mais voilà qu'en entrant dans la cuisine elle vous y trouve, vous, effronté comme je vous connais, en train de vous hisser sur la pointe des pieds pour essayer de tremper le doigt dans la sauce.

On peut bien entendu imaginer que votre mère vous tenait alors le langage suivant: "Viens, mon p'tit Coeur. Viens t'asseoir sur les genoux de maman. Oh! qu'on l'aime, son p'tit Coeur chéri. On l'aime tellement qu'on ne voudrait surtout pas qu'il se fasse bobo avec la casserole. Tu comprends? Tu vas te brûler si tu renverses la casserole. Mais à présent, mon p'tit Coeur, puisque tu ne veux pas comprendre ce que te dit maman, tu vas te tourner bien gentiment sur mes genoux, et je vais t'administrer sur les fesses quelque chose qui va t'aider à comprendre ce que te dit maman."

"J'ai dit *non*!" Et splatch!

Mais étant donné que dans ce genre de circonstances le temps et la patience nous font généralement défaut, j'aurais plutôt tendance à croire que votre mère sautait purement et simplement le premier paragraphe de la tirade et se contentait d'en articuler fermement la conclusion: "J'ai dit *non*!" Splatch.

Chacun de nous a connu des centaines de mésaventures semblables. S'ils n'étaient pas soumis à une discipline protectrice, bien peu d'enfants atteindraient l'âge adulte dans une société aussi mécanisée que la nôtre. C'est pourquoi, lorsque plus tard nous émergeons de l'enfance, il est bien ancré dans notre esprit que *non* est symbole de refus — et que le refus fait mal. *Non* est néfaste.

Puis on nous apprend plus tard à lire et à écrire. Nous avons déjà une vague idée de ce qu'est la pression du groupe pour l'avoir ressentie au sein de la famille mais, avec la petite école, cette pression devient féroce. Elle exige de chacun qu'il soit semblable aux autres. Si tout le monde roule ses manches, mieux vaut rouler ses manches comme tout le monde. Si la vogue est aux ceintures étroites, portons des ceintures étroites. La nouvelle coqueluche de l'école est une nouvelle marque de chaussures, une nouvelle coupe de pantalons? Allons-y pour porter ce qui se porte, si on veut être accepté par ses semblables. Vous vous souvenez?

Ma mère — j'ai une mère merveilleuse — avait un faible pour ce qu'autrefois on appelait des porte-à-dîner, et aujourd'hui des boîtes à lunch. Il est possible qu'à l'école j'aie été celui qui était le mieux habillé, mais ce dont je suis certain, c'est que c'était moi qui possédait la plus belle boîte à lunch. Nous déménagions fréquemment à cette époque et c'est dans une nouvelle école que j'entrai dans ma cinquième année d'études. J'arrivai donc, le jour de la rentrée, en balançant ostensiblement la boîte à lunch dont j'étais si fier, ce qui me désigna immédiatement à l'attention générale: "Hé! les gars, vous avez vu ce crétin, le nouveau, avec sa boîte à lunch? Ha! ha! ha!" Les boîtes à lunch étaient passées de mode et le grand chic, désormais, c'était d'avoir un sac brun.

Bien entendu, je voulais qu'on m'accepte. Bien entendu aussi, je ne voulais pas faire de peine à ma mère. Alors je partais le matin avec ma somptueuse boîte à lunch, que je m'empressais de cacher derrière un buisson du jardin, où je reprenais le sac brun dans lequel j'enfouissais mes sandwiches pour aller à l'école. Tout allait donc pour le mieux: pas de réprimandes à la maison ni de rejet en classe. Tout le monde y trouvait son compte.

Nous aimerions tous que les choses puissent toujours s'arranger aussi simplement. Mais malheureusement, dans le domaine de la vente, on ne peut contenter tout le monde et son père. Et il arrivera qu'un prospect ou un client se défoulera sur vous de ses propres angoisses, parce que quelqu'un ou quelque chose l'aura poussé dans sa zone de danger juste avant votre visite. Et il arrivera aussi que ce jour-là, il ne battra pas en retraite, mais vous attendra de pied ferme. Si bien que c'est sur vous qu'il libérera le flot de son hostilité et son angoisse. C'est un aspect du métier de vendeur dont on n'entend pas parler souvent, et pourtant ces situations peuvent devenir favorables si on les utilise à son propre avantage. Bien sûr le vendeur moyen ne voit pas très bien comment il pourrait s'y prendre pour renverser à son profit des situations de ce genre, puisqu'il est ainsi acculé dans sa propre zone de danger et qu'une fois là, il ne lui reste plus qu'à fuir — et à perdre sa vente — ou à manifester lui aussi son hostilité — et à perdre tout de même sa vente. Dans un cas comme dans l'autre, voilà sa journée compromise et gâchée. Encore heureux si le préjudice ne gâche qu'une seule de ses journées. Bien des vendeurs pourtant fort capables ont ainsi abandonné la vente, faute de pouvoir endurer des épreuves de ce genre.

Si un client explose sous un prétexte insignifiant, ou bien s'il vous mène la vie rude sans raison apparente, c'est que quelqu'un l'aura entraîné dans sa zone de danger, mais ce n'est pas vous. Il a donc besoin de faire retomber sa hargne sur un souffre-douleur, faute de pouvoir le faire sur le méchant qui l'a mis dans tous ses états.

À vous de renverser le rôle du méchant qu'il vous attribue, et de sauter sur l'occasion de jouer celui du bon. C'est toujours le bon qui finit par gagner. Je vais donc vous expliquer dans un moment comment vous y prendre.

Quand un vendeur ordinaire se trouve soudain confronté à un client qui lui témoigne de l'hostilité, il ressent généralement de l'angoisse à l'idée de perdre sa dignité. Alors il élève à son tour la voix avant d'éclater — s'il ne peut s'en empêcher — ou bien il se retire dignement et en silence — si c'est ainsi qu'il estime devoir réagir. Mais dans les deux cas il peut tirer un trait sur cette vente possible.

Le champion, lui, considère la situation sous un jour très différent. Il comprend d'emblée que son prospect passe par un moment pénible, qu'il serait non productif de répliquer à l'hostilité par plus d'hostilité encore, et que ce n'est pas à ce niveau-là que se situe sa propre dignité. En tant qu'être humain, il aimerait bien sûr pouvoir soulager son prospect de ce qui le tourmente; mais en tant qu'homme d'affaires, il sait qu'il ne doit pas tenir compte de l'état émotionnel de son interlocuteur s'il veut aller de l'avant.

Aussi va-t-il, pour l'emporter, se mettre dans le rôle du bon. Il va donc garder tout son calme, écouter attentivement ce qui se dit, et aller droit au vif du sujet dès qu'il en aura l'occasion:

"J'ai l'impression, M. Prospect, que vous êtes beaucoup plus préoccupé par quelque chose qui n'a rien à voir avec moi ou avec la maison que je représente, que par ce dont nous discutons. (Il enchaîne immédiatement:) Je sais ce qu'on éprouve dans des cas semblables. Pourquoi ne pas vous servir de moi pour laisser déborder votre trop-plein? Je pense que cela simplifierait les choses pour vous comme pour moi. Il suffit parfois de confier à un autre ce qu'on a sur le coeur pour se sentir soulagé et y voir un peu plus clair, surtout s'il s'agit de quelqu'un qui est étranger à toute l'affaire. Vous pouvez me dire ce qui ne va pas?"

Exprimez-vous avec clarté, sans vous presser. En règle générale, votre interlocuteur bougonnera, démentira la possibilité qu'il ait le moindre ennui, ou fera comme s'il n'avait rien entendu. Mais peu à peu, si vous savez faire preuve d'une réelle compréhension, il se détendra et se mettra à parler de ce qui le préoccupe. Au point qu'une fois lancé, il consacrera probablement la totalité de l'entretien à tout vous dire de son histoire. Mais qu'importe, puisque ce sera de lui-même qu'il vous tendra bientôt la perche, en utilisant une formule de ce genre: "Bon, cessons de parler de mes histoires personnelles et revenons à nos moutons. Qu'avez-vous à me vendre au juste?"

Vous le lui direz.

"Cela va me coûter combien, votre affaire?"

Vous le lui direz.

"Bon. Trêve de plaisanteries. Venons-en au fait. Vous connaissez nos exigences de production. Est-ce que votre machine peut les satisfaire?"

Vous lui direz que votre machine peut satisfaire à ses exigences de production. Parce que c'est la vérité. Sans quoi, vous ne seriez pas là.

"D'accord, je vous signe un bon de commande. Repassez me voir quand vous serez dans le secteur. Je pourrais bien avoir un bon tuyau à vous donner."

Un champion sait aussi en quelles occasions la meilleure présentation consiste encore à ne pas en faire.

Comment renverser les effets négatifs d'un refus

Nul vendeur ne niera que la capacité de surmonter les fâcheux effets du refus ou de la rebuffade est primordiale dans ce domaine de la vente, où nous avons choisi de faire carrière. D'où l'importance de pouvoir disposer d'un ensemble de tactiques qui nous permettent d'y réussir à tout coup. En voici la formule.

Si vous vous efforcez d'appliquer cette formule dès que vous vous heurtez à un refus, ce sera un sentiment de bien-être — et non de malaise — que vous éprouverez. Je devine déjà vos réticences. À votre guise. Libre à vous de ne pas appliquer ma formule si vous êtes capable de surmonter de vous-même les refus qu'on vous oppose à répétition, et de conclure vos ventes quand même. Mais si tel n'est pas le cas, cette formule vous sera bien nécessaire. Utilisez donc les rebuffades au lieu de les combattre. Et utilisez-les à fond. Vous constaterez vite que c'est la poussée d'une fusée qui s'exerce sur votre rendement.

Première étape. Elle consiste à évaluer le manque à gagner qui résulte pour vous de chacun des refus que vous essuyez. Il ne m'appartient pas de faire cette évaluation à votre place, étant donné que ce livre traite de tous les types de vente, et que d'autre part la valeur de l'argent varie avec le temps. Mais disons tout de même à titre d'exemple que chacune de vos ventes fermes vous rapporte cent dollars.

1 VENTE = 100$

Deuxième étape. C'est en pourcentage des ventes conclues que raisonne le champion. En tant que vendeur de métier, vous savez donc par expérience combien de clients éventuels vous devez rencontrer en moyenne pour conclure une vente. Rien de plus simple que de calculer ce pourcentage (combien de ventes fermes pour 100 tentatives de vente). Rien de plus instructif non plus, puisque toute chute de ce pourcentage est un signal d'alarme indiquant que votre rendement baisse et risque de baisser encore. Nous examinerons cette question plus loin. Pour l'instant, imaginons que, pour conclure une vente, il vous faille établir le contact avec dix personnes. Imaginons, autrement dit, que votre rapport contacts/ventes soit de 10 contre 1.

Le but que recherchent les champions de la vente est bien entendu de réduire ce rapport. Mais, pour la commodité de l'explication, 10 contre 1 me semble représenter une moyenne raisonnable et représentative de la plupart des types de vente. C'est donc ce rapport que nous retiendrons en guise d'exemple. Voyons comment les choses se passent:

1 VENTE = 100$
10 CONTACTS = 1 VENTE
DONC:
1 CONTACT = 10$

En raisonnant ainsi, ce n'est plus "à la vente" que vous êtes payé, mais "au contact".

Ce n'est pas là une façon curieuse et absurde de considérer la vente, car c'est ainsi qu'en réalité les choses se passent: pour réussir une vente, vous devez établir dix contacts. Pas de contacts, pas de ventes. Et pas de rentrées d'argent non plus. Vos gains ne sont pas déterminés par vos ventes, mais par vos contacts. Si vous admettez ce raisonnement, il vous faut aussi cesser de vous convaincre que ce sont vos ventes fermes qui vous rapportent 100 dollars, et vos contacts sans vente qui ne vous rapportent rien. Ce n'est pas seulement là un point de vue défaitiste, c'est également une contre-vérité. Ne cherchez surtout pas à couper les cheveux en quatre: toute la différence entre le champion et le vendeur ordinaire tient à leur façon respective de considérer ces choses.

Faites donc comme les champions: conditionnez-vous mentalement pour adopter une mentalité de champion. Et pénétrez-vous du raisonnement qui précède. Peut-être votre moyenne personnelle est-elle de douze contacts pour une vente ferme, et votre revenu par vente ferme, de 240 dollars. Si c'est le cas, alors dites-vous désormais que chacune des approches que vous ferez et qui aura abouti à un refus vous rapporte 20 dollars. C'est ainsi qu'il faut évaluer votre valeur au comptant. C'est ainsi, chaque fois que vous serez sur le point d'établir un nouveau contact ou chaque fois que vous viendrez d'essuyer un refus, qu'il faut vous conditionner mentalement en vous disant que cela va vous rapporter tant, ou vient de vous rapporter tant. La rentabilité du procédé parle d'elle-même: la prospection vous semblera d'autant plus facile qu'il vous sera moins pénible d'établir de nouveaux contacts — téléphoniques entre autres — et ces contacts seront de meilleure qualité du fait que vous vous sentirez beaucoup plus détendu. C'est seulement plus tard que vous réaliserez que cette façon de procéder vous plaît et que vous tournez à plein rendement. Et ce seront cinq, dix, vingt appels que vous ferez dans le même temps qu'il vous fallait pour contempler le mur d'en face en vous demandant ce que vous pourriez bien inventer pour ne pas avoir à décrocher le téléphone. Votre chiffre d'affaires montera en flèche. Et vous y trouverez de l'agrément. Parce qu'il est toujours agréable de gagner.

Plutôt stimulant, non?

Chaque fois qu'on vous dira non, vous empocherez une somme d'argent déterminée: celle que représente pour vous la valeur au comptant de chaque refus. C'est alors que vous vous rendrez compte que *non* a du bon, puisque ce mot sera devenu pour vous synonyme de revenu fixe.

Car c'est vrai que *non* a du bon. *Non*, ce n'est pas seulement la rude fessée de l'enfance qui se répercute en angoisses à l'âge adulte. Ces innombrables *non* qu'on vous oppose, c'est au contraire la preuve que vous vous êtes placé sur la bonne orbite, que vous gagnez de l'argent, et que vous foncez vers votre objectif. Viendra un temps où le mot *non* vous semblera mélodieux.

Réfléchissez intensément à cette valeur au comptant de chaque refus, et vous n'aurez de cesse qu'on ne vous en oppose de nouveaux. Je l'ai déjà dit: c'est la façon de réagir devant certaines données constantes comme le refus, qui différencie le champion du vendeur sans ambition. Si vous voulez que chacun des refus que vous essuierez vous rapporte 10 dollars, songez qu'il vous suffit d'une poignée de clients pour en gagner deux ou trois cents, simplement parce qu'ils vous auront écouté parler dans le vide. Je dis des bêtises? Au fait, où en étais-je?

Oui, voilà. À ceci: c'est en modifiant votre façon de considérer le refus que vous amorcerez l'escalade qui aboutit à la réussite. Et pourtant je sais parfaitement que certains d'entre vous, du fait de l'éducation qu'ils ont reçue, sont pétrifiés à l'idée d'être rejetés. Quelle réponse apporter dans un cas semblable? Celle qui a déjà été faite dans les pages qui précèdent:

Faites ce qui vous fait le plus peur, et vous dominerez vos peurs.

Si vous vous contraignez à surmonter les refus, si, les ayant éprouvés, vous réussissez à les surmonter une fois, à les surmonter deux fois, à les surmonter trois fois, vous vous rendrez compte qu'après tout ce n'était pas si terrible. Tenez bon, c'est que vous êtes en train de fortifier votre capacité de vous en accommoder. Et puis, un beau matin, vous découvrirez que ces refus qu'on vous oppose, c'est à présent sans mal que vous les surmonterez. Alors vous vous demanderez pourquoi jadis vous avez laissé la peur d'être rejeté vous paralyser et vous empêcher de foncer vers votre objectif.

Cinq règles de conduite face au refus

C'est d'un peu partout au Canada et aux États-Unis que je reçois des lettres traitant de ce point particulier, et que m'envoient des vendeurs qui ont participé à mes séminaires avant de devenir des champions. Ces lettres expriment toutes la même chose:

"Tommy, j'ai suivi vos conseils et j'ai assimilé à fond vos "Cinq règles de conduite face au refus". C'est ce qui m'a permis de surmonter un grand nombre de moments pénibles, de conflits intérieurs, de problèmes et de contraintes. Et c'est ce qui me permet de toujours continuer à aller de l'avant."

C'est cet état d'esprit qui sera le vôtre *si vous faites l'effort d'assimiler vous aussi ces concepts*. Vous contenter de les lire à la va-vite et vous empresser de les mettre en application ne vous servirait strictement à rien. Pour les assimiler vraiment, vous devez vous en souvenir mot à mot. Chaque fois que vous éprouverez le besoin de faire appel à eux — et chaque fois que vous aurez la volonté de les mettre à exécution — ces concepts seront immédiatement disponibles, immédiatement prêts à bouleverser de fond en comble votre attitude face aux refus et rebuffades de vos clients, et à répandre la bonne semence partout où prolifère l'ivraie de l'échec.

Copiez-les sur des feuilles séparées. Lisez-les à haute voix. Apprenez-les par coeur. CES CINQ RÈGLES DE CONDUITE

FACE AU REFUS, VOUS DEVEZ LES CONNAÎTRE MOT À MOT. Afin de les renforcer et de les faire retentir plus intensément sur vos émotions, j'ai formulé chacune d'elles selon trois versions différentes. Choisissez celle de ces trois versions (A, B ou C) qui vous semble le mieux s'accorder à votre tempérament. Apprenez ensuite par coeur les cinq versions que vous aurez sélectionnées, et qui chacune exprime ce que doit être votre attitude devant toute situation qui ne se traduit pas pour vous par un succès professionnel. (Substituez *échec* à *refus* partout où ce mot vous semble mieux décrire ce que vous ressentez.)

Première règle de conduite face au refus

(A) **Pour moi, un échec n'est jamais un échec. C'est une expérience enrichissante.**

(B) **Pour moi, un insuccès ne comporte aucune part d'échec. Il est une expérience enrichissante.**

(C) **Tout insuccès est pour moi une expérience enrichissante.**

Deuxième règle de conduite face au refus

(A) **Pour moi, un échec n'est jamais un échec. C'est un feedback négatif grâce auquel je peux modifier ma tactique.**

(B) **Pour moi, un insuccès ne comporte aucune part d'échec, je le considère simplement comme une leçon à étudier, pour modifier ma tactique.**

(C) **Je découvre dans chaque insuccès des données utiles pour corriger ma course.**

Troisième règle de conduite face au refus

(A) **Pour moi, un échec n'est jamais un échec, mais simplement une occasion d'exercer mon sens de l'humour.**

(B) **Pour moi, un insuccès ne comporte aucune part d'échec. Il est une occasion d'exercer mon sens de l'humour.**

(C) **Je perçois immédiatement le côté comique de tout insuccès.**

Quatrième règle de conduite face au refus

(A) **Pour moi, un échec n'est jamais un échec, mais simplement une occasion de perfectionner ma technique et d'améliorer mon rendement.**

(B) **Pour moi, un insuccès ne comporte aucune part d'échec. Il est au contraire une occasion de perfectionner ma technique et d'améliorer mon rendement.**

(C) **J'apprécie à sa valeur l'occasion que me donne chaque insuccès de perfectionner ma technique et d'améliorer mon rendement.**

Cinquième règle de conduite face au refus

(A) **Pour moi, un échec n'est jamais un échec. C'est la première manche d'une partie qu'il faut que je gagne.**

(B) **Pour moi, un insuccès ne comporte aucune part d'échec, c'est la première manche d'une partie qu'il faut que je gagne.**

(C) **Je considère toujours l'insuccès comme une manche inévitable d'une partie qu'il faut que je gagne.**

À présent, examinons en détail et point par point ces "Cinq règles de conduite face au refus", dont l'objet est de renforcer au maximum notre capacité de refuser nous-mêmes de nous tenir pour battus.

1. Si on vous envoie sur les roses tandis que vous faites de la prospection, si vous faites une présentation ou une démonstration de votre service ou produit sans réussir à conclure la vente, ou si au contraire votre vente est conclue mais qu'en dernière minute un petit incident de parcours — comme par exemple une intervention d'un de vos supérieurs — vienne tout compromettre, qu'en aurez-vous retiré?

Quelque chose d'une valeur irremplaçable: une leçon de vente pratique et axée directement sur ce que vous vendez — produit ou service — en un moment précis et en un lieu précis, sur la situation de l'économie et de la consommation en tel ou tel mois, et sur votre secteur en général. Ne dédaignez pas cette leçon: vous l'avez déjà payée d'une vente manquée.

Il faudra parfois bien des efforts pour tirer quelque enseignement de ces leçons qui, dans certains cas, parlent pourtant d'elles-mêmes. Sachez toujours trouver le temps et l'énergie d'analyser les faits et d'apprendre ces leçons qui vous auront coûté une vente. Inutile alors de vous vriller les mains de désespoir en vous demandant: "Qu'est-ce que j'ai encore fait qui n'était pas correct? Pourquoi ai-je perdu cette vente?"

Il a fallu une somme formidable d'efforts intellectuels et matériels pour inventer l'ampoule électrique. Le plus compliqué était de mettre au point un filament qui soit capable de résister à l'incandescence pendant une durée raisonnable. Avant de résoudre ce problème, Thomas Edison avait fait environ un millier de tentatives improductives, qu'il avait toutes consignées par écrit, mais qui jamais n'avaient abouti à un prototype d'ampoule. Pourtant il s'était obstiné et avait finalement réussi à mettre au point des filaments capables de produire de la lumière pendant une heure, puis pendant une journée, puis pendant une semaine. Et c'est ainsi que nous fut prodiguée cette invention qui devait plus que toute autre nous faciliter l'existence.

On demanda un jour à Edison ce qu'il avait ressenti en accumulant ces échecs répétés plus d'un millier de fois.

"Je n'ai *pas* échoué un millier de fois, répondit-il. J'ai appris de mille façons pourquoi ça ne pouvait pas fonctionner." Étonnante réponse, non? C'est exactement ainsi qu'il faut considérer les choses. C'est exactement ainsi que les considèrent les champions de la vente — je parle de ceux qui se situent dans la catégorie supérieure de revenus — en sachant modifier leurs habitudes d'esprit et surmonter les contraintes et les angoisses qui démoralisent la plupart des autres.

Chaque fois que, d'une manière quelconque, vous essuierez un refus de votre clientèle, dites-vous ceci:

Pour moi, un échec n'est pas un échec. C'est une expérience enrichissante.

2. Il arrive qu'un feedback nous aide à nous ressaisir quand les choses sont mal engagées. Nous avons tous eu affaire à des clients qui se laissaient immédiatement séduire par tout ce qu'on pouvait leur montrer: "Oh! celui-ci me plaît bien. Et celle-ci! Elle est sensationnelle. Vous avez vu celui-là? Il est vraiment superbe." Jamais ces gens-là ne vous font la moindre objection ni ne vous sti-

mulent en retour par un feedback négatif. Mais il est quasiment impossible de les amener à conclure un achat. On s'était imaginé qu'ils allaient acheter tout l'étalage. Ils sont ressortis les mains vides.

Chaque matin, nous nous promettons d'observer au cours de la journée à venir telle ou telle attitude face aux refus que vont nous opposer nos clients. Si nous les prenons trop à coeur, ces refus vont gâcher l'air que nous respirons. Mais nous pouvons aussi bien décider de ne pas les laisser nous assombrir nos journées et de continuer à aller de l'avant. À vous de choisir une attitude plutôt qu'une autre. Pour ma part, mon choix est fait.

Au cours de mes séminaires, j'use volontiers d'une allégorie qui, je crois, facilite bien la compréhension. Elle s'inspire des torpilles sous-marines dites à tête chercheuse. Après la mise à feu à bord du sous-marin, un dispositif situé dans la tête de l'engin guide infailliblement celui-ci vers sa cible, quels que soient les détours et zigzags qu'il doit faire pour l'atteindre.

Supposons que je sois la torpille. Ma cible est là. On procède à la mise à feu à bord du sous-marin et on me catapulte dans les profondeurs. Mais ma trajectoire n'est pas la bonne. Le dispositif de ma tête chercheuse m'en avertit immédiatement: "Non. Pas par là. Merci."

Le virage que je prends est trop accentué et ma nouvelle direction n'est toujours pas la bonne. Le dispositif m'avertit encore: "Non. Pas par là. Merci." Je n'arrête pas de changer de cap chaque fois qu'on me rabroue par un refus. Et soudain, ça y est, je l'ai: voilà la cible. Droit devant. J'ai atteint mon objectif. Boum! Terrible explosion. Adieu objectif.

Qu'arriverait-il si la torpille était d'humeur susceptible et si elle se vexait quand on la contrarie? Quelle serait alors son attitude?

Elle rentrerait chez elle.

Et dans ce cas le scénario serait le suivant: mise à feu.

"Pas la bonne route, torpille!"

"Je ne peux pas en supporter davantage, ferait la torpille. Je retourne chez moi."

À bord du sous-marin quelqu'un hurlerait: "Malheur! En voilà une qui s'est vexée et qui revient." Boum! Explosion. Adieu sous-marin.

Quand nous avons étudié les comportements propres au métier de la vente, nous avons vu qu'ils se ramenaient à différents modèles. Et parmi ces modèles de comportement, nous avons évoqué celui des vendeurs qui se laissent entraîner dans leur zone de danger parce qu'ils sont incapables de surmonter les refus qu'on leur oppose, refus qui sont pourtant inhérents à leur type d'activité. Quand un cas semblable se présente, où ces vendeurs se mettent-ils à passer le plus communément leur temps?

Chez eux.

Beaucoup de gens dont le métier est de vendre à l'extérieur se réfugient chez eux ou y reviennent de très bonne heure, ou encore s'attablent en plein milieu de la journée pour prendre un repas qu'ils font durer trois heures, tout cela pour se soustraire à l'éventualité de pénibles refus.

Comme la torpille qui ne supportait pas qu'on la contrarie et qui allait exploser dans le sous-marin. Exactement comme certains vendeurs qui, n'en pouvant plus, explosent dans le magasin. Boum! Adieu mon emploi.

La torpille aurait pu tout aussi bien décider de faire des ronds dans l'eau. C'est aussi ce que font d'autres vendeurs, et dans toutes les branches d'activités: "Je pense que je vais aller faire un petit tour à côté, histoire de me calmer les nerfs. Pas la moindre envie de parler à un client aujourd'hui. Tiens, qu'est-ce qui lui prend à celui-là? On dirait que cet entêté s'intéresse au modèle 360. Ouf! Heureusement il regarde ailleurs. Sauvé! Je ferais mieux de disparaître tout de suite, avant qu'il ne me repère."

Pourquoi cette attitude? Parce que la perspective d'essuyer un nouveau refus est plus que l'intéressé n'en peut supporter.

Alors que, si c'est un champion qui se trouve en présence d'un client capable de mettre en déroute un vendeur médiocre, il va, lui, faire preuve d'initiative et adopter l'attitude suivante: "Allez-y, M. Lentêté. Videz-moi votre sac, ça ne me fait ni chaud ni froid, au contraire. Ce stimulus négatif me sera bien utile pour trouver le moyen positif de renverser vos objections. *Je veux conclure cette vente*!"

N'est-il pas en effet plus sensé de réagir de cette façon que d'aller se terrer dans un trou? Pourquoi se laisser abattre par un refus? Pourquoi bloquer l'effet stimulant d'un feedback négatif? D'un feedback négatif que vous devriez au contraire bénir? Exploitez-le, changez de cap et touchez votre cible — celle-là ou une autre.

Car ce qui est stimulant, c'est de savoir qu'on ne se laisse pas démonter, qu'on a bien décidé de prendre en charge sa carrière et qu'on gardera le sourire aux lèvres, quand bien même on encaisserait neuf refus consécutifs:

Pour moi, un échec n'est jamais un échec. C'est un feedback négatif grâce auquel je peux modifier ma tactique.

3. Cette règle de conduite compte parmi celles que je préfère, et je crois l'avoir suivie plus souvent que toute autre. Tandis que j'écrivais ce livre, j'étais fort occupé par le séminaire d'envergure nationale que mon organisation (Tom Hopkins Champions Unlimited) a mis sur pied et développé. Du fait que les programmes de nos nouveaux séminaires sont fortement axés sur l'intelligence et les émotions, des psychologues hautement qualifiés ont été intégrés à notre équipe pour renouveler la substance de notre enseignement. De l'avis unanime de ces spécialistes, c'est cette troisième règle de conduite dont nous parlons ici qui stimule le mieux le mécanisme de la vente.

Vous est-il arrivé d'être traumatisé par des clients qui vous ont purement et simplement éjecté? Quand une chose pareille se produit, on se sent après coup si mal à l'aise qu'on n'ose tout simplement plus les rappeler. On en garde l'impression d'être broyé, au point de ne même plus pouvoir entendre prononcer leurs noms.

Mais qu'arrive-t-il au bout de trois semaines?

Vous riez de ce qui vous est arrivé. Vous en parlez même en plaisantant autour de vous: "T'aurais vu ça! Tu parles d'un plongeon! J'étais venu pour voir Untel et Untel et alors..."

Oui, trois semaines plus tard, votre éviction vous semble comique. Tout ce qui vous a blessé sur le moment se volatilise sitôt que vous êtes capable de raconter en riant votre désastreuse mésaventure. Mais jusque-là c'est vous qui êtes un vrai désastre. C'est vous qui rongez votre frein, car vos idées noires ont pris le dessus, votre enthousiasme s'est envolé et votre capacité d'endurer une bonne dose quotidienne de refus est au plus bas. Les semaines qui s'écoulent entre le désastre et le rire sont des semaines gâchées.

Ce n'est pourtant pas ainsi qu'il faut prendre la vie. Ne tardez pas tant à rire de ce qui vous a blessé, car le rire atténue le mal de l'angoisse. Et si n'importe quelle forme d'humour soulage, celle qui s'inspire de nos propres déconfitures et des raclées que nous avons avalées est assurément la meilleure pour chasser l'angoisse.

Tous les grands hommes que j'ai connus avaient un merveilleux sens de l'humour. Ils n'aimaient rien tant qu'observer le monde tel qu'il est: comme une inépuisable source de cocasseries. Il est sain de rire. Apprenez à rire davantage, mais sachez rire au bon moment.

Car si un client qui vient tout juste de vous acheter quelque chose vous rappelle pour vous dire: "Finalement j'ai réfléchi: j'ai décidé de faire machine arrière...", ce n'est peut-être pas le moment de vous tordre à n'en plus pouvoir, en pouffant de plus belle. Faites d'abord l'impossible pour sauver votre vente. Et si, malgré toutes vos tentatives, la situation est irrécupérable, vous aurez tout le temps de prendre ensuite les choses du bon côté.

Si vous débutez dans la profession et si vous prenez l'habitude de rire chaque fois que quelque chose va de travers, je vous garantis que vous aurez plus d'une occasion de vous amuser comme un petit fou. Mais pourquoi pas, après tout, si cette hilarité professionnelle ne vous empêche pas d'avoir dans l'intervalle un rendement professionnel? C'est du défaitisme que d'imaginer qu'on ne travaille bien que si le bât blesse.

Apprenez sans tarder à rire de vos malheurs. Je vous le répète: tout tient à cela. Au début, il vous faudra prendre sur vous-même pour rire de ce qui vous donnerait plutôt envie de pleurer. Mais là encore il s'agit d'une question d'habitude, et cette habitude dépendra de la conduite que vous aurez décidé d'adopter. Si vous avez l'intention bien arrêtée de prendre en charge votre vie, il vous sera facile de fortifier les habitudes d'esprit que vous voulez faire vôtres. Quand le succès vous boude, prenez toujours les choses par le bon côté et dites-vous:

Pour moi, un échec n'est jamais un échec, mais simplement une occasion d'exercer mon sens de l'humour.

4. Chaque fois que des clients à qui vous venez de faire une démonstration ou une présentation ne vous achètent rien, de quoi vous gratifient-ils, à défaut d'une commande ferme?

D'une occasion de vous perfectionner. Beaucoup d'entre nous ne comprennent pas toute l'importance de ce point particulier. Ceux dont le rendement serait très supérieur s'ils utilisaient à plein leurs capacités ont souvent tendance à dédaigner la pratique, alors que c'est ce qui explique en partie la faiblesse de leurs ventes. Si leur performance était exceptionnelle, leurs ventes pourraient-elles être autre chose que sensationnelles?

Car une performance exceptionnelle, c'est tout autre chose qu'un boniment de vendeur à la sauvette. Toute présentation, toute démonstration ne peuvent être que médiocres si elles ne comportent pas une participation active du client, décidée et orientée sans à-coups par le vendeur. Cela exige de sa part une sérieuse pratique et une parfaite connaissance de ce qu'il a à vendre. Que vous ayez affaire à vos acheteurs éventuels dans une salle d'exposition, à leur domicile ou dans un magasin, dans leur bureau ou autre part, chaque fois que quelqu'un vous dira *non*, au moins vous aura-t-il donné l'occasion de vous dire après avoir pris congé:

> ***Pour moi, un échec n'est jamais un échec, mais simplement une occasion de perfectionner ma technique et d'améliorer mon rendement.***

Chaque fois qu'on vous opposera un refus, débarrassez-vous de vos réactions négatives et concentrez-vous sur ce qui est positif. Puis, allez de l'avant. C'est une habitude qui s'acquiert. Acquérez-la vous aussi.

5. La vente est un jeu qui est soumis à la loi des grands nombres: plus on y joue, plus les chances de gagner augmentent. J'ai découvert avec le temps que c'est la seule loi qui régit les réseaux de vente: ceux qui ne craignent pas d'essuyer des échecs en multipliant leurs contacts, gagnent beaucoup plus d'argent que ceux qui prennent moins de risques d'échec. Cela étant admis, la seule chose à faire est d'accepter que la réussite prélève sur nous sa part d'échecs. Aussi, quand vos efforts n'aboutiront qu'à de l'insuccès faut-il vous dire:

> ***Pour moi, un échec n'est jamais un échec. C'est la première manche d'une partie qu'il faut que je gagne.***

Vous connaissez tous des joueurs, vedettes du hockey ou du football, qui au cours d'une saison marquent un nombre extraordinaire de buts. Cependant, songez que sur trois tentatives, ils arriveront, au plus, de marquer le but deux fois. Soixante-six pour cent de réussite. C'est sur de tels exploits qu'on bâtit les légendes. Sur ces soixante-six pour cent.

Le credo du champion

C'est sur lui que repose toute la philosophie de mes séminaires. C'est lui qui nous motive, mes collaborateurs et moi, et aussi les vendeurs que nous avons le privilège de former.

> ***Ce n'est pas sur le nombre de mes échecs qu'il faut me juger, mais sur le pourcentage de mes succès par rapport au nombre de fois où j'ai échoué sans renoncer.***

Ne vous contentez pas de simplement lire les lignes de ce credo. Étudiez-les. Laissez-les cheminer en vous, afin de modifier votre façon de considérer tout résultat qui, pour vous, ne représente pas une victoire totale. Ce credo, j'aimerais profondément que vous l'appreniez mot à mot. Posez ce livre et recopiez-le sur la première feuille de papier qui vous tombera sous la main. Inspirez-vous de lui et des "Cinq règles de conduite face au refus" que nous venons de voir, et incrustez-les dans vos pensées. Traduisez-les concrètement dans vos présentations et vos revenus feront un bond en avant. Je crois du fond du coeur que si les champions sont ce qu'ils sont, c'est parce qu'ils ont su nourrir leur dynamisme en surmontant plus d'échecs que les autres.

Revoyez une fois de plus les "Cinq règles de conduite face au refus" et mobilisez-les chaque fois qu'une nouvelle initiative ne vous conduit pas à une réussite totale.

1. **Pour moi, un échec n'est jamais un échec. C'est une expérience enrichissante.**
2. **Pour moi, un échec n'est jamais un échec. C'est un feedback négatif grâce auquel je peux modifier ma tactique.**
3. **Pour moi, un échec n'est jamais un échec, mais simplement une occasion d'exercer mon sens de l'humour.**
4. **Pour moi, un échec n'est jamais un échec, mais simplement une occasion de perfectionner ma technique et d'améliorer mon rendement.**
5. **Pour moi, un échec n'est jamais un échec. C'est la première manche d'une partie qu'il faut que je gagne.**

Chapitre 7

Prospection directe et prospection par recommandation

Combien de vos collègues vendeurs ou représentants passent le plus clair de leur temps échoués comme des baleines sur leur propre inertie? Je fais allusion ici à ceux qui font des remarques de ce genre:

"Qui vais-je appeler à présent?"

"Qu'est-ce que je vais bien pouvoir faire aujourd'hui?"

"S'il pouvait enfin arriver un client décidé!"

"J'aimerais bien qu'on nous donne des directives un peu plus précises."

"Cette publicité est ridicule. Comment veulent-ils qu'on fasse de la prospection sans le support d'une bonne publicité? S'ils s'imaginent qu'ils vont attirer les clients avec une annonce pareille!"

C'est triste à dire, mais la moyenne des vendeurs ne croient tout simplement pas que les gens eux-mêmes sont la clé qui, dans la vente, ouvre toutes les portes. "Tout marche sur des roulettes une fois qu'on les connaît", se contente-t-on d'affirmer en parlant des clients, sans même réaliser que les clients sont des gens comme les autres, qui ne refusent pas de se laisser approcher.

Servez-vous donc du téléphone. Servez-vous de votre voiture et rendez-vous là où se trouvent les gens qui ont besoin de votre produit ou de votre service. Et si vous ne savez pas qui appeler exactement, servez-vous encore du téléphone — ou de vos jambes — pour aller chercher les informations qui vous manquent à l'extérieur, là ou elles sont.

J'ai récemment organisé un séminaire de vente intensif de trois jours consécutifs. À la fin, j'étais émotionnellement et physiquement épuisé. Au moment où le dernier participant quitta la salle, un monsieur portant la soixantaine avancée vint me trouver pour me dire qu'il faisait de la vente depuis bientôt quarante ans. J'avais déjà remarqué qu'il n'avait cessé de prendre des notes pendant les séances, et je fus impressionné de constater que, quelle que soit l'expérience professionnelle qu'ils puissent avoir acquise, il y a des gens encore assez désireux de se tenir au courant, pour venir s'entraîner à de nouvelles méthodes.

"J'ai beaucoup aimé votre séminaire, M. Hopkins, me dit ce monsieur. Mais n'auriez-vous pas pu l'écourter?"

"Vous l'avez trouvé trop long?"

"Pas le moins du monde. Et j'ai beaucoup appris au contraire. Mais il ne vous aurait pas fallu plus de deux minutes pour révéler à l'assistance le secret qui garantit la réussite."

Il fit un ample mouvement du bras et reprit:

"Voyez-vous, après avoir passé quarante ans de ma vie à faire ce métier, je connais le secret de la réussite."

"Un instant, lui dis-je. Vous avez bien dit: *le* secret? Écoutez, je consacre ma vie à aider les gens qui vendent. Alors, vous pourriez peut-être partager ce secret avec moi...?"

Il me contempla pendant un instant:

"C'est bien ce que j'ai l'intention de faire", dit-il.

Il flottait dans l'atmosphère une certaine charge d'impatience vive — pour ne pas dire de respect — tandis que le grand maître de la vente se dirigeait vers le tableau pour y tracer au crayon feutre cette figure:

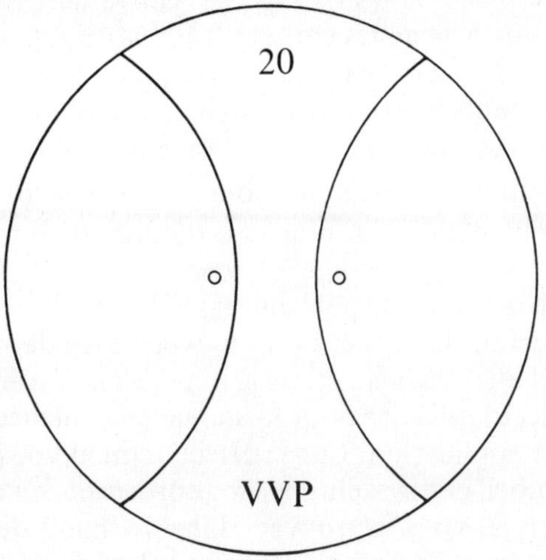

"Voilà", affirma-t-il de façon concluante.

Je regardais fixement le dessin. La surcharge de respect atmosphérique avait notablement décru. Je jetai un regard vers la salle pour m'assurer que je n'étais pas seul avec l'hurluberlu. Mais j'étais seul. Je m'efforçai de lui faire un sourire aimable:

"Voilà donc le grand secret... euh...?" fis-je.

"Exactement, confirma-t-il. Chaque mois vous parlez devant des milliers d'individus qui se battent pour réussir dans la vente, n'est-ce pas?"

"Oui, lui dis-je, mais une grande proportion de mes auditeurs se situe déjà dans la tranche de succès échelonnée entre "bon" et "très bon". S'ils viennent à mes séminaires, c'est qu'ils veulent s'améliorer encore et passer dans la catégorie "excellent".

"Naturellement. Je suis moi-même dans cette carégorie. Et vous nous enseignez une profusion de techniques fort utiles. Mais le fait est que ces techniques ne sont rien en elles-mêmes si on ne les utilise pas. Si vous pouviez faire admettre ce point particulier, vous rempliriez le but que vous vous proposez d'atteindre, qui est d'aider tous ceux qui vous écoutent à réussir pleinement dans la vente.

"Bien sûr, mais..."

Il pointa un index dans ma direction:

"Tom, si vous réussissez à les convaincre d'user de mon secret, aucun obstacle ne les empêchera plus de gagner énormément d'argent."

Dans ses mains fleurissaient des liasses imaginaires.

"Le secret, le voici:

"Voyez Vingt Personnes par jour, *ventre à ventre**."

L'atmosphère s'était à nouveau tendue. Il se frotta les mains et poursuivit:

"Persuadez-les. Ils ne peuvent pas échouer."

C'est pourtant la vérité, et mon expérience de vendeur m'en a convaincu moi aussi. Mais jamais je n'avais encore entendu énoncer formule de succès qui surpassât la sienne en évidence, en simplicité et en facilité d'application. Car si effectivement vous collez chaque jour votre nombril contre celui de vingt prospects ou clients, vous ne tarderez guère à vous retrouver dans le haut de l'échelle. Le secret, pour gagner davantage d'argent, c'est de *voir davantage de monde.*

Le plus curieux, c'est que, si très peu de vendeurs contrediront ce qui précède, bien peu aussi le traduisent toutefois en actes. Tous savent pourtant que pour réussir il est indispensable de multiplier les contacts. Et tous veulent réussir. Mais sans avoir à faire des démarches pour aller au-devant des gens. L'explication? Probablement cette vieille peur de l'échec dont nous avons parlé au chapitre précédent. Mais je suis sûr que désormais vous allez changer d'attitude, à présent que vous savez que toute nouvelle rebuffade est pour vous synonyme de rentrée d'argent.

Vous voilà donc prêt à appareiller pour aller voir des gens qui ont besoin de votre produit ou de votre service, vous voilà prêt à franchir cette autre porte qui conduit au succès et qu'on désigne sous le nom de prospection.

La vente consiste à repérer ceux à qui on va vendre, puis à vendre à ceux qu'on a repérés.

---

* *Belly to belly* dans le texte (c'est-à-dire: au corps à corps, de très près, nombril contre nombril), expression qu'on ne peut remplacer par aucune autre dans la traduction française, du fait que dans l'original américain elle explicite une construction géométrique qui symbolise deux abdomens prêts à entrer en contact l'un avec l'autre. N.d.T.

Élémentaire, non? C'est pourtant ce qu'est la vente. Et rien de plus. Cette formule vaut donc qu'on l'encadre et qu'on la mette à l'honneur. Comme la suivante d'ailleurs.

Calculez le pourcentage de vos réussites et efforcez-vous de l'améliorer

Toute affaire commerciale qui roule bien se sert du calcul proportionnel. Votre activité de vente, vous devez vous aussi la considérer comme une affaire commerciale et, en conséquence, vous devez vous aussi recourir au calcul proportionnel si vous voulez qu'elle aille bien. Et si cette perspective chatouille le complexe d'infériorité qui vous vient de votre nullité en maths, à l'école, restez calme. Car, que vous soyez ou non capable de donner une définition précise du mot "calcul proportionnel", vous faites déjà couramment appel à lui.

Une proportion, c'est simplement une fraction qui définit une grandeur par rapport à une autre grandeur. Supposons que vous ayez deux comptes d'épargne, et que l'un d'eux vous rapporte six pour cent d'intérêt. Cela veut dire que la relation qui unit l'intérêt que vous rapporte votre argent à la somme totale que vous avez versée à votre compte, est la même que celle qui unit 6 à 100. Cette relation est une proportion. Une proportion qu'on peut écrire de bien des façons sans modifier la relation entre les deux nombres:

6:100

6/100

$$\frac{6}{100}$$

6 POUR CENT

6%

.06

.060

Dans le commerce, les proportions sont souvent exprimées en pourcentages, étant donné que ces derniers sont faciles à comprendre et à comparer. C'est ce que nous allons faire avec vos deux comptes d'épargne:

BANQUE	SOMME EN DÉPÔT	INTÉRÊTS
A	8979,80$	448,99$
B	332,00$	19,92$

Peu de gens sont capables au premier coup d'oeil de dire laquelle des deux banques vous verse les intérêts les plus élevés. Mais si nous comparons l'une à l'autre les deux proportions, la réponse est tout de suite évidente:

BANQUE	TAUX D'INTÉRÊT
A	5 POUR CENT
B	6 POUR CENT

C'est de calculs proportionnels de ce genre que vous vous servez quand vous décidez d'acheter la voiture de sport qui consomme 10 litres aux 100 kilomètres plutôt que la familiale qui en consomme 15 et qui coûte moitié plus cher. Bien sûr c'était la voiture de sport qui vous tentait; et heureusement c'est elle que la logique vous force presque à acheter.

De multiples calculs proportionnels vous faciliteront grandement la tâche. En voici quelques-uns que vous devrez prendre en note... et vous empresser d'améliorer:

Nombre d'appels de prospection/par heure passée au téléphone.
Nombre d'appels de prospection/nombre de rendez-vous obtenus.
Nombre de rendez-vous/nombre de ventes.
Nombre d'heures de travail/commissions.
Nombre d'appels de prospection du mois dernier/commissions de ce mois-ci.

Examinons l'un après l'autre ces différents rapports de base. Une fois qu'ils seront pour vous d'utilisation courante, vous aurez tout loisir d'en découvrir d'autres qui soient mieux adaptés à vos propres besoins. Si ceux-ci le sont, tant mieux, adoptez-les tels quels. L'essentiel, c'est que vos activités professionnelles puissent être traduites par des rapports qui, lorsque vous les interpréterez, vous apprendront à remplir le mieux possible votre temps. Quand on ne tient pas de journal de bord, on n'a pas la conduite du bateau.

Nombre d'appels de prospection/par heure passée au téléphone. Rien n'est plus simple que de s'inventer mille prétextes ingénieux de ne pas faire d'appels alors qu'on s'est précisément assis devant le téléphone pour faire de la prospection. Sachez donc vous discipliner en vous fixant d'avance un nombre raisonnable d'appels. Mais forcez-vous à les faire.

Nombre d'appels de prospection/nombre de rendez-vous obtenus. Pour donner un ordre de grandeur très sommaire, disons que cette proportion est de 10/1 pour la plupart des types de vente. Autrement dit: un rendez-vous ferme pour dix appels. Ne demandez surtout pas à vos collègues de vous communiquer leurs propres chiffres: les laissés-pour-compte de la profession ne font pas de prospection parce qu'ils partent toujours battus d'avance, mais ceux qui ont réussi n'en font pas non plus parce qu'ils sont généralement trop occupés maintenant à consolider la clientèle qu'ils se sont ainsi acquise par la prospection. Ce sont donc vos propres moyennes qu'il faut compiler pour calculer votre proportion de réussites. Partez avec le postulat que dix appels téléphoniques de bonne qualité doivent aboutir à un rendez-vous bien précis, et tablez sur ce chiffre pour commencer.

Nombre de rendez-vous/nombre de ventes. Ici encore, la proportion de 10/1 peut être retenue comme chiffre de départ approximatif, encore que cette proportion varie considérablement d'un type d'affaires à un autre. Un représentant qui connaît bien son secteur et qui travaille avec une clientèle suivie pourra par exemple prendre pendant des jours d'affilée une commande chaque fois qu'il visite un client, alors que les services de vente d'une firme aéronautique devront parfois patienter des années avant de conclure une affaire. C'est entre ces deux extrêmes que la plupart d'entre nous exerçons nos activités, bien loin du travail de routine demandant à glaner des commandes sur un itinéraire balisé d'avance, tout autant que du travail salarié d'équipes de vente spécialisées. Une fois que vous aurez déterminé cette proportion pour votre propre domaine d'activité, comparez-la avec la précédente (nombre d'appels/nombre de rendez-vous). Si vous obtenez des rendez-vous en grand nombre mais que vos ventes sont faibles, c'est sans doute que vous n'avez pas su présélectionner vos clients éventuels comme il convient. On ne gagne pas d'argent en essayant de vendre à des prospects mal choisis.

Nombre d'heures de travail/commissions. C'est deux fois par an au moins que vous auriez intérêt à faire le décompte précis du temps effectif que vous avez consacré au travail, et à le comparer à vos revenus. Regrouper toutes les données utiles pour ce calcul représente un travail ardu de récapitulation, mais que vous êtes seul à pouvoir faire. Si vous êtes bien décidé à augmenter vos gains, essayez de déterminer impartialement pendant combien de temps vous êtes réellement productif et pendant combien de temps vous humez l'air ambiant. C'est la façon dont vous passez votre temps qui conditionne les rentrées d'argent dont vous n'êtes redevable ainsi qu'à vous-même. Livrez-vous donc deux fois l'an à cet exercice, cela pourrait bien vous décider à changer d'attitude.

Nombre d'appels de prospection du mois dernier/commissions de ce mois-ci. L'idée est de mettre l'accent sur la relation directe qui unit la somme de vos approches téléphoniques d'aujourd'hui à la somme de vos rentrées d'argent de demain. Il est indispensable pour vous de savoir à quel décalage il faut vous attendre, et donc de déterminer quelle durée moyenne s'écoule entre votre premier contact avec un client intéressé par votre produit, et le moment où l'argent arrive dans votre poche. Il est fréquent que ce délai soit de trois mois, parfois plus. Et il n'est pas rare de voir des vendeurs échouer faute de s'être préoccupés de ce décalage de temps inhérent à leurs activités.

Si les champions de la vente appliquent des méthodes simples et du type de celles que nous venons de voir pour enregistrer des données de rendement proportionnelles, ce n'est pas par simple curiosité, mais bel et bien par souci de réalisme. Car c'est ainsi qu'ils peuvent identifier les occasions favorables sitôt qu'elles se présentent, et corriger les problèmes de trajectoire dès qu'ils se posent.

Voyons comment les choses se passent. Supposons que vous en soyez quasiment à vos débuts dans le métier, mais que vous ayez déjà acquis cependant un certain savoir-faire pour rechercher et présélectionner vos clients éventuels, et pour faire vos démonstrations et conclure vos ventes. Supposons aussi que vous fassiez régulièrement une vente pour dix approches. Entendons par approche tout contact que vous avez établi de votre propre initiative, si par exemple vous faites de la représentation, et non pas celui qui s'établit quand un passant pénètre de lui-même dans le magasin où vous exercez vos activités.

En faisant une approche téléphonique effective par jour, vous rencontrez donc trente personnes par mois en moyenne, ce qui vous permet de conclure trois ventes. Que va-t-il se produire si vous doublez le nombre de vos appels quotidiens?

Vos ventes moyennes mensuelles vont passer à six, et vos revenus vont doubler.

Supposons à présent que vous augmentiez encore vos performances et que vous les éleviez à quatre appels par jour.

Vos ventes s'élèveront alors à douze par mois, et vos revenus doubleront encore. Si par exemple c'était 1000 dollars que vous rapportaient vos trois ventes mensuelles, c'est à présent 4000 dollars que vous rapporteront vos douze ventes. Ce qui ne peut que vous réjouir.

Chaque fois qu'au cours d'un séminaire je m'appuie sur des exemples chiffrés de ce genre, je peux déchiffrer sur les visages des messages tels que ceux-ci:

> "Impossible de faire quatre approches téléphoniques par jour."
> "Dans le genre de travail que je fais, le grand maximum c'est deux approches réussies par jour."

Je ne suis pas du tout d'accord avec cette façon de voir les choses, et tout vendeur débutant qui possède l'étoffe d'un champion doit combattre vigoureusement ce genre de jugement négatif. Car c'est tout simple: il vous suffit de prendre le temps de vous asseoir et de vous tracer un calendrier de travail qui soit susceptible de doubler le volume de vos ventes. C'est fait? Bien. Maintenant, jetez ce calendrier à la corbeille et faites-en un autre, dans lequel vous allez prévoir une approche de plus par jour. À présent, élaborez sur le papier un plan d'organisation de votre temps de travail qui va vous permettre de respecter votre nouveau calendrier. Tout cela est parfaitement réalisable et n'exige que de l'ambition, de la discipline et de la détermination.

C'est seulement avec un certain pourcentage des gens que vous approchez que vous concluez vos ventes. Votre but est d'augmenter ce pourcentage. Mais soyons réalistes et admettons tout de suite que je suis incapable de vous fournir le moyen de conclure un marché dans 100 pour cent des cas. Dans un système d'échanges basé sur l'offre et la demande, il est rigoureusement impossible de réussir à coup sûr dix ventes sur dix. Aussi découvre-t-on très vite qu'il est plus décevant que réaliste de tenter d'augmenter ce pourcentage au-dessus d'un certain plafond, mais que la bonne conduite à tenir consiste à augmenter la quantité des prospects auxquels va s'appliquer tel pourcentage donné de réussites.

Le rôle que j'assigne à mon enseignement en général et à ce livre en particulier n'est pas de vous apprendre à conclure 99 pour cent de vos ventes. C'est irréalisable. Mon ambition est de vous aider à élever votre pourcentage de ventes et vos revenus, ce qui ne peut se faire qu'en augmentant le nombre de vos approches.

Mais pourquoi au contraire ne pas réduire le nombre d'approches et augmenter leur qualité?

Parce que c'est le nombre qui est payant. Si les sportifs professionnels se contentaient d'un entraînement quotidien de vingt minutes, combien de temps durerait leur carrière?

Je voudrais aussi que vous vous souveniez de ceci, et que vous le mettiez en pratique: après avoir été contré, un champion de la vente s'impose toujours immédiatement de réussir une nouvelle approche.

Pourquoi? Réfléchissez. Si vous restez sur un échec, qu'allez-vous en retirer? Le sentiment d'avoir échoué.

Un champion est fermement décidé à conserver intact son sentiment de victoire. S'il se laisse aller à une baisse de moral, son état d'esprit sera détérioré pour toute la journée.

Tandis que vous lisez ces lignes, je peux moi aussi lire à livre ouvert dans vos pensées, car vous vous dites: "Il faudrait donc que j'appelle quatre personnes, davantage peut-être, avant d'obtenir un résultat positif?"

Bien entendu. Et c'est ce que vous allez faire. Les champions le font. Les vendeurs d'élite le font. Tous ceux qui appartiennent à la crème des cinq pour cent le font.

Il est aussi une autre circonstance dans laquelle vous devez vous accrocher au téléphone jusqu'à ce que vous ayez obtenu d'approcher un prospect en chair et en os. Que devez-vous faire en effet chaque fois que vous venez de vendre à un de vos clients habituels ou à un nouveau prospect?

Vous devez le remplacer.

C'est pourquoi, dès qu'il vient de conclure une vente, le champion se tient le raisonnement suivant: "Il faut que je trouve deux nouveaux clients valables pour combler l'espace laissé vacant par celui qui est désormais l'heureux propriétaire de mon produit."

Il existe deux manières de faire de la prospection: la manière directe où c'est vous qui prenez l'intiative d'établir le contact sans vous prévaloir d'une recommandation, et la manière indirecte où le nom du client que vous allez contacter vous a été communiqué par un autre. C'est cette seconde tactique que préfèrent les champions. C'est aussi par elle que nous allons commencer.

La prospection par recommandation (ou indirecte)

Posez-vous la question suivante: parmi les différents types d'acheteurs éventuels énumérés ci-après, avec lesquels est-il le plus facile de conclure une vente?

Les passants qui entrent par hasard dans le magasin.

Ceux qui ont été attirés par une annonce publicitaire.

Ceux que vous avez contactés parce que votre patron vous a donné leurs noms sur un bout de papier en vous disant: "À vous de jouer, foncez."

Ou bien ceux dont vous avez obtenu le nom par un de vos clients qui les connaît et qui est satisfait de votre produit ou de votre service?

C'est bien entendu avec ces derniers qu'il est le plus facile de conclure une vente, et vous passerez pour cela deux fois moins de temps avec ces acheteurs présélectionnés et dont on vous a recommandé le nom, qu'il n'en faudrait consacrer à des prospects désignés par votre patron, sans présélection. Voilà qui est plutôt encourageant. Mettez donc cette formule bien en évidence:

> ***Un champion conclut une vente deux fois plus vite par prospection indirecte que par prospection directe.***

Si l'on sait que c'est avec les clients qu'ils ont approchés par prospection indirecte que les champions concluent 40 à 60 pour cent de leurs ventes, voilà qui est plus encourageant encore. Comparez ces pourcentages à ceux que l'on obtient par approche directe sans présélection, et vous verrez que le taux de réussite obtenu par les champions grâce à la prospection par recommandation est supérieure de 400 à 600 pour cent à ceux qu'on obtient généralement par prospection directe. Dans ces conditions faut-il s'étonner si, pour multiplier leurs contacts, les champions sont également passés maîtres dans l'art de pratiquer cette technique d'approche et de présélection?

Le fait que vous lisiez ce livre démontre nettement que l'un de vos objectifs immédiats est de doubler vos revenus, ou de les multiplier davantage encore. Si vous agissez en conséquence, cette technique de prospection par recommandation est appelée à jouer un grand rôle dans votre avenir. C'est aussi votre avis, non? Fort bien. Alors, allons-y, et voyons comment il faut s'y prendre pour amorcer cette pompe à revenus nets. Vous est-il jamais arrivé de poser à vos acheteurs une question de ce genre après avoir conclu une vente avec eux: "Vous ne voyez personne qui s'intéresserait éventuellement à ______________________ (ici, le nom de ce que vos interlocuteurs viennent d'acquérir)?"

Oui, bien entendu. Je ne doute pas que vous l'ayez fait. Mais combien de fois vous a-t-on répondu par l'affirmative?

Pas des masses, d'accord? Car dans la plupart des cas on vous faisait vraisemblablement une réponse de cet acabit: "Quelqu'un qui serait susceptible de...? Non, sur le moment, je ne vois vraiment pas..."

Et vos interlocuteurs vous disaient la vérité. Car s'il faut en croire le proverbe selon lequel qui se ressemble s'assemble, ils voulaient dire par là que la plupart de leurs amis et connaissances étaient déjà en possession d'un produit ou d'un service comparable à celui qu'ils venaient eux-mêmes d'acquérir. Ce sont d'ailleurs ces affinités qui consolident l'amitié. Pourtant, quand vous leur avez posé la question, la plupart de vos acheteurs connaissaient très certainement des gens qui auraient pu s'intéresser à ce qu'eux-mêmes venaient d'acquérir, mais il n'empêche que "sur le moment, ils ne voyaient vraiment pas..."

Pourquoi leur était-il impossible de vous répondre autrement? Parce que c'est au monde entier que vous leur demandiez de penser en posant votre question. Pas étonnant qu'ils aient été incapables de vous dire: "Si justement. Il y a Zack qui m'a encore dit l'autre jour qu'il aimerait bien..." Dès qu'ils viennent d'acquérir quelque chose de nouveau, les gens sont tellement préoccupés par leur acquisition qu'ils n'ont plus la moindre chance de se souvenir que Zack, justement, aimerait bien...

Maintes compagnies commerciales conseillent à leurs vendeurs de demander à leurs clients le nom d'une personne susceptible d'acheter à son tour.

Et les vendeurs s'exécutent: "Connaissez-vous quelqu'un d'autre à qui je pourrais faire la démonstration de cet appareil?" Mais quand ils constatent qu'après cinq ou six tentatives de ce genre ils n'obtiennent que des réponses négatives, ils en concluent que c'est la méthode qui n'est pas efficace, et ils cessent de questionner leurs clients.

Voyons à présent comment s'y prennent les champions de la vente, puisque cette technique est l'ossature même de leur système de prospection. Une fois que vous maîtriserez vous aussi cette technique, non seulement vous vous retrouverez après chaque vente en possession de plusieurs noms de clients éventuels, mais qui plus est de clients éventuels parfaitement sélectionnés puisqu'en même temps vous aurez recueilli sur eux des informations essentielles. Mais encore faut-il pour cela que vous suiviez pas à pas certaines techniques d'interrogatoire, car cette méthode n'est efficace qu'à une condition expresse: ne pas donner à vos clients l'impression qu'elle est préméditée. Car alors ils interpréteraient votre tentative comme une menace qui risque de les ligoter, et ils ne feraient ni ne voudraient faire quoi que ce soit pour vous faciliter les choses.

La fiche d'informations

Tout ce dont vous devez disposer, c'est d'une série de cartes de format carte postale, du genre de celles qu'on trouve dans toutes les papeteries. C'est sur ces fiches que vous allez consigner tous les renseignements nécessaires à la constitution de votre clientèle. Mais avant de vous expliquer comment vous servir de votre fichier, je vous donnerai d'abord la marche à suivre:

1. Classez vos fiches dans le bon ordre, de manière à pouvoir les consulter aisément.
2. Inscrivez sur une fiche séparée le nom du client éventuel auquel votre acheteur fait référence.
3. Posez à votre acheteur les questions qui sont susceptibles de vous apporter des informations supplémentaires sur ce client possible.
4. Notez son adresse.
5. Si votre acheteur l'ignore, servez-vous de l'annuaire ou du service des renseignements téléphoniques.
6. Demandez à votre acheteur s'il accepte d'appeler lui-même le prospect qu'il vous a indiqué et de prendre pour vous un rendez-vous avec lui.
7. Si votre acheteur hésite, ou s'il refuse d'appeler lui-même, demandez-lui si vous pouvez vous recommander de lui quand vous appellerez vous-même.

Le scénario qui suit va illustrer la façon dont les choses doivent se dérouler. La scène est la suivante: ce bon vieux Tom vient de vendre une voiture neuve au couple Vauquelin. Lui et elle sont en extase devant leur acquisition. Il a fallu discuter âprement, car l'un comme l'autre ont la tête sur les épaules et, croyez-moi, il a fallu que je sache de quoi je parlais pour les avoir amenés à conclure le marché. Mais tout est bien qui finit bien, et les Vauquelin ont même obtenu la couleur de peinture et les options qu'ils désiraient. Mais j'ai su faire jouer leurs émotions et leur fournir les arguments qu'ils souhaitaient entendre pour rationaliser la sagesse de leur décision. Ils en sont ravis.

En règle générale, c'est aussitôt que la vente est conclue qu'il est le plus facile d'obtenir de l'acheteur qu'il vous suggère les noms de ses amis et connaissances que votre produit est susceptible d'intéresser. C'est presque toujours le meilleur moment. Mais si l'acheteur ne peut pas entrer immédiatement en possession de ce qu'il acquiert — soit parce qu'il s'agit d'un produit fabriqué à la demande ou sur mesure, soit parce que la mise en service nécessite une installation préalable — on peut alors retarder la tentative d'obtenir de nouveaux noms de clients éventuels ou l'échelonner sur cette période intermédiaire. Le moment jugé le plus opportun pour intervenir varie d'un champion à l'autre. Étant donné qu'il s'agit là d'une technique essentielle pour qui veut consolider sa réussite, il est fondamental de savoir tirer parti de tel ou tel détail minime de la conversation qui va vous permettre de faire bifurquer celle-ci vers votre nouvel objectif. Ne perdez jamais de vue que tout acquéreur de votre produit ou de votre service connaît au moins une personne qui pourrait l'acquérir à son tour. Tout ce qu'il vous importe de savoir après avoir conclu votre vente, c'est l'identité de ce nouvel acheteur possible.

Revenons à notre scénario. Tandis que je range le bon de commande qu'ils viennent de signer, les Vauquelin me font face et sont assis de l'autre côté de la table ou du bureau sur lequel j'ai déposé mon fichier d'informations et mon stylo.

> TOM — Je suis vraiment ravi pour vous deux de constater combien cette nouvelle voiture vous plaît. Permettez-moi cette question, M. Vauquelin, vous avez des activités sportives pendant vos loisirs? Sportives... ou autres...?
>
> M. V — J'aime bien les quilles.

TOM — Les quilles? Magnifique! Mais j'y songe, M. Vauquelin, parmi vos coéquipiers, vous n'en voyez aucun qui aurait manifesté un intérêt quelconque pour un véhicule du genre de votre nouvelle voiture...? Ou bien qui pourrait avoir le même genre de coup de foudre que vous avez eu, vous et Mme Vauquelin?

M. V — Je connais effectivement quelqu'un qui aurait bien besoin d'une voiture neuve...

TOM — Vraiment?

M. V — Cela pourrait certainement intéresser Georges Zack. C'est un des mes coéquipiers.

TOM — Georges Zack, dites-vous? Et vous, Mme Vauquelin puis-je vous poser la même question? (Je me suis bien gardé cependant de prendre en note le nom de Georges Zack quand mon interlocuteur l'a mentionné, afin de ne pas provoquer chez lui une réaction d'alarme. Mais je garde bien gravé dans mon esprit ce nom de Georges Zack. C'est à présent de l'épouse que je veux obtenir un autre nom.) Puis-je vous demander si vous avez aussi des activités spéciales... un groupe... un club de bridge... autre chose de ce genre?"

Mme V — Je joue au bridge, en effet.

TOM — C'est vrai? Contrat? Plafond?

Mme V — Contrat.

TOM — Contrat. Alors, dites-moi vous aussi: aucune de vos amies n'aurait mentionné ou ne vous aurait laissée supposer qu'elle pourrait être ravie elle aussi d'avoir une nouvelle voiture?

Mme V — J'ai une excellente amie, Louise Caron, qui en aurait le plus grand besoin.

Tom — Louise Caron? J'en reviens à vous, M. Vauquelin, qu'est-ce qui vous laisse supposer que votre ami M. Zack serait enchanté d'avoir une voiture neuve?

M. V — C'est tout simple. Je suis monté avec lui l'autre jour. Cette bagnole! Une véritable ruine! Pas loin de 250 000 km au compteur...

TOM — Hou! Une pièce de musée, en somme, non?

M. V — Si elle est capable de se traîner jusque-là!

TOM — Sait-on jamais. On a vu des miracles. Vous jouez chaque semaine, n'est-ce pas. Vous devez donc bien connaître M. Zack...?

M. V — Georges? Je pense bien le connaître en effet.

TOM — (Ici une question anodine doit permettre de savoir si M. Vauquelin et M. Zack sont effectivement familiers l'un de l'autre, et aussi d'en savoir davantage sur Georges Zack.) Il a des enfants?

M. V — Trois. Deux garçons et une fille. Tous encore très jeunes.

TOM — Il a donc un petit modèle, non?

M. V — Oui. Et il faudrait bien qu'il change. Ou qu'il achète une familiale.

TOM — Quel âge a le plus jeune des trois enfants?

M. V — À peu près sept ans, je crois.

TOM — Il lui faudrait effectivement quelque chose d'un peu plus grand. Que fait-il, vous le savez?

M. V — Il est ingénieur agronome. Il travaille chez Laglèbe et Dulimon.

TOM — Ah bon! Et vous, Mme Vauquelin, qu'est-ce qui vous fait croire que votre amie Mme Caron serait ravie d'avoir une voiture neuve?

Mme V — Son mari est un peu... dur à la détente. Il est trop radin pour lui acheter une voiture. (Tous les trois se mettent à rire.)

TOM — À notre époque, c'est plutôt une curiosité d'avoir une seule voiture. Savez-vous qu'en Amérique du Nord chaque famille possède en moyenne une voiture et demie? En tout cas, M. Caron, lui, semble l'ignorer!

Mme V — Très certainement.

TOM — Et sa femme se ferait certainement un plaisir de le lui apprendre, non?

Mme V — Elle en serait probablement ravie.

TOM — Ils ont des enfants eux aussi?

Mme V — Deux. Et un troisième en route.

TOM — Bientôt trois! Ils vont avoir sérieusement besoin d'une voiture plus grande. Plus grande et... pas trop chère... Je le dis parce que nous sommes entre nous et qu'il faut bien rire un peu de temps en temps... À propos, vous coyez que M. Caron serait sensible à l'argument... économique?

Mme V — Économique? C'est même le seul argument qui risquerait de le convaincre.

TOM — Vous le croyez vraiment? Mais alors c'est parfait. Parce que j'ai justement ma petite idée sur ce qui pourrait plaire à sa femme et le convaincre en même temps. (Il se tourne vers le mari.) Savez-vous quel service vous pourriez me rendre, M. Vauquelin? Vous n'auriez pas par hasard l'adresse des Zack?

M. V — Je sais qu'ils habitent rue Grandvoile, mais je n'ai pas leur numéro en tête.

TOM — G.R.A.N.D.V.O.I.L.E., c'est bien ça? Parfait. (Il se retourne vers Mme Vauquelin.) Et votre amie Mme Caron?

Mme V — Dans le haut de la rue Artimon, à Bellepoupe.

TOM — Je vous remercie. Mais j'y pense... je ne vous ai même pas demandé si vous aimeriez prendre une tasse de café. Oui? Noir? Lait et sucre?

M. V — Noir pour tous les deux.

Mme V — Oui, noir, s'il vous plaît.

TOM — Noir? Vous savez ce qu'on va faire? (Il prend l'annuaire du téléphone.) Je vais vous demander de me venir en aide pendant que je vais aller chercher du café pour tout le monde. Auriez-vous l'amabilité de me trouver leurs adresses? Cela ne vous ennuie pas trop?"

Mme V — Mais pas le moins du monde.

TOM — Tenez, voici de quoi écrire. (Il tend une fiche à M. Vauquelin.) Je me sers de ces fiches pour consigner ce genre de renseignements, afin de les avoir à portée de la main. Et voilà l'autre. (Il tend une seconde fiche à Mme Vauquelin.) À présent, je vous laisse pour aller chercher le café. Je reviens tout de suite.

(Quelques instants plus tard.)

TOM — Voilà le café. Ah! vous avez trouvé les adresses. Merci infiniment. Quand un acquéreur est satisfait de sa nouvelle voiture et le fait savoir à l'un de ses amis, celui-ci me demande souvent de lui en faire essayer une du même modèle. Accepteriez-vous de les appeler? Je vous en serais très reconnaissant.

M. V — Entendu.

TOM — Merveilleux. Le téléphone est ici. Pourquoi ne le feriez-vous pas tout de suite, tandis que je bavarde avec Mme Vauquelin? Après quoi, c'est elle que nous laisserons appeler Mme Caron. Encore une fois, je vous en suis très reconnaissant.

Étant donné qu'il ne vous arrivera pas toujours d'aboutir à un si heureux résultat, je vais donc tout de suite changer de vitesse pour aborder la courbe d'une autre façon. Car on peut aussi supposer qu'au lieu d'accepter immédiatement d'appeler leurs amis, les Vauquelin échangent un coup d'oeil et, décidant d'un commun accord de faire machine arrière, refusent de téléphoner. Reprenons le dialogue à la réplique où je leur demande d'appeler eux-mêmes:

> TOM — ...Je serais ravi que vous acceptiez de téléphoner à M. Zack pour lui annoncer ma visite.
> M. V — C'est-à-dire que... euh!... je ne le connais pas suffisamment pour...
> TOM — Je comprends.
> M. V — Je ne serais pas tout à fait à l'aise si...
> TOM — Je vous comprends parfaitement, M. Vauquelin. (Vous remarquerez à quelle vitesse je bats en retraite moi aussi, en cessant de le solliciter à partir de l'instant où il se fait tirer l'oreille. Ainsi, en évitant soigneusement de revenir à la charge, je garde toutes mes chances de me ménager la collaboration du couple à la prochaine étape. Dans le discours, aucun temps mort ne doit séparer "Je vous comprends parfaitement" de ce qui vient ensuite:) M'autorisez-vous cependant à me recommander de vous auprès de M. Zack?
> M. V — Mais naturellement.
> TOM — Vraiment? Je pense que c'est pour moi la meilleure des recommandations. Je vais donc l'appeler moi-même, c'est promis. Je n'oublierai pas non plus d'appeler votre amie, Mme Vauquelin. Ni de lui dire que je vous ai promis de le faire. Vous n'y voyez pas d'inconvénient?
> Mme V — Absolument aucun.
> TOM — Encore une fois, merci infiniment. Je vous souhaite tout le plaisir que vous attendez de votre nouvelle voiture.

Si vous savez vous servir habilement de votre fichier d'informations, il vous sera facile de franchir les sept étapes de prospection qui ont été énumérées plus haut. Mais encore faut-il que vos acheteurs aient des raisons substantielles d'être satisfaits de votre produit ou de votre service. L'idéal, bien sûr, est d'avoir affaire à des acheteurs extasiés de leur acquisition, mais on rencontre des gens qui sont parfaitement incapables d'extérioriser ce genre de sentiments. Cela ne veut pas dire qu'ils ne sont pas satisfaits, et peut-être même sont-ils tellement ravis en leur for intérieur que si vous leur demandez de s'entremettre auprès de leurs amis ou connaissances, ils s'empresseront de le faire.

Qu'avez-vous ressenti en lisant le scénario qui précède? Selon vous, les Vauquelin étaient-ils vraiment désireux de rendre service au vendeur? Je pense pour ma part que la plupart des gens, pour peu qu'on le leur demande comme il convient, sont tout prêts à venir en aide aux autres sans en retirer aucun avantage personnel. Ce n'est pas votre avis? Si vous arrêtez votre voiture à un carrefour pour demander votre route, que se passe-t-il? Les gens vous l'indiqueront. Beaucoup viendront même spontanément à vous pour vous renseigner et continueront même à vous donner des explications alors que déjà vous vous apprêterez à redémarrer. Des millions de gens se comportent ainsi avec ceux qu'ils ne connaissent pas.

Ceux dont vous avez fait la connaissance au cours d'une vente vous aideront bien davantage encore à partir du moment où vous leur aurez plu et inspiré confiance, où votre produit aura répondu à leurs attentes et où vous leur aurez fourni la possibilité de vous faciliter les choses.

Auriez-vous peur de jouer le rôle que j'ai moi-même joué dans le scénario qui précède? Je l'ai pourtant fait des centaines de fois dans des situations de vente réelles, et je me souviens d'autant mieux de mes premières tentatives que j'avais peur moi aussi de me lancer dans l'aventure. Mais s'il est tout à fait naturel de craindre ce qu'on n'a jamais tenté, il serait peu réaliste de laisser cette crainte nous paralyser. Relisez à haute voix ce scénario jusqu'à ce que vous connaissiez de mémoire les différentes étapes à parcourir et que vous soyez capable de le transposer de vous-même avec assez de naturel et d'aisance pour qu'il devienne irrésistible.

Entraînez-vous à fond au maniement de cette technique, et le pourcentage de vos réussites fera merveille sur votre chiffre d'affaires et sur vos revenus. Notez cependant que c'est le schéma général du discours que je vous demande de retenir par coeur et non le mot à mot de chaque réplique. Répéter comme un perroquet ne vous servirait strictement à rien, étant donné que la prospection par recommandation varie d'une situation à l'autre et doit être dictée par les différentes réponses, les différents commentaires qu'apporteront vos clients à vos questions et à vos remarques. En possédant à fond le schéma d'ensemble, vous serez en mesure de leur emboîter le pas immédiatement, quelle que soit la direction où ils vous entraîneront, et en mesure aussi d'*obtenir en outre les informations dont vous avez besoin.* Un tel système ne peut cependant fonctionner que si, durant l'entrevue, vous savez exactement quel objectif vous devez atteindre et comment manoeuvrer pour y parvenir. Vous observerez de quelle façon j'ai mis à profit toutes les occasions qui m'ont été offertes de plaisanter, mais sans insister, et de faire diversion pour éviter de tendre le climat. Vous observerez aussi que mon attitude, d'un bout à l'autre de cette conversation à bâtons rompus que pourtant je menais à ma guise, ne pouvait jamais être ressentie comme une menace par mes interlocuteurs. Dans ce genre de situation, la ligne droite n'est jamais la trajectoire la plus courte. Les brèves plaisanteries échangées, les petits répits ménagés en cours de route ne nous ont jamais détournés du cap que j'entendais suivre.

Imprégnez-vous donc de ce schéma général de manoeuvre, puis écrivez à votre tour, en fonction du produit ou du service que vous avez à vendre, un scénario susceptible de vous faciliter une prospection indirecte. Décidez de la façon dont vous allez entamer le dialogue, imaginez ensuite quelles réponses peuvent vous faire vos clients, et enfin écrivez les répliques que vous allez faire pour amener ces derniers à vous faciliter les choses auprès de nouveaux prospects dignes d'intérêt.

Je le répète: entraînez-vous à fond à ce genre de dialogue, qui peut donner l'illusion trompeuse d'être facile à diriger. Ne criez pas trop tôt victoire. Il sera toujours temps de le faire une fois que vous aurez parfaitement maîtrisé cette technique et que vous ne saurez plus où donner de la tête avec votre fichier bien rempli.

En analysant mon scénario, vous remarquerez de quelle façon je m'y suis pris, tout en furetant dans des domaines susceptibles de rendre présents à l'esprit des Vauquelin certains de leurs amis et connaissances (les quilles, le bridge), pour les obliger à fixer leur attention sur quelques individus en particulier. Combien de noms M. Vauquelin aura-t-il pu passer en revue s'il avait dû énumérer tous les membres de son club? Et combien de joueuses de bridge contrat Mme Vauquelin fréquente-t-elle? Pourtant, dans un cas comme dans l'autre, c'est sur un nombre très limité d'individus de leurs relations que la conversation a été centrée, si l'on pense à tous les gens que les Vauquelin connaissent! Et n'est-ce pas à peu près tout le monde qui parle d'automobiles à un moment ou à un autre dans ce genre de réunions sociales? Mais l'automobile n'est qu'un exemple. Oubliez donc l'automobile et songez plutôt au produit ou au service que vous avez à proposer.

Supposons que ce soit à des grandes entreprises que vous vendiez vos machines. Que fait, selon vous, le directeur d'une de ces entreprises qui vient tout juste de faire l'acquisition d'un nouvel ordinateur quand il est au restaurant — car cela lui arrive — avec son homologue d'une autre entreprise?

Il n'est pas mécontent de vanter sa nouvelle acquisition.

"Ce matin, j'ai finalement donné mon accord pour l'achat d'un super-ordinateur. Cette bagatelle va nous coûter un quart de million de dollars, mais elle nous rendra pas mal de services."

"T'as choisi lequel?"

"Bytebarfer 2001. Possibilités fantastiques."

"Je crois bien qu'il va falloir qu'on songe nous aussi à s'équiper d'un nouveau modèle."

C'est généralement parmi les gens qui partagent notre rang social, nos goûts et nos besoins, que nous choisissons nos amis. Quand un service ou un produit que nous venons d'acquérir nous plaît, nous sommes volontiers portés à en tirer gloire. Et du fait que nos amis ont les mêmes intérêts que nous, c'est plutôt favorablement qu'ils prendront eux aussi en considération ce service ou ce produit. Si l'on ajoute que personne n'a le temps de se spécialiser dans chaque secteur, c'est souvent à l'avis de nos proches que nous nous fierons quand nous aurons besoin de renseignements avant d'acheter quelque chose.

La connaissance de ces caractéristiques très générales facilite grandement la prospection par recommandation.

- Si vos méthodes de travail vous amènent à faire à vos acheteurs une ou des visites après la vente (à la livraison, à la mise en service d'un appareil par exemple), demandez-leur les noms de leurs amis à qui ils ont parlé de leur acquisition.
- Si vos activités ne vous amènent pas à faire à vos acheteurs de visites après vente, demandez-leur toute de suite les noms de leurs amis à qui ils ont l'intention de parler de leur acquisition. (Autrement dit ceux auprès desquels ils ont l'intention de faire un peu d'esbroufe. Mais il va sans dire que vous n'utiliserez pas devant eux le mot *esbroufe*.)

Dans un cas comme dans l'autre, l'idée directrice est d'amener votre acheteur à fixer son attention sur ceux de ses amis qui lui semblent les plus susceptibles d'avoir envie de posséder à leur tour ce que lui-même vient d'acquérir. Une fois que ces données seront présentes à son esprit, il ne vous sera pas bien difficile d'obtenir de lui les informations qui vous sont indispensables pour votre prospection ultérieure.

Que peut-on attendre de ce système de fiches d'informations?

La réponse à cette question dépend essentiellement de la détermination avec laquelle vous allez vous préparer, vous entraîner et vous astreindre à obtenir le niveau de compétence auquel vous aspirez. Le simple fait que vous soyez capable de réussir une seule vente supplémentaire grâce à votre fichier d'informations devrait suffire à vous prouver que vous pouvez de cette façon augmenter autant que vous le souhaitez le volume de vos ventes. Le jour où en moyenne chaque vente sera pour vous synonyme d'une prochaine prospection par recommandation, c'est que vous appartiendrez à la fraction des 50 pour cent des vendeurs les plus dynamiques. Le jour où chaque vente sera pour vous synonyme de deux autres prospections par recommandation, c'est aux 20 pour cent de l'élite que vous appartiendrez. Le jour où en moyenne vous pourrez décrocher trois nouveaux prospects par vente, c'est aux 10 pour cent du peloton de tête que vous appartiendrez. Une moyenne de quatre prospects par vente vous propulsera dans le cercle enchanté des Cinq pour cent de ceux qui brassent réellement l'argent à la pelle. Passé ce sommet — cinq prospects ou plus par vente — vos performances authentifieront que vous êtes devenu un Grand parmi les Grands.

Vous avez fort bien compris que, de tous les types de prospects, c'est avec ceux que l'on recrute ainsi que les choses sont les plus faciles. Car ces gens vous acceptent d'avance. Tout ce qu'il vous reste à faire ensuite, c'est de mettre activement en jeu ce qui, chez eux, peut les rallier à votre produit ou à votre service, puisque vous savez déjà qu'ils en ressentent le besoin et qu'ils peuvent financièrement l'acquérir.

Peut-être cela vous amène-t-il à vous dire: "Je suis bien incapable de me servir de ce truc du fichier d'informations, et je me vois mal en train de tirer les vers du nez des gens."

Soit, mais avant de vous en convaincre, essayez donc d'analyser scrupuleusement ce que vous ressentez. Essayez de savoir si ce genre de fantaisie qui vous inhibe vaut vraiment que vous y laissiez entre 25 000 et 100 000 dollars par année. Car ne vous y trompez pas, il est impossible de faire la fine bouche devant une technique aussi fondamentale et efficace que celle-ci sans en payer lourdement la rançon. Et cela, je ne l'affirme pas pour vous confondre ou vous mettre mal à l'aise. Mais je ne le tairai pas non plus sous le prétexte de vous donner bonne conscience. Il faut que vous sachiez que dans cette profession que vous avez choisie, accepter un niveau de compétence inférieur à celui que vous pourriez acquérir vous coûtera énormément d'argent.

Sans doute existe-t-il des situations où il serait pour vous irréaliste de faire usage de ce système de prospection par recommandation, par exemple si votre niveau de maturité et d'expérience est considérablement inférieur à celui de vos clients habituels. (En quel cas mieux vaudrait vous orienter vers un type de vente différent, et qui vous permettrait d'être plus sûr de vous, quitte à revenir à vos activités présentes le jour où vous aurez davantage de savoir-faire et de confiance en vous. Pourtant, ce sont les défis que vous relèverez qui feront faire des pas de géant à votre carrière; et ceux que vous refuserez qui la feront piétiner sur place.)

Si donc cette technique de prospection par recommandation n'est pas de celles que vous entendez appliquer, exploitez alors cet autre gisement d'acheteurs dont nous allons maintenant parler.

La prospection directe

Ici, c'est vous qui devez prendre toute l'initiative de l'approche de vos prospects, puisque vous ne pouvez vous recommander auprès d'eux d'aucun acheteur satisfait de son acquisition. Gardez présent à l'esprit ce qui suit: dans cette façon de procéder, vos prospects n'ont fait l'objet d'aucune sélection préalable et vous ignorez tout d'eux, de sorte que c'est avec environ 10 pour cent d'entre eux que vous pourrez conclure. Mon propos est de vous montrer non seulement de quelle façon on peut prendre l'initiative d'établir le contact, mais encore comment faire la présélection des prospects en obtenant d'eux certaines informations indispensables. Je voudrais sur ce point être sûr de bien me faire comprendre. Aussi vous demanderai-je de prendre en note et de mettre bien en évidence cette définition de ce qu'il faut entendre par présélection:

> ***Un prospect est présélectionné à partir du moment où vous savez qu'il répond à certaines conditions émotion-***

nelles et logiques lui permettant de tirer avantage de votre produit ou de votre service.

La vente, nous l'avons déjà dit, repose sur de l'émotion soutenue par de la logique. L'émotion vient en premier. La logique suit. Jamais l'inverse. Présélectionner les gens, c'est donc déterminer si, chez eux, l'émotion nécessaire pour mener à bien une vente existe, ou bien peut être suscitée. C'est déterminer aussi si chez eux la logique — qui inclut la capacité financière du paiement, mais ne se limite pas à cela — existe elle aussi, ou bien peut elle aussi être mise en activité.

Déterminer cela revient un peu à capturer les oiseaux: si vous vous précipitez en agitant un gourdin, ils n'attendront pas que vous soyez près d'eux pour s'envoler; tandis que si vous vous approchez tout doucement pour lancer votre filet sans brusquerie, vous en prendrez plusieurs à la fois.

Énumérons un certain nombre de sujets de conversation qu'on peut aisément aborder avec un prospect, et qui sont tous d'excellents outils de présélection. Tous sont également applicables à la vente de la plupart des produits et des services.

1. La profession.
2. La situation de famille.
3. Le nombre d'enfants.
4. Le produit ou le service déjà acquis. Si vous savez en effet ce qu'utilise présentement un prospect, vous savez aussi dans la plupart des cas ce qu'il utilisera plus tard, ne pensez-vous pas?

Toute catégorie particulière de produits ou de services requiert un certain nombre de facteurs essentiels de présélection. Vous savez sans aucun doute lesquels, parmi ces facteurs, sont pour vous les plus importants quand il s'agit de faire le tri entre les gens susceptibles d'acheter ce que vous avez à vendre et ceux qui ne le sont pas. Car si vous ne savez pas très bien qui sont vos acheteurs habituels, c'est pour vous une priorité absolue que d'éclaircir ce point. Un examen attentif des dossiers des clients dont dispose votre employeur vous apprendra vite tout ce qu'il vous faut savoir sur ce chapitre.

Première technique de prospection directe

Le cycle de démangeaison

Il ne s'agit pas là d'une maladie de peau, mais d'une passionnante technique de prospection, que je vous recommande fortement d'ailleurs aussi bien dans le cas d'une prospection par recommandation que dans celui d'une prospection directe, étant donné qu'elle est un magnifique moyen de préqualifier les clients éventuels.

En matière d'immobilier, il faut savoir que la moyenne d'occupation d'un local est comprise entre trois et cinq ans. Ce qui signifie qu'en moyenne une famille américaine déménage selon une fréquence comprise entre trois et cinq ans. Nous dirons donc que l'individu moyen est pris de démangeaison de déménagement une fois tous les cinq ans. Si vous vendez des automobiles, vous devez savoir que les automobilistes éprouvent la démangeaison de changer de voiture environ tous les trente mois. Les vendeurs d'équipements de bureau savent que leurs clients renouvellent leur matériel environ tous les trois ans. C'est en général selon cette fréquence (3 ans) que la démangeaison devient la plus intense pour la plupart des gens. La question qui se pose est donc la suivante: ne pourrait-on dans certains cas réduire cet intervalle entre deux crises?

Assurément. Et c'est d'ailleurs pourquoi un champion de la vente ne perd jamais de vue ses anciens acheteurs. Évidemment, puisque ces gens représentent pour lui une communauté bénie entre toutes, étant donné que ce sont eux qui l'ont honoré de leur confiance et que c'est avec eux qu'il entretient des relations privilégiées. Il veut donc être bien certain d'être là pour gratter ces gens qu'il chérit tant, quand leurs démangeaisons les reprendront.

À quel moment faut-il donc vous y prendre pour hâter le retour de la démangeaison qui va pousser vos ex-acheteurs à acheter de nouveau?

> ***Partez en campagne pour leur rafraîchir la mémoire soixante jours avant la date où la démangeaison sera vraisemblablement la plus intense.***

Si c'est d'une maison qu'il s'agit, ou de quelque autre objet soumis à un cycle quinquennal de démangeaison, c'est donc au bout de quatre ans et dix mois que vous devez revenir à la charge.

Si c'est d'une automobile, arrangez-vous pour que la démangeaison se fasse de nouveau sentir au bout de deux ans et quatre mois. Si vous vendez du matériel de bureau, c'est après trente-quatre mois qu'il vous faut revenir chatouiller vos clients. Dans l'hypothèse d'un cycle de démangeaison plus prolongé, efforcez-vous d'aiguiser les appétits de vos acheteurs dès que se sont écoulés 95 pour cent du cycle au bout duquel l'acquisition précédente devrait normalement finir son temps. Vous avez par exemple établi que le cycle moyen de démangeaison qui s'applique à votre produit est de six ans. Lancez votre offensive au bout de cinq ans et huit-neuf mois en moyenne. Plus le cycle est long, moins la date de la relance est rigide, étant donné qu'avec ces phénomènes périodiques de longue durée vous devez vous garder une marge de sécurité suffisante si vous voulez être sûr d'être dans la place avant que le client se remettre à humer les environs.

On comprend donc pourquoi un champion ne fait jamais d'adieux définitifs à ses acheteurs et ne laisse jamais s'écouler des années sans se rappeler à leur bon souvenir. Une visite, un appel téléphonique, une lettre, une invitation au restaurant, sont autant de procédés qui lui sont familiers pour maintenir le contact. Sans contacts suivis, pas de clientèle, et vos ex-acheteurs ne seront plus alors que des âmes en peine errant à la recherche d'un nouvel abri.

En vous conseillant de laisser s'écouler 95 pour cent de la durée d'un cycle de démangeaison prolongé, je ne donne qu'une indication globale. Car il existe toujours un moment idéal pour relancer d'anciens acheteurs, un moment plus propice que d'autres, durant lequel vos chances de renouveler une commande sont les plus grandes. Ce moment idéal — particulier à votre produit, à votre secteur, à votre personnalité — c'est à vous de le découvrir par la méthode des essais et des erreurs.

Si ce que vous vendez exige des semaines ou des mois de conception, de fabrication, de recrutement de personnel qualifié, à vous de vous y prendre avec une avance suffisante; si par contre votre produit est immédiatement disponible, il sera probablement plus efficace de relancer vos clients juste au moment où leurs démangeaisons vont être les plus intenses.

Sachez aussi que le cycle de démangeaison propre aux produits est différent de celui qui touche aux services, et que le cycle de démangeaison propre à tel produit peut varier en durée d'un lieu à l'autre, car bien des paramètres influencent cette durée: les facteurs saisonniers, l'état de santé de l'économie nationale, la catégorie de revenus à laquelle appartiennent vos différents clients et, plus spécialement encore, la personnalité propre à chacun d'eux. Mais il vous sera relativement simple de vous accommoder de cette complexité de situations si vous vous y prenez correctement. Le processus à suivre est le suivant:

Premièrement. Commencez par déterminer la durée moyenne du cycle de démangeaison lié à votre produit parmi la clientèle de votre secteur. Je vous expliquerai bientôt comment procéder pour l'obtenir. Pour l'instant, contentez-vous d'admettre que vous êtes d'ores et déjà en possession de cette donnée sur laquelle vous allez tabler.

Deuxièmement. Tenez compte des incidences du calendrier. Certaines dates ont un retentissement direct sur les ventes: échéances fiscales, fêtes de fin d'année, départs en vacances, rentrée scolaire. N'oubliez pas non plus que la vente de la plupart des produits est partout perturbée, à des degrés divers, par le changement des saisons. Noël s'accompagne d'une débauche d'achats d'articles de consommation alors qu'il retarde bien des décisions d'investir dans ce qui n'est pas immédiatement consommable. À vous de soupeser chacune de ces incidences et d'adapter en conséquence votre plan d'intervention, c'est-à-dire de décider s'il est opportun de l'accélérer ou de le ralentir en fonction de ces données.

Supposons que le cycle de démangeaison qui vous concerne soit de trente mois et que vous constatiez que, si vous décidez de relancer un certain nombre de vos clients au bout de vingt-huit mois, vous risquez de tomber en pleines vacances d'hiver. Étant donné que votre produit n'est pas de ceux dont on fait les cadeaux de fin d'année, vous avez donc le choix entre deux possibilités (un choix qu'il convient d'arrêter plusieurs mois à l'avance): ou bien réveiller les démangeaisons de vos clients au bout de vingt-six mois, en septembre ou octobre; ou bien attendre janvier. Que faire?

La réponse est simple: si vous attendez janvier, certains de vos clients seront allés se servir ailleurs. Faites donc en sorte d'être présent, prêt à les gratter, quand leurs démangeaisons les reprendront. Relancez-les plus tôt que prévu, en septembre-octobre, et si rien ne se passe, relancez-les une seconde fois en janvier.

Troisièmement. Chaque fois que vous faites une vente, essayez de déterminer si la personnalité de votre acheteur s'accorde avec le cycle de démangeaison qui vous est familier. Les impulsifs (et aussi ceux qui s'élèvent rapidement dans la hiérarchie socio-professionnelle) ont fréquemment tendance à ressentir des démangeaisons plus fréquemment que la moyenne, alors que c'est l'inverse qui se produit chez les placides (et chez ceux dont la carrière suit sans surprise son petit train-train). Voici comment tirer parti de ces données:

Au moment où vous êtes en train de conclure une première vente, essayez de déterminer si votre acheteur est un impulsif, un placide, ou un individu conforme à la moyenne. (C'est à ce dernier groupe qu'il faut assimiler les cas douteux.) En procédant ainsi, vous serez frappé de constater qu'environ 10 à 20 pour cent de vos acheteurs sont des impétueux, qu'il conviendra donc de relancer plus vite que les autres, et qu'un pourcentage à peu près équivalent sera représenté par des gens plus pondérés, qu'il conviendra au contraire de relancer plus tard que la moyenne. (Classez vos acheteurs les uns par rapport aux autres sur une même échelle d'appréciation, et non pas par rapport à ce qui vous semble être la norme pour une population globale.) Ce sont les 60 à 80 pour cent qui restent que vous devez considérer comme l'échantillonnage moyen qu'il convient de relancer deux mois avant que le cycle de démangeaison type arrive à expiration.

"Astucieux, direz-vous, mais comment déterminer le cycle de démangeaison valable pour mon produit? On ne m'en a seulement jamais parlé dans la maison."

Comment déterminer le cycle de démangeaison particulier de votre produit ou de votre service

Il y faut toute une journée. Mais pendant que vous vous y emploierez vous ne perdrez pas votre temps, puisque votre fichier s'enrichira de plusieurs prospects parfaitement présélectionnés.

Supposons que je vienne d'être engagé par Profilmarine pour vendre des bateaux de plaisance. Étant donné que je débute, il est pour moi de première importance de déterminer le cycle de démangeaison qui caractérise le commerce des bateaux. Je vais donc m'y prendre de la façon suivante, et la méthode est applicable à tous les types de produits ou de services.

Vous commencez d'abord par vous faire communiquer les états des ventes et les dossiers-clients que conserve en archives votre employeur. La plupart des sociétés commerciales constituent un fichier-clients. Une fois que ces documents sont entre vos mains, asseyez-vous devant un téléphone et décrochez-le. Je vais vous montrer comment doit se dérouler un dialogue type.

Si vous consacrez toute une journée à passer des appels du genre de celui qui est cité ci-dessous en exemple, en contactant ainsi le plus possible de clients, non seulement vous déterminerez le cycle de démangeaison particulier à votre produit, mais vous récolterez aussi une moisson de données dont je vais vous donner des exemples. Suivez-moi à présent, nous allons examiner les dossiers-clients de Profilmarine.

Le premier qui me tombe sous la main me semble intéressant. Il m'apprend qu'un certain client du nom de Max Polk a acheté un Spee-D-Cat il y a dix-huit mois. Ne perdons pas de temps:

TOM — Bonjour, M. Polk. Tom Hopkins, de Profilmarine à l'appareil. Vous êtes propriétaire d'un de nos modèles Spee-D-Cat depuis environ dix-huit mois, et je vous appelais pour m'assurer que vous en êtes toujours satisfait.

M. P — Le Spee-D-Cat est le meilleur de tous les catamarans que j'ai eus jusqu'ici.

TOM — (Chaleureusement) Voilà qui fait plaisir à entendre. Je suis en train de faire une petite étude de marché auprès de nos clients afin de planifier l'année à venir. Auriez-vous l'obligeance de me faciliter les choses en répondant à quelques questions?

M. P — Naturellement. Je vous écoute.

TOM — Avant d'acquérir un Spee-D-Cat, aviez-vous un autre bateau?

M. P — Bien sûr. J'avais un Fastwater 16.

TOM — Vraiment? Il y a longtemps que vous êtes un passionné de la voile?

M. P — Cela m'a pris quand nous sommes venus habiter cette région, il y a une quinzaine d'années, M. Hopkins.

TOM — Et combien de bateaux avez-vous eus pendant ces quinze ans, M. Polk?

M. P — Voyons... cinq, je crois. Y compris le vôtre.

TOM — Cinq bateaux! Je voulais aussi vous demander: vous connaissez bien entendu notre tout dernier modèle de Spee-D-Cat?

M. P — Vous avez mis au point un nouveau modèle? Qu'a-t-il de plus que celui que j'ai acheté? Le mien est équipé d'à peu près tout ce qu'on peut souhaiter sur un bateau.
TOM — C'est ce que nous pensions aussi avant d'avoir mis au point le Spee-D-Cat II. Mêmes caractéristiques générales, même conception bien sûr, mais nos ingénieurs ne sont pas du genre à se reposer sur leurs lauriers.
M. P — Vous voulez dire qu'ils auraient apporté des modifications au Spee-D-Cat?
TOM — C'est vrai qu'il y a désormais un plus grand choix de profils, mais les modifications les plus importantes ne sont pas frappantes. Elles tiennent à de petits perfectionnements de coque qui donnent à grande vitesse plus de souplesse et de sécurité par forte lame. Vous voyez, ce sont surtout des innovations techniques qui n'intéressent guère que les gens comme vous, qui connaissent bien l'ancien Spee-D-Cat. Ajoutez à cela, en option, quelques accessoires nouveaux assez sensationnels qui n'existaient pas non plus auparavant. Voulez-vous que je vous fasse parvenir une brochure, M. Polk?
M. P — Volontiers. J'aimerais jeter un coup d'oeil sur ce nouveau modèle.
TOM — Parfait. Laissez-moi consulter votre dossier... votre adresse est toujours rue des Régates?
M. P — Toujours. Numéro 118.
TOM — C'est bien cela: 118, rue des Régates. Elle donne dans le boulevard des Croisières si ma mémoire est bonne?
M. P — Exactement.
TOM — Je dois justement aller par là cet après-midi. Voulez-vous que je fasse un saut chez vous pour vous remettre cette brochure pendant que je serai dans le quartier? C'est moi qui m'occupe de ce modèle à présent.
M. P — D'accord, mais j'ai très peu de temps. Je dois partir en voyage. J'aimerais tout de même bien voir à quoi ressemble votre nouveau modèle.
TOM — Magnifique. Voulez-vous que je sois chez vous à deux heures, ou bien préférez-vous trois heures?
M. P — Cela m'est égal, pourvu que vous soyez ici avant quatre heures.
TOM — À tantôt, M. Polk. Et merci encore de m'avoir facilité les choses pour mon sondage.

M. P — Je vous en prie, M. Hopkins, c'est tout naturel. À tantôt donc.

Quel est le cycle de démangeaison de M. Polk?

Pour le savoir, il suffit de diviser la durée qu'il vient de mentionner (15 ans) par le nombre de fois (5) où il a acheté l'article dont il s'agit (un bateau). Le résultat de la division exprime en années le cycle de démangeaison de M. Polk.

Ce qu'il vous faut déterminer aussi, comme le font tous les champions, c'est quel cycle particulier à votre produit s'applique aux différents sous-groupes de votre clientèle. J'expliquerai plus loin ce qu'il faut entendre par sous-groupe. Examinons pour l'instant quelles données moyennes vous devez retenir pour déterminer le cycle de démangeaison à déterminer.

Supposons que les trois premières personnes que vous contactez par téléphone vous déclarent que votre Spee-D-Cat est le premier bateau qu'ils aient jamais acheté de leur vie, et qu'en outre ils n'ont pas la moindre idée de la date à laquelle ils vont en acheter un second. Ces données sont-elles utilisables dans le calcul de votre moyenne?

Non. Laissez-les de côté. Au cours de la journée que vous allez consacrer à la détermination du cycle de démangeaison qui vous intéresse, vous allez contacter au moins vingt personnes, qui toutes vous feront des réponses différentes. Faites ce que font les champions. Laissez de côté toutes les réponses non significatives et fondez-vous exclusivement sur celles qui se rapportent à des utilisateurs confirmés et répertoriés de votre produit ou de votre service.

Le travail que vous accomplirez au cours de cette journée vous révélera ce qui est le plus important aux yeux de ces utilisateurs. Il vous permettra sans doute aussi d'obtenir plus d'un cycle de démangeaison pour le même produit. Il se peut fort bien par exemple que l'ensemble de vos propriétaires de Spee-D-Cat puisse être classé en deux sous-groupes bien distincts: ceux qui font activement de la compétition (régates ou course-croisière), et ceux qui ne sortent en mer que de temps en temps et si la météorologie le permet. Les sportifs de compétition changent de bateau tous les deux ans, alors que les autres ne le font que tous les trois ans. À présent que vous avez classé vos clients en différents sous-groupes bien définis ayant chacun son cycle de démangeaison distinct, vous savez parfaitement où faire porter vos efforts.

Le cas de M. Polk fournit un exemple parfait de cycle de démangeaison bien établi. Sur une longue période, il est démontré que M. Polk est incapable de laisser passer plus de trois années environ sans que la démangeaison qui le pousse à acquérir un bateau plus récent et plus sophistiqué ne l'amène au chantier de construction, carnet de chèques en main.

Avez-vous observé par quel cheminement j'en suis venu à obtenir de lui ces informations essentielles?

Je lui ai d'abord annoncé que je savais depuis combien de temps il était en possession du produit qui motivait mon appel téléphonique.

Je lui ai dit ensuite que si je l'appelais, c'était pour m'assurer que ce produit lui apportait toute satisfaction.

Après ces préliminaires, je l'ai amené à me dire quels produits similaires il avait acquis par le passé, et combien de ces produits il avait utilisés sur une période de temps bien délimitée.

À présent, vous savez comment vous y prendre vous aussi pour déterminer le cycle de démangeaison qui vous préoccupe. Avant de vous y mettre, passons à la technique suivante.

Deuxième technique de prospection directe

L'adoption des orphelins

Adopter un orphelin? Rassurez-vous, il ne s'agit pas là d'un titre emprunté à un autre ouvrage, mais bel et bien d'une technique qui sera pour vous une mine d'or si vous voulez et savez l'utiliser à bon escient. Prenez bonne note de ce qui suit:

Dès que je vois des orphelins, je les adopte.

Je m'explique. Dans toutes les organisations de vente existe un certain mouvement du personnel de vente. Quand un représentant quitte son employeur, que laisse-t-il derrière lui?

Une clientèle.

Bien des gens échouent dans la vente parce qu'ils ne suivent pas assez attentivement leur clientèle. Êtes-vous au moins d'accord sur ce point? Pourtant, ces collègues à vous qui n'ont pas réussi et qui ont quitté la maison ont tout de même bien fait quelques ventes avant de laisser leur clientèle à l'abandon. C'est cette clientèle à l'abandon qui doit devenir pour vous une mine d'or. Bien sûr, si votre employeur assigne à ses représentants des secteurs bien délimités, il faut que vous vous conformiez aux impératifs de ce cloisonnement géographique. Mais si tel n'est pas le cas, vous découvrirez dans le fichier-clients un tas de gens comme M. Polk qui ont grand besoin qu'on s'occupe sérieusement d'eux.

Si vous êtes nouveau dans votre organisation de vente, je vais vous donner un conseil qui vous conduira droit au meilleur filon de la mine d'or. Les dossiers commerciaux de votre entreprise sont probablement répertoriés alphabétiquement par noms de clients, ou par lieux géographiques, ou par nomenclature des produits écoulés, ou bien par tout autre mode de classement sans intérêt direct quand il s'agit de déterminer un cycle de démangeaison. Mais dans tous les cas on doit bien avoir conservé quelque part une trace de la date à laquelle les clients ont effectué leur denier achat. Commencez donc par déterminer le cycle de démangeaison particulier de votre produit, puis par retrouver le nom des acheteurs laissés à l'abandon et la date de leur acquisition. Pour cela, il vous faudra peut-être inviter au restaurant le responsable du service intéressé ou passer de la pommade au chef comptable. À vous de juger ce qui est le plus efficace. L'essentiel est de vous procurer une copie des dossiers. Une fois que vous serez en possession de ces documents, le filon ne peut plus vous échapper. Vous avez à présent les coudées franches et vous n'avez pas eu besoin de transpirer pendant trente mois en attendant que vos orphelins en soient à l'acmé de leurs démangeaisons. Leur cycle, ils l'ont accompli tout seuls, avant même que vous n'arriviez dans la maison. Il ne vous reste plus qu'à centrer votre effort sur eux.

Je reçois des quatre coins du pays des lettres qui me révèlent des choses de ce genre: "Tom, dès que je me suis mis à exploiter les dossiers laissés par ceux qui ont quitté la maison, mes revenus ont grimpé en flèche. J'ai repris contact avec des clients dont personne ne s'occupait plus. J'ai renoué avec eux les relations interrompues et cela m'a permis de conclure un fort pourcentage de ventes avec ces acheteurs présélectionnés."

Pourquoi présélectionnés? Parce que vous leur offrez un produit ou un service qui leur a déjà donné satisfaction, et que les dossiers que vous avez en main sont bourrés de données utiles sur ces acheteurs. Vous êtes donc dans une position idéale pour résoudre les petits problèmes qui peuvent se présenter à eux et pour leur donner certains conseils d'entretien. Raison de plus pour les contacter de nouveau.

Le seul moment critique tient au choix de l'instant où il vous semble le plus opportun de rétablir le contact. Je vais être plus explicite. Si vous vendez du matériel d'entreprise ou des équipements industriels, ou n'importe quel genre de machinerie coûteuse exigeant une transaction de quelque importance, vous avez en général affaire à des gens très occupés. Vos interlocuteurs sont des directeurs techniques, des ingénieurs hautement qualifiés, des chefs d'entreprises privées pour qui le temps compte. Car ce n'est généralement pas parmi ceux qui passent le plus clair de leur temps à contempler le monde sur les bancs des jardins publics, qu'on recrute les gens qui vont devoir prendre la décision d'équiper leur firme d'une imprimerie intégrée ou de nouveaux ordinateurs, ou bien de remplacer l'avion de service de leur compagnie.

Vous serez également d'accord que les acheteurs de ce genre reçoivent d'ordinaire un courrier considérable. Que font en général un directeur d'entreprise, un médecin, un ingénieur, un financier, un homme d'affaires, quand ils reçoivent une lettre émanant de quelqu'un qui se présente à eux comme étant le nouveau représentant d'une société dont ils ont déjà été les clients dans le passé?

"Vous me classerez ça dans le dossier "oubliettes" ", disent-ils. Dans 99,9 pour cent des cas, votre lettre est destinée à sombrer dans l'oubli dès que son destinataire comprend de quoi il est question. Car rien n'est plus facile à mettre sur les tablettes qu'une lettre. Si ces acheteurs d'un type particulier ne le faisaient pas chaque matin, ils seraient vite ensevelis sous un monceau de courrier.

Et que se passe-t-il si c'est au moment où ils sont le plus bousculés qu'un nouveau représentant les appelle?

"Mercidavoiraplér'voir." Click.

Cela se produit huit fois sur dix si le nouveau représentant n'a rien d'autre en tête que de se faire connaître d'un ancien client. Pourquoi? Parce qu'immédiatement après la lettre, l'appel téléphonique vient au second rang des choses dont il est le plus facile de se débarrasser.

De quoi, en revanche, se débarrasse-t-on le moins facilement?

D'un corps humain.

C'est donc un corps humain — le vôtre — que vous devez mettre en présence des ex-clients de votre prédécesseur. Car ces ex-clients — ce qui ne sera pas le cas avec d'autres catégories de prospects que vous serez amené à rencontrer — ont déjà clairement signifié qu'ils ont besoin et qu'ils veulent bénéficier de ce que vous avez à leur offrir. Ils ont signifié aussi qu'ils peuvent financièrement se le procurer. Si vous faites en sorte de bien choisir ceux qui en sont au point critique de leur cycle de démangeaison, vous savez d'avance qu'en règle générale ils resteront indéfiniment soumis à ce cycle. C'est donc un corps humain qu'il faut leur présenter. Le vôtre. C'est en personne que vous irez rendre visite à ces orphelins.

Appelez leur secrétaire pour prendre rendez-vous si nécessaire, mais assurez-vous au préalable que vous avez une réponse toute prête à opposer à l'inévitable question: "C'est à quel sujet?" Car si vous dites alors: "C'est simplement pour faire connaissance", vous n'obtiendrez pas de rendez-vous et la secrétaire ne vous mettra jamais non plus en communication avec son patron pour que vous puissiez le questionner à propos de votre étude de marché.

C'est pourquoi le champion se déplace en personne. Il est souvent beaucoup plus facile — et dans un pourcentage étonnant de cas — de rencontrer les gens en se rendant là où on sait les trouver qu'en se soumettant aux démarches de routine qui consistent à prendre rang dans une file d'attente. Mais la première chose à faire est de passer au crible vos dossiers-clients.

Supposons que la compagnie pour laquelle vous travaillez ne présente à cet égard aucune caractéristique particulière. Vous avez déterminé que le cycle de démangeaison de votre clientèle est de trois ans, et votre fichier compte un grand nombre d'orphelins qu'il vous sera facile de relancer au bon moment puisque vous connaissez la date de leur précédent achat. Mieux encore, vous n'avez que l'embarras du choix; votre fichier regorge de clients qui n'ont pas été appelés depuis longtemps. Depuis dix ans parfois. Par où commencer? Ne vaudrait-il pas mieux s'occuper en priorité des dossiers les plus anciens — ceux qui concernent des gens ayant acheté neuf ans plus tôt par exemple — sans laisser davantage de temps s'écouler?

Non. Ne vous en occupez pas. Il y a bien longtemps qu'ils ne sont plus orphelins: si le cycle de démangeaison qui s'applique à votre clientèle est réellement de trois ans, il y a belle lurette qu'ils sont allés se faire gratter ailleurs pour remplacer votre produit ou votre service.

Ne remontez pas au-delà de trois ans révolus. C'est de là qu'il vous faut partir, en redescendant vers le présent et en vous consacrant en priorité à chaque orphelin qui commence tout juste à ressentir les démangeaisons, c'est-à-dire ceux qui ont acheté il y a deux ans et dix mois. Ensuite seulement vous vous occuperez systématiquement de ceux qui ont acheté il y a trois ans, puis davantage, en remontant cette fois le cours du temps jusqu'à ce que les résultats obtenus ne justifient plus l'effort déployé, ce qui, pour la plupart des produits, ne tardera guère, si vous avez déterminé correctement le cycle qui les caractérise.

Afin d'accélérer les choses et de renouer au plus vite avec les orphelins que le désir de commander à nouveau votre produit commence à chatouiller au point qu'ils se grattent jusqu'au sang — si leur dernière acquisition remonte à deux ans et dix mois par exemple — un appel discret vous permettra de savoir si c'est bien un article en tout point conforme au précédent qu'ils languissent d'acquérir. Car certains acheteurs auront probablement modifié leur attitude et leurs exigences. Dans la vente qui s'adresse à des particuliers, ce changement d'attitude se traduira généralement pour vous par une fin de non-recevoir. Mais dans la vente industrielle, cela signifie peut-être tout simplement que ce n'est plus Mme Vieillegrange qui prend les décisions, mais M. Maisonneuve: à présent que le modèle de photocopieur acheté par Mme Vieillegrange prend de l'âge et commence à lâcher, cela démange sans doute autant M. Maisonneuve d'acquérir un modèle plus récent, et ceci à la même date où Mme Vieillegrange aurait elle-même changé l'ancien si elle n'avait pas pris sa retraite.

"Mais, direz-vous, supposons que la démangeaison ne leur vienne pas?"

Le champion de la vente est convaincu qu'il est dans l'obligation de faire prendre conscience aux gens de la gravité de leurs démangeaisons. Alors il leur rend visite, il les appelle, il fait tout ce qu'il peut pour stimuler leur intérêt jusqu'à ce qu'enfin il les amène à se persuader qu'ils devraient soigner leur prurit en renouvelant leur commande.

Si vous voulez vraiment être un champion, il est indispensable que vous connaissiez les raisons impératives — et que vous croyiez intensément à ces raisons impératives — pour lesquelles vos clients doivent:

- Remplacer ces machines à souder vétustes par le dernier modèle qui travaille 20 pour cent plus vite et permet d'économiser X dollars sur le prix de la main-d'oeuvre.

• Faire reprendre leur vieille remorque de camping et la changer pour une neuve qui soit moins gourmande et plus confortable.

• Se débarrasser de cet appareil dépassé, qui était certainement une petite merveille autrefois, mais qui n'a tout simplement plus rien à voir avec celui dont vous pouvez aujourd'hui les faire bénéficier.

À vous de trouver les raisons pour lesquelles le produit ou le service que vous offrez aujourd'hui est de qualité bien supérieure à ce qui se faisait de mieux il y a trois ans sur le marché. Car c'est assurément ce qui se faisait de mieux que vos clients ont acheté il y a trois ans. Mais ce qui se fait de mieux à présent, c'est ce qui est le plus récent. Vous voulez que vos clients soient en possession de ce qui se fait de mieux? Alors, faites votre métier et démontrez à ces gens — qui ont déjà fait confiance à votre compagnie puisqu'ils possèdent depuis trois ans l'un de ses produits — que votre nouveau-né aux performances d'avant-garde leur procurera encore plus d'avantages que ne l'a fait l'ancien modèle. Vous en êtes capable, non?

Bien sûr que vous en êtes capable, puisque vous êtes un pro. La prochaine fois que vous passerez par la maison-mère, allez donc tout droit consulter le fichier-clients pour y rechercher la liste de ceux qui ont acheté votre produit à un prédécesseur qui a repris sa liberté, la liste de ceux que vous allez adopter. Car ces clients doivent désormais être les vôtres. Faites en sorte que ce soit à vous qu'ils aient envie d'acheter le même produit. Et transformez-les à répétition en heureux bénéficiaires de ce que vous avez à leur proposer.

Troisième technique de prospection directe

L'innovation technique

Chaque fois que vous vous entretenez avec des interlocuteurs qui achèvent leur cycle et arrivent au point critique de démangeaison, ne manquez jamais de leur faire miroiter les avantages offerts par la technique de pointe. Voyons à présent comment on peut se servir de l'innovation technique pour en faire une tactique de prospection bien particulière.

Savez-vous qu'à partir du moment où la plupart des produits passent au stade de la fabrication, ils sont déjà considérés comme dépassés par ceux qui les ont créés et mis au point?

Car c'est déjà vers l'avenir que sont tournés leurs créateurs. "Quels perfectionnements pouvons-nous leur apporter?" se demandent-ils, sachant fort bien que si ce n'est pas eux qui inventent ces perfectionnements, d'autres le feront à leur place. Aussi ces ingénieurs, ces concepteurs, ces inventeurs, n'ont-ils pas la moindre envie de plier bagage et de prendre du recul. Ils veulent rester dans la place et continuer à élaborer, concevoir et inventer ce que seront nos surprises de demain.

Beaucoup de produits finis deviennent très vite vétustes, et très peu terminent leur existence sans avoir été dépassés. Très peu sont utilisés jusqu'à ce qu'ils soient hors de service. Dans la majorité des cas au contraire, les utilisateurs de ces produits manufacturés ont pris l'habitude de faire usage de ce qui se fait de mieux et de cesser de faire usage de tout appareil qui commence à exiger des révisions fréquentes, ou qui peut se remplacer par un homologue plus perfectionné. Ceci se vérifie aussi bien pour les calculateurs de poche que pour les superpétroliers. Ceux qui ont eu les moyens hier de s'offrir ce qui se faisait de mieux quand votre avant-dernier modèle est sorti peuvent encore s'offrir ce qui se fait de mieux. En fait, très souvent ils ne peuvent s'offrir que le mieux. On pourrait bien sûr se servir du même raisonnement pour soutenir qu'un ouvrier se contentera d'une vieille bagnole à bout de souffle pour pouvoir s'offrir la motocyclette dernier cri si sa passion est la course de moto! Et s'il ne peut se permettre d'acheter autre chose que la meilleure des motos, c'est exactement pour la même raison que celle qui pousse les grandes compagnies d'aviation à n'acheter que les derniers modèles de jets: dans un cas comme dans l'autre les deux démarches répondent au même besoin de compétition.

En Amérique du Nord, comme d'ailleurs dans le reste du monde libre, nous voulons tous ce qui se fait de mieux, de plus récent, de plus étincelant, de plus neuf, de plus rapide, de plus perfectionné. Personnellement, cela m'est nécessaire. Mais n'est-ce pas au fond ce que tout le monde souhaite?

Car sur ce point nous sommes tous d'accord et nous ressentons tous la même chose. Cette technique de vente aurait d'ailleurs parfaitement pu s'appliquer à moi un certain jour bien précis, si ce jour-là un vendeur un peu dégourdi avait su tirer parti de l'occasion de gagner l'argent que je représentais pour lui. Mais ce jour-là nul ne semble avoir songé à exploiter à son profit l'innovation technique, et c'est de moi-même que je dus aller à sa rencontre, comme doivent d'ailleurs le faire des millions de gens chaque semaine pour la simple raison que nous autres, les vendeurs, ne faisons pas notre métier comme nous devrions le faire. L'anecdote à laquelle je fais allusion ici se déroula de la façon suivante:

Je suis un fanatique du football. Voici quelques années, alors que je faisais du lèche-vitrines, je tombai un jour en arrêt devant quelque chose qui me figea sur place. Il s'agissait d'un match de football retransmis sur un écran géant de télévision. Mais le réalisme de l'image était à ce point saisissant que les joueurs semblaient véritablement mesurer deux mètres de haut. "Stupéfiant, me disais-je en moi-même. On dirait qu'ils vont me bousculer." C'était, je dois le préciser, deux semaines environ avant la finale de la Coupe du monde.

Je continuai donc à me faire des réflexions sur l'extraordinaire qualité technique de cette image. Pourquoi? C'est bien simple: parce que j'avais envie de ce récepteur, alors qu'en bonne logique je savais fort bien que je n'en avais nullement besoin. Je passe en général assez peu de temps chez moi, et je n'avais aucune raison impérieuse de changer pour un autre mon écran de soixante centimètres qui fonctionnait très bien. Mais ce récepteur, je le voulais. JE LE VOULAIS. Il me donnait des visions. Ou plutôt une vision en particulier: celle de tous mes amis réunis chez moi pour régarder la finale. Tous également fascinés par le gigantesque écran.

"IL ME LE FAUT", me dis-je. Et j'entrai dans le magasin pour l'acheter. Sur le moment, je n'avais qu'une notion confuse de ce qu'il y avait de logique dans ce besoin de posséder ce poste de télévision. Ce ne fut que plus tard que je compris à quel point ma brusque décision illustrait le fait qu'une émotion peut commander la raison "logique", même si je suis le premier à reconnaître aujourd'hui encore que les raisons que j'avais d'acheter cet appareil relevaient de la moins consistante des logiques. Mais l'idée de posséder ce téléviseur m'avait assez intensément trotté dans la tête pour me pousser à l'acquérir et voyez-vous, je ne regrette pas du tout de l'avoir fait, tant cet écran m'a donné de plaisir.

C'était un appareil très coûteux, ce qui devait se traduire par une assez jolie commission pour le vendeur qui conclut l'affaire. Mais la question que je me pose est la suivante: comment se fait-il que celui qui m'avait vendu mon ancien téléviseur m'ait laissé tomber en arrêt sur ce nouveau modèle dans un autre magasin que le sien?

Car c'est de technique de pointe qu'il s'agit ici, et de technique de pointe à dose massive. Alors, pourquoi celui qui avait su me convaincre d'acheter un autre poste à écran normal n'a-t-il même pas tenté de me convaincre à nouveau? À ma connaissance personne, dans la région où j'habite, ne sauta sur l'occasion d'exploiter à son avantage une aussi extraordinaire innovation technique. Personne ne prit la peine de téléphoner systématiquement à tous ceux qu'un certain niveau de revenus aurait rendus heureux de payer le prix pour cette technique d'avant-garde véritablement révolutionnaire. Ceux qui représentaient cette compagnie dans la région se contentèrent d'attendre sur leurs chaises que les gens qui avaient les moyens de s'offrir l'appareil viennent d'eux-mêmes en faire l'acquisition, alors qu'une telle expectative les privait de toute chance de vendre un appareil semblable à ceux que le hasard faisait entrer dans un magasin concurrent.

À cette époque-là, quelqu'un aurait dû m'appeler pour me dire: "Je ne crois pas me tromper en vous affirmant que je sais ce que vous ferez tel jour dans trois semaines: vous serez rivé dans votre fauteuil devant votre écran de télévision pour regarder la Finale. Je me trompe?"

"Le fait est que..."

"Que diriez-vous de voir le match sur un écran tellement grand que vous aurez l'impression de regarder des joueurs de plus de deux mètres de haut? Sans bouger de votre fauteuil?"

"Venez chez moi m'en dire davantage," aurais-je répondu.

Dès que vous aurez un produit nouveau à vendre — ou bien un produit conventionnel amélioré ou différemment présenté —, appelez tous ceux de vos clients qui ont acquis la version précédente, en vous y prenant discrètement, bien entendu. Naturellement, si votre article se vendait jusque-là en paquets d'une douzaine et qu'à présent il se vend par paquets de douze, pas la peine d'aller le crier sur tous les toits en affirmant que vous avez à proposer une fabuleuse innovation technique.

Faites preuve d'un peu de discernement. Quand vous êtes en présence de vos clients, sachez consacrer quelques minutes à deviner quels sont leurs centres d'intérêt et leurs façons de penser. Consignez ces informations sur une fiche, de sorte que si l'an prochain surgit l'innovation technique que vous n'aviez pas soupçonnée, vous pourrez vous aider de vos informations pour appeler vos clients et leur dire: "Je ne crois pas me tromper en vous affirmant que je sais ce que vous ferez tel jour dans trois semaines. Mais attendez que je vous présente notre dernière innovation technique, celle qui motive mon coup de téléphone."

Ce seront bien entendu vos clients habituels que vous appellerez en priorité. Ensuite, réfléchissez à la façon de vous y prendre pour contacter des gens qui vous sont inconnus et leur parler de votre innovation technique. Si j'avais été vendeur en télévision à l'époque où celle-ci est née, j'aurais systématiquement appelé les médecins, les avocats, les dentistes de mon secteur, ainsi que tous les gens qui me semblaient assez aisés pour s'offrir un récepteur.

Mais si vous attendez qu'une innovation technique quelconque soit dans toutes les vitrines pour vous demander comment l'exploiter, il risque d'être un peu tard. Si vous travaillez pour une compagnie qui ne cesse de mettre au point des perfectionnements techniques, établissez dès à présent la liste de ceux qu'il conviendra d'appeler chaque fois que vous aurez à placer un produit d'avant-garde.

L'innovation technique, est-il tactique plus stimulante et plus rentable pour décrocher de nouvelles affaires?

Quatrième technique de prospection directe

La presse locale

Ce n'est pas sur le panorama apocalyptique, catastrophique et désespérant de la première page que bâtit le champion quand il lit la presse locale. Quand il lit les journaux régionaux ou locaux, c'est plume à la main et pour faire marcher ses affaires, étant donné que des douzaines de gens insèrent chaque jour des faits divers et des petites annonces dont le contenu est de grande importance pour lui. Car le contenu de ces informations revient à peu près à ceci: "J'ai besoin d'aide." Mais ce n'est naturellement pas en ces termes que les choses sont formulées.

Prenons un exemple. Les feuilles régionales ou locales abondent en petites informations sur les nouvelles nominations, les promotions et les décorations qui touchent leurs lecteurs, pour la bonne raison que c'est ainsi qu'on se fait une clientèle. Vous pouvez donc avoir l'assurance que le débit de ces informations est à peu près constant. Après écrémage de ces articles, écrivez donc quelques lignes de félicitations à ceux qui ont fait l'objet d'une distinction quelconque. Vont-ils selon vous apprécier votre initiative?

Bien entendu ils vont l'apprécier. Non seulement ça, mais ils seront vraisemblablement aussi très réceptifs à votre appel téléphonique des jours suivants, par lequel vous leur demanderez comment vous pouvez leur venir en aide.

Une histoire, que je tiens de J. Douglas Edwards, montre parfaitement comment ce genre d'approche peut se transformer en gains substantiels pour les vendeurs de toutes les catégories. J. Douglas Edwards compte parmi ses bons amis un joueur de baseball professionnel à qui on a un jour proposé un des plus hauts salaires jamais payé à un pro du baseball, et ceci pour qu'il change de club. Les journaux de la ville où il devait désormais jouer lui consacrèrent des articles d'une demi-page pour saluer son arrivée et annoncer qu'il allait s'y aménager une seconde résidence pour lui et les siens.

Réfléchissez: de quoi un professionnel du sport fortuné a-t-il besoin quand il vient s'installer quelque part?

Il a d'abord besoin d'une maison. Et si vous êtes dans l'immobilier, voilà une belle occasion de lui en proposer une dans le quartier le plus huppé de la ville.

Une maison n'est pas tout. Il faut encore la meubler et la décorer. Si vous vous occupez de décoration d'intérieur, d'ameublement, de revêtements de sol ou d'une foule d'autres fournitures pour l'habitat, vous avez du pain sur la planche.

Et les extérieurs? Le court de tennis, la piscine, les patios, le tout intégré dans une perspective d'ensemble conçue par un paysagiste... Voilà un nouveau venu qui a besoin d'une masse de choses pour organiser sa nouvelle vie.

De quoi peut-il encore avoir besoin? Il est bien connu que l'argent brûle les doigts, et cet homme a de l'argent à ne savoir qu'en faire... Il lui faut un moyen de transport pour se déplacer en ville ou pour se rendre à la maison qu'il possède encore dans la ville qu'il vient de quitter. Et, comme la plupart des sportifs aiment bien se voir sur un écran, il va aussi avoir besoin d'un magnétoscope. Comme la plupart des sportifs ne veulent rien manquer d'un match quand il est retransmis à la télévision, voilà encore un candidat de choix pour un écran mural de projection.

Et à présent qu'il a une maison et une voiture, de quels services va-t-il avoir besoin? D'un paysagiste pour son jardin et d'un décorateur pour son intérieur, on l'a déjà dit. Mais il lui faut une bonne assurance pour sa maison, sa voiture et pour l'ensemble des biens qu'il possède, avec une clause de responsabilité civile pour les dommages qu'il pourrait causer à autrui. De plus, comme il a gravi pas mal de degrés sur l'échelle des revenus, il se peut aussi qu'il ait besoin d'un expert financier pour le conseiller dans ses déclarations de revenus et ses investissements. Quant à sa femme, elle va avoir besoin d'ouvrir un compte dans les meilleurs magasins de la ville et de se procurer un certain nombre de produits et de services adaptés à sa nouvelle existence.

Nous autres, les champions, nous n'aurions certainement aucun mal à aider un citoyen de ce genre à dépenser tout son argent tout en faisant en sorte que lui et sa famille en retirent le plus possible d'avantages, n'est-ce pas?

Et oui, mais il y a un hic. C'est que le joueur de baseball en question ne vint s'installer dans sa nouvelle ville que plusieurs semaines après que les journaux locaux eurent annoncé sa venue. Et quand plus tard Douglas lui demanda s'il n'avait pas été assailli à son arrivée par la sollicitude d'un fourmillement de vendeurs et de représentants, son ami lui répondit qu'en dépit des articles de presse qui lui avaient été consacrés, à sa connaissance aucun démarcheur n'était venu lui proposer quoi que ce soit. Quand il arriva dans la ville en compagnie de sa femme pour s'y installer, il leur fallut se débrouiller comme n'importe qui d'autre, c'est-à-dire en se faisant recommander par quelques amis et connaissances, en allant fouiner à gauche et à droite pour trouver une maison, et en s'aidant des pages jaunes du téléphone.

Où étions-nous donc, les uns et les autres, au moment de leur arrivée?

Assis dans la boutique, en attendant que quelqu'un, n'importe qui, pousse la porte?

Les petites feuilles locales sont pourtant une véritable mine pour les vendeurs dégourdis. Quand les champions se mettent à les feuilleter, ce n'est pas pour avoir des nouvelles de la catastrophe de Kaboul ou du séisme de Karachi, mais bel et bien pour être informés de ce qui se passe sur leur territoire de vente. Qui vient d'y être muté? Qui a bénéficié d'une promotion? Qui a remporté un prix? Qui va réaliser un nouveau projet? C'est tout cela que les champions veulent savoir.

Prenez vous aussi l'habitude de dépouiller soigneusement la presse locale, ou bien ces petits journaux qu'on glisse ordinairement sous votre porte et que vous jetez au panier sans même leur accorder un coup d'oeil. Certains sont littéralement débordants des faits divers de la région. Prenez connaissance également des journaux professionnels spécialisés, qui couvrent certaines activités industrielles ou bien la vie économique de la région. Il est évident que si par exemple vos activités sont liées à la navigation de plaisance, vous êtes bien sûr abonné aux principales publications nautiques et familier de rubriques locales consacrées au club de yacht. Mais si vous êtes dans l'assurance? Si vous vendez du mobilier ou des objets d'art, des automobiles de luxe? Ce n'est pas parce que certaines gens ne peuvent s'offrir un yacht qu'ils vont pour autant s'habiller à l'Armée du Salut. Et le dentiste fortuné qui remporte toutes les régates est presque certainement un gros consommateur dans beaucoup de domaines qui n'ont rien à voir avec la voile. Il y a donc de fortes chances pour qu'il ait besoin aussi du service ou du produit que vous avez à offrir, et il saura apprécier les quelques lignes que vous lui adresserez pour le féliciter de sa prochaine victoire.

Et les autres, alors? Les concurrents moins chanceux qui arriveront en deuxième, en troisième position? Ou bien ceux qui réussiront simplement à mener la course de bout en bout? Eux aussi se seront battus, et ils seront encore plus sensibles au fait que vous les aurez remarqués.

Les pages de ces journaux locaux vous fourniront chaque jour bien plus d'informations utiles que vous ne pourrez en exploiter, et vos meilleures sources seront bien souvent ces modestes publications qu'il ne vous est jamais venu à l'esprit de lire. Songez-y si votre activité de vendeur repose sur le contact personnel avec votre clientèle, et efforcez-vous de découvrir ainsi de nouveaux gisements de ce genre.

Cinquième technique de prospection directe

Planter des jalons

Après avoir lu l'histoire de ce jouer de base-ball, que raconte J. Douglas Edwards, peut-être avez-vous raisonné de la façon suivante: "Si je me contente d'attendre que quelqu'un de nouveau soit arrivé ici (dans une équipe locale ou quelque autre organisation), il sera peut-être un peu tard pour réussir à décrocher l'affaire. Je ferais peut-être mieux de prendre contact dès à présent avec quelques clubs locaux, avant que la célébrité dont les journaux annoncent la venue soit déjà sur place. Ainsi, au moment de son arrivée, je serai déjà au coeur des opérations, tout prêt à lui sauter dessus."

C'est exactement ce que cette cinquième technique se propose de faire. Elle consiste pour vous à vous faire connaître, et aussi à connaître les ficelles de certaines associations soigneusement choisies, où vous vous sentirez à l'aise et où il vous sera possible de rencontrer des gens présélectionnés — tant par leur catégorie de revenus que par leurs intérêts personnels — et donc acheteurs éventuels de ce que vous avez à proposer. Cette technique est l'une des meilleures que je connaisse, étant donné qu'elle permet de planter autant de jalons qu'on le désire pour revendiquer sa priorité d'exploitation sur un territoire. Autant de jalons, autant de nouvelles mines dont vous pourrez extraire de nouveaux contacts et de nouveaux prospects solidement présélectionnés. Oui, le nombre d'associations, de clubs, de groupements, d'organisations où vous pouvez planter vos jalons est pratiquement illimité. Mais ne vous inspirez pas de l'exemple des prospecteurs du temps jadis, qui parcouraient les vallées avec leur mule et leur grand chapeau et y plantaient autant de jalons qu'ils le pouvaient pour proclamer leur droit de priorité et d'exploitation. Ne plantez donc pas vos jalons sur plus de territoires que vous n'en pouvez couvrir, sous peine de n'en exploiter aucun à fond.

Souvenez-vous encore, si vous utilisez cette technique, qu'il faut généralement un certain temps avant d'être en mesure d'extraire le minerai. Mettez-vous donc à l'ouvrage sans plus tarder. Accordez chaque semaine quelques heures à ce genre de jalonnement préliminaire, c'est-à-dire consacrez suffisamment de votre temps pour implanter et faire croître votre influence dans les associations et les clubs que vous aurez choisis, mais sans pour autant que cette stratégie à moyenne portée vous détourne de cet autre filon que représentent vos clients habituels qui, eux, sont susceptibles d'acheter sur-le-champ.

Dans combien d'associations puis-je planter mes jalons? Et comment m'y prendre ensuite?

Avant de répondre à cette question, passez en revue le plus grand nombre possible d'associations, jusqu'à ce que vous découvriez celles qui vous stimulent le plus, en même temps qu'elles vous ouvrent des perspectives de vente. Car l'un ne doit pas aller sans l'autre, sinon vos efforts seraient vains. Une fois que vous aurez jeté votre dévolu sur telle ou telle association, la façon de procéder se dévoilera d'elle-même. Soyez aussi actif que vous le pouvez. S'il s'agit d'un club quelconque, commencez par en devenir membre, puis soyez volontaire pour participer bénévolement aux travaux de son comité d'organisation. Il n'existe pas meilleur moyen de faire sentir le poids de votre présence. S'il s'agit au contraire d'une association dont vous ne pouvez ni ne voulez devenir membre, invitez à dîner certains de ses dirigeants, écrivez-leur des petits mots de remerciement, rendez-leur de menus services, bref, sachez vous rendre utile. Si tout se passe normalement, vous aurez vite trouvé comment accorder votre violon. Sinon, recommencez avec une autre association. Un seul club peut dans certains cas vous apporter plus de contacts que vous ne pourrez en assumer. À moins que vous ne trouviez plus de plaisir et de profit à partager vos activités entre plusieurs associations. Si c'est dans le monde des affaires que vous décidez de planter vos jalons — par exemple en faisant la connaissance de gens bien placés, à la direction de certaines entreprises —, vous découvrirez que c'est peut-être entre vingt ou trente clubs et associations qu'il vous faudra répartir vos activités. La seule règle, quand il s'agit de savoir combien de jalons vous devez planter pour préparer le terrain, c'est encore de faire ce qui vous semble le plus efficace.

Quel type d'association se prête généralement le mieux à cette technique de prospection?

Tout dépend de ce que vous avez à offrir, de vos préférences et de votre personnalité propre. Le nombre des associations dans lesquelles on peut s'introduire est pratiquement illimité: groupements d'affaires, oeuvres de charité et de bienfaisance, associations religieuses, clubs divers, organisations sportives d'amateurs ou de professionnels, partis politiques, clubs de loisirs, associations culturelles. À vous de déterminer quel groupe est pour vous le plus approprié, en mettant en balance le temps, l'argent et l'énergie qu'il vous faudra investir pour vous y introduire avec les bénéfices que vous pouvez en attendre par le biais des relations que vous y nouerez. C'est votre propre jugement qui vous fournira la bonne réponse.

Sixième technique de prospection directe

Un marché d'échanges

Dans la plupart des villes américaines, c'était en général les ciné-parcs qui représentaient les plus grands espaces perdus. Bien qu'entourées de milliers d'habitations, ces acres d'espace entièrement pavées n'avaient guère d'autre fonction que celle d'augmenter les taxes locales. Jusqu'au jour où quelqu'un de très ingénieux eut l'idée de reconvertir ces espaces en marché ouvert à tous ceux qui avaient quelque chose à vendre ou à échanger. Ainsi naquirent les marchés publics actuels.

L'origine de cette institution se perd à vrai dire dans la nuit des temps. Sans doute ces marchés d'échanges éphémères ont-ils existé bien avant qu'existent des villes pour les abriter. De tout temps les gens ont aimé ce qu'il y a de coloré, de varié, d'excitant dans l'activité qui consiste à acheter, vendre et négocier à ciel ouvert les produits de l'artisanat... ou les bonnes occasions imprévisibles de dernière heure.

Avez-vous jamais pensé que vous pourriez vous aussi vous faire d'excellents clients en créant votre propre marché de troc? Il suffit pour cela de procéder à petite échelle, et il ne vous en coûtera qu'un modeste effort.

L'idée consiste à organiser régulièrement des rencontres avec quelques vendeurs soigneusement choisis qui exercent leur métier dans des secteurs non compétitifs, dans le but de s'échanger quelques tuyaux. Quatre à six participants au total, c'est le nombre idéal. Au-delà de six, les choses risquent de vous échapper.

Voici comment il convient d'ériger cette prodigieuse fontaine d'affaires neuves:

> Sélectionnez quatre, cinq ou six vendeurs de première force, choisis dans un champ d'activités avantageux pour vous, et qui acceptent de participer à votre marché d'échanges. Puis entendez-vous avec eux pour décider d'une date et d'un emplacement. Voilà, le tour est joué.

"Hé là! pas si vite! allez-vous me dire. Qu'entendez-vous par champ d'activités avantageux? Et comment s'y prendre pour sélectionner des vendeurs de première force? Et puis d'abord, comment ça fonctionne, votre marché d'échanges?"

Un champ d'activités avantageux

Si vous voulez mettre sur pied votre propre marché de troc, entourez-vous de vendeurs dont la clientèle est du même type que la vôtre. C'est cela le champ d'activités le plus avantageux pour vous: car en autant qu'ils n'entreront pas en concurrence les uns avec les autres, les membres de votre marché pourront sans problème effectuer des ventes dans un champ complémentaire très proche du vôtre, ou exercer leurs activités dans des industries tout à fait différentes de celle de votre produit. L'essentiel est que leurs clients habituels aient les mêmes intérêts, les mêmes besoins, et le même pouvoir d'achat que les vôtres. Si vous vendez de l'appareillage électro-ménager, il est bien évident que vous ne retirerez rien d'avantageux de quelqu'un qui vend des machines à traitement de textes aux grandes entreprises. Et que vous n'aurez rien d'avantageux à lui apporter non plus. Mais par contre vous pouvez troquer une masse de bonnes adresses de clients avec un représentant en revêtements de sols ou d'ameublement, voire avec un vendeur immobilier.

Sélectionner des vendeurs de première force

Pour recruter les gens avec qui vous aurez plaisir et profit à travailler dans le cadre de votre marché d'échanges, il vous faut raisonner de la façon suivante: supposons que la plupart de mes clients soient des cadres d'entreprise qui généralement roulent dans des voitures d'un certain prix. Personnellement, je ne vends pas de voitures, mais j'ai de bonnes raisons de penser que beaucoup de mes clients, pour des raisons fiscales ou autres, se servent de voitures de location. J'aimerais donc voir participer à mon marché d'échanges un des représentants les plus exceptionnels d'une compagnie spécialisée dans la location d'automobiles. Pourquoi? Parce que je peux l'aider, et que si je peux l'aider je sais qu'il m'aidera lui aussi en retour.

Voilà donc au moins un champ d'activités que je voudrais voir représenté à mon marché de troc. Mais comment entrer en contact avec un représentant de classe?

Appelez les directions des compagnies de location jusqu'à ce que vous marquiez le but. Il se peut fort bien d'ailleurs que votre premier appel soit le bon. Expliquez à votre interlocuteur ce que vous avez l'intention de faire, et demandez-lui lequel de ses représentants pourrait selon lui participer à votre marché. Il vous mettra en relation avec celui qu'il sait le plus capable d'exploiter les renseignements qu'il obtiendra grâce à vous. Vous aurez donc votre homme.

Visez toujours au sommet quand vous vous faites recommander quelqu'un qui va participer à votre rencontre. Si vous appelez un directeur des ventes digne de ce nom, le fait que vous soyez assez imaginatif pour mettre sur pied une rencontre de ce genre lui plaira, et il fera tout ce qu'il pourra pour que sa firme tire profit de votre initiative en vous déléguant un vendeur de première force.

Comment doit fonctionner un marché d'échanges

1. Réunissez chaque semaine à jour fixe vos participants, sinon vous ne prendrez jamais l'habitude de vous rencontrer régulièrement.
2. Retrouvez-vous à heure fixe et dans un lieu fixe, sinon le temps que vous allez perdre à organiser chaque rendez-vous finira par détruire toute l'entreprise.
3. Réunissez-vous tôt le matin, avant de commencer la journée, sinon vous ne réussirez jamais les uns les autres à faire coïncider vos moments de disponibilité. Débarrassez-vous de ceux qui sont incapables de se lever à l'heure pour être au rendez-vous. Votre marché ne doit être ouvert qu'à ceux qui sont sérieux en affaires.
4. Le meilleur lieu de rendez-vous, c'est encore un café du centre-ville où vous pourrez tous vous retrouver pour le petit déjeuner. Prenez l'habitude de payer chacun votre note, sans laisser l'un d'entre vous régler toute l'addition.
5. Ne lambinez pas. Vos réunions ne doivent pas être autant de prétextes à tuer le temps. Si vos séances ne sont pas brèves, expéditives et efficaces, votre marché partira en fumée.
6. Chacun des participants doit s'engager à fournir chaque semaine aux autres deux noms de clients éventuels significatifs. S'il arrive qu'un des participants ne puisse fournir ces deux informations, accueillez-le tout de même. Mieux vaut venir avec une seule information que de ne pas venir du tout. En outre, l'intéressé se sentira dans l'obligation de revenir la fois suivante, ou une autre fois, avec trois informations.
7. Chaque rencontre doit être un échange d'informations. Mais le groupe doit veiller à ce que chaque participant garde la priorité d'exploiter avant les autres les informations qu'il apporte à la collectivité.
8. À cette restriction près, chacun doit s'engager fermement à exploiter rapidement et minutieusement les informations qui lui sont communiquées. Votre marché ne survivrait pas si les participants n'en retiraient pas des bénéfices palpables.

9. Il ne survivrait pas non plus si les participants étaient scindés en deux clans: d'un côté celui des fournisseurs, et de l'autre celui des bénéficiaires d'informations. Si vous constatez que les choses prennent cette tournure, une conversation privée avec les bénéficiaires peu zélés devrait les convaincre de changer d'attitude. S'ils s'obstinent, fermez-leur les portes de votre marché.

10. Aucun marché de ce genre ne peut survivre s'il sert de déversoir à la mélancolie générale. N'y tolérez aucune manifestation de pessimisme ou d'abattement. Faites bien comprendre à tout le monde que chaque réunion doit servir de tremplin aux ventes et aux rentrées d'argent de la journée qui commence, et que quiconque aura laissé son enthousiasme au vestiaire ne sera pas le bienvenu.

J'ai participé à bien des marchés de ce genre, et je sais aussi que dans certains marchés organisés par d'autres, mon nom comme client éventuel avait été échangé entre les participants. Bien entendu, ce n'est que plus tard que je m'en suis rendu compte. C'est pourquoi j'ai au moins deux bonnes raisons d'affirmer que le système fonctionne bien, pour en avoir éprouvé l'efficacité aussi bien en tant que vendeur que comme consommateur.

On pourrait imaginer que ce système n'est efficace que lorsqu'il s'agit de vendre des produits. Mais il ne se limite pas à cela et peut tout autant s'appliquer aux services offerts par un corps de métier ou une profession. Je vais vous en donner un exemple. J'ai un avocat, un agent d'affaires et un conseiller financier. Et je sais pertinemment qu'ils participent tous les trois à un même marché d'échanges, pour la bonne raison que peu de temps après avoir confié mes affaires à l'un d'entre eux, je me suis retrouvé client des deux autres, ce dont je n'ai eu d'ailleurs qu'à me féliciter.

Organiser un marché d'échanges est une entreprise très stimulante, pour soi comme pour les affaires qui y sont en jeu. Quand vous aurez mis sur pied le vôtre, qu'il tournera rond et vous enrichira tous les lundis matin, qui sait si vous ne déciderez pas d'en organiser un autre le mardi?

Septième technique de prospection directe

Les trouvailles du service de réparations

Si vous vendez de l'appareillage mécanique, électrique ou électronique, votre compagnie possède probablement un service de dépannage et d'entretien. C'est ce service qu'appellent les propriétaires quand les modèles qu'ils ont achetés ont vieilli et commencent à grincer en signe de protestation. Que se passe-t-il quand le prix de maintenance d'une machine augmente? Le rendement diminue, et son propriétaire se met à ressentir la démangeaison de la remplacer par une neuve.

Informez-vous donc auprès du service de réparations et essayez de savoir qui fait appel à ses techniciens pour maintenir en état de marche le matériel en service. Ce sera pour vous l'occasion rêvée de rendre visite à ses propriétaires et d'en faire les heureux bénéficiaires des modèles plus récents qui leur feront un meilleur travail sans perte de temps.

C'est là une source extraordinaire de bonnes affaires pour le vendeur qui sait s'y prendre. Il m'est arrivé il y a peu de temps quelque chose qui fournit un bon exemple à ce sujet. J'aime la musique, et j'emporte toujours un appareil portatif en voyage. Et comme je voyage énormément, mes bagages sont mis à rude épreuve. Si bien qu'un collier minuscule, mais indispensable, se brisa dans mon système stéréo, et je me rendis compte que je ne pourrais plus écouter de musique si je ne le faisais pas réparer. Je le reportai donc au magasin où je l'avais acheté.

Quand j'eus expliqué à un vendeur ce que je désirais, il me dit: "Votre appareil a plutôt mauvaise mine. Vous feriez peut-être mieux d'en acheter un neuf."

"Personne ne se rend compte qu'il a mauvaise mine, dis-je. Et du moment qu'il me fait de la musique..."

Le vendeur haussa les épaules et remplit une fiche de réparations. Je sortis du magasin.

Deux jours plus tard, un autre vendeur de ce même magasin m'appela: "Je sais qui vous êtes, M. Hopkins. Je sais que vous êtes continuellement en route ici ou là pour donner des cours de vente."

"En effet."

"Préférez-vous attendre votre prochain retour ici, ou bien partir dès maintenant avec un appareil neuf? J'en ai un qui est fameux, comparé au vôtre."

"J'aimerais certainement en avoir un nouveau, dis-je, mais je ne vois pas ce que je pourrais bien faire de l'ancien."

"J'ai une idée là-dessus, m'assura-t-il. Votre bureau, si je ne me trompe, se trouve bien tout près de notre magasin, dans la même rue?"

"C'est exact."

“Accordez-moi cinq minutes, je vais faire un saut chez vous pour vous montrer quelque chose qui, je pense, va vous plaire.”

Vous devinez avec quoi j'ai décollé le lendemain. Avec un appareil stéréo neuf, bien sûr. Non seulement il avait meilleur aspect, mais la qualité du son était aussi bien supérieure. Je ne le voulais pas vraiment, mais j'avais soudain éprouvé le besoin de l'avoir. Ce n'était pas à ma logique qu'avait fait appel le vendeur qui était venu me le montrer, mais à mes émotions, en me faisant d'abord écouter le son avant de me faire voir l'appareil. Avant même de m'en rendre compte, je repartais en avion avec mon nouveau stéréo.

Et le premier vendeur, celui qui avait rempli la fiche de réparations de mon ancien appareil? Il m'avait pourtant eu tout de suite dans son champ de tir mais il n'avait pas appuyé sur la détente. Et pourtant, au magasin, je me tenais à moins de trois mètres du nouveau modèle que j'allais acheter deux jours plus tard au vendeur plus compétent qui était venu me le montrer.

Vous pouvez vous aussi tirer le même parti de situations semblables en prenant l'habitude de passer en revue les fiches d'entretien et de réparations, si un tel département de service existe là où vous travaillez. Car si chaque jour vous vous préoccupez de ce service, c'est chaque jour qu'il sera au service de votre compte en banque.

Cinq façons de vous faire les ailes avant le grand envol

Nous venons d'examiner l'une après l'autre les sept techniques de prospection directe que je préconise. Toutes vous conduiront promptement à un haut rendement. Mais qu'en est-il si vous ne mettez en application aucune de ces techniques? Ou si vous ne vous sentez à l'aise que dans le rôle du paresseux? (Vous remarquerez que je n'ai pas dit: “si vous êtes paresseux”, étant donné qu'on ne peut dire de personne qu'il est paresseux en donnant au verbe *être* le même sens que dans l'expression “il est sourd”.) La paresse est une disposition d'esprit passagère, un arrêt dans une continuité. C'est un peu comme un pardessus qu'on peut ôter quand on le décide. Si votre jeu favori consiste à prétendre que vous êtes affligé d'une infirmité nommée paresse, continuez. Même si c'est stupide. Plus vous vous complairez à creuser dans la boue, plus vous faciliterez les choses à ceux d'entre nous qui sommes bien résolus à accomplir chaque jour notre tâche quotidienne. Et si, soit dit en passant, quelque chose dans mon propos vous blesse parce que j'ai mis dans le mille, toussez. Je me contente simplement de dire les choses comme elles sont.

Supposons que, pour une raison quelconque, vous ne vous sentiez en ce moment ni la disponibilité, ni la volonté de vous lancer dans une prospection intense. Soit. Mais si en outre vous êtes dans une situation telle qu'aucune affaire ne se présente plus à vous, attention: vous êtes un homme mort. De deux choses l'une: ou bien vous changez d'attitude, ou bien vous changez de métier. Sinon, tout ce que vous pourrez bien faire ne vous rapportera pas un vieux sou percé.

Il se peut en revanche que vous soyez dans une situation, dans un secteur où les bonnes affaires affluent vers vous sans que vous ayez besoin de faire la moindre prospection, parce qu'il vous suffit tout simplement de suivre à la lettre les filons tout tracés de votre compagnie, de choyer une clientèle fidèle, ou pour quelque autre raison. Dans ce cas, la méthode exposée ci-dessous vous permettra de maintenir le volume de vos affaires, voire de les consolider, tout en prenant confiance en vous et en approfondissant votre produit ou votre service. Obstinez-vous à étudier pour vous-même les techniques exposées dans ce livre, et vous verrez qu'un jour viendra — vous serez même surpris de la rapidité avec laquelle il viendra — où vous ne pourrez vous retenir de mettre en pratique toutes ces techniques. C'est alors que vous prendrez soudain conscience de vous être lancé dans la course aux revenus élevés. Préparez-vous donc vigoureusement à prendre le départ, ayez la foi, et la réussite sera à portée de votre main.

Voici comment vous allez vous y prendre pour garder la situation bien en main et choyer votre clientèle en vous faisant les ailes avant l'envol vers les gros revenus:

1. Envoyez à chacun de vos clients une note de remerciements. Nous y reviendrons en détail au chapitre 16.

2. Réagissez vite en cas de problème. Si un de vos clients a des difficultés avec le produit ou le service qu'il a acquis, intervenez immédiatement.

3. Retournez immédiatement les appels de vos clients. Une des principales sources des difficultés qu'éprouvent bien des vendeurs tient à ce qu'ils ne se donnent pas la peine de prendre connaissance des messages de leurs clients et d'y répondre. Retournez immédiatement tout appel d'un client. C'est la seule façon de consolider une clientèle.

4. Tenez scrupuleusement toutes vos promesses. Pour faire une vente, certains vendeurs promettraient la lune:

> "Je vais bien entendu m'occuper de faire faire ce réglage."
> "Soyez certain que je vais m'assurer que cet accessoire est bien compris dans l'ensemble."
> "Vous pouvez absolument compter sur moi."

Mais ensuite, dès qu'ils peuvent se dispenser d'agir, ils ne font strictement rien de ce qu'ils ont promis de faire. Ce n'est certainement pas en vous comportant ainsi que vos clients feront votre publicité auprès de leurs amis et connaissances.

5. Gardez le contact. Appelez ou visitez régulièrement vos clients. Car le courrier n'est pas tout, étant donné que les mécontents ou ceux qui sont courtisés par un de vos concurrents, ne répondront certainement pas à vos lettres. Dans ce cas, appelez-les. Et restez à l'écoute de leur cycle de démangeaison.

La plupart des grands champions de la vente que j'ai formés et entraînés se manifestent au moins tous les trimestres à leurs clients, en leur expédiant par la poste un mot ou un imprimé quelconque. Beaucoup de vendeurs d'automobiles font parvenir entre quatre et huit fois par an à leurs clients une nouvelle brochure éditée par le constructeur qu'ils représentent. Presque toutes les grandes entreprises commerciales éditent régulièrement des documents conçus pour que leurs agents et représentants les fassent parvenir par voie postale à leurs clients.

Si on répartit les vendeurs en trois catégories selon que leur chiffre d'affaires est supérieur, moyen ou faible, et si l'on observe pour chaque groupe l'usage qui est fait de ces outils d'information — et du courrier en général — on se rend compte que seuls les vendeurs de la première catégorie se servent de la poste de façon intensive. Les autres? On jurerait qu'ils tombent en panne d'essence chaque fois qu'ils vont poster leur courrier. Il est vrai que les inactifs ont généralement beaucoup trop à faire pour pouvoir s'occuper de tout.

Nous avons eu l'occasion d'entraîner un courtier en assurances au sommet de sa notoriété — comme nous en avons entraîné des milliers, d'ailleurs — qui a pour habitude d'envoyer chaque mois une lettre d'information à ses clients. Une lettre personnelle et directe, qu'il se donne la peine de rédiger lui-même et qui traite exclusivement d'affaires. Ce ne sont pas des cartes illustrées qu'il envoie ainsi, comme il est d'usage, mais de brefs comptes rendus analytiques traitant de diverses questions essentielles sur l'assurance et exposant de multiples idées personnelles, sur les dégrèvements fiscaux par exemple, qu'il suggère alors en se tenant scrupuleusement au courant de la législation. (C'est par professionnalisme qu'il juge ainsi important de démontrer qu'il en sait plus que ses clients, sur les services qu'il propose.) Par exemple encore, il les tient au courant dans ses lettres de l'évolution de la loi en matière de fonds de retraite. Si vous êtes vous-même dans cette branche d'activités, vous devez savoir quelle importance prennent ces questions de retraite dans la négociation des contrats d'assurance. Ce garçon obtient ainsi un flot constant de nouveaux clients par le simple jeu de la prospection par recommandation, tout en augmentant son chiffre d'affaires avec sa clientèle déjà établie. Car ses lettres d'information le rappellent constamment au bon souvenir de ses assurés et, même si ces derniers ne songent pas nécessairement, sur le moment, à modifier leur police et à améliorer leur future retraite, ils y songeront un jour ou l'autre... quand leur cycle de démangeaison arrivera au point critique.

À ces lettres d'information s'ajoutent encore un appel téléphonique semestriel et une visite annuelle, de sorte que cet assureur est à même de flairer tout changement dans les dispositions d'esprit de ses clients, et de réagir en conséquence. Ce qui lui vaut une clientèle fidèle, qui augmente rapidement. Excellente façon de garder le contact avec elle. Si cet assureur n'envoyait pas ces fréquentes lettres d'information, il lui faudrait multiplier les appels téléphoniques et les visites à des gens amorphes, au prix d'une énorme perte de temps et autrement dit, d'argent.

Il n'existe que trois façons de garder le contact avec vos clients: envoyez-leur quelque chose, appelez-les, ou allez les voir. Le mélange idéal de ces trois démarches dépend évidemment de votre type d'activité. Mais il n'existe guère de situations de vente qui ne soient favorisées par la combinaison de ces trois types d'approche.

Peut-être votre société vous fournit-elle une ou plusieurs fois par an d'attrayantes brochures en quadrichromie? Certaines organisations de vente fournissent aussi à leurs représentants des lettres d'information ou des brochures documentaires sur lesquelles il ne leur reste plus qu'à faire imprimer leur nom avant de les envoyer à leurs clients. Parfois, c'est la société elle-même qui se charge directement de l'expéditiion. Mais la plupart du temps ces publications sont trop superficielles, trop institutionnalisées, trop anonymes, trop générales dans leur contenu, pour être postées telles quelles. Ce qui vous est donc nécessaire dans ce cas, c'est de prévoir une correspondance régulière, axée sur ce qui préoccupe vos clients, et axée sur les particularismes de votre secteur. À vous de combler par une lettre d'information de votre cru les lacunes de la politique d'ensemble telle qu'exposée par votre firme. Ou encore, envoyez tous les trois mois par exemple une circulaire à chacun de vos clients pour les tenir au courant des innovations techniques de votre maison. N'importe quelle machine à traitement de textes transformera cette circulaire en lettre personnalisée pour chacun des candidats à la démangeaison qui figure dans votre fichier.

Que vous ne puissiez pas tout faire par vous-même ne doit pas vous chagriner: vous n'en avez pas le temps et ce n'est pas votre rôle d'avoir votre propre service de documentation et de publicité. Mais ce n'est pas une raison pour ignorer le problème. Mieux vaut le résoudre. Regroupez-vous donc entre représentants de votre firme — voire entre représentants de firmes différentes, mais non compétitives — pour partager les frais que représente la transformation d'une circulaire qui vous concerne tous en une lettre d'information personnalisée et adaptée aux particularités de votre région et aux différents niveaux des clientèles. Il ne vous en coûtera à chacun qu'une fraction des revenus dont vous seriez privé en n'utilisant pas efficacement le courrier.

S'il est certain que ce système rapporte bien des récompenses pour peu d'effort, il ne doit pas pour autant vous dispenser de garder le contact avec vos clients en les appelant et en leur rendant visite. Servez-vous du courrier pour maintenir les bonnes relations et vous rappeler régulièrement à eux. Servez-vous du téléphone et des visites pour pressentir à quel moment vous devez intervenir pour mettre du baume sur leurs démangeaisons... et sur votre compte en banque.

Si je vendais des avions privés aux chefs d'entreprise ou aux VIP, voilà comment je m'y prendrais. Chaque fois que j'aurais dans mon champ de tir des gens qui évoluent dans les mêmes sphères que nos acheteurs bien établis, je me mettrais en orbite. Et je vous garantis que je finirais par avoir le contact avec tous. Ils seraient mis en possession d'une brochure, mais ce ne serait là qu'un préliminaire. Je les inviterais pour le lunch dans un restaurant exotique. Je flatterais leur ego. Je leur ferais toucher du doigt toute leur insatisfaction de ne pas avoir le prestige de posséder un avion privé ou un jet d'affaires.

Parce qu'en fait, si ces gens ne possèdent pas d'avion, c'est parce qu'ils ne réalisent pas qu'ils en ont besoin et que leur rang social l'exige. Je ferais donc tout ce qu'il faut pour le leur faire comprendre. C'est mon métier, après tout.

La même démarche est applicable à une grande variété de produits et de services, puisqu'il est bien entendu que le temps et l'argent qu'on y consacre doivent être proportionnés aux bénéfices qu'on attend en retour de la clôture des ventes.

J'espère que vous percevez quelle intensité de conviction je m'efforce d'insuffler à la prospection, car la prospection est l'artère nourricière de la vente. Vous connaissez probablement dans votre entourage professionnel des collègues qui n'ont jamais pris l'initiative de prendre eux-mêmes contact avec un client éventuel, qui n'ont jamais décroché un téléphone, jamais fait la moindre démarche, se contentant d'attendre qu'on les appelle pour se décider à bouger, ou espérant que l'employeur va faire le gros de l'ouvrage et leur remettre une liste toute faite de nouveaux prospects.

Si vous avez l'étoffe d'un champion, c'est par vos propres forces que vous développerez vos affaires, car vous savez fort bien qu'il n'y a pas d'autre façon de le faire. Et cela, vous le réussirez grâce aux techniques que nous venons d'étudier, bien sûr, mais plus encore en assumant si pleinement vos responsabilités envers votre clientèle que vous mériterez amplement de voir celle-ci faire boule de neige.

C'est sur vous qu'il faut compter. Pas sur ceux qui vous emploient. C'est l'unique façon de vous doter d'une stature que vous ne devrez qu'à vous-même.

Chapitre 8

Un allié irremplaçable: le téléphone

Il est tout de même étonnant que si peu de vendeurs comprennent bien l'avantage du téléphone. Dès qu'ils ont appris à tourner le cadran ou à pousser les touches — ce qui se produit généralement vers l'âge de trois ans — tout se passe comme s'ils s'empressaient de ne plus y attacher la moindre importance, au point d'adopter un langage purement automatique chaque fois qu'ils décrochent cet instrument pourtant irremplaçable.

J'attire tout spécialement votre attention sur ce chapitre, étant donné qu'il m'est impossible de tailler toutes les techniques que j'y propose aux mesures exactes de votre produit ou de votre service. Ce sera donc à vous de laminer ces techniques, de les vriller et de les marteler pour les ajuster à vos besoins. Je me bornerai ici à vous donner des concepts de base et une meilleure compréhension de ce que vous pouvez tirer de ce puissant médium, installé sur tous les bureaux, pour vous présenter vous-même à votre clientèle de façon plus professionnelle et plus efficace. Car le téléphone est, par ordre d'importance, le second outil de la vente — le premier étant la bouche. Et cependant, pour des raisons qui m'échappent, très peu de vendeurs étudient ses techniques d'utilisation. Seuls les plus ambitieux — les champions en puissance — prennent la peine de le faire. Alors que les autres, les vendeurs d'envergure moyenne, ceux qui pourtant auraient désespérément besoin d'acquérir le savoir-faire supplémentaire que pourrait leur procurer l'usage bien compris du téléphone, estiment qu'il est trop fastidieux de faire l'apprentissage de ce mode de communication fondamental. Il ne s'agit pas simplement ici de faire l'apprentissage d'une technique: pour tirer le meilleur rendement possible du téléphone, il convient aussi d'en comprendre les limites. Là où le vendeur sans imagination se méprend le plus gravement, c'est quand il croit que le téléphone peut se substituer au face à face direct avec ses clients. Alors que le champion, lui, est convaincu qu'aucune voix étrangère véhiculée par un fil ne remplacera jamais une présence physique. Parmi les nombreuses idées que nous allons passer en revue sur ce sujet, retenez d'abord celle-ci:

C'est personnellement que je dois rencontrer tous ceux qui appellent pour manifester leur intérêt

Tel doit être votre but chaque fois que quelqu'un témoigne, par téléphone, de l'intérêt pour ce que vous avez à offrir et présente assez de garanties pour que vous le considériez comme un acheteur possible.

Les sociétés commerciales consacrent des sommes énormes à certains programmes dont la vocation est de susciter chez le grand public des demandes de renseignements téléphoniques: annonces dans les mass-médias et les annuaires, publicité, panneaux lumineux, courrier, expositions et autres manifestations de promotion. Toutes ces sommes sont dépensées en pure perte, tout cet effort publicitaire déployé pour amener le public à téléphoner ne sert strictement à rien si, au moment où vous décrochez l'appareil pour répondre, vous ne savez pas obtenir un rendez-vous de celui qui vous appelle.

Certains vendeurs considèrent que ce ne sont pas leurs intérêts immédiats qui sont en jeu si une partie du budget publicitaire de leur compagnie est dépensée en pure perte. Rien n'est plus faux. Car s'il est impossible, c'est l'évidence même, de transformer en vente ferme chaque demande de renseignements téléphonique, il n'empêche que si vous ne faites pas de votre mieux pour que chacun des appels que vous recevez soit rentable pour votre employeur comme pour vous-même, ce sont les deux qui seront lésés. Le monde dynamique dans lequel nous vivons est en continuelle transformation. Chaque jour, toute chose continue à croître, ou commence déjà à mourir. Si, durant des mois et des années, vous contribuez à faire agoniser votre compagnie au lieu de la faire prospérer, c'est exactement le même processus que vous exercez alors sur une partie irremplaçable de vous-même. Vous ne ferez jamais revivre la semaine qui vient de s'écouler. Et moins encore les cinq dernières années. Il faut donner au temps sa pleine signification, et cela ne peut se faire que dans le présent et dans l'avenir.

La publicité est de plus en plus conçue pour faire d'une demande d'informations téléphonique la première étape d'une acquisition. Si vous savez vous servir du téléphone, ces demandes de renseignements se changeront pour vous en ventes fermes.

Voyons comment les choses doivent se passer, en commençant par le commencement.

1. Quel est le moment le plus approprié pour répondre au téléphone?

Cela vous fait rire? Il y a pourtant un temps pour tout, y compris pour répondre au téléphone. Si vous n'attendez même pas que le premier coup de la sonnerie soit achevé pour vous saisir de l'appareil, vous effraierez certains interlocuteurs, et vous donnerez à certains autres l'impression que vous êtes au comble de l'anxiété. Si, au contraire, vous laissez passer de six à seize coups avant de répondre, on pensera que vous n'êtes pas tellement préoccupé par vos affaires. Le moment le plus opportun, le délai véritablement professionnel qu'il faut laisser s'écouler, c'est le troisième signal.

2. Quelle image votre voix donne-t-elle de vous?

Si votre intonation et votre débit donnent à vos interlocuteurs le sentiment que vous en êtes à la phase terminale d'une maladie mortelle, ils n'auront guère envie de faire votre connaissance. C'est pourquoi les champions répondent toujours au téléphone sur un ton enjoué qui témoigne d'une certaine joie de vivre et d'un certain enthousiasme. Peu importent les calamités qui vous frappent: chaque fois que vous décrochez le téléphone, dites-vous que c'est probablement pour discuter avec quelqu'un qui estime que ce que vous avez à offrir peut le servir. Si vous êtes adulte, maître de vous et compétent, vous devez être capable de ne pas tenir compte de vos ennuis personnels immédiats, et de faire preuve d'entrain en conversant avec celui qui vous appelle.

C'est aussi une des raisons pour lesquelles il faut attendre la troisième sonnerie pour répondre. À la première, interrompez votre activité du moment, videz-vous l'esprit et mettez-vous en condition. Par exemple en utilisant ce truc très simple et qui n'exige qu'un peu de pratique et de savoir-faire: concentrez-vous sur une image mentale qui vous est agréable — un voeu de bonheur, un but précis, un succès notoire dont vous êtes particulièrement fier. Ou encore, faites appel à un sentiment de bien-être que vous pouvez actualiser. Peu importe lequel. L'essentiel est que vous soyez capable d'interrompre toute activité en cours, dès que le téléphone sonne, pour vous inonder l'esprit de cette image pendant un court instant. De cette image dont vous allez vous servir comme d'un levier de vitesse pour adopter le bon régime qui va vous permettre de vous exprimer sur un ton alerte et enjoué, proclamant que vous détenez le meilleur des produits ou des services, et que vous êtes tout prêt à rencontrer quiconque s'y intéresse. Avec un peu d'entraînement, vous découvrirez qu'il suffit à l'image mentale qui vous stimule de vous accaparer l'esprit pendant une fraction de seconde pour obtenir ce résultat remarquable.

3. *Laissez d'abord parler votre interlocuteur*

Laissez-lui le temps de vous expliquer pourquoi il appelle. Dans certains cas, il vous dira d'emblée qu'il le fait parce qu'il a pris connaissance d'une annonce publicitaire. Dans d'autres, il se renseignera tout de suite sur tel ou tel de vos produits. Adoptez donc une tactique de réponse plus générale de ce genre:

"Certainement, monsieur. Nous recevons d'ailleurs une quantité d'appels au sujet de notre Whippledipper. C'est un plaisir pour nous de vendre une innovation pareille."

Puis passez à l'étape suivante:

4. *Demandez à vos interlocuteurs de ne pas quitter, le temps de rechercher pour eux certaines informations*

Mais ne le faites que si vous pouvez les y amener en douceur. Un vrai vendeur recherchera toujours le moyen de faire patienter celui qui l'appelle, afin de se donner le temps de réfléchir et de se dire: "Bon, en voilà un qui est intéressé. Voyons maintenant quelle est la meilleure stratégie à employer.".

C'est autant que possible en début de conversation que vous devez faire attendre votre interlocuteur quelques instants, mais faites très attention à ne pas le laisser patienter plus de dix-sept secondes. Car que se passe-t-il si vous le laissez se morfondre au bout du fil pendant une minute ou plus? Quand vous reprendrez l'écouteur, ce ne sera tout simplement plus au même être humain que vous aurez affaire. S'il est toujours là, sa voix aura changé et le grondement de rage que vous percevrez ne sera certainement pas le prélude d'un grandiose hymne à la vente. Une attente prolongée est une vente perdue.

5. *Obtenez de vos interlocuteurs qu'ils vous donnent leurs noms*

Un vendeur qualifié fait toujours de son mieux pour connaître l'identité de celui ou celle qui appelle: ceci pour bien des raisons, dont la première est que la relation lui sera grandement facilitée s'il peut appeler par son nom l'interlocuteur ou l'interlocutrice à qui il s'adresse. La meilleure façon d'obtenir cette identification est toute simple, et ce qui importe, c'est la formulation précise de la question posée pour l'obtenir. Voici comment vous devez vous y prendre.

Quand vous reprenez contact, après avoir fait appel à la patience de votre interlocuteur, remerciez-le d'abord de vous avoir attendu. Une courtoisie doit toujours en appeler une autre.

Puis dites-lui: "Untel à votre service. (Sauf bien entendu si c'est en vous nommant qu'on vous a appelé au téléphone.)

Observez ensuite une légère pause. Il peut se faire qu'alors votre interlocuteur vous donne spontanément son nom. Mais ne cherchez pas à l'y obliger en prolongeant la pause. Contentez-vous de lui laisser la possibilité de s'identifier, si telle est sa façon habituelle de se comporter. S'il ne le fait pas, posez-lui sans tarder, et le plus naturellement du monde, la question suivante:

"Puis-je vous demander qui appelle, s'il vous plaît?"

Dans la majorité des cas vous obtiendrez ainsi le nom de votre interlocuteur, pour peu que vous ayez été cordial et courtois, et pour peu que celui-ci soit vraiment intéressé et considère votre nom et celui de votre firme comme indissociables du produit que vous avez à vendre.

6. *Répondez le plus possible à des questions par des questions, et amenez vos interlocuteurs à vous rencontrer en personne*

Si vous faites de la représentation, ce sera chez eux que vous devrez rencontrer vos interlocuteurs, ou bien à leur bureau s'il s'agit d'une vente industrielle. Si au contraire votre produit ou votre type d'activité ne s'y prêtent pas, ce sont eux qui devront se déplacer pour vous rencontrer s'ils veulent se documenter sur le produit dont ils ont entendu parler. Il peut même se faire qu'en certains cas ce soit dans un lieu public que vous rencontriez vos prospects. Mais, quel que soit le cas, c'est toujours à vous de provoquer la rencontre. Cela dit, quelle technique faut-il employer pour répondre aux questions par des questions?

La technique porc-épic.

Si par exemple on vous appelle pour vous demander: "Vous faites toujours une réduction sur le prix de votre photocopieur? Il est toujours sur le marché?"

Un champion ne répondra jamais par oui ou par non à une question de ce genre. Il répliquera de préférence: "C'est un photocopieur de ce type que vous cherchez?"

"Oui, du même genre."

"Parfait. Je peux me libérer aujourd'hui ou demain pour en parler avec vous. Désirez-vous venir nous voir pour une démonstration ou préférez-vous que ce soit moi qui aille vous visiter?"

C'est une réponse porc-épic. Mais c'est aussi une proposition alternative, comme nous l'avons vu au chapitre 3. Double avantage.

7. *Après avoir pris rendez-vous, reconfirmez point par point tout ce qui s'est dit dans la conversation téléphonique*

Je dois d'abord vous mettre en garde. Il est démontré que très peu de gens sont capables de suivre à la lettre un ensemble d'instructions qui ne leur ont été données qu'une seule fois. Qu'arrive-t-il le plus souvent quand vous prenez rendez-vous par téléphone? Ou bien vos interlocuteurs s'empressent de tout oublier, ou bien ils n'enregistrent pas avec précision l'adresse que vous leur donnez. Il leur arrive encore d'oublier l'heure du rendez-vous et de ne plus se souvenir de votre nom. C'est pourquoi le véritable professionnel reconfirme point par point l'essentiel de ce qui s'est dit, et demande à son interlocuteur de le noter. Pour cela, il s'y prend de la façon suivante:

> "Auriez-vous un crayon sous la main? J'aimerais que vous preniez en note quelques détails qui vous seront utiles."

Quels sont, selon vous, ces "détails utiles"? Votre nom, celui de votre compagnie, son adresse, l'heure du rendez-vous et tous les autres renseignements qui vont permettre à votre interlocuteur de vous retrouver.

8. Après confirmation du rendez-vous, le champion mouille une seconde ancre

Cette ultime étape est de première importance si c'est vous qui devez attendre sur votre lieu de travail que vos interlocuteurs viennent à vous, ou si le rendez-vous a été fixé dans un lieu public, un café par exemple. Quand vos clients savent que vous pourrez les rappeler s'ils vous font faux bond, c'est dans une proportion d'environ 10 pour cent plus forte qu'ils viennent au rendez-vous. Et puis, bien entendu, il est toujours possible que de votre côté quelque chose vous empêche d'y venir aussi. Une fois que vous aurez reconfirmé tous les points importants de la conversation, mouillez une seconde ancre en demandant:

> "S'il m'arrivait un contretemps et que je sois dans l'obligation de vous demander de changer l'heure du rendez-vous, où puis-je vous appeler?"

Quoi que vous ayez à proposer — produit ou service — il y a au moins 50 pour cent des chances pour que ce soit vous qui deviez vous servir le premier du téléphone pour établir le contact. Tous les champions savent, indépendamment de ce qu'ils ont à vendre, que ce moyen de communication peut augmenter considérablement le volume de leurs ventes. C'est pourquoi ils s'installent au téléphone pour établir de nouveaux contacts sitôt qu'ils peuvent distraire un moment de leur emploi du temps.

Voyons maintenant de quel genre d'appels il s'agit.

La prospection par téléphone

La plupart des gens répondent quand on les appelle. Même les vendeurs qui redoutent d'appeler à l'extérieur décrochent quand le téléphone sonne... tant est parfois pathétique leur impatience d'être appelés.

Pourquoi se crispent-ils à la simple idée de devoir faire de la prospection par téléphone, alors qu'ils sautent sur la première occasion qui leur est offerte de discuter avec ceux qui prennent l'initiative qu'eux-mêmes auraient dû prendre: se servir du téléphone? En y regardant d'un peu plus près, il y a dans cette attitude quelque chose de réellement étrange. De plus étrange encore si l'on cherche à approfondir ce paradoxe.

Parce qu'après tout, les vendeurs sont là pour gagner de l'argent. Et de l'argent, ils savent que c'est en trouvant de nouveaux acheteurs qu'ils vont en gagner. Ils savent pertinemment aussi que c'est en se mettant en chasse, téléphone en main, qu'ils trouveront ces nouveaux acheteurs. La prospection se résume simplement à ceci: il s'agit d'abord de décrocher l'appareil et d'appeler plusieurs acheteurs possibles jusqu'à ce que vous repériez celui qu'il vaut la peine de rencontrer en personne. Puis vous le rencontrez en vous arrangeant pour qu'il rapporte de l'argent à la compagnie qui vous emploie, étant entendu qu'une partie de cet argent vous reviendra par la suite. C'est l'essence même du mécanisme de la vente, d'accord? Tout commence par la prospection.

Et pourtant, bien des vendeurs se refusent à procéder ainsi. On ne peut tout de même pas dire que c'est parce que le téléphone les effraie, puisqu'ils ont grandi avec cette invention et qu'ils ont sur leur bureau un appareil à portée de la main. Ils y sont donc parfaitement habitués. Ils savent que cela ne va ni mordre, ni exploser, ni dégager de mauvaises odeurs. Le fait est que l'engin est bruyant. Impossible de faire tranquillement la sieste dans un bureau quand cette sonnerie insupportable vous carillonne dans les oreilles. Mais il y a pis: si vous ne vous décidez pas à répondre et à demander pourquoi on vous importune, vous pouvez être sûr que ceux qui vous entourent — et que cela importune tout autant — vont vous regarder d'un sale oeil et vous marmonner des injures. Encore vous en tirerez-vous bien si ça s'arrête là. Sinon, vous risquez de passer un mauvais quart d'heure. Pourtant, d'un autre côté, il y a de fortes chances aussi pour que cette sonnerie qui vous lancine ne soit pas forcément toujours synonyme de travail ou de complications: il s'agit peut-être, cette fois, d'une erreur de numéro sans conséquence. Ou tout simplement d'un ami qui veut bavarder avec vous. Sait-on jamais? Tout bien considéré, mieux vaut répondre à la chose accaparante qui persiste à sonner.

Mais appeler soi-même est une autre histoire, et il serait insensé de prétendre le contraire. D'abord parce que, dans ce cas, on cesse d'être l'importuné pour devenir l'importun. Quand on appelle quelqu'un, on n'a aucune raison de lui dire: "Pourquoi me dérangez-vous?"

Vous allez me dire que c'est précisément pour cette raison que vous ne faites pas de prospection par téléphone. Mais ce n'est pas vrai. Oh! bien sûr, chacun ressent un vague malaise quand c'est la première fois. Car c'est un travail d'escalade, une offensive, et pas du tout une glissade indolente ni un mouvement de retraite. Mais c'est ainsi que se conquièrent les sommets et que s'amassent les fortunes.

Ne vous laissez pas ronger par ces cauchemars éveillés où vous vous représentez vous-même sous les traits d'un combattant sans cuirasse. Ce n'est pas cela qui vous fait défaut, et il n'est même pas nécessaire d'être particulièrement courageux ou combatif pour réussir remarquablement dans ce genre de prospection. Ce qui vous manque, c'est plutôt le savoir-faire. Si la prospection téléphonique vous fait si peur, c'est que vous ne savez pas vous y prendre.

La première chose dont il faut vous souvenir est qu'il vous restera toujours la possibilité de dire à celui que vous aurez appelé: "Je suis désolé si je vous ai dérangé. Au revoir." Voilà qui devrait mettre fin à vos débats de conscience. Car après tout, votre interlocuteur, vous n'avez jamais fait que l'appeler. Vous n'avez tout de même pas brisé sa vie.

La seconde chose dont il faut vous souvenir est que le but recherché doit être le succès, pas la performance. Je m'explique. Si vous vous assignez le but suivant: "À partir de neuf heures demain matin, je vais faire quinze appels de prospection", vous risquez de faire vos quinze appels sans rien obtenir du tout.

Tandis que si c'est le succès que vous faites entrer en ligne de compte, votre raisonnement sera le suivant: "À partir de neuf heures demain matin, je vais commencer à faire de la prospection par téléphone et je ne m'arrêterai pas avant d'avoir obtenu trois rendez-vous pour faire ma démonstration à des clients probables qui présentent des garanties de sérieux." Imposez-vous pour but un nombre raisonnable d'appels réussis et agissez en conséquence. Prenez le temps de manger et de rentrer chez vous le soir, mais ne cessez pas votre prospection avant d'en être venu à vos fins.

La troisième chose dont il faut vous souvenir, c'est qu'avant d'appeler, vous devez disposer d'un questionnaire approprié et d'une liste également appropriée de noms et de numéros. Vos chances de succès valent ce que vaudront votre questionnaire et votre liste. Si, après dix appels, vos différents correspondants ne vous ont encore manifesté aucun signe d'encouragement, reposez-vous un instant, revoyez votre liste et votre questionnaire, et demandez-vous comment les modifier. Par signe d'encouragement, je veux parler soit d'un rendez-vous, soit de l'intention de vous rappeler qui aurait été manifestée par votre correspondant, soit de noms d'autres personnes qu'il vous aurait donnés et qui selon lui pourraient s'intéresser à votre produit. Ne vous laissez pas décourager par quelques appels improductifs. Je veux dire: ne vous laissez pas détourner du succès par quelques inconnus, quelques grincheux dont vous n'auriez pas la moindre envie de faire la connaissance. Acceptez d'avance que certaines personnes seront tout, sauf enchantées de vous avoir au bout du fil. Conduisez-vous donc comme un pro, ce qui signifie: (1) que votre offre doit être justifiée et que vous devez savoir de quoi vous parlez en la proposant; (2) que vous ne devez appeler qu'à des heures convenables; (3) que vous devez dans tous les cas observer la plus grande politesse; (4) que vous devez courtoisement mettre fin, et sans tarder, à toute conversation qui ne mène à rien, et enfin (5) que vous devez purger votre esprit de toute conversation qui s'est soldée par un fiasco, pour en entreprendre immédiatement une autre.

Ce dernier point est vital. Tout en vous familiarisant avec cette routine de prospection, habituez-vous à éliminer très vite de votre esprit toutes les retombées négatives possibles, sans leur laisser le temps d'entamer votre enthousiasme. Au lieu de vous éterniser à chanter un lamento après un appel infructueux, secouez-vous sans tarder pour reprendre vos esprits et composez immédiatement le numéro d'un autre client possible. Faites-le, et vous aurez toutes les raisons de vous féliciter de la facilité, de l'efficacité et de la promptitude avec lesquelles se dérouleront vos épisodes de prospection téléphonique.

Je vous mets maintenant au défi de faire quelque chose de tout simple, mais qui devrait vous stimuler: étant donné que vous devez à présent faire votre propre étude de marché, les choses iraient peut-être plus vite — et en fin de compte votre étude serait peut-être meilleure — si vous vous groupiez avec deux ou trois collègues de votre compagnie, tous animés du même esprit, pour coucher sur le papier un canevas dont vous vous servirez pour mettre au point votre technique d'approche. Servez-vous au départ du cadre général exposé ci-dessous, et adaptez-le à votre produit ou votre service, à votre secteur d'activités, à la notoriété de votre firme et à sa politique de vente. En développant cette étude de marché, réfléchissez bien à l'ordre selon lequel vous allez poser vos questions au téléphone. Passé la troisième étape de ce cadre de référence, il est fort possible que d'autres enchaînements conviennent mieux que ceux que je vous suggère ici.

1. Appelez immédiatement votre futur client par son nom

C'est absolument essentiel. En appelant d'emblée votre client par son nom et en répétant plusieurs fois ce nom au cours de la conversation, il écoutera plus attentivement votre message.

"Bonjour. M. Lenclume est-il là, s'il vous plaît?"

2. Faites savoir qui vous êtes, et quelle compagnie, firme ou entreprise vous représentez

Dès que vous aurez au bout du fil la personne que vous avez demandée, annoncez-lui qui vous êtes d'un ton courtois et cordial:

"Tom Hopkins à l'appareil. Je représente Champions Unlimited."

Ensuite, enchaînez immédiatement par l'approche appropriée à votre étude de marché.

3. Faites connaître le but de votre appel et posez la première question impliquée par votre étude de marché

Vous ne devez marquer aucun temps d'arrêt entre les deux. Gardez un ton enjoué, ce qui incitera votre interlocuteur à vous répondre. Cette première question que comporte votre étude de marché vous permettra de savoir immédiatement si votre interlocuteur manifeste ou non de l'intérêt pour ce que vous vendez:

"Je fais une étude de marché et je serai donc très bref. Puis-je vous demander si pour l'instant vous possédez un bateau?"

4. *Si on vous dit "non"*

Si, à ce stade, on vous dit *non*, ce sera excellent dans le cas de certains produits ou services, alors que pour d'autres vous devrez courtoisement mettre un terme à la conversation et passer à l'appel suivant. Si c'est à un *non* que vous vous attendiez, passez à la manoeuvre suivante en formulant des répliques qui vont inviter votre interlocuteur à vous répondre sur le ton de la conversation normale — ce qui vous apportera alors les informations qui vous manquent pour consolider votre relation avec votre client:

> "Avez-vous déjà pensé, peut-être, que vous aimeriez vous aussi en posséder un et, dans ce cas, préféreriez-vous un bateau à moteur ou un voilier?"

Chaque fois que vous aurez une conversation amicale avec quelqu'un et que vous vous rendrez compte que votre interlocuteur n'a ni raisons émotionnelles ni raisons logiques d'être candidat à votre produit ou à votre service, demandez-lui s'il ne connaît pas une autre personne qui, à son avis, pourrait s'y intéresser. Si votre liste a été bien préparée, il est vraisemblable que vos correspondants auront un ami ou deux qui seront exactement le genre de prospects que vous recherchez. Servez-vous de la technique des fiches d'informations dont nous avons parlé au chapitre précédent, pour aider les gens à dégager quelques individus dans la multitude de leurs relations. Si par exemple la liste dont vous vous servez pour votre prospection est celle des membres d'un club ou d'une association, demandez à vos interlocuteurs si, à leur avis, certains de leurs amis du même cercle s'intéresseraient à une brochure qui leur serait envoyée par courrier.

5. *Si on vous dit "oui"*

("Oui en effet, nous avons un bateau.")

"Magnifique. Puis-je vous demander de quel type et de quelle marque?"

Cette étape franchie, la conversation peut s'engager dans différentes directions, et la façon dont notre vendeur de bateaux peut s'y prendre est ici pour nous sans intérêt. Ce qui est important, c'est de cerner les différentes réponses qu'on peut vous faire et de vous entraîner, par la répétition, à manoeuvrer dans chaque cas particulier. L'essentiel est que l'interrogatoire que vous menez puisse aboutir soit à une rencontre avec votre correspondant, soit à son acceptation de recevoir par la poste des documents d'information, soit à la conviction pour vous de ne pas avoir affaire à un client possible. En quel cas il ne vous reste plus qu'à prendre cordialement congé de lui.

6. *"Depuis quand le possédez-vous (ou l'utilisez-vous)?"*

La réponse à cette question doit vous permettre de savoir où en est votre interlocuteur par rapport au cycle moyen de démangeaison. Il est inutile de souligner l'importance de cette étape de la conversation.

7. *Essayez de savoir ce qui satisfait vos interlocuteurs dans le produit ou le service qu'ils utilisent présentement*

S'ils sont en possession ou s'ils utilisent un produit ou un service comparable à celui que vous vendez, vous pouvez leur poser des questions de ce genre:

> "L'exactitude et la rapidité de votre équipement informatique vous donnent-elles toute satisfaction pour l'établissement de vos bulletins de salaires?"
> "Est-ce que votre système d'interphone remplit toutes les fonctions que vous en attendez?"
> "Qu'est-ce qui vous plaît le plus dans la machine à driveter que vous utilisez actuellement?"

Essayez de savoir ce que pensent les gens de ce qu'ils possèdent ou utilisent, ce qu'ils y trouvent de satisfaisant ou ce qu'ils aimeraient voir amélioré. Une fois que vous serez en possession de ces données, vous pourrez évaluer les chances que vous avec de faire de vos interlocuteurs les heureux bénéficiaires de la dernière version mise au point par votre firme de l'appareil dont ils se servent. Et vous saurez exactement de quelle manière les motiver, étant donné que vous connaîtrez désormais ce qui pour eux a le plus d'importance.

Ce qui pour vous est important, c'est de poser votre question sous la forme affirmative: "Qu'est-ce qui vous plaît le plus dans...?"

Pourquoi la forme affirmative? Pour trois raisons: (1) parce que les gens se sentiront moins menacés si vous leur demandez ce qui leur plaît que si vous leur demandez ce qui leur déplaît; (2) parce qu'ils se sentiront plus à l'aise pour vous faire des confidences et vous dire ce qui leur déplaît si vous ne le leur demandez pas directement. Enfin, (3) parce que vous devez rester très prudent en essayant de tester leur fidélité à telle ou telle marque... à moins, bien sûr, que ce ne soit à celle que vous représentez qu'aille leur fidélité. Nous y reviendrons.

C'est donc à vous de mettre l'accent sur les qualités et caractéristiques de votre produit ou de votre service qui surpassent celles du produit ou du service dont ils disposent présentement. S'ils aiment la vitesse et que votre dernier modèle soit plus rapide que le modèle plus ancien qu'ils possèdent, vous disposez là d'un puissant déterminant émotionnel à mettre en jeu. Quand, au cours d'un appel de prospection, vous levez un lièvre émotionnel de ce genre, ne tirez pas trop vite. Cherchez plutôt à obtenir un rendez-vous pour faire votre démonstration. Ne prononcez pas non plus le mot "achat", mais proposez simplement à vos clients de se rendre compte par eux-mêmes de la vitesse de votre voiture, ou de quelque autre caractéristique qui puisse les déterminer. Amenez-les à voir, à éprouver, à toucher, à faire un essai. N'en demandez pas plus pour l'instant. C'est seulement quand ils auront senti l'odeur du cuir neuf et perçu le ronronnement du moteur que vous pourrez en toute sécurité leur parler d'*acquérir* ou de *posséder* le modèle qui les tente.

8. *N'éveillez qu'avec prudence les sentiments négatifs de vos clients*

On l'a déjà dit: en essayant de tester la fidélité de vos clients à telle ou telle marque, allez-y sur la pointe des pieds, sauf s'ils ne manifestent aucune préférence particulière. Ne vous risquez jamais à démolir ou dénigrer ce qu'ils possèdent, car alors c'est leur propre jugement que vous allez mettre en doute et heurter de front. Il n'y a pas de moyen plus expéditif de refroidir vos chances que de laisser entendre à un client éventuel qu'il faut être vraiment débile pour utiliser le produit ou le service dans lequel il a investi. Pour obtenir de lui des confidences dépréciatives, questionnez-le plutôt à la forme interrogative-affirmative, de sorte qu'il n'éprouvera pas le besoin de justifier devant vous sa décision antérieure:

"Vous aimeriez que la compagnie qui vous assure introduise certains changements dans son programme d'assurance-maladie?"
"Vous pensez qu'on pourrait apporter à votre élévateur des modifications utiles?"
"Quelles améliorations pourraient à votre avis vous permettre d'obtenir un meilleur rendement de votre machine?"

Votre étude de marché doit vous aider à identifier les besoins de votre clientèle qui n'ont pas été satisfaits. Et vous devez essayer de déceler ce qui serait plus satisfaisant pour le client si, au lieu d'utiliser le produit ou le service dont il dispose actuellement, il utilisait le vôtre. Encore faut-il bien entendu, si vous êtes en mesure de lui en offrir davantage, qu'il en veuille aussi davantage.

Et si vous êtes en mesure d'offrir davantage, c'est uniquement parce que votre produit (1) comporte un ajout ou un perfectionnement qui n'existe pas dans le sien, ou bien (2) parce qu'il permet des performances supérieures. Mais cela, votre client l'ignorait — ou bien il n'en avait pas saisi toute l'importance — au moment où il a pris la décision d'acheter un produit concurrent du vôtre.

Dans la première éventualité — celle où votre produit comporte un ajout ou un perfectionnement — c'est donc une bonne nouvelle que vous pouvez lui apporter, puisque vous êtes désormais capable de résoudre pour lui un problème qui était insoluble lors de l'achat précédent. Vous pouvez donc faire l'éloge de ce produit et vanter les avantages qu'il offrait à l'époque où il l'a acheté. Une époque à présent révolue.

Dans la seconde circonstance — celle où les caractéristiques intrinsèques de votre produit sont supérieures — il vous faut en revanche faire face à une situation qui, dans le meilleur des cas, est délicate, et dans le pire explosive. Plus question de faire la moindre remarque vaniteuse ou irréfléchie. C'est tous les jours, et par milliers, que des situations semblables se présentent à des vendeurs qui sont pourtant parfaitement sûrs d'eux-mêmes — parce qu'ils ont la logique pour eux — mais qui négligent le facteur émotionnel. Incapables de bien conclure leurs ventes, ils n'en comprennent généralement pas la raison. C'est pourtant bien simple: leurs prospects refusent la détresse émotionnelle à laquelle il leur faudrait faire face s'ils reconnaissaient qu'ils ont commis une erreur de jugement. Les gens sont extrêmement chatouilleux sur ce point, et extrêmement obstinés aussi. Dans la plupart des cas, la seule façon de les amener à remplacer le produit ou le service concurrent par le vôtre est de recourir à un discours persuasif qui revient à peu près à ceci: "À mon avis, vous avez pris une sage décision quand vous avez fait cet achat. Compte tenu de tous les facteurs qui entraient en jeu à cette époque, c'était un très bon choix. Mais dans les circonstances qui prédominent à présent, le bon choix consisterait à passer à la catégorie au-dessus (sous-entendu: celle à laquelle appartient ce que j'ai à vous offrir)."

Chose étonnante, beaucoup de vendeurs préfèrent perdre une vente et aider leurs clients à sauver la face. Mais c'est tout de même plus drôle de concéder le point et de remporter la vente.

9. Faites valoir les points forts de ce que vous offrez

Tout le monde aime vendre l'avantage essentiel — si tel est le cas — par rapport à ses concurrents, encore que les possibilités de vente les plus stimulantes et les plus compensatoires soient bien souvent celles où ce que l'on vend ne présente aucune supériorité aisément démontrable sur les autres. Mais si ce que vous avez à offrir présente un avantage indiscutable, révélez-le à vos futurs clients quand vous en serez à peu près à cette étape de votre étude de marché:

> "Vos véhicules de livraison consomment-ils du 8 litres au 100 km?"
> "Votre fournisseur actuel vous livre-t-il dans les vingt-quatre heures?"

10. Concluez la discussion par l'obtention d'un rendez-vous

À la fin de votre étude de marché téléphonique, remerciez vos clients de leur collaboration. Puis demandez-leur aussitôt: "Puis-je vous envoyer de l'information sur notre nouveau modèle? (Ou bien sur la gamme de nos différents services?)"

S'ils répondent par l'affirmative, ils vous donneront leur adresse si vous ne l'avez pas ou bien, si vous l'avez déjà, ils vous confirmeront qu'il s'agit bien de la bonne. Avec les renseignements dont vous disposez à présent, et compte tenu de l'excellente qualité du contact qui vient de s'établir, vous ne pouvez plus vous permettre désormais de ralentir la vitesse acquise, par les incertitudes de la distribution postale. Vous allez donc vous dépêcher de tirer parti de votre désir de faire parvenir votre brochure plus rapidement à votre client, pour le rencontrer personnellement:

"Après cette petite conversation, je comprends que vous ayez hâte d'en savoir davantage sur nos derniers perfectionnements, M. Lenclume. Si vous me le permettez, au lieu de perdre du temps à vous l'envoyer par la poste, j'irai moi-même vous porter ces documents cet après-midi. Vous pourrez rapidement y jeter un coup d'oeil — je sais que votre temps est précieux — et si vous avez quelques questions supplémentaires à poser, je serai là pour y répondre. Quel serait pour vous le meilleur moment, deux heures, ou bien trois heures?"

Quand vous serez en présence de M. Lenclume, il ne vous restera plus qu'à passer immédiatement à votre présentation ou à votre démonstration habituelle, et à acheminer émotionnellement votre client vers la conclusion de l'affaire.

Comment vous procurer des listes fiables

Où trouver des listes de clients possibles auxquelles on puisse se fier? Je vais vous en indiquer quelques sources:

1. Les annuaires téléphoniques par noms de rues

Partout où ces annuaires existent, ils vous permettront d'obtenir le nom, le numéro de téléphone et l'adresse des abonnés qui sont classés par numéros d'habitation dans une même rue. Ce qui vous permettra aussi d'axer votre prospection téléphonique sur les quartiers qui vous semblent les plus productifs.

2. Les listes nominatives des membres de certains clubs ou associations, et les organigrammes de certaines entreprises

Il n'est pas toujours si facile d'obtenir les plus prestigieuses, mais il existe partout des machines à photocopier. Avec un peu de persévérance et d'ingéniosité — voire avec une invitation au restaurant ou une boîte de bonbons bien placée — vous aurez bientôt la fierté de détenir la liste de vos voeux.

3. Les bibliothèques publiques ou spécialisées

On publie de nos jours un nombre stupéfiant d'annuaires et de répertoires professionnels qui couvrent tout ce que l'industrie et le monde des affaires compte de techniciens, de cadres et de responsables d'un secteur d'activités particulier. Il est facile de se procurer ces nomenclatures spécialisées dans les bibliothèques publiques, les chambres de commerce ou les associations professionnelles. Beaucoup de gens dont le nom n'apparaît pas dans les pages des annuaires téléphoniques figurent dans ces répertoires — nationaux ou régionaux — consacrés à leur spécialité. Il ne faut guère plus qu'une soirée pour consulter ces répertoires, dont nous reparlerons au chapitre 10.

4. Les fichiers professionnels

Des centaines d'agences se sont spécialisées dans la vente de fichiers professionnels. Si vous ne trouvez pas la liste qui vous convient dans les bibliothèques qu'on vient de citer, vous pourrez toujours consulter ces agences spécialisées, auxquelles vous pourrez en dernier recours commander le fichier qui vous fait défaut.

Comment marquer des points grâce au téléphone

C'est pour faire des affaires que vous devez vous servir du téléphone, pas pour vous attirer des ennuis. Je vous donne ici quelques conseils élémentaires qui vous faciliteront les choses.

1. Usez toujours de courtoisie

Peu importe l'intensité de vos idées noires, vous ne devez jamais vous départir de votre courtoisie, ne serait-ce que par sens de la dignité et par respect de vous-même. Cette courtoisie, vous vous la devez. Vous la devez aussi à ceux qui vous emploient et à tous ceux d'entre nous qui exerçons la même profession. Nous nous devons tous d'en respecter les règles les uns envers les autres, et de ne pas ternir l'honneur de notre profession.

Si vous vous attirez le courroux de vos interlocuteurs, c'est sur votre firme que leur courroux retombera. Et vos employeurs ont non seulement droit à votre loyauté, mais droit encore que vous rehaussiez l'image de leur entreprise. Vous vous devez de ne pas détériorer cette image. Traiter ses clients avec respect, c'est une excellente façon de se respecter soi-même. Ne vous départissez donc jamais de votre bonne humeur, car seuls les perdants de la profession contreviennent à cette règle de base. Le champion, lui, se refuse à laisser quiconque lui dicter son humeur.

2. *Faites l'impossible pour rencontrer vos interlocuteurs*

Il arrive que des gens vous appellent sans même vous donner le moindre renseignement sur eux; ils ne désirent qu'une chose: que vous répondiez à leurs questions. Ils peuvent même dans certains cas être bougrement coriaces. Mais si vous leur donnez par téléphone tous les renseignements qu'ils souhaitent obtenir, quel besoin auront-ils ensuite de vous rencontrer? Et si vous ne les rencontrez pas en personne, vous ne leur vendrez rien. C'est aussi simple que cela. Je sais à quel point il peut être frustrant de discuter avec quelqu'un qui exige de vous une masse de faits et de données, et qui vous fait clairement comprendre: "Arrière! *Vade retro, mercator*!"

Et pourtant... Et pourtant vous savez que c'est souvent avec les plus décidés à vous éviter, qu'il est le plus aisé de conclure une fois que vous avez franchi l'obstacle et réussi à les rencontrer. Aussi votre but doit-il toujours être de provoquer un face à face avec ceux qui vous appellent.

À l'époque où ma carrière de vendeur dans l'immobilier atteignait sa vitesse de croisière, on nous avait mis en concurrence, mes collègues et moi, pour l'obtention d'un prix et d'un substantiel trophée qui allaient être décernés à celui qui ferait le plus gros chiffre d'affaires. Je travaillais alors pour une vaste société, où la compétition entre vendeurs était vive. Je n'en étais plus qu'à quelques foulées du fil d'arrivée, et en bonne position pour gagner. Mais il manquait encore une transaction à mon palmarès.

Un jour on m'appela au téléphone. Mais mon interlocuteur refusait de me donner et son nom, et son numéro. J'étais désespéré. "Disposez-vous de quelques instants pour me recevoir?" lui demandai-je.

"Impossible."

"En ce cas, dis-je, où puis-je vous rappeler, monsieur?"

"Pour quoi faire? D'ailleurs, je suis dans une cabine téléphonique."

"Oh! pardonnez-moi, cher monsieur. Je n'avais pas pensé à cela. Mais où donc est placée votre cabine téléphonique?"

Je me raccrochais à n'importe quoi.

"Voyons... il me semble que je suis au coin de la rue de la Chance et de l'avenue du Gros Lot... oui, c'est bien ça."

"Pouvez-vous rester à l'appareil quelques instants?" lui demandai-je.

Le carrefour la Chance/Gros Lot était à deux pas de nos bureaux. Je sortis en trombe, sautai dans ma voiture, fonçai vers le carrefour, et freinai pile près de la cabine téléphonique. Il était encore à l'intérieur, pendu au téléphone, et il m'attendait patiemment. Je bondis hors de ma voiture pour frapper à la vitre de la cabine, en lui faisant une mimique qui signifiait: "C'est moi! Me voilà!"

"Ce n'est pas possible..." me dit-il en sortant de la cabine.

Pourtant, en m'écoutant lui parler, il ne tarda guère à s'en convaincre. Et c'est ainsi que je fis de ce monsieur l'heureux bénéficiaire d'une excellente affaire appelée "*Chez vous en toute propriété*" et que, du même coup, je remportai le prix. Lecteur, faites l'impossible — pourvu que ce soit loyal et légitime — pour rencontrer quiconque se renseigne par téléphone sur votre service ou sur votre produit. Parce que celui qui vous appelle aura déjà décidé qu'il désire ce que vous avez à offrir et qu'il en a besoin. Si vous ne le rencontrez pas en chair et en os, vous ne lui vendrez rien.

3. Prenez correctement les messages pour les autres

C'est l'unique façon de les amener à prendre correctement, eux aussi, les messages qui vous sont destinés.

S'il y a quelque chose qui me mette hors de moi, c'est bien de constater que dans certaines structures de vente — un bureau par exemple — il est rare que les vendeurs se donnent la peine de noter soigneusement les messages téléphoniques destinés à leurs collègues, ce qui est préjudiciable à tout le monde. Ne vous comportez pas ainsi. Notez correctement le nom et le numéro de ceux qui appellent vos collègues en leur absence, en prenant le temps de reconfirmer ces données utiles avant de mettre fin à la conversation, même si c'est pour vous du temps perdu. Soyez professionnel.

Combien de fois ne suis-je pas revenu dans mon bureau pour y trouver un bout de papier chiffonné, sur lequel on avait gribouillé à la hâte un vague nom et, dans le meilleur des cas, un numéro de téléphone tout juste lisible, de sorte que je devais faire de l'acrobatie pour rappeler celui qui m'avait demandé en mon absence: "Allo, M. Lamontagne...? Vous allez bien...? Euh!... C'est bien vous qui m'avez appelé, non...?"

Et que dire quand le numéro est incomplet, et que vous ne savez même pas si les chiffres que vous avez sous les yeux sont ceux du début ou de la fin? Ce n'est ni plus ni moins que du temps qui part en fumée.

Si personne n'est capable dans votre entourage de prendre correctement les messages qui vous sont destinés, équipez-vous d'un répondeur et donnez à tous vos clients futurs et actuels une carte sur laquelle figure votre numéro de téléphone privé.

Chapitre 9

Le simple spectateur n'achète pas

Certains vendeurs s'expriment avec une telle volubilité que leurs démonstrations prennent une allure étonnante. Ils vous poussent un levier par-ci, vous enfoncent un bouton par-là, vous secouent le tout en un tournemain, hop! et voilà qu'une marée de résultats incontestables — des données chiffrées, des copies, peu importe — se déversent soudain de l'appareil dont ils sont sensés vous expliquer le fonctionnement. Leur numéro à beau être superbe, ces gens-là ne font pas en général des masses de ventes.

La raison?

C'est que le manque de participation du spectateur se tourne, hélas, en apathie. Dans tout achat il y a mouvement. Aucun achat ne peut se produire s'il n'y a pas au préalable décision d'acheter. Et pour qu'il y ait décision d'acheter, il faut que l'esprit ait été mobilisé. *Assister* sans *participer* est synonyme de démobilisation de l'esprit. Plus vous tiendrez vos prospects à l'écart d'une participation directe, plus il vous sera difficile ensuite de les remobiliser quand il s'agira pour vous, une fois finie votre démonstration, de leur faire approuver un accord.

Le champion se garde bien de compromettre ses ventes par la démobilisation prolongée de ses acheteurs éventuels pendant ses démonstrations, il sait les encourager à fournir d'eux-mêmes des données, à enfiler une aiguille, ou à alimenter un appareil. Il est bien certain que ceux-ci n'auront ni la rapidité ni la précision du démonstrateur entraîné, mais s'ils participent à l'opération au lieu d'y assister en spectateurs, c'est au produit qu'ils penseront au lieu de se demander pourquoi ils ont mal aux gencives, ou pourquoi le cheval sur lequel ils ont misé est arrivé bon dernier. Ils feront même beaucoup plus que de penser au produit: ils en feront l'apprentissage. Autrement dit, ce que vous leur vendez provoquera leur participation émotionnelle.

Quel que soit le degré de cette participation, les choses seront allées beaucoup plus loin que si vos interlocuteurs étaient restés assis dans leur fauteuil pour assister passivement à votre numéro. La possession est la forme la plus achevée de la participation, vous êtes d'accord? Alors, admettez aussi que la décision d'acheter, qui concrétise le désir de possession, n'interviendra pas s'il n'y a pas eu au préalable participation.

Si vous admettez ce qui précède, alors vous ferez tout ce qu'il est raisonnable de faire pour provoquer la participation active de vos prospects. Une des meilleures façons de le faire est de recourir aux techniques auxquelles nous venons de faire allusion et qui plongent directement le client dans le bain de la démonstration. Si, jusqu'à maintenant vous démobilisiez votre client par une attitude qui lui signifiait: "Regardez-moi bien, c'est moi le plus fort", ce sera toute la démonstration que vous devrez reprendre de A à Z pour la reconvertir cette fois en méthode de participation directe. Se débarrasser de cette attitude ("Regardez-moi bien, c'est moi le plus fort"), c'est un peu comme s'arrêter de fumer: on n'y réussit que si on en a la volonté. Faites votre examen de conscience. Nous sommes ainsi faits — moi le premier — que nous attachons une grande importance à nous faire admirer, applaudir, acclamer sous les feux de la rampe. Pourquoi pas, après tout, tant que cela ne vous conduit pas à vous raidir dans cette attitude avec vos clients, quand c'est cette attitude justement qui vous empêche de vendre.

En vérité, c'est quand vous maîtrisez l'art de faire participer vos clients que vous devenez doublement vedette: d'abord parce que vous avez su les amener à s'impliquer avec plaisir dans vos démonstrations; ensuite parce que vous sortirez avec, en poche, un bon de commande revêtu de leur signature.

Toute la différence est là. C'est en apprenant à vos clients éventuels comment accomplir d'étonnantes performances que vous devez vous attirer leurs oh! et leurs ah! — pas en accomplissant vous-même ces étonnantes performances pour le seul plaisir de les accomplir. C'est donc en sachant capter leur intérêt pour attiser le brasier où vont fondre leurs réticences que vous allez les aider, grâce au produit que vous leur offrez, à décaper la rouille, à résoudre tel ou tel calcul, ou à porter de l'eau à ébullition. Ils y prendront bien plus de plaisir qu'à vous regarder jouer tout seul. En les familiarisant avec un bon produit, vous fortifierez leur confiance et dissiperez leurs craintes.

Le plaisir fait mieux vendre que la frustration. Mais n'oubliez pas que vos clients ne sont pas habitués aux particularités de votre machine. Procédez donc par étapes, graduellement, et en les encourageant.

Cette technique de démonstration qui fait appel à la participation du client sera pour vous un outil de vente très rentable si vous observez les règles suivantes:

1. Pour faire comprendre à votre prospect tous les avantages qu'il peut retirer de votre produit, il faut lui en révéler, par étapes, les possibilités. Faites la liste de ces étapes. Puis imaginez par quelle suite d'exercices vous allez lui révéler une à une, et de façon très simple, chacune de ces possibilités. Ces exercices doivent être indépendants les uns des autres. Baptisez-les chacun d'un nom qui soit facile à retenir, en faisant le plus possible appel à des images colorées.
2. Faites la liste détaillée des questions et des objections que vous vous attendez à voir surgir en cours de démonstration.
3. Mélangez harmonieusement les arguments convaincants de votre démonstration et vos réponses à ces questions/objections prévisibles, pour les amalgamer en un discours très naturel et qui coule bien.
4. Exercez-vous à éprouver votre nouvelle technique sur tous ceux qui passent à votre portée. Repassez inlassablement vos arguments, en éliminant les moins percutants pour les remplacer par d'autres qui le sont davantage. L'essentiel est que votre démonstration soit articulée très simplement, et que la progression de ses étapes soit souple, afin que votre interlocuteur se trouve aux prises avec des difficultés graduelles et se sente de plus en plus stimulé. Procédez donc lentement, en lui explicitant le moindre détail. Et surtout, encouragez-le, encouragez-le, encouragez-le.

“Terrible! Vous avez saisi incroyablement vite. C’est exceptionnel.”

“Vous vous servez de cette machine comme une vraie championne, Mme Lopez.”

“Vous vous familiarisez avec le clavier en deux fois moins de temps qu’il m’en a fallu, M. Dufiltre.”

“Ça vous semble un peu compliqué parce que l’appareil est nouveau pour vous, mais vous serez ravi de constater combien c’est simple dès que vous le connaîtrez.”

“Vous apprenez vite, Mlle Mazette. Moi, il a fallu que je m’y reprenne à neuf fois avant d’avoir ce mouvement de haut en bas que vous avez attrapé du premier coup.”

“Non, je vous assure, vous vous y prenez magnifiquement. Tout le monde a un peu de difficulté au début.”

“Très bien... continuez. Juste pour vous faire une idée générale. On aura tout le temps ensuite de revenir sur les détails.”

“Ne vous inquiétez pas. La première fois, tout le monde fait la même chose. Pas facile à dompter, cette petite invention!”

“D’accord, essayez-le. Mais avant de le mettre en marche, promettez-moi de faire des fautes. Sinon, je vais me sentir idiot; moi, la première fois, je m’y suis pris tout de travers quand je l’ai essayé.”

Efforcez-vous ainsi de détendre vos interlocuteurs par une plaisanterie, de les rassurer s’ils ne réussissent pas du premier coup, et vous les amènerez à participer activement à votre démonstration. Dès que vous serez en possession de votre technique, vous multiplierez par deux, trois ou quatre le nombre de ceux qui peuvent devenir les heureux propriétaires de votre produit. Vous en retirerez encore deux avantages supplémentaires:

1. chacune de vos ventes vous prendra moins de temps, car ce ne sera plus une affaire pour vous de mobiliser l’intérêt de vos interlocuteurs;
2. vous améliorerez la qualité de vos rapports avec vos clients, ce qui facilitera grandement votre prospection par recommandation.

Mais que se passe-t-il si votre produit ne nécessite aucune démonstration? Si vous vendez quelque chose qui soit tout prêt à fonctionner? Ou bien un service? Pouvez-vous dans une telle hypothèse recourir à cette technique de participation? Et cette technique peut-elle alors augmenter vos ventes?

À ces deux dernières questions, la réponse est oui. Parce que c'est, en fait, quand aucune démonstration ne peut mettre en évidence les qualités de ce que vous avez à offrir que vous aurez le plus besoin de faire appel à la participation de vos clients, si vous désirez qu'ils comprennent d'eux-mêmes quels bénéfices ils peuvent en retirer. Et c'est là aussi que vous aurez le plus besoin d'imagination pour provoquer cette participation.

Si ce que vous avez à vendre est abstrait ou impalpable, voilà pour vous une occasion en or, en même temps qu'un généreux défi lancé à votre volonté d'aller de l'avant. Relevez ce défi, et vous en serez récompensé comme seuls le sont les champions hors catégorie.

Il m'est bien entendu impossible de vous dicter comment vous devez vous y prendre, étant donné que j'ignore tout de ce que vous devez vendre, et que vous êtes seul expert en la matière. Mais le principe de base est simple, et peut aisément s'adapter à n'importe quel type de vente — qu'il s'agisse de services ou de produits. Un exemple suffira pour que vous compreniez en quoi il consiste.

Supposons que vous vendiez des assurances-retraite avec remboursement par annuités, et que vous recrutiez vos clients parmi les travailleurs indépendants à qui ce système permet — parallèlement à d'autres investissements — de se faire des revenus pour leurs vieux jours. Si vous inondez votre prospect de détails techniques portant sur les dégrèvements fiscaux et les clauses particulières de vos contrats, vous aurez toutes les chances de voir le regard de votre victime prendre la tangente tandis qu'il se demandera comment faire pour se débarrasser de vous. Vous pouvez aussi — ce qui est déjà plus efficace, étaler sur sa table des graphiques et des barèmes que vous lui mettrez sous les yeux et qui faciliteront votre vente, et sur lesquels vous appuierez du doigt votre argumentation. (Plus efficace, mais à la condition que ce type d'approche ne soit pas la pièce maîtresse de votre stratégie. Car si je vous encourage vivement à vous aider le plus possible de certains supports visuels — nous y reviendrons — ceux-ci ne doivent jamais constituer l'essentiel de votre argumentation.) Aussi, plutôt que de vous fier à l'une ou à l'autre de ces techniques, il serait bien plus avantageux pour vous d'apprendre à votre acheteur éventuel à calculer lui-même les bénéfices qu'il peut retirer de votre proposition. Tandis qu'il se livrera à ces calculs, il assimilera activement les raisons pour lesquelles son intérêt est d'investir dans la formule de fonds de retraite que vous lui proposez. Encore faut-il, si vous voulez garder la maîtrise de la situation, que vous ne l'interrompiez pas pendant qu'il se livre à ses évaluations sur une feuille de papier vierge. Si vous avez différents types de contrats à négocier, préparez d'avance pour chacun de vos prospects un formulaire qui lui clarifiera l'essentiel de vos propositions et facilitera ses calculs. Si au contraire, comme c'est le cas la plupart du temps, c'est la même situation de vente qui se présente pour vous à répétition, établissez un formulaire passe-partout. Ce formulaire doit être très simple, tapé en triple interligne avec une bonne marge. Chaque page ne doit apporter qu'une seule information, en dix lignes au maximum, et ne pas compter plus de trois blancs à remplir.

Ne vous perdez pas dans les détails, vous gagnerez du temps. Vous aurez tout loisir au moment de conclure l'affaire — ou après l'avoir fait — de vous enquérir de certains détails comme, par exemple, le numéro d'assurance-sociale de votre nouveau client. Pour l'instant, contentez-vous de l'essentiel, en invitant votre prospect à faire ses propres évaluations en chiffres ronds.

Pendant qu'il se livre à ses calculs, gardez sous les yeux une copie du document que vous lui avez remis, afin de le guider pas à pas dans ses opérations. Car où voulez-vous en venir? À la conclusion de l'affaire, bien sûr. En vous y prenant ainsi, voilà donc votre prospect disposé à prendre une décision favorable, du fait qu'il comprend ce qu'il va retirer plus tard de son investissement, et qu'il vous est reconnaissant de lui avoir révélé la simplicité du mécanisme de l'assurance-retraite.

Au début de ce chapitre, nous avons fait allusion à ces vendeurs qui submergent leurs clients de démonstrations extravagantes et n'aboutissent la plupart du temps qu'à les indisposer. Rien à craindre de ce genre si vous vous y prenez comme je viens de le dire, car alors vos prospects ne seront jamais distraits par le spectacle que vous leur donnerez. Au contraire, ils participeront intensément à votre démonstration au lieu d'en demeurer les spectateurs passifs. Ils vous écarteront plutôt du coude pour essayer plus vite la machine, et vous harcèleront de questions exigeant de votre part des réponses instantanées. Et vos séances de démonstration rappelleront le spectacle de ces bandes de mouettes qui se poussent autour d'un poisson. Si vous savez rester d'humeur égale, vous conclurez ainsi suffisamment de ventes pour ne pas avoir la moindre envie de vous arrêter en si bon chemin.

Si cette description idéale de ce que devrait être une démonstration vous semble un peu sommaire, vous avez toutes les raisons de vous en réjouir: cela prouve simplement qu'il ne vous reste plus qu'à apporter à ce canevas quelque raffinement de votre cru pour être en possession d'une technique très efficace. Il ne vous reste plus qu'à mettre au point les étapes graduelles de cette technique, grâce à laquelle c'est vous qui garderez le contrôle de la situation, et vos prospects qui garderont ce que vous avez à vendre. Je vais à présent vous dire comment vous y prendre.

Trois conceptions de la vente

La vente est une communication à double sens. Elle n'a rien d'une situation où un émetteur transmet à sens unique quelque chose à un récepteur, où un prédicateur exhorte un pécheur, où un politicien recrute des suffrages. C'est plutôt quelque chose qui ressemble à un match de tennis où l'un des joueurs — le vendeur — essaie de faciliter la besogne à l'autre — l'acheteur — au lieu de lui renvoyer la balle hors de portée de sa raquette. Cette condition n'est pas remplie dans le premier des trois types d'entrevue que nous allons voir. Pendant que nous allons analyser les trois conceptions de la vente qui sont les plus généralement admises, souvenez-vous que tout ce que j'énonce à propos de la démonstration d'un produit pourrait aussi bien s'appliquer à celle d'un service.

Le monologue

Le but est de dominer l'interlocuteur par un discours rapide et ininterrompu. Du temps où les colporteurs et les commis voyageurs se déplaçaient en chemin de fer pour aller de village en village bonimenter les habitants, cette technique, qui repose essentiellement sur le bagout, donnait d'assez bons résultats. Ce temps est désormais révolu.

La "prise en remorque"

Cette technique consiste à "jouer à la demande", pour reprendre une expression populaire qui s'appliquait jadis aux violoneux. Autrement dit: *sans préparation.* On débarque et on commence à ouvrir toutes grandes ses oreilles, en arborant son plus beau sourire, et on commence à prendre l'avantage sur le prospect en lui faisant bien comprendre qu'on ne vient pas le voir avec une stratégie bien définie, car quelle que soit la direction dans laquelle il engage la conversation, on lui emboîte le pas. S'il parle de l'ours qu'il a vu la veille danser à la télé, on lui parle aussi de l'ours qu'on a vu danser la veille à la télé.

Et si votre interlocuteur est un peu lent à comprendre que c'est à lui d'en venir à ce qui vous préoccupe, mettez-le sur la voie en lui affirmant que de toute façon vous n'avez pas encore eu le temps de vous y retrouver dans le tout dernier catalogue de votre compagnie, ni dans le dernier tarif (ce sont les mêmes dont vous vous servez depuis cinq ans...) et que vous ne comprenez pas très bien d'ailleurs ce que votre patron demande à ses représentants. Et si malgré cela votre prospect n'est pas encore convaincu que c'est de lui-même qu'il doit jeter un coup d'oeil à votre documentation pendant que vous déambulez à travers son bureau, revenez à la charge en lui confiant qu'à votre avis le dernier-né des produits de votre compagnie, en dépit du battage qu'on fait autour de lui, est loin d'être une réussite. Et qu'on a beau clamer sur tous les toits que c'est la révélation des dix dernières années, il ne vient pas à la cheville de la vieille pièce de brocante que votre interlocuteur a acheté neuf ans plus tôt. Après cela, libre à vous de continuer sur votre lancée en lui chantant les louanges qu'il a envie d'entendre sur son antiquité, qui a fait ses preuves dans le temps jadis, mais qu'on ne fabrique plus depuis une éternité.

Les vendeurs qui pratiquent cette technique de "prise en remorque" connaissent bien entendu sur le bout des doigts leur produit ou leur service. Mais cela ne signifie pas qu'ils connaissent assez bien leurs clients pour les guider sans erreur vers l'article précis qu'ils devraient acheter. Autrement dit, c'est leur façon même de procéder pour déterminer les besoins de leurs clients qui les empêche de tirer le maximum de la connaissance qu'ils ont de leur produit, et d'accroître comme ils le devraient leur chiffre d'affaires.

Étant donné que cette "prise en remorque" ne nécessite aucun plan d'action, aucune préparation, aucune vigilance particulière (on "joue à la demande"), c'est bien souvent à elle que les vendeurs peu ambitieux donnent leur préférence. Si vous appliquez cette méthode, qui ne se propose pas de vendre à quiconque en particulier — sauf à ceux qui sont bien résolus d'avance à acheter — vous ne ferez que minimiser le potentiel de vente de votre secteur, déprécier ce que vous avez à vendre, et amoindrir vos propres capacités de vente. Mais c'est assurément celle qui exigera de vous le moins d'efforts. Voyons enfin une troisième façon de conduire une entrevue de vente, qui en revanche exige un plan d'action bien prémédité, une solide préparation, une vigilance de tous les instants, et qui par voie de conséquence est une technique de vente sensationnelle.

L'appel concerté à la participation

En guise d'introduction, faites une phrase de ce genre:

"Pour utiliser pleinement le temps que vous pouvez m'accorder ce matin, je vais répondre en cours de démonstration aux questions qu'on me pose le plus fréquemment sur cet appareil. Si vous avez des questions supplémentaires à me poser, je me ferai un plaisir d'y répondre ensuite."

Ou encore:

"Il me semble qu'en commençant par expliquer globalement à mes clients comment cela fonctionne et en revenant ensuite sur les questions de détail, je leur gagne un temps précieux. Vous êtes d'accord? Alors, allons-y. Auriez-vous l'obligeance, M. Marzano, d'introduire ici une feuille blanche comme je viens de le faire...?"

Amenez ainsi vos clients éventuels à participer de bout en bout à votre démonstration. Expliquez-leur d'abord comment ils doivent s'y prendre, puis demandez-leur de le faire eux-mêmes. Procédez avec beaucoup de tact et de courtoisie, étant donné que votre appareil ne leur est nullement familier. Vous souvenez-vous de ce qu'il vous a fallu de concentration chaque fois que vous vous êtes mis au volant d'une voiture neuve que vous ne connaissiez pas? Tous les gestes que vous accomplissez machinalement en conduisant exigent un certain apprentissage, et vous ne les avez sans doute pas accomplis de façon naturelle au début. Et si vous étiez le passager et non le conducteur, peut-être vous contenteriez-vous de vous caler sur votre siège en pensant à tout autre chose sans trop vous concentrer sur les gestes de celui qui met le véhicule en route. Laissez donc vos prospects conduire eux-mêmes au lieu d'en faire les passagers inattentifs de votre démonstration.

Votre phrase d'introduction laissera donc entendre à votre interlocuteur que vous savez parfaitement où vous allez en venir, tout en lui garantissant que votre intention n'est pas de lui faire perdre son temps. Cela étant dit et compris, faites-lui immédiatement brancher l'appareil, tourner les cadrans — ou n'importe quoi d'autre, selon les circonstances. Et cela, autant de fois qu'il le faudra pour qu'il adopte le bon geste.

C'est vous qui avez à présent le contrôle de la situation, vous qui acheminez sans secousses votre prospect comme vous aviez prémédité de le faire, sans chercher à vous imposer à lui tant qu'il ne se rebelle pas.

Et ce contrôle, vous allez le garder de façon très simple: en amalgamant arguments de vente et questions à cette démonstration dans laquelle votre prospect s'est engagé activement, de sorte que son esprit sera mobilisé en permanence par votre appareil et par l'idée d'en devenir propriétaire.

Inutile de préciser que vous devez continuellement rester à l'affût de toute manifestation d'ennui chez celui qui expérimente la machine, si, par exemple, il trouve la tâche répétitive et fastidieuse, ou bien chez celui qui va prendre la décision finale et qui se contente de regarder passivement un subordonné participer à la démonstration. Veillez continuellement à ce que vos acheteurs éventuels soient mentalement et physiquement actifs. Ingéniez-vous à les faire participer à votre démonstration en inventant des stratagèmes appropriés à leur personnalité et à leur position hiérarchique. Supposons que vous avez à vendre une machine à sabler de conception révolutionnaire et que vous veuillez en faire la démonstration au propriétaire d'un petit atelier spécialisé dans le traitement de la rouille. Votre technique d'appel à la participation implique que vous devez amener votre interlocuteur à faire lui-même l'essai de votre matériel en se plaçant dans les conditions normales d'utilisation, c'est-à-dire en prenant la place de ses ouvriers. Ce que vous obtiendrez probablement sans mal. Mais si c'est au directeur de la fabrication d'une grande usine que vous faites la démonstration, ce n'est pas le même genre de participation qu'il vous faudra provoquer chez lui. Vous pouvez alors, par exemple, lui mettre un chronomètre dans la main et lui demander de mesurer le temps moyen qu'il faut à ses ouvriers pour effectuer telle ou telle opération de sablage, et de se rendre compte par lui-même du gain de temps qu'il réaliserait grâce à votre machine. Il s'agit là d'un exemple extrême, et votre produit exige probablement des nuances plus subtiles — mais essentielles — dans la progression de la démonstration. Car quelle que soit la situation, quand on veut faire appel à la participation d'un prospect, le stratagème le plus efficace consiste toujours à faire coïncider harmonieusement les attitudes et les besoins de l'acheteur avec les qualités intrinsèques du produit.

La première étape avant l'entrevue consiste pour vous à faire la liste de tout ce que vous devez amener votre client à faire par lui-même pendant la démonstration à laquelle vous désirez le faire participer. Souvenez-vous que plus votre acheteur éventuel va manipuler votre produit, plus il va en tester les possibilités en se familiarisant avec lui — autrement dit, plus ce produit aura d'impact sur ses activités conscientes du moment — plus grandes seront vos chances de voir votre produit prendre une place importante dans son avenir immédiat.

Ensuite, faites la liste des questions qui vous sont habituellement posées en cours de démonstration.

Troisièmement, faites la liste de vos arguments de vente les plus convaincants.

Quatrièmement, amalgamez l'ensemble des données répertoriées dans les trois énumérations qui précèdent en un argumentaire de démonstration qui doit couler tout naturellement du début à la fin.

Cinquièmement, prenez en main ce livre et exercez-vous à moduler cet argumentaire en le retravaillant à l'aide du plus grand nombre possible de techniques parmi celles que nous avons étudiées au fil de ces pages. Ce faisant, n'oubliez jamais que votre technique doit toujours demeurer souple et courtoise. Entraînez-vous à augmenter votre débit avec les impatients, à le ralentir avec ceux qui sont pointilleux sur les détails... et à vous accommoder des instables et des lunatiques sans jamais perdre le contrôle de votre démonstration.

Sixièmement, entraînez-vous à formuler votre argumentaire et à en acquérir l'automatisme jusqu'à ce que rien ne puisse plus en briser le déroulement.

Septièmement. À présent, foncez, et retirez-en des masses d'argent.

Chapitre 10

Faites vos présentations et vos démonstrations avec la puissance de conviction d'un champion

Entrons à présent dans le domaine qui probablement vous plaît le plus: celui du face à face avec l'acheteur. À moins que je ne me trompe doublement, vous devez y exceller... et y consacrer le plus clair de votre temps.

Soyons plus explicite. Selon nos recherches, la plupart des vendeurs consacrent en effet 80 à 90 pour cent de leur temps à leurs présentations/démonstrations, et réservent les 10 à 20 pour cent qui leur restent à d'autres activités. Les champions, eux, ne consacrent qu'environ 40 pour cent de leur temps à présenter et expliquer leur produit, et environ 10 pour cent à faire de la prospection. (Certains ne font d'ailleurs pas du tout de prospection directe, tant ils sont occupés par leur prospection par recommandation.) Quant aux 50 pour cent qui restent, ils l'utilisent à faire la sélection de leurs clients éventuels et à programmer à l'avance leurs activités. Ces pourcentages s'appliquent bien sûr au temps consacré à la vente proprement dite, et ne tiennent pas compte des expositions commerciales, des réunions d'entreprise, de la rédaction des rapports, des compte rendus de routine, et des bilans d'activité.

Par champion, nous entendons toute personne qui appartient aux 10 pour cent des vendeurs du groupe de tête de son entreprise, tant du point de vue du rendement que du revenu et qui en outre a suivi notre entraînement et appliqué nos techniques pour en retirer une part importante de sa réussite.

Considérons à nouveau les pourcentages qui précèdent. On constate que le champion, qui fait pourtant au moins deux fois plus de présentations et de démonstrations que le vendeur moyen, y consacre deux fois moins de temps que lui. En fait, la plupart des champions obtiennent des résultats beaucoup plus impressionnants encore, puisque le volume de leurs affaires est de quatre à dix fois supérieur à celui du vendeur moyen. Il n'est d'ailleurs pas exceptionnel de voir un seul champion surpasser à lui seul le rendement total de tous les traînards de son équipe et maintenir cette performance pendant des mois, parfois même pendant des années. Au point que le directeur des ventes s'en arrache les cheveux: s'il pouvait obtenir des moins bons éléments qu'ils vendent seulement le tiers de ce que vend le champion, le volume global des ventes crèverait le plafond.

Donc, de toute évidence, le champion sait finaliser un pourcentage beaucoup plus élevé de ventes après présentation que le non-champion.

Pourtant, le savoir-faire et la confiance en soi qui entrent en jeu au moment de la présentation ou de la démonstration ne comptent pas pour plus de 25 pour cent dans cette différence de rendement. Ce qui fait la supériorité du champion, c'est le soin et la compétence qu'il consacre à la préparation de ses rendez-vous, la rigueur avec laquelle il sélectionne ses interlocuteurs, l'efficacité qu'il déploie pour contrer leurs objections et finaliser ses ventes, et le succès qu'il obtient dans le recrutement indirect de nouveaux clients par recommandation.

Les techniques qui permettent de remplir ces différentes conditions seront discutées dans les chapitres ultérieurs. Car dans la vente, chacun de ces points est vital. C'est en devenant également compétent dans chacune de ces activités que vous exercerez pleinement vos capacités et deviendrez vous-même un champion. Aussi, à présent que nous allons examiner différentes techniques de présentation et de démonstration, gardez toujours présent à l'esprit ce qui suit: quelle que soit l'importance de ces techniques (et leur importance est primordiale), elles ne serviront strictement à rien si vous les appliquez à des prospects qui n'ont pas fait l'objet d'une sélection rigoureuse et qui ne répondent pas à certaines conditions. De la même manière que ces techniques ne vous serviraient à rien non plus — même dans le cas où vous les appliqueriez à des prospects convenablement sélectionnés — si vous êtes incapable, faute d'une bonne préparation, de contrer leurs objections. Et si enfin vous ne savez pas conclure une vente, beaucoup de ventes que vous auriez pu et dû normalement faire profiteront au premier de vos concurrents qui se présentera, et à qui vous aurez préparé le terrain sans même refermer la barrière derrière vous avant son arrivée. Si vous voulez que vos ventes soient fermes, il faut que vos présentations et vos démonstrations soient fermes; il faut que la sélection de vos prospects soit ferme; il faut que vous sachiez contrer les objections et conclure les ventes avec une égale fermeté.

Avant d'examiner comment s'y prennent les champions pour présenter leurs produits ou en faire la démonstration, je vais m'aider d'une analogie pour illustrer le concept de base que j'énonce: si votre intention est de tenir un discours d'une demi-heure, composez par écrit un discours de dix minutes. Et si vous voulez que vos arguments soient percutants auprès de vos auditeurs, vous devez passer par les trois étapes suivantes:

1. DITES-LEUR DÈS LE DÉBUT CE QUE VOUS ALLEZ LEUR DIRE ENSUITE.
Ceci en guise d'introduction à votre présentation.

2. DITES-LEUR ENSUITE CE QUE VOUS AVEZ À LEUR DIRE.
C'est la présentation.

3. REDITES-LEUR ENFIN CE QUE VOUS VENEZ DE LEUR DIRE.
C'est le résumé de votre présentation.

C'est ainsi que, dans ses grandes lignes, doit se dérouler tout discours de présentation ou de démonstration qui aboutit. Autrement dit, il faut vous répéter. Il ne s'agit pas bien entendu de dire trois fois la même chose et dans les mêmes termes. Mais de consacrer (1) les dix premières minutes à introduire des idées neuves, (2) les dix minutes qui suivent à développer en profondeur les différents points de l'argumentation en les mettant en concordance avec les besoins et les intérêts de l'interlocuteur, et (3) les dix minutes finales à tirer les conclusions de l'argumentation précédente et à indiquer à celui qui vous écoute la direction vers laquelle la situation doit évoluer.

La répétition est mère de l'apprentissage. Eh oui! Même si certains vendeurs sans envergure rechignent à se répéter, sous prétexte que les arguments qu'ils ont tant de fois utilisés finissent par leur sembler éculés. Ce qui les conduit bien souvent à conclure que quiconque ne les comprend pas la première fois est nécessairement un idiot. Bien souvent aussi, les non-champions sont plus que blasés de leur présentation et se disent que mieux vaudrait l'enterrer une bonne fois pour toutes. Le champion, lui, ne se lasse jamais de répéter les phrases qu'il sait efficaces, les astuces qui font vendre, les idées qui parlent à l'esprit de ses acheteurs et qui pour lui sont synonymes de rentrées d'argent. Il sait éliminer de sa présentation tous les arguments qui cessent de faire de l'effet, mais pas avant d'avoir constaté qu'ils ont cessé d'en faire. Il ne perd jamais de vue que ses interlocuteurs en savent beaucoup moins long que lui sur sa spécialité, mais que la supériorité de ses connaissances spécialisées ne doit pas le dispenser de rester courtois et poli. Aussi trouve-t-il du plaisir à s'en tenir à un schéma de discours qu'il a renouvelé un millier de fois, et qu'il ne cesse de moduler par de petites variations dans le phrasé ou la cadence afin d'en augmenter l'impact. Le fait qu'il connaisse si parfaitement sa partition lui donne une telle aisance qu'il n'a même plus besoin d'y penser, si bien qu'il peut concentrer pleinement son attention sur ses clients ou sur tel ou tel point particulier de la situation. Aucun doute là-dessus: la clé du savoir-faire supérieur du champion tient à sa capacité, à sa volonté de recourir efficacement à la répétition pour renforcer chacun de ses arguments de présentation ou de démonstration. Et si ces répétitions ne le dérangent pas le moins du monde, c'est qu'il sait qu'elles se traduisent pour lui par une autre répétition: celle des ventes qu'il fait à un certain type de clientèle.

Dire, dire et redire. Tout est là. Songez-y vous aussi, et transcrivez la phrase qui suit pour la garder bien en évidence:

LA RÉPÉTITION EST LE LEVAIN DE LA VENTE

Chaque fois que vous vous apprêterez à faire une présentation ou une démonstration, il est un autre point que je voudrais que vous gardiez toujours présent à l'esprit, et je vous invite aussi à bien le mettre en évidence:

La présentation pour la démonstration n'est rien d'autre que le prélude à la conclusion de la vente

Une présentation percutante, une démonstration habile, ne doit jamais être considérée comme une fin en soi. Vous n'êtes pas là pour remporter un premier prix, mais pour conclure une vente. Le seul but d'une présentation ou d'une démonstration est d'amener le client à approuver une acquisition. Donc, exception faite de l'intérêt que peuvent prendre ces opérations en tant qu'exercices d'entraînement, il est absolument injustifié d'en faire des coups d'éclat si elles ne débouchent pas sur une vente.

Il n'existe pas de différence fondamentale entre une présentation et une démonstration. L'une et l'autre ne sont que le processus grâce auquel on démontre au prospect le bien-fondé des avantages qu'il attend d'un produit. Dans une présentation, c'est en général à l'aide de graphiques, de données numériques et d'arguments péremptoires que cette preuve sera apportée; alors que dans une démonstration, ce seront des essais, un échantillonnage de résultats pratiques, ou la révélation concrète de certaines performances techniques qui permettront d'obtenir cette preuve. Mais le résultat est le même: graver dans l'esprit du client la conviction que c'est en vous qu'il va trouver la meilleure source des bénéfices qu'il attend.

Voyons selon quelles tactiques, selon quelle méthodologie il convient de mener une présentation ou une démonstration:

1. Gardez toujours l'avantage en posant des questions

Des techniques appropriées ont déjà été exposées au chapitre 3.

2. Ne vous laissez pas vaincre par les objections. Sachez les contrer pour remporter la victoire

En moins d'un mois un vendeur un peu vif d'esprit aura découvert les objections qu'on oppose le plus communément à son produit ou à son service, et qui lui sont pour ainsi dire inhérentes. Car il est bien rare qu'un produit ou un service n'en suscitent pas Entendez par objections inhérentes celles que vos prospects vous opposent pratiquement à chaque présentation ou à chaque démonstration. Si bien qu'au bout d'un mois d'activité le vendeur finit par se dire: "C'est toujours les mêmes qu'on me sert."

Si vous êtes dans ce cas, pourquoi au contraire ne pas raisonner ainsi: "J'ai au moins la chance de connaître d'avance les objections qu'on ne va pas manquer de me servir. Raison de plus pour me préparer à les contrer avant de me lancer dans ma présentation."

Un des champions que nous avons formés m'a raconté un jour une anecdote qui illustre parfaitement ce dont nous parlons. À l'époque où cela se passait, Gaétan Langlois était déjà un vendeur de haut vol dans l'immobilier. Il connaissait un promoteur qui avait toutes les peines du monde à vendre les dernières maisons d'un vaste ensemble résidentiel qu'il avait construit. Toutes les autres avaient été vendues sans difficulté — et bien souvent sur plans — si bien que le promoteur en question ne s'était fait aucun souci pour les dix-huit constructions de son programme qui étaient situées le long d'une voie ferrée. Aucun souci jusqu'au moment où, des semaines plus tard, pas une de ces constructions n'était encore vendue. Dans l'impossibilité de s'en débarrasser, il avait donc fait de la publicité, avait baissé les prix et réduit l'investissement initial. Mais ses maisons restaient invendables. Les gens venaient les visiter, découvraient le chemin de fer, et repartaient comme ils étaient venus. Ajoutons encore que les choses ne lui étaient guère facilitées, du fait de la présence dans le voisinage de plusieurs autres ensembles résidentiels, eux aussi récemment construits.

Gaétan Langlois, qui avait entendu parler de ces dix-huit maisons invendables, vint faire un tour en voiture dans le quartier pour voir de quoi il en retournait. Puis il alla trouver le constructeur pour lui faire la proposition suivante: "Vous souhaitez vendre vos maisons en moins d'un mois? Je m'en charge. Mais je veux l'exclusivité de la vente."

"Je ne peux pas baisser davantage mes prix, lui dit le constructeur. J'y perds déjà de l'argent."

"Je ne vous demande pas de les baisser, lui répliqua Langlois. Montez-les au contraire légèrement, de manière à pouvoir y inclure un téléviseur couleur, et je vous débarrasse du tout en un rien de temps."

Le promoteur ne voulait pas y croire. Mais Langlois était bien le seul agent immobilier depuis des semaines à venir lui garantir qu'il pourrait vendre les maisons en question. Il lui donna donc le feu vert. Le lendemain, un panneau mis en place devant la maison témoin annonçait: “On ne peut visiter qu’à 14 h, 16 h et 18 h.” Pourquoi?

Parce que c’étaient les heures où passaient les trains.

Avant chaque visite, Langlois réunissait ses prospects et leur tenait le langage suivant: “Ces maisons présentent un avantage peu ordinaire, que j’aimerais vous révéler tout de suite.” Et il les conduisait dans le salon, mettait en marche la télévision et poursuivait: “Nos dix-huit maisons sont toutes équipées de ce magnifique téléviseur couleur. Savez-vous pourquoi? Parce que nous avons voulu de cette façon vous épargner quelque chose qui pourrait vous incommoder. J’aimerais qu’à présent vous jetiez un coup d’oeil par cette fenêtre.”

Alors les visiteurs allaient à la fenêtre et découvraient les rails. Gaétan Langlois continuait: “Vous voyez? Vos enfants auront même l’occasion de voir de tout près le fameux cheval de fer. Cela va leur plaire, non? Certains d’entre vous se disent qu’ils vont être incommodés par le bruit? Alors je vais vous demander à tous de me faire une petite faveur. C’est de garder le silence et d’écouter. Parce que dans quelques minutes un train va justement passer.”

Langlois avait soigneusement minuté les visites, afin que quatre ou cinq minutes s’écoulent avant le passage du train. La télévision était toujours en marche, bien sûr, mais pas trop fort. Juste assez pour qu’on l’entende. Et bientôt les visiteurs se mettaient à la regarder sans rien dire, en attendant le train dont on ne tardait pas à percevoir le bruit tandis qu’il se rapprochait.

De sorte que lorsqu’il passait, les gens le regardaient vaguement, un oeil fixé sur l’écran. “Vous avez vu?” leur demandait Langlois quand il était passé. “Trente-huit secondes de son. Pas une de plus. Je voulais que vous vous rendiez compte par vous-mêmes de ce qu’il vous faut endurer en échange d’un téléviseur couleur. Qu’en pensez-vous? Cela en vaut la peine?”

En un mois, toutes les maisons étaient vendues. Savez-vous pourquoi? Parce que le vendeur était allé sans attendre au-devant des objections et n’avait pas tenté de dissimuler à ses visiteurs la ligne de chemin de fer. Il s’était au contraire contenté de leur faire valoir le bénéfice qu’ils pouvaient retirer de cette petite nuisance.

Je connais aussi un de nos autres champions qui est constamment à l’affût d’affaires problématiques de ce genre, et prétendument impossibles à négocier. Je ne citerai pas son nom, pour la simple raison que ses clients ne seraient pas forcément enchantés d'apprendre qu'ils lui ont acheté quelque chose que personne d'autre n'aurait pu vendre. Chaque fois que ce garçon découvre un article qui ne peut que susciter des objections, il s'ingénie à découvrir le moyen de les contourner.

Je ne sais évidemment rien de vos propres difficultés et je ne puis les deviner. Mais les difficultés de la vente ne sont qu'une question de degré, parce qu'aucun des produits ou des services qui sont sur le marché ne sont exempts d'imperfections mineures qui leur valent des objections inhérentes à leur nature même. Ces imperfections mineures et ces objections, vous devez donc les connaître et les prévoir, afin d'être capable de les monter en épingle et d'en tirer parti. En vous comportant ainsi, les unes et les autres n'apparaîtront jamais si graves à vos prospects que s'ils les avaient découvertes d'eux-mêmes, et vous pourrez la plupart du temps les retourner à votre avantage. Pour cela, il vous suffit de vous donner la peine de savoir les faire un peu mousser pour les faire mieux valoir.

Je ne vous invite nullement à décourager d'avance vos clients éventuels en prenant une voix de prophète de malheur pour leur annoncer: "Voilà pourquoi vous allez au-devant des pires ennuis avec ce produit." Ce n'est pas ainsi que s'y prenait Gaétan Langlois. Il se contentait de soulever le problème et de démontrer qu'après tout ce n'en était pas vraiment un, en faisant valoir que les avantages offerts compensaient largement les inconvénients intrinsèques. En règle générale, c'est donc à vous qu'il appartient de mettre le doigt sur les objections les plus importantes avant que vos clients n'aient le temps de vous les assener. Vous vous donnerez ainsi le moyen de les minimiser promptement.

3. Employez le langage que vos prospects ont envie d'entendre

Nous sommes tous équipés d'un système de filtrage qui nous permet d'éliminer certains sons indésirables. Ce système nous est indispensable, puisque c'est grâce à lui que nous pouvons nous replier paisiblement sur nous-mêmes chaque fois qu'on nous martèle les tympans de longueurs d'ondes qui ont moins d'attrait pour nous que celles qu'émettent notre propre cerveau.

Tous les gens à qui vous essayez de vendre sont équipés d'un dispositif de cette nature, lequel peut être mis instantanément en état de filtrage, du fait que c'est dans l'enfance que s'est développée cette fonction. Il en résulte que vous devez apprendre à empêcher ce dispositif de fonctionner chez vos interlocuteurs, sous peine de voir vos plus magnifiques arguments éliminés par le filtrage, et ne jamais atteindre des organes auditifs frappés de surdité. Soyez donc réalistes: ce n'est pas en se parlant tout seul qu'on gagne le moindre argent.

L'ennui, c'est que la plupart des vendeurs émettent exactement le même son de cloche et expriment les mêmes idées, bien souvent à l'aide des mêmes mots éculés, usés, fastidieux à entendre.

Ici encore, comme partout ailleurs, le champion se distingue des autres. Chaque journée renouvelle sa vision du monde, et il sait exprimer ses idées sans cesse rénovées avec une verve rajeunie. Il comprend et respecte le poids des mots et possède une connaissance aiguë de ce qu'ils suggèrent. Il ne cesse de perfectionner son oreille pour capter la beauté, la force et l'infinie richesse de sa langue. Il ne cesse de s'essayer à de nouvelles phrases, à de nouvelles allusions, à de nouveaux mots capables d'épanouir la gamme de son vocabulaire. Il adore, quand il s'exprime, faire preuve d'esprit et de sensibilité.

Donnez du prestige à certains mots

Le champion de la vente se considère comme un artiste capable de créer des cristaux raffinés à partir du sable et du plomb vulgaires que contient le langage. Pour ce faire, il évite ces mots éculés, ces tournures communes, ces descriptions insignifiantes qui affligent de monotonie et de médiocrité les présentations du vendeur sans envergure. Il sait au contraire rendre son discours plus vivant en l'enrichissant de mots dont il rehausse l'éclat, et qui éveillent chez ses acheteurs des visions nouvelles, car ils ne peuvent se retenir de l'écouter, tant il sait captiver leur attention.

Qu'est-ce qui rend un mot prestigieux? C'est qu'il possède une originalité, une fraîcheur qui frappent l'esprit, tout en restant assez ordinaire pour être perçu. Car c'est surtout ce dernier point qui importe. Si vous saupoudrez votre discours de ces mots extravagants que seuls les initiés de certains ésotérismes sont à même de saisir, vos interlocuteurs s'empresseront de faire fonctionner leur dispositif de filtrage.

Mieux vaut donc les aider à se détendre, au lieu de commettre l'erreur de les indisposer. Car si la plupart des gens ne dédaignent pas d'être un peu stimulés, ils préfèrent encore éprouver le sentiment qu'on les ennuie, plutôt que l'impression qu'on leur parle avec condescendance.

N'oubliez pas non plus que bien des gens peuvent parfaitement vous regarder dans le blanc des yeux en vous faisant des signes d'assentiment alors que leur esprit est à des kilomètres de là, soit parce qu'ils sont préoccupés par quelque chose qui vous est tout à fait étranger, soit qu'ils songent à la tâche qui les attend dès que vous les aurez quittés. Si vous leur bourdonnez interminablement dans les oreilles, vous ne leur vendrez rien. Vous ne tarderez pas à repartir Gros-Jean comme devant, et probablement à tout jamais.

Servez-vous donc de ces mots frappants que chacun peut comprendre mais dont on use rarement. Le champion fait tout ce qui est en son pouvoir pour faire participer émotionnellement et physiquement ses prospects à sa présentation, et pour les amener à l'écouter quand il veut se faire persuasif.

Remplacez certains mots par d'autres

Quand vous écouterez dorénavant parler quelqu'un qui ennuie son entourage ou son public, essayez donc de répertorier attentivement les mots, les phrases, les façons qu'il a de s'exprimer, qui rendent son discours si fastidieux. Et, chaque fois que vous repérez une de ces tournures de langage, prenez mentalement note de l'éliminer de votre vocabulaire; tout en vous promettant de la remplacer par une formulation qui soit plus apte à fixer l'intérêt de vos interlocuteurs. Peut-être vous faudra-t-il y réfléchir un peu pour opérer cette substitution. Peut-être cela ne vous sera-t-il pas toujours facile au début, surtout si vous n'avez encore jamais considéré que votre vocabulaire pouvait se prêter à des remaniements de ce genre. Mais cela vous viendra vite avec un peu d'habitude. L'astuce suivante devrait vous faciliter les choses: faites sur une feuille de papier la liste des mots dont vous voulez vous débarrasser. Puis relisez cette liste une fois par jour. Vous vous fixerez ainsi l'esprit sur la nécessité d'enrichir votre vocabulaire, et vous prendrez l'habitude d'extraire de vos lectures, du discours des autres ou de certains programmes télévisés les mots nouveaux que vous désirez adopter pour embellir votre langage.

Les mots d'argot ont ceci de particulier qu'ils sont vifs et cocasses, mais que leur érosion est rapide. La plupart d'entre nous les employons encore alors qu'ils sont déjà périmés. Certaines tournures populaires peuvent être elles aussi vives et cocasses, mais bien souvent leur compréhension échappe à l'interlocuteur. Les vocabulaires juridique et informatique comportent un épais magma de mots qui ne servent guère qu'à obscurcir certaines vérités simples et à entraver la communication. Ils ne sont pas de ceux qui vous aideront à emporter une décision. Donnez donc votre préférence à ces bons vieux mots simples et vigoureux qui nous viennent des racines mêmes de notre langue. Et parsemez votre discours de ces mots brefs et percutants. Plus vous serez bref et plus, par effet de contraste, vos longueurs auront d'impact.

Enhardissez-vous à renouveler votre vocabulaire. Un peu de témérité ne nuit pas. Placez ici et là des audaces de langage qui frappent. Peut-être vous faudra-t-il reformuler telle ou telle idée de plusieurs manières différentes pour les faire comprendre. Mais si on vous demande de le faire, c'est la preuve qu'on vous écoute. Et si on vous écoute, c'est que vous pouvez l'emporter. C'est quand on ne vous écoute pas que vous perdez toutes vos chances.

Apprenez différents langages

Saviez-vous que les grands champions parlaient plusieurs langues? Je ne fais allusion ni à l'anglais, ni à l'espagnol, ni au navajo, mais aux différents parlers de leurs clients. Quand un champion discute avec un plombier, il lui parle le langage de la plomberie. Et c'est le langage médical qu'il parle quand il s'adresse à un médecin. Ce qui n'exige pas un entraînement bien extraordinaire. Votre but n'est pas de convaincre le plombier que vous êtes dans le génie civil et le médecin que vous êtes vous aussi de la profession; il est de leur faire sentir à l'un comme à l'autre que vous comprenez leurs problèmes, leurs points de vue et leurs attentes. Tout métier, tout passe-temps a son jargon propre, son langage bien à lui.

Si le champion apprend à parler ces différents idiomes, c'est que cela représente pour lui le moyen le plus efficace de nouer des relations avec diverses catégories de gens. Car alors c'est sur un même terroir que les relations peuvent s'épanouir, qui ne germeraient pas sur les rochers nus de la disparité de langage. Nous nous identifions plus aisément à ceux qui partagent les mêmes choses que nous. En leur présence, notre peur instinctive désarme, notre confiance augmente. Bien sûr, pour vous adapter à tel ou tel client, vous ne pourrez pas changer pour une autre l'école que vous avez fréquentée, ou la ville dans laquelle vous avez grandi; mais vous pouvez apprendre à comprendre et à utiliser le jargon qui est le sien, ou bien celui de son milieu professionnel, à défaut de pouvoir utiliser la terminologie de sa spécialité. Si vous possédez par exemple quelques bribes du vocabulaire de la construction, vous serez beaucoup plus convaincant avec un charpentier, un couvreur, ou n'importe quel autre ouvrier spécialisé dans ce domaine; et si vous êtes capable de comprendre les termes du métier qu'emploie un ouvrier d'une chaîne de montage, vous serez capable aussi d'exercer un plus grand pouvoir de persuasion sur n'importe quel ouvrier d'usine.

C'est pour cette raison évidente que les plus performants des vendeurs décident parfois de faire porter leurs efforts sur une catégorie socio-professionnelle bien précise, quand bien même ils vendent des assurances-vie qui conviennent à une clientèle beaucoup plus diversifiée. Étant donné qu'ils savent se faire accepter par les gens appartenant à la catégorie sur laquelle ils ont résolu de concentrer leur prospection, étant donné qu'ils savent capter leur confiance — du fait qu'ils parlent le même langage qu'eux — leurs ventes sont plus nombreuses et plus faciles.

Bien des vendeurs qui n'ont jamais su s'élever au-dessus de la moyenne passent une bonne heure par jour à s'occuper des résultats sportifs, et s'en justifient en affirmant qu'il faut bien avoir un sujet de conversation avec la clientèle. À moins que ce qu'ils aient à vendre ne soit directement lié au sport, leur attitude est grossièrement inadéquate. Toute discussion qui porte sur ce qui n'a aucun rapport avec l'objet de la vente est une perte de temps. Une perte de temps qu'on élimine si, pour établir le contact, on parle le même langage que notre interlocuteur. Or, l'apprentissage de ces jargons ne prend certainement pas plus de temps que d'éplucher les pages sportives.

Mais ces jargons, comment les apprendre?

La meilleure méthode, c'est encore la lecture des magazines professionnels spécialisés. De nos jours, il existe des publications destinées à presque tous les métiers ou corps de métier. Lisez attentivement les éditoriaux, leur rubrique "Courrier des lecteurs" ou autres, car ce sont les reflets authentiques de l'état d'esprit des habitués de ces publications. Lisez-les avec un bloc-notes et un crayon à portée de la main. Relevez toute expression, tout point de vue qui ne vous sont pas familiers, et demandez à quelqu'un du métier de vous en expliquer le sens.

La meilleure façon d'apprendre une langue est de s'y prendre comme les enfants: par la méthode des essais et des erreurs; et aussi par l'assiduité. C'est en saisissant toutes les occasions que vous aurez de le faire que vous apprendrez énormément de choses sur les langages spécialisés: au restaurant le midi, à la station-service quand vous attendez qu'on vous rende votre voiture, partout où vous pourrez discuter avec une certaine catégorie de gens. Regardez-les faire, observez quel vocabulaire ils utilisent, quels points de vue ils affichent. Votre métier, c'est les autres. Ne perdez pas une occasion d'en savoir davantage sur eux.

Maintenez vos clients mentalement en éveil

De quelle façon? En leur posant des questions qui les obligeront à imaginer quel usage ils vont faire de votre produit une fois qu'ils l'auront acquis. Soyez très attentif aux réponses qu'ils vont vous faire. Rien ne compromet davantage une relation que de reposer une question à laquelle on a déjà répondu.

Maintenez vos clients physiquement en éveil

Occupez-les en leur donnant à faire quelque chose de simple. Invitez-les à résoudre quelque chose ou à se servir de l'appareil dont vous êtes venu leur faire la démonstration. Ne leur demandez pas: "Aimeriez-vous l'essayer, je vous prie?" car ils peuvent fort bien ne pas en avoir envie. Dites-leur simplement: "Tenez, à vous." Un réflexe automatique fera qu'ils prendront tout ce que vous leur tendrez. De cette façon, vous les aurez amenés à participer directement à la démonstration. Une fois que vous ferez confiance à ce réflexe inné, vous pourrez le faire jouer à votre guise, en gardant bien en main le contrôle de la situation. N'en abusez pas, bien entendu, car vous pourriez contrarier ou irriter votre interlocuteur, tandis que si vous lui souriez aimablement en vous contentant de lui dire: "Tenez, allez-y", vous serez étonné de la facilité avec laquelle ils accepteront de faire ce que vous leur demandez. De remplir le bon de commande, par exemple. J'ai connu des gens qui se chargeaient eux-mêmes de le faire, tout simplement parce que c'était au moment le plus opportun que je le leur avait tendu en leur disant: "Tenez."

Une fois que vos clients seront familiarisés (avec le système de contrôle à distance de votre appareil, par exemple, ou avec une copie de vos propositions, ou encore avec le manuel d'entretien de votre machine, bref, avec ce qui vous facilite le plus les choses), leur participation physique sera suffisamment intense pour préparer tout naturellement le terrain à leur participation émotionnelle.

Gardez votre calme quand on vous interrompt

Quelle que soit la qualité de votre présentation ou de votre démonstration, soyez assuré que vous serez interrompu. Parfois c'est le téléphone qui sonne brusquement, et qui va monopoliser toute l'attention du client à propos d'une affaire professionnelle ou familiale. Parfois c'est une porte qui s'ouvre pour livrer passage à des inconnus. Quand ce n'est un chien qui jappe, une sirène qui hurle... ou un enfant qui braille.

Prenez votre mal en patience. Quel que soit le nombre des interruptions, ne manifestez jamais la moindre irritation. Mettez au contraire ce délai à profit pour récapituler mentalement ce que vous venez de dire, pour préparer la reprise de votre argumentation, et pour vous assurer de ne pas avoir laissé passer une occasion de conclure la vente que vos questions n'auraient pas révélée.

Si l'interruption se prolonge, faites pour vous le résumé des points sur lesquels votre interlocuteur est déjà tombé d'accord. C'est indispensable. Souvenez-vous que toute interruption dans le déroulement d'un processus physique provoque, à des degrés divers, une rupture du processus émotionnel. Si bien que si quelqu'un entre dans la pièce, ou si c'est votre client qui la quitte, ou bien répond au téléphone, ses dispositions émotionnelles ne seront plus les mêmes après coup. Pas besoin pour cela qu'il soit devenu rouge de confusion ou qu'il se soit emporté: s'il est interrompu, ses émotions changeront. Aussi, avant de reprendre le fil là où il aura été coupé, vous faudra-t-il d'abord ramener votre interlocuteur aux dispositions d'esprit et de sentiments qui étaient les siennes avant l'interruption.

Limitez votre présentation à moins de dix-sept minutes

Vous avez un sourire incrédule? Écoutez-moi tout de même. Supposons que vous vendiez des avions d'affaires et qu'il faille une heure à votre prospect pour venir vous retrouver à l'aérodrome. Vous avez tout planifié pour qu'il ne s'écoule pas plus de cinq minutes entre le moment où il arrive au terrain et celui où vous demandez à la tour de contrôle la permission de rouler sur la piste. Comptons encore cinq minutes avant que vous ne soyez en l'air. Jusqu'ici, ces soixante-dix minutes de préliminaires n'ont pas servi à grand-chose, mais votre prospect est ravi de ce temps qui glisse comme par enchantement.

Pourtant, quand deux heures plus tard vous vous retrouvez dans son bureau pour lui soumettre des perspectives d'achat de votre magnifique appareil, sa capacité de prendre une décision risquera de s'émousser si vous ne savez pas limiter votre argumentation de vente à dix-sept minutes au maximum.

Quel que soit le produit ou le service que vous devez vendre, quand vient le moment d'attaquer la pente raide, ne vous attardez pas en chemin et faites votre escalade sans aller au-delà de cette limite temporelle. Vous y parviendrez si vous savez élaguer les détails superflus, et éliminer tout ce qui ne contribue pas à favoriser la conclusion de la vente.

Si vous voulez devenir champion, apprenez à peaufiner votre texte et à le formuler contre la montre jusqu'à ce que vous soyez en mesure de faire une présentation ou une démonstration efficace en moins des dix-sept minutes au-delà desquelles le pouvoir de concentration de vos clients s'évanouira. Un tel pari peut sembler difficile, mais c'est en le gagnant que vous ferez merveille quand viendra le moment de conclure vos ventes.

L'impact d'une présentation bien préparée

Il m'est impossible de vous parler de façon plus convaincante de cette technique qu'en faisant allusion à l'un de nos champions, dont nous avons déjà parlé, Robert Burns, lequel en fait usage à un rare degré de perfection. Je cite souvent l'histoire de Robert Burns au cours de mes séminaires, et c'est des quatre coins du pays qu'on m'envoie des lettres pour me demander comment ce garçon de vingt-trois ans peut bien s'y prendre pour gagner un demi-million de dollars par année en pratiquant la vente.

Je vais donc vous donner un exemple des méthodes qu'il utilise, et cet exemple illustrera parfaitement l'ensemble des concepts dont nous allons discuter dans ce chapitre. Mais tout d'abord, je vais vous raconter dans quelles circonstances j'ai fait sa connaissance. Quand il vint s'inscrire à nos séminaires, c'était avec l'intention de faire de la vente de biens fonciers. Une fois terminé le programme, il vint me trouver pour me faire part de la décision ferme qu'il venait de prendre: "Mon but, m'affirma-t-il, c'est de faire mieux que tous les vendeurs de biens immobiliers que vous avez entraînés jusqu'ici."

"Merveilleux", lui dis-je en souriant, "mais avez-vous formulé ce voeu par écrit?"

"Je m'attendais à cette question, me dit-il. Bien sûr que je l'ai formulé par écrit. Tenez."

Je pris les feuillets qu'il me tendait et j'émis un sifflement. "Je constate que vous avez fait là un travail très sérieux, Robert, et je me réjouis de voir que vous avez pris ce programme très à coeur. Peu de gens se donnent le mal de formuler par écrit leurs ambitions. Vous avez déjà accompli quelque chose de peu ordinaire. Mais ce genre de contrat qu'on passe avec soi-même n'est que la première étape de l'itinéraire. L'itinéraire, c'est de remplir ce contrat. Si vous le faites, je serai très fier de vous."

Par la suite, il me tint au courant de ses progrès. Bientôt, il se mit à battre des records de vente et, avec une rapidité stupéfiante, il tint la promesse qu'il s'était faite de surpasser tous les vendeurs en terrains et propriétés foncières que nous avions formés jusque-là. L'une des raisons essentielles qui l'avait porté au pinacle de la réussite c'est que toutes ses présentations, il les préparait d'avance avec minutie, jusqu'au moindre mot et au moindre stratagème.

La façon dont il s'y prit pour me faire investir moi-même dans un terrain à bâtir est l'exemple le plus vivant de présentation parfaitement préparée que j'aie jamais vu. Il vint me voir un jour où je pensais à tout sauf à investir dans une propriété foncière, et en quelques heures me fit conclure une affaire de 240 000 dollars. En quelques heures, oui, mais si je récapitule les choses sous un angle purement personnel; car de son côté il avait au préalable accompli un travail considérable. Notre discussion ce jour-là fut un étonnant répertoire de savoir-faire et de pouvoir de conviction. Mais pourquoi ne vous serviriez-vous pas vous aussi des mêmes méthodes que Robert Burns?

C'était peu de temps avant Noël. Robert était venu me voir à mon bureau, élégamment vêtu d'un costume sur mesure. Il s'était muni de deux épais classeurs de cuir et d'un vaste porte-document du genre de ceux dont on se sert pour transporter les plans. Il déposa le tout par terre, près de mon bureau, et me dit en souriant: "Heureux de vous trouver, Tom. Voilà au moins un mois que j'essaie de vous voir. Vous allez bien?"

"Très bien, Robert. Et vous? Vos affaires?"

"Incroyable. Il m'arrive des choses fantastiques, Tom. Et vous me voyez justement radieux à l'idée de l'affaire que je suis venu vous proposer."

J'en eus le souffle coupé, et je le contemplai pendant un instant. D'autant que je savais, je l'ai déjà dit, qu'il avait exactement fait ce qu'il s'était engagé à faire devant moi à l'époque où je venais de faire sa connaissance. C'est-à-dire de battre sur leur propre terrain, si je puis dire, tous les vendeurs en biens fonciers que j'avais formés avant lui. Je me ressaisis donc, cherchant des échappatoires, étant donné que je savais désormais qu'il n'était pas venu me voir pour me parler du bon vieux temps.

Il me dévisagea pendant un moment et reprit: "Il m'a fallu pas mal de temps pour trouver le filon. J'ai attendu trois ans."

"Mais de quoi voulez-vous parler, Robert?"

"Tom, je voudrais vous poser une simple question: êtes-vous sûr d'avoir exploité cette année toutes les dispositions légales pour réinvestir la totalité de vos bénéfices qui peuvent échapper aux taxes?"

Je me sentais soulagé... en même temps que navré pour lui. "J'ai fait de mon mieux, Robert, lui dis-je, mais je n'ai pas pu tout sauver. Et il est trop tard pour y songer à cette époque de l'année. Il ne reste plus que onze jours, et avec les vacances d'hiver..." J'accompagnai ma phrase d'un haussement d'épaules pour signifier qu'il ne fallait plus songer à entreprendre quoi que ce soit à moins de deux semaines de la fin de l'année fiscale.

"Ne vous inquiétez pas, me dit-il. J'en fais mon affaire."

J'écarquillai les yeux. "Pardonnez-moi, mais de quoi parlez-vous au juste?" lui demandai-je.

Il se baissa, saisit ces deux classeurs de cuir et m'en tendit un. "Prenez connaissance de ceci, Tom." Je regardai le classeur, sur lequel était gravé en lettres d'or:

ÉTUDE D'INVESTISSEMENT FONCIER
À L'ATTENTION DE
M. TOM HOPKINS

Je le fixai pendant un certain temps et marmonnai: "Mais... Robert, ce que vous me mettez entre les mains, c'est une proposition d'investissement dans un terrain."

"Bien sûr, Tom. Et il m'a même fallu un certain temps pour vous le dénicher. Mais je vous en prie, laissez-moi d'abord vous montrer quelque chose."

Je suis comme tout le monde, je n'aime pas qu'on me force la main. Mais j'étais plus qu'intrigué par sa proposition. Désormais, il avait cessé d'être pour moi le garçon que j'avais connu à une époque où il n'avait pas encore la moindre vente à son actif. Et j'avais à présent devant moi un professionnel accompli, pleinement capable de traiter de grosses affaires. Je voulais en savoir davantage, mais en même temps une petite voix intérieure me mettait en garde: "Il faut que tu trouves le moyen de ne pas te faire piéger."

Il s'approcha du mur et déroula une vaste vue aérienne qu'il y fixa à l'aide de rubans adhésifs. "Voilà de quoi il s'agit, Tom."

"De quoi, au juste?"

"Vous avez là toutes les données voulues pour prendre aujourd'hui même une décision très sage, Tom. Elles sont toutes là, sur cette vue aérienne et dans le dossier que vous avez entre les mains."

Le dossier en question avait cinq bons centimètres d'épaisseur. Mais je n'avais pas l'intention de l'ouvrir tout de suite. J'étais stupéfait de l'audace avec laquelle ce visiteur était venu froidement me voir pour tenter de me faire investir 240 000 dollars. "J'aimerais que vous m'en disiez davantage", lui déclarai-je.

Ce qu'il fit. Pour faciliter la comparaison, les pièces de terrain qui jouxtaient celle de douze hectares qu'il s'était mis en tête de me proposer avaient été codées de différentes couleurs sur la vue aérienne.

Après m'avoir exposé l'affaire dans ses grandes lignes, il me dit: "Si vous n'avez pas envie d'examiner de près cette photo aérienne, je vous invite à vous reporter à la page 11 du dossier. Vous y trouverez résumés tous les éléments chiffrés qui vous permettront de faire des comparaisons de prix."

Tandis que je me livrais à ces comparaisons, Robert Burns avait ouvert le second classeur pour passer à son argumentaire de vente, en me fournissant les unes après les autres les informations justifiant la valeur de la parcelle en question.

"Tout cela me semble parfait, Robert, lui fis-je remarquer, mais voyez-vous, je suis davantage préoccupé par les dégrèvements fiscaux de dernière heure que pourrait m'apporter cette affaire, que par la question de savoir si ce terrain à bâtir vaut l'investissement."

"Je savais que vous raisonneriez de cette façon, Tom. Reportez-vous à la page 16 du document."

Je le fis. Un tableau y montrait quelles incidences fiscales pourrait avoir l'acquisition de la propriété pour un acheteur dans ma catégorie de revenus, compte tenu des travaux déductibles qu'il faudrait y faire pour rendre le terrain habitable: constructions, forage des puits, adduction d'eau. J'examinai pendant un certain temps le document. "Cela a dû vous prendre un temps considérable", dis-je.

"Six mois", me répondit-il. Il lui avait fallu six mois avant de donner forme à ce projet, en regroupant toutes les informations nécessaires, en faisant prendre des photographies aériennes, en faisant appel à diverses collaborations pour rendre cohérent l'ensemble du dossier et lui donner le haut degré d'organisation qu'il avait à présent. Six mois! Je suis certain qu'à ses débuts dans la profession, c'était lui-même qui se chargeait de tout ce travail. De la même façon que je suis certain aussi qu'il dispose à présent de sa propre infrastructure pour préparer techniquement ses dossiers, de sorte qu'il peut consacrer le temps qu'il faut à ses rencontres avec une clientèle bien répertoriée et à l'élaboration des projets à venir.

J'étais fortement impressionné, mais il me fallut pourtant lui dire: "Pour parler franc, Robert, je ne crois vraiment pas que votre proposition puisse cadrer avec mes projets du moment, à moins que vous ne puissiez me prouver le contraire. Je ne dis pas que les réductions de taxes que je pourrais en tirer soient négligeables, mais soyons réalistes. Cela ne suffit pas à justifier un tel investissement. Et que ferais-je de ce terrain s'il était à moi? Je ne le garderais pas éternellement, et je ne cherche pas particulièrement à acquérir des choses qui prendraient encore davantage de mon temps."

"Je le sais, Tom. Reportez-vous à la page 33."

Nous le fîmes l'un et l'autre. Sur la page en question figurait un projet de morcellement du terrain: les quatre hectares de façade seraient divisés en trois lots, qui seraient revendus, ce qui laissait intacts les huit hectares d'un seul tenant au fond du terrain.

Je réfléchis un instant en songeant que si j'étais navré, c'était moins pour lui, qui s'y était pris un peu tard pour me proposer cette affaire, que pour moi. "Robert, lui dis-je, nous voilà bientôt à la fin de l'année, et vous savez comme moi qu'il est impossible de faire cette transaction avant le 31 décembre. Mieux vaut donc pour moi ne pas donner suite à votre proposition à cette époque-ci de l'année, étant donné que j'ai déjà un certain nombre de projets en tête pour l'an prochain."

Il eut un sourire pour me dire: "Je comprends parfaitement, Tom. Mais si vous aviez pu tirer parti de cette affaire — je veux dire, obtenir grâce à elle une diminution d'impôts — vous y auriez donné suite?"

Impossible, me disais-je en moi-même. Impossible qu'il puisse tout régler avant la fin de l'année. Trop de paperasses et de formalités. "Bien entendu, Robert, affirmai-je. Si vous étiez capable de faire des miracles, votre proposition m'intéresserait." Je ris. "Mais impossible. Pas en onze jours et à cette époque-ci de l'année."

"C'est déjà fait, Tommy, me dit-il. Tout ce qui me manque, c'est votre accord."

J'en demeurai bouche bée. Pendant plusieurs secondes, ce fut le silence dans mon bureau. Enfin, j'articulai d'une voix passablement affaiblie: "Que voulez-vous dire par: c'est déjà fait?"

"Tom, vous m'avez appris dans le temps qu'à partir du moment où un acheteur trouve avantageux de faire une acquisition et présente de sérieuses garanties, mon rôle était de lui faire faire cette acquisition. L'acquisition que je vous propose est avantageuse pour vous, non?"

Je me raidissais dans mon fauteuil. "Acheter sans même avoir vu?" dis-je.

"Non. Et je le comprends parfaitement. Je me suis informé de votre emploi du temps auprès de votre secrétaire et j'ai loué un avion. On peut faire l'aller-retour dans le temps qu'il vous faudrait pour aller prendre un lunch. Et je sais d'avance comment vous allez réagir quand vous verrez sur place en quoi consiste cet investissement."

Que pouvais-je faire d'autre? Je le suivis, je vis, j'acquis. Et aujourd'hui, bien sûr, cet investissement s'est révélé plus qu'excellent. Ce n'est pas pour rien que Robert Burns avait fait cet énorme travail préliminaire: il fut en mesure de conclure l'affaire avec assez de rapidité pour me permettre de bénéficier des réductions fiscales que je recherchais cette année-là. Et le 3 janvier — je n'oublierai jamais cette date — ce garçon extraordinaire, ce champion accompli vint frapper à ma porte, celle de mon domicile privé cette fois. "Tommy, me dit-il, je vous ai apporté ceci pour vous remercier de m'avoir permis de me mettre à votre service." Et il me remit un superbe service à thé en argent. N'oublions pas que de s'être mis à mon service lui avait rapporté 24 000 dollars. Et je pense qu'il les méritait bien.

"Merci, Robert", lui dis-je. Un flot de pensées m'envahissait, entre autres que c'était en partie grâce à moi qu'il avait atteint au sommet de la réussite.

“Cela m’a rapporté à moi aussi un petit quelque chose de me mettre à votre service, poursuivit-il. Regardez.” Dans l’allée, flambant neuve, était stationnée une des plus belles Rolls-Royce gris métallisé que j’ai jamais vues. Quand on dispose d’un demi-million de dollars de revenus par an, on se doit bien de posséder ce genre d’outil — ou de jouet — non? Ce n’était pas, bien entendu, la commission qu’il avait touchée sur mon investissement qui avait suffi à payer sa Rolls-Royce, mais elle y avait été pour un petit quelque chose, vous ne croyez pas?

Voilà un bon exemple de ce que peut accomplir dans la vente une préparation soigneuse. De toutes les activités que je connaisse, réussir une vente est celle qui doit le moins au hasard. Ce n’est pas en attendant placidement qu’un client se présente ou bien téléphone qu’on y fait des merveilles. Tous ceux — hommes et femmes — qui y réussissent en vrais professionnels, en vrais champions, ne se contentent pas d’attendre que l’événement se produise. Ils le provoquent. S’ils ont réussi, c’est parce qu’ils préparent minutieusement leur prospection, leurs présentations, leur tactique de conclusion, et parce qu’ils savent suivre leur clientèle. En quatre mots: ils planifient leurs revenus. Sachez donc bien mettre en valeur cette idée fondamentale et essentielle:

C’est par écrit que le champion prépare chacune de ses présentations

Vous déclarez forfait? “Tout préparer par écrit?” vous dites-vous en vous-même. “Mais il se moque de nous! Personne ne le fait. Et d’ailleurs, je serais bien en peine de savoir par quel bout commencer!”

Ne vous mettez pas martel en tête. Je vais bientôt vous dire comment vous y prendre pour préparer chacune de vos démarches et prévoir chacune des embûches qui se présenteront. Cela vous prendra bien sûr un peu de temps, surtout au début, au stade d’assimilation de la technique. Mais quand celle-ci vous sera comme une seconde nature, vous passerez beaucoup moins de temps à préparer vos présentations qu’il en faut aux vendeurs qui en sont encore à l’âge du rouet pour se décider à aller voir un prospect. Vous vous lancerez dans toutes vos démonstrations, toutes vos présentations, en sachant exactement ce que vos interlocuteurs veulent entendre, ce qu’ils sont prêts à approuver, ce avec quoi ils seront d’accord, et ce dont ils ont besoin. Continuez donc à lire, et vous trouverez ici le mode d'emploi de cette technique, et aussi un modèle de fiches-clients signalétiques qui seront pour vous un guide pratique pour préparer vos présentations. L'un et l'autre sont certainement les deux outils les plus perfectionnés qui aient été introduits ces dernières années dans l'art de la vente. Adaptez-les à ce que vous avez à proposer à vos clients, faites-en concrètement usage, et vous constaterez avec surprise combien une présentation bien préparée peut augmenter vos gains.

Comment préparer par écrit une présentation

Voyons d'abord où vous pourrez vous procurer les informations dont vous aurez besoin pour préparer vos présentations sur papier.

Ventes aux entreprises commerciales et industrielles

Les annuaires et répertoires professionnels vous fourniront une quantité énorme d'informations. Certaines de ces publications ne peuvent être obtenues que par abonnement, mais beaucoup d'autres peuvent être consultées dans les bibliothèques publiques. Vous pouvez aussi les obtenir auprès des chambres de commerce ou des associations professionnelles.

Ajoutons à ces publications certaines autres sources d'information qui varient d'un pays à l'autre (par exemple le *Bottin* pour la France), ou qui existent à peu près partout (et en particulier le *Who's Who*, qui donne non seulement la biographie de milliers d'individus classés alphabétiquement, mais précise encore quelles écoles et universités ils ont fréquentées, quelles distinctions ils ont acquises, et qui retrace aussi les principales étapes de leurs carrières).

C'est en combinant les données de ces différentes publications que vous pourrez disposer de tous les éléments nécessaires à la préparation de votre campagne. Certaines en effet se contentent d'énumérer sous une même rubrique tous les fabricants d'un même produit, alors que d'autres vous fourniront la liste nominative de tous les cadres de la plupart des entreprises, leur position dans l'organigramme, et parfois quelques informations personnelles sur chacun d'eux. Ces publications sont en général remises à jour chaque année.

Si vous travaillez dans un secteur bien déterminé, ou si vous reprenez une clientèle laissée à l'abandon, le fichier-clients de votre employeur vous apportera bien sûr aussi des données détaillées de première main.

Ventes à l'administration publique ou gouvernementale

Beaucoup de produits et de services destinés aux entreprises commerciales et industrielles trouvent bien souvent des débouchés dans les activités du secteur public et des agences gouvernementales. Certaines firmes confient d'ailleurs ces ventes à des vendeurs spécialisés, alors que d'autres les confient à leurs agents ou représentants locaux. Ces agences gouvernementales s'occupent d'activités aussi diversifiées que le contrôle et la régulation des crues fluviales, le contrôle des moustiques, l'entretien des ponts, et bien d'autres encore, auxquelles le plus souvent on ne pense pas. Tous les bureaux régionaux de ces agences ont pourtant des besoins qui leur sont propres. Où se procurer leurs adresses? Dans l'annuaire téléphonique, ou bien au service des renseignements.

Ventes aux écoles et aux universités

Ce sont d'énormes consommateurs d'équipements, de fournitures et de services. La plupart des établissements scolaires ou universitaires, qu'ils soient publics ou privés, sont répertoriés dans certains annuaires.

Ventes à domicile

Chaque fois que le nom et l'adresse d'un prospect vous sont donnés par un de vos clients, essayez d'obtenir de ce dernier le plus d'informations possible sur celui ou celle que vous allez rencontrer de sa part. Le fichier de votre firme peut aussi vous fournir des renseignements utiles, si c'est par exemple un ex-client qui n'a pas été suivi que vous projetez de relancer. Et si cet ex-client a bien réussi dans la vie, il se peut d'ailleurs fort bien que vous le trouviez aussi dans les pages du *Who's Who*, que vous pourrez consulter dans n'importe quelle bibliothèque.

En matière de vente directe de personne à personne, la meilleure source de renseignements est encore l'intéressé lui-même. Une fois que vous aurez obtenu de lui un rendez-vous par téléphone, amenez-le à vous apporter quelques-unes des précisions qui vous manquent par une question de ce genre: “Pour vous gagner du temps et vous offrir un meilleur service quand nous nous rencontrerons, puis-je dès maintenant vous demander si...?”

Après lui avoir ainsi posé quelques questions, il peut vous être utile de faire remarquer: “N’allez surtout pas vous imaginer que je suis en train de faire une enquête... Mais nous gagnerons du temps l’un et l’autre si d’avance j’ai un peu débroussaillé le terrain.”

La préparation de l’entrevue: fiches signalétiques et plans de procédure d’argumentation

Nous présentons dans les pages qui suivent deux versions de fiches signalétiques. La première s’applique à la vente au détail à domicile de produits ou de services; la seconde vous aidera à préparer efficacement vos entrevues avec des interlocuteurs qui détiennent le pourvoir décisionnel dans les sociétés commerciales, les entreprises industrielles, les administrations publiques ou les établissements d’enseignement.

C’est en faisant du porte à porte et de la vente à domicile que certains représentants font des carrières exceptionnelles. D’autres se cantonnent dans cette activité parce qu’ils estiment que les contraintes que font peser les grandes organisations de vente à un point fixe, un magasin ou un bureau par exemple, exigent trop de temps de leur personnel. Mais dans les deux cas l’activité de base reste la même: c’est avec des êtres humains qu’il faut négocier. J’avais seize ans quand j’ai commencé à vendre des chaussures dans un magasin de détail. Peu après, j’ai vendu différents autres articles, avant de passer à la vente de produits et de services aux sociétés et aux entreprises. Les principes de base sont partout identiques. Il s’agit simplement de déployer à fond une expérience acquise... et de se mettre à mieux préparer et programmer ses ventes.

Que vous utilisiez l’une ou l’autre de ces fiches signalétiques, mentionnez-y la source de laquelle vous tenez vos informations. Connaître une source d’informations, c’est bien souvent se donner les moyens d’évaluer sa crédibilité, et d’éliminer d’autres sources moins crédibles.

Aucune difficulté particulière pour remplir ces fiches. Vous y noterez le nom du produit ou du service dont votre prospect est actuellement utilisateur, depuis combien de temps il l’utilise, et où il en est dans son cycle de démangeaison. Le choix qu'il a fait hier vous en dit long sur celui qu'il fera demain.

Après avoir consigné les noms des différents membres de la famille — si votre activité est la vente à domicile — faites suivre d'un astérisque (*) celui de la personne qui selon vous détient le pouvoir décisionnel. C'est elle que vous devrez convaincre et amener à acheter... tout en faisant en sorte de ne pas vous mettre à dos le restant de la famille.

Si ce que vous vendez est un objet de quelque importance qui va servir à toute la famille — un bateau de plaisance, par exemple — si les enfants sont en âge de gagner leur vie, il est possible que cela entre en ligne de compte pour la transaction. Si tel est le cas, notez leurs âges approximatifs, ainsi que leurs sources et catégories de revenus.

Essayez de savoir où travaillent le père et la mère, et en quoi consistent leurs activités professionnelles. Être en possession de ces données, c'est savoir à qui on a affaire, vous ne croyez pas? Vous êtes bien d'avis aussi que ce n'est pas tout à fait la même présentation qu'il convient de faire à celui qui traite le béton avec un marteau-piqueur à air comprimé qu'à celui qui traite les gens avec des piqûres et des comprimés?

C'est donc en obtenant ces informations préliminaires que vous pourrez cerner au plus près les besoins et le pouvoir d'achat de vos prospects.

Les attentes du prospect. Ceci est très important. Il vous arrive fréquemment d'aller à un rendez-vous sans même avoir appris de la bouche de celui que vous allez rencontrer quel genre d'avantage ou de bénéfice il recherche. Si vous avez pu obtenir de lui cette information au moment où vous avez pris rendez-vous par téléphone, tant mieux. Mais ne perdez pas de vue que bien des gens ne vous avoueront pas d'emblée ce qu'ils désirent vraiment, de crainte d'entrer en conflit avec leur entourage. Un membre de leur famille, le respect d'une certaine logique, la peur du qu'en-dira-t-on, les poussent bien souvent à acheter ce dont ils n'ont pas envie. Autrement dit, ils sont dans l'impossibilité de faire coïncider leurs désirs et leurs besoins. Si vous entrez en contact avec eux avant qu'ils aient pu résoudre leur conflit intérieur, alors leur problème doit devenir le vôtre... et vous devez trouver pour eux la bonne solution. Sinon, vous ne vendrez rien. Ce genre d'occasion se présente continuellement, dans la prospection téléphonique comme dans la vente au comptoir.

Si vous vendez des voitures, demandez à M. Cholapin — qui comme chacun sait est père de famille nombreuse — ce qui lui ferait le plus plaisir et il vous répondra: "Un petit modèle familial tout simple, et capable de faire un ou deux millions de kilomètres avec un dé à coudre de carburant." Pourtant, chaque fois que M. Cholapin regarde dans un hall d'exposition un petit modèle familial tout simple, il ravale sa salive en maugréant et s'empresse de ressortir sans avoir rien acheté. Jusqu'au jour où il tombe sur un vendeur du nom de Raymond Lajugeote. Raymond Lajugeote écoute M. Cholapin lui expliquer son cas, tout en percevant aussi une autre musique de fond. Il l'emmène donc admirer le dernier-né des modèles familiaux, un monstre à suspension paquebot du genre tigre-sous-le-capot, et tout bardé d'équipements en option.

M. Cholapin blêmit. Un torrent d'objections jaillit de sa bouche. Mais il ne s'éloigne pas pour autant, M. Cholapin. Il reste là à contempler la voiture. Alors Raymond Lajugeote lui propose d'aller faire un petit tour à bord du monstre. Et les voilà qui déchaînent le tigre en jouant des cinq vitesses pour prendre les virages. Alors Raymond Lajugeote explique à M. Cholapin combien il serait logique pour lui d'acheter la voiture tandis qu'il est encore jeune, et lui démontre qu'il peut en devenir l'heureux propriétaire. M. Cholapin achète.

Si Raymond Lajugeote s'était laissé influencer par ce que lui racontait son client à propos de son petit modèle familial tout simple, il n'aurait été qu'un vendeur de plus à ne pas faire affaire avec M. Cholapin. Soyez donc très circonspect quand un prospect vous explique ce qu'il veut.

Beaucoup d'entre eux sont extrêmement sensibles aux bénéfices qu'a déjà retirés de votre produit ou de votre service celui qui vous a donné leur nom, et qui représente pour eux l'exemple vivant qui a su traduire en actes ses émotions authentiques sans s'éterniser en bavardages basés sur la logique du qu'en-dira-t-on. La plupart des gens sont fortement influencés par leurs amis et auront de fortes chances de se comporter comme eux vis-à-vis de ce que vous leur proposez et qui pour vous importe. C'est pourquoi ce sera bien souvent sur les avantages retirés de votre produit par un de leurs amis que se baseront vos prospects pour juger qu'il est temps pour eux d'acquérir les mêmes avantages. Il est donc très important pour vous de savoir à l'avance si tel ou tel prospect que vous allez entreprendre a déjà pu juger par lui-même de la satisfaction du

FICHE SIGNALÉTIQUE DE VENTE À DOMICILE

Nom et prénom: ____________________

INFORMATIONS	SOURCE
POUVOIR DÉCISIONNEL	
Interlocuteur unique ____________________	
Famille	
Père ____________________	
Mère ____________________	
Enfants ____________________	
____________________	
____________________	
ACTIVITÉS ET SOURCES DE REVENUS	
Employeur du père ____________________	
Fonction du père ____________________	
Estimation du revenu ____________________	
Employeur de la mère ____________________	
Fonction de la mère ____________________	
Estimation du revenu ____________________	
Autres ____________________	
Produit similaire actuellement utilisé ____________________	
____________________	
Ce produit est utilisé depuis ____________________	
Avantages retirés de ce produit ____________________	
____________________	
____________________	
____________________	
____________________	
Autres avantages qui pourraient emporter la conviction ____________________	
____________________	
AUTRES INFORMATIONS	
Type de résidence. Ameublement. Marque de la voiture. Activités de loisirs. Affiliations à des clubs ou associations, etc.	
____________________	
____________________	
____________________	

PROCÉDURE D'ARGUMENTATION

Arguments à utiliser pour obtenir un rendez-vous par téléphone

Questions à poser pour obtenir une présélection fiable

Arguments à développer pendant la présentation/démonstration

Objections majeures prévisibles

Questions dérivatives à poser

Matériel à utiliser pour la présentation ou la démonstration

Préalables à faire valoir

Comment provoquer la participation physique directe

Centres d'intérêt du prospect. Attitude envers les produits ou services concurrents offerts sur le marché. Ses désirs et ses besoins réels.

client qui vous a recommandé à lui. Il est facile d'obtenir cette information préliminaire. Ne vous lancez pas dans une présentation sans l'avoir obtenue.

Examinons à présent les différents points des procédures d'argumentation que vous préparerez d'avance.

Les arguments à utiliser pour obtenir un rendez-vous par téléphone. Que pouvez-vous bien raconter au téléphone qui soit capable de décider émotionnellement vos interlocuteurs à vous rencontrer?

Rappelez-vous qu'à ce stade, la seule chose qui compte pour vous est de les voir en chair et en os. Mais si vous brûlez dès le départ vos réserves d'arguments décisifs pour obtenir votre rendez-vous, celui-ci risque ensuite de manquer de punch. N'utilisez donc que ce qu'il faut de munitions de petit calibre pour provoquer la rencontre. Vous aurez besoin de toute votre artillerie lourde pour amener vos prospects à conclure au moment de l'entretien proprement dit.

Les questions à poser pour obtenir une présélection fiable. Cette procédure de présélection sera exposée au chapitre 12.

Les arguments à développer pendant la présentation/démonstration. Énumérez ici tous les avantages qui selon vous auraient de l'importance pour vos prospects s'ils achetaient ce que vous allez leur offrir. C'est le moment où jamais d'élaborer ici une stratégie qui fasse appel à votre artillerie lourde. Mais ne perdez pas de vue que ce qui peut avoir un impact considérable sur certains acheteurs peut n'en avoir qu'un très faible sur certains autres. Et ne présumez jamais que ce qui dans votre produit vous semble le plus avantageux le sera nécessairement pour la personne que vous allez rencontrer.

Les objections majeures prévisibles. C'est parce qu'il savait devancer en grand champion mes objections essentielles que Robert Burns put me convaincre de faire mon investissement foncier. En élaborant sa future procédure d'argumentation, il s'était à peu près tenu le raisonnement suivant: "Je connais les activités de Tom Hopkins. Je sais à peu près dans quelle catégorie de revenus le situer. Je crois pouvoir sans trop me tromper deviner ses principales préoccupations. Je sais par ailleurs qu'il m'opposera certaines objections. Pour noyer le poisson, il va probablement me dire: "Ce qui m'intéresse avant tout, c'est de savoir comment me débarrasser de mon terrain après l'avoir acheté pour bénéficier des réductions fiscales." Si donc je veux l'amener à faire cet investissement, il faut d'abord que je trouve le moyen de lui permettre de se débarrasser avec profit de son acquisition."

Après que j'eus fait cet investissement, Robert Burns me confia qu'il usait, pour préparer toutes ses ventes, de formules en tout point comparables aux procédures d'argumentation de ce livre. "En me servant de ces formules, me dit-il encore, je sais à peu près d'avance quelles objections on va me faire."

Avant de pousser la porte d'un bureau pour y faire la démonstration de votre photocopieur, ou pour proposer un service qui va accroître le rendement, ou encore pour expliquer en détail à un client un programme spécialement conçu pour ses besoins, n'aimeriez-vous pas vous aussi savoir d'avance ce qu'on va vous opposer?

Si vous consacrez tout votre temps à tirer des plans en quatre couleurs pour essayer d'apporter la bonne solution au problème qui se pose à vos prospects, mais sans essayer de prévoir à l'avance les objections qu'ils risquent de vous faire, vous allez vous exposer à perdre bien des ventes que vous auriez pu conclure si vous vous y étiez pris autrement. Il est certes indispensable de satisfaire à une logique élémentaire en adaptant un service à telle situation particulière, en démontrant qu'en un rien de temps votre machine va cracher ce qu'on attend d'elle, en expliquant comment une roue dentée s'engrène à la crémaillère d'un curseur. Mais il ne faut pas oublier que si les objections que vous font vos prospects procèdent elles aussi d'une certaine logique, c'est avant tout l'émotion qui les suscite, et que c'est cette émotion, bien plus que la rigueur de votre démonstration, qui va dicter la décision finale. Prenez donc grand soin de consacrer tout le temps voulu à devancer leurs objections et à vous préparer à les contrer. La meilleure façon de le faire est expliquée dans ce qui suit.

Les questions dérivatives prévues d'avance. Une question dérivative est une question d'intérêt mineur qu'on pose à un client pour l'obliger à concentrer toute son attention sur sa réponse, afin d'annihiler l'effet que pourrait avoir une objection d'intérêt majeur. Toutes mes questions dérivatives commencent par: *"Selon vous,...?", "À votre avis,...?", "Vous ne trouvez pas que...?", "N'est-il pas vrai que...?"*

Supposons que l'objection majeure à laquelle je m'attends et que je veux devancer porte sur le coût des primes. Quand je pressens que mon prospect va me faire remarquer que les primes qu'il devra me verser sont coûteuses, je lui pose la question suivante: "*Ne pensez-vous pas* que le montant d'une prime est peu de chose si l'on songe à ce que coûte l'éducation des enfants?"

Que voulez-vous que mon interlocuteur me réponde, quand on sait que ce qui compte le plus pour la moyenne des gens, c'est l'éducation et le bien-être qu'ils peuvent donner à leurs enfants?

En réalité, si l'on replace les choses dans leur contexte d'ensemble, il est rare qu'une objection primordiale traduise une préoccupation primordiale. C'est donc à vous qu'il appartient de replacer cette objection dans une perspective globale plus juste, et d'amortir ce qu'elle comporte de négatif en faisant appel à des émotions positives.

Le matériel utilisé pour la présentation/démonstration. Une fois que vous aurez fait par écrit la liste de vos questions dérivatives, faites celle des outils qui vous seront les plus utiles au moment de l'entrevue. La plupart des champions n'arrivent chez leurs prospects qu'avec une partie seulement de ce qu'ils ont à présenter, sans quoi leur matériel serait trop volumineux pour qu'ils puissent passer la porte. Il faut également tenir compte de certaines limites de temps et d'espace. Encore une fois, c'est la rapidité d'intervention qui compte, et vous ne disposez que de dix-sept minutes au maximum pour faire votre présentation de base et amener vos prospects à conclure la vente. Il se peut que vous ayez à leur commenter une brochure documentaire, mais sachez borner vos commentaires à l'essentiel.

Les préalables à faire valoir. Nous reviendrons sur ce point au chapitre 15. Être prêt à citer vos clients qui ont utilisés avec succès votre produit est une technique de présentation efficace. Elle sera plus efficace si dans votre serviette vous tenez à la disposition de vos acheteurs éventuels les preuves écrites de ce que vous avancez. Et plus efficace encore si vous pouvez leur faire entendre sur un lecteur de cassettes les voix de vos clients satisfaits que vous avez enregistrées.

Les deux derniers articles de la Procédure d'Argumentation appellent quelques commentaires. Vous n'arrivez pas à provoquer la participation physique de vos prospects en les amenant à faire l'essai de votre calculateur? Ou à manoeuvrer eux-mêmes la machine que vous leur présentez? Alors, à vous de trouver un autre moyen de les mettre physiquement dans le bain. Ils doivent participer à toutes vos présentations ou démonstrations.

N'importe quel vendeur comprendra que ce sont les sujets de conversation d'intérêt général qui créent des liens naturels. Et pourtant, beaucoup se fient à leur sens de l'improvisation ou se contentent de ne penser à ces questions qu'au moment où ils sont en présence de leurs prospects. Mais comment faire d'avance le choix de ces sujets de conversation quand on ne sait rien de ceux qu'on va rencontrer?

S'il s'agit de quelqu'un dont on vous a indiqué le nom, celui qui vous l'a indiqué est probablement capable aussi de vous préciser quels sont ses centres d'intérêt. Et si votre prospect est un chef d'entreprise ou quelqu'un qui occupe un certain rang social, vous avez de fortes chances de le trouver dans les pages du *Who's Who*. Sinon, faites vous-même votre enquête auprès de lui au moment de la rencontre.

La fiche signalétique de vente aux entreprises

Vous remarquerez que les dernières informations de cette formule sont différentes de celles de la formule destinée à la vente à domicile de personne à personne.

Voici comment utiliser ces informations.

Supposons que vous veniez de trouver un nouveau marché pour votre produit ou votre service en vendant pour la première fois à un concessionnaire de climatiseurs. Celui avec qui vous avez conclu l'affaire vous a affirmé que sa compagnie vient en tête de toutes les compagnies concurrentes de la ville. Ne l'indisposez pas en lui demandant qui vient au second rang. Attendez plutôt d'être de retour dans votre bureau, ou chez vous, pour vous renseigner en consultant les pages jaunes de l'annuaire téléphonique. Ce qui vous permettra de faire la liste de tous les concessionnaires de climatiseurs dont les annonces publicitaires occupent un certain espace. C'est déjà une première indication. Ensuite, d'autres sources d'information, variables d'un pays à l'autre (annuaires spécialisés, chambres de commerce, associations professionnelles, etc.) vous aideront à confirmer ou infirmer la déclaration qui vous a été faite et à classer les concurrents par ordre d'importance.

Appelez ensuite ces concurrents. Le numéro sept ambitionne d'occuper le sixième rang, le numéro six le cinquième et ainsi de suite. Presque tous aimeraient en fin de compte occuper la première place. Et partout des aigles veillent avec vigilance sur les destinées de leur compagnie, l'oeil fixé sur la concurrence, et prêts à tout plutôt que de céder un seul barreau sur l'échelle de la compétition. Vous pouvez aussi parier presque à coup sûr que tous s'intéressent vivement aux activités du Numéro Un — celui qui utilise votre produit ou votre service — et que tous se demandent si ce que vous lui avez vendu va contribuer ou non à accentuer son avance sur les autres. Mieux vaut donc l'acheter eux aussi. C'est la raison pour laquelle les champions veulent savoir quel rang occupent leurs prospects les uns par rapport aux autres.

Quand faut-il préparer une entrevue?

La veille au soir. Dès que vous obtenez un rendez-vous, vérifiez que toute la première partie de votre fiche signalétique est bien remplie, afin qu'il n'y manque aucune des informations essentielles dont vous pourriez avoir besoin plus tard quand vous reprendrez cette formule pour y poser d'avance et par écrit les questions destinées à votre prospect, et quand vous préparerez d'avance votre procédure d'argumentation la veille de votre rendez-vous. Faisons remarquer en passant que c'est ainsi que les pros ont l'habitude de travailler.

Tous les champions de ma connaissance planifient chaque soir la totalité de ce qu'ils vont faire le lendemain. Et s'ils le font par écrit, c'est pour s'assurer qu'ils sont fins prêts, pour bien se graver dans l'esprit la marche à suivre, et pour se ménager la possibilité d'une brève révision de dernière heure, le lendemain, avant chaque rendez-vous. Alors, de grâce, cessez d'improviser et d'aller à vos rendez-vous sans même savoir ce que vous allez dire et faire. Si vous entrez chez un prospect sans plan d'action bien arrêté, votre efficacité va s'émietter... et ce sera aussi de miettes que vous devrez vous contenter plus tard.

Pourquoi? Parce que dans la vente l'inertie jouera toujours contre vous. Pour l'acheteur, l'attentisme est toujours la plus simple des conduites à adopter. ("Et si demain on me proposait quelque chose de mieux?") L'art de la vente consiste à provoquer un événement qui normalement ne devrait pas survenir. Déclencher une action positive exige une préparation positive. Mettez bien en évidence la phrase suivante:

JE PRÉPARE CHACUNE DE MES PRÉSENTATIONS PAR ÉCRIT

Si vous prenez cet engagement vis-à-vis de vous-même, de votre famille et de celui qui vous emploie — et si vous vous y tenez — vous serez surpris par les bienfaits que vous en retirerez. Au fur et à mesure que vous maîtriserez mieux vos préparations écrites et que vous vous sentirez stimulé par l'efficacité de cette méthode de travail, vous verrez qu'il vous sera plus simple de déceler aussi bien les embûches que les ouvertures qui se présenteront au cours de vos présentations. Ce qui ne fera que vous fortifier dans la conviction que c'est ainsi que vous devez vous y prendre, et vous incitera à préparer vos entrevues avec plus de minutie encore. Si bien que vous entreprendrez vos présentations avec une confiance en vous de plus en plus grande, et que le pourcentage de vos succès grimpera en flèche.

Les auxiliaires visuels

Si vous travaillez pour une importante société commerciale, il y a de fortes chances pour (1) qu'on vous fournisse d'une part une importante quantité de coûteux documents en couleurs pour vous aider à vendre, et (2) que d'autre part vous ne vous en serviez pas beaucoup.

Une fois de plus on se rend compte qu'ici encore ce sont les vendeurs de haut rendement qui se servent le plus de ces auxiliaires visuels, et que ce sont les vendeurs à la petite semaine, ceux qui font un chiffre lamentable et changent d'emploi comme de chemise, qui les utilisent le moins.

Si vous appartenez à la catégorie de ceux qui ne se servent pas d'auxiliaires visuels, ou plutôt si vous ne comptez pas parmi le tiers des vendeurs de votre société qui représente le peloton de tête, ce n'est pas une raison pour vous en culpabiliser. Il s'agit là d'une défaillance commune. Mais c'est bien pour sortir du commun que vous lisez ce livre, non? Alors, servez-vous aussi des outils du succès. Certains d'entre eux portent justement le nom d'auxiliaires visuels.

Les champions que nous avons entraînés comprennent tous cette vérité élémentaire: nul ne peut rester assis pendant toute une soirée à vous contempler et vous écouter parler. C'est pourquoi les vendeurs d'élite sont constamment en quête de nouvelles méthodes — ou s'ingénient à perfectionner les anciennes — pour faire appel à quelque chose de plus que les oreilles de leurs interlocuteurs.

En qualité de conseillers de certaines compagnies commerciales de premier plan qui nous ont demandé comment augmenter les performances moyennes de leurs réseaux de vente, nous avons été amenés à faire plusieurs études sur le sujet. Ce qui nous a invariablement conduits à découvrir la même chose, à savoir que les vendeurs d'élite ont toujours les deux mêmes tours tout simples dans leur sac: (1) ils emploient efficacement leur temps, et (2) ils se concentrent exclusivement sur l'essentiel, au détriment de tout le reste.

Improviser ne mène à rien. Bien sûr, cela peut vous éviter une heure de préparation après avoir obtenu un rendez-vous qui exigera une heure de déplacement pour vous y rendre, une autre heure pour faire votre présentation, et une heure enfin pour en revenir. Mais improviser un entretien de vente sans vous aider d'auxiliaires visuels et sans vous appuyer sur une bonne préparation vous conduira presque inévitablement à l'échec. Vous ne pouvez être efficace si, pour vous éviter de travailler sérieusement pendant une heure, vous en perdez trois.

Nous avons également découvert autre chose: c'est que les auxiliaires visuels abrègent la préparation.

Plus encore: si, en préparant chacune de vos présentations, vous pensez à l'acquis que ce travail représente pour l'avenir, vous vous rendrez compte tandis que les mois passent que vous consacrez de moins en moins de temps à vos préparations, et que celles-ci seront de meilleure qualité.

Un bon exemple: le dossier de documents que vous remettez à chacun de vos clients pour qu'il y trouve une masse d'informations sur votre produit. La première fois que vous le faites, la tâche vous semble démesurée. Mais si une fois pour toutes vous mettez au point un schéma type pour constituer vos dossiers, vous vous rendrez compte la seconde fois qu'il vous faudra deux fois moins de préparation que la fois précédente, et de moins en moins encore par la suite.

Par exemple, le sommaire est toujours identique, même si vos dossiers sont personnalisés. Et bien des pages peuvent être communes à toutes vos préparations. Adoptez les méthodes des champions: standardisez, normalisez, uniformisez tout ce qui peut l'être. Ensuite, concentrez-vous sur les pages qui concernent exclusivement telle ou telle présentation. C'est ce qu'avait fait Robert Burns avant de venir me voir dans mon bureau pour me submerger de données relatives à cet investissement foncier qu'il me mettait littéralement en demeure de faire. Pourtant, les trois quarts des feuillets de son volumineux dossier contenaient des données essentielles sans doute, mais qu'il avait utilisées et réutilisées je ne sais combien de fois auparavant. Mais il les avait organisées de telle façon qu'il n'avait pas à les réécrire avant chaque nouvelle présentation.

Si c'est le même produit ou le même service que vous devez vendre à répétition, tant mieux, puisque cela vous permettra de pousser jusqu'à la perfection votre savoir-faire, en vous aidant des auxiliaires visuels dont vous disposez, et en organisant vos présentations de telle manière que vous pourrez en grande partie en réutiliser la substance.

Dix-sept minutes, pas une de plus

Après dix-sept minutes, l'intérêt des gens commence à s'émousser. L'ennui les gagne. Ils pensent à ce qu'ils ont à faire. Bref, ils cessent d'être attentifs. Et si vous ne captez plus leur attention, vous risquez fort de ne pas capter davantage leur bon de commande.

La bonne attitude consiste donc à mettre le paquet pendant les dix-sept minutes durant lesquelles vos chances sont les plus grandes de gagner par K.O. Mais comment vous y prendre? En parlant plus vite? Certainement pas. Tout simplement en faisant une présentation de première qualité. Et en vous aidant de vos auxiliaires visuels, précisément.

Pourquoi, s'ils ont tant d'importance, ceux qui pourraient en tirer le plus d'avantages les ignorent-ils systématiquement? Je pense que leur ego y est pour beaucoup. Nous aimons tous parler. Nous nous flattons tous d'être persuasifs. Et nous le sommes... surtout avec nous-mêmes. La preuve, c'est que nous sommes convaincus qu'il nous suffit de débarquer quelque part et de nous lancer dans une brillante improvisation — parce qu'après tout, nous savons de quoi nous parlons, non? — pour qu'en face on nous écoute, bien calé dans un fauteuil, jusqu'à ce que nous ayons fini de débiter notre histoire. Ce sont nos mots que nous aimons entendre. Pas ceux inventés par les autres. C'est ce que ressent quiconque n'est pas un champion. Le champion lui, ne se soucie pas de savoir qui est l'auteur de son discours. Du moment qu'il peut légitimement s'en servir pour gagner de l'argent, il s'en sert. C'est de son chiffre d'affaires qu'il tire sa fierté. Si l'envie le prenait d'être artiste, il achèterait un chevalet, louerait un atelier et s'y installerait.

Songez que pour créer les auxiliaires visuels dont vous disposez, votre employeur a dû faire appel à d'innombrables talents. Exercez donc vous aussi votre créativité en inventant des moyens efficaces et inédits de vendre en vous aidant de ces outils.

Rentabilisez vos auxiliaires visuels

Ce sont eux qui vous donnent à la fois contrôle et rapidité. Sans contrôle, impossible d'augmenter la vitesse. Sans vitesse, impossible de maintenir le contrôle. On peut toujours s'arrêter et reprendre si on va trop vite. Mais si on va trop lentement, plus moyen d'accélérer suffisamment pour reprendre le contrôle d'un client éventuel qui a perdu patience.

Si vous n'avez pas ce contrôle, vous ne vendrez pas. Les seules commandes que vous pourrez prendre seront celles de clients qui auront décidé d'acheter, quoi qu'il arrive. Bien des vendeurs perdent le contrôle de la situation dès le début de l'entretien, et se privent alors de toute chance de pouvoir le reprendre. Pourquoi le contrôle de la situation échappe-t-il à un vendeur?

Parce qu'il n'a pas su s'asseoir au bon endroit.

Si vous pensez que l'endroit où vous vous asseyez ne vaut pas la peine qu'on s'y attarde, une petite comparaison vous éclairera: si vous voulez rouler avec votre voiture, vous devez remplir le réservoir, n'est-ce pas? Si vous ne faites pas le plein, vous tombez en panne. C'est aussi simple que cela. C'est la même chose avec une entrevue de vente: si ce n'est pas vous qui décidez de la disposition des sièges, vous tomberez encore en panne.

Comment se passent les choses quand un représentant a pris rendez-vous et qu'il arrive chez M. et Mme Untel pour faire sa présentation ou sa démonstration? En général, on le reçoit dans le salon. Or, s'asseoir dans un fauteuil de salon, c'est assassiner sa vente. Cette position oblige le vendeur à baisser, relever et tourner continuellement la tête, selon qu'il prend des notes sur ses genoux ou parle à l'un ou l'autre de ses interlocuteurs. Et la séance s'éternise. En un rien de temps, M. et Mme Untel en viennent à échanger ces regards lourds d'éloquence si caractéristiques des couples mariés. Ils n'ont même pas besoin d'échanger le moindre mot pour tomber d'accord qu'il est grand temps de se débarrasser de l'intrus.

Dans les cas semblables, ce sont vos auxiliaires visuels qui vont vous permettre de donner davantage d'informations à vos futurs acheteurs, et en moins de temps. Mais ces auxiliaires vous apporteront encore une aide beaucoup plus appréciable: ils vous permettront de vous asseoir à une table et de faire face à M. et Mme Untel.

Pourquoi est-ce si important? Parce qu'ainsi vous serez en possession de tous vos moyens. Et vous ne resterez en possession de tous vos moyens que:

a. Si vous pouvez maintenir avec vos deux interlocuteurs le contact visuel par un simple glissement du regard sans avoir à vous dévisser le cou pour passer de l'un à l'autre. Cet avantage est vital, du fait de la rapidité qu'il permet.
b. Si vous pouvez les voir tous les deux à la fois.
c. Si, prenant des notes tandis qu'ils examinent vos auxiliaires visuels, vous pouvez vous rendre compte qu'ils vous attendent une fois qu'ils ont terminé leur examen, ce qui vous permettra d'enchaîner aussitôt pour que leur attente ne se relâche pas.
d. Si vous pouvez vous exprimer avec assez de rapidité pour faire la totalité de votre présentation à l'intérieur des dix-sept minutes fatidiques au-delà desquelles l'attention de vos interlocuteurs va commencer à s'émousser.

Vous devez connaître à fond chaque page de votre dossier visuel auxiliaire. Mais le fait de savoir par coeur leur contenu ne doit pourtant pas vous dispenser de les parcourir du regard. Pourquoi? La réponse vient immédiatement à l'esprit: parce que si je vous regarde, vous allez me regarder vous aussi. C'est presque un réflexe d'autodéfense. Ne quittez donc pas des yeux vos documents pendant que M. et Mme Untel sont sensés les examiner eux-mêmes. Sinon ils vont sentir que vous les observez, ce qui les amènera soit à interrompre leur examen pour vous regarder eux aussi, soit à se mettre sur la défensive sans être davantage capables de se concentrer sur quoi que ce soit.

Épargnez-vous donc cet inconvénient en regardant vous aussi vos documents visuels, et ponctuez de temps à autre leur examen d'une brève remarque après laquelle vous lèverez les yeux pour reprendre le contact avec les personnes présentes pendant un court instant. À la fin de chacune de vos remarques, prenez soin de marquer une légère pause pour les avertir que vous allez de nouveau les regarder. De cette manière, ils se feront inconsciemment au rythme paisible et rassurant de ce va-et-vient de leur regard entre le vôtre et les documents visuels que vous leur faites examiner.

"C'est bien joli, me direz-vous, mais que faire quand il est impossible de tout se rappeler par coeur?"

Dans ce cas, prenez des notes au crayon au dos de chacune des pages de votre dossier. Un diagramme simple, un bref résumé, vous aideront à rendre la procédure de présentation plus efficace, en procédant étape par étape. Vous pourrez ainsi passer en revue l'un après l'autre tous les points de votre argumentation qui vous semblent les plus percutants, sans oublier rien d'important.

Un conseil encore: certains vendeurs malmènent sérieusement le vieux dossier dont ils se servent pour leurs présentations, tout simplement parce qu'ils manquent de décontraction et qu'ils passent la moitié du temps à sauter d'une page à l'autre, en accompagnant cette recherche désordonnée de commentaires du genre:

- "Non, pas cette partie. Elle ne vous intéresse pas."
- "Nous ne fabriquons plus ce modèle. Son entretien était un vrai cauchemar."
- "Voyons! Où se trouve donc cette vue en coupe que je voulais vous montrer."

Entre temps, votre client s'énerve de plus en plus. Il a vite fait de perdre confiance en vous comme en votre firme. "Qu'est-ce qu'il peut bien y avoir dans ces pages qu'il s'empresse de tourner?" se dit-il. "Quelque chose qui décourage d'acheter si on y regarde de près?" Dans le meilleur des cas, vous passerez pour quelqu'un qui manque d'organisation et d'efficacité. Dans le pire, vous passerez pour un charlatan.

"Mais, me direz-vous, comment voulez-vous que je m'y prenne, avec tous les produits que j'ai à vendre? C'est le même dossier qui me sert pour toutes mes présentations."

Balivernes.

Parce que vous aurez toujours la possibilité de préparer un dossier particulier pour chaque présentation. Ou de retirer de votre catalogue les pages dont vous allez avoir besoin en les regroupant pour constituer un dossier séparé.

Quand vous faites une présentation (c'est-à-dire que vous ne vous contentez pas de passer d'un client à l'autre pour faire signer des bons de commandes), vous pouvez toujours vous arranger pour la rendre plus vivante en vous servant d'un dossier dépouillé de ses pages inutiles. Voyez-moi un peu l'aspect pitoyable que prennent certains dossiers de présentation que trimbalent une bonne moitié des représentants, les plus à la traîne comme toujours: information périmée, pages déchirées... tout, sauf ce qui peut donner envie d'acheter. Et cela parce que les propriétaires de ce matériel lamentable préfèrent parcourir les pages sportives plutôt que de rendre leurs dossiers présentables en les purgeant de ces pages inutiles.

Un des as de l'assurance que nous avons formé — son rendement se chiffre en millions de dollars — se sert d'auxiliaires visuels pour chacun des types d'activités qu'il exerce: assurance-maladie, assurance-retraite, assurance-groupes, assurance-accident, fonds de pension, tout. Pour chacune il a constitué un dossier séparé, qui couvre tous les aspects de la question, et dont il s'aide au cours de ses présentations sans avoir à fureter à travers un fouillis de pages... ni à grogner parce qu'il lui manque des données.

Il vous suffit d'un peu de bon sens et d'organisation pour vous munir vous aussi d'auxiliaires visuels concernant chacune des catégories d'articles que vous avez à vendre, et de les adapter à chacun de vos acheteurs afin qu'il vous soit facile de mettre rapidement l'accent sur les points précis qui répondent à leurs attentes, et qui sont pour eux les plus alléchants. Pour obtenir le maximum d'impact dans certains types de vente, vous devrez par avance vous préparer à souligner pendant l'entretien ces points particuliers. Par contre, dans d'autres circonstances vous ne pourrez donner de l'importance à ces points particuliers qu'après avoir découvert au fil de l'entretien les indices qui vous permettront de le faire. Mais dans tous les cas, ce qui est important, c'est de disposer d'un mode d'argumentation extrêmement organisé, extrêmement rapide, et qui vous permette de communiquer à vos interlocuteurs tout ce qu'ils ont besoin de savoir pour prendre leur décision.

Un auxiliaire visuel bien conçu fait appel à des méthodes psychologiques pour convaincre les gens, tant au plan émotionnel que logique, qu'ils doivent acheter ce que votre firme leur propose par votre intermédiaire. Il agit alors sur eux de trois façons:

1. Le document visuel leur apprend qui vous êtes, vous et la firme que vous représentez. Pour beaucoup de gens, les firmes qui ont quelque chose à vendre se ressemblent toutes. Un document visuel qui frappe vous permettra donc de faire l'éloge de votre firme sans avoir besoin d'en rajouter. Vous avez toutes les raisons d'être fier d'elle. Voilà une bonne occasion de le montrer.

2. Le document visuel leur révèle votre palmarès. C'est bien souvent sur l'acquis que les gens fondent leurs décisions d'avenir; c'est en fait la seule donnée qui peut guider leur choix. Si votre palmarès personnel n'est pas encore très riche, parlez-leur de celui de la compagnie que vous représentez.

3. Le document visuel leur apprend ce que vous allez faire pour eux. Tant par sa forme que par son contenu, le document leur révélera quels avantages ils vont retirer de votre produit ou de votre service une fois qu'ils l'auront acquis. Une image qui parle vaut un millier de mots quand elle provoque un impact émotionnel.

Les preuves écrites de satisfaction

Les lettres émanant de clients qui vous les envoient pour vous témoigner leur satisfaction sont un puissant moyen de consolider la confiance de vos futurs acheteurs. Mais ces lettres, il n'est pas si facile de les obtenir. D'abord, parce qu'il faut que la satisfaction que vous avez donnée à vos clients soit si intense qu'ils se sentent pour ainsi dire dans l'obligation de vous donner quelque chose en retour. Parce qu'ensuite, il faut bien vous en rendre compte, très peu de gens vont spontanément s'asseoir devant une feuille blanche pour vous décerner un satisfecit. C'est plutôt par téléphone qu'ils vous diront combien ils ont apprécié votre surcroît d'efforts, et combien ils ont tiré profit de vos judicieux conseils. Mais, dans la bousculade de la vie quotidienne, ils ne prendront certainement pas l'initiative de vous témoigner par écrit leur reconnaissance.

Carl Slane, un des grands champions que nous avons formés, vend des machines de haute précision. Dès les débuts de sa réussite, il se rendit compte que les témoignages écrits de satisfaction l'aidaient de façon fantastique dans ses ventes. Malheureusement, si la majorité de ses clients se déclarait enchantée de ses produits et de son service après vente, rares étaient ceux qui le lui déclaraient par lettre. Ses clients étaient trop occupés pour trouver le temps de lui écrire. Aussi trouva-t-il un moyen très simple de les amener à le faire. Si bien qu'en un rien de temps il fut en possession d'une impressionnante collection de témoignages écrits de satisfaction. Pour les obtenir, il s'y prenait de la façon suivante.

Chaque fois qu'un client lui téléphonait pour lui dire à quel point il était ravi de son acquisition, il prenait en notes ses déclarations et, sitôt la conversation terminée, il se faisait à lui-même une lettre dans laquelle il utilisait les propos tenus par son client, en prenant soin de n'ajouter à son texte aucun commentaire, aucune louange que le client n'avait pas faits. En prenant grand soin aussi d'éliminer de sa lettre toutes les attaques portées contre la concurrence par son client, et qu'il eût été maladroit de transcrire telles quelles. Une fois en possession de son texte dactylographié, il donnait rendez-vous à son client pour déjeuner.

Il allait le chercher ce jour-là à son bureau et, avant de sortir pour l'emmener au restaurant, lui faisait lire sa lettre. "J'ai mis en forme, lui disait-il, ce que vous avez eu la gentillesse de me dire l'autre jour au téléphone. Si vous n'avez pas changé d'avis, verriez-vous un inconvénient à ce que votre secrétaire la tape sur un papier à en-tête de votre compagnie pendant que nous serons au restaurant? Cela m'aiderait énormément." Invariablement, l'autre acceptait. Un client est toujours heureux de pouvoir rendre service à un vendeur qui s'est mis en quatre pour le satisfaire.

Comment se servir des documents imprimés

Exactement de la façon dont vous vous servez de vos auxiliaires visuels. Gardez en main un exemplaire de votre imprimé, regardez-le quand vous parlez, et relevez de temps en temps la tête pour rétablir le contact avec vos interlocuteurs. Soulignez ou entourez dans le texte que vous leur remettrez les points importants dont vous allez leur parler, Ce qui leur permettra de se souvenir de ce que vous leur avez dit quand ils le reliront.

Maquettes et modèles réduits

Leur impact est considérable, surtout quand ils fonctionnent, et que leur prix de fabrication vous permet d'en faire cadeau à ceux qui vraisemblablement vont acheter. Certains de nos champions qui vendent des équipements industriels coûteux ont découvert que si quelqu'un s'entiche réellement d'un modèle réduit, il est bien rare qu'il n'achète pas ensuite l'objet réel. En général, le client à qui vous aurez donné une maquette ou une copie miniature s'empressera de l'emporter chez lui pour en expliquer le fonctionnement à sa femme et à ses enfants. Pendant ce temps, sa motivation augmente. Il se persuade lui-même que sa compagnie doit acquérir la version grandeur nature.

Les projections sur écran

Utilisée à bon escient, une projection sur vidéo ou sur film peut être très efficace. Considérez que ces techniques, pour sophistiquées qu'elles soient, ne sont rien d'autre que des auxiliaires techniques. Globalement, ce sont donc les mêmes règles qui s'y appliquent. Disposez donc votre écran de manière à pouvoir garder le contrôle de la situation. S'il s'agit d'un film muet, évitez de jacasser tout au long de la projection. S'il y a une trame sonore, il est encore plus important de vous taire. Il est toujours irritant, pour un client qui juge le commentaire intéressant, d'entendre le vendeur le couvrir de sa voix. Si vous estimez devoir intervenir, arrêtez la projection. Mais si votre appareil ne permet pas l'arrêt sur image, gardez le silence jusqu'à la fin.

Au lieu de parler pendant la projection, il est infiniment préférable de s'asseoir à un endroit où on ne gêne pas les spectateurs, et d'où on peut observer leurs réactions tandis qu'ils regardent le film. Leurs expressions, leurs mimiques, leurs gestes permettent souvent de découvrir ce qui éveille ou non leur intérêt, quand par exemple, avec insistance, l'épouse pousse son mari du coude aux moment les plus significatifs, ou quand tel ou tel membre du comité de direction murmure quelques mots d'approbation ou de désapprobation. De plus, tout le monde se sert du langage corporel pour exprimer ce qu'il ressent, de façon imperceptible mais révélatrice, à l'aide de hochements de tête, de mouvements de dénégation ou de grimaces. Enregistrez donc mentalement ces manifestations émotionnelles qui vous guideront dans votre vente.

Si votre appareil de projection est équipé d'un arrêt sur image, utilisez ce dispositif, mais avec modération, quand par exemple une scène ou un plan présentent un intérêt particulier que vous pourrez souligner d'un bref commentaire. Et si votre appareil possède aussi une marche arrière, faites repasser une seconde fois toutes les parties du document qui ont provoqué des oh! et des ah!

Les appareils portatifs avec écran incorporé offrent en général ces possibilités, et sont d'utilisation plus pratique. Asseyez-vous de côté tandis que vous le commanderez à distance, ce qui vous permettra de fixer votre attention sur vos acheteurs plus que sur l'écran. À force de voir et de revoir votre film, vous le connaissez par coeur. Mais gardez-vous de montrer qu'il vous ennuie. Un champion n'a nullement besoin de faire l'effort de se dominer pour ne pas révéler que son film est pour lui fastidieux, puisqu'il ne s'oc-

FICHE SIGNALÉTIQUE DE VENTE AUX ENTREPRISES

Nom de l'entreprise ____________________

Interlocuteur dans l'entreprise. Position hiérarchique ____________________

____

A-t-il le pouvoir de prendre des décisions? ____________________

Sinon, qui détient ce pouvoir et quelle position hiérarchique occupe-t-il? ____________________

Type d'activités de l'entreprise ____________________

____

Produit ou service à proposer ____________________

____

Chiffre d'affaires approximatif de l'entreprise ____________________

INFORMATIONS	SOURCE
Interlocuteurs également concernés. Leurs positions hiérarchiques ____________________	
Quel est leur problème majeur et pourquoi? ____________________	
Attentes du (des) prospect(s) ____________________	
Autres avantages qui pourraient emporter la conviction ____________________	

Autres informations. Importance relative de l'entreprise par rapport à la concurrence. Liens d'interdépendance avec d'autres compagnies, etc. ____________________

____

cupe exclusivement, pendant la projection, que d'enregistrer les réactions des spectateurs et de planifier sa prochaine tactique, laquelle va consister à garder le contrôle de la démonstration, et à amorcer la conclusion de la vente.

Vous trouverez ci-dessous quelques conseils élémentaires, mais de première importance, si vous travaillez en vous aidant d'un appareil de projection:

1. Munissez-vous d'un câble de branchement suffisamment long pour que vous puissiez installer votre appareil dans l'endroit qui vous semble le plus approprié pour faire votre vente, et non pas dans celui qui vous serait imposé par un câble trop court.
2. Munissez-vous d'un petit tapis que vous disposerez sous votre appareil, afin de ne pas risquer d'endommager la magnifique table à thé ou le bureau verni.
3. N'installez jamais votre matériel avant d'en avoir demandé la permission. Vous l'obtiendrez d'autant plus aisément si vous vous êtes muni d'un tapis protecteur.
4. Acceptez qu'on vous aide à installer votre matériel si on vous le propose. Nos champions nous disent souvent que les clients qui les aident à préparer la projection regardent ensuite celle-ci avec plus d'intérêt. À ce propos, les hommes commettent fréquemment une erreur que les femmes commettent rarement. Ils insistent en effet presque toujours pour mettre en route leur projection tout seuls, laissant ainsi leurs clients inactifs se trémousser dans leurs fauteuils. Alors que les femmes acceptent volontiers qu'on les aide, ce qui leur permet de commencer plus vite leur présentation, et devant des spectateurs qui ont déjà été mis dans le bain en participant à l'installation de l'appareil.
5. **Ne démontez jamais votre appareil, ou ne rangez jamais vos autres auxiliaires visuels, avant d'avoir entièrement terminé votre présentation et épuisé toutes vos tentatives de conclusion.**

Ceci est absolument vital. Si vous commencez à réenrouler votre écran ou à rembobiner votre câble, le client se dira: "Bon, il s'en va. Terminé. Passons à autre chose. Voyons... qui dois-je appeler déjà...?"

Trop tard à présent pour vous asseoir et vous lancer dans vos tentatives de finalisation. L'enchantement s'est dissipé, l'impact s'est évanoui. Même si votre acheteur doit appeler quelqu'un, restez et attendez qu'il ait fini. Mais ne démontez pas votre matériel. Si vous le faites, vous allez sans doute gagner cinq minutes, mais ce sera en pure perte que vous vous serez déplacé pour venir faire votre numéro.

Une dernière recommandation: PRENEZ LE PLUS GRAND SOIN de votre matériel. N'utilisez que des auxiliaires visuels — brochures, dossiers, prospectus, catalogues — qui soient impeccables et aient l'aspect du neuf. Que penseraient vos futurs clients si vous leur mettiez sous le nez des documents délabrés, crasseux, chiffonnés ou lacérés d'égratignures? Ils se diraient: "S'il ne se soucie pas plus de son matériel, il ne se souciera pas davantage du quoi et du comment de ce qu'il va nous fournir." Aménagez donc votre voiture pour que votre matériel de vente et vos auxiliaires visuels y soient à l'abri, et inspectez-les une fois par mois pour vous assurer que tout est irréprochable, attrayant et prêt à l'usage.

Chapitre 11

La première impression

C'est quotidiennement que se produisent des milliers de scènes de ce genre dans n'importe lequel des grands magasins: à peine un couple est-il entré pour jeter un coup d'oeil sur les étalages que déjà un vendeur s'élance de son perchoir pour s'abattre en piqué sur lui comme un vautour sur un lapin. Et déjà il se met à les déchiqueter:

"Salut, m'sieur-dame. Bob Labonté à votre service. Que puis-je faire pour vous? Comme c'est gentil de vous arrêter. Merci de votre visite. J'ai le plaisir de vous annoncer, m'sieur-dame, que vous avez poussé la bonne porte. Nous battons tous les records de prix et nous avons justement des occasions incroyables en ce moment."

"On regarde simplement", fait la femme.

"Parfait. Et moi je sais ce que vous regardez: vous regardez s'il n'y a pas une occasion intéressante. Vous ne pouviez pas tomber mieux qu'en venant ici. Bob Labonté va vous donner toute satisfaction."

"Allons-nous en d'ici", dit le mari. Et les voilà partis. Ce bon vieux Bob Labonté hausse les épaules en grommelant quelque chose du genre: "Il y en a qui ne comprennent même pas qu'on soit aux petits soins pour eux et qu'on essaie de leur faire faire des économies. Être borné à ce point-là! Enfin, deux de perdus, dix de retrouvés..."

Que s'est-il passé au juste? Pourquoi Bob Labonté se retrouve-t-il planté là à essayer de reprendre son souffle? Il s'est pourtant occupé des arrivants. Il les a accueillis avec le sourire. Il s'est présenté à eux. Il les a remerciés de leur visite et leur a proposé ses services. Et malgré tout, ce débordement de bonne volonté n'a eu pour effet que de les mettre en fuite. Pourquoi? Parce que ce qu'il leur a dit revenait parfaitement à leur crier à la face: "Vous allez voir, je suis capable de vous vendre n'importe quel truc invendable."

Et il n'en a pas fallu davantage pour creuser un terrible fossé psychologique entre lui et ses acheteurs éventuels. Ils ont immédiatement compris que, quelle que soit leur endurance, Bob Labonté ne cesserait pas de leur corner aux oreilles et de les travailler au corps en redoublant d'affabilité pour leur vendre, leur vendre, leur vendre n'importe quoi. Or, ils ne veulent justement pas qu'on leur vende n'importe quoi. Ils veulent acquérir, et devenir les propriétaires de quelque chose qu'ils espéraient trouver dans ce magasin. Sans quoi ils n'y seraient pas entrés, dans ce magasin qui a perdu toute chance de les retenir à présent que Bob Labonté les a mis en fuite dans les dix secondes qui ont suivi leur arrivée.

Une première impression peut en effet tout compromettre. Aussi ce chapitre se propose-t-il d'expliquer clairement comment il convient de s'y prendre pour établir un premier contact, quel que soit le client éventuel qu'on va rencontrer.

Le premier principe à appliquer dans l'approche de vos clients consiste à s'y prendre avec assez de douceur pour les détendre, de sorte que leurs réactions émotionnelles de désir prendront le pas sur leurs réactions émotionnelles de peur. Votre but est de les amener à réaliser combien intensément ils souhaitent posséder ce que vous leur offrez, et non pas à se dire: "Attention! Ce gaillard est ici pour vendre." Ce qui les conduirait à se défiler en vous affirmant eux aussi: "On regarde simplement." Si vous les amenez à se défendre par une phrase de ce genre, vous les pousserez presque toujours à s'en tenir à ce qu'ils disent et à ressortir les mains vides.

Si c'est vous qui vous déplacez quand un futur acheteur vous a donné rendez-vous, c'est exactement la même chose qui peut se produire à son domicile ou à son bureau. La seule différence, si vous jouez au rapace en piquant sur ses plates-bandes, c'est qu'alors il ouvrira les hostilités au lieu de battre en retraite. Mais dans un cas comme dans l'autre, votre acheteur aura choisi le comportement le plus élémentaire: se retirer ou vous balayer de son territoire.

Que faire alors pour prévenir cette réaction de branle-bas de combat ou de sauve-qui-peut? D'abord comprenons bien ceci:

> ***Quand pour la première fois on rencontre un client éventuel, l'objectif numéro un est de désarmer ses craintes et de l'amener à se détendre***

Si dans son esprit la composante qui domine est la peur — la peur que vous lui forciez la main, la peur que vous cherchiez à lui vendre à tout prix et que vous en veniez à vos fins — il perdra toute capacité à prendre le genre de décision positive que vous attendez de lui. Il ne tombera pas même d'accord avec les points les plus insignifiants de votre argumentation. C'est pourquoi votre objectif primordial doit-il être de tout faire pour qu'il se sente calme et détendu.

Mon emploi du temps m'oblige à faire tant de voyages que j'ai bien souvent l'impression de passer ma vie dans les avions. Mes activités ne se bornent évidemment pas à prendre la parole en public et la plupart du temps je travaille durant mes vols. Les gens m'intéressent, bien sûr, et je ne déteste pas quand j'en ai le temps discuter et échanger des points de vue. Mais quand je travaille à bord et qu'un passager bavard s'obstine à vouloir lier conversation, en général je ne lui réponds pas. Et presque invariablement il me pose la question suivante: "Que faites-vous dans la vie?"

Alors je lui dis en souriant: "Je vends. Et justement je ne vous remercierai jamais assez de vous être assis près de moi."

Devinez ce qui se passe ensuite? Le bavard se confond en excuses, se retourne ou bien change de siège et n'y revient plus.

Nous éprouvons tous une crainte instinctive qu'on nous vende quelque chose. C'est pourquoi il est si important qu'un premier contact favorise la confiance et désarme la peur.

Passons à présent en revue les étapes successives d'une première rencontre idéale.

1. Souriez, mais souriez vraiment

Certaines personnes ont tellement perdu l'habitude de sourire qu'on dirait qu'elles ne savent même plus le faire. Un vendeur doit s'entraîner à sourire. Exercez-vous à détendre vos muscles zygomatiques chaque fois que pendant vos heures de travail vous vous isolez dans les toilettes. Vous y trouverez tout ce dont vous avez besoin: la solitude, un miroir, et un visage à lui présenter. Et je suis sérieux: un champion ne laisse jamais passer la moindre occasion de développer son savoir-faire. L'aptitude à sourire de façon engageante — qu'on soit d'humeur à le faire ou non — est un des talents déterminants de la vente.

Le sourire doit dégager une chaleur communicative. Souriez donc généreusement à ceux que vous abordez si vous voulez leur communiquer de la chaleur. Cela risque peut-être de sembler excessif dans certains cas, mais il reste que de façon générale un sourire aimable et chaleureux est presque toujours le premier pas indispensable dans une vente.

Certains éprouvent de la difficulté à sourire quand ils n'ont pas de raison profonde de le faire, parce qu'ils sont incapables de mettre de côté leurs problèmes personnels et leurs états d'âme quand ils saluent un nouveau client. Soyez assuré de deux choses: d'abord cette personne n'est nullement responsable de vos ennuis et ne s'y intéresse pas le moins du monde; et ensuite, vous n'arrangerez pas les choses en vous présentant à elle sous un jour maussade. Apprenez dès à présent à mettre entre parenthèses vos préoccupations et vos états d'esprit négatifs chaque fois que vous êtes en présence d'un futur acheteur ou de tout autre client. Quitte à ressasser vos ennuis aussitôt après si vous vous y sentez obligé. Après, quand vous vous serez repris en main pour vous occuper comme il convient de votre prospect.

2. *Regardez votre interlocuteur dans les yeux*

Pourquoi croyez-vous que je me sente dans l'obligation de vous donner ce conseil qui semble aller de soi? Tout simplement parce que beaucoup de vendeurs compromettent toutes leurs chances de vendre en évitant le contact visuel avec ceux qu'ils rencontrent pour la première fois. Ils se contentent alors de regarder les yeux baissés, ou de regarder par-dessus l'épaule de leur interlocuteur, ce qui pour ce dernier est également déconcertant. En présence de quelqu'un dont le regard fuit le nôtre, on se demande toujours s'il va se décider à déballer franchement ce qu'il a sur le coeur.

3. *Sachez saluer de façon appropriée*

Récapitulez vos formules habituelles d'introduction. Si c'est toujours la même que vous utilisez, il y a de fortes chances pour qu'elle grince aux oreilles de pas mal de vos interlocuteurs. Entraînez-vous à pouvoir formuler au moins trois salutations différentes selon le cas. Car c'est d'au moins trois formules que vous devez disposer au départ: une formule polie et un peu protocolaire; une formule plus cordiale et familière; une formule enthousiaste et chaleureuse. Par la suite, vous aurez probablement besoin d'élaborer d'autres variations encore. Dès que vous êtes en présence d'un nouvel interlocuteur, scrutez-le pendant un instant et essayez de déterminer quel genre de formule de salutation s'applique le mieux à lui. Ce sera une excellente façon de concentrer votre attention sur sa personnalité et de penser à la meilleure tactique qu'il vous faudra déployer avec cet individu unique.

4. *Faut-il ou non serrer la main?*

La plupart des vendeurs de moyenne envergure tiennent absolument à toucher la peau de leurs clients éventuels. Ils partagent inconsciemment la conviction — laquelle peut aller jusqu'à prendre l'allure d'une superstition — que l'affaire est dans le sac à partir du moment où ils peuvent amener leur interlocuteur à leur serrer la main. Or, toute l'erreur consiste pour ces vendeurs à prêter aux autres leurs propres sentiments, et à vouloir ignorer que bien des gens ne tiennent pas du tout à ce que des étrangers les touchent. Que se passe-t-il alors dans les cas semblables? Du fait de l'obstination qu'ils mettent à vouloir serrer la main de gens qui n'en ont nullement envie, les vendeurs en question essuient fréquemment des échecs, et ces échecs fortifient encore leur obstination à vouloir serrer d'autres mains. Si bien que cette attitude devient très vite génératrice de tension, et que c'est cette tension qu'ils communiquent désormais à leurs interlocuteurs, lesquels sont de plus en plus réticents à accepter la poignée de mains d'un personnage en sueur et dans tous ses états. C'est un cercle vicieux.

Je n'exagère pas. Un de mes amis qui possède une chaîne de nettoyage à sec m'a confié un jour: "Tommy, rien qu'à regarder les vêtements qu'on m'apporte, je suis capable de dire lesquels appartiennent à quelqu'un qui fait de la vente. Ils portent tous une marque révélatrice à l'endroit où on s'est séché la paume en sueur avant de donner une poignée de mains."

Pour le vendeur médiocre, ce geste d'essuyer la paume qui transpire devient vite une habitude, inséparable du: "Bonjour, m'sieur-dame..."

Dans ce monde de compétition qui est le nôtre, il nous faut marquer un but décisif chaque fois que nous rencontrons quelqu'un à qui nous allons tenter de vendre quelque chose. Ce but, je l'ai probablement décrit à plus de gens que n'importe qui d'autre, étant donné que je ne cesse de le rappeler dans tous mes séminaires et dans toutes mes allocutions. Ce but décisif que nous devons marquer consiste à plaire et inspirer confiance à ceux que nous rencontrons. C'est pourquoi, à chaque nouvelle rencontre, le champion raisonne ainsi: "Je sais que je vais plaire et inspirer confiance, car je sais que je suis hautement digne de plaire et qu'on peut me faire confiance."

N'est-ce pas une excellente chose que de se pénétrer continuellement de cette idée? "Je suis sûr que je vais plaire..." Il faut que vous cessiez de vous dire: "Il faut que je fasse mon possible pour plaire et inspirer confiance, sinon je perds ma vente." Chaque fois que vous raisonnez ainsi: "Il faut que je fasse mon possible pour..." vous vous sentirez angoissé, voire un peu désespéré. Si vous êtes détendu et pleinement confiant en vous, c'est de la détente et de la confiance que vous communiquerez à votre interlocuteur. Alors que si vous êtes nerveux, inquiet, vous dégagerez une nervosité et une inquiétude que vous transmettrez à l'autre.

Je vais vous donner un moyen très efficace de régler le problème: si c'est à un client dont vous n'avez jamais entendu parler que vous avez affaire (quelqu'un qui vient vous voir de lui-même sur votre lieu de travail dans un magasin ou ailleurs), ne tentez pas de lui serrer la main, sauf bien entendu dans le cas exceptionnel où c'est lui qui vous tend la sienne; s'il s'agit au contraire d'un client habituel que vous revoyez, ou d'un client éventuel avec qui vous avez pris contact grâce à votre prospection par recommandation, c'est à vous de juger, en fonction de l'attitude de votre interlocuteur, s'il convient ou non de lui serrer la main. L'essentiel pour vous est de cesser de vous dire que le contact physique d'une poignée de mains s'impose dans tous les cas.

Examinons de plus près les deux situations classiques.

Vos futurs clients vous ont été recommandés

Nous allons supposer que j'aie obtenu, par l'intermédiaire d'un client, le nom d'un couple marié, que nous ayons pris rendez-vous pour aujourd'hui dans mon bureau. En les voyant arriver, je vais au-devant d'eux, les mains pendantes et le sourire aux lèvres, car j'ai véritablement hâte de faire leur connaissance.

Je vais d'abord me présenter, ce qui se justifie parfaitement étant donné qu'ils ne m'ont encore jamais vu, et que je veux pleinement les rassurer en leur faisant comprendre qu'ils sont bien en présence du bon interlocuteur, à la bonne place et à la bonne heure. Je les accueille donc ainsi: "Bienvenue, à vous, M. et Mme Roboly, Tom Hopkins, de Champions Illimités." En prononçant le nom de *M. Roboly*, je l'ai regardé droit dans les yeux, puis j'ai fait la même chose en appelant Mme Roboly par son nom, avant de regarder de nouveau M. Roboly en me présentant. Si, au lieu d'être un homme, j'avais été une femme, c'est probablement Mme Roboly que j'aurais regardée en déclinant mon identité.

Il ne faut surtout pas que je baisse les yeux pour voir si l'un des deux va me tendre la main. Je n'ai d'ailleurs pas besoin de le faire pour détecter leurs mouvements, du fait que nous sommes tous pourvus de ce qu'on appelle une vision périphérique, c'est-à-dire de la faculté de voir des objets que nous ne regardons pas directement. Bien des gens se servent de leur vision périphérique uniquement pour localiser des objets qu'ensuite ils observent directement. Mais la vision périphérique peut aussi remplir une autre fonction très importante: elle peut nous fournir des informations alors que nous regardons ailleurs. Pour vous en convaincre, placez-vous à environ quinze mètres d'un arbre quand souffle une légère brise, puis fixez le tronc de cet arbre à l'endroit où il sort de terre et, sans faire dévier votre regard de ce point, enregistrez les différents mouvements que vous percevez dans le feuillage et dans les branches. Vous pouvez faire exactement la même chose en fixant, par exemple, la porte d'entrée d'un édifice à plusieurs étages: tout en observant la porte, vous percevrez les fenêtres du premier étage et, en vous entraînant un peu, celles des étages supérieurs, les murs, et jusqu'au toit de l'édifice. Vous serez étonné de la quantité de détails que vous pouvez enregistrer sans les observer directement. C'est un passe-temps que vous pourrez exercer n'importe où à vos moments perdus, pour vous habituer à étendre le champ de votre conscience dans plusieurs directions et en particulier, ce qui n'est pas négligeable, pour apprendre à déceler le mouvement d'épaule ou de l'avant-bras qui vous révèle que votre interlocuteur va vous tendre la main. Vous n'avez nullement besoin de baisser le regard pour déceler ce mouvement, que vous pouvez parfaitement percevoir tout en maintenant le contact visuel direct qui inspire confiance à l'autre.

Exercez votre vision périphérique. Pénétrez-vous de la conviction qu'il n'est pas indispensable de tendre la main à vos acheteurs éventuels, et vous cesserez de vous essuyer la paume. Pour la simple raison que vous aurez cessé de transpirer. Vous vous sentirez aussi beaucoup plus détendu puisque vous aurez relâché la pression qui alourdit l'atmosphère de vos rencontres, et qu'ainsi vous plairez et inspirerez confiance à beaucoup plus de gens, tout simplement parce que vous dégagerez davantage de chaleur humaine et de crédibilité.

C'est donc avec un sourire détendu que vous faites quelques pas au-devant de M. et Mme Roboly pour aller les accueillir, votre main droite se balançant naturellement au bout de votre bras. Si vous décelez chez M. Roboly un mouvement annonçant que sa main se tend vers vous, saisissez-la tout aussi naturellement, serrez-la vigoureusement, puis dégagez très vite la vôtre et laissez-la de nouveau pendre en vous tournant avec aisance vers Mme Roboly. Vous venez d'échanger une poignée de mains avec son époux; il y a donc des chances pour qu'elle fasse la même chose avec vous. Vous la regardez donc dans les yeux en essayant de percevoir le geste annonçant qu'elle vous tend la main elle aussi. Si elle s'abstient de le faire, le léger mouvement que vous aurez amorcé pour vous tourner vers elle dans l'attente de la poignée de mains pourra aisément se transformer en une inclinaison courtoise du buste ou de la tête.

Vos futurs clients vous sont inconnus

Un couple entre dans le magasin ou la salle d'exposition dans lequel vous travaillez et se dirige vers vous. Vous ne savez strictement rien des visiteurs, pas même leur nom. C'est donc à vous — et à vous seul — de jouer. C'est au cours de ces premiers instants d'une rencontre de ce genre que le vendeur nerveux, qui se présente main tendue, risque de perdre toutes ses chances de créer l'ambiance de détente indispensable à toute situation de vente. Les arrivants sont surpris et gênés par cet excès de cordialité et de familiarité auquel ils ne s'attendaient pas.

Trop heureux encore si la situation ne tourne pas au tragicomique. Le vendeur, se rendant brusquement compte qu'il est allé trop loin, retire sa main au moment même ou l'autre lui tend machinalement la sienne dans le vide, si bien qu'il la retire à son tour, mais pas assez vite pour que le vendeur n'ait tenté une seconde fois de s'en saisir... s'exposant ainsi à un second refus. De sorte que tout le monde est bien embarrassé et que le client se jure bien de prendre le large à la première occasion et de ne plus jamais remettre les pieds dans cette boutique.

Voici ce qu'il convient de faire pour éviter les méprises de ce genre. M. et Mme X entrent dans le magasin. Vous ne savez rien d'eux et vous n'avez aucune raison de penser qu'ils tiennent particulièrement à faire votre connaissance. En allant à leur rencontre pour les accueillir, arrêtez-vous à un ou deux mètres en avant d'eux afin de ne pas envahir leur espace, et dites-leur quelque chose comme:

- "C'est très aimable à vous de nous rendre visite. Vous êtes ici chez vous. Prenez tout votre temps pour jeter un coup d'oeil ici et là. Et si vous avez des questions à poser, je serai heureux d'y répondre."
- "Bienvenue à vous. Merci d'avoir songé à nous. N'hésitez pas à regarder tout ce qui vous intéresse. Ni à vous renseigner si vous en éprouvez le besoin. Je suis là pour ça."
- "Bonjour monsieur, bonjour madame. Heureux de vous accueillir chez ______________ (ici, le nom de l'établissement). J'espère que nos articles vous plairont. À votre disposition si vous avez des questions à poser."

Et quand vous les aurez ainsi salués, retirez-vous.

J'ai bien dit: retirez-vous.

Je n'ai pas dit de faire volte-face et de vous enfuir, mais de vous détourner d'eux tranquillement et de les laisser libres de regarder ce qui les tente. Et si vous savez vous tenir au bon endroit, à quelque distance d'eux, ils sauront bien venir d'eux-mêmes vous demander un renseignement s'ils en éprouvent le besoin.

Il est curieux de constater qu'un grand nombre de gens s'empressent de refluer vers la porte dès qu'on les bouscule, alors que ce sont eux qui viennent vous demander le produit ou le service qu'ils sont venus chercher si vous leur parlez avec courtoisie et si vous les mettez à l'aise en vous détournant d'eux. En leur montrant que vous respectez leur liberté d'agir à leur guise, vous leur donnez du même coup l'assurance qu'ils ont toute latitude de ne vous demander que ce qu'ils veulent.

Bien souvent ils ne vous demanderont pas grand-chose, surtout si les articles que vous vendez sont d'un prix très élevé. Mais renseignez-les sans insister. Vous ne pouvez rien faire de plus avant qu'ils ne fassent d'eux-mêmes le pas suivant.

Bien souvent aussi, ils déambuleront un peu partout sans s'arrêter plus de quelques secondes ici et là devant un étalage. C'est qu'il s'agira alors presque toujours de gens qui sont venus là pour passer le temps, ou qui n'ont pas les moyens de s'offrir ce que vous vendez, ou encore qui sont venus jeter un coup d'oeil préliminaire sur ce qu'un jour ils éprouveront le besoin de posséder et qu'ils décideront alors d'acheter. Dans un cas semblable, vous aurez tout avantage à les laisser fouiner et repartir quand bon leur semble, et vous aurez bien des chances de les revoir au moment où ils seront prêts à acheter si vous avez su ne pas les pressurer lors de leur première visite. En outre, en les laissant repartir sans intervenir, vous n'aurez brûlé en pure perte ni votre énergie ni votre enthousiasme.

Et s'ils ressortent sans avoir posé la moindre question, c'est qu'ils n'auront rien fait d'autre que ce que vous vous attendiez à les voir faire.

5. *Laissez vos clients faire tout seuls leur choix*

Vous avez accueilli vos clients comme on vient de le dire et vous leur avez laissé la liberté de se mouvoir tout à leur aise dans le magasin. S'ils savent vraiment ce qu'ils veulent et, s'ils ont les moyens de se l'offrir, ils mettront le cap vers l'article qui les intéresse. Vous n'avez plus qu'à les laisser jeter l'ancre.

Imaginons que vous vendiez de l'appareillage électroménager et que votre magasin comporte un rayon télévision, vers lequel se dirigent tout droit vos visiteurs. Observez-les discrètement en vous servant de votre faculté de vision périphérique. Il vous suffit pour cela de fixer ostensiblement le rayon des lave-vaisselle, ce qui vous permettra de remarquer que c'est devant tel modèle particulier de téléviseur qu'ils ont jeté l'ancre. S'ils s'attardent devant celui-ci pendant une bonne minute, vous pouvez en déduire que leur choix est fait. À vous de jouer maintenant, et de les faire franchir doucement l'étape suivante.

6. *Attaquez par une question préliminaire qui mette directement vos clients en cause*

On aura compris qu'il s'agit là d'une question posée à la forme affirmative, que vos clients se posent déjà en leur for intérieur, et qui tourne autour des avantages qu'ils espèrent retirer de votre produit une fois que vous le leur aurez vendu. Précisons ce genre de question en imaginant que c'est au couple ancré devant le téléviseur que vous allez la poser. Encore une fois, vous ignorez jusqu'à leur nom, et il serait prématuré de le leur demander.

Approchez-vous d'eux et dites-leur: "C'est pour remplacer votre téléviseur que vous songez à celui-ci, ou bien pour avoir chez vous un deuxième appareil?"

Avec de légers changements dans la formulation, cette question préliminaire peut s'adapter à presque toutes les catégories de produits ou de services. Une fois que vos clients vous auront expliqué ce qu'ils attendent de ce que vous avez à vendre, vous saurez exactement quelles questions poser pour en apprendre davantage sur eux, pour amener graduellement la conclusion de la vente, et pour faire d'eux des acheteurs satisfaits.

Chapitre 12

La sélection des futurs clients

Beaucoup de vendeurs font leurs présentations ou leurs démonstrations devant des prospects qu'ils n'ont pas sélectionnés au préalable. Certains ne se donnent même jamais la peine de faire la moindre sélection, soit parce qu'ils ne savent pas comment s'y prendre, soit qu'ils manquent d'organisation, soit encore qu'ils pratiquent la politique de l'autruche et préfèrent ne pas savoir d'avance que c'est en pure perte qu'ils vont dépenser leur salive. Mais, quelles que soient les raisons pour lesquelles ils ne font pas de tri sélectif, ces vendeurs sont souvent très déçus de ne pas vendre autant qu'ils le voudraient. Au point d'avoir le sentiment d'être incapables de finaliser la vente d'un repas chaud à un Eskimo, alors que par ailleurs ils font parfaitement leur métier. Le problème, c'est qu'ils consacrent trop de temps et d'énergie à vouloir conclure leurs ventes avec des interlocuteurs mal choisis.

Autrement dit, ce n'est pas leur aptitude à conclure une vente qui pèche et qui les fait échouer, mais leur aptitude à sélectionner au préalable leurs futurs clients. Et je suis pour ma part convaincu que s'ils se lancent ainsi à corps perdu dans leur argumentaire sans avoir d'avance déblayé le terrain, c'est qu'ils éprouvent de grandes difficultés à faire cette sélection.

On a souvent dit que vendre, c'est avant tout savoir organiser son temps. Pour une raison ou pour une autre, beaucoup de vendeurs moyens s'imaginent que ce qui compte le plus, c'est de savoir présenter un service ou faire la démonstration d'un produit à l'aide de phrases bien faites et d'astuces bien placées, et que s'ils le font correctement, sans rien omettre, leurs interlocuteurs subjugués n'auront plus qu'à leur dire: "D'accord, on va vous le prendre."

Les champions font beaucoup mieux. Ils savent que la clé des hauts rendements, c'est la sélection. Non seulement ils en comprennent la nécessité et en connaissent les méthodes, mais ils savent aussi toute l'importance que peuvent prendre certaines techniques de présélection dont nous avons déjà parlé au chapitre 7, comme par exemple la prospection par recommandation, le marché d'échanges et l'adoption des orphelins.

Ce sont en effet ces techniques qui vous permettront de présélectionner soigneusement les futurs acheteurs avant de les rencontrer. Ce sont elles qui vous renseigneront sur leurs besoins et leurs ressources par rapport à ce que vous vendez, de sorte que grâce à elles vous serez en mesure de conclure 50 pour cent de vos ventes. Soit une vente de conclue pour une vente de perdue. Alors que sans sélection préalable, c'étaient neuf ventes de perdues pour une de conclue. En règle générale, il vous faut autant de temps pour voir dix prospects qui n'ont pas été sélectionnés que pour en voir dix qui, eux, l'ont été. La différence essentielle, c'est que dans le second cas vous ferez 500 pour cent de ventes de plus. Voilà un chiffre qui devrait vous donner à réfléchir si vous êtes de ceux qui ne sélectionnez pas vos clients. Tout système capable de multiplier par cinq votre chiffre d'affaires mérite bien un peu d'attention, non?

Et si vous êtes d'accord sur ce point, vous admettrez aussi qu'il ne serait peut-être pas mauvais, quoi qu'il vous en coûte, de vous y mettre aussi, vous ne croyez pas? Bien entendu vous allez vous y mettre. Car par chance ce n'est pas très sorcier. Quand vous aurez lu les quelques paragraphes qui suivent, vous serez en possession d'une superbe technique de sélection qui vous permettra de savoir dès le début de la rencontre si vos interlocuteurs répondent ou non à certains critères indispensables, et qui vous permettra aussi, dans bien des cas, de les sonder par une prise de contact par téléphone, pour décider s'il vaut la peine de les rencontrer. S'ils ne répondent pas à vos critères, vous n'aurez plus besoin de perdre du temps en allant les voir et il vous suffira de prendre poliment congé d'eux au bout du fil. Combien de fois ne vous est-il pas arrivé en effet de perdre une demi-journée pour aller faire une démonstration, en revenir, avec pour seul résultat la constatation que le client n'avait pas les moyens d'acheter, ou bien qu'il était incapable de prendre une décision, ou bien encore que votre produit n'était pas celui dont il avait besoin? Pour un vendeur, la chose la plus précieuse, c'est le temps. Et le temps qu'il perd à faire ses démonstrations à des non-acheteurs est exactement égal à celui qu'il aurait pu consacrer à faire les mêmes démonstrations à des acheteurs véritables, ou bien à faire de la prospection pour trouver d'autres acheteurs. Une sélection bien faite, cela signifie pour vous que vous allez vous dépenser pour des gens qui vont acheter au lieu de vous dépenser tout autant pour des gens qui ne vont rien vous acheter.

Examinons à présent les étapes de cette technique de sélection qui va augmenter de 500 pour cent votre potentiel de vente.

1. Commencez par déterminer quel produit vos futurs acheteurs utilisent

Si je sais de quelle façon ils satisfont présentement leurs besoins, je sais du même coup par quelle démarche ils ont pris dans le passé la décision de les satisfaire. Sachant ce qu'ils ont été m'en apprend donc long sur ce qu'ils veulent devenir. Et, connaissant leurs ambitions, je sais aussi ce que je dois leur vendre pour les combler. Parfois vos interlocuteurs ne pourront se retenir de vous révéler ce qu'ils possèdent. Parfois aussi ils seront beaucoup plus réticents à vous faire cette confidence. Ce sera donc à vous de vous y prendre de façon indirecte pour obtenir d'eux cette information indispensable. Consacrez donc toute l'attention voulue pour mettre au point les questions qui vous permettront d'apprendre ce que vous voulez savoir, et toute l'assiduité qu'il faut pour vous entraîner à bien les poser. Une sélection judicieuse de vos prospects est trop importante pour que vous la compromettiez faute de savoir déjouer les obstacles.

2. Trouvez ensuite ce qui les séduit le plus dans le produit qu'ils utilisent

C'est une question d'urgence. Savoir ce qu'un futur acheteur ressent par rapport à ce qu'il possède déjà vous placera tout de suite sur le bon cap pour entreprendre votre vente, ou encore — ce qui est tout aussi important — vous avertira qu'il est inutile de perdre davantage votre temps. Chaque produit, chaque service, s'adresse à un cercle de consommateurs et d'utilisateurs bien précis. S'efforcer de les vendre en dehors de ce cercle bien déterminé équivaut à une perte de temps totale.

Essayons d'illustrer ce qui précède en reprenant l'exemple déjà cité de Profilmarine. Je suis au téléphone avec M. Levasseur, qui éprouve la démangeaison de remplacer le bateau qu'il possède depuis trois ans.

"M. Hopkins, ne pourriez-vous faire un saut jusqu'ici pour me donner votre avis sur le prix que je pourrais retirer de mon bateau sur le marché d'occasion? C'est l'affaire de deux heures à peine."

"Avec plaisir, M. Levasseur. Mais dites-moi: qu'est-ce qui vous plaît le plus dans ce bateau?"

"Ses qualités marines. C'est un vieux radeau un peu poussif, mais je n'ai pas peur d'affronter un cyclone avec lui."

"Certes, mais avec un bateau plus rapide, vous seriez plus vite à l'abri, sans attendre que la mer soit vraiment démontée."

"D'accord, mais à la condition que le moteur tienne le coup. Avec le mien, je sais que si le moulin flanche, j'ai une bonne voile pour me pousser à terre en cas de gros grain."

À présent, je sais ce que je voulais savoir. Sans avoir à faire un aller-retour de deux heures pour aller voir M. Levasseur. Car Profilmarine vend indubitablement les bateaux les plus rapides. Mais il ne vend que ceux-là. En d'autres termes, les modèles que nous mettons sur le marché appartiennent à la catégorie de ceux que M. Levasseur n'achètera jamais. Mais en m'y prenant ainsi, en consacrant quelques instants à lui poser des questions détournées, j'ai pu le radier de ma liste de clients éventuels. J'ai beau avoir affaire à un passionné de la mer, à un interlocuteur fortuné, M. Levasseur ne sera jamais acheteur d'un de mes Spee-D-Cat's.

"Je crains que nous ne soyons pas ceux qui peuvent vous conseiller au mieux de vos intérêts, M. Levasseur. Mais j'ai un excellent ami qui est précisément un des meilleurs spécialistes du marché d'occasion. Je vais vous donner son numéro."

Il ne me reste plus qu'à appeler tout de suite quelqu'un qui vende le type de bateau qui plaît à M. Levasseur, et qui se sentira dans l'obligation de me rendre cette courtoisie la prochaine fois qu'il aura affaire à un client à la recherche d'un modèle qu'il ne peut lui fournir et dont moi je dispose.

Vous aurez remarqué que je n'ai pas demandé à M. Levasseur de se recommander de moi auprès de celui dont je lui ai donné le numéro, étant donné qu'il n'y a pas une chance sur dix pour qu'il songe à le faire. Mais j'ai profité de l'occasion pour consolider les bonnes relations avec les gens de la profession qui ne sont pas mes concurrents directs. J'ai dû passer trois minutes au téléphone, certes, mais ces trois minutes peuvent me rapporter plus tard des acheteurs présélectionnés.

Grâce au temps que j'ai gagné en me dispensant d'aller voir M. Levasseur, je peux donc continuer ma prospection. Une heure plus tard, je suis en conversation avec M. Schnell.

"Qu'est-ce qui vous plaît le plus dans votre bateau, M. Schnell?"

"Sa rapidité, M. Hopkins. En un rien de temps il m'amène là où est le poisson."

"Quelle vitesse atteignez-vous, trente noeuds?"

"Trente noeuds? Non, soyons modeste. Mais un bon vingt-deux noeuds, par creux de un mètre."

"Avec le Spee-D-Cat II, je vous garantis que vous feriez du trente noeuds dans les mêmes conditions. Vitesse de croisière, j'entends. Pas à plein régime."

"Hou! Il va falloir qu'on en reparle, M. Hopkins. Quand seriez-vous libre?"

"À votre convenance, M. Schnell. J'aimerais d'abord qu'on fasse une sortie tous les deux pour essayer le bateau. Pourriez-vous être ici à trois heures? Ou bien préférez-vous un autre moment dans la journée?"

"Formidable! Je peux être là-bas à cinq heures."

Si je m'étais précipité chez M. Levasseur pour aller voir comme il me le demandait son "vieux radeau un peu poussif", je n'aurais pas pu appeler M. Schnell. C'est un de mes collègues qui s'en serait chargé... et qui aurait conclu la vente. Ne perdez donc pas votre temps avec ceux qui désirent ce que vous ne pouvez pas leur procurer, car si vous le faites, vous aurez probablement la "malchance" d'être ailleurs chaque fois qu'une bonne affaire se présentera.

Tandis que si vous vous conformez à cette procédure par étapes et si vous concentrez vos efforts sur ceux que vous pourrez aider à se procurer les avantages qu'ils recherchent, vous ne traiterez plus qu'avec des acheteurs déjà acquis à votre produit, lequel sera pour ainsi dire vendu d'avance avant même que vous ayez à en faire la démonstration. En fait, votre démonstration ne servira qu'à renforcer vos acheteurs dans leur décision d'acquérir ce que vous leur offrez. Vous rendez-vous compte à quel point vous

vous sentirez stimulé et sûr de vous pour finaliser vos ventes dans des situations semblables? Le savoir-vendre n'est pas seulement l'art de gagner beaucoup d'argent. C'est aussi l'art d'en gagner facilement, une fois qu'on a appris à s'organiser pour le faire.

3. *"Quelles modifications ou quelles améliorations souhaiteriez-vous qu'on apporte à (ici le nom du produit ou du service)?"*

Ce sont les réponses apportées par les prospects à cette question qui indiquent aux champions quelles sont les caractéristiques sur lesquelles ils vont insister pour conclure leurs ventes.

Imaginons à présent que je vende des machines industrielles et qu'un certain Paul Flinn réponde à la question qui précède de la façon suivante:

"J'aimerais qu'on étudie le moyen de réduire les temps de démontage et de remise en route. Le rendement de la machine est satisfaisant, mais on perd trop de temps en réglages chaque fois qu'on passe d'un type de production à un autre. On ne se sert jamais très longtemps d'une même machine pour fabriquer la même chose."

Cette information, je vais soigneusement la stocker aux premières loges de mon cerveau. Et quand je ferai ma démonstration quelques jours plus tard, je tiendrai un discours de ce genre:

"M. Flinn, une des données dont nous sommes le plus conscients à Champion Machinery, c'est le coût élevé des opérations de démontage et de remise en service. Non seulement parce que la main-d'oeuvre requise pour les réglages coûte cher, mais aussi parce que le temps perdu à effectuer ces réglages grignote les marges bénéficiaires par allongement des temps de non-productivité des équipements. C'est pourquoi Champion Machinery a consacré un budget d'ingénierie considérable pour accélérer sur nos nouvelles machines les opérations de démontage et de remise en service..."

Fondez toujours votre présentation ou votre démonstration sur les modifications et les perfectionnements que vos futurs clients aimeraient voir apportés à ce qu'ils utilisent déjà. Retournez-leur, à votre avantage, les arguments qu'eux-mêmes vous ont fournis, et ils ne pourront qu'être d'accord avec vous.

4. *À part vous, qui d'autre doit prendre la décision finale?*

Il est compréhensible que ceux qui ne détiennent pas le pouvoir décisionnel veuillent donner jusqu'au bout l'impression du contraire pour se donner de l'importance. Il vous faut donc y aller sur la pointe des pieds. Ici encore, c'est la nature de ce que vous avez à vendre qui vous dictera la meilleure façon de contourner l'obstacle. Plus votre présentation ou votre démonstration exige de temps, et plus il est important de ne vous y lancer qu'en présence de ceux qui vont décider. Rien n'est plus démoralisant que de sortir le grand jeu à un interlocuteur qui à la fin vous dit: "Vraiment fantastique, mais malheureusement je ne peux pas vous donner le feu vert avant d'en avoir parlé à M. Pichtegorne. Mais croyez-moi, avec lui, vous allez avoir fort à faire! Vous ne pourriez pas revenir dans une semaine et nous recommencer ça?"

5. *"Si par chance (ici le nom du produit ou du service) répond à vos attentes, seriez-vous prêt dès aujourd'hui à faire avancer les choses?"*

Je ne pouvais tout de même pas dire à mon interlocuteur: "Écoutez mon vieux, je n'ai pas la moindre envie de vous faire ma démonstration de long en large si vous ne me donnez pas d'abord la garantie que vous allez m'acheter ce maudit machin à partir du moment où il répond à vos attentes."

En employant le conditionnel "Si par chance..." accompagnez-le de l'intonation qui convient pour laisser entendre à votre interlocuteur, que vous n'y croyez pas trop, à la chance. En lui indiquant de cette façon-là que vous ne vous sentez pas tellement sûr de vous, il se sentira plus rassuré et plus enclin à vous dire sincèrement s'il est "prêt dès aujourd'hui à faire avancer les choses" ou s'il ne l'est pas.

"Dès aujourd'hui? Non. Je préfère vous dire tout de suite qu'il faut d'abord que le comité de direction se réunisse pour donner son accord."

Ce n'est évidemment pas ce que j'ai envie d'entendre, mais ce n'est pas non plus en ignorant certaines réalités déplaisantes qu'elles cessent pour autant d'exister. Je viens au moins d'apprendre qu'il est inutile que je déploie tout mon argumentaire avant d'être mis en présence de ceux qui détiennent le pouvoir décisionnel, et je sais désormais dans quelle direction il va me falloir orienter ma procédure de vente.

Examinons encore deux techniques d'une grande efficacité, et qu'il est très satisfaisant pour l'esprit d'utiliser.

6. Offrez à vos clients éventuels le choix entre trois produits

Je vais vous donner un exemple de l'usage qu'on peut faire de cette technique en l'appliquant à la vente des photocopieurs de bureau. Mais elle peut bien entendu s'adapter indifféremment au produit que vous avez à vendre.

Le plus important pour vous, c'est de parfaitement connaître la gamme complète de vos produits. Dans le cas qui nous occupe cette gamme comprend huit photocopieurs, du plus perfectionné au plus simple. Au lieu de partir de cet ensemble de huit possibilités et de procéder par élimination pour finir par isoler de cet ensemble la machine que votre acheteur va acquérir, commencez par isoler trois des machines qui vous semblent pouvoir faire l'affaire, pour finir par isoler de ce sous-ensemble celle des trois qui vous semble le mieux répondre aux besoins de votre prospect.

"Nos photocopieurs ont trois fonctions essentielles, Mme Grugefeuille: la reproduction, la séparation des copies, et leur tri. Laquelle de ces fonctions est pour vous la plus importante?"

"Le tri. Il faut que notre prochaine machine soit équipée d'une trieuse."

Étant donné que je connais sur le bout des doigts la gamme de mes produits, je sais immédiatement que la réponse de Mme Grugefeuille élimine trois modèles (ceux qui ne sont pas équipés d'une trieuse). Il m'en reste donc cinq à lui proposer. Je vais à présent essayer de mieux cerner ses besoins.

Je sais que la couleur et l'encombrement d'une machine sont des facteurs qui entrent en ligne de compte quand il s'agit de faire une acquisition. Ce qu'il me faut à présent déterminer, c'est si Mme Grugefeuille est prête à ménager dans son bureau suffisamment d'espace pour y installer notre modèle le plus volumineux, le plus rapide, et le plus riche en possibilités. Sinon, je dispose de deux machines de moindre encombrement: un modèle moyen et un petit modèle. C'est donc en terme de dimensions que je vais présenter les choses, en demandant à mon interlocutrice quelle machine lui conviendrait le mieux.

"Le moyen", m'affirme Mme Grugefeuille. Ce qui ne me surprend pas. C'est en général celui que choisissent mes clients.

"Nos machines sont offertes en trois couleurs. Le beige clair, qui s'accorderait parfaitement à la couleur de votre bureau. Le noir brillant, d'une grande distinction. Et le rouge de cette teinte. Vous avez une préférence?"

"Le beige, sans hésiter."

Voilà. Le choix est fait: Mme Grugefeuille désire une machine de dimensions moyennes, de couleur beige et qui soit capable de reproduire, de séparer et de trier les copies. Le problème à présent n'est donc plus de sélectionner un modèle, mais de déterminer combien le patron de Mme Grugefeuille est prêt à le payer. L'étape suivante consiste à fournir à Mme Grugefeuille les arguments qui vont hâter sa décision.

7. *Offrez à vos clients éventuels le choix entre trois niveaux de prix*

C'est une magnifique stratégie pour se sortir de ce qui est en général le point le plus épineux: le prix de vente. C'est généralement sur cette question que bute le vendeur sans envergure. Faute de savoir comment manoeuvrer pour contourner l'écueil, il annonce bien souvent la couleur de façon brutale, laissant même voir parfois qu'il trouve lui-même le prix de son produit outrageusement élevé. Ce n'est pas ainsi qu'on conclut une vente.

Au lieu d'annoncer à froid le prix de vente, servez-vous donc de cette stratégie qui a fait ses preuves, en prenant bien soin d'adapter la formulation qui suit, dans laquelle chaque mot compte, à ce que vous avez à offrir:

"D'une façon générale, ceux qui désirent acquérir ce modèle, tous accessoires compris, sont prêts à y mettre 12 000 dollars. Seuls quelques-uns seraient prêts à aller jusqu'à 15 ou 20 000. Il y a aussi ceux dont le budget est plafonné ou fixé d'avance et qui — au prix où sont les choses de nos jours — ne peuvent pas aller au-delà de 10 000 dollars. Puis-je vous demander, Mme Gurgefeuille où votre compagnie semble le mieux se situer parmi ces différentes catégories d'utilisateurs?"

"On pensait mettre environ 12 000 dollars."

Pourquoi Mme Grugefeuille m'a-t-elle fait cette réponse? Alors qu'en réalité elle n'avait probablement pas de chiffre bien précis en tête avant de me la faire. Mais, ne voulant pas faire passer l'établissement qui l'emploie pour un parent pauvre, elle a choisi de le situer dans la catégorie intermédiaire.

J'ai donc conçu cette échelle de prix pour me ménager ensuite la possibilité de dire: "Alors, je me réjouis de pouvoir vous faire une excellente surprise: le modèle qui répond à tous vos besoins ne nécessite qu'un investissement de 10 000 dollars seulement, c'est-à-dire très inféricur à celui que vous aviez l'intention de faire." Que voulez-vous que fasse à présent Mme Grugefeuille, sinon retourner s'asseoir derrière son bureau pour me signer un bon de commande?

De toutes les façons, j'y aurais trouvé mon compte aussi si Mme Grugefeuille avait situé son entreprise dans la catégorie la plus basse. Vous avez compris comment fonctionne cette technique? Alors, adaptez-la à votre produit et vous gagnerez à tout coup, quel que soit le niveau de prix qu'indiqueront vos prospects à l'intérieur du choix que vous leur proposerez.

Résumons en cinq points les directives que vous devez suivre pour appliquer cette technique:

a) Donnez d'abord à votre interlocuteur un chiffre qui soit supérieur de 20 pour cent au prix de votre produit. ("D'une façon générale... sont prêts à y mettre 12 000 dollars.")
b) Ensuite, donnez-lui un ordre de grandeur qui soit supérieur de 50 à 100 pour cent à votre prix de vente. ("Seuls quelques-uns sont prêts à aller jusqu'à 15 ou 20 000 dollars.")
c) Enfin, donnez-lui le prix de vente réel de votre produit. ("Il y a aussi ceux dont le budget est plafonné ou fixé d'avance... et qui ne peuvent aller au-delà de 10 000 dollars.")
d) Posez-lui alors la question suivante: "Puis-je vous demander où vous semblez vous-même le mieux vous situer (ou bien: où votre compagnie, votre entreprise, votre famille, votre association, semble le mieux se situer) parmi ces différentes catégories d'utilisateurs?"
e) Quelle que soit la catégorie choisie par votre interlocuteur, votre réponse doit être: "Alors, je me réjouis de pouvoir vous faire une excellente surprise: le modèle qui répond à tous vos besoins (ou bien: qui correspond exactement à ce que vous désiriez) ne nécessite qu'un investissement de ______________ seulement..."

La fin de la phrase varie selon la réponse que vous a faite votre acheteur.

- S'il a choisi la catégorie inférieure, vous devez enchaîner de la façon suivante: "...c'est-à-dire précisément celui que vous aviez l'intention de faire."

• S'il a choisi la catégorie intermédiaire, votre phrase doit se terminer ainsi: "...c'est-à-dire très inférieur à celui que vous aviez l'intention de faire."

Quand vous ferez votre prochaine présentation avec l'idée bien arrêtée d'appliquer cette technique, tenez compte du fait qu'elle serait inopérante (et qu'il vous faudrait vous garder soigneusement de l'appliquer) si vous ne possédez pas à fond la liste des prix de votre gamme. Si vous vous lanciez dans l'improvisation et si vous vous embrouilliez dans vos données, c'est toute votre affaire qui serait sabotée. Souvenez-vous de ceci:

Si vous voulez offrir à vos clients le choix entre trois niveaux de prix, apprenez d'abord par coeur les trois ordres de grandeur que vous allez leur proposer.

Il va sans dire que cette technique ne peut être utilisée qu'une seule fois par présentation.

Dans le cas d'une vente à crédit, c'est sur l'investissement mensuel et non sur l'investissement global que doivent être calculés les trois ordres de grandeur proposés. Si c'est là votre type de vente habituel, vous pouvez aisément adapter cette technique de la façon suivante:

"La plupart des gens qui veulent adopter ce service sont prêts à investir 120 dollars par mois pour profiter de ses avantages. Seuls quelques-uns seraient prêts à aller jusqu'à 150-200 dollars. Il y a aussi ceux qui ne peuvent pas dépasser 100 dollars. Puis-je vous demander quelle formule serait pour vous la plus satisfaisante?"

Les acheteurs à crédit, exactement comme les acheteurs au comptant, sautent en général sur la possibilité intermédiaire. Dès qu'il l'ont fait, apportez-leur la bonne nouvelle, qui leur apprendra que pour entrer en possession de ce qu'ils désirent, ils n'auront pas besoin d'investir autant qu'ils avaient l'intention de le faire. À cette étape de la procédure de vente, il m'est souvent arrivé de m'entendre dire par un client: "Que vous dire dans ces conditions, M. Hopkins?"

Alors je lui réponds en souriant: "Je sais. N'est-ce pas agréable quand il est si simple de prendre la bonne décision? Il ne vous reste plus qu'à me donner votre approbation par écrit au bas de cette page."

Euh...: la non-technique du pire

Certains vendeurs redoutent comme la peste le moment où il faudra bien qu'ils en viennent à parler d'argent. C'est alors que le "euh" devient élément de discours:

"Combien cela coûte-t-il?" demande l'utilisateur.

"Bon, ce modèle... euh... ça doit faire environ... voyons... en comptant les taxes, le transport et les frais de mise en service... et oui, c'est inévitable, la mise en service... j'ai bien peur que... euh... cela va aller chercher dans les... bon, peut-être pas tout à fait mais disons... euh... disons à peu près dans les dz-mille. Hum. Environ. C'est ça."

"Combien? Je n'ai pas très bien saisi le chiffre que vous venez de mentionner."

"Douze mille."

"Dollars?"

"Oui, dollars. Douze mille dollars, plus ou moins..."

"Soyez précis. Plus? Ou moins? Parce qu'autant vous dire que si vous voulez que j'achète, mieux vaudrait pour vous que ce soit moins. Beaucoup moins."

"Euh... laissez-moi refaire ce calcul. Je..."

Et pendant que l'infortuné vendeur se replonge frénétiquement dans ses additions et soustractions, l'acheteur, bien calé dans son fauteuil, prépare calmement le coup suivant qui va encore déséquilibrer le malheureux et l'obliger une fois de plus à baisser ses prix.

Euh, c'est la non-technique du pire. Ne l'utilisez jamais en présence d'un acheteur. C'est vous qui devez rester maître de la situation en abordant clairement et sans détours les questions d'argent. La technique qui consiste à proposer à vos clients trois catégories de prix vous aidera à gagner à tout coup. Adoptez-la, adaptez-la, et entraînez-vous à la manier. Si vous possédez à fond vos données chiffrées, vous pouvez vous fier à ce cheval de labour.

Chapitre 13

Comment contrer les objections

Tant que vous n'aurez pas appris à contrer les objections, vous ne serez pas en mesure de déployer pleinement vos capacités. C'est presque de l'affection qu'éprouvent les champions pour chacunes des maudites objections qu'on leur oppose. Car alors ils savent qu'ils ont enfin atteint le Klondike et qu'il va leur falloir creuser dur pour trouver de l'or. C'est quand on ne leur fait aucune objection qu'ils ressentent de l'inquiétude.

Il y a de cela bien des années, j'ai fait pendant un mois le même rêve: je me voyais arriver chez un couple de gens mariés pour vendre mon produit, et ces gens faisaient tout pour me faciliter les choses. Ils tombaient d'accord sur tout ce que je leur disais, ne formulaient pas la moindre contestation, et poussaient même la complaisance jusqu'à remplir eux-mêmes le bon de commande. Tout était expédié en un tournemain, et la vente marchait comme sur des roulettes.

Ce n'était bien sûr qu'un rêve. Et de telles situations ne peuvent naître que dans l'inconscient des vendeurs. Mais ce rêve, j'ai pourtant continué à le faire jusqu'au jour où j'ai réalisé que les objections, loin d'assassiner la vente, peuvent au contraire la faciliter. Si les gens ne contestent rien de ce que vous leur dites, c'est qu'ils ne se sentent pas concernés par ce que vous leur proposez. Et s'ils ne se sentent pas concernés, ils n'achèteront pas non plus. Ils ne chercheront même pas à discuter du prix, pas plus qu'ils ne vous demanderont d'essayer votre produit ou ne se demanderont s'ils éprouvent ou non le besoin de l'acquérir.

Le pouvoir de contrer les objections doit être partie intégrante de vos procédures de vente

J'espère que vous allez mettre bien en lumière le précepte de réussite suivant:

> ***Dans la vente, les objections sont les barreaux de l'échelle du succès.***

Ce sont elles qui décident du sort de ce que vous vendez tandis que vous grimpez à l'échelle. Et si vous voulez atteindre le sommet de l'échelle, le seul moyen est de les empoigner ferme et de les surmonter. À moins que vous n'ayez pas la moindre envie d'arriver au sommet de l'échelle. En quel cas il vous suffit tout simplement de glisser sur ces barreaux que sont les objections. Si vous ne pouvez vous aider d'eux pour grimper, vous ne serez jamais un champion. Mais si vous décidez de surmonter les objections en assimilant la substance de ce livre, vous apprendrez à aimer ces objections, qui ne font que traduire une intention d'achat, et qui vous indiqueront la direction dans laquelle vous devez orienter vos démarches.

Aimer les objections?

"Moi, aimer les objections? vous direz-vous. Alors qu'elles me nouent la gorge?

Si les objections vous mettent mal à l'aise, c'est tout simplement parce que vous ne savez probablement pas très bien ce qu'elles signifient au juste, et que vous n'avez pas appris les rudiments de la contre-offensive.

Car de quoi s'agit-il exactement?

De rien d'autre que de remarques émises par un client éventuel qui veut en savoir davantage. Naturellement, le ton qu'il prend pour les émettre n'est pas celui qu'on prend d'ordinaire pour demander poliment un supplément d'information. Les gens ne vous faciliteront pas les choses à ce point. N'en demandez pas trop. Mais quand ils formulent leurs objections en toute sincérité, c'est généralement sans même se rendre compte qu'en fait ils vous demandent des informations supplémentaires. Cela, il faut que vous le sachiez, et que vous sachiez aussi vous comporter en conséquence.

Il y a deux sortes d'objections, selon qu'elles sont mineures ou majeures. Et je vous invite à toujours garder ceci présent à l'esprit:

Les objections mineures ne sont que des mécanismes de défense.

C'est pour ralentir le processus que les gens recourent à elles. Pas nécessairement parce qu'ils ne veulent pas acheter, mais pour mieux faire mijoter le plat avant de prendre leur décision.

Si vous faites couramment de la vente à domicile, il a dû fréquemment vous arriver de vous trouver dans des situations où l'un des conjoints vous emboîte immédiatement le pas, alors que soudain l'autre s'oppose à vous de plein fouet en formulant une objection. Il arrive même dans les cas semblables que votre premier interlocuteur — celui qui jusque-là vous a suivi sans défaillance — en soit encore plus surpris que vous. Or, celui des conjoints qui vous a contredit ne voulait peut-être que reprendre son souffle en vous suivant, ou s'assurer que vous pouviez répondre clairement à son objection mineure avant que les choses ne soient rendues trop loin.

Bien sûr, les coups d'arrêt qu'on vous porte ne consistent pas tous en des objections que vous êtes capable et que vous vous devez de surmonter. Vous serez souvent confrontés à certains blocages qui rendent toute vente impossible. Le plus commun de ces blocages, quand la vente met en jeu des sommes importantes, se produit bien entendu quand vos interlocuteurs n'ont pas une telle quantité d'argent à dépenser, et qu'ils ne présentent pas les garanties voulues pour contracter un emprunt.

Qu'est-ce qu'un blocage?

C'est une raison valable qu'ont les prospects de ne pouvoir prendre aucun engagement d'achat. Il ne s'agit plus cette fois pour vous d'un obstacle à surmonter, mais d'une situation de fait qui paralyse toute perspective de vente, et de laquelle vous devez vous dégager. Le but d'une bonne sélection, c'est de pouvoir déterminer d'avance si certains blocages rendent la vente impossible. Un champion flaire immédiatement les situations de ce genre. Passé maître dans l'art de sélectionner ses futurs acheteurs, il ne prendra jamais le risque de doucher son enthousiasme en essayant de lever des obstacles inamovibles.

Il arrive pourtant que des vendeurs expérimentés dans les techniques de sélection ne voient se profiler un blocage qu'une fois qu'ils sont en pleine procédure de vente. Que faire alors? Se comporter comme s'il ne s'agissait que d'une simple objection. C'est-à-dire tenter de la réduire à néant. Et si rien n'y fait et que la situation reste gelée, c'est que vous avez affaire à un authentique blocage. Il ne vous reste plus alors qu'à ravaler votre salive et à prendre courtoisement congé de votre hôte qui, vous venez de le découvrir, est dans l'impossibilité d'acheter. C'est à ce stade que beaucoup d'entre nous sommes confrontés à une sérieuse difficulté. En effet, quand nous avons consacré un certain temps à développer notre procédure de vente et à y entraîner notre client possible, nous sommes si émotionnellement plongés dans ce que nous faisons que nous en venons à ne plus savoir faire la différence entre une objection surmontable et une objection qui ne l'est pas. C'est en ceci que la vente est une partie de poker. Les joueurs de poker professionnels savent tout de suite passer la main quand ils ne détiennent pas les bonnes cartes, quelle que soit leur mise. Alors que les amateurs continuent à jouer et à faire monter les enchères, tout en sachant très bien que leur jeu a peu de chances de les faire gagner. Si bien qu'au lieu de sacrifier une petite mise et de passer, ils s'obstinent et perdent encore davantage. "Donnez-nous assez de sérénité pour accepter ce qui ne peut être changé, écrivait Reinhold Niebuhr*, mais assez de courage aussi pour changer ce qui peut l'être, et assez de sagesse pour distinguer l'un de l'autre." Ayez, vous aussi, cette sagesse — et parfois aussi ce courage — de vous retirer allègrement et sans tarder des situations perdues.

Répétons encore ce qu'est une objection: c'est une demande d'informations supplémentaires. Croyez-moi, je ne perdrais certainement pas mon temps à contester des points de détail si je n'avais pas déjà envisagé d'acquérir tel ou tel produit ou service. Et, de ce point de vue, rien ne me distingue de la grande majorité des autres acheteurs. Mais comprenez bien ceci: quand un acheteur éventuel émet des objections, c'est qu'il n'a pas encore bien saisi de quelle façon ce que vous lui offrez va satisfaire ses besoins. C'est à vous d'utiliser la connaissance que vous avez de votre produit (laquelle

---

* Décédé en 1971, le pasteur Reinhold Niebuhr avait été professeur à la Faculté de Théologie protestante de New York. Membre du Parti socialiste américain, il n'avait cessé de souligner, dans son enseignement comme dans ses écrits, l'obligation pour les chrétiens de s'engager activement dans les réalités sociales du monde ouvrier. (N.d.T.)

est supérieure à la sienne) pour le lui démontrer. Soulignez donc d'un gros trait rouge, pour bien la mettre en évidence, la maxime suivante:

> ***Quand un acheteur qui n'a aucune raison plausible de ne pas acheter n'achète pas, je ne peux m'en prendre qu'à moi-même.***

Il est de première importance de comprendre et d'accepter cette maxime. C'est un produit d'excellente qualité que vous proposez, ou bien un service qui sera assuré avec compétence et honnêteté. Quand les gens les auront acquis, ils en retireront des avantages certains. À vous de les en faire profiter en faisant votre métier. Aidez-les à bénéficier de ces avantages que seul vous pouvez leur apporter. Vous rendez-vous compte du nombre de vendeurs qui négligent de faire profiter leurs prospects des avantages qu'ils pourraient retirer de leur acquisition? Vous rendez-vous compte du nombre de ceux qui ne font rien — que ce soit en termes d'entraînement, de préparation ou de rendement — rien de ce qu'ils devraient faire pour permettre à leurs prospects de profiter des bienfaits que pourrait leur procurer la possession de ce qu'ils ont à leur vendre?

J'aime cette profession. Elle a été toute ma vie. Je sais aussi quel rôle de premier plan elle joue pour maintenir notre prospérité nationale et notre mode de vie. Et il m'attriste de constater qu'un grand nombre de vendeurs ternissent notre profession en s'empressant de plier bagage dès qu'ils entendent une objection. Ces guignols ne se rendent même pas compte qu'en se dérobant devant les objections, ce n'est pas seulement devant eux-mêmes et devant leurs familles qu'ils démissionnent, mais encore devant ceux qui les emploient, devant la société et devant l'avenir de leur nation. Quand vos clients sont venus à vous, c'est parce qu'ils ressentaient le besoin de votre produit ou de votre service, à moins que ce ne soit vous qui ayez su déceler ce besoin en allant à eux. S'ils ne satisfont pas ce besoin, c'est eux qui y perdront quelque chose. Et tout le monde y perdra aussi.

Il m'arrive souvent, quand je prends un avion pour me rendre dans une région ou une autre de ce pays, de discuter avec des gens dont les activités n'ont rien à voir avec la vente. Et quand je leur révèle que ma profession consiste à former des vendeurs, ils me regardent comme si je faisais quelque chose de malhonnête. Je me refuse à accepter même l'ombre d'une idée pareille. Nous exerçons la plus honorable des professions qui soit. Vendre, c'est aider les autres à tirer bénéfice et prospérité de ce qu'on leur vend. Pourtant, combien de médiocres se contentent de s'asseoir et d'attendre. Et quand enfin ils sont en présence d'un acheteur providentiel, la moindre brise d'objection les balaie... Si bien que leur prospect s'en retourne sans avoir retiré le moindre bénéfice de la rencontre.

Je souhaite que vous décidiez dès aujourd'hui de ne plus jamais plier bagage et de ne plus vous laisser balayer quand on vous oppose une objection. Jurez-vous que ce jour sera celui où vous aurez pris la résolution de tirer toute la substance de ce livre et de mobiliser toute votre énergie pour l'assimiler et l'adapter à vos propres exigences. C'est une fois que vous l'aurez fait que vous aimerez les objections autant que je les aime moi-même, parce que vous serez vous aussi convaincu jusqu'à la moelle que c'est seulement en les surmontant que vous obtiendrez le oui final que vous attendez. Quand vous entrerez quelque part, ce sera avec l'espoir d'entendre les *non* que vous aviez l'habitude d'entendre prononcer avant de savoir déployer vos talents pour obtenir un *oui*. Vous qui êtes un futur champion, êtes-vous prêt à partager dès à présent cette conviction avec moi?

Deux erreurs à ne pas commettre, une tactique à ne pas omettre

Il y a deux erreurs qu'aucun champion ne commet jamais, et une tactique que tous observent continuellement. Prenez donc bonne note de ces trois préceptes, afin de pouvoir les réviser vite et souvent:

1. Ne discutez jamais

Savez-vous que d'innombrables vendeurs tiennent à tout prix à avoir le dernier mot quand ils discutent avec un client éventuel? Celui-ci émet une objection — ce qui dénote le besoin qu'il a de s'informer davantage — et qu'obtient-il en retour? Une brutale contestation. Le vendeur lui réplique sur un ton irrité, sarcastique, ou par toute autre manifestation d'ébullition verbale qui assassine la vente, afin de prendre le dessus. Il peut se faire d'ailleurs que ce soit le vendeur qui sorte vainqueur de la querelle... et grand vaincu de la vente. Et c'est simple à comprendre, puisqu'après avoir été traité de cette façon, la seule chose qui reste à faire au client pour égaliser le score est d'aller s'approvisionner ailleurs.

2. *Ne contrez pas une objection par une attaque*

Il faut savoir ménager un certain espace entre les objections et la personne qui les émet. Je veux dire par là que vous devez toujours prendre soin de considérer vos futurs clients et leurs objections comme des entités bien distinctes, afin que ce ne soit pas votre interlocuteur que vous touchiez alors que c'est son objection que vous visez. Exercez donc votre sensibilité à ressentir ce que ressent votre interlocuteur quand il vous oppose une objection. Vous ne pourriez la rejeter en affirmant qu'elle est inintelligente et dépourvue de bon sens sans blesser profondément sa susceptibilité. Au contraire, appliquez-vous à lui témoigner de la compréhension pour l'aider à sauver la face, et ne vous obstinez jamais à lui démontrer qu'il a tort. Si vous agressez ses sentiments, ce sont ses émotions négatives qui prendront le dessus. On ne fait pas une vente en sortant victorieux d'une bataille logique au prix d'une défaite dans une bataille émotionnelle.

Ce sont les objections de vos clients qui vous dévoileront leurs préoccupations exactes. Cela dit, elles vous indiqueront aussi ce qui dans votre procédure doit être monté en épingle, ou éliminé, ou modifié si vous voulez qu'ils achètent. Pour me résumer, je dirais volontiers que les objections sont la réaction indispensable qui vous aidera à guider vos clients vers la conclusion de vos ventes.

3. *Amenez votre interlocuteur à démonter lui-même ses objections*

La raison pour laquelle un champion s'arrange toujours pour amener ses clients à répondre eux-mêmes à leurs objections, c'est qu'il sait que ce que les gens disent est pour eux la vérité vraie. Alors qu'à l'inverse le vendeur moyen ne s'imagine même pas qu'une chose pareille soit réalisable, et par conséquent ne la tente jamais. Savez-vous que la plupart des gens répondent d'eux-mêmes à leurs objections si on s'emploie à les y amener en leur laissant un peu de temps pour le faire? Car après tout, ils veulent au fond d'eux-mêmes faire avancer les choses... pour peu que vous les y aidiez et que vous souteniez leurs pas chancelants. Et d'ailleurs, continueraient-ils à discuter avec vous s'ils ne désiraient pas ce que vous avez à leur vendre?

La plupart des acheteurs ne sont même pas conscients d'émettre certaines objections par pure activité réflexe. Quand par exemple une secrétaire vous dit: "On ne reçoit les représentants que le jeudi", ou encore quand un visiteur vous affirme dans un magasin: "Je ne fais que regarder", il ne s'agit de rien d'autre que d'objections réflexes. Des objections qu'il est simple de contrer, comme on va le voir. Celles-là comme les autres.

Comment contrer les objections

1. Prenez le temps d'écouter

Trop de vendeurs bondissent sur une objection sans même laisser le temps à leur interlocuteur de finir de la formuler. À peine celui-ci a-t-il eu le temps d'articuler cinq mots que l'autre est déjà en train de les piétiner, comme si cette saleté allait proliférer si on ne l'écrasait pas sur-le-champ. "Il faut que je lui prouve tout de suite qu'il a tort, sinon il ne m'achètera rien." Telle semble être la réaction de panique de ces vendeurs à la première alarme d'une objection.

Le résultat, c'est que non seulement l'acheteur est irrité qu'on l'interrompe, mais en plus il a l'impression qu'on veut se débarrasser de lui. D'où son malaise. "Qu'est-ce qu'il lui prend de se crisper si vite et si violemment? se demande-t-il. Ça ne me dit rien qui vaille."

Et si c'était à tel point qu'on s'en prenait, alors que lui parlait de tel autre? Cela pourrait peut-être lui donner des idées, non? Voilà le vendeur dans un beau pétrin.

2. Abondez dans le sens de l'objection

C'est une des meilleures technique que je connaisse pour amener vos interlocuteurs à démonter eux-mêmes leurs propres objections. Cette technique est particulièrement efficace avec les couples mariés. Que de fois ne m'est-il pas arrivé d'abonder dans le sens du mari, et de me contenter ensuite d'attendre que ce soit sa femme qui s'en mêle pour conclure l'affaire à ma place.

3. *Demandez à votre interlocuteur d'être plus explicite*

C'est-à-dire d'approfondir ses objections. Demandez-le lui très sérieusement, sans pointe d'ironie, d'impatience ou de mépris. Si vous réussissez à lui faire expliciter ses objections dans le détail, il éprouvera probablement l'envie de les retirer de lui-même. Et s'il ne le fait pas, tant qu'il sera occupés à épuiser ses arguments, vous aurez le temps de réfléchir à la meilleure stratégie qui vous permettra de les contrer.

4. *Répondez à chaque objection*

Vous devez vous dire: "D'accord, mais j'aimerais bien savoir comment m'y prendre." Patience, je vais y venir. Quand vous aurez assimilé ce livre, vous ne serez plus facilement décontenancé et vous ne battrez plus en retraite quand vos prospects vous feront la courtoisie d'une objection. Vous rirez en vous-même et vous irez de l'avant, sachant fort bien comment les surmonter.

Vous est-il arrivé de contempler le plafond dans l'obscurité en songeant aux objections que vos clients vous envoyaient régulièrement dans les dents? On dirait parfois que tous suivent le même entraînement spécial pour apprendre toutes les objections imaginables. Au point que certains vendeurs vont jusqu'à faire des cauchemars sur telle ou telle objection qu'ils sont incapables de contrer. Et cela devient pour eux une telle obsession qu'ils s'attendent à ce que tous leurs clients leur fassent cette fatale objection qui les terrorise.

Et savez-vous ce qui arrive dans un cas semblable? C'est précisément cette objection fatale qu'on leur oppose le plus souvent.

Et c'est compréhensible, car c'est dans leur esprit que rôde cette objection si redoutable chaque fois qu'ils vont à un nouveau rendez-vous, ou qu'ils vont au-devant d'un nouveau client. Ils ne savent pas à quel moment le cataclysme va les frapper, ni même s'il va les frapper, mais ils ne cessent pas de le craindre. Au point que leur tension devient insupportable, et que c'est d'eux-mêmes que, sans s'en rendre compte, ils mettent l'acheteur sur la voie qui va l'amener à formuler la terrible objection qu'ils redoutent tant.

Existe-t-il un seul produit, un seul service, qui n'ait pas ses points faibles? Qui par certains côtés ne peut soutenir toutes les comparaisons?

S'il en existe, je ne les ai encore jamais rencontrés.

C'est en toute certitude que je peux vous affirmer que, tout au long de votre carrière, vous aurez à vendre quelque chose qui comporte des caractéristiques et des faiblesses dont vous aimeriez bien vous passer, et qui vous attireront des obsessions mordantes si vous les laisser vous envahir l'esprit.

Les champions étudient tous les points faibles de ce qu'ils ont à proposer, pour apprendre à mieux rester maîtres de la situation. Pour cela, ils reconnaissent aisément les désavantages qu'entraînent ces points faibles, afin de les mettre aussitôt en balance avec les avantages qu'ils peuvent faire valoir. "Oui, ce plateau de matrice ne permet qu'un angle de réglage horizontal de 40 degrés, mais il permet un angle de réglage vertical supérieur de 50 pour cent à celui de toutes les autres machines de ce type. C'est d'ailleurs pourquoi nos études techniques démontrent que..."

5. *...Et assurez-vous de l'impact de votre réponse*

Ne vous contentez pas de répondre à une objection et de la laisser aussitôt en suspens. Votre acheteur peut ne pas vous avoir très bien compris. Il peut aussi avoir cessé de vous écouter pour penser à autre chose quand vous lui avez donné la réponse. Admettez encore que les gens qui sont sur le point de prendre une décision peuvent ne pas être dans leur état normal. Il faut donc, chaque fois que vous répliquez à une objection par les arguments qui vous semblent les plus convaincants, que vous vous assuriez de l'impact de votre réponse. Faites-le grâce à des questions de ce genre:

- "Les choses sont désormais bien clarifiées, n'est-ce pas?"
- "C'était la réponse que vous recherchiez, non?"
- "À présent que l'obstacle est levé on peut avancer, vous êtes d'accord?"
- "Vous êtes donc d'accord avec moi; nous venons de faire le tour de la question que vous avez soulevée, et trouvé le moyen pour vous de la résoudre, vous ne croyez pas?"
- "Voilà donc qui est réglé, non?"
- "Admettez-vous à présent qu'avec ________________ votre problème est résolu?"

6. *Changez de vitesse et abordez immédiatement l'étape suivante*

Après vous être ainsi assuré que vous avez désarmé l'objection, allez résolument de l'avant.

Pour bien signaler à votre client que la page est tournée et que vous allez passer à l'étape suivante, aidez-vous d'un signe non verbal qui va souligner votre discours. Pour cela, faites un geste approprié, en regardant ou en faisant un pas dans une nouvelle direction, en tournant une page de votre dossier, ou en changeant de position sur votre siège. Peu importe, l'essentiel est que votre mouvement, discret ou bien marqué, soit clairement perçu, et que vous l'accompagniez d'une phrase qui annonce l'étape suivante: "Bien, reprenons là où nous en étions...", "Revenons à nos moutons...", "Pendant que nous y sommes...", "Bon, voyons la suite à présent..."

Résumons les six préceptes à suivre dans l'ordre pour contrer une objection: (1) prenez le temps d'écouter, (2) abondez dans le sens de l'objection, (3) demandez à la personne d'être plus explicite, (4) répondez-lui toujours, (5) assurez-vous de l'impact de votre réponse et (6) passez tout de suite à l'étape suivante avec un geste et une phrase de transition du genre: "Bien, reprenons là où nous en étions..."

Pour contrer les objections, adoptez cette méthode et faites-en votre mode de parade habituel. Assimilez ces préceptes, appliquez-les, et vous verrez qu'ils feront beaucoup plus pour sauvegarder vos énergies que n'importe quel somnifère... et sans prescription. Leurs effets secondaires sont remarquables, et vous dormirez sur vos deux oreilles sans plus vous soucier de ces démons qui hantent les nuits des vendeurs sans envergure: les objections.

Souvenez-vous qu'en vous engageant à assimiler ces préceptes, j'entends par là qu'il vous faudra les adapter à votre personnalité, à ce que vous avez à vendre, à la clientèle de votre secteur et que vous devrez les connaître sur le bout des doigts.

Voilà donc pour la méthode d'intervention. Reste encore à examiner quatre autres techniques qui vous permettront de franchir certains obstacles bien particuliers. Ajoutez-les à votre panoplie de riposte aux objections, en les rédigeant sous forme de questions/réponses adaptées à votre propre situation.

Quatre traitements de choc anti-objections

1. Renversez les rôles

C'est cette technique qu'il convient d'utiliser pour éliminer les effets conflictuels qui peuvent résulter d'une expérience précédente décevante faite par un client qui a déjà acheté quelque chose à votre firme. Vous devez vous y prendre de la façon suivante: supposons que vous représentiez Copyphot, qui commercialise des photocopieurs de haute qualité, et que pour la première fois vous rencontriez un certain Jacques Reinhard, dont le nom vous a été communiqué à votre marché d'échanges du lundi matin. Mais vous êtes à peine entré dans son bureau que les ennuis commencent: "On a déjà eu un Copyphot il y a deux ans, vous dit-il, mais on a dû s'en débarrasser. Trop de perte de temps pour le personnel, qui a des choses plus importantes à faire."

Dans un cas semblable, le vendeur moyen se lance la plupart du temps dans une contre-offensive par laquelle il cherche à démontrer que désormais ses photocopieurs sont aussi rapides que leurs concurrents. Mais il est bien rare que ses dénégations fassent de l'effet, car M. Reinhard lui réplique aussitôt: "D'accord, je veux bien l'admettre. Mais il n'empêche que je ne veux plus voir de Copyphot dans la maison. Merci tout de même de votre visite. Au revoir."

Le champion va au contraire renverser les rôles et s'y prendre de la façon suivante: "M. Reinhard, dites-vous pendant un instant que vous êtes le président de Copyphot et que vous venez de découvrir l'inconvénient que représente pour la clientèle la vitesse insuffisante de nos modèles. Comment allez-vous réagir?"

Si vous lui posez cette question, M. Reinhard ne pourra que vous répondre: "Si j'étais le président de Copyphot? Je m'empresserais de cravacher mon bureau d'études pour résoudre le problème en vitesse!" Ainsi, en le plaçant dans le rôle du président de votre compagnie, il ne pouvait apporter à votre question qu'une réponse satisfaisante pour son ego, vous êtes d'accord?

À présent, il ne vous reste plus qu'à lui dire avec un sourire: "C'est exactement ce qu'a fait le président de Copyphot." M. Reinhard peut-il faire désormais autre chose que d'écouter la suite de votre présentation?

Une des tâches des représentants, surtout s'ils débutent dans un nouvel emploi, consiste à prendre le pouls de leur secteur. Supposons que vous soyez dans ce cas.

Il ne vous faudra guère de temps pour découvrir que votre prédécesseur ne faisait pas de merveilles, ou pour mieux dire qu'il négligeait purement et simplement son secteur, et qu'il ne vous reste plus qu'à recoller les pots cassés.

Et tandis que vous rétablissez le contact avec la clientèle, vous vous trouvez en présence d'une foule de mécontents qui, pour la plupart, sont passés à la concurrence. Si bien que lorsque vous vous présentez à eux pour leur déclarer qu'à présent ce sera vous qui vous mettrez à leur service pour représenter votre firme, vous vous entendez répliquer:

"Écoutez, nous ne faisons plus affaire avec votre compagnie. Votre prédécesseur était un vrai désastre. Un tas de promesses qu'il était incapable de tenir... sans même se donner la peine de nous rappeler pour nous avertir. Pour moi, une entreprise qui met sur la route un type de ce genre est à rayer de nos listes."

Faites alors un sourire et dites simplement: "Monsieur, je vous demande d'excuser tout ce qui a pu se produire dans le passé, avant que je n'entre chez Normatec."

"Je n'ai personnellement rien contre vous, mais une expérience suffit."

"Je le comprends parfaitement. Mais je vous demande pendant un instant d'inverser les rôles et de vous mettre à la place du président de Normatec. Que feriez-vous si on vous apprenait un beau jour qu'un de vos représentants se comporte avec la clientèle comme on s'est comporté avec vous?"

"La porte."

Souriez encore et approuvez: "C'est ce qu'on a fait... voilà d'ailleurs la raison pour laquelle je suis ici."

Mais qu'en est-il si au contraire votre prédécesseur est devenu votre chef de réseau, votre supérieur hiérarchique, ou a été nommé à un poste de responsabilité dans votre entreprise?

Souriez toujours et dites simplement: "Si vous étiez président de Normatec et qu'un beau jour vous découvrez qu'un de vos représentants n'est pas très doué pour suivre de près les clients les plus importants, mais que par ailleurs il est parfaitement capable de prendre d'autres responsabilités essentielles pour vous, quelle décision allez-vous prendre?"

En vous exprimant ainsi, vous dictez pratiquement à votre interlocuteur sa réponse, non?

Aussi vous répliquera-t-il à peu près de cette façon: "Évidemment... s'il est aussi capable que vous le dites d'occuper un autre poste de responsabilité, je crois que j'utiliserais ses compétences... tout en gardant un oeil sur lui."

Mais quelle que soit la façon dont votre interlocuteur formule les choses pour vous dire qu'il aurait lui aussi recyclé dans son entreprise le représentant en question, répondez-lui: "C'est ce qu'on a fait." Sans vous expliquer davantage. Coupez court à la discussion sur les désastres passés, et lancez-vous immédiatement dans la présentation des innovations attrayantes que votre compagnie peut offrir.

2. *Amenez vos prospects à reconsidérer leurs critères de décision*

Posez-leur des questions qui mettent l'accent sur les avantages majeurs du produit ou du service que vous avez à proposer, et qui minimisent les objections mineures qu'on peut lui faire.

Prenons pour exemple la vente immobilière: vous avez montré à vos visiteurs tous les recoins de la maison témoin. Vous les raccompagnez dans le hall quand soudain le mari vous fait vertement remarquer que la dernière des trois chambres que vous venez de leur faire visiter est trop petite à son goût.

Votre réponse doit vous aider à découvrir s'il s'agit là d'une simple objection ou d'un blocage: "La troisième chambre est évidemment un peu petite si vous pensiez en faire une chambre d'amis. Autrement dit, c'est comme si vous n'aviez pas de chambre d'amis. C'est ce que vous pensez, n'est-ce pas?"

"C'est-à-dire... pas exactement. Mais je la trouve vraiment petite."

Si à ce moment-là sa femme n'intervient pas pour démonter l'objection à votre place, essayez de modifier ses bases d'appréciation de la façon suivante: "Dites-moi, M. Bjornstad — et vous verrez que ma question est importante puisque c'est votre réponse qui va décider si oui ou non vous allez prendre cette affaire en considération — sur quelles bases fondez-vous vos critères de décision? Sur le confort et l'espace de la maison dans son ensemble, ou sur les quelques mètres carrés de plus que pourrait avoir la chambre d'amis?"

Bien entendu, c'est le critère confort/espace global qu'il choisira dans la grande majorité des cas. Dans le cas contraire, mieux vaut alors pour vous ne pas insister et l'orienter vers une autre maison qu'il a plus de chances d'acheter.

Autre exemple: vous êtes en compagnie d'une cliente éventuelle qui examine votre proposition d'assurance-maladie. "Ce qui m'intéresse avant tout, M. Hopkins, vous dit-elle, c'est d'avoir une assurance qui rembourse directement les honoraires du médecin et les frais d'hospitalisation, ce qui évite toute espèce de contestation."*

Très bien, mais il se trouve justement que votre compagnie n'offre pas à ses clients ce genre de facilités. Demandez alors cordialement à votre interlocutrice: "Sur quoi fondez-vous vos critères de décision, Mme Keller? Sur le mode de remboursement, ou sur l'étendue des risques couverts pour vous comme pour votre famille?"

"Sur l'étendue de la couverture", vous répondra-t-elle.

Ce qui vous permettra d'éliminer son objection et d'enchaîner: "Alors, discutons d'abord de cette couverture qui vous intéresse vous et votre famille."

3. *Cernez leur véritable problème*

Un couple entre dans le magasin et tombe en arrêt devant un de vos systèmes stéréo. Ils se renseignent auprès de vous, et vous leur faites une démonstration qui vous apprend au moins deux choses: c'est que vous avez affaire à M. et Mme Tastegrain et que votre appareil leur plaît. Vous faites alors quelques tentatives pour conclure la vente, mais sans succès. M. et Mme Tastegrain finissent par vous dire: "Merci de tous ces renseignements. Nous allons y réfléchir et nous reviendrons un peu plus tard.

Que signifie exactement "Nous reviendrons un peu plus tard", dans un cas semblable?

Ceci: "À présent que j'ai trouvé ce que je voulais, je vais aller faire un tour ailleurs pour voir si je ne peux pas le payer moins cher."

---

* Cette situation ne peut se produire ni au Québec — où l'Assurance-Maladie paie directement le médecin et l'hôpital — ni dans les pays d'Europe francophones, où différents systèmes existent, mais où le malade doit presque toujours avancer le prix des visites médicales, et parfois celui des traitements hospitaliers avant d'être remboursé par sa caisse d'assurance, nationale ou privée. (N.d.T.)

Souvenez-vous de la règle: amenez toujours vos prospects à répondre eux-mêmes à leurs propres objections.

"On va réfléchir et on reviendra vous voir."

"Excellente décision, M. Tastegrain. Mais me permettez-vous de vous poser une question ou deux? Avez-vous remarqué la qualité de son de ce modèle?"

"Bien entendu."

"C'est un appareil de cette dimension que vous cherchez?"

"Oui, à peu près de cette dimension."

"Je crois aussi vous avoir entendu dire que vous préférez des boutons de réglage simples. Pas quelque chose qui soit trop compliqué. Dans le genre de ce modèle par exemple, non?"

J'énumère ainsi tous les détails de l'appareil qui lui plaisent, tout en lui faisant toucher du doigt au passage — sans insister — quelques avantages: service après vente garanti, livraison et installation gratuites, possibilité d'un crédit de longue durée, bref: tout ce qui peut être mis en avant. Vous pouvez parfois, mais rarement, toucher ainsi une corde sensible grâce à l'un des avantages que vous aurez énumérés. Sinon, et dans la plupart des cas, vous serez au moins en mesure de cerner enfin l'objection finale qui, neuf fois sur dix, tient à une question d'argent. Une fois que vous aurez amené vos prospects à vous dire que s'ils n'achètent pas dès à présent, c'est pour une question d'argent, vous aurez bien délimité leur problème. Des techniques déjà exposées au chapitre 12, et d'autres qui seront exposées au chapitre 15, vous diront comment vous y prendre pour résoudre ce problème.

4. Récapitulez leur propre histoire

Cette technique est surtout efficace quand un produit ou un service — matières premières, pièces détachées, fournitures, composants, services d'entretien, de réparation — est acheté à répétition et sur une longue durée par un client, généralement un industriel, qui en fait une importante consommation. Le renouvellement des commandes est donc devenu pour lui une question d'habitude, étant donné qu'il est toujours plus simple de s'approvisionner avec régularité auprès du même fournisseur d'un même produit que d'en changer au risque de se compliquer la vie. Mais bien des représentants ont tendance à perdre un peu le contact avec ces clients fidèles, et à donner davantage d'importance aux nouveaux acheteurs qu'aux anciens, même s'il en coûte toujours davantage de se consacrer à un client de fraîche date qu'à une vieille connaissance. C'est ce qui explique que tant de représentants-fournisseurs, un peu trop satisfaits des succès acquis, se mettent peu à peu à négliger ceux qui leur ont permis de les acquérir. Alors ils cessent graduellement de pourvoir leurs clients les plus fidèles en idées neuves, et laissent se distendre les liens personnels pourtant solides qui les unissent à eux. Le fossé commence à se creuser entre ce qu'ils leur fournissent par routine et ce qui se fait de mieux. En d'autres termes, le représentant cesse aussi d'aider ses clients à adopter les dernières innovations techniques, de sorte que celui-ci devient moins compétitif et perd de l'argent. Plus le fossé se creuse, plus les chances sont grandes pour qu'un concurrent s'en aperçoive, et se trouve là au bon moment pour le combler en soufflant l'affaire.

Si vous avez vous aussi des clients durables et fidèles, entretenez donc avec eux des relations personnelles étroites, tenez-les scrupuleusement au courant des nouveautés mises au point par votre compagnie, et servez-les au mieux de leurs intérêts. Et si vous avez affaire à un nouvel acheteur que vous essayez de gagner sur vos concurrents, voilà un bon moyen d'en venir à vos fins si vous le sentez réticent à changer de fournisseur.

Supposons que vous vendiez des espaces publicitaires. Des spots sur une station FM du nom de CQFD, pour être plus précis. Supposons aussi que les Savons Grozeuil, un des principaux annonceurs, passe tous ses messages sur CDEF, la station concurrente. Vous avez donc pris rendez-vous avec Jeanne Lamothe, chef de publicité des Savons Grozeuil. (Elle fait la promotion de plusieurs produits fabriqués par Grozeuil, mais vous n'avez pas besoin de lui demander sur lequel portent pour l'instant ses efforts publicitaires, étant donné que vous écoutez CDEF et que vous le savez.)

"Êtes-vous satisfaite de CDEF, Mme Lamothe?"

"Totalement. Ils font pour nous un excellent travail."

Elle cherche bien entendu à vous décourager, afin de pouvoir plus facilement se débarrasser de vous. Mais vous avez une stratégie bien définie et vous accentuez la pression.

"Depuis combien de temps travaillez-vous avec CDEF, Mme Lamothe?"

"Environ trois ans."

"Et avant, vous faisiez aussi de la publicité à la radio?"

"Grozeuil a commencé à en faire sur CABC vers la fin des années soixante, si j'ai bonne mémoire."

"Puis-je vous demander encore depuis combien de temps vous êtes responsable de la publicité des Savons Grozeuil, Mme Lamothe?"

"Depuis cinq ans."

"Alors, je ne me trompe probablement pas en affirmant que votre passage de CABC à CDEF a dû vous donner bien du tracas."

"En effet."

"Je suppose aussi que si vous avez poussé les Savons Grozeuil à faire ce changement, c'était après pas mal de recherches et d'analyses préliminaires, non?"

"Un travail énorme. On a fait une étude de marché qui tenait compte des possibilités que nous offraient une dizaine de stations de radio. C'est cette étude qui nous a convaincus que c'était avec CDEF que nous pouvions toucher le plus grand nombre d'acheteurs éventuels."

"En faisant cette étude de marché il y a trois ans, c'est l'accroissement du potentiel des ventes qui vous préoccupait, n'est-ce pas?"

"Naturellement."

"Et les résultats obtenus ont comblé vos attentes?"

"Totalement. Nous sommes très satisfaits."

"Dites-moi, Mme Lamothe, puisque c'est en étudiant les possibilités d'un changement, et en changeant effectivement de station que vous avez augmenté vos ventes il y a trois ans, pourquoi vous priveriez-vous de la possibilité d'une nouvelle expérience? Votre étude de marché s'est révélée fructueuse pour les Savons Grozeuil, et vous a valu en même temps un grand prestige professionnel. Et ce que vous avez réussi une fois, vous êtes probablement tout à fait capable de le réussir une seconde fois, vous ne le pensez pas?"

"Je dois admettre que c'est peut-être possible."

"Merveilleux. Accordez-moi un petit moment pour explorer avec vous cette possibilité..."

Mme Lamothe vient de vous accorder la liberté de lui faire une présentation complète. Le changement qu'elle a préconisé il y a trois ans a été un succès, et elle tient à conserver son prestige auprès de la direction des Savons Grozeuil. Elle a donc à présent de nouvelles raisons de prendre en considération un nouveau changement de station, et de penser à la vôtre: CQFD.

N'est-ce pas là une technique superbe? Tout consiste pour vous à l'adapter à ce que vous avez à offrir, et à élaborer un certain nombre de variations qui vous permettront de la formuler de façon parfaitement naturelle. Quels que soient les propos qu'on pourra vous tenir. Et au lieu de revenir bredouille et de dire à votre patron: "Grozeuil est parfaitement satisfait de CDEF et ne veut même pas entendre parler de nous," vous lui livrerez le colis tout ficelé. Apprenez le canevas de cette technique, préparez par écrit vos approches, et passez concrètement à la pratique. Et la prochaine fois qu'on vous dira: "Nous sommes parfaitement satisfaits de ce que nous utilisons pour l'instant", vous vous direz en vous-même: "Possible, mais je vous garantis qu'en moins d'une heure je vais vous fournir de bonnes raisons de reconsidérer les choses et de penser à moi."

C'est l'affaire du champion de comprendre qu'il représente le produit ou le service le plus perfectionné, et donc de s'assurer que quiconque peut en bénéficier le possède. Après avoir obtenu de Mme Lamothe et des Savons Grozeuil qu'ils quittent CDEF pour CQFD, après avoir accompli consciencieusement votre travail de service après vente, tout le monde sera ravi d'avoir franchi le pas. Et grâce à vous. Ce qui ne se serait jamais produit si vous n'aviez pas assimilé, puis adapté à vos besoins, les quatre traitements de choc anti-objections: renverser les rôles, amener vos prospects à reconsidérer leurs critères de décision, cerner leur véritable problème et récapituler leur propre histoire. Alors, apprenez, adaptez et mettez en pratique ces techniques, et vous serez en passe de devenir le numéro un de votre réseau de vente. Qu'en dites-vous?

Chapitre 14
Conclure une vente, une douce victoire

C'est le score gagnant, la balle au filet, le point décisif gagné de justesse, celui qui vaut d'avoir joué toute la partie. Je vous ai jusqu'ici fourni je ne sais combien de techniques pour faire votre prospection directe ainsi que votre prospection par recommandation, et pour organiser vos rencontres. Toutes sont également importantes. Mais si vous ne savez pas conclure vos ventes, vous êtes comme l'équipe de football incapable de suivre une percée jusqu'au bout pour franchir la ligne de défense d'en face. Pas la peine de jouer toute la partie sur son propre terrain sans pouvoir finir par marquer le but.

Entrez vous aussi dans le monde enchanté où se savoure le plaisir de conclure ses ventes. Il ne vous séduit pas encore? Le coup de foudre ne saurait tarder, car c'est là que se trouve le magot. Ne vous y trompez pas, c'est bien là, et pas ailleurs que se trouve l'argent. Quand vous aurez appris à vous servir de toutes les tactiques qui vous permettront de conclure vos ventes, vous serez enchanté des résultats, et grâce à vous beaucoup plus de gens bénéficieront des avantages de votre produit ou de votre service.

Un champion réussit presque toujours à conclure ses ventes. Tout au long de ses procédures de vente, il "tâte le terrain" grâce à différentes tentatives de conclusion, plutôt que de se lancer immédiatement dans la percée finale dès l'instant où il flaire le doux parfum de la victoire. Bien des vendeurs se laissent tellement emporter par leur argumentaire que si le client se décide à acheter avant qu'ils soient allés jusqu'au bout de leurs arguments, ils sont incapables de s'arrêter avant d'avoir tout dit. Or, certains acheteurs se laissent vite convaincre. Si on continue imperturbablement à parler au lieu de les amener tout de suite à boucler la vente, on risque rien moins que de perdre cette vente. Après tout, ils n'achèteront qu'une fois dans une même journée; ne tentez donc pas de leur vendre deux fois. J'ai connu des cas semblables, où des vendeurs étaient si accaparés par leur vente qu'ils ne pouvaient s'arrêter de parler alors que l'acheteur leur faisait clairement comprendre qu'il était mûr. Sachez refréner votre envie de tout dire. Ne soyez pas celui qui s'obstine à labourer au temps de la moisson. J'ai vu des vendeurs littéralement grincer des dents, comme pour signifier à leurs prospects: "Je n'ai pas encore fini, mais je vous jure mes grands dieux que vous allez m'écouter jusqu'au bout avant que je prenne la commande."

Un surcroît de paroles ne peut entraîner qu'un surcroît d'objections. Dès que vos prospects sont prêts à vous quitter avec leur acquisition sous le bras, sachez vous taire pour remplir le bon de commande.

Je vais vous fournir un peu plus loin trois tests et, au chapitre suivant, douze techniques pour conclure une vente. Pour l'instant, énumérons ici quelques-unes des astuces bien particulières qui permettent d'atteindre ce but.

1. Ayez toujours sous la main votre outillage de règlement

Soyez prêt à conclure une vente en tout temps et en tout lieu. Vous avez tous entendu parler de ventes qui se sont faites sur un terrain de golf. Les affaires peuvent aussi bien se traiter sur un court de tennis, dans une station thermale, à bord d'un bateau, que sur une piste de jogging. Partout, en somme, où les gens se distraient, travaillent, font de l'exercice ou se détendent. Oui, une quantité d'affaires se traitent en dehors des bureaux et des magasins... des affaires qui pour la plupart tombent à l'eau. Pourquoi? Parce que le vendeur qui a obtenu un oui de son interlocuteur devant un verre de bière va mettre la moitié de la semaine à réunir ensuite son client et le matériel dont il a besoin pour conclure cette vente. Et encore, s'il y parvient, lui faudra-t-il tout recommencer à zéro. Car cette fois les facteurs émotionnels seront contre lui.

Quand j'écris: "Ayez toujours sous la main tout ce qu'il faut pour conclure la vente" je ne veux pas dire que vous devez être prêt à le sortir de votre poche au trou numéro neuf. Traiter ses affaires sur un parcours de golf ou dans un restaurant exige un minimum de discrétion. Les gens détestent en général que leur plat refroidisse parce que vous leur aurez poussé près de leur assiette les papiers que vous voulez leur faire signer. Si c'est au cours d'activités sociales ou mondaines que vous voulez faire vos ventes, il ne vous sera pas toujours facile de trouver le bon moment pour agir. Mais si vous le trouvez, autant l'exploiter à fond. C'est pourquoi vous devez toujours avoir, dans votre serviette, une copie de chacun des documents qui vous servent à conclure une vente; dans votre serviette, ou dans votre armoire au club de golf si vous jouez au golf, ou dans votre sac de voyage si vous vous déplacez, ou dans le coffre de votre voiture... sans oublier le tiroir de votre bureau. Bref, dans tous les lieux que vous fréquentez régulièrement, ménagez-vous un coin dans lequel vous pourrez cacher vos formulaires et vos documents.

2. Quand faut-il présenter le bon de commande?

Réfléchissez bien à la façon dont vous allez présenter ces formules et ces documents, ainsi qu'au moment où vous allez le faire. Si, par exemple, vous vous lancez dans votre présentation complète, si ensuite vous enchaînez sur votre séquence finale, et si enfin vous plongez la main dans votre serviette pour en ressortir un carnet de commandes ou un contrat, le prospect qui vous regarde va pincer la bouche et se raidir. Et pendant que vous déplierez vos papiers, il se demandera de quelle façon il va bien pouvoir s'en tirer. Étant donné que vous aurez besoin d'avoir vos documents sous la main quand le moment sera venu pour vous de les remplir, mais étant donné aussi que si vous les exhibez à un moment critique de votre présentation vous risquez de détériorer le climat, n'attendez pas pour les sortir. Faites-le bien avant d'en avoir besoin. Cela ne veut pas dire qu'il vous faut les brandir comme des étendards en claironnant: "Vous avez vu? C'est mon carnet de commandes!" D'ailleurs, ce n'est pas de votre carnet au complet dont vous avez besoin. Une seule feuille de commande vous suffira, pourvu que vous l'ayez à portée de la main dans votre dossier de présentation.

3. Vos formules et vos documents doivent être impeccables

Servez-vous de formulaires neufs et irréprochables. Pas de ceux sur lesquels le chien s'est fait les crocs. Si vous présentez une feuille de commande qui ressemble au bavoir de bébé après sa bouillie, votre acheteur se dira que vous n'avez probablement pas fait une vente depuis six mois... et se gardera bien de contrarier une si belle trajectoire.

4. Faites vos calculs avec élégance

De nos jours, c'est d'un calculateur que se servent les champions pour faire leur arithmétique de vente. Pas d'un crayon. Tout simplement parce que les acheteurs croient à l'infaillibilité des calculateurs, et savent qu'ils ne peuvent fournir que des résultats exacts. Si vous avez l'habitude de crayonner vos chiffres devant vos clients, il est temps d'adopter une méthode plus élégante. Certes, le chicot de crayon qu'on se décroche de l'oreille a quelque chose de plus pittoresque et de plus humain, mais il risque aussi d'amener vos clients à se dire que vous n'êtes pas à l'abri vous non plus d'une erreur très humaine.

5. Sachez tirer parti des lettres de satisfaction qu'on vous a envoyées

Nous avons vu plus haut quelle importance peuvent prendre ces lettres. Ce sont de puissants facteurs de motivation pour ceux de vos prospects qui en prennent connaissance. Surtout si elles ont été écrites par des personnes de leur connaissance ou par des gens de leur voisinage auprès desquels ils peuvent aisément faire une vérification.

Si un client ravi de vos services vous a envoyé une lettre de ce genre, vous pouvez transformer cette lettre en un outil plus puissant encore. Je veux parler d'une entrevue enregistrée que vous pourrez faire écouter à vos prospects aux moments stratégiques. Les magnétophones à cassettes ont fait de nos jours tant de progrès qu'il est plus facile de fabriquer un programme sur bande que de se préparer une tasse de café. Un appareil portatif coûte moins cher qu'un plein de réservoir à la station-service et vous fera faire bien plus de chemin. Grâce au lecteur de cassettes, on peut lire un livre en se brossant les dents, en allant à un rendez-vous, ou en faisant mille autres choses qui n'exigent pas toute notre attention. Le magnétophone à cassettes compte parmi les rares inventions de ce siècle qui aient vraiment démultiplié la somme de temps utile dont nous pouvons user. Le véritable champion ne se sépare jamais de son appareil à cassettes. Grâce à celui-ci, il repasse ses connaissances professionnelles, écoute des programmes qui le stimulent, fortifient son optimisme et augmentent l'efficacité de ses méthodes de vente; l'appareil à cassettes lui permet aussi d'assimiler de nouveaux concepts et de nouvelles techniques. Moi-même, chaque matin en me levant, je commence par écouter un programme sur cassette qui me met dans d'agréables dispositions d'esprit avant de commencer la journée. Et quand je suis au volant de ma voiture, je me sers d'un petit écouteur pour continuer de me pénétrer de nouvelles connaissances. Pourquoi perdre son temps à n'écouter que de la musique? Garnissez votre esprit de ce pouvoir qu'est la connaissance, et vous serez abondamment payé en retour*.

Munissez-vous donc d'un magnétophone à cassettes pour enrichir vos connaissances, mais aussi pour vous doter d'une arme dont l'effet sera dévastateur: le témoignage enregistré de la satisfaction de vos clients.

Supposons que vous vendiez des assurances-vie et qu'un de vos plus gros clients soit un certain M. Lécorce-Duval, un propriétaire d'entreprise bien connu dans votre région pour ses activités sociales, et que l'opinion publique tient en haute estime.

Vous entretenez avec lui d'excellentes relations, et il s'est fait un plaisir de vous envoyer une lettre par laquelle il vous déclare sa satisfaction d'avoir contracté par votre intermédiaire une assurance-vie pour chacun des cadres de son entreprise. Profitez donc de cette situation favorable pour aller discuter avec les bénéficiaires de cette assurance, et enregistrez vos conversations. Commencez vos enregistrements en présentant sur la bande vos interlocuteurs, puis questionnez-les afin de recueillir leurs impres-

---

* Pour les lecteurs bilingues qui désireraient acquérir le programme complet de pratique de la vente enregistré sur cassettes ou bandes vidéo, et en langue anglaise, par Tom Hopkins et commercialisé sous le titre *How to Master the Art of Selling Anything*, écrire à:

TOM HOPKINS CHAMPIONS UNLIMITED
P.O. Box 1969
Scottsdale, Arizona 85252
U.S.A.
(602) 949-0786

sions sur cette assurance dont les a fait bénéficier leur patron, laquelle contient une clause qui couvre aussi les membres de leurs familles. Une fois que vous serez en possession de ces témoignages, prenez rendez-vous avec M. Lécorce-Duval et faites-lui part de la satisfaction générale que ses collaborateurs vous ont manifestée.

"Il est évident qu'en contractant ces assurances en leur faveur, et de votre propre initiative, vous avez su créer dans votre entreprise une ambiance de travail extraordinaire, M. Lécorce-Duval, et vous attirer aussi la sympathie de tous les bénéficiaires. À votre avis, ce climat de travail peut-il avoir des répercussions sur les profits de votre entreprise?"

"Je pense que les résultats parlent d'eux-mêmes. Bien entendu, les profits d'une entreprise dépendent d'un grand nombre de facteurs, mais il règne sans aucun doute ici un excellent climat de travail, et je l'attribue essentiellement à la sécurité que donne à mon personnel clé votre programme d'assurance-vie."

"Me feriez-vous une faveur, M. Lécorce-Duval? Vous savez comme moi que la plupart des entreprises ne songent pas toujours à tirer comme vous parti des avantages d'une assurance en faveur de leurs cadres, et qu'il reste beaucoup à faire dans ce domaine. J'aimerais donc que vous répondiez à quelques questions et que vous me donniez votre avis personnel sur le type d'assurance que vous avez contracté par mon intermédiaire, et aussi sur les avantages que vous en retirez pour votre entreprise. Et si vous n'y voyez pas d'inconvénient non plus, j'aimerais également enregistrer vos réponses sur cassette. Mais avant de vous demander de me faire cette faveur, je voudrais vous apporter certaines garanties..."

Les garanties dont il s'agit consistent évidemment à lui promettre la discrétion, et vous les lui apporterez en lui tenant à peu près le langage suivant:

"...D'abord, il va de soi que cet enregistrement restera exclusivement en ma possession et ne sera pas reproduit. Ensuite, je ne le ferai écouter qu'à des chefs d'entreprises qui ont une importance du même ordre de grandeur que la vôtre. Je m'y engage formellement."

Une fois que vous aurez obtenu son accord, mettez votre appareil en marche, posez des questions à M. Lécorce-Duval, et laissez-le parler.

Ainsi placé dans la position d'un personnage dont on vient solliciter les déclarations, il vous tiendra le discours que vous attendez de lui. Si votre appareil est équipé d'un arrêt sur enregistrement, cela vous permettra d'éliminer de la bande les temps morts et les interruptions. Et si votre interlocuteur ne s'engage pas dans la bonne direction, vous pourrez toujours interrompre votre enregistrement et lui dire: "Splendide! Absolument splendide! Reprenons à présent les choses sous un autre angle." Ne cessez pas de l'encourager, en adoptant un ton léger et désinvolte. Si vous le mettez ainsi dans le bain, vous serez surpris de la consistance de l'entrevue qu'il vous aura accordée.

Un détail, mais qui est essentiel: terminez votre entrevue par une conclusion de poids, en affirmant par exemple: "Après ce que vous venez de me dire sur le service que j'ai rendu à votre entreprise, M. Lécorce-Duval, je vais me sentir dans l'obligation de me surpasser en continuant à vous apporter tous mes soins... comme je le ferai d'ailleurs avec le reste de ma clientèle. Et je m'en réjouis, car c'est de cette façon que je conçois le travail. Merci, M. Lécorce-Duval. Merci de m'avoir accordé un peu de votre temps."

Ce qui vous stimulera le plus par la suite, c'est l'effet boule de neige que va provoquer votre cassette. Quand vous serez en présence d'un homologue de M. Lécorce-Duval et qu'il sera réticent à prendre une décision, vous pourrez lui dire: "Vous connaissez M. Lécorce-Duval, n'est-ce pas? Sa situation est très comparable à la vôtre, et si vous me le permettez, je vais vous faire écouter ce qu'il m'a déclaré à propos de la solution que je lui ai suggérée."

Vous lui ferez alors entendre votre cassette, et vous laisserez M. Lécorce-Duval lui expliquer lui-même combien il est satisfait de ce que vous avez fait pour lui, et combien il en a retiré d'avantages et de profits.

Et que fera votre acheteur une fois que vous en aurez fait, lui aussi, un heureux bénéficiaire de votre service?

À son tour il voudra vous exprimer sa satisfaction sur une cassette, ne serait-ce que pour satisfaire son ego. Et il voudra aussi que sa bande soit encore meilleure que celle de M. Lécorce-Duval, si bien qu'il prendra très à coeur l'enregistrement et s'y reprendra autant de fois qu'il le faudra pour qu'il soit parfait. L'effet boule de neige. Et quand vous en serez au quatrième client de ce genre, vous disposerez d'une variété de témoignages d'excellente qualité qui ne manqueront pas de faire une forte impression.

Certains vendeurs se refusent à l'idée de recourir à cette technique par pure crainte de devoir demander la collaboration du client... sans même se rendre compte que certains de leurs clients seraient ravis de s'y prêter. Mais si vous n'avez jamais utilisé de magnétophone à cassettes, n'enregistrez pas un client le jour même où vous en achetez un. Familiarisez-vous d'abord avec votre appareil, par exemple en enregistrant vos amis. Commencez par découvrir à quel point il est simple de s'en servir, et quelle excellente qualité d'enregistrement cela permet. Ensuite, formulez par écrit les questions clés que vous allez poser pour attaquer votre entrevue. Ne bousculez pas trop vos interlocuteurs, et vous verrez que dans la majorité des cas ils seront ravis de coopérer avec un fournisseur fidèle et attentif à les bien servir.

Les questions-tests

Ce sont des questions d'un genre spécial, dont le but est de susciter de la part des prospects des réponses qui indiquent que leur intérêt atteint un haut niveau d'intensité, qu'ils sont enchantés, alléchés, et qu'ils sont prêts à aller plus loin. C'est donc dans l'attente d'une réponse qui va vous apporter un stimulus positif que vous poserez ces questions. En voici trois exemples:

1. Le test de la proposition alternative

"Quelle date de livraison vous conviendrait le mieux, M. Degrandpré, le premier ou le quinze?"

Si M. Degrandpré vous répond: "J'en aurais besoin dans mon magasin le premier du mois", que cela signifie-t-il, sinon qu'il a déjà virtuellement acheté? Poussez plus avant l'étape finale et l'affaire est faite.

2. Le test de l'erreur voulue

Tout au long de ses présentations, le champion reste à l'écoute de tout ce qui, dans les propos que tiennent ses clients éventuels, peut être réutilisé plus tard sous forme d'une question comprenant une erreur volontaire. Vous êtes par exemple chez M. et Mme Courtin, à qui vous voulez vendre des meubles. Pendant votre démonstration, Mme Courtin fait à son mari la réflexion suivante: "Chéri, tu sais que c'est le dix que ta mère arrive. Si quelque chose nous plaît, il faudrait nous le faire livrer avant."

Bien des vendeurs ne prêteraient pas attention à une réflexion de ce genre, ou n'y verraient qu'une simple interruption de leur démonstration. Mais le champion, lui, la relève et l'enregistre aussitôt.

C'est plus tard qu'il la réutilisera en s'adressant à Mme Courtin avec un beau sourire: "Si je ne me trompe, c'est ce style qui vous plaît le plus, non? Et vous avez bien dit que votre belle-mère arrivait le six?"

"Non, pas le six, le dix."

"Donc le huit août vous conviendrait parfaitement pour une livraison?"

"Oui."

"Permettez-moi de le prendre en note." Ce que vous faites sur un bon de commande.

Ce test, qui utilise une erreur sciemment commise par le vendeur, peut aussi bien jouer sur la couleur, la taille, que sur la plupart des autres caractéristiques d'un produit. Si en effet Mme Courtin avait fait remarquer à son mari que c'était la teinte ébène qui se mariait le mieux avec les panneaux de noyer, vous auriez pu par la suite réutiliser sa remarque de la façon suivante: "Si j'ai bien compris vos préférences, Mme Courtin, c'est la couleur bronze qui s'harmoniserait le mieux avec vos panneaux de noyer?"

"Non, pas le bronze, l'ébène."

"Permettez-moi de le noter." Et vous l'auriez noté dans votre carnet de commandes. Car si vous faites ainsi une erreur volontaire, que votre interlocuteur la corrige, et que vous preniez note devant eux de leur correction, l'affaire est pratiquement conclue.

Plutôt sympathique, non? Et tout simple.

3. Le test porc-épic

Cette technique, vous en avez déjà pris connaissance dans un chapitre précédent. C'est une technique extraordinaire.

Un prospect vous demande: "Vos standards comportent-ils un système multiplex indépendant?"

Vous devez lui répondre: "C'est ce que vous désirez? Un système multiplex qui soit indépendant du standard?"

S'il vous répond par l'affirmative, c'est vendu.

Revenons à l'automobile. Mme Lamuge examine les couleurs de vos voitures dans votre salle d'exposition. Soudain elle s'immobilise devant un de vos modèles et le désigne du doigt: "C'est une quatre places qui m'intéresse. Vous faites aussi vos quatre places dans la même teinte de bleu que celle-ci?"

Ce genre de situation se reproduit des milliers de fois par jour. Si le responsable de la salle d'exposition n'est pas un vendeur accompli, il répondra: "Si nous n'avons pas en magasin le quatre places en bleu Houle, je vais téléphoner et m'arranger pour vous en fournir une rapidement." Que va-t-il se passer ensuite?...

Tandis que vous, vous allez répondre: "C'est bien en bleu Houle que vous la désirez, Mme Lamuge?"

Que va-t-elle vous répondre, Mme Lamuge, puisqu'elle vous a déjà dit que sa quatre places c'était de cette couleur qu'elle la voulait?

Elle va donc vous redire oui, et vous la lui vendrez clés en main.

Le moment critique

Quel est le moment le plus périlleux de toute cette procédure qui mène à la conclusion de la vente?

C'est quand vous vous taisez pour vous livrer à vos calculs ou pour prendre des notes, et que votre silence plonge votre futur acheteur dans l'angoisse. Tandis que vous vous concentrez sur ce que vous faites, il n'y a plus que la crainte pour lui occuper l'esprit. C'est pourquoi le champion connaît tellement bien son dossier qu'il peut le consulter presque instantanément, tout en continuant à parler par intermittence à ses clients, afin que leur intérêt ne se relâche pas. C'est donc pratiquement par réflexe que vous devez pouvoir vous reporter à vos données routinières de présentation, si vous voulez que celles-ci ne monopolisent pas toute votre attention.

La plupart des vendeurs débutants perdent leurs deux ou trois premières ventes pour une seule et unique raison: c'est qu'ils n'ont pas encore assez de savoir-faire et de pratique pour remplir suffisamment vite le bon de commande ou la formule d'approbation. Je parle très sérieusement. Et cela, je l'ai appris à une époque où je dirigeais un réseau de vente. Si bien que dès que j'engageais un nouveau vendeur, je lui demandais de passer tout un après-midi à remplir des bons de commande fictifs, de sorte qu'ensuite il ne le faisait plus que machinalement, sans avoir besoin de se concentrer au risque de laisser l'acheteur prendre racine dans son coin.

Le test-suicide

Quand vous adaptez la substance de ce livre à votre produit ou à votre service, conservez toujours le même ton. Un exemple va me permettre de me faire mieux comprendre. Ce test est basé sur une question porc-épic utilisée comme une proposition alternative. Voyons d'abord comment s'y prendrait le maître ès ventes pour conclure une vente grâce à ce test:

Prospect: Vous l'avez en bleu?
Champion: C'est en bleu que vous le désirez?
Prospect: Oui.
Champion: Permettez-moi d'en prendre note. (Il consigne l'information sur le bon de commande.)

Voyons à présent comment s'y prendrait M. Batudavance pour adapter ce test à son produit:

Prospect: Vous l'avez en bleu?
M. Batudavance: L'achèterez-vous si je vous l'obtiens en bleu?
Prospect: Non... euh... je ne pense pas. C'est-à-dire que... oh! mais je ne m'étais pas rendu compte qu'il était si tard! Laissez-moi une de vos brochures, je vous rappellerai quand je serai un peu moins bousculé. Merci tout de même de votre visite.

Ainsi adapté, ce test aura sur la vente de M. Batudavance le même effet que le pic du démolisseur sur un mur de briques. La question *"L'achèterez-vous si je vous l'obtiens en bleu?"* ne peut appeler qu'une réponse négative et stoppe net l'élan d'une démarche qui s'annonçait positive. Le résultat de cette question-test, qui est en soi un véritable suicide, ne se fait pas attendre, et M. Batudavance se retrouve dans la rue en moins de temps qu'il n'en faut pour le dire.

Passez immédiatement aux tentatives majeures de règlement

Dès que vos questions-tests donnent des résultats positifs, passez insensiblement et sans attendre à l'étape finale. Une fois qu'ils se sont décidés, la plupart des gens veulent régler l'affaire tout de suite. Si vous continuez à les questionner et à leur offrir d'autres possibilités alors qu'ils ont déjà arrêté leur choix sur un article bien précis, vous jouez avec la dynamite. Ne vous y risquez pas, sinon bien des ventes pourtant assurées vous éclateront au visage.

Et d'abord, que signifie exactement conclure une vente?

Une multitude de gens qui sont dans cette profession (mais pas nécessairement pour longtemps) n'ont pas la moindre idée de ce que veut dire conclure une vente. Bien plus nombreux encore sont ceux qui sur ce sujet ont des idées passablement confuses, au point d'appeler règlement ce qui n'est chez eux qu'accès d'impatience. Mais dans tous les cas les uns et les autres ne connaissent guère que deux façons de régler une affaire. La première revient à peu près à ceci:

"Qu'est-ce que vous en pensez?"

Et si cette fantastique source énergétique ne communique pas au prospect la fièvre d'acheter, ils attendent le moment propice pour sortir leur dernier atout:

"Alors, je vous en mets un sur le bon de commande?"

À présent, c'est à vous que je pose la question: est-ce cela, conclure une vente? Autant claquer tout de suite la porte derrière soi, non?

Prenons donc tout le temps qu'il faut pour examiner en quoi consiste cette technique qui vous permet réellement de conclure une vente. Le premier principe que vous devez constamment garder présent à l'esprit si vous ambitionnez sincèrement d'exercer pleinement vos capacités est le suivant:

La conclusion d'une vente est le processus grâce auquel on aide des gens à prendre des décisions qui leur sont profitables.

Si vous ne fondez pas vos démarches sur l'absolue conviction que pour conclure une vente, celle-ci doit être profitable à vos clients, vous bâtissez sur du sable. Tôt ou tard — et plus volontiers tôt que tard — tout ce que vous aurez construit s'écroulera comme un château de cartes si vous ne vous débarrassez pas de vos oeillères.

Bien entendu, la faculté de savoir régler énergiquement une affaire sera pour vous et pour les vôtres un avantage considérable, ne serait-ce que par les revenus élevés que cela vous procurera.

Autre avantage encore, et d'égale importance: les vendeurs qui ont la réputation de savoir conclure leurs ventes sont partout recherchés. Si vous possédez à fond les techniques adéquates, vous n'aurez jamais besoin de les utiliser pour amener vos clients à acquérir ce qui ne leur convient pas, étant donné que vous saurez toujours leur faire la proposition qui les satisfera. Ce savoir-faire que vous posséderez vous contraindra à ne proposer aux autres que ce qui leur est profitable, et vous dispensera d'avoir à vous commettre comme un colporteur au service d'employeurs qui ne commercialisent que du vent.

*Noblesse oblige**. Être champion, c'est être noble au vrai sens du terme. Quand on s'élève au-dessus du commun, on se doit aussi d'avoir une éthique plus haute. Faute de quoi, la réussite vous corrompt et vous dépossède de toute satisfaction profonde.

Il existe pourtant des vendeurs de grand talent qui poussent délibérément les gens à prendre des décisions inadéquates. Les plus retors d'entre eux — et ce sont bien sûr les plus aptes à manipuler leurs clients et à leur faire prendre des décisions désastreuses — ne sont rien moins que des escrocs que l'on devrait emprisonner. Ce sont des individus qui vendraient n'importe quoi à n'importe qui, sans plus se soucier de ce qu'il en adviendra. Ce sont tout simplement des criminels qu'on ne retrouve, hélas, que bien rarement derrière les barreaux. Un vrai champion, un vrai vendeur digne de ce nom, ne peut en aucun cas se comporter comme une crapule, pour la simple raison qu'il exige de la vie beaucoup plus que de l'argent. Il en exige la satisfaction de pouvoir se dire qu'il représente, dans l'univers, une force positive, et qu'il ne saurait vendre à ses clients ce qu'il sait ne pas être avantageux pour eux.

Dans ce monde qui est le nôtre, bien des gens sont persuadés que pour avancer plus vite il ne faut tenir aucun compte des autres. Le malheur est qu'on trouve aussi de ces gens-là dans notre profession, et que cela ne contribue guère à en relever la réputation. Mais à quelque chose malheur est bon, puisque par effet de contraste ce sont ces requins qui mettent mieux en lumière l'honorabilité des autres. C'est le soin qu'on prend du bien-être d'une clientèle qui rehausse l'estime de soi. En est-on payé de retour?

J'en ai la conviction. La fondation qui soutient tout l'édifice d'une réussite durable, c'est la loyauté. C'est sur elle que reposent aussi la foi et la confiance que les autres ont en vous.

---

* En français dans le texte. (N.d.T.)

Conclure une vente, c'est désarmer l'indécision

Il n'est pas toujours simple de désarmer l'indécision d'un acheteur, même dans le cas où l'acte d'acheter ne peut lui rapporter que des avantages. Et pourtant, si vous n'êtes pas capable de l'amener à envisager et à prendre une décision positive, tout le monde y perd. Votre famille y perd, l'entreprise qui vous emploie y perd, l'économie nationale y perd. Mais le grand perdant de l'histoire, c'est encore le client, puisqu'il ne peut retirer aucun avantage de cette affaire que vous avez été incapable de conclure.

Si vous ne savez pas amener vos prospects à envisager et à prendre cette décision avantageuse mieux vaut pour vous changer de métier. À moins que vous ne préfériez faire partie, pendant toute votre vie, de cette catégorie de vendeurs qui n'accourent que quand on claque des doigts pour leur passer une commande... et vous contenter aussi de ce qu'ils gagnent. Si vous voulez avoir les revenus d'un véritable professionnel de la vente, prenez donc dès aujourd'hui l'engagement d'apprendre à faire naître chez vos clients des décisions avantageuses pour eux, et à les amener à traduire ces décisions en actes.

Exception faite des emplettes de routine qu'ils doivent faire tous les jours, la plupart des gens ont besoin, pour se décider à investir une certaine somme d'argent, qu'on les y aide. Et si tant de gens ont besoin qu'on les aide à prendre de bonnes décisions, c'est généralement parce qu'ils craignent d'en prendre de mauvaises. C'est l'indécision qui exerce le plus de ravages, au point parfois de rendre fou, et de saper l'énergie de la plupart d'entre nous. La qualité numéro un de l'être humain, c'est, selon moi, l'aptitude à décider. Chez tous les gens remarquables que j'ai connus, j'ai découvert aussi une autre qualité: celle de savoir qu'ils n'avaient pas toujours raison de prendre certaines décisions, mais de savoir aussi que pour prospérer il suffit seulement d'avoir parfois raison, et de ne jamais s'obstiner quand on découvre qu'on a tort.

C'est l'insécurité qui nous pousse à la procrastination, autrement dit à remettre au lendemain ce que nous devrions faire aujourd'hui même, et c'est la procrastination qui nous conduit à l'indécision. Elle peut même devenir un véritable art de vivre. Mais un art de vivre au passé, qui ignore le présent et compromet l'avenir. Quand vous aurez fini de lire ce chapitre, vous futur champion, j'espère que vous serez persuadé comme moi de ceci:

On n'achète que ce qu'on possède déjà en imagination.

C'est seulement avant de posséder que vos futurs acheteurs connaissent cette indécision, cette insécurité, cette procrastination qui sont à la racine de tous leurs maux. C'est la raison pour laquelle les champions savent désarmer l'indécision et placer les gens dans les mêmes dispositions d'esprit que s'ils possédaient déjà.

Faites taire vos préférences

Beaucoup de vendeurs sont incapables de faire taire leurs goûts personnels, ne veulent vendre que ce qui leur plaît, et uniquement à qui leur plaît. Si bien qu'au bout du compte ils n'empochent qu'une fraction de ce que devraient être leurs revenus. Ne vous laissez donc aller à vos préférences personnelles qu'en dehors de vos activités professionnelles. Pendant vos heures de travail, vendez avec enthousiasme ce qui plaît à vos clients, pas ce qui vous plaît à vous. Et occupez-vous avec un égal enthousiasme de tous ceux qu'une bonne sélection rend susceptibles d'acquérir votre produit ou votre service. Je ne vous engage pas par là à vous occuper des gens pervers et malhonnêtes. Je veux simplement dire ceci: si vous voulez pleinement déployer vos capacités, il vous faut élargir la zone d'échanges dans laquelle vous vous sentez à l'aise, afin de pouvoir aussi aider des gens qui, par leur histoire ou leur mode de vie, sont profondément différents de vous. Si vous restreignez vos horizons, c'est vous qui y perdrez. Pas vos prospects. Ils trouveront d'autres vendeurs qui sauront combler leurs attentes et traiter l'affaire à votre place.

Le point de vue de l'autre

Je fus invité il y a quelques années à un banquet d'agents immobiliers et, avant de me donner la parole, l'animateur de la rencontre nous présenta en ces termes un des convives: "Notre hôte a gagné l'année passée le double du revenu national moyen des vendeurs d'habitations individuelles..."

Tout, dans l'attitude de l'animateur, laissait à entendre que c'était là une performance unique. Ce résultat ne frappa pas outre mesure les autres convives. Pourtant, chacun tendit le cou pour considérer avec perplexité le personnage dont il était question.

"...J'ajouterai qu'il est totalement aveugle", continua l'animateur. Il y eut une salve d'applaudissements. Quand le silence fut rétabli, l'orateur se tourna vers celui qu'il venait de nous présenter: "Je suis persuadé, dit-il, que chacun se demande ici comment vous pouvez bien vous y prendre pour appartenir à la catégorie du tiers des vendeurs en immobilier qui réussissent le mieux, malgré votre... handicap."

"Un instant", intervint l'aveugle dans son micro individuel. "Je n'ai aucun handicap. J'ai même un certain avantage sur tous ceux qui sont présents dans cette salle. C'est de ne pas voir ce que je vends. C'est donc à travers les yeux de mes acheteurs que je conclus mes ventes. Mais ce que moi je fais par nécessité, vous tous qui voyez clair pourriez le faire aussi. Vous n'en serviriez que mieux vos clients et n'en gagneriez que davantage d'argent."

Il y eut un moment de silence absolu, chacun réfléchissant à ce qu'il venait d'entendre. Et spontanément de nouveaux applaudissements crépitèrent pour saluer cet homme courageux qui non seulement exerçait son métier sans tenir compte de son infirmité, mais encore nous donnait à tous un conseil d'une grande sagesse.

Ce qui compte en fait, c'est de savoir considérer les avantages, les caractéristiques et les limites d'un produit avec le regard de ses acheteurs éventuels. C'est de savoir jauger toutes ces données selon leur propre échelle d'appréciation. Pas selon la nôtre. Ce qui compte, c'est que toute vente soit conclue en fonction des bénéfices qui sont importants du point de vue de ceux qui vont acheter.

En présence de vos acheteurs, vous devez donc laisser voir que ce sont leurs besoins — pas les vôtres — que vous allez satisfaire. Ce qui doit émaner de vous, une fois que vous disposez d'assez d'informations pour savoir ce qui réellement motive vos prospects, c'est la certitude que vous avez le pouvoir de combler leurs attentes. Si vous donnez l'impression de douter de vos capacités de satisfaire leurs désirs, quel besoin auraient-ils de s'en remettre à vous? Les acheteurs ont instinctivement besoin de se sentir en confiance avant même de rationaliser la décision qu'ils veulent réellement prendre.

La dernière fois que vous avez acheté une voiture, vous a-t-elle coûté plus cher que vous ne l'aviez d'abord décidé? Si c'est d'une voiture neuve qu'il s'agit, êtes-vous entré dans la salle d'exposition avec l'intention bien arrêtée de n'acheter aucun accessoire supplémentaire... et en êtes-vous ressorti avec en main un contrat comportant certains accessoires en option? Oui? Alors, c'est que vous êtes tombé sur un vendeur qui connaissait son métier, et qui a su vous aider à rationaliser la décision que déjà vous aviez prise en votre for intérieur.

Et quand à présent vous appuyez sur un bouton pour reculer votre siège, quand vous ajustez de l'intérieur l'angle de votre rétroviseur latéral, quand vous vous laissez submerger par une musique stéréo ou que vous vous détendez grâce à l'air climatisé alors que l'extérieur est une fournaise, n'éprouvez-vous pas de plaisir à le faire? Si, bien sûr. Et il y a longtemps que vous avez oublié la petite somme supplémentaire que votre plaisir additionne à votre investissement mensuel.

Quand faut-il conclure une vente?

Une certaine tension, une certaine surcharge électrique de l'air ambiant, doivent vous indiquer que vos acheteurs sont mûrs. C'est alors qu'il faut s'engager dans l'étape finale, c'est-à-dire:

- quand ils marquent le pas alors que jusqu'ici ils vous ont suivi à votre allure;
- quand au contraire ils forcent l'allure;
- quand d'un seul coup ils se mettent à vous assaillir de questions alors que jusque-là ils se sont contentés de vous écouter sans presque vous interrompre;
- quand ils vous envoient un stimulus positif en temps voulu. Je m'explique. À peine sont-ils entrés que certains clients se mettent à vous questionner sur les délais de livraison ou sur l'investissement de départ sans même avoir pris le temps d'arrêter leur choix sur un des articles que vous avez en magasin. En s'y prenant ainsi, cela ne les engage à rien, étant donné que vous ne pouvez chercher à conclure une vente qui porterait sur tout le stock de la boutique. Ils ne vous envoient donc aucun stimulus. Mais si, au contraire, ils vous posent ces mêmes questions et que vous savez exactement ce qu'ils recherchent, il s'agit alors d'un stimulus positif qui vous vient en temps voulu. Ce serait le cas, par exemple, si on vous demandait des précisions sur une garantie, ou sur la possibilité de résilier la commande de certains accessoires non de série. Dès que vous captez un stimulus de ce genre, posez une question-test;
- quand leurs réponses à vos questions-tests sont positives.

Où faut-il conclure une vente?

Si vous sentez que vos clients sont mûrs, ne vous souciez plus du décorum. Où que vous soyez, concluez tout de suite la vente. Vous pensez qu'il vaudrait mieux leur faire monter l'escalier, ou les remorquer vers votre bureau à l'étage au-dessous? Surtout pas. Souvenez-vous bien de ce qui suit et ajoutez-le à votre crédo:

Je dois me tenir prêt à conclure une vente en tout temps et en tout lieu.

Quantité de ventes se font sur un capot de voiture, dans un restaurant, sur le bureau ou sur la table de cuisine de l'acheteur, dans une salle d'exposition et en d'innombrables lieux qui n'ont jamais été conçus pour qu'on y traite des affaires. Beaucoup de gens en effet éprouvent un réel plaisir à faire sur-le-champ ce qu'ils ont décidé de faire. Ils sont soulagés de sentir que la tension se relâche, et de n'avoir plus qu'à penser à ce qui désormais va leur appartenir. Ne gâchez donc pas cet instant à vos acheteurs — et ne risquez pas non plus de refroidir leur joie d'acheter — en insistant pour vous prélasser dans votre fauteuil favori avant de remplir le protocole d'accord.

Mais restez à l'écoute de leurs réactions. Car il existe aussi des gens qui ne peuvent se faire à l'idée d'apposer leur signature sur un document écrit sans d'abord reprendre leur souffle. Si vous les bousculez pour qu'ils le fassent, ils se raidiront en se disant que votre précipitation doit certainement cacher quelque chose d'inavouable. Concluez donc vos ventes là où les acheteurs ont envie de le faire, et non dans le lieu qui vous semble le mieux s'y prêter.

Anatomie du règlement d'une vente

C'est par la dissection que nous comprendrons mieux comment s'articulent entre elles les différentes facettes de l'étape finale d'une vente.

1. Sachez interpréter les désirs et les besoins de vos clients

Pour cela il vous faut:

(a) **Les sélectionner avec soin,** c'est-à-dire déterminer leurs attentes émotionnelles et leurs disponibilités financières;

(b) **Bien comprendre leurs motivations.** Si, par exemple, un acheteur vous déclare: "J'ai horreur de cet article", essayez de savoir pourquoi. Ne vous contentez pas de lui dire: "Confidence pour confidence, je ne l'aime pas tellement moi non plus", et de continuer comme si de rien n'était. Si vous découvrez ce qui déplaît à l'acheteur dans l'article en question, vous aurez compris du même coup ce qui l'attire et ce qui le repousse.

2. Sachez identifier les signes révélateurs du désir d'acheter

C'est parfois à l'aide de signes, et non à l'aide d'un discours explicite, que se manifeste l'envie d'acheter. Les champions sont constamment attentifs à deux types de signes:

(a) **Les signes oraux.** Brusquement les clients se mettent à poser davantage de questions. Tantôt ils veulent en savoir plus long sur des données techniques, tantôt ils demandent quelle conduite ils devraient tenir dans telle ou telle circonstance s'ils étaient propriétaires de ce que vous leur offrez. Parfois aussi ils émettent des sons plaisants et parfaitement significatifs.

(b) **Les signes visuels.** Un sourire peut être très révélateur du désir d'acheter. Ou bien c'est l'oeil qui s'illumine et pétille. Si c'est à un couple marié que vous avez affaire, les deux conjoints peuvent brusquement se témoigner l'un l'autre plus d'affection et plus d'égards à partir du moment où ils ont trouvé la maison de leurs rêves, ou bien la voiture, l'appareil, la police d'assurance — peu importe — qui leur convient. Si cet échange se répète, c'est pour vous un signe important. Et si on vous demande: "Pourriez-vous reprendre ce que vous venez de dire?" soyez assuré que votre vente est pratiquement faite.

3. Prenez la décision à leur place

Décidez que le mieux à faire pour vos prospects est d'acheter. Acheminez-les vers cette décision en leur faisant valoir les traits ou les caractéristiques qui pour eux ont le plus d'importance. Ce qui vous séduit personnellement le plus dans ce que vous leur offrez ne doit pas entrer en ligne de compte. La seule chose que vous devez considérer, c'est ce qui à leurs yeux est primordial.

4. Concluez votre vente comme si la chose allait de soi

Vous venez de poser les questions qu'il fallait et d'acheminer vos clients vers la décision finale. À présent, mettez-vous à remplir le bon de commande de façon tout à fait naturelle, comme si la chose allait de soi. Vous constaterez avec surprise que la plupart du temps il n'en faut pas plus pour conclure une vente. Si on ne vous interrompt pas, considérez que l'affaire est faite. Si votre tactique est au point et votre procédure bien minutée, on ne vous interrompra pas.

5. Ne changez surtout pas d'attitude

Quand vous concluez une vente, exprimez-vous avec conviction, et servez-vous d'un vocabulaire qui ait un certain éclat. Mais ne modifiez surtout ni votre ton, ni votre comportement, ni votre débit quand vous abordez cette dernière étape. Veillez-y attentivement. Bien des vendeurs, qui pourtant s'y prennent remarquablement pour amener leurs prospects au point de maturation, changent soudain du tout au tout quand ils arrivent à l'étape du règlement. Et le discours persuasif, compréhensif auquel ils avaient habitué leurs interlocuteurs se transforme sans transition en attitude tendue.

Le pire, c'est que chaque fois que ce revirement brutal conduit un client à se raidir et à repartir sans rien avoir acheté, chaque fois le vendeur en question risque de retomber dans la même erreur à la prochaine occasion. Souvenez-vous bien de ceci:

> ***Si vous manifestez de la tension, ou si vous changez d'attitude au moment où vous abordez l'étape finale, vos clients s'en rendront compte et sortiront les crocs. Votre procédure de règlement doit être si bien rodée que vous devez être capable de vous en servir avec une vivacité parfaitement naturelle.***

6. Marquez des pauses stratégiques

La stratégie des champions est on ne peut plus simple: quand ils veulent qu'on les écoute attentivement, ils marquent un temps de pause et regardent leur interlocuteur droit dans les yeux jusqu'à ce qu'ils aient capté son attention.

La carte maîtresse

Cette carte, je vais vous la révéler sous la forme de deux phrases brèves qui comptent parmi les plus lourdes de sens qui aient jamais été articulées à propos de cet art si complexe, si exigeant, et si fastueusement payé qu'est celui de conclure une vente. Alors de grâce, ces phrases, incrustez-les dans votre esprit et ne les oubliez jamais. Si vous en êtes arrivé à cette étape de mon livre sans avoir souligné la moindre maxime, qu'au moins cette fois-ci vous preniez votre plus gros feutre pour encadrer ce qui suit:

> ***Chaque fois que vous venez de poser une question-test, taisez-vous. Le premier qui parle a perdu.***

Les deux mots les plus importants, ce sont *taisez-vous*. Aussi J. Douglas Edwards les hurlait-il pendant ses conférences. La première fois que je l'entendis les prononcer, j'étais assis au premier rang de la salle où il avait organisé son séminaire, surexcité d'être là, surexcité aussi par mes nuits d'insomnie laborieuse et par les litres de café que j'avais bu pour tenir. Et quand j'entendis Doug tonitruer TAISEZ-VOUS, je fis un bond sur mon siège pour m'abriter du tonnerre, et mes feuilles de notes voltigèrent alentour. Cet instant reste gravé dans ma mémoire... et aussi ces deux phrases qui devaient faire prendre à ce désastre qu'avait été jusque-là ma carrière de vendeur — et lui faire prendre à elles seules — un tournant décisif et l'acheminer bientôt vers le réconfort de la réussite.

Posez votre question-test... et ensuite taisez-vous. Cela semble pourtant tout simple. Mais croyez-moi, c'est loin de l'être. Je le sais d'autant mieux qu'à cette époque je n'arrivais pas à conclure mes ventes. Et le pire, c'est que je n'avais pas la moindre idée de ce qui était inadéquat dans ma façon de procéder... jusqu'au jour où j'entendis J. Douglas Edwards prononcer ces deux mots fabuleux.

Plus tard, quand pour la première fois je gardai le silence après avoir posé une question-test, j'avais parfaitement prévu la réaction de mon interlocuteur — il était accompagné de sa femme — et je m'attendais à ce qu'il se taise lui aussi. Mais ce que je n'avais pas prévu en revanche, c'est l'effet que produirait sur moi mon propre silence: l'impression d'être enseveli sous une tonne de sable mouillé. J. Douglas Edwards avait beau nous avoir prévenus que nous devions nous attendre à ressentir de façon écrasante le poids de ce silence, je ne m'étais pas attendu à en être à ce point affecté. Et pourtant... Et pourtant, cette première fois je demeurai assis là, le coeur battant à tout rompre, à me mordre la lèvre jusqu'au sang. Ce fut finalement le mari qui rompit le silence. Et ils achetèrent. Mais je n'ai jamais transpiré à ce point pour endurer l'horrible silence qui suit une question-test.

Pourquoi est-il si important de se taire? De garder le silence absolu? Parce que si vous prononcez le moindre mot, vous libérez d'un coup la pression qui doit contraindre votre interlocuteur à parler le premier, à répondre positivement à votre question, et à prendre fermement un engagement d'achat. Si en effet vous posez votre question au moment où il est à peu près mûr, vous le mettez clairement en demeure soit d'aller de l'avant, soit de vous avouer que jusque-là vous vous êtes évertué à donner des coups d'épée dans l'eau.

Voyons à présent comment les choses se passent dans la pratique. Supposons que vous soyez en présence d'une certaine Margot Lagrive, qui est acheteuse pour le compte d'une moyenne entreprise, et que vous la sentiez mûre pour la décision finale. "Mme Lagrive, lui dites-vous, qu'est-ce qui vous conviendrait le mieux, une livraison le premier, ou une livraison le quinze du mois prochain?"

Après avoir posé une question de ce genre, le vendeur moyennement habile est en général incapable de patienter plus de dix secondes. Et si alors Mme Lagrive ne lui a toujours pas répondu, c'est lui qui reprend la parole: "Bien, nous verrons ça plus tard." Et il enchaîne sans même se rendre compte que sa tentative de règlement vient de tomber à l'eau.

Et avec elle toutes ses tentatives ultérieures, si tant est qu'il en fasse d'autres. Impossible à présent d'obtenir de Mme Lagrive une décision finale, étant donné qu'elle sait à présent comment se dérober. Elle sait qu'il lui suffit de garder son calme et d'observer le silence pour que le vendeur ne puisse plus tenir et craque. Tous les acheteurs qui n'ont pas encore pris leur décision risquent de se comporter comme Mme Lagrive dans un cas semblable. Aussi, si vous avez l'étoffe d'un champion, devez-vous être capable de garder la bouche fermée tout un après-midi s'il le faut. Mais il est bien rare que vous ayez à tenir plus de trente secondes. Encore faut-il s'y entraîner, et cela exige de la concentration. Souvenez-vous que si vous dites quoi que ce soit, ou même si vous faites le moindre geste, vous allez soulager la tension et laisser échapper toutes vos chances de régler cette affaire.

Avoir assez de savoir-faire, de courage, de concentration pour demeurer silencieux pendant une demi-minute, tout est là. C'est le tour de main le plus vital de l'art de la vente. Et, bien qu'il soit on ne peut plus simple de s'y entraîner, très peu sont capables d'y réussir. Ce n'est pas le genre d'entraînement auquel on peut se soumettre en conduisant sa voiture en ville. Il faut pour cela recréer une situation imaginaire de vente, s'asseoir, seul, dans un endroit qui pourrait être celui où vous auriez à conclure une vente, et là, vous concentrer suffisamment pour ne pas faire un geste, ne pas dire un mot pendant trente secondes. Si vous le faites sérieusement, vos nerfs ne seront plus mis à si rude épreuve quand l'immobilisme et le silence que vous saurez conserver dans des situations de vente réelles vous vaudront des masses d'argent.

Vous portez un habit de lumière

J'ai vu un jour une corrida à la télévision et, au bout d'environ trois minutes de spectacle, je me suis mis à établir des parallèles entre la tauromachie, ramenée à ses principaux épisodes, et l'art de la vente. Entrez donc avec moi dans l'arène, où des milliers de gens vous attendent pour vous voir évoluer... tout comme ceux de votre entourage attendent de voir évoluer votre carrière vers la réussite.

D'abord, une clameur ébranle le public au moment où, sur le sable, surgit une tonne de viande sur pied — le taureau. C'est le client qui vient d'entrer dans l'arène.

Alors le matador apparaît à son tour dans son habit de lumière, et soudain le silence retombe... c'est vous qui arrivez pour faire votre présentation.

Qui, pour l'instant, a l'avantage?

Le taureau fait le poids d'une bonne douzaine de matadors. Il a pour lui la violence animale et des cornes acérées. Le toréador, lui, n'est armé que d'une cape légère et d'un grand courage. N'est-ce pas ce qui se passe dans la vente, où le client détient le pouvoir absolu d'acheter ou de ne pas acheter, alors que vous n'avez pour vous que votre technique et votre détermination?

De la même façon qu'il est impossible au matador d'attaquer de front le taureau, il vous est impossible d'attaquer de front ce pouvoir absolu: c'est en face qu'est toute la force. Tout comme le matador, c'est à vous de vous surpasser en adresse si vous voulez surmonter les chances qui vous sont contraires chaque fois que vous mettez le pied sur le sable brûlant de cette arène qu'est la vente.

À présent le matador commence à se servir de sa cape pour amener le taureau là où il veut l'amener en lui imposant sa volonté. C'est ce que je vous préconise de faire avec vos prospects. Amenez-les par vos questions là où vous voulez les amener, afin d'établir sur eux votre ascendant moral et de leur faire sentir que vous connaissez à fond ce que vous leur proposez.

Et si votre client gronde, piaffe et vous charge, allez-vous vous précipiter tête baissée à sa rencontre? Non, sauf si vous avez décidé de repartir sur une civière. Oh, bien sûr, si vous abandonniez le combat, vos blessures ne seraient guère visibles, et c'est sur vos deux pieds que vous repartiriez. Mais vous seriez blessé quand même. Dans votre portefeuille, dans votre confiance en vous et dans votre orgueil.

Ce n'est donc pas en faisant front que vous allez attendre la charge. Comme le matador, vous allez faire un pas de côté pour le laisser passer, en percevant son souffle et en restant attentif à éviter ses cornes. Et, comme le matador, vous allez le travailler à la cape et vous rapprocher progressivement de lui en lui posant toujours plus de questions pour l'amener là où vous aurez décidé de l'amener.

Je veux en savoir plus, vous dira-t-il. C'est *moi* qui veux en savoir plus, vous direz-vous en vous-même. Alors vous ferez alterner questions et réponses, vous vous servirez de votre cape avec une technique et une habileté consommées. Et peu à peu, grâce à une procédure bien préméditée, vous établirez votre ascendant sur cet antagoniste plus puissant que vous.

Pour recueillir l'admiration du public et finir la corrida en beauté, le torero doit se pencher à un moment bien précis au-dessus des cornes du taureau et enfoncer d'un seul coup la pointe de son épée dans un emplacement à peine plus grand qu'un timbre-poste. C'est là une bonne description de ce qu'est en fait la façon adroite de régler une vente importante et serrée. Dans l'art de la tauromachie comme dans celui de la vente, c'est au moment de la conclusion que le danger est le plus grand, et l'estocade du matador au-dessus des cornes d'un taureau de combat est très comparable à cette dernière étape. Dans les deux cas, c'est tout ou rien. Les seules choses qui comptent, ce sont l'expérience, la technique et le courage.

Je repense souvent à la façon dont j'ai découvert la plupart des techniques exposées dans ce livre. Le premier jour où, assis sur mon siège, je participai à ce séminaire de J. Douglas Edwards, j'opposai une sérieuse résistance à ce qu'il nous disait. Je crois même que je dépensai plus d'énergie à résister qu'à essayer d'apprendre. Et soudain, j'eus par la suite la révélation du bénéfice que je pourrais tirer plus tard des techniques qu'il nous enseignait. Une sorte de brève vision de mon futur. Dans les minutes qui suivirent, un mélange d'émotion violente et de lucidité me firent prendre la décision de me libérer de mes craintes et de donner le meilleur de moi-même. Cinq jours plus tard, quand le séminaire prit fin, je repartis le coeur plein d'assurance, l'âme déterminée, et pendant deux mois environ je mis en application tout ce dont je pouvais me souvenir, de mémoire ou bien en révisant mes notes. Avant de participer à ce séminaire, je gagnais tout juste de quoi faire le plein de mon réservoir. Depuis, je commençais enfin à joindre les deux bouts. C'était déjà un progrès fantastique. Mais mon ambition n'était pas de me contenter de surnager. J'entendais voler beaucoup plus haut.

Un soir, je pris tout le temps voulu pour revoir à tête reposée, mot à mot, tout ce que Doug nous avait enseigné pendant son séminaire. Ce fut pour moi une étonnante révélation. Je n'arrivais pas à comprendre comment j'avais bien pu planer à ce point au-dessus du sujet, et n'en avoir prélevé au passage que si peu de substance. Ni comment j'avais bien pu m'y prendre pour oublier tant de choses en soixante jours. Ce fut seulement ce soir-là que je pris pleinement conscience d'avoir totalement sous-estimé l'aide que pouvait m'apporter l'enseignement de Doug. Certes, j'avais retenu quelques astuces de vente, mais j'étais à cent lieues d'avoir maîtrisé toutes les techniques qu'il nous avait apprises. Quant à l'adaptation de son enseignement à mon produit, mieux valait ne pas en parler...

Mais son enseignement, j'avais tout de même eu l'occasion d'en éprouver concrètement l'efficacité.

Je me remis donc à étudier assidûment mes notes, et à me les enfoncer dans le crâne en apprenant à maîtriser chaque concept, à adapter chaque technique, à répéter chaque tour de main. Jusqu'au jour où je sus que je les possédais à fond et qu'ils faisaient véritablement partie de moi-même. Ils étaient *moi* et j'étais eux. Alors mes revenus se mirent à grimper en flèche. Ils doublèrent, doublèrent encore... puis ne cessèrent plus de croître. En un rien de temps j'avais atteint le score de 100 000 dollars par an, ce que je n'aurais pas même cru possible quelques mois plus tôt. À cette époque, et pour un vendeur, c'était un revenu colossal.

Étant donné que j'avais vraiment maîtrisé les techniques exposées dans ce livre, je n'éprouvai aucune difficulté à atteindre du premier coup ce niveau de revenu. Je découvris bientôt aussi que gagner autant d'argent l'année suivante était relativement facile, puisqu'il suffisait pour cela de l'avoir fait une fois et de se savoir capable de le refaire. À présent, bien des années plus tard — et après avoir entraîné des milliers de champions qui par leurs revenus sont les vedettes de leurs équipes respectives — j'ai souvent l'occasion de demander à des vendeurs hors-catégorie comment ils procèdent pour conclure leurs ventes.

La question suivante, je l'ai donc posée je ne sais combien de fois: "Combien de tentatives faites-vous en moyenne avant d'arrêter fermement une vente?"

Chez les vendeurs d'élite, le nombre moyen de ces tentatives est de cinq. C'est donc à cinq fois qu'ils s'y reprennent avant de conclure fermement leurs ventes. Cette information de première importance doit vous faire immédiatement comprendre que si les grands champions doivent faire en moyenne cinq tentatives avant de réussir, vous n'irez guère loin si vous ne connaissez que deux techniques de règlement... et encore moins loin si vous n'en connaissez aucune. Car si vos prospects ont davantage de raisons de ne pas avancer que vous n'avez de techniques pour les y inciter, ils n'avanceront pas. Ce n'est pas plus compliqué que cela.

Apprenez donc ces techniques et imprégnez-vous des principes sur lesquels elles s'appuient. Apprenez-les mot à mot. Ensuite, adaptez-les par écrit à vos propres nécessités. Et apprenez encore mot à mot les adaptations que vous en aurez faites. Vous vous insurgez sans aucun doute à l'idée du travail que cela représente. Je le sais d'autant mieux que je suis moi-même passé par là au début. Mais alors, si vous vous refusez à apprendre et à payer le prix du succès et de la prospérité, sachez au moins qu'il vous reste une autre solution: c'est de ne rien changer du tout à vos méthodes. Dans ce cas je vous souhaite bonne chance... car si vous ne changez pas, le monde qui nous entoure, lui, change à vive allure.

Chapitre 15

Douze techniques de règlement à l'usage des champions ambitieux

Chaque fois que vous maîtriserez une des techniques qui sont décrites dans ce chapitre, vos ventes s'en trouveront accrues dans une proportion de 10 pour cent au bas mot. Si j'emploie l'expression "au bas mot", c'est qu'en fait chacune de ces techniques peut vous permettre de doubler vos ventes, ou de faire mieux encore.

Il se peut que l'une ou l'autre de ces techniques de règlement ne puisse s'appliquer à votre cas, mais c'est là une exception. Adaptez donc toutes celles qui peuvent l'être, et exercez-vous à répéter mot à mot ces adaptations jusqu'à ce que vous soyez en mesure de les formuler avec conviction, naturel et perspicacité, tout en gardant la liberté de réfléchir à la pièce en réserve que vous allez déplacer au coup suivant.

Supposons que vous puissiez adapter dix de ces techniques à votre cas particulier, et que chacune de ces dix techniques augmente en moyenne vos ventes dans la proportion de 10 pour cent. Cela signifie que vous doublerez votre chiffre d'affaires et que vous ferez vraisemblablement plus que doubler votre revenu net, déduction faite de vos frais professionnels. Si vous n'obtenez pas au minimum ce résultat, c'est que vous ne maîtrisez pas ces techniques.

À présent, passons-les en revue.

1. La tentative orale de règlement

Cette technique de base s'applique surtout à la vente destinée aux entreprises commerciales ou industrielles, ainsi qu'aux administrations publiques et gouvernementales. Une fois que vous aurez parfaitement circonscrit le besoin que vous êtes en mesure de combler, faites le coup de sonde suivant:

"À propos, sous quel numéro de commande faudra-t-il inscrire cette commande?"

Si votre interlocuteur vous répond qu'il n'en sait rien, proposez-lui avec un sourire: "Pourquoi ne pas nous en occuper tout de suite?"

Dans la plupart des situations de ce genre, ne considérez jamais en effet que votre vente est faite avant qu'on ne vous attribue un numéro de commande. À la première occasion, mettez-vous donc en chasse pour chercher à l'obtenir.

2. La tentative écrite de règlement ("permettez-moi d'en prendre note")

Encore une technique de base, et qui se révèle efficace, si c'est directement sur le bon de commande que vous prenez vos notes. En allant voir votre client, munissez-vous donc d'un porte-documents en cuir prévu pour contenir des feuillets de format affaires, et placez-y une formule de commande protégée par une chemise cartonnée, ce qui vous permettra de le sortir instantanément au moment voulu. Ma façon préférée d'utiliser cette technique consiste pour moi à répondre à une question que me pose mon prospect par une autre question de mon cru:

Mme Palmer: Vous le faites aussi en noyer?
Champion: C'est en noyer que vous l'aimeriez?
Mme Palmer: C'est la teinte que je préfère.
Champion: Permettez-moi d'en prendre note.

Vous consignez cette information sur le bon de commande.

Mme Palmer: Mais... c'est un bon de commande que vous remplissez... C'est un peu prématuré, non? Nous n'en sommes pas encore là.
Champion: Je mets simplement de l'ordre dans mes idées, Mme Palmer... pour essayer de situer les choses dans une perspective d'ensemble. Si bien qu'en les notant sur ce formulaire, je

ne risque pas d'oublier quoi que ce soit. (*Et si ce qui suit est compatible avec votre produit ou votre service, ajoutez:*) Et encore moins de faire un oubli qui pourrait se traduire pour vous par une perte de temps ou un manque à gagner.

Puis passez tout de suite à la tentative suivante, qui consiste à poser une question coq-à-l'âne à laquelle le client ne peut faire qu'une réponse réflexe. Toute tentative de règlement doit s'ouvrir par une question de ce genre:

Champion: Dites-moi, Mme Aucoin, le numéro de la maison est bien le 2433?

Mme Aucoin: Non, vous faites erreur, c'est le 2233.

Ce dont vous prenez note. Si par exemple vous avez affaire à un cadre d'entreprise qui occupe un poste de responsabilité, une bonne question coq-à-l'âne consiste à lui demander de vous donner la raison sociale et l'adresse au complet de sa compagnie. S'il vous tend alors sa carte d'affaires et vous laisse retranscrire ces informations, c'est qu'il a déjà virtuellement acheté ce que vous êtes venu lui vendre.

Appliquons cette technique à une situation de vente industrielle. Vous vendez de la machinerie, et votre prospect se nomme M. Zale, un directeur d'entreprise:

M. Zale: En tout cas, ce qui compte, c'est que le circuit hydraulique soit à toute épreuve.

Champion: Je vais le noter si vous me le permettez.

M. Zale: C'est sur le bon de commande que vous le notez? Vous mettez la charrue avant les boeufs. Je n'ai encore pris aucune décision.

Je vais vous répéter encore une fois les deux phrases que le champion ne manque jamais de formuler dans un cas semblable, et qui sont l'essence même de cette technique. Encadrez-les. Relisez-les. Apprenez-les par coeur. Et utilisez-les pour faire progresser le règlement de la vente.

Champion: Je mets simplement de l'ordre dans mes idées, M. Zale... pour essayer de situer les choses dans une perspective d'ensemble. Si bien qu'en les notant sur ce formulaire, je ne risque pas d'oublier quoi que ce soit.

M. Zale: Vous perdez probablement votre temps. À ce stade, il y a bien peu de chances pour que j'achète.

Champion: Je le sais fort bien, M. Zale. Mais il n'empêche que je ne veux pas prendre le risque d'oublier quoi que ce soit... et encore moins faire un oubli qui pourrait se traduire pour vous par une perte de temps ou un manque à gagner.

M. Zale: Sur ce dernier point, je ne peux évidemment pas vous contredire.

Vous pensez peut-être que pour éviter une obstruction de ce genre, mieux vaudrait prendre vos notes sur un bloc ordinaire plutôt que sur un bon de commande. Libre à vous. Mais libre à vous aussi de rétrograder au rang de garçon de courses. Laissez vos futurs acheteurs vous interrompre à leur guise s'ils jugent que vous allez trop vite en besogne. Ce qui ne sera pas un mal, bien au contraire, puisque ces interruptions vous aideront à mieux faire comprendre à vos interlocuteurs que vous êtes un vendeur compétent, qui est là pour faire son métier, et pas un mordilleur de crayons qui ne sait à quel saint se vouer pour faire avancer son affaire.

C'est donc sur le bon de commande que vous allez continuer à prendre vos notes. Ainsi, quand vous aurez fait votre présentation de A à Z, cette formule sera-t-elle pratiquement remplie. Et dans bien des cas, l'élan que vous aurez communiqué à votre client en prenant vos notes sur la commande sera suffisant pour qu'il la signe, étant donné que c'est ce qu'il lui restera de plus simple à faire. Si vous habituez un acheteur à vous regarder prendre des notes sur le bon de commande, vous avez déjà parcouru la moitié du chemin. Et si une de vos notes désigne avec précision le modèle qui l'intéresse, vous n'êtes plus qu'à deux pas du but. Ce qui paralyse la plupart des vendeurs, c'est de ne pas vouloir se décider à prendre des notes pendant leurs entretiens de vente, dont ils se contentent de faire des exercices pour cordes vocales.

3. Le pour et le contre de Benjamin Franklin

Au terme de ce séminaire intensif de cinq jours dont j'ai déjà parlé, J. Douglas Edwards nous avait fait passer un concours. Un concours que je voulais bien sûr remporter. Je m'y étais donc sérieusement préparé en travaillant la nuit sans prendre plus de deux heures de sommeil. Mais si finalement je gagnai le prix, ce fut surtout grâce à une question qui nous fut posée sur la technique de règlement dite "Le Pour et le Contre de Benjamin Franklin."

Fréquemment des vendeurs me disent qu'ils ont entendu parler de cette technique, mais quand je leur demande s'ils l'utilisent personnellement, ils me répondent invariablement par la négative. Ce qui ne cesse de m'étonner, puisque c'est grâce à elle que j'ai acheté ma maison de campagne. Il s'agit là d'une des plus belles techniques qui aient jamais été introduites dans l'art de la vente. Mais peut-être ne devrais-je pas m'étonner de la voir si peu utilisée, étant donné que j'ai moi-même commencé par la rejeter jusqu'au jour où je me décidai à en faire l'essai. Un essai qui se révéla efficace, puisque j'adoptai cette technique et que depuis je n'ai jamais cessé de m'en servir. Laissez-moi d'abord vous conter ma première tentative.

Ce jour-là, un prospect m'avait dit en me regardant droit dans les yeux: "Je ne prendrai aucune décision aujourd'hui. Impossible."

Alors je me dis en moi-même: "Tu viens de passer toute une semaine à apprendre des tas de techniques, et celle qui devrait marcher dans les circonstances présentes, c'est celle du Pour et du Contre du vieux Ben. Qu'est-ce que tu risques en l'essayant, puisque tu ne vois aucun autre moyen de conclure une vente avec un acheteur de ce genre?"

Je demandai donc à mon client de m'excuser un instant, et je quittai la pièce pour aller chercher de quoi écrire et me concentrer afin d'être en possession de tous mes moyens. Puis je revins et entrepris de développer cette technique étape par étape. Et c'est ainsi que j'obtins l'accord final de mon prospect. Ce fut mon premier grand succès grâce à cette procédure de règlement, que je n'ai cessé d'utiliser par la suite chaque fois que j'en ai eu l'occasion. Je serais bien incapable aujourd'hui d'évaluer tout l'argent qu'elle a pu me faire gagner.

Vous vous demandez peut-être si certains clients n'ont pas entendu parler eux aussi de cette technique de vente. Bien sûr que cela se produit. Mais ne vous souciez pas pour l'instant de cette éventualité. Je vous expliquerai bientôt comment procéder dans un cas semblable. Souvenez-vous avant tout de ceci: si vous avez soigneusement fait votre sélection, si vos prospects ont véritablement besoin de ce que vous vendez, et si enfin vous appliquez cette technique avec rigueur, vos interlocuteurs pourront peut-être engager le combat, mais certainement pas remporter la victoire. C'est vous qui gagnerez... en leur vendant ce que vous aurez à leur vendre.

C'est aussi sur cette technique que je me suis fondé pour prendre dans ma vie bien des décisions d'ordre privé ou professionnel. Et pas mal de gens gagneraient à faire la même chose... s'ils ne le font pas déjà. Il se peut donc que vous ayez affaire à des clients pour qui cette méthode est devenue partie intégrante du processus décisionnel. Voyons à présent de quoi il s'agit.

a. Recommandez-vous de ce bon vieux Benjamin Franklin

Si c'est aux États-Unis que vous êtes allé à la petite école, vous devez vous souvenir d'avoir étudié pendant les cours d'histoire la vie mouvementée et l'exceptionnelle réussite du bon vieux Ben. Avant d'avoir atteint à la renommée universelle, il avait su prendre tout au long de son existence des décisions fort sages, et c'est de la méthode concrète qui lui servait à prendre ses décisions que s'inspire cette technique. C'est avant tout le respect qui entoure la mémoire de Benjamin Franklin qui confère à ce procédé de vente son grand pouvoir de persuasion*, et c'est donc en commençant par vous recommander de ce grand homme et en invoquant son nom que vous devrez l'appliquer.

b. Apprenez par coeur la formule d'introduction

C'est par là qu'il faut commencer. Ensuite, il vous sera simple de broder tout naturellement des variations autour du thème majeur que voici:

"Vous n'ignorez pas, Monsieur, que pour nous autres Américains Benjamin Franklin compte depuis toujours parmi les plus avisés de nos compatriotes. Chaque fois qu'il se trouvait dans une situation comparable à la vôtre aujourd'hui, c'est le même raisonnement que vous qu'il se tenait. Il voulait être bien certain de prendre la bonne décision si l'objet de cette décision en valait la

---

* Le lecteur francophone qui décidera d'appliquer cette technique de règlement jugera par lui-même s'il doit ou non se recommander de l'inventeur du paratonnerre quand il fait ses ventes, ou plutôt substituer au nom de ce grand homme celui d'une des gloires de son propre panthéon national. Dans l'incertitude, ou faute de munitions, il pourra toujours citer avantageusement à ses prospects Robinson Crusoé (1719), qui déjà sur son île employait avec succès cette méthode de décision. (N.d.T.)

peine, et bien certain aussi de ne pas prendre une mauvaise décision dans le cas contraire. C'est à peu près comme cela que vous raisonnez vous aussi, non?

"Et savez-vous ce que le bon vieux Ben avait l'habitude de faire? Il prenait une feuille de papier blanc et il la divisait en deux par un trait vertical. D'un côté il écrivait *oui*, et sous ce mot il énumérait tous les arguments qui plaidaient en faveur de la décision. Et sous le mot *non*, il énumérait de l'autre côté tous les arguments qui plaidaient contre. Quand c'était fini, il faisait le décompte de chacune des colonnes. Et la décision était prise pour lui.

"Pourquoi ne pas essayer nous aussi et voir ce qu'il en ressort? Voyons d'abord combien on peut aligner de raisons qui plaident aujourd'hui en faveur de votre décision."

Prenez alors une feuille de papier et commencez à faire la liste de tous les avantages qui, d'après ce que vous savez déjà de votre client, le séduisent. C'est-à-dire de tous les points sur lesquels vous êtes préalablement tombés d'accord tous les deux. Quand vous aurez conjointement énuméré tous ces *oui*, enchaînez de la façon suivante:

"Voyons maintenant combien de raisons vous avez d'être contre." Et vous laissez bien entendu votre prospect les énumérer tout seul, car ce n'est tout de même pas à vous de l'aider à faire la liste des facteurs contraires à votre vente. Quand il aura terminé, reprenez la parole:

"À présent, faisons le compte." (Vous le faites à voix forte) "Un, deux, trois,... vingt-quatre. Vingt-quatre du côté des *oui*. Et du côté des *non* cela nous en fait: un, deux, trois, quatre, cinq. Vingt-quatre oui et cinq non. On dirait que les chiffres nous indiquent d'eux-mêmes où se trouve la décision sage, vous ne croyez pas?"

À ce moment-là, n'hésitez pas plus d'une fraction de seconde et passez immédiatement à une question coq-à-l'âne:

"À propos, pourriez-vous me rappeler l'orthographe exacte de votre nom?"

Si votre acheteur vous la donne, c'est qu'il est déjà quasiment en possession de votre produit ou de votre service.

Et si c'est, par exemple, dans le bureau d'un directeur d'entreprise que vous vous trouvez, voilà comment vous y prendre pour amener Benjamin Franklin:

"...et si je me fie à ces données, M. Zale, j'ai le sentiment que vous prendriez une sage décision en adoptant une grue mobile JLG. Ce n'est pas votre avis?"

"Voyez-vous M. Hopkins, cela représente un investissement considérable et... je ne sais pas... ce n'est pas que j'hésite à prendre une décision quand il le faut mais..."

"Je m'en doute. Des décisions, vous devez en prendre à longueur de journée."

Pensif, M. Zale marmonne: "Mouais..."

Je me rends compte qu'il ne veut pas trancher dans le vif. Pourtant, les caractéristiques de ma grue mobile l'impressionnent. Il sait qu'il a besoin d'elle. Les données que je lui ai fournies l'en ont convaincu. Il sait aussi que son entreprise en tirera des bénéfices certains, mais il cherche une échappatoire pour ne pas prendre un engagement ferme. Autrement dit, il se comporte en acheteur typique. Le moment est donc venu pour moi de mettre à exécution ma technique inspirée du bon vieux Ben:

"Est-ce que c'est parce que vous n'avez pas la possibilité de peser sereinement le pour et le contre que vous hésitez, M. Zale?"

"C'est un peu cela."

"Bien, mais une décision ne vaut que ce que valent les faits eux-mêmes, vous n'êtes pas d'accord?" lui fais-je observer.

"C'est aussi mon avis", admet-il.

"C'est curieux, lui dis-je, cela vient de me faire penser à un homme que nous autres Américains avons toujours considéré comme l'un des plus avisés de nos compatriotes... Benjamin Franklin."

"De grâce, M. Hopkins, me coupe-t-il en riant bruyamment, vous n'allez tout de même pas me faire le coup du vieux Ben pour conclure votre vente! Voyez-vous, avant d'être ici, j'étais dans l'assurance, et on m'a appris à moi aussi cette technique il y a pas mal d'années. À l'occasion d'un séminaire."

Ce que vient de me dire M. Zale ne m'ennuie pas le moins du monde, étant donné que je sais fort bien que des accidents de parcours de ce genre surviennent de temps en temps. Je continue donc comme si de rien n'était: "Vous savez ce qui m'étonne, M. Zale?"

"Quoi donc?" Il rit toujours dans sa barbe.

"C'est que la première fois que j'en ai entendu parler moi aussi, je me suis dit: "Bof, je ne sais pas... cela me semble un peu douteux..." Mais vous, vous l'avez essayée, cette technique, quand vous étiez dans l'assurance?"

"Absolument pas, me dit-il. Jamais je ne m'en suis servi." (En fait, il est pour moi sans importance qu'il s'en soit servi ou pas, étant donné que le but de ma dernière question était de relâcher la tension et d'acheminer mon prospect vers la décision finale. S'il a fait l'expérience de cette technique et qu'il a des choses à m'en dire, tant mieux. Sinon, tant mieux aussi. Dans un cas commc dans l'autre, je vais aller de l'avant.)

"Le plus drôle, dis-je, c'est que le coup du vieux Ben, je me suis mis à l'appliquer non seulement à mes activités professionnelles, mais je l'ai utilisé aussi quand il s'agissait d'affaires personnelles... et en un rien de temps ma famille s'est mise à faire la même chose pour régler une quantité de problèmes. Stupéfiant. C'est grâce à cela qu'on a pris quelques décisions vraiment excellentes. Vous vous souvenez comment ça marche?"

"Si je m'en souviens! On tire un trait... les oui d'un côté, les non de l'autre..."

"Exactement. D'un côté la liste des raisons qui plaident en faveur de la décision, et de l'autre la liste de tout ce qui plaide contre."

"C'est cela même", approuve M. Zale.

À ce point du dialogue, tout l'art consiste à alimenter la conversation de façon naturelle, sans s'obstiner à suivre à la lettre un canevas de discours qu'on reproduirait comme un perroquet. À partir du moment où on possède à fond ce canevas, il est facile de slalomer autour des balises et d'en arriver là où on veut en venir. Je continue donc:

"Benjamin Franklin disait que si une chose était bonne en soi, il voulait être sûr de tout en connaître afin de pouvoir aller de l'avant. Et que si une chose était mauvaise en soi, il voulait être sûr aussi de ne pas l'accomplir. N'est-ce pas un peu ce qui vous arrive en ce moment, M. Zale... analyser la décision en examinant à fond tous les aspects de la question, comme vous l'avez fait remarquer?"

M. Zale hausse les épaules. "Mouais... si on veut..."

"N'est-ce pas? D'un côté les raisons qui plaident pour. De l'autre celles qui plaident contre. Et ensuite vous allez faire comme le vieux Ben: deux additions... et la décision sera prise pour vous."

"J'aime à croire tout de même que ma méthode d'analyse est un peu plus élaborée que ça."

"J'en suis convaincu moi aussi. Mais si les pour et les contre sont correctement déterminés, je suppose que leur décompte donnerait quand même une sérieuse indication de la décision à prendre, non?"

"Je le suppose aussi."

"Nous connaissons l'un comme l'autre la méthode de Benjamin Franklin,et nous savons qu'elle a pour principal mérite d'être simple. Au point où nous en sommes, je pense que nous devrions l'essayer, M. Zale. On essaie?"

"Après tout..." M. Zale laisse en suspens la fin de sa phrase.

"Nous avons un peu de temps devant nous? Bien. C'est l'affaire de deux minutes."

"Si vous y tenez."

"Commençons par le commencement et essayons de penser aux raisons qui plaident en faveur de la décision, dis-je. Nous sommes tombés d'accord que si un homme dans la cabine peut manoeuvrer la grue à lui tout seul, sans l'aide d'un second, ce serait pour vous une sérieuse économie sur le coût de main-d'oeuvre, n'est-ce pas?"

"Je suis d'accord", admet M. Zale.

"Vous vous en souvenez aussi, j'ai envoyé quelqu'un mesurer la hauteur de tous vos accès pour être bien certain qu'une JLG peut circuler à travers toute l'usine."

"C'est exact. La grue pourrait passer sous toutes les portes."

"Je les ai toutes fait mesurer."

"Je sais. C'est un facteur important, j'en conviens."

"Le gros problème avec beaucoup de systèmes hydrauliques, c'est l'étanchéité des circuits sous pression, vous le savez comme moi. C'est la raison pour laquelle nous équipons nos JLG d'un dispositif d'étanchéité supérieur à tout ce qu'on peut actuellement trouver sur le marché."

"Aucune fuite?"

"Aucune."

"Encore un bon point pour vous."

"La maniabilité à présent. Une JLG peut travailler dans un espace très restreint... tout en faisant bien entendu le même travail."

"Parfait."

"Autre chose encore. Le rayon de braquage: une JLG peut tourner presque sur place."

"Un bon point de plus pour vous. Il y a quelques rétrécissements à l'extrémité des allées."

"La variété des utilisations à présent. Compte tenu de vos différents types de fabrication, vous avez besoin d'un engin de levage que vous pouvez utiliser dans diverses situations. Nos JLG sont équipées de deux bras, un de vingt-cinq mètres de portée, et un autre de six mètres. Vous êtes d'accord?"

"D'accord. Écrivez-le aussi."

"S'il vous arrivait la moindre panne, nous avons un concessionnaire tout près de chez vous. Voilà qui réduit les risques d'immobilisation du véhicule, car vous n'ignorez pas ce qu'il en coûte d'attendre une pièce pour pouvoir remettre en marche une machine qui ne tourne plus."

"Je le sais", dit M. Zale.

"Et puisque vous avez décidé de construire un nouvel entrepôt, plus besoin de vous demander si vous serez bien équipé de ce qui se fait de mieux. Une JLG est ce qui se fait de mieux. Et nous ne sommes pas du genre à vous liver une grue en vous disant "Merci, salut." Pas question. Nous ne lâchons pas nos clients d'une semelle. Vous voyez autre chose tandis que nous y sommes, M. Zale?"

"Vous m'avez dit que la charge maximum de votre grue mobile était supérieure à celle des autres."

"C'est exact. Je le note aussi. À présent, M. Zale, combien de raisons négatives à énumérer dans la colonne des non?"

M. Zale réfléchit un instant avant de me déclarer: "Bien. D'abord, cette acquisition n'a pas été comprise dans nos prévisions budgétaires. Ensuite, que vais-je faire de l'équipement dont nous nous servons actuellement? J'aimerais bien continuer à l'utiliser, ne serait-ce que parce que je connais la mentalité du personnel: si c'est votre JLG qui fait tout le travail, les gars vont se tourner les pouces au lieu de s'occuper, comme ils le font avec la vieille girafe poussive que nous avons actuellement, et dont il va falloir que je me débarrasse... en la revendant ou en la réutilisant ailleurs..."

"Ce sont évidemment des arguments très valables, M. Zale. Impossible de trouver quoi que ce soit à y redire. Je les note. Ensuite?"

M. Zale se tait pendant quelque temps. Il est manifeste qu'il est à court d'objections. Comme on vient de s'en rendre compte, les deux arguments négatifs qu'il vient d'avancer sont liés à une question d'argent. Mais pour l'instant, ce n'est pas sous cet angle que je vais attaquer. "Si nous faisions les additions?" lui dis-je.

Je fais alors à haute voix le total de chacune des colonnes et j'annonce les résultats: huit oui et deux non. "Vous ne croyez pas que ces chiffres parlent d'eux-mêmes, M. Zale?"

Je m'attends à présent à un long silence. Toute ma volonté se résume en deux mots: *me taire*. Je ne m'étais pas trompé, et M. Zale ne me déçoit pas. Il n'y a pas un bruit dans le bureau tandis qu'il réfléchit. Enfin c'est lui qui reprend la parole: "Je vais vous dire quelque chose, M. Hopkins. C'est que je ne suis pas du genre à réfléchir éternellement."

En lisant avec détachement cette page, avez-vous relevé avec quel brio, quelle vigueur cette technique a été utilisée? C'est aussi de cette façon que doivent l'être toutes les autres techniques, c'est-à-dire avec décontraction et vivacité, compréhension et respect de l'autre, détermination et compétence.

4. Pousser l'acheteur dans ses retranchements

Cette quatrième technique de règlement porte la méthode porc-épic, que nous avons déjà examinée, à un très haut degré d'efficacité. Elle consiste à répondre à une question de l'acheteur par une autre question tournée de telle façon que si l'interlocuteur y répond à son tour dans les mêmes termes que laissait supposer sa question initiale, c'est qu'il a déjà acheté.

Donnons un exemple concret de cette technique et imaginons que ce soit encore M. Zale que vous cherchiez à amener à une décision finale, mais que cette fois ce soit une bétonnière industrielle que vous cherchiez à lui vendre.

M. Zale: Si nous décidions de faire affaire avec vous, il faudrait que vous nous livriez la commande avant le quinze. C'est possible? (*Après une question pareille, la plupart des vendeurs inexpérimentés sauteraient sur l'occasion qui leur est offerte de répondre oui et manqueraient leur vente. Observez de quelle façon un professionnel tire avantage d'une situation semblable.*)

Champion: Si j'étais en mesure de vous garantir que vous recevriez votre bétonnière aux environs du quinze juin, seriez-vous prêt à approuver le protocole d'entente dès aujourd'hui, M. Zale?

À présent que le champion vient de pousser M. Zale dans ses retranchements, il observe le silence et attend la réponse.

Pour utiliser cette technique, il faut donc manoeuvrer de telle sorte que l'interlocuteur en vienne de lui-même à exprimer une exigence ou un désir que vous êtes en mesure de satisfaire. Un grand nombre de ces exigences et de ces désirs (autrement dit: de ces besoins) se prêtent fort bien à cette technique qui nous a permis ici de pousser l'interlocuteur dans ses retranchements en jouant sur une question de délai de livraison. On pourrait obtenir le même résultat si, par exemple, le client insistait pour entrer en possession de son acquisition avant qu'une augmentation de prix soit appliquée, ou s'il faisait intervenir dans sa décision les dates d'échéance d'un crédit, ou encore la date d'installation et de mise en service des équipements qu'il convoite, ou encore le choix d'une couleur particulière... Presque tous les avantages qu'un client veut retirer de son acquisition peuvent amener cette technique consistant à acculer l'interlocuteur dans l'encoignure qu'il vous a lui-même dévoilée.

Mais il est bien évident que l'avantage attendu qui se prête le mieux à cette manoeuvre de règlement, et dans presque toutes les situations de vente, est celui de la date de livraison, étant donné qu'il s'agit là de la plus prévisible de toutes les données. Et du fait que la date à laquelle ils vont entrer en possession de ce qu'ils acquièrent est une préoccupation constante et universelle chez les acheteurs, les questions qu'ils posent à ce sujet permettent de pousser à fond cette technique. Rappelez-vous encore une fois que les principes suggérés ci-après peuvent tout aussi bien s'appliquer à n'importe lequel des avantages attendus par l'acheteur, à partir du moment où c'est lui qui les formule et que vous pouvez ainsi le pousser dans ses retranchements.

Cette technique repose sur deux pivots essentiels: (a) vous devez exactement savoir quels avantages vous êtes en mesure de fournir et (b) vous devez être capable d'extraire à la batée l'or que représente l'information que vous livre votre prospect. Le dernier point (b) a déjà été examiné. Voyons à présent comment les choses doivent se passer avec le premier (a). Car si le plus facile est de tirer parti de l'information, le plus difficile est de l'obtenir. Ce qui représente 90 pour cent de la bataille. C'est pourquoi j'insiste sur ce qui suit:

Si le champion s'applique tant à obtenir de sa compagnie les informations qui vont lui permettre de pousser ses clients éventuels dans leurs retranchements, c'est qu'il connaît le pouvoir démultiplicateur de cette technique de règlement.

Ce sont donc des informations liées à une date de livraison que j'ai prises ici comme exemple, mais je vous rappelle une fois encore que bien d'autres attentes du client peuvent donner prétexte à cette technique, et lui donner un maximum d'efficacité.

Une des raisons pour lesquelles les champions réussissent cinq fois plus de ventes que les autres, et parfois davantage, c'est qu'ils en savent cinq fois plus sur les produits que leur compagnie fabrique, et sur les dates auxquelles celle-ci est en mesure de les fournir à sa clientèle.

Où prennent-ils ces informations?

La réponse dépend bien sûr du produit et du fabricant considérés. Bien des laissés pour compte de la profession ont tendance à se faire des ennemis parmi ceux qui sont chargés de la production ou de la manutention. Alors que le champion sait se faire des amis dans l'atelier de fabrication comme sur le quai des expéditions. Il sait que ces gens-là ont besoin d'être appréciés à l'égal de tous les êtres humains. Il ne considère pas que c'est déchoir que d'envoyer un petit mot de remerciement à ceux de son entreprise grâce à qui il peut accomplir son travail quotidien. Il n'est pas insensible non plus au fait que les ouvriers du secteur de production ou les manutentionnaires du service des expéditions sont des salariés, et qu'à l'occasion ils savent apprécier une invitation au restaurant ou une bière après le travail. Évitez donc vous aussi de leur tirer dessus à boulets rouges.

C'est à travers ses filières personnelles que le champion établit son propre réseau d'informations, afin d'être scrupuleusement tenu au courant des détails de fabrication et de livraison de ce qu'il propose à ses clients. Il n'entre pas en guerre avec l'appareil de production de sa firme. Il contribue au contraire à le faire tourner rond en s'appuyant sur lui et en le faisant bénéficier en retour des données qu'il puise dans son secteur de consommation.

5. La question annexe

Si elle est utilisée au bon moment, et avec le bon interlocuteur, cette technique de règlement peut jouer comme le ressort d'un piège à ours.

Elle consiste à évoquer par une question la décision majeure que vous attendez de votre acheteur et, sans lui laisser le temps d'y répondre, à enchaîner immédiatement par une question annexe en forme de proposition alternative, et qui soit aussi une question de mise en situation. Je reconnais que cela peut sembler confus. Aussi vais-je donner un exemple qui me permettra de me faire mieux comprendre. Vous vous trouvez dans l'atelier de fabrication des Produits Pourlemieux, en compagnie de M. Zale, le directeur. Il pèse le pour et le contre de vos propositions, se demandant s'il va ou non acheter votre grue hydraulique JLG. Vous percevez que le moment est venu pour vous d'appliquer votre technique:

"En somme, si j'ai bien compris, M. Zale, la seule décision qu'il nous reste à prendre à présent, c'est de déterminer à partir de quand vous allez retirer les bénéfices que vous permettra une JLG. Mais à propos, allez-vous simplement l'utiliser dans le grand atelier, ou bien également dans le nouvel entrepôt?"

Voyons comment vous pourriez appliquer cette même technique si c'était un service et non un produit que vous aviez à proposer:

"En somme, si j'ai bien compris, M. Zale, la seule décision qu'il nous reste à prendre à présent, c'est de déterminer à partir de quand vous allez retirer les bénéfices de l'amélioration des conditions de travail dont va profiter votre personnel. Mais j'y pense tout à coup... allez-vous diffuser de la musique uniquement dans les bureaux et dans l'atelier de fabrication, ou bien également dans tout le reste de l'usine?"

Il est simple d'adapter ce canevas à n'importe lequel des produits ou des services. L'essentiel est d'évoquer la décision majeure en ces termes:

"En somme, si j'ai bien compris, la seule décision qu'il nous reste à prendre à présent, c'est de déterminer à partir de quand..."

Puis de faire immédiatement suivre l'évocation de cette décision majeure par la question annexe qui doit débuter ainsi: "Mais à propos...", "Mais j'y pense tout à coup...", "Pour changer de sujet...", "Pour sauter du coq à l'âne...", etc.

Pour tirer tous les avantages de cette technique:

a. Évoquez la décision majeure en termes d'avantages pour le client

("... la seule décision..., c'est de déterminer à partir de quand vous allez retirer les bénéfices..." ou "bénéficier des avantages...")

N'évoquez jamais la décision majeure en termes négatifs du genre: "...à partir de quand vous allez cesser de perdre de l'argent." Ou bien, pis encore, en termes agressifs qu'il serait difficile de distinguer d'un accès d'humeur: "...à partir de quand vous allez entrer dans la danse et faire des économies en me passant commande."

b. Évitez de marquer le moindre temps d'arrêt entre l'évocation de la décision majeure et l'énoncé de la question annexe

c. Posez votre question annexe sous la forme d'une proposition alternative qui soit aussi une mise en situation

Revenons sur ce qui a déjà été dit. Une proposition alternative est une question qui laisse à l'interlocuteur le choix entre deux possibilités de réponse, qui l'une comme l'autre confirmeront que les choses vont de l'avant. Une mise en situation est un stimulus émotionnel qui place le prospect dans les dispositions d'esprit d'un futur propriétaire.

Bien entendu, il vous est absolument égal que M. Zale utilise votre JLG dans le grand atelier ou dans le nouvel entrepôt, vous êtes bien d'accord? Mais s'il se demande déjà où il va l'utiliser, c'est qu'il pense aussi aux choix qu'il devra faire une fois qu'il aura acquis votre grue. La question posée ci-dessus était donc bien à la fois une proposition alternative et une mise en situation. Ce qui double le pouvoir qu'elle peut exercer sur la vente.

d. Préparez d'avance la formulation complète de votre tentative de règlement

Il faut faire un certain effort intellectuel pour inventer une question annexe qui ait en quelques mots autant d'impact sur une vente que celle de l'exemple précédent. Mais cet effort sera récompensé au centuple. Je doute qu'il existe un autre mode de vente qui vous fasse gagner autant d'argent et en aussi peu de temps que cette méthode de règlement, si bien sûr la question annexe qu'elle comporte est correctement pensée. Une fois que vous aurez soigneusement préparé d'avance la totalité de la formule que vous allez employer pour conclure la vente, apprenez ce canevas par coeur jusqu'à ce que vous soyez capable de l'exprimer sans effort. Les battus d'avance improvisent, les champions s'entraînent.

e. *Servez-vous de ce canevas que vous devez connaître à fond et qui doit couler tout seul*

Il est d'une importance capitale que vous possédiez à fond ces formules préliminaires, non seulement parce que cela vous permettra de tout mémoriser dans le bon ordre, de sorte que vous n'aurez aucun mal à moduler votre technique en fonction de chaque situation de vente, mais aussi parce que cela vous permettra aussi de vous exprimer correctement. Il est d'une telle importance d'être capable de s'exprimer correctement que je ne saurais trop insister sur ce point. Retenez donc bien ceci:

f. *Formulez votre tentative de règlement avec aisance et naturel*

Je le répète: entraînez-vous à la débiter avec le plus de clarté et de désinvolture possible. Faute de quoi, les ficelles de votre art paraîtront un peu grosses... et vous aurez bien peu de chances d'en venir à vos fins.

Le but de tout ceci, c'est bien entendu d'amener M. Zale à vous faire une réponse du genre: "Je pense qu'il faudrait la destiner au nouvel entrepôt, où elle serait utilisée sans interruption. Elle ne servirait dans le grand atelier qu'une ou deux fois par roulement d'équipe." Si M. Zale vous tient ces propos, considérez qu'il a signé.

La pierre angulaire du succès de la vente, c'est l'approche désinvolte des prospects. Mais désinvolture ne signifie pas je-m'en-foutisme, bien au contraire. Vous devez adopter une attitude à la fois alerte et nonchalante qui rassure vos interlocuteurs. Apprenez donc à être détendu sans donner l'impression que vous êtes impertinent ou inefficace, et à être vif sans paraître trop curieux ni trop empressé. En un mot, soyez compétent.

Le jeu de l'inspecteur Colombo dans la fameuse série télévisée suggère assez bien selon moi le comportement que les vendeurs devraient s'efforcer d'adopter. Colombo ne menace personne. Il conduit une voiture toute cabossée, porte un vieil imperméable froissé, et quand le suspect le voit s'approcher de lui il se dit: "C'est ce clown qui veut essayer de me piéger? Soyons sérieux!" Et il baisse sa garde, persuadé qu'il n'a rien à craindre. C'est là où Colombo commence à poser des questions en apparence anodines, mais pertinentes, et où le suspect sent qu'un frisson lui parcourt l'échine. Pourtant, dès que Colombo sent que l'autre se raidit, il s'empresse de changer de sujet. Il est de première force pour donner le change à ses interlocuteurs: "Mais, j'y pense tout à coup..." s'interrompt-il. Et le voilà qui parle d'autre chose. Mais dès que la tension s'est relâchée, il revient tout droit à la charge. Il a dû vous arriver à vous aussi de le voir se détourner ainsi cinq ou six fois du même suspect. Et chaque fois celui-ci se dit qu'il est tiré d'affaire. Ouf! Enfin je respire! Plus besoin de me tracasser. C'est justement à ce moment-là que Colombo revient à la charge. C'est du grand professionnalisme.

C'est à peu près la même chose que nous faisons dans la vente. On interroge. On ne menace pas. On avance petit à petit vers le prochain indice. On pose des questions avec gentillesse et candeur. Et si l'on se rend compte que l'autre se sent menacé et que la tension monte, on s'empresse de faire un pas en arrière... pour mieux revenir à la charge une fois que la tension est retombée.

S'il est absolument nécessaire que vous appreniez plusieurs techniques de règlement, c'est que vous devez connaître davantage de moyens d'obtenir un *oui* de vos acheteurs qu'ils n'en connaissent de vous dire *non*. Si vous ne savez pas tirer mieux qu'eux, vous êtes un homme mort. Ce livre vaudrait pour vous un million de dollars si j'étais en mesure de vous enseigner la formule unique qui vous permette de régler une vente à tout coup. Il n'existe, hélas! aucune technique qui soit infaillible. Et si même il en existait une qui marchait une fois sur quatre, tant de gens s'empresseraient de se l'approprier qu'en un rien de temps elle serait usée jusqu'à la corde.

Pour régler leurs ventes, tous les champions disposent d'un vaste éventail de techniques. Et pourtant il est bien difficile de convaincre la majorité de ceux qui manquent d'imagination que s'ils veulent faire leur entrée dans le monde de la réussite, ils doivent en payer le prix eux aussi. Il n'est cependant pas nécessaire d'être un génie pour maîtriser plusieurs de ces techniques. Il suffit d'avoir la volonté d'organiser son temps pour en apprendre quelques-unes à fond. Tout est là. Je n'arrive d'ailleurs jamais à comprendre pourquoi si peu de vendeurs acceptent de payer le prix — ridiculement bas si l'on songe à d'autres professions — de cet apprentissage qui permet d'acquérir assez de savoir-faire pour obtenir un revenu de professionnel dans le champ d'activité qu'on a choisi. Nous avons tous tendance à ne pas tenir compte que dans la vente, c'est le sécateur tranchant de la concurrence qui élimine les incompétents. Le champ de nos activités est un champ libre. Libre en ce sens que nous avons la liberté d'y réussir ou d'y échouer. Le jour où vous accrocherez devant votre porte une enseigne proclamant au monde que vous êtes un vendeur professionnel, appliquez-vous à maîtriser votre art en consacrant le temps et l'effort requis pour

Assimiler de multiples techniques de règlement.

Revenons à nos moutons. Imaginons que je vienne d'appeler Benjamin Franklin à la rescousse et que mon client me rétorque: "Je vais réfléchir."

Si je suis incapable de reprendre la situation en main, je cours à la catastrophe. Ce n'est pas aujourd'hui que je vais faire ma vente. Et probablement pas demain ou n'importe quel autre jour non plus. Et comme un tiens vaut mieux que deux tu l'auras...

LE PONT

Comment franchir le ravin qui sépare une tentative de règlement qui s'effondre d'une autre tentative sur laquelle on veut prendre pied? Grâce à un pont. Un pont qu'il faut construire de la façon suivante:

a. Excusez-vous

Faites un pas en arrière grâce à une brève formule d'excuse. Surtout si vous avez un peu trop pressuré votre interlocuteur. Pour ma part, j'ai coutume de dire: "Désolé. Je me suis laissé emporter. Mon intention n'était pourtant pas d'aller si vite." En réalité, c'est pour vous que vous êtes désolé. Désolé de ne pas avoir su régler l'affaire. Mais peu importe votre recul, si cela vous donne la possibilité de faire plus tard une autre tentative grâce à l'une des nombreuses techniques dont vous disposez.

Dans les situations de ce genre, un de nos champions a l'habitude de s'en tirer ainsi: "Je n'avais pourtant pas la moindre intention de vous forcer la main." Ce qui est parfaitement sincère, étant donné qu'un véritable champion ne cherche jamais à forcer la main d'un acheteur, ni à lui mettre le dos au mur, mais au contraire à l'attirer vers lui en le guidant par des questions.

b. Récapitulez les avantages sur lesquels le prospect est déjà tombé d'accord en vous aidant de coups de lasso

Mais ne forcez pas l'allure. Contentez-vous à présent d'obtenir de lui des assentiments mineurs.

- "Je suppose que vous avez encore bien des questions en réserve, mais ce modèle est bien de la taille de ce que vous cherchiez, non?"
- "Je ne serais pas ici si vous n'aviez pas besoin de quelque chose, n'est-ce pas?"
- "Vous ne me recevriez pas dans ce bureau si vous n'étiez pas intéressé, d'accord?"
- "Tout ce que je voulais dire par là, c'est que JLG répond à vos besoins, c'est bien votre avis?"

c. Posez une question qui vous permette de remettre le compteur à zéro

Finissez de construire le pont qui va vous permettre de faire une nouvelle tentative, en posant une question qui ramène le dialogue là où il en était. J'ai pour habitude de m'y prendre de la façon suivante: "Je pense que j'ai dû faire le tour de la question un peu trop vite. Mais c'est parce qu'il s'agit de choses dont on a déjà discuté et sur lesquelles nous sommes déjà tombés d'accord, n'est-ce pas?"

Voilà donc votre compteur remis à zéro et vous pouvez à présent faire une autre tentative. Et si vous savez vous servir correctement de ce procédé de transition pour enchaîner d'une tentative à l'autre, votre client finira par acquérir ce que vous êtes là pour lui vendre.

Pourquoi?

Parce que vous avez en réserve davantage de techniques de règlement qu'il n'a d'objections à vous opposer. N'est-ce pas là une magnifique stratégie de rechange?

Oui, mais à une condition, c'est que vos prospects n'aient pas une réserve de répliques négatives plus abondante que votre réserve d'arguments positifs, en quel cas c'est vous qui seriez le perdant. Mais quel bon moment vous passerez si les moyens dont vous disposez pour les amener à dire oui surpassent ceux qu'ils ont de vous dire non. Là vous serez un vrai champion.

6. La plus haute autorité

C'est une technique dévastatrice, à la condition que vous la possédiez à fond et que vous l'utilisiez correctement. Ici encore je vais faire appel à un exemple pour expliquer comment les choses doivent se passer. Mais que vous vendiez des services de nettoyage de tapis et moquettes à domicile, des assurances aux industries ou des objets d'art à des collectionneurs, l'exemple qui suit garde toute sa valeur. À vous d'adapter sa terminologie à votre produit ou à votre service.

Par Haute Autorité, il faut entendre toute personne que votre acheteur connaît et respecte particulièrement. Il n'a nullement besoin de savoir qui représente pour vous la plus Haute Autorité et la référence suprême. Ce qui compte, c'est qu'il soit au courant de l'existence et de la place qu'occupe celui que vous mettez en avant dans la conversation. Si vous vendez des machines agricoles, la Haute Autorité que vous aurez besoin de citer peut être un gros agriculteur bien connu dans la région; si c'est de l'ameublement ou des services à domicile que vous proposez, votre Haute Autorité peut être une personnalité notoire, politique ou autre; et si ce sont des équipements industriels que vous vendez, ce peut être le directeur d'une entreprise en plein essor qu'on cite en exemple pour son esprit de décision.

Les étapes à franchir en utilisant cette technique sont les suivantes:

a. Choisissez judicieusement la Haute Autorité que vous allez mettre en avant

Vous devez rester continuellement aux aguets afin d'enrichir et de renouveler votre panoplie de figures de référence. Pour l'instant — et pour notre exemple — contentons-nous de supposer que vous allez choisir une seule Haute Autorité. Disons que vous êtes le représentant vedette de la Compagnie générale de soudure Lacoriace.

Le numéro deux des fabricants d'acier de votre secteur, Surfinox, compte parmi vos clients fidèles, et vous entretenez d'excellentes relations avec son directeur, un certain Marc Bessmer. Vous lui avez toujours fourni un service premier ordre, vous lui envoyez souvent des mots de remerciement... bref, vous y avez mis le paquet. Et bien entendu les machines à souder Lacoriace font de l'excellent travail pour Surfinox.

b. Assurez-vous la collaboration de la Haute Autorité que vous avez choisie

À l'occasion d'une de vos visites à Surfinox — qui utilise une douzaine de machines Lacoriace depuis suffisamment de temps pour savoir qu'elles sont parfaitement fiables — demandez à Marc Bessmer s'il est d'accord pour faire profiter ses confrères, les autres fabricants d'acier de votre secteur, de l'expérience qu'il a de vos machines. Il acceptera de le faire, étant donné d'une part que vous et vos produits lui avez toujours donné satisfaction, et que d'autre part vous lui garantissez que vous ne ferez appel à lui que dans les cas où vous aurez affaire à des prospects dont les activités sont du même ordre de grandeur que les siennes. Autrement dit, vous vous engagez à ne pas l'importuner chaque fois que vous essaierez de vendre un mini-poste à souder dans un atelier de petites réparations.

c. Informez votre Haute Autorité que vous allez solliciter sa collaboration dans des circonstances bien précises

Vous êtes parti en campagne pour tenter d'amener Lalimaille Inc. à remplacer ses machines à souder d'un autre âge par votre dernier modèle de Lacoriace à grande vitesse. Lalimaille Inc. est le numéro quatre de votre secteur. C'est un certain Antonio Alioto qui en est le directeur et qui prend les décisions. En préparant votre rendez-vous avec lui, vous décidez que ce sera cette technique de règlement — celle qui fait appel à une Haute Autorité — que vous allez employer. Vous appelez donc Marc Bessmer en lui demandant s'il sera disponible pour recevoir un appel téléphonique tel jour et entre telle heure et telle heure, c'est-à-dire quand vous serez en présence d'Antonio Alioto. Ceci étant acquis, vous mettez au point une présentation percutante pour ce futur client que vous allez rencontrer dans son bureau de Lalimaille Inc.

d. Mettez votre futur acheteur en communication avec la Haute Autorité que vous avez mise en avant

Vous savez d'avance qu'Antonio Alioto va se poser — et vous poser — les mêmes questions que s'est déjà posées Marc Bessmer à propos de la fiabilité de vos machines, du temps où il n'en était pas encore utilisateur:

Est-ce que les innovations techniques qui font la supériorité des équipements Lacoriace tiendront vraiment le coup dans des conditions réelles d'utilisation?

Est-ce que votre service de maintenance est aussi sérieux que vous le dites?

En préparant votre présentation, vous prévoyez aussi que votre interlocuteur va vous poser des questions techniques bien précises. Vous n'ignorez pas non plus qu'une démonstration serait sans objet, étant donné qu'Antonio Alioto sait parfaitement que vos machines sont capables de faire tenir ensemble deux morceaux de métal.

C'est pourquoi vous savez fort bien que le principal but de votre entretien avec lui va consister pour vous à déterminer quelles caractéristiques, techniques ou autres, vont l'amener à faire des réserves, sur votre matériel comme sur la Compagnie générale de soudure Lacoriace. C'est seulement après avoir élucidé cette inconnue, et après avoir fait admettre à Antonio Alioto que ce sont là les seules raisons qui l'empêchent d'adopter vos machines, que vous serez en mesure de faire une tentative de règlement. Il est donc pour vous de première importance de faire la liste de ces raisons bien précises, et d'amener votre interlocuteur à admettre que ce sont les seules qui le retiennent de prendre une décision positive. Ces raisons, c'est devant lui que vous allez en faire par écrit l'énumération. Et quand vous en serez à cette étape de votre entretien, demandez à Antonio Alioto si vous pouvez vous servir du téléphone qui se trouve sur son bureau. Pour ce faire, tenez-lui à peu près le langage suivant:

"Vous connaissez bien entendu Marc Bessmer, non?"

"Le patron de Surfinox? C'est de lui que vous voulez parler?"

"Exactement. C'est un de mes clients."

Et vous appelez Marc Bessmer.

Dès qu'il est en ligne, vous lui dites: "Marc Bessmer? Je suis en ce moment chez Lalimaille Inc., dans le bureau de M. Alioto. Et il se pose un certain nombre de questions sur les machines Lacoriace. Auriez-vous l'obligeance d'y répondre?" Puis vous tendez le téléphone à votre acheteur et vous le laissez poser ses questions l'une après l'autre. Il n'en oubliera aucune: vous en avez déposé la liste sous ses yeux.

e. Après quoi, faites une tentative de règlement

Dès que Marc Bessmer aura fini de discuter de caractéristiques techniques avec son confrère de Lalimaille Inc. et qu'il lui aura assuré que Surfinox obtient un excellent rendement grâce à vos machines, les objections de votre interlocuteur doivent tomber d'elles-mêmes. De sorte que lorsqu'il repose le téléphone, vous êtes à même de lui demander aussitôt: “À propos, M. Alioto, quelle date de livraison vous conviendrait le mieux? Le premier? Ou le quinze?”

Si un imprévu vous empêchait d’obtenir Marc Bessmer au téléphone, ou s’il n’était pas disponible au moment où vous l’aurez appelé — bien qu’il ait été d’accord pour que vous le fassiez — ce n’est probablement pas ce jour-là que vous pourrez conclure votre vente. Dans ce cas, arrangez-vous pour reprendre rendez-vous avec Antonio Alioto à une date bien déterminée, et laissez-lui le numéro de la Haute Autorité que vous venez de mettre en avant, afin qu’il puisse l’appeler de sa propre initiative. Et conservez par-devers vous une copie des objections qu’il vous a faites. Quand plus tard vous le relancerez, vous serez ainsi en mesure de reprendre tout de suite la discussion là où vous l’aurez laissée la première fois.

Certains vendeurs se refusent à appliquer cette technique de règlement qui consiste à s’autoriser d’un nom respecté dans tel ou tel secteur professionnel, parce qu’ils s’imaginent que la compétition conduit les concurrents à se haïr et à rejeter toute forme de coopération. Il existe, certes, des cas d’exception, mais en règle générale ceux qui occupent le même champ d’activités maintiennent entre eux des liens cordiaux, ont de la considération les uns pour les autres, et aussi bien des raisons de coopérer, ne serait-ce que parce qu’ils peuvent un beau jour se retrouver dans l’obligation de chercher de l’emploi dans une autre entreprise. S’il vous arrive de tomber sur le cas exceptionnel où deux de vos interlocuteurs sont à couteaux tirés, faites tout simplement marche arrière... mais débarrassez-vous du préjugé selon lequel vous courez d’avance aux complications. En réalité, la plupart de vos acheteurs sont bien trop préoccupés par leurs affaires pour gaspiller leurs énergies à se combattre les uns les autres... et chez eux l’ambition est vive de faire aussi figure de Haute Autorité.

Il s’agit donc d’une technique très efficace. Et j’ai de bonnes raisons de le savoir, puisque nos propres représentants pour Tom Hopkins Champions Unlimited, qui l’ont assimilée grâce à nos programmes de formation vidéo, s’en servent couramment pour stimuler leur rendement. (Ce qui ne les empêche pas, bien entendu, de se servir aussi de toutes nos autres techniques, et avec un égal succès.) Tous sont continuellement à l’affût de la plus Haute Autorité possible qu’ils puissent mettre en avant pour faire leurs ventes. Ne vous contentez donc pas d’une seule et unique personne en guise de référence, parce que quel que soit son prestige, vous l'aurez vite émoussée à force de vous recommander d'elle. Tout client satisfait de vos services peut devenir à son tour la Haute Autorité que vous mettrez en avant auprès de vos clients éventuels. Ne le perdez pas de vue quand vous aurez affaire à de nouveaux acheteurs... Encore un coup d'éperon qui peut vous inciter à leur offrir en souriant ce petit supplément de service.

FAITES L'HISTORIQUE DE VOS VENTES

Pourquoi les médecins conservent-ils sur chacun de leurs clients un dossier qu'ils tiennent continuellement à jour? Parce que les médecins sont des professionnels et qu'ils se savent incapables de se souvenir de tous les détails importants qui se rapportent à chacun de leurs patients.

Vous ne pouvez vous non plus vous souvenir de tous les détails importants qui se rapportent à chacun de vos clients. Consignez donc par écrit l'histoire de leurs cas. Dès que vous venez de conclure une vente, profitez-en pour en faire un bref compte rendu. Vous décrirez ainsi en quelques lignes les bénéfices qu'ils en ont retirés, les objections majeures qu'ils ont soulevées et la façon dont vous les avez contrées, ainsi que tous les imprévus et complications qui ont pu surgir pendant la vente, et qui risquent de se reproduire à l'avenir avec d'autres acheteurs.

Ces aide-mémoire doivent être concis, rédigés à grands traits et tenir sur une formule de votre invention. Prenez l'habitude de relire une fois par semaine ce dossier — de plus en plus copieux avec le temps — qui résume cas par cas l'histoire et le succès de vos ventes. Vous découvrirez bientôt que ce dossier vaut son pesant d'or, car la récapitulation de vos transactions attirera votre attention sur les éléments clés qui les déterminent et vous révélera très vite les forces et les faiblesses de vos procédures, de sorte que vous pourrez mieux tirer parti des unes et corriger les autres. Cela vous permettra aussi de déceler plus rapidement vos tics de vente, et de découvrir quels efforts de prospection sont pour vous les plus payants.

7. Le rappel analogique

Quand on a affaire à un acheteur qui soulève une objection ou un problème analogue à ceux qu'on a déjà surmontés au cours d'une vente passée, on peut bien sûr faire état devant lui de cet antécédent au cours de la conversation. C'est ce que font en général les vendeurs sans imagination.

Le champion, lui, a déjà fait par écrit le compte rendu de cet antécédent. Et quand il sort de sa serviette ce compte rendu pour expliquer de quelle façon un de ses clients a résolu le problème, voilà qui impressionne... et convainc son prospect.

Imaginons que ce soit à la Compagnie ZAP que vous ayez affaire aujourd'hui. Vous savez que ZAP pourrait augmenter ses marges bénéficiaires en adoptant votre grue hydraulique JLG. Mais une telle acquisition n'a pas été prévue cette année dans le budget de ZAP. On vous conseille donc de tenter votre chance l'année prochaine. Mais il se trouve que dans votre dossier historique vous avez conservé le compte rendu d'une vente que vous avez faite dans le passé à la Compagnie ZIP, et qui s'est déroulée dans des circonstances à peu près analogues. En effet, ZIP avait également remis à plus tard l'acquisition d'une JLG, et c'est l'année d'après que vous la lui avez vendue. Mais entre-temps le prix de votre matériel avait augmenté de 14 pour cent. Et ce n'est pas tout; à cette perte s'ajoutait encore pour ZIP un manque à gagner de 36 000 dollars, faute d'avoir dès la première année utilisé votre grue hydraulique. Ces chiffres, que vous êtes à même de produire, sont des munitions de taille pour faire une brèche dans la muraille budgétaire de ZAP.

Un engorgement saisonnier de la production et un allongement des délais de livraison de votre produit sont également des arguments qui vous faciliteront l'usage de cette technique de règlement par rappel analogique. Justement, la Compagnie ZOP vous a commandé au premier trimestre une JLG. Mais le premier trimestre est pour votre firme la période de production la plus intense, et vous n'avez pu livrer votre grue à ZOP que quatre mois plus tard. Le compte rendu de cette vente se trouve bien sûr dans votre dossier. Or, nous voilà en novembre, et vous pouvez garantir à la Compagnie ZAP une livraison de trois semaines si elle vous passe commande... mais pas pour longtemps. Cette nécessité pour l'acheteur de commander vite s'il veut qu'on lui livre vite sa marchandise peut elle aussi vous aider à régler votre vente.

8. "Ma chère vieille maman..."

Très astucieuse, cette technique de règlement qui, si elle est utilisée à bon escient, doit secouer le pommier et faire tomber pour vous les pommes. La première étape consiste en un entretien avec votre vieille maman — ou, si c'est impossible, avec la vieille maman de quelqu'un d'autre — ce qui vous autorisera plus tard, au cours de la dernière étape, à employer devant un futur acheteur une expression de ce genre: "Ma vieille maman me disait toujours..."

À la première étape, demandez à votre vieille maman de répéter après vous ce dicton que toutes les mères apprennent à leurs enfants, et que vous lui remettrez en mémoire de la façon suivante: "Maman, je voudrais que tu me dises mot pour mot: *Qui ne dit mot consent.*" Votre mère vous répétera donc ce dicton, que vous aviez peut-être oublié avant de lire ce livre, mais que vous ne pouvez que croire puisque c'est votre mère qui vous l'affirme. (Il est absolument essentiel que vous procédiez de cette façon avant d'adopter cette technique de règlement — c'est-à-dire en parlant à votre mère ou à celle de quelqu'un d'autre — car à moins que vous ne possédiez le don inné de persuader vos interlocuteurs de votre absolue honnêteté morale, vous ne pourrez jamais leur projeter une image de vous-même qui les convaincra de votre sincérité.) Voyons à présent comment vous allez vous servir des vérités maternelles.

Je vais une fois de plus citer J. Douglas Edwards: "Chaque fois que vous venez de poser une question-test en vue de conclure une vente, taisez-vous. Le premier qui parle a perdu."

Le conseil est d'une grande sagesse quand on sait que dans 90 à 95 pour cent des cas, si vous ne suivez pas ce conseil et parlez le premier, c'est vous qui aurez perdu. Ne l'enfreignez donc pas. Ou du moins pas avant de vous être élevé très au-dessus de la moyenne, et d'avoir appris à faire tomber vous-même, en rompant le silence à votre avantage, cette tension qui compromet le règlement de l'affaire. C'est précisément pour cela que vous devez faire intervenir votre vieille maman. Car si, en présence de votre prospect, vous êtes encore imprégné de ce qu'elle vous aura dit récemment ("Qui ne dit mot consent"), vous tenez la bonne riposte.

Cette technique peut être pour vous une planche de salut quand vous vous trouvez plongé de silence en silence alors que vous enchaînez l'une après l'autre, et sans succès, vos tentatives de règlements.

Si grâce à cette astuce vous trouvez le moyen de relâcher la tension ambiante, celle-ci se changera en bonne humeur. En éclat de rire parfois. Certaines gens peuvent en effet supporter une tension prolongée, mais dans tous les cas un bon rire franc les remettra dans d'excellentes dispositions d'esprit.

Aussi, quand vous viendrez de faire une dernière tentative de règlement et que la pression se maintiendra ensuite pendant plusieurs secondes, alourdissant l'atmosphère de la pièce, laissez brusquement jaillir un sourire qui vous ira d'une oreille à l'autre, et dites à votre interlocuteur: "Ma chère vieille maman me disait toujours: "Qui ne dit mot consent." Elle avait tort? Qu'en pensez-vous?"

En règle générale, votre acheteur se mettra à rire. Et rire, c'est aussi une manière de s'exprimer. De vous exprimer que c'est vous qui avez gagné. C'est là bien sûr une technique mineure, et que vous ne devrez utiliser que dans les cas où votre instinct vous soufflera qu'elle peut rompre la tension et produire un effet favorable.

Mais ne l'utilisez pas avant de parler à votre vieille maman.

9. "Je vais réfléchir"

Il y a certainement un gaillard qui organise partout des séminaires pour apprendre aux autres comment décourager les vendeurs, étant donné que tous les prospects semblent connaître des techniques de ce genre:

"Je vais réfléchir."

"On va examiner tout ça à tête reposée."

"Nous ne sommes pas du genre à sauter sur la première occasion qui se présente."

"Donnez-nous le temps de mijoter l'affaire."

"Laissez-nous un de vos machins. On va passer ça au peigne fin."

"Vous ne pourriez pas repasser demain (ou la semaine prochaine, ou après les vacances)? On vous donnera une réponse."

Une fois que vous aurez assimilé cette technique, si on vous sert une soupe de cet acabit, vous pourrez vous dire en vous-même: "Celui-là, je vais le posséder. Il attend que je lui dise merci et que je m'en aille, mais tu vas voir." Parce que c'est ainsi que se comportent les vendeurs moyens: en disant merci et en se retirant. Mais que va-t-il se produire si vous faites comme eux? Vous imaginez-vous que vos clients vont réellement "réfléchir"?

Que non! Vous ne leur aurez pas plus tôt tourné le dos que déjà ils auront d'autres chats à fouetter, et que tout ce que vous aurez bien pu leur proposer leur sera sorti de l'esprit.

Et quand vous ressurgirez chez eux le lendemain, ou la semaine prochaine, ou après les vacances — le temps passe si vite — pour leur demander: "Avez-vous songé à passer ma proposition au peigne fin, comme vous me l'aviez dit?" ils ne pourront évidemment pas vous dire la vérité, puisque cela les obligerait à vous répondre: "Non, je n'ai absolument pas eu le temps d'y repenser. Nous en sommes donc exactement au même point que la dernière fois." S'ils vous tenaient des propos pareils, ils passeraient en effet pour des incapables. Que vous répondent-ils alors?

"Bien sûr, nous avons examiné très attentivement votre proposition. Malheureusement, nous ne pouvons pas y donner suite pour le moment. Mais nous en avons pris bonne note et nous vous ferons signe s'il y a du nouveau."

Que faire dans un cas semblable? Rien du tout. Vous êtes mort. Mort parce que vous vous êtes fusillé tout seul.

Voyons comment s'y prend le champion quand un prospect lui fait son numéro sur l'air connu de "Je vais réfléchir".

a. Approuvez vos clients

"Entendu, M. Labine. D'ailleurs, il est bien évident que vous ne perdriez pas de temps à réfléchir sur cette proposition si vous n'étiez pas intéressé, n'est-ce pas?"

Que peut-on vous répondre? Sinon quelque chose comme: "Mais certainement que nous sommes intéressés. Qu'allez-vous penser là? Nous allons y réfléchir très sérieusement."

Quand vous approuvez un acheteur de prendre le temps de réfléchir, il n'est pas inutile non plus d'accuser votre défaite par un petit sourire courageux qui donnera l'impression qu'en votre for intérieur vous vous dites: "D'accord, c'est lui qui a gagné. Que puis-je y faire?"

b. Amenez-les à vous reconfirmer qu'ils vont vraiment "réfléchir"

"Puisque vous êtes intéressé, M. Labine, puis-je en déduire que vous allez y consacrer toute votre attention?" Articulez lentement les trois derniers mots de votre question, avec un rien d'emphase.

Que peut-il encore vous répondre, puisque vous vous comportez comme si vous alliez partir et vider les lieux? Il ne peut que vous dire oui.

c. Obligez-les à se récrier...

"M. Labine, j'espère que vous ne me dites pas ça pour vous débarrasser de moi, n'est-ce pas?" À cette étape, comportez-vous comme si vous aviez le sentiment qu'on veut vous évincer.

Ce qui obligera M. Labine à protester à grands cris: "Voyons donc! Qu'allez-vous imaginer? Vous savez bien que nous vous tenons tous en haute estime. Et le petit modèle réduit? Vous le faites toujours, le petit modèle réduit? Je l'adore. Et mes enfants alors! C'est bien simple: ils en sont fous."

d. ...et à préciser leur pensée en les poussant dans leurs retranchements

"Pour mon information personnelle, M. Labine, est-ce à l'intégrité de la firme que je représente que vous désirez réfléchir?" Notez en passant — nous y reviendrons plus loin — de quelle façon j'ai construit grammaticalement ma phrase.

Que va vous répondre M. Labine? "Mais pas du tout! Votre maison est parfaitement honorable."

"Est-ce de mon intégrité qu'il s'agirait dans ce cas?"

"Mais certainement pas! Nous avons tous beaucoup de considération pour vous", proteste M. Labine.

"Est-ce la puissance de levage de nos JLG que vous mettez en question?"

"Nullement. Nous sommes déjà tombés d'accord sur ce point. Rien à y redire."

"Est-ce sa maniabilité alors?"

"Non plus. Elle est excellente."

"Est-ce...? Est-ce...? Est-ce...?" Chaque fois que M. Labine proteste par un "Non, ce n'est pas...", c'est qu'il est virtuellement disposé à vous dire oui.

Si bien que cette technique vous permet de passer en revue, subtilement et sans en avoir l'air, tous les avantages que vous proposez à vos acheteurs. Ne les heurtez jamais de front. N'affirmez rien. Contentez-vous de leur poser des questions.

Oui, mais quelles questions?

Des questions sur chacun des avantages, chacune des caractéristiques que vous êtes à même de produire et que vos prospects attendent de votre produit.

"Est-ce la rapidité de nos JLG, M. Labine?"

"Certainement pas. Je pense au contraire qu'un des principaux avantages de vos grues, c'est leur rapidité."

Vos questions doivent pousser vos interlocuteurs dans leurs retranchements et les obliger à faire l'éloge de votre produit. Il n'existe pas meilleur moyen de les convaincre de ses mérites.

Mais comment vont-ils finir par réagir quand vous posséderez à fond cette technique et que c'est sur eux que vous l'exercerez? C'est simple, ils se diront: "Celui-là, je le vois venir." Et à quoi se raccrocheront-ils alors?

À une de leurs objections. Mais à la plus solide de toutes. Et qu'y aurez-vous gagné?

Vous aurez identifié leur objection finale.

Car si jusque-là ils vous ont suivi tout du long, sur quoi aurez-vous débouché en fin de compte?

Sur la question d'argent.

"Est-ce l'investissement que représente pour vous l'acquisition d'une JLG, M. Labine?"

Quelle sera en général la réaction de vos prospects dans une situation semblable? "Voyez-vous, nous ne débloquons pas une somme pareille sans faire entrer en jeu un paquet de considérations..."

"C'est donc uniquement une question financière qui vous retient, n'est-ce pas?"

"Eh oui, voilà le fond de l'histoire."

Qu'ai-je gagné en m'y prenant de cette façon? Pas mal de choses à vrai dire. D'abord, j'ai réduit à néant la vieille rengaine "Je vais réfléchir et t'oublier." Ensuite, j'ai fini par cerner l'objection finale: l'argent.

Ce n'est pas une trouvaille, me direz-vous, puisque l'objection majeure à laquelle on se heurte dans chaque vente, ou presque, repose sur une question financière.

L'ennui avec "Je vais réfléchir", c'est qu'il s'agit de bien plus qu'une objection. Il s'agit d'une colonie de fantômes qui ne vous offre aucune prise à laquelle vous raccrocher. Une colonie qu'il faut à tout prix disperser, comme on vient de le faire dans l'exemple qui précède, si l'on veut cerner l'objection finale et l'anéantir en utilisant ensuite la procédure en six épisodes que nous avons exposée au chapitre précédent.

Une mise en garde cependant: quand on vous oppose l'éternelle dérobade "Je vais réfléchir", n'en concluez pas immédiatement: "Bon, c'est forcément une question d'argent." Ce qui risquerait dès le départ de vous faire tout miser sur un coup de dés de ce genre: "Est-ce une question purement financière qui vous limite?"

Parce que si vous posez cette question d'entrée de jeu à vos clients éventuels, ils vous répliqueront à tout coup: "Non, il ne s'agit pas d'une question financière. Nous désirons simplement examiner en détail votre proposition."

Or, une réponse de ce genre vous efface du paysage. Où pouvez-vous mener votre acheteur à présent? Vous ne pouvez tout de même pas le forcer à mentir jusqu'à ce qu'il craque et vous avoue la vérité? Non, car même si vous êtes pratiquement certain qu'il s'agit bel et bien d'une question financière, vous n'avez plus d'autre solution que de vous retirer... à moins que vous ne préfériez vous obstiner à faire des ronds dans l'eau en continuant à poser des questions parfaitement vaines. "Est-ce que...? Est-ce que...?" Bien sûr que le seul espoir qui vous reste à présent est d'amener votre interlocuteur à vous déclarer qu'il ne s'agit pour lui *que* d'une affaire de gros sous. Parce que dans ce cas vous auriez au moins une raison de tenter un règlement grâce à une technique appropriée. Mais il ne faut tout de même pas rêver.

Cette technique de règlement qui permet de contrer l'objection finale (la question d'argent) n'est opérante — comme d'ailleurs toutes les autres — que si elle est utilisée par étapes et à bon escient. Vouloir couper à travers champs, c'est se jeter dans la mare.

L'instant critique de la présente technique survient au moment même où vous dites à votre prospect: "Pour mon information personnelle, est-ce à l'intégrité de la firme que je représente que vous désirez réfléchir?" Car si vous formuliez ainsi votre question: "Pour mon information personnelle, à quoi désirez-vous réfléchir, à l'intégrité de la firme que je représente?" vous risqueriez le désastre. Vous seriez alors pratiquement obligé de marquer une pause entre *réfléchir* et à *l'intégrité*, tandis que la première construction grammaticale vous permet de débiter toute votre question d'un seul trait, et d'une voix plus monocorde.

Pourquoi est-ce si important? Parce que si vous marquez une pause un peu prolongée au milieu de votre question, votre interlocuteur risque de ne pas attendre que vous ayez fini votre phrase pour vous interrompre après le mot "réfléchir" et vous répondre: "À quoi je désire réfléchir? Mais à la proposition que vous me faites, précisément." Et voilà votre canoë retourné. Vous n'avez plus qu'à regagner la rive à la nage.

e. *Amenez-les à vous confirmer qu'il ne s'agit que d'une question financière*

Vous devez à tout prix vous assurer que vous n'êtes plus aux prises avec des fantômes. Il n'est pas question pour vous d'essayer de conclure la vente tant que vous n'êtes pas certain que vos clients achèteraient s'ils en avaient les moyens et à partir du moment où ils estiment que cet investissement est pour eux avantageux. Qu'importe en effet le prix d'achat quand on n'a pas l'intention d'acheter?

Dès que dans une vente vous butez enfin sur la question financière, le filon est à portée de votre main. Il vous suffit de savoir l'exploiter. Apprenez donc à le faire, en obtenant d'abord de vos clients qu'ils vous confirment que la seule considération qui entre en jeu, la seule barrière qui les retient, c'est l'argent. Alors seulement vous pourrez entamer la procédure de règlement dont nous allons parler.

10. Fractionner jusqu'au ridicule

Vous a-t-on jamais dit: "Ça dépasse ce qu'on avait l'intention de mettre"? À moi, oui. Et des millions de fois. Aussi n'ai-je jamais fait de ventes faramineuses avant d'avoir appris à surmonter cette objection, laquelle peut d'ailleurs être exprimée de multiples façons.

Quand on nous oppose une objection de la famille "ça coûte trop cher", nous avons tous tendance dans cette profession à ne considérer que l'investissement global. Et c'est bien là l'erreur. Parce que c'est sur la différence entre l'investissement global et l'investissement prévu par l'acheteur qu'il faut raisonner. Imaginons, par exemple, que vous vendiez des photocopieurs ultra-rapides SuperPow, et que chacune de vos machines exige un investissement global de 10 000 dollars.

La première étape consiste à déterminer de combien vos photocopieurs sont trop chers pour vos futurs clients. Pour cela, quand ceux-ci vous font remarquer que votre prix est trop élevé, dites-leur d'un ton complice et enjoué: "De nos jours, c'est partout la même chose, à ce que je vois. Mais pourriez-vous me dire de combien cela vous paraît trop cher?"

Supposons que votre interlocuteur vous déclare que son budget est plafonné à 8000 dollars. L'obstacle financier n'est donc plus pour lui de 10 000 dollars, vous êtes bien d'accord? Il n'a jamais imaginé qu'il aurait votre photocopieur pour rien. L'obstacle financier contre lequel il bute n'est plus que de 2000 dollars. Et c'est de là que vous devez partir. De la différence entre l'investissement réel et l'investissement projeté. C'est-à-dire de la plus petite somme. Dès que vous avez déterminé cette différence, cessez de parler en termes d'investissement global, étant donné que ce n'est pas en lui que réside l'obstacle.

Revenons à notre exemple de photocopieur à grande vitesse. Votre interlocutrice se nomme Julie Bonhomme, et ce qui l'intéresse, c'est votre modèle exigeant un investissement de 10 000 dollars. Mais le budget dont elle dispose n'est que de 8000 dollars. Allons-y.

"C'est donc bien de 2000 dollars que nous discutons, Mme Bonhomme, n'est-ce pas? Parfait. Essayons de replacer le mieux possible les choses dans leur perspective d'ensemble. Tenez."

Et vous lui tendez votre calculateur. "Prenons pour hypothèse que vous ayez acquis un SuperPow, Mme Bonhomme. Combien de temps comptez-vous l'utiliser avant de l'amortir, cinq ans?"

"À peu près", me confirme-t-elle.

"Bien. Divisons 2000 dollars par cinq ans. Cela nous donne 400 dollars par an, d'accord? Disons que vous allez l'utiliser environ 50 semaines par an. C'est à peu près ça? Si nous divisons 400 par 50, on obtient 8 dollars. Toujours d'accord?"

Bien entendu, les données chiffrées que vous utiliserez ne vous donneront probablement pas un compte rond. Et c'est précisément pour cela que vous demanderez à Mme Bonhomme de se servir de votre calculateur. Ne perdez pas de vue non plus qu'en l'amenant à s'en servir, sa participation physique directe sera en soi un facteur mineur de règlement.

"Je suppose, poursuivez-vous, qu'il vous arrive fréquemment dans ce bureau de travailler les samedis et les dimanches, et qu'on peut estimer grosso modo que vous vous servirez de votre SuperPow sept jours par semaine. Je me trompe? Non? Bien. Pouvez-vous diviser 8 dollars par 7, Mme Bonhomme. Qu'obtenez-vous?"

"Un dollar quatorze", vous répond Mme Bonhomme.

Dites-lui alors avec un sourire: "Et vous pensez sérieusement qu'on peut laisser un dollar quatorze faire obstacle aux bénéfices, à l'augmentation de rendement et aux possibilités nouvelles qu'un SuperPow permettrait à votre compagnie de réaliser?"

"À vrai dire..."

"Mme Bonhomme, puis-je vous demander quel est chez vous le salaire le plus bas, et combien gagnent à peu près les moins payés de vos employés?"

"La petite qui nous prépare le café. Elle gagne autour de trois dollars cinquante de l'heure. Je crois que c'est le salaire le plus bas de la maison."

"Environ trois dollars cinquante de l'heure, dites-vous. C'est-à-dire que le dollar quatorze dont nous parlons paierait à peu près vingt minutes du salaire de votre employée la moins payée."

"Oui, si c'est ainsi que vous raisonnez."

"Encore une question, Mme Bonhomme. Est-ce que cette machine ultra-rapide, avec tous ses perfectionnements, avec toutes ses caractéristiques conçues pour économiser du temps — sans compter les autres avantages dont nous avons déjà parlé — est-ce qu'à votre avis cette machine peut rapporter plus de bénéfices à votre compagnie en une journée que la fille qui porte le café ne lui en rapporte en vingt minutes?"

"Naturellement."

"Nous sommes bien d'accord sur ce point, n'est-ce pas? À propos, Mme Bonhomme, quelle date de livraison s'accorderait le mieux à votre calendrier... le premier, ou bien le quinze du mois prochain?"

Je devine que vous êtes en train de vous dire: "Holà! Je ne me risquerais jamais à faire une chose pareille!"

Et pourquoi pas?

Je ne crois pas me tromper en affirmant que l'objection principale à laquelle vous vous heurterez de façon continue, et tout au long de votre carrière de vendeur, c'est l'argent. Les choses étant ce qu'elles sont, croyez-vous que vous allez exercer pleinement vos capacités si vous n'apprenez pas à contourner cet obstacle?

Certainement pas. Adaptez donc cette technique à votre produit — en cassant s'il le faut les pieds à un ami pour vous y entraîner, en faisant du mot à mot, en apprenant à sortir au bon moment vos données chiffrées — et METTEZ-LA EN PRATIQUE. Le volume de vos ventes s'en ressentira de façon saisissante.

Si l'une ou l'autre de ces techniques de règlement vous donne réellement des complexes, libre à vous de décider qu'elle va vous conduire à l'échec. Mais vous n'avez pas le droit de vous dispenser pour autant de les apprendre toutes. Ni de les mettre en pratique. Prenez pour objectif d'utiliser dix fois chacune d'entre elles, étant bien entendu qu'à chaque tentative vous ferez de votre mieux pour en tirer le maximum. Car si vous décidez de n'en essayer aucune, vous échouerez lamentablement, vous ferez un score nul et vous n'arriverez jamais nulle part. Tandis que si vous essayez dix fois chacune de ces techniques, vous marquerez des points. Et si pour chacune vous faites trois fois dix tentatives, vous volerez haut, vous mangerez du homard et vous ferez couper vos costumes sur mesure.

Si vous savez évaluer correctement la crédibilité financière de vos futurs acheteurs, et si ces derniers ont besoin des avantages que votre produit peut leur procurer, vous avez parfaitement le droit de démonter leur objection finale grâce à cette technique qui consiste à fractionner jusqu'au ridicule. C'est votre avis aussi, non? Bien entendu. Ne serait-il pas ridicule pour vos prospects de laisser une somme insignifiante faire obstacle à leur satisfaction et les priver des bénéfices qu'ils attendent? Et ne serait-il pas ridicule pour vous aussi de vouloir ignorer cette puissante technique grâce à laquelle vous pouvez aider vos clients à combler leurs attentes?

Laissez de côté le très long terme et n'établissez vos calculs que sur une durée qui soit compatible avec la longévité de votre produit. Quand vous entamez une présentation, vous ignorez de combien le prix de ce que vous vendez excède le prix que vos clients veulent y mettre. Mais ce que vous n'ignorez pas en revanche, c'est sur quelle période les utilisateurs vont amortir ce que vous leur vendez. S'il s'agit de machines de bureau, c'est sur cinq ans que vous devez établir votre raisonnement. Et sur quarante ans si vous vendez des ascenseurs pour hôtels.

Le maniement de vos données numériques vous sera facilité si vous partez d'un nombre de référence. Si, par exemple, ce sont les photocopieurs SuperPow que vous représentez, tout ce dont il faut vous souvenir, c'est du chiffre 57. Parce que 1000 dollars fractionnés sur une période de cinq ans donnent 57 cents par jour.

De sorte que si on vous dit que votre appareil coûte 2000 dollars de trop, il vous suffira de multiplier mentalement 57 cents par 2 pour obtenir 1,14 dollar. Avant que vos clients ne fassent eux-mêmes le calcul, vous devez connaître la réponse; s'il leur arrive de se tromper, vous aurez ainsi le moyen de les amener sans heurt à rectifier leur erreur au lieu de battre en retraite dans la confusion.

Supposons qu'on vous déclare que votre photocopieur est de 300 dollars trop cher, et que la seule donnée chiffrée que vous connaissiez soit votre sempiternel 57 cents. Voilà comment vous allez immédiatement vous en tirer: arrondissez 57 cents à 60 cents. Étant donné que 100 est le dixième de 1000, pour obtenir le résultat du fractionnement de 100 dollars sur 5 ans, il vous faut diviser 60 par 10. Soit 6 cents. Multipliez 6 cents par 3. Vous obtenez 18 cents. Il va donc en coûter dix-huit cents par jour à votre client — dix-huit cents de dépassement budgétaire — pour profiter des avantages qu'il attend.

Supposons à présent que vous vendiez des ascenseurs et que vous fassiez votre calcul en fonction d'un amortissement de quarante années. Si vous calculez à partir d'une différence de 1000 dollars (entre l'investissement réel et l'investissement projeté), vous obtenez 7 cents par jour. Et le plus excitant de l'affaire est que si c'était à partir d'une différence de un million de dollars que vous deviez faire vos calculs — toujours fractionnée sur une période de quarante ans — cela coûterait à vos clients moins de 72 dollars par jour. (Pour obtenir ce résultat en arrondissant, il vous suffit de reculer la virgule de deux décimales au nombre qui figure dans la colonne des 10 000 du tableau dont on va parler plus loin.)

Familiarisez-vous donc parfaitement avec vos données chiffrées. C'est fantastique. J'insiste sur ce point; quand vous utiliserez cette technique de règlement, vous devrez posséder à fond vos données chiffrées. À l'aide d'un simple calculateur de poche, il vous sera facile de composer un tableau qui s'applique à votre produit ou à votre service, et comparable à celui que je donne à la page suivante, à titre d'exemple.

Période	*Total fractionné*		
	100$	1000$	10 000$
3 ans	10 cents	95 cents	9,52$
5 ans	6 cents	57 cents	5,71$
10 ans	3 cents	29 cents	2,86$
25 ans	1 cent	11 cents	1,14$
40 ans	—	7 cents	71 cents

11. Le règlement par la négative

Le principe de la vente par la négative est tout simple: si vous mettez en doute la capacité d'un prospect à remplir certaines conditions, il aura tendance à remplir ces conditions pour vous prouver que vous vous trompez sur son compte.

Cette puissante technique s'applique à presque tous les types de vente, mais plus particulièrement aux cas où le prospect doit présenter certaines garanties s'il veut faire l'acquisition du produit ou du service. Avant même qu'il ait pris la décision d'acheter, vous pouvez alors tenter de conclure la vente en faisant naître dans son esprit un doute sur son aptitude à acquérir ce que vous lui proposez. Ici comme ailleurs, le choix du bon moment est vital.

Vous perdrez à tout coup si, pour semer le doute dans son esprit, vous n'attendez pas que deux conditions essentielles soient réunies. Deux conditions sur lesquelles repose entièrement cette technique de règlement par la négative:

1. le prospect doit être suffisamment "chauffé" pour avoir envie du produit ou du service que vous lui proposez;
2. il doit vous percevoir comme une entité vivante et dotée d'une personnalité propre.

Si vous exprimez des doutes sur les garanties financières de votre prospect alors que rien de ce que vous lui proposez ne stimule son intérêt, il vous tournera tout simplement le dos. Et si d'autre part vous n'êtes pour lui que de la buée — c'est-à-dire s'il ne vous porte pas suffisamment d'attention pour vous considérer comme un être humain qui vit et qui respire — il ne se rendra même pas compte que vous émettez un doute, ou bien il n'y attachera aucune importance. Le temps qu'il faut pour s'imposer à l'attention de ses interlocuteurs est évidemment très variable. Certains vendeurs qui s'habillent avec bon goût et classicisme y parviennent instantanément. C'est au moment où vous vous apercevrez que votre acheteur vous parle à vous — et qu'il ne se contente plus de parler devant vous — que vous saurez qu'il est dans les dispositions d'esprit qui vous sont indispensables.

Quand vous en serez là, et si votre prospect a été suffisamment "chauffé" pour manifester qu'il s'intéresse à un produit bien précis, faites votre tentative de règlement de la façon suivante:

"Voyez-vous, une de nos principales difficultés avec (ici, nommez le produit ou le service considéré), c'est de déterminer le sérieux de nos clients. Il nous arrive parfois des choses étonnantes. Tenez, pas plus tard que l'autre jour, j'ai eu affaire à un client dont les revenus étaient de (donnez ici un ordre de grandeur correspondant à la moyenne requise pour obtenir un crédit sur ce que vous vendez), et qui me paraissait franc comme l'or. Mais quand on a fait la demande de financement, la réponse a été négative. Mon client était outré et m'a affirmé qu'il avait du crédit bancaire, mais à moi ça me fait une belle jambe. Il y a comme ça des mystères qu'il vaut mieux ne pas chercher à comprendre."

Après avoir ainsi préparé le terrain, continuez à faire votre présentation comme si de rien n'était. Jusqu'au moment où vous sentez que votre prospect est "chauffé" à bonne température et que l'instant est venu pour vous de régler l'affaire. Il ne vous a pas encore dit "Je le prends", mais vous percevez qu'il est mûr. Comme la plupart des acheteurs, il est incapable de se décider tout seul si on ne l'aide pas un peu. À la prochaine étape, vous allez donc lui tenir le langage suivant:

"À propos, je suppose que vous obtiendrez sans difficulté le financement de ce modèle si vous le prenez. À moins que ce ne soit pas le bon moment pour vous de vous y intéresser trop. Il est parfois fâcheux de donner trop d'espoirs à sa femme... ou de s'en donner trop à soi-même. Et peut-être serait-il bon avant d'aller plus loin de nous assurer que vous obtiendrez facilement le financement si vous vous décidez."

Que se passe-t-il à présent dans l'esprit de votre acheteur? Il va vouloir vous prouver qu'il présente les garanties suffisantes pour obtenir son crédit. C'est alors que vous donnerez la poussée finale:

"Je vais vous dire comment nous allons nous y prendre. Nous allons remplir cette formule. Dès que ce sera fait, je serai en mesure de vous dire très vite si les conditions sont réunies."

À présent, vous remplissez la formule de demande de crédit ou de prêt. Si vous avez une certaine connaissance des critères requis pour pouvoir obtenir un financement, il ne vous faudra pas cinq questions pour savoir si votre prospect peut ou non en bénéficier. Mais ne dites rien et continuez à remplir la formule jusqu'au bout... sauf dans le cas où votre prospect n'a aucune chance. Dès que vous aurez terminé, examinez pendant quelques instants la feuille. Et en silence. Puis sortez un bloc-notes et commencez à y aligner des chiffres. Toujours dans un silence de mort. Sans jamais regarder votre acheteur. Après trois minutes — c'est un minimum — pendant lesquelles on ne doit entendre que le grattement de votre crayon sur le papier, asseyez-vous et déclarez: "Ouf! Je crois que ça peut marcher." Puis tendez la formule à votre prospect en lui demandant d'"approuver ici".

Soulagé de pouvoir obtenir son crédit, il signera. Et quand il signera, vous aurez fait votre vente.

Cette technique, qui consiste à mettre en doute l'aptitude d'un futur acheteur à remplir certaines conditions, peut également vous permettre de conclure une vente en désespoir de cause dans des situations où aucune garantie n'est exigée de l'acheteur. Quand c'est, par exemple, à une administration publique que vous avez affaire, ou bien à une agence gouvernementale financée par l'argent des contribuables. Ou encore à une grande entreprise.

Dans ce cas, ce n'est donc plus la crédibilité bancaire de votre interlocuteur que vous pouvez mettre en question, mais son pouvoir décisionnel, en lui faisant comprendre que vous vous demandez s'il a vraiment l'autorité suffisante pour passer une commande.

Si vous ne voulez pas vous faire un ennemi au lieu de faire une vente, allez-y sur la pointe des pieds... surtout si votre interlocuteur n'a que très peu de pouvoirs dans la hiérarchie. Mais si toutes vos autres techniques ont échoué, et si vous êtes convaincu de ne plus rien avoir à perdre, posez-lui incidemment des questions sur le comité exécutif et sur le conseil d'administration, en lui laissant entendre qu'on vit dans un monde où plus personne ne peut bouger le petit doigt sans en avoir demandé l'autorisation. Si vous le faites avec humour, il vous arrivera fréquemment de repartir avec une commande sur laquelle vous ne comptiez plus.

Un troisième type de situation permet d'utiliser avec succès cette technique de règlement. C'est quand on a affaire à des acheteurs cousus d'or, et qui sont donc susceptibles de payer au comptant. Nombre d'entre eux sont des gens qui ne se séparent jamais de leur magot, sauf quand ils ont l'occasion de pouvoir prouver leur importance à un vendeur. Offrez-leur donc ce plaisir... ils seront prêts à le payer.

12. Le p'tit chien

Si vous avez à la fois toute latitude et l'intention d'en faire usage, cette technique vous vaudra de partir en croisière autour du monde dans une cabine de luxe. Cette procédure de règlement, qui est la plus puissante que je connaisse quand il s'agit de vendre certains produits ou certains services, est un peu un paradoxe en soi puisqu'en réalité elle vous dispense de conclure la vente vous-même. Elle dément donc, en un certain sens, tout ce que j'ai pu vous dire jusqu'à présent sur ce sujet. Mais peu importe, puisqu'elle marche et que dans ce cas ce sont les acheteurs qui règlent l'affaire d'eux-mêmes. Le tout est d'être absolument sûr de n'appliquer cette technique qu'à des prospects bien choisis, et à la stricte condition de n'avoir à leur proposer qu'un produit ou un service qui soit de première qualité. Si ces deux conditions sont réunies, il ne vous reste plus qu'à revenir chez vos clients pour ramasser l'argent.

Pour mettre cette procédure à exécution, il vous faudra aussi un certain sang-froid, ainsi que la volonté bien arrêtée de ne pas faire comme tout le monde. Au chapitre 5, vous vous en souvenez, on a insisté sur ce fait que pour obtenir ce qu'on veut, il faut parfois savoir renoncer à ce qu'on a. Voilà donc pour vous une excellente occasion de le faire, sauf si vous êtes le plus jeune de votre équipe de vente. En quel cas, mieux vaudrait pour vous attendre que la direction vous autorise à vous servir de cette technique. Tâtez donc le terrain, en affirmant que vous garantissez les résultats.

Et si l'on vous réplique: "Vous garantissez les résultats? Mais les résultats de quoi au juste?" c'est que vous serez allé un peu trop vite en besogne. Dans votre propre intérêt, attendez alors d'être suffisamment rompu aux autres techniques de règlement et de vous être hissé dans le tiers supérieur des éléments de votre réseau de vente. Cela vous donnera assez de poids pour obtenir le feu vert. Ensuite seulement, utilisez à bon escient cette technique qui vous propulsera dans la catégorie d'élite des 5 pour cent de vendeurs qui gagnent vraiment les gros sous.

Voyons comment les choses doivent se passer. C'est tout simple: la technique consiste à vendre votre produit ou votre service comme s'il s'agissait d'un petit chien en bas âge.

Comment s'y prend-on pour vendre un petit chiot tout mignon?

On commence par laisser les gens l'emmener chez eux.

Et que se passe-t-il ensuite? Il se passe que le bébé chien vient frotter son museau tout frais contre leurs joues, qu'il leur fait les yeux doux, qu'il gémit quand ils s'en vont, que les enfants l'adorent... et qu'un beau jour on ne veut plus vous entendre parler de reprendre l'animal. C'est aussi simple que cela si votre produit, votre service, ont été conçus pour donner entière satisfaction à l'utilisateur.

Et si c'est de la machinerie lourde que vous vendez? Avant de répondre à cette question, j'aimerais vous raconter une anecdote survenue à l'un de mes amis qui fabrique des pièces métalliques. Un jour, un représentant vient le voir dans son bureau pour lui proposer une machine-outil, une machine qu'il n'avait évidemment pas pu apporter avec lui pour en faire la démonstration, étant donné son volume et son poids considérables. Mais il s'était bien entendu muni de brochures, de fiches de spécifications et d'un échantillonnage des pièces que pouvait usiner la machine. Il avait aussi sa petite idée sur la façon dont il allait s'y prendre pour la vendre. Les choses se passèrent de la façon suivante.

La rapidité, la multiplicité des utilisations, les marges de tolérance de cette machine étaient indubitablement de beaucoup supérieures à tout ce dont mon ami s'était jamais servi. Mais elle coûtait aussi dix fois le prix qu'il lui était arrivé de payer pour une seule machine. Il hésitait donc à franchir le pas, étant plutôt du genre à acheter du matériel d'occasion. Pourtant, il avait largement les moyens de s'offrir cette machine, dont l'acquisition eût été parfaitement justifiée par le volume des commandes que son entreprise avait à exécuter. Pour un vendeur connaissant son métier, mon ami avait donc tout pour ne pas se permettre de ne pas acheter, n'est-ce pas? Mais ce jour-là n'était pas son jour et — il devait me le confier plus tard — quelles que fussent les qualités de cette machine, quels que fussent les bénéfices qu'il aurait pu en retirer en l'achetant, il ne se sentait pas émotionnellement prêt, même si financièrement il pouvait se le permettre, à en payer le prix. Les acheteurs ne sont-ils pas souvent paralysés par des états d'esprit de ce genre?

Le représentant en question lui tint à peu près ces propos: "Je vais vous dire une chose. Je ne voudrais pas que vous achetiez cette machine avant que nous ne soyons bien certains l'un comme l'autre qu'elle convient parfaitement à vos différents types de fabrication. Si vous avez assez de place dans vos ateliers, je vais donc vous en faire livrer une. Vous pourrez l'utiliser pendant un certain temps sans engagement de votre part, et sans qu'il vous en coûte un sou percé."

"Combien de temps pourrai-je la garder?" lui demanda mon ami, en songeant déjà aux deux ou trois commandes qu'il pourrait, grâce à elle, faire exécuter en un rien de temps. Car si cette machine était vraiment capable des performances que lui avait vantées le vendeur, cet essai allait lui permettre de faire une sérieuse économie de main-d'oeuvre.

"Disons que cela va bien vous prendre deux ou trois semaines avant que vous puissiez exploiter toutes ses possibilités, lui répondit le vendeur. Que diriez-vous si, par exemple, je vous la laissais pendant un mois?"

À peine la machine fut-elle arrivée dans l'usine qu'on la mit à l'ouvrage. En moins de quatre jours, tout le travail qui était prêt à être exécuté le fut. La finition était meilleure et les coûts de production plus bas. Mais à présent la somptueuse machine était inutilisée. Mon ami la contempla donc avec regret, songeant qu'il allait bientôt falloir continuer à travailler sans elle. Et d'ailleurs, elle était beaucoup trop coûteuse. Ce fut à peu près à ce moment-là que le représentant l'appela.

"Elle fonctionne bien?"

"Oui, très bien."

"Avez-vous des questions à poser sur ses différents types d'utilisation? Ou bien besoin d'explications supplémentaires?"

"Non, je vous remercie", répondit mon ami, en s'attendant de la part du vendeur à une offensive pour conclure la vente. Mais il n'y en eut pas. Le vendeur se contenta de lui dire qu'il était heureux que tout se passe bien et prit congé de lui."

Le lendemain, quand mon ami entra dans son usine, ce fut pour constater que la machine crachait à plein rendement. C'était son contremaître qui s'en servait pour exécuter un petit travail que lui-même n'avait pas songé à confier à la machine. Il s'approcha donc pour la regarder travailler pendant quelque minutes. Au cours des semaines suivantes, il put constater aussi que ses ouvriers s'en servaient de plus en plus souvent. Le représentant ne lui avait pas menti: la machine était extrêmement rapide et se prêtait à de multiples utilisations.

L'usine en question était très bruyante, et les ouvriers devaient porter des équipements anti-bruit aussi salissants qu'incommodes. Ce n'était donc pas le genre d'endroit où on pouvait s'attendre à voir des gens avoir le coup de foudre pour un gentil petit chien... un petit chien aux allures de grosse mécanique cliquetant et broyant du métal. Pourtant, quand mon ami déclara à son personnel que la machine allait bientôt repartir, le contremaître, soutenu par tous les ouvriers, lui fit la liste plus qu'interminable des raisons pour lesquelles il faudrait la garder. Si bien qu'en un rien de temps mon ami se surprit à répondre: "Je vais réfléchir."

Quand le représentant revint le voir au bout d'un mois, le bon de commande était déjà signé. Plus question de laisser repartir le p'tit chien de l'usine.

D'autres techniques de règlement seront exposées au chapitre 22.

Chapitre 16

Les petits ruisseaux font les grandes rivières

Ce n'est pas tant le produit ou le service que vous vendez qui est important. Ni le secteur géographique dans lequel vous exercez vos activités. Ce qui est important, ce sont vos techniques de vente, l'organisation de votre temps de travail, et votre volonté de tirer le maximum de chacun des instants que vous consacrez à vous organiser, vous préparer, vous pénétrer de méthodes nouvelles et vous y entraîner dans le but de mettre en oeuvre ces excellentes acquisitions. Si vous adoptez des habitudes de champion, vous deviendrez champion. Vous en aurez le prestige, le revenu. Vous vous attirerez la considération des autres et vous jouirez de votre propre estime. Comme tous les champions. Beaucoup de vendeurs se demandent pourquoi ils n'y parviennent pas, et quand on leur cite le cas de tel ou tel de leurs collègues qui gagne des sommes dans les six chiffres, ils ont tendance à se dire: "Je parierais n'importe quoi que ce qu'il vend doit coûter des millions."

En vérité c'est bien rarement le cas. Pour la bonne raison que les acheteurs qui peuvent s'offrir des douceurs à ce prix-là ne courent pas les rues. Ceux qui gagnent beaucoup d'argent dans cette profession sont pour la plupart des gens qui vendent quotidiennement des assurances, des automobiles, des biens fonciers ou immobiliers et un tas d'autres produits ou services qui ne coûtent pas nécessairement des sommes folles. Bien sûr qu'ils ne vendent pas non plus des sacs de fèves ou des bonbons à deux sous la douzaine.

Quel que soit le prix de ce que vous vendez, vous devez vous aussi appliquer les secrets des superchampions. Je parle ici des grands de grands; de ceux qui en une bonne semaine gagnent ce qu'un ouvrier gagne en moyenne par année. Nous allons donc passer en revue huit systèmes qu'utilisent ces vendeurs de haut vol pour métamorphoser les petites coupures en gros billets. Ce sont les petits ruisseaux qui font les grandes rivières.

Les superchampions, et aussi la grande majorité des vendeurs qui réalisent de hautes performances, combinent toutes les techniques exposées dans ce livre pour convertir, grâce à la prospection par recommandation, une clientèle de base en un flot continu qui engendre de lui-même sa propre dynamique. Alors qu'un vendeur moyen a souvent bien du mal à arracher de la bouche d'un acheteur le nom d'un autre acheteur éventuel, le superchampion, lui, est capable de le faire en conversant quelques instants au téléphone avec quelqu'un qu'il n'a jamais vu. Mais ses talents, il en a payé le prix. Et c'est en toute confiance qu'il en exploite à fond les possibilités. "Rien ne nous réussit mieux que la réussite", écrivait il y a un siècle Alexandre Dumas. Ces mots n'ont jamais été plus actuels qu'aujourd'hui. Pour réussir vous aussi, commencez donc par accumuler le talent et le savoir-faire qui sont les outils de la réussite. Et servez-vous de votre outillage.

Système no 1: multiplier l'argent

Tous ceux que vous amenez à adopter votre produit sont entourés d'autres gens qui partagent avec eux les mêmes aspirations, ont les mêmes intérêts et se situent à peu près dans la même catégorie de revenus. Toute personne à qui vous faites une vente peut être multipliée par un certain nombre: celui de ses amis et connaissances, lesquels seront pour vous autant de nouveaux prospects.

Si l'on sait qu'une famille américaine possède en moyenne deux automobiles et demie, on peut se demander pourquoi le vendeur sans envergure s'arrête en si bon chemin quand il vient de vendre une voiture à une famille. Pourquoi ne profite-t-il pas de cette situation avantageuse? Parce qu'il s'est organisé pour n'avoir affaire qu'aux acheteurs éventuels qui viennent le voir dans sa salle d'exposition. L'idée ne lui vient même pas à l'esprit que tout acheteur représente pour lui une source de prospection par recommandation qui pourrait lui apporter de nouvelles ventes. Alors que pour sa part le superchampion n'en reste pas là. Il sait multiplier chacune de ses ventes par deux, trois, cinq, voire par dix ou même davantage sur une certaine période de temps.

Du point de vue de cet effet multiplicateur, les services de location représentent un potentiel véritablement explosif. Pour une automobile louée à un individu, ce sont plusieurs autres que vous pouvez louer à ses amis et connaissances. Et davantage encore aux amis et connaissances de ces derniers. Il y a là pour vous une mine d'affaires à exploiter si vous savez satisfaire vos clients, faire un effort d'imagination et poser les bonnes questions. Quand vous considérez votre produit et ceux qui l'achètent, pensez toujours à ceci:

> ***S'ils m'en ont pris un, eux ou leurs amis m'en reprendront d'autres.***

À vous de faire votre métier, bien sûr. À vous de vous dépenser pour que vos clients soient satisfaits de vos services. À vous encore de régler toutes les difficultés qui peuvent se présenter à eux. Encadrez encore ce qui suit:

> ***Occupez-vous de chacun de vos clients comme s'il allait vous en apporter mille autres.***

Attardons-nous un peu sur ce qui précède, et supposons que cette semaine vous ne fassiez qu'une seule et modeste vente. Mais vous avez parfaitement servi vos acheteurs, de sorte que vous avez pu présélectionner quatre nouveaux prospects dont ils vous ont donné les noms.

La semaine suivante, vous vous occupez de ces quatre clients éventuels et vos obtenez un résultat normal pour une prospection par recommandation, c'est-à-dire de 50 pour cent. Vous faites donc deux nouvelles ventes. Mais ces deux ventes vous permettent d'obtenir les noms de huit nouveaux prospects, chacun de vos acheteurs vous en ayant indiqué quatre. La semaine suivante — la troisième — vous vous occupez bien entendu de vos huit acheteurs éventuels, et vous vendez à la moitié d'entre eux. Vous faites donc encore quatre ventes.

À présent, prenez je vous prie un papier et un crayon, dont vous allez avoir besoin pour vos calculs, étant donné que nous traitons ici de quelque chose qui est pour vous de toute première importance.

Disons que ce que vous vendez, ce sont des appareils électroménagers, et qu'un produit sensationnel vient justement de sortir: un mixeur de cuisine que vous vendez 79,95 dollars. Vous touchez 10 pour cent de commission par appareil vendu, soit 8,00 dollars par appareil. Or, c'est précisément de cet appareil-là que vous avez décidé de vous occuper plus particulièrement, parce que quelque chose dans ses caractéristiques vous dit qu'il faut le pousser.

Voyons comment pour vous se présentent les choses après trois semaines:

Semaine no	*Ventes*	*Prospection*	*Gains*
1	1	0	8,00$
2	2	4	16,00$
3	4	8	32,00$

Pas très impressionnant à vrai dire, n'est-ce pas? Vous avez fait des efforts pendant trois semaines pour vendre ce maudit mixeur, et tout ce que vous y aurez gagné, c'est la somme plutôt minable de 56 dollars.

J'aimerais à présent que vous fassiez la chose suivante: prenez votre papier et votre crayon, puis faites le calcul de ce qui va se produire si, pendant dix semaines consécutives, vous continuez à doubler les ventes de votre mixeur — en supposant que vous obteniez quatre prospects par acheteur et que la semaine suivante vous vendiez à deux d'entre eux. Autrement dit, continuez la progression géométrique amorcée ci-dessus dans la colonne de droite de façon à couvrir dix semaines pleines. C'est l'affaire d'une minute.

Vous devrez probablement sortir votre calculateur de votre poche pour contrôler vos résultats, tellement ils sont surprenants. Mais plutôt que de vous les donner moi-même et de vous gâcher le plaisir, je me contenterai de vous affirmer ceci: si, pendant dix semaines consécutives, vous pouvez vendre effectivement votre mixeur comme je viens de vous l'indiquer, et si ensuite vous maintenez pendant une année pleine vos ventes au même niveau que celui de la dixième semaine, vous aurez gagné un cinquième de million de dollars (pour être précis: 200 704,00 dollars, et en supposant que vous ayez pris trois semaines de vacances).

Alors?

Bien entendu, si vous travaillez dans un magasin de détail, il serait irréaliste de vous donner pour objectif de vendre une quantité semblable d'appareils qui seraient tous du même type. Mais qui vous empêche alors de vendre à vos nouveaux acheteurs d'autres articles, dont certains valent dix fois le prix de votre mixeur?

Cet exemple illustre l'énorme effet multiplicateur de la prospection par recommandation. Mettez donc en pratique le principe suivant: pourquoi vous contenter de laisser un acheteur — et avec lui les milliers de contacts qu'il peut virtuellement vous procurer — sortir de la boutique avec un seul de vos produits en vous disant que l'affaire est terminée? Alors que parmi ses amis, ses proches, ses collègues de travail, tout laisse supposer qu'il y a des masses de gens qui eux aussi ont besoin des avantages que vous pouvez leur procurer.

Au cours des cinq dernières années où j'ai pratiqué la vente avant de l'enseigner aux autres, 95 pour cent de mes acheteurs étaient des gens avec qui j'étais entré en contact grâce à la prospection par recommandation. Ce n'était pas uniquement la qualité du service que je fournissais à mes clients qui me valait cela, mais aussi ce principe que je viens de formuler plus haut, et que j'appliquais rigoureusement. La seule fois où j'ai fait de la prospection directe, c'était pour montrer aux autres de quelle façon il faut s'y prendre. Quel était pour moi l'avantage de traiter presque exclusivement mes affaires en pratiquant la prospection par recommandation? C'était de pouvoir consacrer chaque instant de mes activités à mieux m'occuper des gens qui me faisaient confiance. Et tout ce qu'il me restait à faire en dehors de cela, c'était de sélectionner soigneusement mes prospects et de conclure mes ventes.

Si vous n'avez pas encore exercé ce métier, il est clair que vous ne pourrez pas commencer par vous occuper de gens avec qui vous serez entré en contact au moyen de la prospection par recommandation, étant donné que pour pouvoir le faire, il faut au moins avoir vendu une fois. Et la plupart des débutants tiennent tellement à réussir leurs premières ventes qu'ils en viennent à ne voir que celles-là et à ne pas même soupçonner quelle quantité fabuleuse d'ouverture peut offrir une seule affaire.

Système no 2: considérez que vos clients n'auront jamais tout acheté de ce qui leur manque

Ce deuxième système qui vous permettra d'augmenter le volume de vos ventes exige de l'imagination. Pensez donc constamment aux accessoires, aux compléments qui pourraient s'ajouter à votre produit, ainsi qu'aux différentes utilisations qu'un même acheteur pourrait faire de ce que vous lui vendez. Et ne cessez jamais de vous poser la question suivante:

> ***Que puis-je ajouter à ce que mes clients possèdent déjà?***

Vous vendez à des sociétés ou à des entreprises et un de vos clients, responsable du service des expéditions d'une grosse compagnie, vient d'acheter votre produit pour l'utiliser dans son département. Allez-vous en rester là? Ou bien allez-vous plutôt continuer à vous occuper de votre client pour qu'il vous introduise auprès de ses collègues de la comptabilité ou de la fabrication? Tout dépend évidemment de ce que vous vendez. Mais il reste que je ne sais combien de vendeurs se contentent de placer leur produit ou leur service dans tel ou tel secteur d'une entreprise sans même chercher à être introduit auprès des autres.

Je vous recommande pourtant de toujours vous en tenir à cette règle d'or:

> ***Ne cherchez jamais à faire une vente additionnelle avant d'avoir complètement réglé votre vente initiale.***

Si j'arrive à votre rayon pour chercher un aspirateur, je n'ai pas la moindre envie que vous me parliez de ce nouveau mixeur que vous trouvez sensationnel. Ou du moins pas avant d'avoir comblé mon besoin frénétique de dépoussiérage. Alors seulement vous aurez peut-être une chance d'éveiller en moi un besoin tout aussi frénétique de broyer les aliments. Mais ne venez surtout pas me parler de votre mixeur avant que je ne sois bien en possession du meilleur modèle d'aspirateur que vous pourrez me vendre.

Mon agent d'assurances compte parmi les vendeurs les plus doués que j'aie jamais rencontré. Il ne me parle jamais des projets d'avenir qu'il fait à mon sujet avant d'avoir d'abord expédié nos affaires du présent. C'est seulement quand j'ai signé le renouvellement de mon contrat d'assurance-vie qu'il m'expose les modifications qu'on pourrait lui apporter ultérieurement.

Le plus plaisant, le plus réconfortant dans cette profession, c'est que tout vendeur peut se comporter de cette façon à partir du moment où sa clientèle l'apprécie et lui fait confiance. La dernière fois que j'ai renouvelé ma police, enrichie d'une couverture additionnelle, mon assureur me dit simplement: "Nous nous reverrons certainement très bientôt."

Sur mon chèque — un gros chèque — l'encre n'avait pas encore eu le temps de sécher. "Bientôt? Mais je n'ai pas envie de vous revoir de sitôt!" lui répliquai-je en plaisantant.

Il se mit à rire: "Pourquoi? me dit-il. Vous avez l'intention de couler vos affaires?"

Je me mis à rire à mon tour, car mon intention bien arrêtée est évidemment de continuer à travailler dur, d'augmenter encore mon chiffre d'affaires... et donc d'augmenter aussi le capital de mon assurance-vie. Autrement dit, au fur et à mesure que j'atteindrai mes objectifs et que je m'en assignerai de nouveaux pour l'avenir, je lui permettrai corrélativement d'atteindre les siens lui aussi... et de s'en assigner de nouveaux pour plus tard. N'est-ce pas exactement dans ce genre de spirale ascendante que vous voulez vous engager vous aussi avec vos clients? C'est parfaitement réalisable si, chaque fois que vous venez de résoudre pour eux un premier problème, vous savez faire naître un problème additionnel... que vous résoudrez aussi pour eux par la suite.

J. Douglas Edwards et moi sommes liés par une amitié très vive et, à Scottsdale, nous vivons à deux pas l'un de l'autre. Fréquemment nous échangerons des anecdotes que nous tenons de ceux qui participent à nos séminaires respectifs. Un jour, alors qu'il revenait d'une tournée de conférences au Canada, il me raconta qu'à Toronto un de ses auditeurs — un vendeur encore jeune — lui avait déclaré: "Depuis la dernière fois que je suis venu vous écouter, je suis devenu multimillionnaire. Et ceci à cause d'une simple phrase que je vous ai entendu prononcer."

Voilà qui est assez grisant pour un conférencier. C'est l'espoir de nous entendre dire que nous sommes à l'origine de réussites de ce genre — encore qu'elles ne soient pas toutes aussi spectaculaires — qui nous pousse Doug et moi à prendre continuellement des avions. "Quelle phrase? De quoi s'agissait-il?" demandai-je, avec une pointe de mélancolie dans la voix. La réponse que me fit Doug, c'est le titre que je donne au système suivant — mon troisième et mon favori — pour transformer la petite monnaie des petits ruisseaux en gros sous d'une grande rivière.

"Ce que vous vendez, vendez-le en régimes, comme les bananes." (Système no 3)

Voyons ce que ce garçon de Toronto — il s'appelle Ed Dardon — avait fait du concept qu'il avait emprunté à J. Douglas Edwards. Quelques semaines après le séminaire au cours duquel il l'avait entendu prononcer cette phrase, il avait rencontré quelqu'un avec qui il était entré en contact grâce à son système de prospection par recommandation. Or, cet homme avait de sérieux ennuis. Il faisait partie d'un groupement de constructeurs qui avait édifié un splendide complexe résidentiel destiné à être loué par appartements. Mais à peine les travaux avaient-ils été achevés que déjà les premières difficultés avaient surgi. C'est-à-dire au moment où on avait fixé le prix des loyers, lesquels devaient théoriquement représenter le retour de l'investissement. Car les appartements à louer étaient tout simplement fabuleux. Fabuleux, mais hors de prix par comparaison aux barèmes du marché. Ils étaient donc restés vides. Mais pendant ce temps les taxes d'habitation et les frais d'entretien n'avaient cessé de croître, et aucune rentrée n'était venue compenser ces dépenses, auxquelles s'ajoutait encore le remboursement du prêt hypothécaire.

Après avoir réfléchi pendant un certain temps, Ed Dardon avait échafaudé un plan de sauvetage. Puis il avait rencontré les constructeurs pour leur soumettre son programme. N'oublions pas que si de nos jours les condominiums sont très en vogue, on n'était pas encore habitué à cette époque-là à cette formule d'achat d'appartements en copropriété. Ed avait pourtant réussi à convaincre ses interlocuteurs que la seule façon de sauver la situation, c'était de revendre les appartements en condominiums.

Mais il fallait faire vite. Aussi Ed Dardon avait-il constitué immédiatement une petite équipe de vente efficace, dont les méthodes étaient axées sur le concept de Doug, à savoir qu'il fallait vendre le produit en régimes, comme les bananes. Il avait donc découpé l'ensemble en lots de trois, quatre et cinq appartements d'un seul tenant, et avait même parfois réussi à vendre deux ou trois lots d'un coup à un seul investisseur. La plupart de ses acheteurs n'étaient pas des gens qui désiraient retirer tout de suite de l'argent comptant de leur placement, mais qui, grâce à celui-ci, voulaient simplement obtenir certains avantages fiscaux.

Parallèlement à sa structure de vente, Ed Dardon avait aussi mis sur pied un service de location des condominiums qui agissait au nom des propriétaires. Ce sauvetage qu'il avait imaginé pour transformer un fiasco financier en une aventure très profitable pour les constructeurs lui valut une foule de propositions nouvelles. Non seulement la rumeur s'était répandue qu'il était un homme aux idées originales, mais encore cette rumeur avait-elle été abondamment propagée à travers tout le Canada par les journaux d'affaires. Si bien qu'en moins de temps qu'il n'en avait passé sur les bancs de l'université, Ed Dardon était devenu multimillionnaire.

Saisissez donc vous aussi toutes les occasions de vendre en régimes, comme si vous vendiez des bananes. Et pénétrez-vous encore de ce qui suit:

Chaque fois que vous tombez sur un filon, exploitez-le jusqu'à la dernière pelletée. Ce sera le système no 4

Si un jour vous vendez une banque, vous saurez comment vendre toutes les autres banques. Si c'est grâce à votre chalut qu'un bateau pêche davantage de poisson, tous les chalutiers du port vous achèteront votre filet. Vous vous demandez comment vous allez bien pouvoir vous y prendre pour faire l'intense travail de planification que peut vous valoir une seule vente réussie? Il n'y a vraiment pas de quoi vous mettre martel en tête. Commencez d'abord par faire un plan de campagne, puis par exploiter le filon jusqu'à la dernière pelletée, c'est-à-dire en vendant à tous ceux qui appartiennent à la même branche d'activités ou au même groupe d'intérêts que votre premier acheteur. Autrement dit, considérez chaque prospect comme un membre d'une communauté particulière à laquelle vous devez apprendre à vendre votre produit. En réalité, c'est ainsi que les choses se passent.

Oui, mais si vous utilisez toujours la même technique pour vendre des paquets de choses à des paquets de gens, comment allez-vous dépenser tout l'argent que vous allez gagner?

Système no 5: servez-vous à fond de votre carte de visite

Quand nous débutons dans la vente, nous prenons en général le temps de distribuer des milliers de cartes de visite. Puis un beau jour nous avons pas mal de pain sur la planche et nous cessons de le faire sans même réaliser à quel point ce sont ces cartes qui nous ont facilité les choses.

Quand j'étais dans l'immobilier, j'avais pris l'habitude de joindre une de mes cartes à chacune des factures que j'acquittais, me disant qu'il y aurait forcément quelqu'un pour ouvrir l'enveloppe. Un jour, je reçus un appel d'une inconnue: "M. Hopkins, me dit-elle, vous ne me connaissez pas, mais mon mari et moi désirons acheter une maison plus grande que celle que nous occupons, et j'aimerais bien vous en parler."

Après lui avoir répondu que je serais ravi de m'en occuper, je lui demandai d'où elle tenait mon nom.

"Je suis responsable des comptes-clients à la compagnie du gaz, me dit-elle, et j'ai sur mon bureau deux bonnes douzaines de vos cartes."

La commission qui me revint ensuite, quand j'eus satisfait aux besoins immobiliers de cette femme et de son mari, aurait largement suffi à payer bien plus de cartes que je n'aurais pu en faire circuler en un siècle. Et ce n'est qu'un exemple parmi tant d'autres. Sauf dans le cas où vous vendez quelque chose de bien particulier à une clientèle bien particulière, ne perdez donc jamais une occasion de glisser votre carte de visite entre les mains de ceux que vous rencontrez, même de façon brève et superficielle.

Système no 6: soyez une véritable annonce publicitaire ambulante

Quel que soit le lieu public dans lequel vous vous trouvez pendant vos heures de travail, faites votre propre publicité. Mais faites-le avec classe, en transportant un classeur en plastique frappé d'un message destiné à attirer l'attention. La prochaine fois qu'au restaurant vous attendrez qu'une table soit libre, observez les autres personnes qui comme vous patientent. Combien d'entre elles ont besoin de ce que vous vendez?

À l'avenir, au lieu de vous dandiner d'un pied sur l'autre comme vous le faites quotidiennement, adoptez une attitude détendue, affable, et sans en avoir l'air placez votre classeur de telle sorte que vos voisins puissent lire ce qui est écrit sur sa couverture. Votre slogan doit être attractif, du genre NOUS FAISONS FRUCTIFIER VOTRE ARGENT. Le nom de votre entreprise, si elle est connue, fera l'affaire mieux que toute autre inscription.

Un champion sait très bien que les gens qui l'entourent vont lire cette publicité et qu'ils vont engager la conversation. Quand ils découvriront le nom de sa firme sur la couverture de son classeur, ils lui demanderont: "Oh! vous travaillez pour ______________ ?"

Alors le champion leur tendra sa carte avec un sourire: "Oui, je travaille pour ______________ . Et vous ne me poseriez certainement pas cette question si vous n'aviez pas besoin de nos services." Car le champion sait fort bien que ces rencontres fortuites débouchent souvent sur l'affaire lucrative qu'il n'aurait pas pu traiter autrement.

Système no 7: sachez rattraper le coup en prenant de nouveau contact avec vos prospects

Qu'on s'y décide de bon gré ou non, la relance joue un rôle essentiel dans bien des situations de vente. Elle s'impose dans tous les cas où, après que vous ayez fait la présentation d'un service ou la démonstration d'un produit, vos futurs clients ne sont pas mûrs pour se décider. Ils vous demandent de leur laisser des informations chiffrées, une notice explicative, vous déclarent qu'ils vont les examiner, et vous affirment qu'ils vous rappelleront. Dans la neuvième technique exposée au chapitre 15, je vous ai déjà expliqué comment contrer beaucoup de ces objections qui ralentissent vos démarches. Mais il existe des situations où la seule attitude possible est de reprendre contact avec le client à une date ultérieure. Si ces situations vous sont familières, apprenez à rattraper le coup et à améliorer votre score grâce à une procédure que j'ai fractionnée par étapes.

1. Ménagez vos arrières dès la première rencontre, en évitant de vous fermer d'avance toutes les portes. Gardez-vous soigneusement aussi de téléphoner pour obtenir un second rendez-vous, car il serait trop facile à vos prospects de vous faire demander par leur secrétaire de les rappeler l'année suivante. Dans la plupart des cas, il vous suffira de vous re-présenter en personne pour reprendre contact, même si la première fois vous avez dû prendre rendez-vous pour obtenir un entretien.

2. Quand vous vous présentez pour la seconde fois à vos futurs clients, souriez, saluez-les, rappelez-leur le nom de votre compagnie s'il peut se faire qu'ils ne s'en souviennent plus et, sauf si ce sont eux qui vous tendent spontanément la main, ne prenez pas l'initiative de le faire.

3. Commencez par récapituler les avantages que présente pour votre prospect ce que vous vendez. C'est ce que se garde bien de faire le vendeur ordinaire, qui pose généralement d'emblée la question-suicide qui va assassiner sa vente. Si bien qu'ensuite il devra consacrer tout l'entretien à tenter désespérément de réanimer quelque chose qui a cessé de vivre. Comment s'y prend-il pour tordre le cou à sa vente?

En posant une question de ce genre: "Alors, vous vous êtes décidé?" Charger ainsi tête baissée pour décrocher une décision, sans même prendre le temps de rappeler les points sur lesquels le prospect était tombé d'accord lors de la première rencontre, c'est la garantie presque assurée de courir droit à un refus.

Un véritable professionnel ne pose jamais de question-suicide. Il manoeuvre de façon totalement différente. Supposons que j'aie fait la semaine passée la démonstration d'un piano à une certaine Mme Kellens. D'ordinaire, je juge toujours préférable que le mari et la femme soient tous les deux présents dans un cas semblable. Mais cette fois il était parfaitement clair que M. Kellens ne serait pas disponible, et c'est devant son épouse seule que j'ai dû faire ma démonstration. Aujourd'hui, j'ai donc repris contact avec elle, et ma première tactique va consister à revenir là où nous en étions.

"Mme Kellens, je ne crois pas inutile de reprendre ce que nous disions la dernière fois. C'est notre modèle Harmodyne qui vous plaît le plus, et nous sommes tombés d'accord qu'il trouverait magnifiquement sa place dans le coin de cette pièce, n'est-ce pas?

"Et puis, même si Harmodyne n'est ni le plus grand ni le plus coûteux de nos modèles, nous étions bien d'accord vous et moi pour reconnaître que sa sonorité, sa qualité, sont largement suffisantes pour satisfaire à vos besoins, non?" Mme Kellens ne peut que confirmer les deux points que je viens de lui rappeler, étant donné qu'elle l'a déjà fait au cours de notre première rencontre. Je continue donc:

“Et puis encore — et c’est je crois la principale des raisons pour lesquelles vous désirez ce piano chez vous — un Harmodyne permettait à vos enfants de tirer profit des cinq années de leçons que vous leur avez déjà fait donner, M. Kellens et vous. Si bien que cet investissement n’aurait pas été fait pour rien. C’est bien votre avis aussi, non?”

Une fois de plus, je viens de l’amener à m’approuver. Continuons sur la lancée: “Si je m’en souviens bien, vous me disiez également que selon vous le fait d’avoir un piano inciterait les amis de vos enfants à venir ici plus souvent, et que vous préféreriez que vos enfants soient à la maison plus souvent, je me trompe, Mme Kellens?”

Sur ce point encore, elle ne peut rien faire d’autre que m’approuver, puisque c’est exactement ce qu’elle m’a dit la première fois. Sur le moment, j’avais parfaitement saisi le rôle vital que pouvaient jouer ces déclics émotionnels, et je les avais incrustés dans mon esprit. (Bien des champions ne font pas une confiance aveugle à leur mémoire et, quand ils doivent entrer de nouveau en contact avec un futur acheteur, ils s’empressent de consigner par écrit toutes ses motivations dès qu’ils sont sortis de chez lui, ce qui leur permet de passer en revue ces motivations avant le deuxième entretien, et aussi d’être sûrs de n’en oublier aucune.)

C’est seulement après avoir récapitulé devant Mme Kellens tous les facteurs émotionnels que j’ai découverts au cours de la première rencontre que j’en arrive à ce qui a retardé l’acquisition. Mais je ne lui demande pas encore de se décider. Au contraire, j’axe la conversation sur l’obstacle émotionnel:

“Je crois en somme que le seul point dont nous n’avons pas vraiment discuté, Mme Kellens, et sur lequel nous n’avons donc pas pu tomber d’accord, c’est de savoir si M. Kellens est aussi disposé que vous à faire cet investissement dans l’intérêt de vos enfants. C’est bien cela?”

Qu’ai-je provoqué en m’exprimant ainsi? J’ai replongé Mme Kellens dans le même état émotionnel que celui qu’elle a déjà connu après la démonstration de mon piano. Si en effet, en venant la relancer aujourd’hui, j’étais arrivé chez elle alors que le couple avait déjà décidé de m’acheter un Harmodyne, elle m’aurait tout de suite interrompu pour me le dire. En me voyant entrer aujourd’hui, elle s’attendait donc de ma part à une question du genre: “Me revoilà, Mme Kellens. Avez-vous parlé à votre mari? Qu'en a-t-il dit?" Et elle aurait été bien forcée de me répondre:

"Il a malheureusement dit non. Je suis désolée... j'ai pourtant fait tout ce que j'ai pu pour le convaincre... mais je pense que nous devrons attendre une année pour..."

Pourtant, Mme Kellens et ses enfants veulent mon Harmodyne. Ils en ont besoin. Ils peuvent financièrement se l'offrir. Mon métier consiste à aider Mme Kellens à obtenir ce piano. Pas à lui faciliter les choses pour qu'elle se débarrasse de moi. Je ne vais donc pas lui fournir le prétexte de me dire: "Désolée. Au revoir." Je vais au contraire l'acheminer vers les facteurs émotionnels qui lui font désirer ce piano. Tant que je peux la prendre par les sentiments et la faire parler de cet Harmodyne qu'elle veut avoir chez elle pour ses enfants et leurs amis, je sais qu'elle cherche un moyen pour l'obtenir. Car dites-vous bien toujours ceci: "Si j'occupe une place sur cette terre, ce n'est pas pour être le déversoir des sentiments négatifs des autres. Mon but est au contraire de les aider à profiter de l'existence."

Imaginez un représentant qui ne soit pas ce qu'on pourrait appeler un prodige de réussite. Savez-vous comment il s'y prend quand il vient relancer un prospect? "Bon, euh... me revoilà. Vous avez réfléchi à ma proposition?" Que voulez-vous qu'on réponde à une si brillante question?

"Oui. Non." ("Oui, on a réfléchi. Non, on n'en veut pas.") Une simple pichenette et il s'écroule. Mais avouez qu'il l'a cherché!

En affaires, comme d'ailleurs dans la vie privée, il faut faire une récapitulation sommaire des points sur lesquels on est déjà tombé d'accord quand on entre de nouveau en contact avec quelqu'un. Il faut recréer le climat de la dernière rencontre et permettre à l'interlocuteur de réaliser consciemment les avantages qui l'ont déjà séduit. Quand la relance des prospects devient la règle au lieu de rester l'exception, le champion garde dans sa manche un atout en réserve. Pour ce faire, il s'abstient délibérément lors de la première rencontre de mettre en valeur un des avantages qu'il sait capable de séduire son client. De sorte que lors de leur deuxième rencontre, et après avoir récapitulé les autres avantages sur lesquels le prospect est déjà tombé d'accord la fois précédente, cet atout qu'il a gardé en réserve lui permet de tenir le langage suivant:

"M. Selvan, la dernière fois que nous nous sommes vus, nous avons discuté de l'accroissement de productivité que permet une

Fulgur, et des bénéfices que votre entreprise pourrait en retirer. Mais je pense que j'ai dû omettre de vous dire quelque chose que je crois capital pour votre décision. Je sais bien que l'acquisition d'une Fulgur crèverait votre plafond budgétaire, mais je voudrais tout de même que vous gardiez ceci présent à l'esprit, M. Selvan: avec une Fulgur, le personnel n'est pas prisonnier des hautes cadences de rendement de la machine. Pas d'augmentation des coûts de main-d'oeuvre, puisque nous la livrons également équipée d'un dispositif de servo-commande qui lui permet de fonctionner toute seule avec une capacité de production augmentée jusqu'à 80 pour cent."

Dès que vous avez lâché ce lièvre, vous attaquez bien sûr l'étape du règlement final.

Notre système no 8 donne des ailes, ne coûte rien... et n'a guère d'adeptes

C'est un des plus rentables, et c'est en tout cas le plus puissant que je connaisse pour obliger les autres à survolter notre propre potentiel de vente. Pour une raison que je n'ai jamais très bien comprise, très peu de vendeurs l'utilisent. Ce qui n'a peut-être rien de bien surprenant, puisque 5 pour cent d'entre nous environ se servent du plus grand nombre possible de techniques afin de gagner davantage d'argent et de mieux faire leur métier... et que 5 pour cent des vendeurs seulement utilisent régulièrement celle-ci, qui est pourtant toute simple. Sans doute n'est-elle pas assez spectaculaire. À moins qu'elle n'exige trop d'effort et d'initiative...

Quelle est la locution de la langue française la plus importante dans notre profession? Mais non, ce n'est pas "j'veux ci-j'veux ça!" C'est "*Merci.*" Et oui, merci. J'ai fait cette découverte il y a bien des années, à l'époque où j'ai commencé à écrire des lettres de remerciement chaque fois que j'en avais l'occasion. Les résultats furent stupéfiants. Je vais vous en donner un exemple. Le jour où je ressortis de la banque après avoir été empocher ma première vraie commission de vendeur, ce fut pour courir tout droit m'acheter un costume, car j'avais désespérément besoin de m'habiller. Deux jours plus tard, mon costume fut mis à rude épreuve, car il connut sa première tache de graisse. Je dus le porter de toute urgence chez le nettoyeur. Le propriétaire de la boutique fit de son mieux pour aller vite, et je pus récupérer mon costume juste à temps pour aller à mon prochain rendez-vous. J'envoyai alors un petit mot à ce commerçant pour le remercier d'avoir fait diligence, et il afficha ma lettre à l'aide de rubans adhésifs sur le haut de sa caisse enregistreuse, ainsi que ma carte de visite. Trois jours plus tard je recevais un appel de la part d'un de ses clients, qui avait pris connaissance de ma lettre. Ce qui me valut par la suite bien d'autres débouchés d'affaires. Mais indépendamment de tout l'argent que je devais en retirer plus tard, cette anecdote me donna à réfléchir.

Sachez remercier. Faites-le par écrit. Et sans perdre un instant.

Car si les formules de remerciement sont agréables à entendre, si elles sont indispensables au maintien des bonnes relations, si elles représentent parfois le seul moyen dont nous disposons pour exprimer notre reconnaissance, elles s'arrêtent généralement là quand c'est à un prospect qu'elles sont adressées. Il est donc bien rare qu'elles facilitent une prospection par recommandation. Pour cela, il faut que les remerciements soient écrits, et que d'autres personnes que le destinataire en prennent connaissance.

N'allez pas vous imaginer que le mot de remerciement que j'avais envoyé à mon nettoyeur — et qui devait plus tard me faire faire d'excellentes affaires — soit l'exception qui confirme la règle. Je reçois constamment des lettres de la part de champions qui ont suivi mon conseil, et pour qui la note de remerciement fait désormais partie de toute procédure de vente. Un de mes anciens auditeurs, qui manifestement est devenu un champion lui aussi, m'a écrit la chose suivante: "Tom, un jour la femme qui au supermarché vérifiait ma commande m'a demandé: "Vous êtes bien dans l'immobilier, n'est-ce pas?" Ce que je lui ai confirmé. Nous avons un peu bavardé, et je lui ai remis ma carte. C'est ensuite, en y repensant, que j'ai cherché son adresse pour la remercier d'avoir accepté ma carte. Deux semaines plus tard elle me rappelait. Pour me dire que sa soeur et son beau-frère voulaient acheter une maison. Et c'est ainsi que, grâce à ce petit mot de remerciement, j'ai pu faire de ces gens les heureux propriétaires de leur foyer."

Quel précieux outil. Pourquoi ne vous en servez-vous pas tous les jours vous aussi?

Sans doute allez-vous me répondre que vous ne voyez pas très bien qui il faut remercier. Et de quoi. Parce qu'après tout, ceux auprès de qui vous vous fournissez ne font que leur devoir de fournisseurs. Alors, à quoi bon leur exprimer votre reconnaissance?

Remerciez-les quand même. Si vous débutez dans cette profession et que vous n'avez pas encore eu le temps de vous faire une clientèle, envoyez une note de remerciement à tous ceux que vous rencontrerez, en vous souvenant toujours qu'il s'agit là d'une technique de diffusion probabiliste: pour que quelques messages soient interceptés, il faut en émettre un grand nombre. Et dans la bonne direction. Si vous êtes agent d'assurances ou vendeur en immobilier, toute personne que vous rencontrez est un client éventuel. C'est donc aussi bien au gérant de la boutique de crème glacée du coin de la rue qu'à tous ceux qui n'ont pas de raison particulière de vous prêter attention que vous devez envoyer un mot de remerciement. Si ce sont des camions diesel que vous vendez, vous devrez, dans ce cas, procéder à une sélection. Mais quoi que vous vendiez, ayez toujours sous la main un certain nombre de cartes de format carte postale pour alimenter votre machine à dire merci. Supposons que vous soyez en train de faire votre tournée. Vous faites une escale de routine chez un de vos clients et, pendant que vous attendez qu'il vous reçoive dans son bureau, vous faites fortuitement la connaissance du directeur d'une autre entreprise, qui se trouve là lui aussi. Vous bavardez avec lui. Pas longtemps, mais la conversation est cordiale.

De retour dans son entreprise, votre interlocuteur d'un moment ne se souviendra guère de vous. Quelques jours plus tard, il vous aura totalement oublié. Mais qu'arrivera-t-il si c'est précisément à ce moment-là qu'il reçoit une lettre de vous? Pour le remercier de quoi? Mais des minutes agréables que vous avez passées à bavarder avec lui, voyons. Car si à cette occasion vous avez eu la chance de connaître son nom et celui de son entreprise, il vous aura été tout simple ensuite de vous procurer son adresse.

Que se passera-t-il le lendemain, quand ce sera votre lettre que sa secrétaire lui donnera à lire en premier? Savez-vous combien les lettres de remerciement sont rarissimes pour ces gens-là? La secrétaire entrera dans son bureau et dira à son patron: "On a reçu ce matin une lettre vraiment très gentille. C'est quelqu'un qu'on connaît? Je ne me souviens pas de l'avoir vu ici."

"J'y suis, ça me revient! C'est le gars que j'ai rencontré l'autre jour chez... Un garçon très sympathique." Ensuite, à vous d'adopter une conduite de circonstance. Même si votre interlocuteur d'un bref instant dirige une affaire qui n'a pas besoin de vos services, il est très certainement en relations avec des collègues d'autres entreprises qui, elles, en auront besoin. Car la vente n'est pas une fonction isolée qui s'accomplit dans le vide. Elle est le fil avec lequel est tissée l'étoffe de notre société. Nul d'entre nous ne peut prévoir ni comprendre les relations innombrables et complexes qui s'exercent au sein d'une communauté humaine et nul ne peut décider qui va acheter quoi, et à qui il va l'acheter. Mais il y a au moins une chose dont nous pouvons tous être sûrs, c'est que plus les autres nous apprécient et nous font confiance, et plus nos chances de réussir dans la vente sont grandes.

Les notes de remerciement... quel impact! Utilisez-les constamment, intensément, afin d'allonger encore la liste de ceux qui vous connaissent, vous apprécient et vous font confiance. La liste de ceux qui sont vos acheteurs et qui à tout moment vous faciliteront les choses en vous introduisant auprès de nouveaux acheteurs.

Il est des circonstances où vous ne devez jamais vous dispenser d'envoyer une lettre de remerciement. En voici l'énumération:

Après une première rencontre

Chaque fois que vous aurez rencontré quelqu'un et que vous aurez pu vous entretenir avec lui de votre produit ou de votre service, écrivez-lui pour le remercier de cet entretien.

Après une deuxième rencontre

Même chose. Une note de remerciement doit suivre chacune de vos visites.

Après une vente

"Ces quelques lignes pour vous remercier encore de... et vous assurer que je reste à votre entière disposition si je puis vous être utile d'une façon ou d'une autre." Évitez toujours d'employer des expressions telles que "...si vous aviez le moindre problème," ce qui pourrait laisser supposer au destinataire qu'il peut effectivement en avoir un. Contentez-vous de lui faire savoir que vous serez disponible s'il a besoin de vous. Si tel était le cas, il va de soi que vous devriez intervenir promptement et énergiquement pour résoudre le problème qui se pose, quel qu'il soit. Certains vendeurs, qui ne voient pas beaucoup plus loin que le bout de leur nez, se font plutôt rares dès qu'un client a des ennuis avec ce qu'ils leur ont vendu. Ce sont en général des gens qui changent continuellement d'employeur et qui sont incapables de se construire une clientèle solide. C'est une attitude totalement différente qu'adoptent les champions quand leurs clients ont des difficultés. Ils savent que leurs acheteurs les oublieront vite si tout marche comme sur des roulettes, mais qu'au contraire ils se souviendront d'eux s'ils interviennent vite et efficacement pour régler les difficultés qui peuvent surgir. Ils savent aussi que la meilleure source de prospection par recommandation, c'est le client dont ils auront résolu le problème.

Quand un client facilite votre prospection par recommandation

Chaque fois qu'un de vos clients vous donne le nom d'un acheteur éventuel ou vous introduit auprès de lui, écrivez-lui pour l'en remercier. À moins que vous ne préfériez l'inviter à dîner... ou lui offrir le restaurant à vos frais.

Pour qu'on vous accorde un traitement de faveur

N'oubliez jamais ceux qui cherchent à vous être agréables, quel que soit leur domaine d'activités. Vous est-il déjà arrivé d'inviter vos clients à dîner ou à souper? Appréciez-vous, en ces occasions, que le maître d'hôtel vous accueille et vous traite avec des égards tout particuliers? Alors, envoyez-lui un petit mot de remerciement pour lui dire à quel point vous avez été enchanté de son accueil et de son service, en lui annonçant que vous vous ferez un plaisir de ramener à l'avenir le plus possible de monde dans son établissement. Et vous verrez que vous serez mangifiquement traité chaque fois que vous réserverez une table et que vous reviendrez.

Vous plairait-il d'être le seul à ne pas attendre quand vous faites faire un réglage ou une vidange à votre voiture? À la prochaine occasion, envoyez quelques lignes de ce genre au gérant de la station-service: "Cher monsieur, j'ai grandement apprécié la rapidité avec laquelle j'ai pu hier récupérer ma voiture et vous en suis très reconnaissant. Je me ferai donc un plaisir de recommander vos services autour de moi chaque fois que j'en aurai l'occasion. Sincèrement vôtre." Envoyez aussi une copie de votre lettre au propriétaire du garage.

Écrivez aussi à ceux qui ne vous ont rien acheté

Pourquoi ne pas leur envoyer à eux aussi une note de remerciement? Après tout, ils vous ont fait la courtoisie d'écouter votre présentation, et ils se demandent à présent s'ils ont bien fait ou non d'acheter à un de vos concurrents. Que va-t-il se passer si la nouveauté qu'ils ont acquise ne leur plaît qu'à moitié, si votre concurrent n'a pas fait parfaitement son travail, ou s'il ne suit pas ses clients avec assez de soin? Peut-être ceux-ci vont-ils regretter leur décision et conseiller à leurs amis de vous consulter au préalable s'ils veulent acheter à leur tour. La meilleure source de prospection par recommandation que vous puissiez souhaiter, c'est encore le monsieur qui vient d'acheter le tout dernier modèle à un de vos concurrents, et qui proclame partout qu'il aurait bien mieux fait d'acheter le vôtre. Gardez donc le contact avec lui, car il est possible que l'autre vendeur, lui, ne le fasse pas, ou bien qu'il change d'emploi, abandonnant ainsi à la concurrence un orphelin perdu et désorienté. À vous de tenir cet orphelin au courant des derniers perfectionnements de votre produit, et de vous placer en position idéale pour récupérer l'affaire quand son cycle de démangeaison aura fait un tour complet. Entre temps, le prix et les caractéristiques qui l'ont décidé à faire l'acquisition d'un produit de votre compétiteur auront changé eux aussi.

La lettre de remerciement capable de mettre en branle ce processus peut, par exemple, prendre la tournure suivante: "Je vous remercie d'avoir bien voulu m'accorder la possibilité de vous présenter notre (ici, nommez ce que vous vendez: Harmodyne, SuperPow, etc.) et vous suis reconnaissant de votre accueil. Je regrette vivement de n'avoir pu cette fois vous donner satisfaction, et souhaite par la présente me rappeler à votre bon souvenir quand dans l'avenir vous songerez à (ici, un terme générique pour désigner ce que vous vendez: un piano, un photocopieur, etc.) Veuillez donc je vous prie me le faire savoir à votre convenance. Je me ferai un plaisir de me mettre à votre disposition. Veuillez agréer..."

Depuis des années, j'ai pris l'habitude de ne jamais partir en voyage sans me munir d'un jeu de cartes sur lesquelles j'écris mes notes de remerciement. J'en envoie en moyenne cinq à dix par jour, que je destine aussi bien aux champions que j'ai formés, aux auditeurs de mes séminaires, aux propriétaires des organisations de vente qui investissent dans nos programmes de formation vidéo, qu'à une quantité d'autres gens.

Faites-le vous aussi. Si vous n'êtes pas d'ores et déjà en possession d'une série de cartes et d'enveloppes adéquates, achetez-en dès que vous passerez à proximité d'une papeterie. Vous serez étonné des résultats que vous vaudra l'adoption de cette pratique.

Dix lettres par jour, cela veut dire 3650 lettres par an et 36 500 lettres par décennie. Certains champions m'ont déclaré qu'ils font en moyenne dix ventes pour cent lettres de remerciement envoyées. Il serait donc étonnant que vous ne réussissiez pas vous-même à faire une vente pour cent lettres. Multipliez par trente-six votre revenu moyen par vente, et vous obtiendrez l'augmentation de revenu que vous apportera dans les douze mois à venir cette technique qui, vous en conviendrez vous-même, ne peut être que gagnante.

Cela ne demande que trois minutes et un timbre. À votre prochain rendez-vous, au lieu de contempler le mur en attendant qu'on vous reçoive, consacrez donc ce temps à rédiger vos lettres de remerciement. N'attendez pas pour adopter ce système, car les résultats ne se produisent pas du jour au lendemain. Ici, comme d'ailleurs avec toutes les autres méthodes se proposant de tirer parti des occasions qui se présentent dans la vie, c'est la persévérance qui compte. Dix notes de remerciement par jour en font trois cents par mois. Assez pour donner un vigoureux coup de fouet à vos affaires en une seule saison.

Chapitre 17

Rapports et comptes rendus: moins de tourments pour de meilleurs résultats

La paperasserie est à la plupart des vendeurs ce que le pétrole est aux Arabes: un ennuyeux fatras qui n'a aucune utilité en soi, mais qu'il faut bien entretenir si on veut avoir de l'argent. Interrogez à ce sujet n'importe quel responsable d'un réseau de vente, et il vous répondra qu'il a beaucoup moins d'ennuis avec le tiers des représentants qui constituent le peloton de tête — alors que ce sont eux qui se taillent la part du lion dans le chiffre d'affaires global — qu'avec le tiers des traînards. Pourquoi? Parce que les vendeurs du peloton de tête sont bien trop occupés pour se permettre de se poser des questions oiseuses sur leurs comptes rendus de visite ou de vente. Ils les rédigent immédiatement.

De toutes les qualités qui distinguent le champion du vendeur moyennement performant, la plus affirmée est probablement la capacité qu'il a de faire chaque chose en son temps, et pas plus tard qu'en son temps. Comme me le confiait un jour un directeur commercial exaspéré par la négligence des traînards de son équipe: "Comment se fait-il qu'ils trouvent toujours le temps de refaire ce qu'on leur demande de refaire, et jamais celui de faire correctement les choses du premier coup?"

La réponse est pourtant toute simple: refaire un compte rendu, c'est toujours ça de pris sur le temps qu'on devrait consacrer à traiter ses affaires. Car dans la vente comme partout ailleurs, il n'y a pas de temps inutile. Il n'y a que du temps bien rempli ou du temps mort. Et rien ne favorise mieux ni plus vite le temps mort qu'un bon de commande bâclé à la va-vite, et que le service commercial sera obligé de décoder.

La première des règles à respecter dans ce domaine est donc la clarté. Apprenez à écrire vite et lisiblement. Ou alors, apprenez à taper à la machine. Les champions ne prennent jamais le risque de faire enrager leurs clients par des retards de livraison ou des erreurs imputables à une formule de commande mal rédigée. Ils prennent toujours le temps de vérifier une seconde fois l'exactitude et la clarté de leurs bons de commande.

Si l'on déborde du cadre des bons de commande, on se rend compte que la paperasse satisfait également à d'autres impératifs. Car en réalité, si votre firme vous oblige à lui retourner rapports et comptes rendus, c'est pour:

1. contrôler vos activités;
2. fournir au gouvernement les informations qu'il exige;
3. accumuler des données qui vont orienter la production et la politique des ventes.

Examinons à tour de rôle ces trois impératifs qui vous font user tant d'encre.

1. Des informations pour contrôler vos activités

Dans la plupart des équipes de vente, la grande majorité des vendeurs est composée d'individus moyennement performants. C'est donc à eux que pensent presque tous les services commerciaux quand ils conçoivent leurs différents formulaires. Autrement dit, étant donné que LE VENDEUR MOYEN NE SE MOTIVE PAS SPONTANÉMENT, c'est à son employeur de le motiver.

Réfléchissons-y un instant. À de rares exceptions près, les directeurs des ventes sont confrontés avec deux réalités:

a. moins de 20 pour cent des vendeurs constituent un groupe qui fait à lui seul plus de 60 pour cent du volume total des ventes; et ce groupe n'a guère besoin d'être cravaché.

b. Plus de 80 pour cent des vendeurs constituent un autre groupe qui fait moins de 40 pour cent du volume total des ventes... si on le cravache. Dès qu'on cesse de le faire, le rendement chute encore davantage.

Si vous avez hâte de vous soustraire rapidement aux multiples tracasseries des rapports, comptes rendus et bilans d'activités qu'on exige de vous, commencez donc par dire à votre directeur des ventes que vous n'allez pas tarder à vous intégrer au groupe (a) de votre réseau — le plus performant — et que vous n'avez pas besoin qu'on vous éperonne. Ce ne sera certainement pas pour lui déplaire.

2. Des informations pour satisfaire à la loi

Le champion ne tarde jamais à founir ce genre d'informations. Il sait — ou croit, ce qui revient au même — que la firme qui l'emploie doit pouvoir fournir à l'État les justificatifs de ses activités commerciales. Il sait aussi qu'il lui faut moins de temps pour s'acquitter de cette tâche tout de suite qu'il ne lui en faudrait pour s'en dépêtrer plus tard si on le rappelait maintes fois à l'ordre.

3. Des informations indispensables pour orienter la production et la politique des ventes

Ici encore, le champion coopère avec enthousiasme. Il sait parfaitement que ce qui va décider de l'avenir de la firme qu'il a choisie, c'est la politique de production et de vente qu'elle va décider de suivre, et que cette politique est en partie basée sur ses propres comptes rendus. La plupart des compagnies attendent de leur réseau commercial qu'il remplisse deux fonctions vitales: la vente proprement dite, et la collecte d'informations. Du fait de l'extrême importance de chacune de ces deux fonctions, c'est l'efficacité du bataillon de vente qui détermine la prospérité de l'entreprise.

La route de l'échec est dallée de bonnes intentions. Vous souvient-il, du temps où vous étiez encore à l'école, d'avoir eu un mois entier devant vous pour faire un devoir que vous vous saviez capable de terminer en quelques heures de travail assidu? Vous êtes-vous empressé alors de faire ce devoir et de n'y plus penser? Non, n'est-ce pas? Vous n'y avez repensé que trois jours plus tard, et le sentiment rassurant d'avoir encore vingt-sept jours de répit était un excellent prétexte pour ne pas vous y atteler tout de suite.

Puis deux semaines se sont écoulées, et vous avez commencé à ressentir quelques tiraillements de conscience. Un grand E s'est mis à se profiler sur votre horizon. E comme Échec. À mesure que les jours ont passé, ce grand E a pris de plus en plus de place dans votre esprit. Et avec lui les affres de l'angoisse. Finalement, deux jours avant la date fatidique — si ce n'est la nuit qui la précédait — vous avez bûché ferme pour venir à bout de votre devoir. Et vous en avez éprouvé un immense soulagement tout en vous demandant: "Pourquoi ne me suis-je pas épargné tant de sueurs froides en m'y prenant un mois plus tôt?"

Le champion préfère transpirer de chaleur à la tâche plutôt que d'éprouver la sueur froide du tourment. Au point qu'il ne lui faut guère de temps pour se mettre à transpirer de la façon la plus agréable qui soit: celle qui vous récompense quand vous avez peiné pour mettre de l'ordre dans votre existence, vos affaires, vos ambitions, et pour donner fière allure à votre compte en banque.

Arriver à l'heure est une question d'habitude. Arriver en retard aussi. Certains possèdent une horloge mentale qui leur donne l'heure exacte, alors que chez d'autres l'horloge prend perpétuellement du retard. C'est la même chose avec la pendule sur laquelle vous devez régler la rédaction de vos rapports d'activités. Elle peut sonner à l'heure précise.. ou bien ne le faire qu'après trois rappels à l'ordre. La plupart de vos habitudes peuvent, elles aussi, être remises à la bonne heure si vous le décidez. Il vous suffit pour cela de vous astreindre pendant vingt et un jours à remplacer une habitude ancienne par une habitude nouvelle.

Encore faut-il que cette habitude nouvelle, vous la répétiez pendant vingt et un jours consécutifs sans une seule défaillance. Si vous vous y dérobez une seule fois, tout est à recommencer. Mais si vous avez la volonté de changer — et si vous ne sabotez pas tous vos efforts en écoutant vos petites voix intérieures protestataires — vous aurez acquis en trois semaines seulement n'importe quelle habitude que vous aurez choisi d'adopter.

Les quelques règles suivantes vous permettront de vous acquitter rapidement de vos formalités d'écriture:

1. **Il faudra bien le faire un jour, non? Alors, faites-le immédiatement.** La meilleure façon de venir à bout d'une tâche de ce genre, c'est de l'exécuter dès que la formule appropriée vous tombe sous les yeux.

2. **Vous n'avez pas à le faire? Alors, à la corbeille, et tout de suite.**

3. **Deux façons d'être rigoureux.** Si ce sont de fortes sommes qui sont en jeu, remplissez votre formule (bon de commande, compromis de vente, etc.) avec l'exactitude la plus rigoureuse. S'il ne s'agit pas de sommes importantes, faites-le avec l'attention la plus rigoureuse.

Les champions savent qu'ils doivent exercer leurs activités comme s'ils étaient des compagnies commerciales indépendantes. Il est en effet dans la nature de notre profession de pouvoir y traiter les affaires comme s'il s'agissait des nôtres, et beaucoup de vendeurs disposent d'une liberté beaucoup plus grande que s'ils étaient propriétaires d'un magasin. Mais cette latitude qui nous est donnée de pouvoir agir à notre guise, en décidant nous-même du temps, du lieu et de la procédure à suivre, en conduit certains à ne pas s'auto-discipliner. Alors qu'ils gagneraient deux fois plus d'argent et en deux fois moins de temps s'ils s'imposaient une discipline pour prendre leur tâche à bras-le-corps, pour se hisser au sommet de la réussite et pour s'y maintenir. Et pourtant, il ne suffit pour cela que de s'imposer une règle d'organisation... et de ne pas s'en écarter.

En quoi une règle d'organisation est-elle si importante?

En ce sens qu'elle se traduit d'abord par une économie de temps, et que la seule chose qui nous soit comptée, c'est le temps. Ensuite, elle nous facilite les choses pour l'avenir. Elle est à la base de toute prospection par recommandation sérieuse. Elle nous épargne bien des difficultés imprévisibles, comme par exemple d'oublier de régler certains détails alors qu'auprès d'un client nous nous sommes engagés à le faire. Supposons que vous ayez fait à M. Boehm la promesse suivante: "Vous pouvez être certain que je serai là au moment de la livraison, pour être bien sûr que l'installation sera faite correctement." Si vous voulez tenir votre engagement, mieux vaut vous y prendre de façon organisée. Sinon, vous risquez de ne pas être là le jour de la livraison, et M. Boehm s'empressera de se prévaloir d'un détail ou d'un autre pour vous chercher des poux dans la tête, alors que vous auriez pu arrondir immédiatement les angles si vous aviez tenu parole. Et à présent M. Boehm veut sa revanche. Pis encore, il ne croira plus rien de ce que vous lui direz. Pourquoi vous croirait-il d'ailleurs, puisque vous lui avez démontré ce que vaut votre parole?

Il se peut que ce soit votre compagnie qui se charge elle-même d'organiser, minutieusement parfois, vos tournées de routine, et de le faire en fonction du cycle de démangeaison de votre clientèle. Si tel est le cas pour vous, vous n'y trouverez que des avantages, étant donné que ce plan d'organisation aura été spécialement conçu pour votre type d'activités. Mais il vous faudra en payer le prix en rédigeant un rapport après chacune de vos visites. Vous ne trouverez d'ailleurs pas meilleure façon d'occuper votre temps qu'en tenant à jour votre fichier clients et en y consignant vos observations sur le cycle de démangeaison de ceux que vous visitez. Ce qui vous permettra de le consulter par la suite pour savoir à quel moment précis vos clients ont les plus grandes chances d'être mûrs pour renouveler leur achat.

Je vous conseille d'adopter un outillage très simple. En l'occurrence, des fiches de format carte postale comme celles dont nous avons parlé feront parfaitement l'affaire et sont très peu coûteuses. Vous devez les répartir en quatre groupes ou fichiers différents.

1. Le fichier clients

Dans ce fichier vous classerez vos clients en trois sous-groupes:

a. Les "chauds." Entendez par là ceux qui ont besoin de votre produit, ont les moyens de l'acheter et envisagent sérieusement de le faire dans un avenir proche.

Quand un client est sérieusement intéressé, il prend sa décision dans la semaine qui suit. Cela ne veut pas dire que c'est nécessairement *votre* produit qu'il va acheter, mais *un* produit du même genre. C'est pourquoi les champions gardent toujours sous surveillance de trois à cinq clients "chauds", qu'ils relancent régulièrement. Certains d'entre vous connaissez probablement des quantités de prospects qui sont dans ce cas, et pourtant vous n'en appelez aucun. Le vendeur peu entreprenant a toujours en réserve une flèche soi-disant infaillible pour convaincre ses prospects. Mais qu'est-ce qui reste au carquois et n'est pas décoché quand l'archer est déprimé? La fameuse flèche infaillible.

C'est quand son moral remonte que l'archer se décide à employer sa flèche — le téléphone — pour viser tout le monde d'un coup. Mais qu'est-il arrivé dans l'intervalle? Les clients sont allés se fournir ailleurs... et le moral du vendeur est de nouveau bon pour le rebut.

b. Les "tièdes." Il s'agit de ceux qui semblent présenter des garanties bancaires satisfaisantes, qui ont besoin de ce que vous vendez, mais qui ne sont pas intensément motivés.

Sans doute n'attendent-ils plus que l'intervention extérieure qui va porter leurs besoins de la tiédeur à l'incandescence. Repensez au cycle de démangeaison. Si celui qui caractérise votre produit est de trente mois, considérez qu'un acheteur est "tiède" un an après avoir fait son acquisition, qu'il est "moyennement chaud" deux ans après, et qu'il est "brûlant" quand son achat date de deux années et quatre mois.

c. Les "froids." Réservez ce troisième sous-groupe de vos fiches clients à ceux dont vous aurez obtenu les noms par hasard, sans prospection bien définie, et que vous n'êtes pas encore en mesure de classer parmi les "chauds" ou les "tièdes."

Il peut s'agir aussi bien de gens qui sont entrés dans votre magasin pour jeter un coup d'oeil sur votre produit, ou bien de ceux qui vous ont appelé parce qu'ils avaient pris connaissance d'une annonce publicitaire et voulaient obtenir certains renseignements, et qui vous semblent n'avoir qu'un besoin modéré, non immédiat, de ce que vous vendez.

Ne perdez pas de vue cependant que rares sont ceux qui se déplacent ou téléphonent après avoir vu une enseigne ou un étalage dans une vitrine sans éprouver déjà un certain intérêt pour le produit sur lequel ils se renseignent. Bien peu de gens passent en effet leurs journées à se promener dans l'espoir de tomber en arrêt devant un produit ou de se documenter sur un service qu'ils n'ont pas les moyens d'acquérir. Il n'empêche que le vendeur moyen est toujours prompt à conclure que tout client qui ne s'extasie pas sur-le-champ ne vaut pas la peine qu'on fasse le moindre effort.

C'est tous les trois jours que le champion consulte son fichier clients pour y relever les noms de ceux qu'il lui semble le plus opportun de "réchauffer". Et chaque fois qu'un client *chaud* lui signe un bon de commande, il en trouve un *tiède* à mettre devant le feu.

Tout au long de l'année, il reste aussi en contact avec ceux qui figurent dans le sous-groupe des "froids" de son fichier. Selon le cycle de démangeaison caractéristique de son produit, et aussi selon les cas d'espèce, il entre de nouveau en contact avec eux chaque trimestre, chaque mois ou chaque semaine. Avec assez d'assiduité en tout cas pour être bien certrain que le jour où leur pain lèvera, c'est lui qui sera là pour le mettre au four.

La plupart des gens ont envie de tout ce qui est nouveau... mais le vendeur moyen ne semble pas savoir s'organiser pour tirer parti de ce phénomène. En revanche, dès que sa firme commercialise une nouveauté, le vendeur d'élite, lui, sait immédiatement ce qu'il lui reste à faire. Il se préoccupe alors en priorité du sous-groupe des "tièdes" de son fichier clients, et il relance ceux-ci les uns après les autres pour les mettre au courant de l'innovation qu'il détient, sachant fort bien que cela va en faire passer quelques-uns dans le sous-groupe des "chauds." Ensuite, c'est des "froids" qu'il va s'occuper, afin d'en convertir certains en "tièdes."

2. Le fichier "marché d'échanges"

Les noms que vous avez obtenus par cette source doivent faire l'objet d'un fichier séparé, car à tout instant ces gens peuvent se transformer pour vous en prospects "chauds". Souvenez-vous d'autre part que vous devez coordonner vos activités de vente avec celles des autres participants de votre bourse d'échanges, et faire part de vos progrès auprès de ces prospects à ceux qui vous en ont respectivement communiqué les noms.

3. Le fichier "cycle de démangeaison"

Vous trouverez dans n'importe quelle papeterie des systèmes de classement qui vous faciliteront le repérage mensuel de vos fiches. Remplissez-en une chaque fois que vous faites une vente — à un de vos clients ou à un orphelin que vous aurez adopté — et classez-la grâce aux index de votre fichier chronologique. Il vous suffira plus tard d'en retirer le premier de chaque mois l'ensemble des fiches correspondant au mois considéré pour disposer d'une poignée d'acheteurs "chauds" dont il ne vous restera plus qu'à vous occuper.

4. Le fichier "prospection par recommandation"

C'est le fichier qui vous servira à classer ceux dont les noms vous auront été communiqués par vos acheteurs. (Nous avons déjà parlé de ces fiches d'informations au chapitre 7.) Prenez contact avec ces personnes le plus vite possible, et répartissez-les ensuite en prospects "chauds", "tièdes" et "froids".

À côté de ces différents fichiers que nous venons d'énumérer, vous devrez vous procurer aussi un petit classeur pour votre comptabilité, dans lequel vous consignerez chaque jour vos recettes et vos dépenses. Dans la plupart des pays, la tenue quotidienne de ce document comptable représente une obligation légale pour les représentants. Tenez-le donc à jour vous aussi. C'est une simple question d'habitude et cela vous épargnera bien des efforts de dernière heure quand viendra le moment de faire votre déclaration de revenus. Cela vous permettra aussi de perdre moins d'argent, car égarer un reçu ou bien négliger de noter une dépense, c'est jeter son argent par les fenêtres.

Les débutants se tiennent en général le raisonnement suivant: "J'ai d'autres chats à fouetter pour l'instant. On verra ça quand j'aurai fait quelques ventes. À ce moment-là, j'aurai tout le temps de récapituler mes dépenses déductibles." Et le jour où ils décident vraiment de s'y mettre, ils en sont malades, car s'ils ont en effet gagné beaucoup d'argent, ils ont aussi perdu des centaines de dollars déductibles dont ils ont égaré les pièces justificatives. Classez donc soigneusement vos reçus et factures, consignez toutes vos dépenses, et vous profiterez des réductions fiscales que vous permet la loi. Votre compétence en matière de fiscalité doit faire partie de votre compétence de vendeur. Comportez-vous comme le fait une société commerciale, car c'est en fait ce que vous êtes vis-à-vis de vous-même.

Un dernier mot sur la paperasserie administrative. Ne la combattez jamais si vous voulez prospérer dans l'entreprise pour laquelle vous travaillez. Nagez dans le sens du courant, sinon vous ne tarderez pas à noyer vos chances de réussite. Les affaires vivent et respirent grâce au papier. Ainsi va le monde. Et ceux qui sont incapables d'y trouver leur bonheur ne vont pas bien loin.

J'entends souvent dire: "C'est moi qui aurais dû avoir cette promotion. J'étais le mieux placé."

Alors je demande: "Fonctionnez-vous comme une affaire indépendante? Vos supérieurs s'en rendent-ils compte? Leur avez-vous démontré que vous êtes capable d'en faire beaucoup plus qu'on ne vous en confie?"

Quand on distribue les promotions, l'ancienneté ne pèse pas lourd dans la balance. Et quand ils doivent choisir en toute connaissance de cause, bien peu de directeurs commerciaux hésitent entre l'aptitude et l'ancienneté. Mais en quoi consiste l'aptitude au juste?

En grande partie à savoir organiser son travail et planifier ses capacités, afin d'obtenir de hautes performances grâce à un maximum d'efficacité. Ce qui exige qu'on sache tirer le meilleur parti de son temps. Et cela nous amène au sujet du chapitre suivant.

Chapitre 18

Le secret de la fortune, c'est l'organisation du temps

Il est bien rare que les vendeurs dont les performances sont moyennes planifient leur temps. Alors que tous les champions, tous les professionnels de haut rendement le font. En conséquence, si vous voulez augmenter votre chiffre d'affaires et vos revenus, vous devez le faire vous aussi.

Je pense que vous tomberez d'accord avec ce qui précède. Mais est-ce à dire que vous allez désormais planifier votre temps?

J'ai bien peur que non; bien peur que vous ne partagiez l'idée bizarre que la planification du temps relève d'une tâche complexe et difficile.

Alors qu'il n'en est rien. C'est même l'une des choses les plus aisées du monde, et qui ne tarde pas à vous reverser des dividendes. Pour commencer, prenez une feuille de papier et faites la liste de toutes les tâches que vous devrez faire demain. Puis classez-les par ordre d'importance. Si vous répétez chaque soir cette opération, entre le moment où vous rentrez à la maison et celui où vous vous mettez au lit, vous augmenterez d'au moins 20 pour cent votre efficacité et vos revenus. Ce moyen tout simple peut même dans certains cas vous permettre de doubler votre efficacité. Beaucoup trop de gens passent toute leur journée à se précipiter sur tout ce qui capte leur attention. Ce qui leur prend tellement de temps qu'ils en viennent à perdre de vue les vraies occasions qui leur sont offertes de gagner de l'argent, et auxquelles ils feraient beaucoup mieux de se consacrer.

S'il ne vous est jamais arrivé de planifier votre temps, commencez donc par adopter cette méthode fort simple et néanmoins hautement efficace. Prenez pour habitude bien établie de vous asseoir pendant quelques minutes chaque soir à la même heure pour dresser la liste de tout ce que vous devrez faire le lendemain si vous voulez tirer le meilleur parti possible de votre journée. En classant ces obligations par ordre d'importance. C'est ce système qu'ont adopté pour maîtriser l'emploi de leur temps bien des gens qui ont réussi.

Ensuite — et je vous recommande de vous y atteler dès le premier soir où vous adopterez l'habitude dont nous venons de parler — contraignez-vous à vous organiser. Faites par écrit la liste de tout ce que vous pouvez faire et apprendre qui puisse accroître votre efficacité, et concevez l'emploi du temps qui va vous permettre cette réalisation concrète et cet apprentissage dans le délai le plus court possible. Plus vite vous viendrez à bout de ces tâches, plus vite votre revenu grimpera en flèche, vous êtes d'accord? Alors, n'attendez pas. Commencez dès ce soir.

Pas un seul champion — je parle ici de ceux qui gagnent des sommes astronomiques — ne va dormir sans avoir fait la liste de ses obligations importantes du lendemain. Quoi qu'il arrive, tous commencent par noter dans leur agenda ce qu'ils doivent faire le jour suivant pour alimenter le flot de leurs énormes revenus. Voyons comment les choses vont se passer si chaque soir vous énumérez par écrit vos tâches les plus importantes du lendemain.

D'abord, pendant toute la nuit, le moulin de votre subconscient va concasser les éléments de votre liste. Et sans pour autant troubler votre sommeil, étant donné qu'il fonctionnera pour vous aider à résoudre vos problèmes et atteindre vos buts. Mais votre subconscient ne peut jouer ce rôle que s'il est programmé sur ce qui va se passer dans un avenir proche. C'est précisément l'effet que va produire votre énumération de la veille au soir: elle va appuyer sur la gâchette de votre subconscient. Le moment idéal pour dresser votre liste précède donc immédiatement l'instant où vous allez dormir. Si bien qu'ensuite, au matin, vous vous rendrez compte que durant la nuit votre subconscient a réussi quelques beaux coups de fusil, et qu'à présent votre activité consciente s'est enrichie d'idées claires sur la façon d'entreprendre les tâches que vous vous êtes assignées la veille.

Il faut à ce procédé plusieurs jours pour prendre de la force. Rien ne le fortifie mieux que de relire votre liste dans une pièce tranquille, en vous imaginant aux prises avec chacune des tâches que vous y aurez énumérées. Il est tout aussi important — et vous ne devrez jamais négliger cette phase de la procédure — d'imaginer par anticipation votre satisfaction d'avoir réussi à remplir chacun des buts que vous vous êtes assignés pour la journée du lendemain. Cette concentration dans le calme doit être brève et optimiste. L'idée ne doit pas vous effleurer que vous puissiez craindre ou redouter ce que *vous devez faire* le lendemain. Si vous procédez comme je viens de vous l'indiquer, votre subconscient aplanira de lui-même les difficultés en les éliminant de votre champ de conscience ou en vous suggérant les moyens de vous soustraire à ces expériences qui vous semblent pénibles. Convertissez donc de cette façon cette fraction élémentaire et puissante de vos activités cérébrales qui vous empêche de trouver le sommeil en un outil qui vous aidera à atteindre vos buts en vous donnant assez de confiance en vous-même pour ne pas tenir compte d'un contretemps occasionnel et pour réussir dans la majorité des cas.

Adoptez un système de calendrier continu. On trouve dans le commerce d'excellents agendas qui vous permettront de fractionner en mois votre programme d'action d'une année, et de fractionner ensuite votre programme mensuel en semaines et en jours. Ces systèmes de planification vous seront d'un grand secours pour organiser vos activités.

Dans votre plan de travail quotidien — autrement dit dans la liste des choses importantes que vous devrez faire le lendemain — devra figurer un certain nombre de données que nous allons énumérer ci-après:

1. À quelle heure quitter le vestiaire?

Combien de joutes gagnerait une équipe professionnelle de hockey si elle ne quittait jamais le vestiaire? Des quantités de représentants ne gagnent jamais aucune joute (vente) parce qu'ils ne quittent pas assez souvent le vestiaire (domicile, bureau). Les affaires — c'est-à-dire la clientèle qui achète — se trouvent à l'extérieur des murs du vestiaire. À vous de jouer. De jouer souvent. Et de bonne heure.

2. Les rendez-vous

Tant que vous n'en prenez qu'un à la fois, vous êtes à peu près sûr de ne pas l'oublier. Mais dès que vous commencerez à marquer des buts, vous vous mettrez aussi à manquer vos rendez-vous si vous ne les prenez pas en note — sans exception — sur un calepin que vous devrez garder en poche.

3. Le recyclage

Dans ce monde changeant qui est le nôtre, vous exercez une profession qui elle aussi est changeante. Chaque fois qu'un nouveau produit — ou un nouveau type de service — est commercialisé, il vous faut prendre le temps de l'étudier, d'en analyser les effets et de recycler vos compétences si vous voulez expliquer parfaitement de quoi il s'agit à vos acheteurs.

4. La vie familiale

Si beaucoup d'entre nous trouvons le temps de nous occuper d'un tas de gens, il arrive parfois que les derniers dont nous tenions compte en planifiant notre temps sont ceux qui pourtant nous sont les plus chers. Ne perdez pas ce que vous avez précieusement acquis tandis que vous grimpez à l'échelle de la réussite. Chaque fois que vous projetterez de faire quelque chose en famille, notez-le dans votre agenda et, la veille du jour en question, mentionnez-le dans la liste de vos obligations importantes du lendemain.

5. La santé physique

Les champions ont trois raisons de se maintenir en forme:

a. Aucun ne tient à être un jour le plus riche de l'hôpital.
b. Tous savent qu'ils sont plus efficaces quand ils se sentent bien.
c. Le but ultime de toute leur démarche, c'est de mieux profiter de l'existence. Et ils ne peuvent en profiter, quelles que soient les sommes qu'ils gagnent, s'ils y laissent leur santé. Programmez donc vos exercices physiques en même temps que vous programmez vos rendez-vous. Il s'agit là pour vous d'une activité de toute première importance, que vous les pratiquiez chaque jour ou deux fois par semaine. On ne vous demande pas de devenir Monsieur Muscle. Mais ne soyez pas non plus la larve qui se traîne et se laisse aller au risque de détériorer son énergie, son

enthousiasme, et d'ôter à sa vie tout son sel. Entre ces deux extrêmes il doit bien exister un moyen terme que vous vous fixerez comme objectif.

6. La santé psychique

Promettez-vous des récompenses, et ne manquez jamais de vous les accorder une fois que vous les aurez méritées. Ne vous y trompez pas: ce concept de récompense personnelle est vital pour maintenir pleinement son sens à la vie. Car si votre vie cesse d'avoir pour vous un sens profond, vous ne pourrez maintenir l'effort qu'il faut pour réussir. La récompense personnelle, ce peut être une activité récréative, la possession d'objets raffinés, la participation à un nouveau mouvement social ou politique, à une institution charitable ou spirituelle... ou quelque chose de complètement différent. Vous avez le choix entre une multitude de récompenses personnelles qui toutes vous attendent, et qui toutes en valent l'effort. Ménagez-vous donc de fréquentes activités récréatives dans votre programme. Et ne renoncez pas ensuite à vous les accorder, sauf pour des raisons parfaitement justifiées ou en cas de force majeure. Car si vous ne savez pas profiter comme il convient des récompenses que vous vous serez promises, c'est tout le concept d'ensemble qui pour vous cessera d'avoir une raison d'être... sans parler des désastreux effets que ce renoncement peut exercer sur votre volonté de vaincre.

Décidez aussi de consacrer un peu de votre temps, de votre argent et de vos efforts, à réaliser quelque chose qui soit plus grand que vous. Quelque chose qui vous donne conscience de votre force et de votre valeur personnelles. Rien ne nous prépare mieux à la réussite que de nous efforcer de rendre le monde plus vivable, parce que c'est dans ce monde que nous vivons.

7. La prospection

Si vous ne planifiez pas votre prospection, si vous ne spécifiez pas par écrit quels jours et à quelles heures vous devez la faire, quelle sera la plus négligée de vos activités?

La prospection.

Et qu'est-ce qui va faire s'effondrer en un rien de temps le volume de vos ventes?

La non-prospection.

Augmentez donc continuellement vos revenus en vous assignant une ration quotidienne de prospection.

Si vous voulez augmenter le rendement de vos ventes, la répartition de votre temps de travail doit se faire de la façon suivante:

La préparation de la prospection. Vous ne devez pas y consacrer plus de 5 pour cent de votre temps, les 95 pour cent du temps de prospection active qui vous restent devant se passer au téléphone. (Beaucoup de débutants consacrent la moitié de leur temps de prospection à se préparer... quand ce n'est pas la totalité de leur temps.) C'est la veille au soir que vous devez vous préparer et vous entraîner par des répétitions. Mais rappelez-vous que ce n'est qu'en forgeant qu'on devient forgeron, et que la seule façon d'apprendre à faire de la prospection consiste à composer un numéro sur le cadran et à discuter avec un acheteur éventuel.

La prospection proprement dite. Si, alors que vous débutez, vous réussissez déjà à passer 75 pour cent de votre temps de prospection réelle au téléphone, dites-vous que vous n'allez pas tarder à faire partie du bataillon d'élite de votre équipe de vente.

La préparation des rendez-vous. Vous devez être assez bien organisé pour ne consacrer que 8 pour cent de votre temps à la préparation d'une présentation ou d'une démonstration de haute qualité.

La présentation/démonstration. Vous ne devez passer qu'entre 5 et 10 pour cent de votre temps en présence de vos prospects. Ne traînassez pas. Entrez et sortez. Vos interlocuteurs n'en auront que plus de considération pour vous. Plus tard, quand vous serez plus organisé et expérimenté, et que vous aurez considérablement développé votre prospection par recommandation, vous consacrerez davantage de temps à la vente proprement dite. Les vendeurs d'élite disposent tous d'un secrétariat et d'une collaboration technique qui leur permettent de consacrer le plus clair de leur temps à la planification et à la présentation.

La commercialisation et le service après vente. Cinq pour cent du temps. Considérez cependant que ce pourcentage de départ est appelé à augmenter au fur et à mesure que vos ventes prendront du volume. Votre prospection initiale vous apportera d'autres clients — et donc d'autres ventes — qui à leur tour vous ouvriront de nouvelles possibilités. Vous commencerez à gagner de l'argent... et vous réduirez donc progressivement votre prospection directe, étant donné que vous aurez de plus en plus souvent affaire à des clients recrutés grâce à votre prospection par recommandation.

Le premier de chaque mois, ouvrez votre agenda et notez-y tout ce que vous avez l'intention de faire au cours des trente jours à venir. Sans oublier d'y mentionner vos projets familiaux et vos obligations sociales.

Notez aussi toutes les réunions de vendeurs organisées par votre entreprise, et auxquelles vous devez participer. Comportez-vous en individu mûr, responsable et réaliste. Vous voulez que votre entreprise vous soutienne? Soutenez-la aussi. Vous faites partie d'une équipe. Faites partie aussi des solutions qu'elle doit trouver. Pas des problèmes qui se posent à elle. Arrivez donc à l'heure à ces réunions. Et faites de votre mieux pour consacrer tout le temps que vous y passez à préparer l'avenir de la compagnie qui vous emploie — c'est-à-dire votre propre avenir.

Notez aussi dans votre agenda tous les cours et programmes de formation professionnelle, tous les séminaires de vente qui vous sont offerts et que vous allez suivre.

Ensuite, sortez de votre fichier "Cycle de démangeaison" toutes les fiches qui se rapportent à ceux de vos clients qui commencent à ressentir une démangeaison. Appelez-les les uns après les autres et prenez rendez-vous avec eux. Puis consulter vos autres fichiers et prenez encore de nouveaux rendez-vous.

Une fois que ce sera fait, vous verrez immédiatement ce qu'il vous reste de temps disponible pendant le mois. Faites alors un plan de prospection en conséquence, afin d'entrer en contact avec le plus grand nombre possible de prospects, et commencez à prendre avec eux d'autres rendez-vous. C'est tout simple, non? Voilà votre mois programmé pour obtenir un maximum d'efficacité et de rendement dans vos ventes. Il ne s'agit plus à présent pour vous que de suivre les étapes toutes tracées de votre calendrier.

Ne vous laissez jamais effleurer par l'idée que cette planification de vos heures, de vos jours et de vos mois d'activité est une tâche rebutante, fastidieuse et irréalisable. Procédez étape par étape, et je suis convaincu que tout se passera bien. Je vais d'ailleurs vous dire d'où je tiens cette conviction, en vous rapportant une anecdote qui a exercé sur mon existence un effet considérable, même si les faits remontent à bien des années. À cette époque, je commençais à réussir honorablement dans la vente, et je me posai un jour la question suivante: pourquoi ne pas m'inspirer des gens qui réussissent beaucoup mieux que moi? Je me mis donc à participer à une foule de séminaires. À l'occasion de l'un d'entre eux, j'écoutai parler un homme dont le palmarès m'impressionna bien plus que les propos qu'il tint ce jour-là. Il était devenu président d'une chaîne de magasins et gagnait 400 000 dollars par an.

Je me dis que cet homme pouvait m'en apprendre beaucoup, et je me mis dans la tête de prendre rendez-vous avec lui pour un lunch. Cela me prit deux mois pour y réussir. Quand enfin je fus assis à table en face de lui, je lui dis à peu près ceci: "C'est pour une raison très sérieuse que je désirais vous rencontrer. Je voudrais que vous m'expliquiez comment vous avez fait pour accomplir une telle réussite." À l'époque, je n'avais que vingt et un ans.

Cela le dérida et il se mit à me parler. Je crois qu'au bout de dix minutes il se rendit compte que j'étais très sérieux. "Dites-moi ce que je dois faire?" lui demandai-je.

Il me fit la réponse suivante: "Tu vois, Tom, durant toute ma vie d'homme adulte j'ai respecté un dicton. Et je crois que tout vient de là. Si tu te conformes à ce dicton, je ne vois pas comment tu pourrais ne pas réussir de façon exceptionnelle toi aussi."

Le conseil était lourd de signification. Je saisis une serviette en papier, prêt à noter.

"Si je te le dis et que tu l'appliques", continua-t-il, "il y a des jours où tu me haïras de te l'avoir appris."

"Cela m'est égal. Dites-le-moi."

C'est ce qu'il fit, et je le pris en note:

À tout instant je dois m'efforcer d'être le plus productif possible.

Pendant des années ces mots ont figuré en bonne place, accrochés au mur près de mon bureau. Aujourd'hui, je peux dire moi aussi que durant toute ma vie d'homme adulte j'ai respecté ce dicton, et que je crois que tout vient de là. Et je peux ajouter à mon tour que si vous vous conformez à ce dicton, je ne vois pas comment vous pourriez ne pas réussir de façon exceptionnelle vous aussi. Mais laissez-moi encore vous mettre en garde de la même façon que cet homme m'a moi-même mis en garde voilà bien des années: "Si vous vous conformez à ce dicton, il y a des jours où vous me haïrez de vous l'avoir appris." Mais je sais aussi que bientôt viendront pour vous de longs moments où ce dicton, vous me bénirez de vous l'avoir révélé... si vous le respectez.

Est-il productif de rester assis pour vous attarder à bavarder avec vos collègues? Certainement pas. Si vous vous efforcez à tout instant d'être le plus productif possible, vous ne deviendrez pas seulement un champion qui jouit d'un haut revenu, mais aussi un être plus raffiné et plus épanoui. Mais entendons-nous bien sur un point. Être le plus productif possible et à tout instant ne consiste pas toujours et uniquement à s'efforcer de gagner de l'argent. Il est des instants où ce que vous pouvez faire de plus productif, c'est de partager la vie de votre foyer, de vous détendre, de vous distraire par le jeu... de recharger vos batteries. Le repos, les activités récréatives sont parties intégrantes du rythme de production. Pousser une machine jusqu'à ce qu'elle chauffe trop et tombe en panne n'est pas productif. C'est tout simplement stupide. C'est la même chose quand il s'agit de votre cerveau, de votre organisme ou de vos ressources en dynamisme. Étant bien entendu qu'il serait tout aussi stupide de vous délasser alors que déjà vous tirez au flanc, ou de prendre des vacances alors que vous passez le plus clair de votre temps à vous tourner les pouces.

Chapitre 19

Comment sortir de l'ornière

Nous partons ici du principe que vous avez assimilé les techniques exposées dans les chapitres précédents et que vous avez gagné un peu d'argent en les mettant en application, mais qu'à présent vous vous enlisez dans une ornière.

Quel est le plus grand pas à faire quand on veut sortir d'une ornière?

C'est d'abord de comprendre pourquoi on s'est enlisé.

Et comment s'y prendre pour y arriver?

En se posant la question suivante:

Suis-je heureux de vivre?

Réduite à ses données de base, toute réponse sincère à cette question se ramène à l'une de ces trois catégories:

- "Je me sens lamentable en tout temps."
- "Je me sens heureux de vivre en tout temps."
- "Certains jours je me sens heureux de vivre, certains jours je me sens lamentable."

Pour une multitude de gens, c'est là une affaire qu'il vaut mieux ne pas regarder en face. Alors on essaie de s'en tirer par des déclarations du genre: "Je ne suis pas vraiment malheureux, mais je ne suis pas non plus ce qu'on peut appeler un homme heureux. C'est toujours comme ci comme ça."

Ce genre de discours, je le refuse. Si c'est ainsi que vous réagissez, vous faites comme la majorité des gens: vous vous racontez des histoires, vous n'attachez de l'importance qu'à ce qui est médiocre et vous fuyez vos responsabilités. Si vous ne profitez pas de la vie, si ce n'est pas la joie au coeur que vous poursuivez vos buts et tirez parti des occasions qui vous sont offertes, et si vous ne cherchez pas à vous approprier davantage les douceurs de l'existence, alors vous n'êtes pas seulement malheureux, vous êtes lamentable. Le contraire d'heureux, c'est *malheureux*, mais à cet adjectif je préfère *lamentable*, parce que l'importance de l'idée que je développe ici exige tout l'impact que je peux y ajouter. Tout individu qui n'est pas en mesure de déclarer qu'il est heureux se prive de ce que la vie offre de plus achevé. Et c'est cela, j'en suis convaincu, qui constitue le vrai malheur.

Vous ne sortirez pas vos ventes de l'ornière si vous ne vous sortez pas vous-même de vos petits malheurs. Pourquoi? Parce que chaque fois que vous les ressasserez, ils reprendront le dessus et vous jetteront sur la voie pendant que le train continuera sans vous. Et il en sera ainsi tant que vous n'aurez pas appris à les surmonter.

Il y a davantage de gens qui réussissent *parfois* que de gens qui réussissent *toujours*. Une performance de vente moyenne résulte bien souvent de l'effet réducteur exercé sur un bon mois par un mauvais mois qui a pu précéder. Si vous en rejetez la faute sur les fluctuations du marché, sur la course de la planète, sur votre manque de chance ou sur n'importe quoi d'autre, vous vous masquez la réalité. Et si vous êtes en ce moment dans l'ornière, c'est qu'avant de vous y enliser vous avez obtenu de meilleurs résultats. Vous avez donc prouvé que vous êtes capable de vendre. Mais n'avez-vous pas prouvé du même coup que c'est votre propre attitude qui vous a enlisé?

Convenez-en. Tant que vous n'aurez pas admis que c'est votre conduite qui est responsable de votre enlisement, vous ne vous en sortirez pas.

Nous appartenons tous à un communauté humaine plus vaste que nous, et nous avons tous besoin qu'on nous aide en permanence à déployer nos pleines capacités. Mais il est une donnée fondamentale que vous devez accepter et mettre en pratique, si tant est que l'aide des autres puisse jouer un rôle essentiel dans votre vie: c'est que vous devez mobiliser toute votre énergie, toute votre volonté, toute la discipline dont vous êtes capable, pour intérioriser d'abord l'expérience des autres et pour ensuite exercer concrètement les connaissances et le savoir-faire que vous aurez acquis. Que cette aide extérieure vous vienne d'un livre, d'un séminaire, d'une cassette ou d'un entretien que vous aurez eu avec un véritable professionnel de la vente, c'est à cet égard la même chose: si ce n'est pas vous qui vous servez de l'outil, il ne fera aucun effet de lui-même.

Êtes-vous prêt à vous en servir?

Parfait. Commençons donc par voir d'un peu plus près ce que vous ressentez quand vous vous posez la question: *Suis-je heureux de vivre?* Nous examinerons l'une après l'autre les trois grandes catégories de réponse qu'on peut y apporter.

"Je me sens lamentable en tout temps"

Si telle est votre réponse, alors je vous plains. Car je suis moi-même passé par là. Et à deux reprises. Pour en avoir fait moi-même l'expérience, je sais donc à quel point vous avez besoin qu'on vous aide à vous sortir de vos misères, à reprendre le dessus et à repartir d'un pied plus assuré.

C'est à l'époque où j'ai commencé à faire de la représentation que, pour la première fois, j'ai éprouvé de façon permanente ce sentiment d'accablement. Je n'avais pas la moindre idée de ce qu'était la vente, aussi ce fut un fiasco total. Le seul traitement pour ce genre de détresse consiste à apprendre ce qu'il convient de faire pour réussir... et de s'y mettre. C'est ce que je fis. Et bientôt le malheur de la non-réussite se dissipa. Mais alors une autre sorte d'angoisse se substitua à la première.

Au bout d'une année de succès incontestable, je me sentais plus lamentable que jamais, et pour la seconde fois je redevins malheureux en permanence. Cette nouvelle attaque était évidemment bien différente de la première — qui avait été liée à mon portefeuille vide — puisque cette fois j'avais les moyens de pourvoir aux besoins de ma famille et d'acheter tout ce qui me manquait. Mais l'argent n'achète pas le bonheur: il n'est pour nous que le moyen de l'acquérir. Mais cette fois, si je me sentais misérable, cela venait de la trop grande pression créée par mon incapacité d'assumer parfaitement mon important volume d'affaires. Après avoir passé plusieurs mois à me tourmenter dans ce sentiment de malaise et d'anxiété, je pris conscience d'une vérité qui devait avoir sur ma vie une influence profonde puisqu'elle dure encore:

C'est par habitude qu'on se sent lamentable.
C'est par habitude qu'on se sent heureux de vivre.
À vous de choisir.

Si c'est la seconde attitude que vous décidez d'adopter, le paragraphe qui suit contient une mise en garde qui mérite toute votre attention.

"Je me sens heureux de vivre tout temps"

C'est vrai pour certains individus. Rien ne les afflige, pas même ce qui devrait les affliger. Poussée à l'extrême, cette attitude peut être, elle aussi, fort dangereuse. Quand une tragédie nous frappe, nous en éprouvons du chagrin. Un chagrin que nous devons exprimer d'une façon ou d'une autre si nous voulons le surmonter et rentrer en possession de nous-même. Et quiconque est totalement insensible au malheur a grand besoin lui aussi d'une aide spécialisée.

Mais il existe d'autres circonstances où il est normal de s'affliger, temporairement du moins. Quand par exemple vous jouez de malchance, quand certains facteurs — que vous auriez pu prévoir — ruinent vos espoirs de réussir une vente, ou quand un plan bien préparé échoue pour une raison contre laquelle vous ne pouvez rien, vous n'avez vraiment aucun motif plausible de vous réjouir en faisant le bilan du désastre. Mais aucun motif non plus de vous laisser abattre. Aussi votre dépit ne dure-t-il que quelques minutes. Car, bien entendu, vous avez d'ores et déjà adopté les Cinq règles de conduite du Champion face au refus.

Mais j'imagine que vous avez hâte d'en venir à la troisième des réponses qu'on peut apporter à la question: *"Suis-je heureux de vivre?"*

"Certains jours je me sens heureux, certains jours je me sens malheureux"

C'est la meilleure des trois réponses, mais vous ne devez pourtant pas vous en contenter. Un champion l'exprimerait plutôt ainsi: "Je sais que les ennuis et les peines font partie de la vie. Il m'arrive donc de me sentir malheureux pendant de brèves périodes et c'est inévitable. Mais le reste du temps je me sens heureux de vivre."

Vos problèmes, c'est vous-même qui devez les affronter et les régler. Pas nécessairement tout seul, mais par vous-même et en vous-même. Cela, vous devez le comprendre et l'assumer dans les faits. Acceptez donc toute l'aide qui vous est offerte tant qu'elle vous rapproche de vos buts, mais veillez toujours à dissiper vos propres complaisances vis-à-vis de vous-même, car elles risquent de transformer un sentiment de tristesse en l'habitude d'être misérable.

En d'autres termes, ne vous comportez pas comme un "neg".

Comme un "neg"?

Oui, comme un neg. Un neg est un personnage négatif qui ne gagne que lorsqu'il perd, et se complaît dans les ennuis, la dépression maladive, la peur, jusqu'à s'en nourrir. Et si rien ne se passe qui justifie le sentiment de misère qu'il s'est entraîné à éprouver, alors il invente quelque chose pour se sentir misérable, ou bien il réactualise un ancien malheur.

Que trouve-t-on à l'opposé du neg?

Celui qui réussit, qui est heureux de vivre et qui ne cesse de s'améliorer.

Vous pouvez, vous aussi, être le contraire d'un neg. Il vous suffit pour cela de prendre l'habitude d'être heureux et de ne cesser de l'être que lorsque vous aurez une raison claire et bien présente de ressentir momentanément de la tristesse. Alors, soyez triste. Libérez-vous de votre chagrin. N'ayez pas peur de pleurer. Si vous avez trop de retenue pour le faire en public, pleurez privément. L'essentiel est d'exprimer votre peine afin de la dissiper. Qu'il s'agisse d'un profond chagrin lié à une tragédie personnelle ou d'une contrariété superficielle, mais qui vous touche au vif — à propos d'une question de travail qui n'a pas bien marché, par exemple — vous devez laisser libre cours à votre chagrin ou votre amertume. Ensuite, retrouvez résolument votre joie de vivre coutumière.

Une des meilleures habitudes que vous puissiez cultiver peut se résumer ainsi: **changez ce que vous voulez changer. Acceptez ce que vous ne pouvez espérer changer. Soyez obstinément heureux de vivre, quelle qu'en soit la raison, dès que vous vous serez dégagé des derniers sentiments négatifs qui ont un rôle nécessaire à jouer dans votre vie.**

À l'époque où j'ai vraiment démarré dans l'immobilier et où je me suis mis à faire un gros volume de ventes, mes problèmes se sont multipliés à une vitesse effrayante. Pour la plupart des gens, acheter ou vendre la dernière en date de leurs maisons représente la plus importante des transactions de toute leur existence, et cela engendre chez eux une certaine tension, une tension qui les porte parfois à des fantaisies excessives. C'est alors que leur possessivité se déchaîne et les aveugle, au détriment de leurs véritables intérêts. Étant donné que la plupart des transactions immobilières se déroulent sur des semaines et parfois sur des mois, les choses ont le temps de changer ou de se détériorer en cours de route. Compte tenu du volume d'affaires que je traitais, il y avait donc toujours d'innombrables problèmes épineux qui m'assaillaient dès que je mettais les pieds dans le bureau de vente. C'était au point que bien souvent je n'avais plus envie d'y apparaître, mais bien plutôt de passer tout droit et d'aller me cacher. Tous ceux qui brassent de grosses affaires dans un domaine ou dans un autre sont passés par là.

Quand cette envie pressante de me dérober en venait presque à me submerger, je me réfugiais dans un jardin public où, pendant quelques minutes, je contemplais les arbres et les pelouses. Ensuite, je dialoguais calmement avec moi-même. Tous les champions croient en l'efficacité de ces dialogues intérieurs. Ce n'est pas dans les bars qu'ils le font, mais dans des lieux tranquilles où l'on ne risque ni de les distraire ni de les amener à se sentir *mal*heureux de vivre.

Dès que j'avais maîtrisé mes émotions, je revenais en voiture au bureau... où pendant ce temps mes collègues avaient pris pour moi différents messages de clients excédés par l'irritation et l'anxiété. Pourtant ils savaient bien — puisque j'avais déjà pris la peine d'appeler moi-même ces clients à plusieurs reprises — qu'à de rares exceptions près j'étais parfaitement au courant de la situation.

Dès que je franchissais le seuil du bureau, je m'efforçais donc d'adopter une attitude de bonne humeur. Je parcourais l'allée centrale en distribuant à droite et à gauche des sourires radieux à mes collègues assis derrière leurs bureaux, et en accompagnant ces sourires de formules du genre: "Comment ça va, ce matin? En pleine forme? Quelle magnifique journée pour faire des ventes!"

Alors les negs chroniques baissaient la tête et faisaient semblant d'être trop absorbés pour prêter attention, tandis que les semi-négatifs faisaient une vague grimace qui voulait passer pour un sourire. Et je pouvais pratiquement les entendre penser: "Le revoilà! Il a des ennuis jusque-là et il a le culot de sourire! Je le déteste!"

Chaque fois que vous aurez des ennuis personnels ou professionnels ou quand tout ira de travers, chaque fois que vous serez ébranlé par un coup dur, adoptez toujours cette règle de conduite dont vous ne pourrez que vous féliciter: *n'en parlez à personne.* Car vingt pour cent de ceux qui vous écouteront se désintéresseront totalement de ce qui vous arrive, et quatre-vingts pour cent en seront ravis.

Ne leur donnez pas ce plaisir. La seule satisfaction que puissent vous apporter vos ennuis, c'est de pouvoir les garder pour vous en vous disant qu'au moins vous savez quelque chose qu'aucun de vos collègues ne sait. Si des bruits circulent à propos de vos difficultés, faites-les taire et changez de sujet dès que vous le pouvez, en parlant de quelque chose de positif. La bonne humeur est toujours positive, et tout ennui professionnel est toujours un excellent exercice de bonne humeur. Sachez congédier vos petites misères en riant. C'est radical, Le malheur attire le malheur et les défaitistes adorent les défaitistes. Quand vous êtes déprimé, ce n'est pas de la pitié des autres que vous avez besoin, c'est de succès. Car la joie de vivre est elle aussi communicative, de la même façon que les vainqueurs adorent les vainqueurs.

Un mot encore à propos des défaitistes. Ils se complaisent à ne parler que de défaites, de catastrophes et d'irrémédiable. La prochaine fois qu'un de vos collègues parlera d'un désastre, observez de quelle façon les autres réagissent. Les défaitistes voudront connaître toute l'histoire, et dans ses détails les plus sordides. Ils s'empresseront ensuite de conter des anecdotes tout aussi lamentables, et en un rien de temps vous les verrez lancés à toute allure dans une profusion de détails tous plus sinistres les uns que les autres.

Mais c'est de façon toute différente que les vainqueurs réagissent aux ennuis des autres. Ils se taisent, ou bien prononcent de brèves paroles d'encouragement. Rien à voir avec ces analyses complaisantes de toutes sortes de catastrophes, où s'éternisent avec délectation les défaitistes.

La même différence d'attitude entre vainqueurs et défaitistes s'observe quand il s'agit de la réussite remarquable de quelqu'un d'autre. Cette fois ce sont les vainqueurs qui feront cercle autour de l'intéressé pour connaître tous les détails de l'affaire, et qui parfois citeront des cas de réussites du même genre. Mais les défaitistes seront alors bien trop occupés pour se perdre en bavardages.

Vous est-il jamais arrivé de vous enliser dans une ornière émotionnelle? Financière? De voir chuter vos performances? C'est ce qui se passe normalement quand on ne s'est pas entraîné à éviter ces faux pas. J'ai moi-même passé trois mois de ma vie à me demander comment sortir de l'ornière, et je suis convaincu qu'il n'existe qu'un moyen de le faire. Ce moyen n'est pas neuf et peut s'exprimer de bien des manières. Celle que je préfère entre toutes est la suivante:

La formule GOYA

Rien de plus simple que d'appliquer cette formule, qui peut sembler quelque peu lapidaire au premier abord, et dont l'énoncé complet est le suivant:

G.O.Y.A.*
Grouille-toi donc!
sors, va sur le terrain,
et mets-toi à l'ouvrage!

Tout y est. Excepté ce qui peut vous décider à appliquer la formule. Surtout si vous êtes vraiment au fond du trou, prêt à renoncer à tout l'univers. Je sais ce qu'il en est dans des cas semblables. Alors qu'il est pourtant si simple de se conformer à la prescription G.O.Y.A. Suis-je vraiment sincère en m'exprimant ainsi?

Absolument. Le tout est de commencer, de faire le premier pas. Après, les choses iront d'elles-mêmes. Le difficile, c'est de démarrer. Ensuite, tout se passera bien.

Aussi loin que je puisse remonter dans le temps, je crois que je me suis toujours dit qu'il ne devait pas être bien difficile de se sortir tout seul d'une ornière. Plus encore, puisqu'à l'époque où j'ai

* Formule intraduisible, voulant rappeler les initiales de l'expression "*Get Off Your Ass*", c'est-à-dire "Grouille-toi le c..." (N.d.T.)

commencé à faire de la vente immobilière, je croyais naïvement qu'il me suffirait de quelques transactions en bonne voie d'aboutir, pour que tous mes ennuis s'envolent. Bien sûr, quelques vieux de la vieille — pas des défaitistes, mais des réalistes — m'avaient bien dit que la procédure de vente ne représentait en elle-même que la moitié de la bataille et que le règlement de la transaction est bien souvent la phase la plus décevante et la plus délicate de toute cette opération par laquelle un vendeur se met au service du client.

Mais je ne les croyais pas trop. Du moins jusqu'à une certaine époque où j'engageai simultanément la première moitié de six batailles, sans réussir ensuite à en faire progresser aucune. Mon directeur des ventes — il s'appelait Murphy — me rendait littéralement malade, car il n'acceptait même pas qu'on essaie de lui expliquer pourquoi une affaire piétinait. Je lui en voulais de me faire travailler si dur... Jusqu'au jour où, à la fin de l'année, je pris conscience de tout l'argent qu'il m'avait fait gagner.

Un certain jour, trois des transactions que j'avais en cours tombèrent à l'eau du même coup — plof, plof, plof! Quant aux autres, elles n'allaient pas très fort non plus. Et comme si cela ne suffisait pas, certains de mes clients commençaient à s'irriter sérieusement en constatant que les maisons qu'ils avaient mises en vente par notre intermédiaire ne se vendaient pas assez vite à leur gré. Si bien qu'un beau matin, alors que j'étais dans tous mes états, je fis irruption dans le bureau du directeur des ventes.

"Qu'est-ce qui ne va pas, Tom?" me demanda-t-il en me voyant.

"J'aimerais plutôt trouver ce qui va, lui dis-je. On travaille pour des prunes. Tous les acheteurs que je rencontre mentent comme des arracheurs de dents, et ceux qui veulent vendre voudraient me dépouiller de ma chemise avant que j'aie eu le temps d'ôter ma veste. Ils n'arrêtent pas de m'appeler pour se plaindre et me traiter de tous les noms. J'en ai assez. Ces affaires, vous pouvez vous en occuper vous-même et..."

"Tom", m'interrompit-il en souriant, "tu m'as tout l'air pas mal déprimé."

"Vous vous prenez pour un psychiatre? ripostai-je. Bien sûr que je suis déprimé. Tout ce que m'aura rapporté ce métier, je l'ai croqué depuis longtemps, et je sais très bien que je n'ai plus rien à en attendre."

"Tu sais ce que tu devrais faire, Tom? me dit Murphy. Tu devrais te donner un peu d'air."

Me donner un peu d'air! Laisser tomber pour un moment. N'est-ce pas la première chose qui nous vient à l'esprit quand tout va mal? Mais je ne m'attendais pas à ce que ce soit lui qui me le propose. Je pensais au contraire qu'il allait me pousser à repartir au front et à faire face aux difficultés. Tout ce que, sur le moment, je trouvai à lui dire, ce fut: "Je crois que vous avez raison. Je vais aller me donner un peu d'air."

"Allons faire un tour", me proposa-t-il.

"C'est une bonne idée", approuvai-je. Il avait une voiture superbe, équipée en stéréo. Plus de téléphone pendant un certain temps, me disais-je en moi-même. Je n'étais pas mécontent non plus de faire une promenade avec mon directeur. Je montai donc près de lui et nous roulâmes pendant à peu près cinq kilomètres. Soudain il s'arrêta près d'un trottoir. Puis se tourna vers moi: "Descends", me dit-il.

"Quoi?"

"En ce moment tu te laisses aller, Tom. Et je ne vois qu'une solution pour t'en sortir: GOYA. Grouille-toi le c...! Tu vas rentrer au bureau en faisant du porte-à-porte."

La dernière chose qu'on ait envie de faire quand on est déprimé, c'est pourtant la seule qui nous permettrait de nous ressaisir. GOYA. C'est en allant au-devant des gens qu'on provoque la chance. Mais cela, je ne le savais pas encore. Après avoir épuisé les protestations les plus crues qui me venaient à l'esprit, je descendis de voiture et revins à pied vers le bureau. Je passai d'abord sans m'arrêter devant quelques maisons, puis je me décidai à frapper à une ou deux portes, afin de pouvoir dire à Murphy, au retour, que sa fameuse formule était plutôt faiblarde.

Bien entendu, quand la première porte s'ouvrit, je ne pouvais tout de même pas tenir pour responsable de mes malheurs celle qui était venue me l'ouvrir. Il me fallut donc jouer mon rôle. Nous discutâmes pendant un moment, et je me sentis déjà un peu ragaillardi en repassant la porte: quand je regagnai le bureau, j'étais en effet en possession de trois noms d'acheteurs éventuels qui tous présentaient suffisamment de garanties de sérieux pour qu'on les considérât comme de futurs clients intéressants. Je m'étais sorti tout seul de l'ornière.

Quand on s'effondre, c'est généralement parce qu'on a cessé de respecter certaines règles de base et qu'on a cessé de faire ce qu'on savait devoir faire. La rapidité avec laquelle les vendeurs s'endorment sur leurs lauriers est souvent étonnante. Il suffit pour cela qu'ils aient fait un bon mois. Mais l'avenir se charge vite de les ramener aux réalités... qui vont se manifester sous la forme d'un enlisement de leurs ventes! Alors ils se culpabilisent et deviennent tendus. Tendus au point de s'emporter pour des vétilles sans importance, des vétilles qui n'en valent pas la peine. Le vrai problème, c'est qu'ils ne travaillent plus réellement et se contentent de descendre la pente en roue libre, même si bien entendu ils refusent de regarder les choses en face.

Si vous voulez vous ressaisir, vous aussi, grouillez-vous et remettez-vous à respecter les règles de base, puis faites ce que vous savez devoir faire. Cela marche à tout coup. Dès que vous vous y déciderez, vous recommencerez à jouer gagnant, vous verrez l'argent rentrer, vous n'attacherez plus aucune importance aux petits ennuis secondaires et vous vous sentirez de nouveau bien dans votre peau.

Pourtant, quelle que soit la rigueur de votre attitude, quelle que soit votre détermination à prendre à bras-le-corps les difficultés, il arrive que tout aille de travers. Il arrive certains jours qu'un second problème vous assaille de plein fouet avant même que vous n'ayez pu mettre le premier au tiroir. Puis c'est un troisième qui surgit. Et un autre encore. Au point que vous avez l'impression que cela n'en finira jamais.

Si vous ne voulez pas être trop déçu, attendez-vous à voir survenir de temps à autre des jours pénibles au cours de votre carrière. Mais n'oubliez pas alors que quand vous vous obstinez à la tâche, les mauvais jours passent et les beaux jours reviennent.

Êtes-vous une machine à vous faire du souci? Il y a des gens qui se demandent sans cesse: "Vais-je y arriver? Vais-je pouvoir payer mes factures?"

Cessez de vous tourmenter. Mettez-vous dans la disposition d'esprit qui vous empêchera à tout jamais de vous tracasser. Une fois que vous aurez planifié votre travail, pensez à quelque chose d'agréable. Souvenez-vous que ce sont les projets qui favorisent la réussite, et les soucis qui la compromettent. Quand les soucis vous accablent, détendez-vous. Si vous en êtes incapable, consacrez le temps pendant lequel vous vous seriez tourmenté, à développer vos compétences professionnelles. Si vous sentez que vos soucis vont prendre le dessus pendant vos heures de travail, arrêtez-vous, pincez-vous et demandez-vous ce que vous pouvez faire de plus productif dans l'immédiat. Quand vous l'aurez déterminé, faites-le. Si c'est ainsi que vous vous comportez, vous n'aurez bientôt plus à vous faire de soucis d'argent, car vous en gagnerez plus que vous n'en aurez jamais gagné. Ne vous laissez pas apeurer par la perspective de ne plus faire de ventes. Employez-vous au contraire à tout faire pour réussir votre carrière.

"Et si...?" Et si vous craignez que quelque chose de terrible puisse se produire? Alors, acceptez cette éventualité, mais réfléchissez à toutes les mesures que vous pouvez prendre pour empêcher que cela ne se produise. Faites une énumération écrite de ces mesures, par ordre d'importance, puis prenez-les concrètement. Si c'est de cette façon que vous agissez, aucun des "Et si...? Et si...?" de vos obsessions nocturnes ne se réalisera jamais.

Si vous débutez, dites-vous que votre métier sera bientôt un plaisir pour vous. Car qu'on soit médecin ou vendeur, c'est toujours un plaisir de faire confiance à son propre talent. Le système GOYA est là pour vous aider à vous sortir de l'ornière si vous vous enlisez.

La première des étapes de ce système consiste en ceci:

1. Devenez hautement compétent. Si vous n'avez pas perfectionné votre savoir-faire et votre talent jusqu'au niveau le plus élevé que vous puissiez atteindre, comment pouvez-vous affirmer que vous vous enlisez? Dans ce cas, ce n'est pas de vous sortir de l'ornière que vous avez besoin. C'est uniquement de préparation, d'entraînement et de répétition. C'est de vous dégager du troupeau des sans-talent et de vous joindre à l'élite des vendeurs hautement compétents qui n'offrent aucune prise à la défaillance.

2. Enterrez chaque jour votre passé. Nous éprouvons tous la tentation de revenir sur le passé et de ressasser nos espoirs flétris en accompagnant nos réminiscences de la formule "Si seulement..." Chaque fois que vous éprouverez une tentation de ce genre, dites-vous ceci: "Mon passé est mort et enterré. Je ne peux plus rien y faire. Je vais donc imaginer quelque chose qui puisse tourner à mon avantage." Si cette manière de raisonner devient pour vous une habitude, vous vous mettrez à façonner votre avenir, vous vous rapprocherez de vos buts et vous éprouverez cette joie particulière que partagent seuls ceux qui sont pleinement maîtres de leur existence.

3. Vivez au présent. On ne peut vivre ni au futur ni au passé. Le seul résultat, si on s'obstine dans l'une ou l'autre direction, c'est de ruiner chaque jour qui passe. N'oubliez jamais que la vie n'est rien d'autre que la conscience de la minute qui s'écoule. Que vous ayez dix ans ou que vous soyez centenaire, ce jour d'aujourd'hui est peut-être pour vous le dernier. C'est peut-être ce soir que votre inventaire vous sera compté. Alors, pourquoi vous faire tant de soucis pour l'avenir? Profitez de l'instant qui passe. Vous ne pourrez jamais profiter de deux instants à la fois.

4. Planifiez votre avenir au lieu de vous en inquiéter. Quand vous vous serez assigné un emploi du temps bien précis, respectez-le chaque jour qui passe, et du matin au soir. Et profitez ensuite de vos moments de liberté et de loisirs. Si vous ne vous astreignez pas à planifier vos activités en vue de votre réussite et de votre bonheur, de quel droit vous chagrinez-vous de vos échecs et de vos malheurs? Si vous ne vous astreignez pas à planifier le cap que vous voulez suivre, de quel droit vous plaignez-vous de n'arriver nulle part? Les pires saccageurs de leurs propres richesses sont ceux qui ne savent ni qui ils veulent devenir, ni où ils veulent aller. Réfléchissez à la trajectoire que vous voulez donner à votre vie. Et organisez-vous ensuite pour que votre vie suive cette trajectoire. Planifiez le temps que vous allez consacrer à faire naître et croître ce qui pour vous représente la réussite, mais aussi celui que vous allez employer à régénérer votre énergie, à jouir des récompenses que vous vous serez octroyées, et à enrichir le sens que vous avez de votre propre valeur. Et alors, une fois que tout cela sera parfaitement planifié, prenez toutes les mesures nécessaires pour que le souci ne détruise jamais les instants qui vous régénèrent, vous récompensent et vous enrichissent.

5. N'exigez jamais de la vie qu'elle soit "juste". "Ce n'est pas juste." Voilà bien une affirmation qui compte parmi les plus stupides qui soient.

"C'est à elle que le directeur donne tous les bons tuyaux... C'est pas juste."

"Ils ne m'ont pas rappelé... C'est pas juste."

"C'est lui qui a eu l'affaire parce qu'ils sont allés à l'école ensemble... C'est pas juste."

Arrêtons de parler de ce qui est juste et de ce qui ne l'est pas. Nous ne vivons pas dans un monde conçu pour être "juste." Si vous exigez le miracle et si vous prétextez cette exigence insatisfaite pour excuser votre manque de vigueur, vous vous sentirez perpétuellement frustré. Il vous faut survivre — si tant est que vous survivrez — dans un monde où il y aura toujours des gens au-dessus de vous et des gens au-dessous de vous, dans quelque domaine que ce soit.

Chuck Hill compte parmi les champions que nous avons formés et dont je suis particulièrement fier. Il ne peut se déplacer qu'à l'aide de béquilles, par suite des séquelles d'une poliomyélite qu'il a eue quand il avait deux ans. C'est pas juste. Mais Chuck n'a pas passé son temps à se lamenter sur l'injustice de la polio. Il l'a passé à imaginer mille moyens d'être actif et à les mettre en application. Et il se trouve que l'activité de Chuck fait tout simplement merveille. Il appartient au peloton de tête de son équipe, travaille en champion et sait profiter de tous les bienfaits matériels de l'existence que ses revenus lui permettent d'acquérir. Une fois par semaine au moins, il faut du démarchage dans la rue... sur ses béquilles. Si vous ne faites pas de prospection à l'extérieur aussi intensément que vous devriez le faire, quelle excuse avez-vous? Vous imaginez-vous en train de vous en justifier devant Chuck Hill?

C'est au cours d'un de mes séminaires en immobilier que j'ai pour la première fois remarqué ce garçon. Quand on en vint, dans le programme, à la partie consacrée au porte-à-porte, je me souviens d'avoir pensé sur le moment: "Je me demande s'il va pouvoir le faire." Il le fit. Et même très bien, tant était ferme sa volonté de faire oublier aux autres qu'il n'était pas comme eux.

Nous devrions parfois savoir trouver l'occasion de nous féliciter de ce qui nous fait défaut. Songez à ceux qui accomplissent parfaitement leur tâche alors que leur fardeau est bien plus lourd que le vôtre. Bien sûr, il y a aussi ceux dont le fardeau est plus léger et qui pourtant font de leur existence — et c'est bien le plus triste — un perpétuel gémissement. Comparée à leur histoire, celle de Chuck Hill est une bouffée d'air frais comme l'est également sa présence. Les gens sont étonnants. La plupart d'entre nous sommes persuadés que nos ennuis sont plus graves que ceux de n'importe qui d'autre. Mais c'est faux... sauf si nous sommes enfermés dans un poumon d'acier et que nous pouvons à peine froncer les sourcils. Alors, de grâce, cessez de récriminer parce que la vie n'est pas "juste", cessez de vous laisser déprimer par vos petites misères. Vous êtes comme vous êtes. Servez-vous donc de ce que vous êtes pour obtenir de la vie ce que vous désirez. Si ce que vous désirez consiste précisément à ne pas payer le prix du succès, alors soyez heureux de vos insuccès. En venant au monde, tout être humain a le droit au bonheur, vous comme les autres. Mais nul autre que vous n'a le pouvoir de vous rendre heureux bien longtemps. Ce pouvoir, vous êtes seul à le détenir. Le bonheur est une responsabilité personnelle. C'est un devoir qu'on ne peut déléguer, et la seule façon de rendre notre bonheur durable est d'accepter cette réalité.

6. Ne vous sentez pas coupable. Si vous êtes tenté de faire quelque chose dont vous risquez plus tard de vous sentir coupable, ne le faites pas. Ou alors, si vous le faites quand même, décidez de le faire avec plaisir et de vous interdire ensuite toute manifestation de culpabilité. Vous devez être intraitable sur ce point. Repoussez fermement tous ceux qui prendraient plaisir à vous submerger de culpabilité pour avoir fait ce que vous aviez parfaitement le droit de faire si vous en aviez décidé ainsi.

7. Engagez-vous à réaliser de hautes performances, mais acceptez aussi les conséquences de cet engagement. Vous ne pouvez être partout en même temps, et vous devez savoir dire *non*. La meilleure façon de dire non est encore de le faire tout de suite, et sur un ton courtois: "Non, je suis désolé, mais je ne pourrai pas me libérer. Merci en tout cas d'y avoir pensé."

Prendre vis-à-vis de soi-même l'engagement de réaliser de hautes performances professionnelles, c'est aussi soumettre automatiquement son temps et son énergie à de hautes pressions. Nous avons tous tendance à toujours dire oui à nos proches, à nos clients, à notre patron, à nos amis ou à nos associés en affaires. Mais accepter de ne plus avoir une minute à soi parce qu'on dit toujours oui aux autres, c'est courir tête baissée au-devant d'une démission de la volonté. Car vient un moment où l'on se trouve submergé de demandes qu'on n'a plus la volonté de satisfaire, vu l'effort considérable que cela exige et le peu de bénéfices qu'on en retire. Occupez-vous donc d'abord de ce qui est prioritaire, si vous ne voulez pas finir par ne plus vous occuper de rien.

8. Ne remettez pas au lendemain... Il est impossible d'appliquer le proverbe à la lettre et de toujours tout faire le jour même, car il est dans l'humaine nature de s'accorder de temps en temps de petites défaillances. Il arrive même parfois que la procrastination, quand on en use avec prudence, soit une tactique utile. Car certaines situations ne s'en portent que mieux si on les laisse telles quelles, et bien des petits problèmes irritants s'effacent d'eux-mêmes si on les ignore.

Il m'arrive occasionnellement à moi aussi de remettre au lendemain. Quand par exemple j'ai passé la moitié de la nuit dans un avion pour aller diriger un séminaire et que le matin suivant je n'ai pas envie de m'y préparer en révisant mon programme. Mais en règle générale je règle mon existence sur cette formule:

FAIS-LE TOUT DE SUITE

Efforcez-vous de le faire vous aussi pendant vingt et un jours consécutifs, et vous adopterez ainsi un puissant modèle de comportement qui vous dévoilera de nouvelles perspectives d'avenir.

9. Cultivez votre sens de l'humour. Le langage est un déchaînement de caquets. Extraire le suc des mots qu'on utilise, en presser le plus possible ce qu'ils ont de cocasse dans toutes les situations que nous vivons peut devenir une habitude. Tout comme on peut aussi avoir pour habitude de grincer des dents à longueur de journée, exception faite des moments où l'on se pourlèche les babines au-dessus de la page du journal pleine de catastrophes. Ceux qui ont la bonne humeur facile font en général les choses plus vite et conservent plus de fraîcheur, puisqu'en cours de route leur joie de vivre les a mieux soutenus. D'autres au contraire ne parviennent pas à développer leur sens de l'humour, parce que quelque chose d'écrasant domine leur personnalité depuis l'enfance. De tous les problèmes qui se posent à l'individu, celui-ci est pourtant le plus facile à régler. Mais encore faut-il, ici comme ailleurs, qu'on s'en occupe. Ne manquez jamais d'aller voir un film drôle, ni de regarder les programmes comiques de la télévision. Lisez des choses qui vous feront rire. Les librairies et les bibliothèques regorgent de recueils de blagues et d'histoires désopilantes: apprenez-en une chaque jour. Liez-vous d'amitié avec ceux qui aiment rire. Écoutez-les raconter leurs histoires et racontez-leur quelques-unes des vôtres. Chaque matin, chaque soir, persuadez-vous que vous avez beaucoup d'humour et vous ne vous en porterez que mieux de façon permanente. Persuadez-vous aussi que vous adorez rire. Faites-le pendant trois semaines, et vous aurez acquis une merveilleuse habitude qui vous lancera sur l'autoroute de la réussite financière et du bonheur de vivre.

10. Apprenez à aimer ce qui prospère, ce qui change, ce qui vit. Ceux qui réussissent vraiment savent que la prospérité, le changement, la vie, sont étroitement imbriqués et indissociables au point de ne faire qu'un. Lecteur mon ami, vous le champion en puissance grâce aux méthodes exposées dans ce livre, l'avenir que vous voulez vous attribuer est désormais le vôtre. Grâce à ces idées et à ces techniques, vous pouvez désormais rédiger un chèque payable en efforts qui vous seront comptés pour garantir l'avenir de votre choix. Soyez sûr qu'un jour vous en toucherez la contre-valeur en prospérité. Adoptez cette idée. Ayez une foi totale en elle. Et surtout, agissez en conformité avec elle. Votre avenir est à vous. Il sera à la mesure de votre détermination à appliquer la formule GOYA.

Chapitre 20

Le meilleur de tous vos outils

"Comment avez-vous réussi à tout concilier et à faire tant de choses?" Cette question, on me la pose à répétition depuis des années.

Et je ne crois pas qu'on me la pose par hasard. Je suis convaincu au contraire que ceux qui me la posent le font pour les mêmes raisons qui me poussaient moi-même, quand j'avais vingt et un ans, à demander dans un restaurant au président d'une chaîne de magasins: "Comment avez-vous fait pour accomplir une telle réussite?" Ma question, c'était le désir sincère d'apprendre à faire de mes rêves une réalité qui me poussait à la poser.

L'être humain a la faculté de réussir presque tout ce qu'il entreprend. C'est rarement un manque de capacités de base qui l'en empêche, car nous disposons tous d'une quantité de possibilités inexploitées. Ce qui l'en empêche, c'est presque toujours de ne pas savoir exactement ce qu'il veut. Avant d'aller plus loin, je voudrais d'abord définir ce que j'entends par *vouloir*. Ce n'est pas de souhaits plus ou moins vagues qu'il s'agit ici, mais de désirs véritablement obsessifs.

Vous vous dites peut-être qu'aucun de vos désirs n'est véritablement obsessif. Mais vous vous trompez. Ces désirs tenaces, vous les avez. Seulement, vous les avez enfouis dans un récipient duquel vous ne pouvez plus les libérer. Ce sont vos premières expériences et vos habitudes acquises qui les ont emprisonnés là en enfonçant le bouchon. Et ils y sont toujours, à fermenter sous pression, préparant le prochain et brutal débordement de vos envies et de vos exigences. Parfois aussi ces désirs refoulés ne se manifestent que par une fuite modeste, un suintement, comme pour protester discrètement contre votre résistance aveugle au changement, votre refus obstiné de faire le moindre effort supplémentaire, ou votre insistance permanente à rejeter sur les autres la responsabilité de tous vos ennuis. Plutôt que de refouler vos désirs authentiques, apprenez donc à les comprendre. C'est de cette compréhension que surgira la connaissance de ce qu'il convient de faire pour mettre cet élan vital au service d'ambitions plus nobles. C'est de cette source que votre dynamisme doit naître, car aucune autre ne saurait l'alimenter de façon durable.

C'est souvent la crainte de l'échec qui nous conduit à refouler nos désirs. Ce n'est pourtant pas d'échouer qui est le pire, c'est de ne rien tenter. Ce n'est qu'en essayant qu'on peut réussir. Ne rien essayer, c'est déjà avoir échoué. Cette crainte de l'échec est-elle aussi la vôtre? Alors, admettez tout simplement que jusqu'ici vous avez échoué et empressez-vous de l'oublier... pour employer toute votre énergie à tenter quelque chose.

Beaucoup d'entre nous sommes prêts à prendre le risque d'un échec mais ne nous donnons pas tout le mal qu'il faudrait pour l'éviter. Pourquoi en effet se dépenser tant, à quoi bon se battre si le succès n'est rien moins qu'assuré? Si c'est de là que vient votre blocage, cela mérite de votre part une très grande attention, et seule une réflexion soutenue vous apportera la bonne réponse. Élargissez vos horizons, trouvez-vous de nouveaux amis, de nouvelles activités et promettez-vous les récompenses qui donneront un sens à vos efforts, et auxquelles vous n'avez pas encore pensé. Le point essentiel, c'est de déterminer exactement ce qui peut motiver cette personnalité unique qui est la vôtre. Nous sommes parfois tellement conditionnés par l'idée que se font les autres de nos propres besoins que nous en venons à ne plus entendre nos propres revendications. La priorité absolue, c'est d'acquérir la perception intime de nous-même.

Si vous désirez réellement quelque chose, c'est toute votre vie qui s'en trouvera changée. Ce sera pour satisfaire vos ambitions que vous travaillerez et que vous sacrifierez vos plaisirs. Vous ressentirez aussi le besoin de changer, d'évoluer dans un but bien déterminé. Et c'est délibérément que vous changerez et que vous évoluerez afin d'obtenir ce que vous désirez vraiment. Alors que s'il s'agit simplement de combler un simple souhait, vous ne ferez rien de semblable. C'est pourquoi il vous faut formuler par écrit ce que vous croyez vraiment désirer. Ensuite, considérez bien vos buts — vos buts que vous venez d'exprimer noir sur blanc — et engagez-vous à les atteindre. Car tout reste à faire. Il ne servirait strictement à rien de faire quelque part la liste des buts qu'on veut atteindre si c'est pour reprendre ensuite le train-train quotidien comme si rien ne s'était passé.

Chaque jour, considérez attentivement chacun de vos buts. En vous demandant si vous faites bien ce qu'il convient de faire et si vous payez vraiment le prix que vous devez payer pour les atteindre. À cette phase, l'important pour vous n'est pas encore de posséder toutes les capacités et toutes les ressources nécessaires à l'accomplissement de votre ambition. Ces capacités et ces ressources, vous les acquerrez en cours de route. L'important est de ne pas entreprendre quelque chose sans en avoir le désir. Et la première étape décisive à franchir est de vous engager **par écrit**. Ce premier pas pourtant tout simple sur le chemin de la réussite, la grande majorité des gens ne se décident pas à le faire, même une seule fois dans leur vie. C'est pour cette seule raison aussi qu'ils n'atteignent jamais l'étape finale, celle qui leur apporte ce qu'ils souhaitent obtenir. L'inertie étouffe bien plus de carrières que ne l'a jamais fait l'incapacité.

Depuis quelques années on ne cesse de nous parler de gens qui ne parviennent pas à trouver leur propre identité. Cet état de confusion psychologique empêche des millions d'individus de déployer pleinement leurs véritables capacités et contribue à payer le loyer des psychanalystes. Il est parfaitement évident que certains ont dans ce domaine bien besoin de soins spécialisés, mais la plupart d'entre nous ferions beaucoup mieux de tirer un trait sur le passé et de nous préoccuper de façon plus concrète de ce que nous attendons exactement de l'avenir.

Tant que vous serez incapable de libérer votre créativité et d'accélérer votre évolution jusqu'à ce que vous soyez en mesure de vous engager fermement à poursuivre un but bien déterminé, mieux vaut encore vous assigner n'importe quel but — pourvu qu'il soit positif — plutôt que de ne pas vous en assigner du tout. Vous ferez probablement bien des faux départs avant de trouver la bonne direction dans laquelle vous vous engagerez et vous épanouirez pendant toute votre vie. Et c'est en soi merveilleux, puisque chaque fois que vous prendrez des engagements écrits vous ne ferez qu'évoluer plus rapidement et que chacune de vos expériences vous sera profitable. Tandis que vous vous battrez sur le terrain, vous en apprendrez mille fois plus que n'en apprendront les spectateurs inertes avachis sur les gradins de l'existence. Chacun des instants où vous donnerez le meilleur de vous-même pour jouer ce match serré qu'est la vie, vous découvrirez mieux vos propres limites et le sens le plus achevé qu'il convient de donner à votre destin. Le plus grand des crimes est de laisser notre vie s'ensevelir dans l'apathie. En ne nous engageant pas à poursuivre les buts qui pour nous ont un vrai sens, c'est ce crime que nous commettons.

On peut atteindre presque tous les buts qu'on a le courage de s'assigner. Mais il est parfois bien pénible de baliser le chemin.

J'en ai fait l'expérience alors que j'avais dix-sept ans et que j'ai brisé le coeur de mon père. Ses revenus étaient modestes, mais il avait pourtant mis de côté de quoi m'envoyer à l'université. Il voulait faire de moi un avocat. Dix-neuf jours après la rentrée, j'étais de retour à la maison. Pour lui déclarer que j'abandonnais l'université. Et pour la première fois je le vis pleurer. C'est avec des larmes plein les yeux qu'il me dit: "Mon fils, je t'aimerai toujours, même si tu n'arrives jamais à rien."

Ce furent les premières paroles qui me motivèrent vraiment.

Quand je quittai la pièce, j'étais brûlé intérieurement par quelque chose que tout le monde n'a pas la chance d'avoir ressenti. Car non seulement je voulais réussir dans la vie, mais je me devais impérativement de le faire.

Cela dit, je ne voyais pas du tout comment m'y prendre. Pendant dix-huit mois, je gagnai ma vie en transportant des pièces métalliques destinées à la construction d'un pont. Et chaque jour ce que m'avait dit mon père me rongeait. J'avais à présent un travail salarié, mais qui ne me menait à rien, sauf à la retraite.

J'entrepris donc de faire de la vente. Mais là, plus de salaire fixe. Je n'y gagnai bien entendu pas un sou. Rien. Pour la bonne raison que je ne savais rien non plus de mon métier. Et puis, alors que j'en étais à mon troisième emploi de vendeur — toujours avec autant de succès — je fis dans des circonstances que j'ai déjà décrites la connaissance d'un garçon qui me persuada d'aller suivre un séminaire de J. Douglas Edwards. J'y allai, et j'appris ainsi des techniques d'approche et de règlement que je ne tardai pas à mettre en pratique. Peu de temps après, je savourais pour la première fois les fruits suaves du succès.

Un peu plus tard, je déclarai à la direction de la compagnie pour laquelle je travaillais que j'aimerais bien rencontrer personnellement J. Douglas Edwards. Ce furent mes patrons qui organisèrent cette rencontre. Quand je fus en sa présence je lui déclarai à peu près ceci: "M. Edwards, mon ambition est de prendre un jour votre place et d'apprendre aux autres à vendre avec autant de succès que vous m'avez appris à le faire."

Et si plus tard cette ambition s'est réalisée, c'est parce que je m'étais assigné ce but bien précis que je savais vouloir atteindre. Ce qui fut essentiel, c'est que j'avais pris l'engagement ferme d'y parvenir. On ne peut progresser si on ne s'assigne pas des buts qui nous obligent à nous dépasser.

Commencez par vous assigner des buts à court terme. Le premier que je me suis personnellement promis d'atteindre — ne parlons pas de celui qui consistait à me nourrir et me vêtir — était de m'acheter une voiture neuve. Les automobiles représentent un excellent but de départ, encore qu'hélas, elles deviennent bien souvent un but en soi, un but final, alors qu'il y a dans la vie des choses bien plus importantes que de se balader en ville au volant d'un modèle coûteux. Bien des vendeurs ordinaires se fixent des buts tout aussi ordinaires. Et quand ils les atteignent, ils entrent dans une sorte d'hibernation. Comme les ours durant l'hiver, ils rentrent sous terre et vivent au ralenti sur leurs réserves de graisse. Alors qu'au contraire un véritable champion s'assigne de nouveaux buts dès qu'il a atteint les précédents. Un but qu'on vient d'atteindre devient à peu près aussi utile qu'un journal de la veille: tout juste bon à garnir la cage du serin.

Le meilleur de tous vos outils, c'est celui qui vous rend capable de vous fixer des buts bien précis. Mais si vous voulez que cet outil vous serve à quelque chose, encore faut-il que vous observiez ces quelques règles que nous allons à présent examiner:

1. Un but qui n'est pas formulé par écrit n'en est pas un. Un désir qui n'est pas exprimé noir sur blanc n'est rien d'autre qu'un voeu, un songe, une probabilité nulle. Le jour où vous formulez par écrit le but qui est le vôtre est aussi le jour où va prendre effet un engagement qui va changer votre vie.

2. Un but qui n'est pas précisément délimité n'en est pas un. Comme je devais le découvrir du temps que je transportais sur l'épaule mes pièces métalliques, les désirs trop vastes, les ambitions trop aériennes restent sans effet. Avoir l'ambition d'être un jour quelqu'un, ou la détermination de gagner gros, ne suffisent pas. Encore faut-il pour aller de l'avant convertir ces souhaits bien vagues en buts et en projets bien concrets.

3. "Vos buts, il faut que vous puissiez y croire." Je cite ici mot pour mot une phrase de J. Douglas Edwards, laquelle exprime une condition essentielle de la réussite. Si vous ne vous croyez pas capable d'atteindre un but, vous ne paierez pas le prix exigé pour l'atteindre.

4. Un but digne de ce nom doit vous stimuler. Si le but que vous vous proposez d'atteindre ne vous fait pas avancer d'un pas par rapport au point de départ, s'il ne stimule pas le meilleur de vous-même et ne mobilise pas des ressources que vous ne vous connaissiez pas, il ne modifiera pas votre manière d'être et n'améliorera pas votre qualité de vie.

5. Réajustez vos buts en fonction des données nouvelles. Ne tardez pas à définir vos buts, quitte à les remanier plus tard si vous avez visé trop haut ou trop bas. C'est généralement sur un terrain qui ne nous est pas familier que nous nous fixons les buts qui exercent le plus d'influence sur notre vie. C'est ensuite seulement, une fois que nous sommes en possession de données que nous ignorions au départ, que nous devons les réajuster, soit vers le bas si nous ne nous sentons pas capable de les atteindre, soit vers le haut s'ils cessent de nous stimuler parce que trop faciles à réaliser.

6. Vos buts doivent guider sans ambiguïté vos choix. Nous vivons dans un monde où nous risquons à chaque instant d'être placés devant une multitudes de possibilités qui risquent de nous disperser. Si vous désirez fermement vous rendre utile dans la maison, mieux vaut ne pas vous attarder devant la télévision. Si vos buts sont bien définis, ils vous indiqueront instantanément, et dans la plupart des cas, la décision qu'il convient de prendre.

7. En vous fixant des buts à court terme, n'excédez pas quatre-vingt-dix jours. Quand au bout de six mois vous aurez pris l'habitude de vous assigner des buts à court terme, il se peut que cette période d'un trimestre vous semble un peu trop longue. Pour ma part, ces quatre-vingt-dix jours me conviennent parfaitement. Si je me fixe une durée supérieure pour atteindre un objectif à court terme, celui-ci a tendance à perdre de son intérêt.

8. Maintenez l'équilibre entre vos buts à long terme et vos buts à court terme. Le désir d'acheter des vêtements neufs, de changer de voiture, d'alimenter un compte d'épargne, de prendre des vacances ou d'acquérir une variété d'autres objets matériels, représente une gamme d'ambitions à court terme qui ajouteront du sel et des gratifications à votre programme. Si vous ne vous assignez que des objectifs à long terme, il vous sera difficile de maintenir votre performance à un haut niveau, car les bénéfices que vous en attendrez s'estomperont dans les brumes du futur.

9. Associez à vos buts les êtres qui vous sont chers. Vous serez surpris de l'ardeur avec laquelle vous travaillerez à partir du moment où vos enfants sauront que leur part de gâteau sera plus grosse si vous marquez le but. Et si leurs propres objectifs sont étroitement liés aux vôtres, cela vous remontera le moral dans les moments où vous ressentirez le besoin d'être encouragé.

10. Fixez-vous des buts dans chacun des domaines de votre existence. Ce n'est pas seulement l'argent qui doit entrer en ligne de compte. Fixez-vous également des buts qui concernent votre santé, vos exercices physiques, vos performances sportives, votre vie personnelle, familiale et spirituelle. C'est une méthode qui donne des résultats étonnants *si on l'utilise*, et dont il serait dommage de réserver l'efficacité à des objectifs exclusivement professionnels.

11. Vos buts ne doivent pas être contradictoires, mais complémentaires. S'ils entrent en conflit les uns avec les autres, c'est vous qui serez le grand perdant. Dès que vous décelez un antagonisme entre vos différents buts, déterminez lequel des antagonistes est prioritaire afin d'éliminer la situation de conflit. Votre programme d'ensemble doit servir à résorber vos frustrations, pas à en créer de nouvelles.

12. Reconsidérez vos buts régulièrement. Rappelez-vous que vous ne pourrez atteindre vos buts à long terme que s'ils sont l'apogée de vos buts à court terme, et que les nouveaux buts que vous vous fixez doivent relayer ceux que vous venez de remplir. Dans l'avenir, les objectifs à court terme que vous vous fixerez seront beaucoup plus ambitieux que ceux qu'aujourd'hui vos capacités autorisent... et vous les atteindrez grâce au savoir-faire, à la confiance en vous et au dynamisme que vous êtes en train d'acquérir en remplissant présentement vos engagements.

13. Fixez-vous des buts éclatants... L'ingrédient de base quand on s'assigne un but, c'est l'excitation qu'il nous promet. Car vous ne tenez pas à vivre dans une grisaille terne, n'est-ce pas?

La première fois que j'ai pris l'avion, c'était pour aller de la Californie en Arizona, où je devais donner une de mes premières conférences. J'ai fait depuis des centaines de vols dont je ne garde aucun souvenir, mais je n'oublierai jamais celui-là. Sans doute vous souvenez-vous comme moi de votre premier vol. Étiez-vous passablement crispé sur votre siège? Moi, oui.

Juste avant le décollage, je regardai par le hublot et je vis un magnifique petit avion qui stationnait sur une piste latérale. Je demandai à mon voisin ce que c'était que cet appareil.

"Un avion d'affaires", me dit-il.

"Quelle petite merveille!" m'exclamai-je, en sortant de ma poche le carnet sur lequel je notais mes objectifs. Et sur une page j'écrivis: "Dans dix ans, un jet."

Il est surprenant... non, il est stupéfiant de constater à quel point la poursuite d'un but peut devenir une réalité à partir du jour où ce but est formulé par écrit et où chaque matin, chaque soir, on se concentre pendant quelques instants sur lui. Je n'oublierai jamais non plus le jour où le jet me fut livré — dix ans après mon premier vol. Je venais tout juste de terminer un programme d'enseignement à Bâton Rouge devant un vaste public. Sitôt descendu de l'estrade, je me ruai vers l'aéroport, où j'arrivai à temps pour voir un magnifique petit appareil faire ses approches et atterrir.

Le pilote m'accueillit à bord et nous redécollâmes aussitôt. "Voilà l'engin", me dit-il. Et moi, je me disais: "Dix ans, et j'y suis arrivé."

14. ...Mais qui ne soient pas en granit. Un tas de gens renoncent à s'assigner fermement certains buts chaque fois qu'ils songent à le faire, tout simplement parce qu'ils ont peur. Rappelez-vous pourtant qu'il ne s'agit pas pour vous de prêter un serment qui va vous valoir la peine capitale si vous le trahissez en modifiant plus tard votre objectif. Je n'oublierai jamais non plus la première fois où nous avons fait le plein de l'avion. Le pilote revint me voir et me tendit une facture de 882 dollars.

"C'est pour un mois?" lui demandai-je.

Non, ce n'était pas pour un mois.

Il s'avéra bientôt que mon fameux but à long terme était en fait une babiole dont l'entretien coûtait la bagatelle de 30 000 dollars par mois. C'est pourquoi nous ne le gardâmes pas plus de soixante jours. Ce qui avait jadis représenté pour moi un but éclatant, exigeant, n'était en fin de compte qu'un jouet de plus. Un jouet ridiculement coûteux pour quelqu'un qui avait des activités telles que les miennes. Et cette fois, quand le jet fut définitivement envolé, je ne me fixai aucun autre objectif de substitution. Ainsi devons-nous parfois modifier nos buts à mesure que nous prenons mieux conscience de ce qui est le plus important pour nous dans la vie et que nous nous y conformons. Se fixer des buts bien programmés, puis les atteindre, c'est prendre un engagement qui doit se dérouler sur toute notre existence: l'engagement d'évoluer de façon continue. Cette évolution peut parfois prendre des tournures imprévues. Tout comme votre avenir recèle des réussites exceptionnelles que vous n'avez jamais soupçonnées.

15. Projetez-vous dans l'avenir. Nous fixer continuellement des buts a pour objectif essentiel de planifier notre existence et de nous faire cesser de nous en remettre au hasard, à la débrouillardise et à l'air du temps. Commencez donc par vous assigner des buts que vous vous donnez vingt ans pour réaliser.

Pour cela, faites d'abord la liste des réussites personnelles que vous entendez accomplir. Qui voulez-vous être dans vingt ans? Et que voulez-vous être? Que voulez-vous posséder à cette époque-là? Où voulez-vous vivre, et dans quel genre de maison? Peu importe si ce sont là des buts qui plus tard seront modifiés. De quels symboles de la réussite avez-vous toujours rêvé? Que désirez-vous pour votre famille? Si vous ne savez même pas ce que vous voulez, comment pouvez-vous espérer l'obtenir?

Pensez dès à présent à ce que vous voulez qui soit bien à vous au bout de vingt ans de route. Considérez ce qu'aujourd'hui vous représentez concrètement, et soyez ouvert au futur. Cela ne peut se réaliser que si vous prenez tout de suite l'habitude de formuler vos buts par écrit, de respecter vos engagements et de conditionner votre esprit à atteindre ce que vous aurez décidé d'atteindre. Réfléchissez intensément sur le futur comme sur vous-même et dites-vous: "Voilà ce que je voudrais être dans vingt ans, et j'ai toute la volonté, toute l'ardeur qu'il faut pour en payer le prix."

Une fois que vous aurez parfaitement défini les buts que vous voulez atteindre dans vingt années, divisez-les par moitié. Vous aurez là vos buts à atteindre dans dix ans.

Divisez-les encore une fois par moitié. Voilà votre programme pour les cinq années à venir. Faites encore une division et vous aurez sous les yeux les buts que vous devrez atteindre dans trente mois.

Puis fixez-vous des buts pour les douze prochains mois, et faites-le très attentivement. Ensuite, fractionnez ce calendrier d'objectifs en mois, en semaines, et terminez votre subdivision en vous assignant des buts pour le lendemain et pour chacun des jours de la semaine à venir.

16. Fixez-vous des buts pour chaque jour, et faites chaque soir votre bilan. Vous vous dites probablement: "Mais cela va me prendre un temps fou! Et cela en vaut-il seulement la peine?"

Réussir sa vie vaut-il qu'on se donne un peu de peine? Soyez sincère: ce n'est pas de vous donner un peu de peine qui vous ennuie, c'est l'idée de devoir vous soumettre à une discipline, quelle qu'elle soit. Même si c'est vous qui vous l'imposez. Réfléchissez-y à deux fois avant de vous détourner de cette idée, car si vous refusez de vous soumettre à votre propre discipline, vous n'accomplirez pas les deux centièmes de ce que vous devriez accomplir, et vous vous priverez de quatre-vingt-dix-huit pour cent des bienfaits dont vous pourriez jouir.

17. Représentez-vous tel qu'après avoir atteint vos buts. Consacrez un peu de votre temps (quand vous êtes en voiture, quand vous attendez un rendez-vous ou à d'autres moments perdus) à vous imaginer en possession de ce qui donne à vos buts leur raison d'être. Plus votre désir de les atteindre sera vif, plus vous serez prêt à en payer le prix.

18. C'est l'activité, et non le rendement, que vous devez prendre en considération. Combien de clients allez-vous rencontrer aujourd'hui? Combien de démonstrations allez-vous faire? À combien de refus ou de rebuffades faut-il vous attendre? Si le rendement est le seul facteur qui entre en ligne de compte quand vous vous fixez un but, vous risquez de vous enliser dans l'ornière. Il suffit en effet de quelques ventes perdues, d'un changement de conditions qui joue en faveur de la concurrence, pour que votre rendement chute dramatiquement, pour que vous en ressentiez de la culpabilité, et pour qu'il ne soit plus question de vous assigner à l'avenir le moindre objectif. Alors que si vos buts quotidiens et hebdomadaires sont basés sur votre activité (le nombre de coups de téléphone à donner dans le cadre de votre prospection, le nombre de démonstrations à faire, etc.), vous continuerez à pouvoir tenir vos engagements pendant les périodes difficiles. En raison même de votre activité, vous vous adapterez plus vite à la nouvelle situation et vous serez capable de vous dégager de l'ornière bien avant de vous y être complètement embourbé.

19. Mettez toutes les chances de votre côté. Savez-vous que les grands vainqueurs, ceux qui vraiment réussissent et atteignent les buts qu'ils se sont tracés, sont tous convaincus qu'on peut forcer la chance? Ce qui est en fait fort simple et consiste d'abord à n'attendre de l'avenir que des événements heureux. Il ne s'agit pas de compter sur une chance plus ou moins capricieuse; il s'agit d'être persuadé qu'elle va se présenter. Il s'agit, autrement dit, de s'y préparer soigneusement, en menant bon train une multitude d'activités et en se prédisposant à l'accueillir. Cessez de vous attendre à des ennuis et contentez-vous d'imaginer par quels moyens vous pouvez les prévenir. Savez-vous qu'il est prouvé que certaines personnes sont prédisposées aux accidents? Pourquoi le sont-elles? Parce qu'elles passent tellement de temps à se dire qu'elles pourraient être blessées dans un accident que la confusion s'empare de leur subconscient et qu'elles se comportent comme si elles souhaitaient que cela se produise.

20. Commencez immédiatement. Concentrez-vous dès aujourd'hui pendant deux heures sur les buts que vous allez vous fixer. Puis ménagez-vous dix minutes chaque jour, pendant vingt et un jours d'affilée, pour revoir et reconsidérer ces buts. Par la suite, une réflexion de deux minutes par jour et d'une heure additionnelle chaque semaine vous acheminera vers l'avenir de plénitude et de prospérité qui sera le vôtre si vous suivez les règles exposées cidessus. Commencez dès à présent. Vous avez devant vous une année fantastique si pendant 365 jours vous accomplissez quotidiennement ce que vous vous êtes donné pour but d'accomplir. Et ainsi de suite dans l'avenir, à mesure qu'une année bien remplie en chassera une autre. Quelle fabuleuse perspective! C'est désormais la vôtre, si vous entreprenez *immédiatement* de vous fixer des buts dans la vie.

Chapitre 21

Comment vendre à ceux qui comptent le plus pour vous

À présent que vous voilà en passe de devenir un vendeur véritablement professionnel, doté d'un revenu tout aussi professionnel, votre mentalité profonde se modifie, exactement comme se modifie votre attitude face au monde extérieur. Mais tandis que cette transformation s'opère en vous, voilà que vous découvrez que plus vos succès professionnels s'affirment, moins vous réussissez dans vos relations avec votre famille, ou dans le cercle de vos amis. S'il vous semble que c'est cela qui est en train de se produire, c'est vraisemblablement parce que vous ne savez pas faire bon usage des talents de vendeur que vous avez récemment acquis. Car ces talents, ce n'est pas seulement dans votre cadre professionnel que vous devez les exercer. Ne les étouffez pas quand vous regagnez votre foyer. Déployez-les, au contraire.

Il se peut qu'à cette étape de votre vie vous soyez encore célibataire. Il se peut aussi que vous viviez là où vous n'avez que peu de parents ou d'amis. Si tel est le cas et si vous êtes insatisfait de votre isolement, servez-vous de ce que votre métier vous a appris pour améliorer votre situation. Avec un peu de réflexion, un peu d'ingéniosité, les techniques exposées dans les chapitres qui précèdent peuvent aisément s'adapter aux situations extra-professionnelles. Elles peuvent y faire merveille pour vous aider à atteindre les objectifs que vous vous fixerez dans votre vie privée.

Si vous voulez passer maître dans l'art de la vente, vous devez également être capable de vendre à ceux qui comptent le plus au monde pour vous: vos amis et ceux qui vous sont chers.

Mais leur vendre quoi?

Leur vendre ce qui, selon vous, est le meilleur pour eux. Ce qui leur permettra d'atteindre eux aussi leurs buts. Ce qui rendra leur existence plus heureuse et plus remplie. Ce qui les mettra à votre diapason ou leur aidera à s'accepter et à se respecter tels qu'ils sont.

Vous considérez peut-être qu'il est déjà bien suffisant que vous rapportiez chez vous un revenu de professionnel. Pourtant, si vous aimez vos proches, votre rôle ne doit pas se borner là. Car vous êtes irremplaçable pour eux, tout comme est irremplaçable le soin que vous prenez d'eux. Si l'expansion rapide de votre carrière ne vous permet pas de vous consacrer à votre famille ou à vos amis autant que vous le souhaiteriez, faites que compte chaque minute que vous passez près d'eux. Souvenez-vous: *À tout instant je dois m'efforcer d'être le plus productif possible.* Cela s'applique intensément à votre vie privée. Ce qui à certains instants peut être pour vous le plus producteur, c'est de prendre sur vos genoux votre petit garçon et de lui apprendre à surmonter ses peurs, ou bien de dire à un être qui dans votre vie est unique: "Je t'aimerai toujours." C'est pour une infinité de raisons de cet ordre que cet avant-dernier chapitre se propose de montrer comment les techniques de vente exposées dans ce livre peuvent également embellir la vie de votre foyer.

Expliquons d'abord clairement de quoi il est question. Dès que vous aurez intériorisé et consolidé les techniques des chapitres précédents, vous les appliquerez de temps à autre et de façon automatique à ceux que vous aimez. Mais se servir de ces techniques comme de prises de lutte dans la bousculade quotidienne est une chose; intégrer leur pouvoir dans un plan concerté pour résoudre les problèmes qui se posent et atteindre les buts familiaux qu'on s'est fixés en est une autre. Parce qu'alors c'est dans le domaine le plus important de notre vie qu'il va s'agir d'employer délibérément nos nouvelles aptitudes à vendre.

Tandis que votre évolution professionnelle et personnelle s'accomplit rapidement, il se peut fort bien que de son côté votre conjoint continue à aller du même pas et s'attarde en route. Peut-être cela vous convient-il d'ailleurs. Mais si tel n'est pas le cas, c'est à vous qu'il appartient de combler le fossé qui se creuse entre vous et votre partenaire. Sinon, un jour il sera trop tard.

Il n'existe théoriquement que trois moyens pour résorber avec succès ce genre de décalage: (1) ou bien c'est vous qui ralentissez, (2) ou bien c'est l'autre qui accélère, (3) ou bien vous acceptez d'un commun accord, et à la satisfaction de l'un comme de l'autre, que chacun évolue désormais à son propre rythme. Seule la première de ces éventualités dépend entièrement de vous... mais c'est probablement celle qui vous séduit le moins. Restent les deux autres, encore qu'elles ne puissent se produire qu'avec la participation active de votre conjoint. Mais pour provoquer de sa part cette participation active, il va bien souvent vous falloir faire appel à toute la panoplie de vos talents de vente: questions inquisitrices, tentatives mineures de règlement, questions directrices, interception des objections de l'interlocuteur, tentatives majeures pour conclure la vente... pour ne pas parler d'une infinité d'autres procédures et de la nécessité de prodiguer à l'autre approbations et encouragements.

Si votre conjoint se sent menacé par le personnage nouveau que vous devenez, essayez de le comprendre et faites preuve de patience. Rappelez-vous toujours qu'on ne peut dicter aux autres leurs sentiments... mais qu'on peut soulager leur angoisse en les rassurant sur nos propres sentiments à leur égard.

Nous avons dit dans les pages de ce livre à quel point il est nécessaire de découvrir quels sont exactement les bénéfices dont profitera le client, avant de tenter de lui vendre un produit ou un service particulier. C'est la même démarche qui doit vous conduire à créer l'atmosphère propice dans laquelle chaque membre de votre famille pourra se réaliser et s'épanouir en confiance. On l'a dit aussi, et vous l'avez parfaitement retenu, les seules limites à la prospérité sont celles qu'on lui impose nous-même. Ces limites ne sont bien entendu représentées que par notre degré de détermination à payer le prix de la réussite. Allez-vous ligoter vos enfants en leur dictant les succès auxquels ils doivent impérativement se consacrer?

Ne perdez jamais de vue qu'on ne peut vivre la vie des autres, ni maîtriser leurs émotions à leur place, ni payer le prix de leur réussite. Aimer nos enfants, nos amis, c'est admettre que chacun d'entre eux est un individu autonome qui poursuit ses propres buts et dont les préférences, les limites et les possibilités sont différentes des nôtres. C'est ce que mon père et moi devions découvrir à l'époque où il voulait faire de moi un avocat: le succès peut emprunter bien des chemins. Ce ne sont ni vos enfants ni vos amis qui atteindront à votre place les buts que vous vous serez fixés dans l'existence. Et tout ce que de votre côté vous pourrez faire, c'est de les aider à atteindre ceux qu'ils se seront d'eux-mêmes assignés.

Les chapitres précédents sont bourrés de techniques et de concepts qui vous aideront à guider vos proches vers l'accomplissement des buts que vous vous serez fixés d'un commun accord. Récapitulons brièvement quelques-unes de ces idées directrices:

La technique du lasso. Quand vous discuterez en famille, utilisez-la pour donner du poids aux phénomènes positifs que vous souhaitez voir survenir, et pour décourager l'apparition des phénomènes négatifs que vous préférez éviter. Guider les autres consiste avant tout à leur faire comprendre, puis admettre, que ce que vous leur proposez sert au mieux leurs propres intérêts.

La proposition alternative. Pour usage familial, cette technique est de toute beauté. Comparez vous-même l'une à l'autre ces deux façons de procéder dans une situation identique:

1. **Elle:** Veux-tu qu'on aille au restaurant ce soir, mon chéri?
Lui: Non, j'ai envie de manger ici.
Elle: Tu ne veux jamais qu'on sorte. Je travaille moi aussi, non? On dirait que tu ne t'en rends pas compte.

(Et voilà le couple lancé dans une dispute provoquée par la malheureuse question-suicide posée par l'épouse.)

2. **Elle:** Qu'est-ce qui te ferait le plus plaisir ce soir, mon chéri: que nous allions souper au Baquet Bleu, ou plutôt chez Jos-la-Frite?
Lui: Allons-y pour le Baquet Bleu.

(Pourquoi risquer une question-suicide quand une proposition alternative peut favoriser vos desseins?)

La technique porc-épic. Cette technique est un véritable cheval de labour quand il s'agit de simplifier certaines questions d'ordre domestique et de ne pas prendre inconsidérément certaines décisions fâcheuses. La meilleure façon de répondre à une question concernant la vie du foyer consiste bien souvent pour vous à répondre au questionneur — ou à la questionneuse — par une question porc-épic en forme de proposition alternative et qui fera prévaloir vos propres projets.

La mise en situation. Quand c'est pour réaliser quelque chose qui concerne votre couple que vous désirez investir du temps et de l'argent, posez à votre conjoint des questions qui le mettront par anticipation dans la situation que vous ambitionnez de créer. C'est la meilleure façon de le stimuler. Quand ce sont vos enfants que vous voulez encourager à réussir, procédez de la même façon, en les amenant par vos questions à se mettre dans la situation psychologique qui serait la leur s'ils avaient atteint le but qu'ils se sont proposés d'atteindre.

Les questions inquisitrices et les questions directrices. Écouter attentivement est l'unique façon de découvrir ce que veulent vraiment vos clients. Écouter attentivement ceux qui vous sont chers est tout aussi important, si votre ambition profonde est d'intensifier la relation qui vous unit à eux. Si un enfant est turbulent, c'est la plupart du temps parce qu'il veut que ses sentiments de frustration, de colère ou de déception soient compris par ses parents. Il suffit bien souvent que le père ou la mère fassent preuve d'un peu de compréhension et témoignent à l'enfant qu'ils sont conscients de sa détresse, pour que celui-ci se sente soulagé et qu'il retrouve son calme. Mais pas toujours cependant. Car il exige parfois davantage de ses parents. Mais comment deviner quoi que ce soit, si on ne lui pose pas de questions et si on n'écoute pas attentivement ses réponses? C'est seulement quand vous aurez cerné son problème, que vous serez pleinement en mesure de l'acheminer là où vous voulez qu'il aille.

Nous avons parlé au chapitre 8 de l'aptitude que doit avoir un vendeur, à saisir la balle au bond dans les propos que tiennent ses clients. Ce concept joue également un rôle clé quand il s'agit d'influencer les autres au cours d'une conversation familiale. Le moyen le plus facile et le plus efficace d'agir de façon positive et durable consiste à abonder dans le sens des buts que vos proches se sont fixés, afin de les encourager à en payer le prix. Car le plus dur pour eux est de convertir ce qui au départ n'est qu'un vague souhait en une entreprise décidée et assidue. Ne manquez donc aucune occasion d'inciter ceux qui vous sont chers à passer aux actes au lieu de se demander si leurs désirs sont à leur portée. Plus ils en feront dès aujourd'hui, plus ils pourront et voudront en accomplir demain.

On nous a bien souvent appris que c'est la logique seule qui doit dicter nos choix, et qu'il est catastrophique de se fier à ses émotions. Si l'on s'en tient à cette conception des choses, la logique et l'analyse scrupuleuse des faits seraient seules sensées commander nos décisions, alors que nos intuitions et nos émotions ne devraient pas intervenir. Cette idée destructive ne tient aucun compte de la réalité car, dans les faits, il est bien rare que nous disposions de tous les paramètres utiles quand nous devons prendre une décision. Nous sommes bien forcés alors de nous en remettre à nos émotions et à notre intuition. Ce qui nous frustre et nous culpabilise. Évitez donc à vos enfants ces incertitudes en les incitant à maintenir un équilibre entre leur raisonnement logique et leurs motivations émotionnelles quand ils prennent une décision.

C'est de la non-participation émotionnelle que l'apathie et l'inertie — ces soeurs jumelles de l'inactivité — tirent leur force. En nourrissant chez les enfants la croyance qu'ils doivent se méfier de leurs émotions, nous provoquons chez eux des frustrations qui peuvent bien souvent paralyser leurs efforts. Chaque fois que ceux qui vous sont chers veulent accomplir quelque chose de positif, encouragez-les dans toute la mesure du possible. Essayez de savoir quelles sont les récompenses qui peuvent les motiver, et faites au mieux de vos moyens pour les leur prodiguer. Éveillez chez eux les émotions qui les aideront à atteindre leurs buts, et apprenez-leur à user de ces émotions comme de stimulants. Le succès est une habitude, la meilleure des habitudes que vous puissiez transmettre aux autres.

Tenez des propos d'encouragement à ceux qui partagent votre vie, et non pas des propos qui stoppent leurs élans. C'est en favorisant des échanges positifs au sein de votre famille que vous identifierez les mots qui découragent d'avance votre conjoint et vos enfants. Chaque fois que vous en aurez identifié un, remplacez-le par un mot qui stimule, et n'employez plus ensuite que celui-là. Substituer des mots qui fouettent l'énergie, à des mots qui la ligoteraient favorise le bonheur familial de façon fantastique et incite ceux qui vous entourent à surmonter leurs difficultés, à remplir leurs buts et à développer leur joie de vivre. Vous trouverez encore un avantage supplémentaire à vous comporter ainsi: c'est une excellente façon de vous entraîner à vos activités professionnelles tout en apprenant à mieux percevoir les sentiments et les besoins des autres.

Bien sûr je ne reprendrai pas un à un tous les concepts et techniques de ce livre susceptibles de vous aider à procurer aux vôtres un mode de vie plus opulent et mieux rempli. Relisez-les dans cette perspective et vous verrez qu'à chaque nouvelle lecture vous y puiserez de nouveaux enrichissements. Ce n'est pas seulement un champion de la vente que vous pouvez devenir, mais aussi un champion dans vos relations avec vos enfants et avec vos amis, un époux champion ou une épouse championne. L'avenir est à vous. Vous atteindrez les buts les plus magnifiques si vous savez en payer le prix.

Chapitre 22

Cinq autres techniques de règlement à l'usage des champions ambitieux

Tous les acheteurs éprouvent de façon presque irrésistible la tentation très répandue de dire d'abord *non*. Au fur et à mesure que vous développerez vos talents et que vous vous élèverez au-dessus de la moyenne pour passer dans la catégorie des champions de la vente, il deviendra pour vous de plus en plus impératif de vous pénétrer de l'absolue vérité de ces deux propositions:

> ***Tous les acheteurs sont d'abord tentés de dire* non *et de s'en tenir là. À de rares exceptions près, chaque fois que vous établirez un nouveau contact, et tout au long de votre carrière, vous vous trouverez en présence de gens dont le premier réflexe sera de refuser tout ce que vous pourrez leur proposer.***

Avant de réaliser des performances de champion, il est tout à fait nécessaire que vous compreniez parfaitement ces deux réalités, mais sans pour autant vous en chagriner. Car ne vous y trompez pas: un champion ne s'en désole pas le moins du monde. Tous savent au contraire que leur seule sécurité d'emploi, la seule garantie qu'ils ont, de pouvoir continuer à tirer de larges profits de leurs activités de vente, réside précisément dans cette tendance instinctive qui pousse tous les acheteurs à commencer par dire non.

Si vous voulez, vous aussi, être un champion, acceptez donc sereinement ces deux réalités.

Autrement dit, considérez que ces refus que vous décochent si aisément vos acheteurs sont la matière première de votre négoce. Si ces refus n'étaient pas inévitables, vous n'auriez aucune fonction économique à remplir. Les brochures explicatives, les documents d'information, les bandes vidéo y suffiraient. Ces refus qu'on vous oppose, ce sont les pierres brutes qu'on livre aux diamantaires. Pour tailler les diamants les plus achevés à partir de ces pierres brutes — c'est-à-dire pour faire jaillir du refus initial de vos clients les ventes les plus somptueuses — vous devez vous aussi travailler avec une précision de diamantaire.

Vous voilà donc prévenu. Vous devez vous attendre à devoir faire face à des refus quotidiens tout au long de votre carrière. Mais d'ores et déjà vous savez aussi quelle valeur énorme ces refus prendront pour vous. Raison de plus pour apprendre tout de suite à convertir ces réponses négatives fort prévisibles en consentements tout aussi prévisibles. Si ce livre a une raison d'être — et si votre carrière a elle aussi une raison d'être — c'est bien de métamorphoser les *non* en *oui*. Je me trompe?

Les approximations chiffrées qui suivent révèlent encore une vérité importante: vous ferez en gros 50 pour cent de vos ventes parce que vous aurez su les conclure en dépit d'objections majeures émises par vos clients; vous en ferez 40 pour cent du fait de votre habileté à circonvenir l'indécision et la procrastination de l'acheteur, et 10 pour cent par votre aptitude à retourner radicalement une situation initiale de refus. Vos pourcentages personnels seront naturellement quelque peu différents de ceux-ci, mais dans tous les cas ils ne feront que souligner la nécessité de recourir à de multiples techniques de règlement. Ne perdez jamais de vue non plus en préparant et en appliquant vos procédures de vente, que ce n'est en moyenne qu'à la cinquième tentative majeure que les vendeurs les plus payés du monde réussissent à conclure le marché!

Quand leur première tentative n'aboutit pas, ils amorcent une séquence de transition qui va leur permettre de prendre assez de recul pour préparer un autre tir soigneusement pointé sur leur cible. Alors seulement ils font une seconde tentative majeure. Si celle-ci manque encore son but, ils n'en éprouvent ni désarroi ni baisse d'enthousiasme, mais au contraire se lancent tout naturellement dans une seconde séquence de transition, à laquelle ils se sont entraînés à fond. Puis, quand il leur semble à nouveau que c'est le bon moment, les vendeurs même les plus payés du monde font une troisième tentative majeure qui, ils le savent bien, a toutes les chances d'échouer aussi vite que les deux premières. C'est alors qu'instantanément ils adoptent une fois de plus une phraséologie de transition tout à fait différente pour tenter encore d'assurer la vente.

Pressentant un peu plus tard une autre brèche dans la ligne de défense, ils risquent une quatrième tentative de règlement, et ne sont pas autrement étonnés si elle échoue. C'est donc en toute confiance qu'ils amorcent à nouveau une autre séquence de transition qui va préparer la tentative suivante. Et dès qu'ils sentent que l'instant est propice, ils lancent leur cinquième offensive. Bien qu'ils aient essuyé quatre échecs consécutifs, ils n'en éprouvent ni découragement, ni énervement, ni désespoir. Et c'est cette fois-ci qu'ils réussissent. Comme ils s'y étaient attendus, c'est leur cinquième tentative majeure qui leur permet de conclure leur vente.

Rappelons que les acheteurs dont il est ici question appartiennent bien entendu à la catégorie de ceux qui avaient été choisis attentivement, et qu'en conséquence ils ont et le besoin et les moyens financiers d'acquérir ce qui leur est proposé. Mais que se passe-t-il si la cinquième tentative échoue elle aussi? Les vendeurs les plus payés du monde vont-ils cette fois renoncer?

Ce serait bien mal les connaître. Les superchampions ont plus d'une corde à leur arc. Car les vendeurs les plus payés du monde ne cessent jamais de s'exercer, de s'améliorer et d'adopter de nouvelles techniques de règlement. Ils ne cessent jamais de s'entraîner à de nouvelles séquences de transition, et ce ne sont pas quelques mots prononcés dans l'intention de les décourager qui vont faire dérailler leur train tandis que celui-ci roule en toute sérénité d'une tentative de règlement à une autre. Rien ne fera davantage progresser vos performances de vente que d'avoir à votre disposition une batterie de techniques éprouvées que vous aurez rodées jusqu'à ce qu'elles soient devenues pour vous des réflexes.

Voici donc la formule pour vous aider à tirer de multiples assauts vers un règlement:

Commencez par faire une première tentative. Si elle se heurte à un refus, excusez-vous cordialement. Et préparez immédiatement le terrain pour votre tentative suivante. Voici deux exemples de transitions:

"Je suis désolé et je vous prie de considérer que je ne cherchais pas à vous forcer la main. Pas du tout. C'était la simple conviction que j'ai de tous les avantages que vous pourriez retirer de ce produit, qui m'a poussé à m'exprimer ainsi. Aurais-je manqué de clarté dans ma présentation?"

"Pardonnez-moi. Je n'ai pas eu le moins du monde l'intention de vous agresser. Tout indique pourtant que cet achat serait une décision très avisée de votre part. Auriez-vous la bonté de me dire si certaines de mes explications ne vous satisfont pas?"

Si vous ne ménagez pas de transitions entre vos tentatives de règlement en série, celles-ci seront inefficaces. C'est pourquoi il vous faut répéter ces formules de transition jusqu'à ce que vous soyez capable de les débiter de façon réflexe et automatique chaque fois qu'on opposera un *non* à une de vos tentatives majeures. En quoi consiste au juste une séquence de transition? En un schéma de discours parfaitement au point, qui doit vous permettre de franchir le fossé creusé par un *non* et de continuer de progresser sur le chemin qui mène à la vente. Les vendeurs de grande envergure apportent à ces transitions toute l'attention et la préparation qu'elles méritent, sachant fort bien que c'est de leur qualité que va dépendre celle de la tentative suivante.

Pour qu'une séquence de transition soit efficace, il faut qu'elle vous mette parfaitement à l'aise et que vous puissiez la formuler tout à fait naturellement une fois que vous l'aurez soigneusement élaborée et répétée. Une excellente façon de procéder consiste bien souvent à vous déclarer d'accord sur les dires de votre interlocuteur. De brèves excuses pour avoir un peu trop forcé sur le pressoir assainissent également l'atmosphère. Certaines séquences de transition réussies permettent de modifier presque instantanément le climat émotionnel. D'autes consistent à récapituler les avantages dont le client a déjà reconnu l'importance, ou bien à lui demander d'énumérer les bénéfices les plus significatifs qu'à son avis il pourrait retirer de ce que vous lui proposez.

Quand c'est dans le bureau du futur client qu'a lieu la rencontre et que vous éprouvez le besoin d'une transition qui vous permette de passer d'un refus à votre prochaine tentative, évitez de soulever des sujets qui n'ont rien à voir avec l'affaire qui vous amène. Beaucoup de vendeurs réagissent souvent à un *non* en changeant radicalement de sujet, ce qui n'aboutit qu'à mettre le client complètement hors de portée de l'hameçon. C'est ainsi que dans un cas semblable ces vendeurs se mettent à commenter un événement récent, à raconter une blague ou à relater une anecdote personnelle. Risquez-vous à vous comporter de cette façon avec des acheteurs très occupés, et vous ne tarderez pas à découvrir que vous aurez saboté toute votre entrevue, et que la seule transition que vous vous serez préparée sera celle qui va vous conduire à repasser la porte. Nous l'avons déjà dit à maintes reprises: préparez-vous, entraînez-vous, et répétez. C'est la seule façon de surmonter sans heurt les rebuffades et de ne pas renoncer. La discussion à bâtons rompus ne peut être une formule de transition sûre que dans les circonstances où votre entretien de vente ne risque pas d'être brutalement interrompu, si c'est par exemple en déjeunant avec le client que vous lui faites votre présentation, ou encore si c'est en vous promenant en voiture avec lui.

Cela dit, examinons quelques techniques de règlement supplémentaires qui vous faciliteront les choses. On n'en connaît jamais trop. Vous en apprendrez continuellement de nouvelles en cours de route, et vous en mettrez vous-même quelques-unes au point quand vous serez devenu un champion de la vente. Une fois que vous aurez maîtrisé les douze techniques redoutables qui ont été exposées au chapitre 15 de ce livre, songez aussi à placer ces cinq charges additionnelles dans votre cartouchière. Chacune d'entre elles peut être la balle unique grâce à laquelle vous estourbirez le rhinocéros que vous chasserez demain.

1. "Laisseriez-vous M. Léger dire *non?*"

Vous est-il déjà arrivé d'avoir affaire à quelqu'un qui vous décoche un "Non!" sans atténuer son refus du moindre commentaire? Patience, cela vous arrivera tôt ou tard. Mieux vaut donc vous y attendre, si vous ne voulez pas qu'un jour un *non* cinglant vous désarçonne en vous atteignant de plein fouet. Encore que ce soit le plus souvent de façon plus édulcorée qu'on vous oppose un refus: "Tout cela est très convaincant, certes. Et nous aurions grand besoin de votre produit (ou de votre service). Mais malheureusement je suis obligé de vous dire *non*." C'est pour vous tirer de ce genre de situation que vous devez assimiler cette technique qui est celle du super-pro. Et l'assimiler en l'apprenant mot à mot, afin de lui donner son maximum d'impact.

"Vous savez comme moi, M. Léger, que bien des représentants vous aligneront des raisons toutes plus convaincantes les unes que les autres d'investir dans leur produit ou leur service, n'est-ce pas?

"Mais il n'empêche que vous, M. Léger, vous garderez toujours si vous le désirez la possibilité de leur dire *non*, vous êtes bien d'accord? Voyez-vous, l'expérience que j'ai de (nommez ici votre produit ou votre service) me place dans une position tout à fait différente. Car en représentant (nommez ici votre firme), j'ai appris avec le temps une vérité écrasante: c'est qu'à moi, on ne peut pas dire *non*. Tout ce que peuvent faire mes interlocuteurs, c'est de se dire *non* à eux-mêmes ou de dire *non* à leur entreprise.

"Mais comment pourrait-on accepter un *non* de ce genre? Franchement, M. Léger, si vous étiez à ma place, laisseriez-vous M. Léger dire *non* à quelque chose qui peut avoir une telle importance pour son...?" (Complétez votre phrase à l'aide du mot ou de la proposition qui aura le plus d'impact émotionnel pour décrire les avantages que vous avez pour rôle de vendre. Servez-vous de termes tels que *son existence, sa santé, son bonheur, les êtres qui lui sont chers, sa famille, ses futurs bénéfices, ses affaires, ses succès, sa survie dans la compétition, sa prospérité financière, sa carrière, sa réussite personnelle*.)

2. "Ce n'est pas prévu dans le budget"

Voilà une technique qui devrait figurer au répertoire de tous les représentants qui vendent aux entreprises, aux compagnies commerciales, aux administrations publiques, aux agences gouvernementales et aux institutions sans buts lucratifs, surtout en ces époques de restrictions financières où les affaires sont dures. Elle est conçue pour que vous l'utilisiez quand vous aurez affaire au propriétaire d'une entreprise, au président d'une société, au directeur d'une firme importante, ou au fonctionnaire de rang élevé qui se trouve à la tête d'une administration publique. Quand l'un de ces divers interlocuteurs vous fera remarquer que rien n'est prévu dans son budget pour faire l'acquisition de votre produit ou de votre service, faites-lui sur un ton cordial la réponse suivante:

"Je sais naturellement que ce n'est pas prévu à votre budget. C'est d'ailleurs l'unique raison qui m'a poussé à vous rencontrer en premier."

Ne marquez ensuite aucune pause. Votre façon de procéder variera selon que vous aurez affaire à une compagnie commerciale, ou à une institution sans buts lucratifs. Voyons comment vous devrez manoeuvrer dans chacun de ces deux cas.

Si vous avez affaire à une compagnie commerciale: "Toute entreprise commerciale bien gérée qui veut faire des bénéfices doit planifier ses dépenses grâce à des prévisions budgétaires rigoureuses, j'en suis parfaitement conscient, M. Chambellan. Mais je ne crois pas me tromper en affirmant aussi que pour le responsable d'une entreprise aussi dynamique que la vôtre, un budget représente davantage l'indication d'un cap sur lequel vous guider qu'un ancrage rigide, non?

"En tant que responsable de cette entreprise, vous conservez toute liberté d'infléchir au besoin votre budget au mieux des intérêts de la gestion financière d'aujourd'hui et de la concurrence de demain, n'est-ce pas?

"Ce dont nous avons discuté, c'est d'un système qui placera tout de suite et de façon continue (nommez ici l'entreprise que dirige votre interlocuteur) à la pointe de la compétition. Cela dit, M. Chambellan, vos prévisions budgétaires ont-elles comme je le soupçonne une certaine flexibilité, ou faut-il les considérer comme un point d'ancrage rigide?"

Si vous avez affaire à une institution publique ou privée à caractère non lucratif: "Toute organisation bien gérée doit planifier ses dépenses grâce à des prévisions budgétaires rigoureuses, j'en ai parfaitement conscience, M. Leblanc. Je n'ignore pas non plus que votre (administration, agence, institution, service public, etc.) doit continuellement s'adapter aux besoins toujours changeants du public. D'ailleurs, n'avez-vous pas cette réputation?"

Une fois que votre interlocuteur vous aura répondu, continuez de la façon suivante: "Je suppose que, quand on est à la tête d'une institution aussi efficace, on doit considérer davantage un budget comme un guide susceptible de vous orienter pour les dépenses courantes que comme un ancrage rigide. Sinon, comment le public pourrait-il bénéficier si rapidement des nouveaux services (ou des innovations technologiques) que vous mettez à sa disposition?

"En tant que responsable de cette institution, je suppose donc que vous gardez toute liberté d'infléchir votre budget afin de pouvoir exercer vis-à-vis du public vos responsabilités de la façon la plus efficace possible.

"Ce dont nous avons discuté, c'est d'un système qui se traduira tout de suite et de façon continue par des économies (c'est-à-dire une meilleure qualité de service, une meilleure sécurité, un plus grand confort pour les visiteurs... ou tout autre avantage). Cela dit, M. Leblanc, vos prévisions budgétaires ont-elles comme je le crois une certaine flexibilité, ou faut-il les considérer comme rigides?"

3. L'inflation et la vie privée

Pour la plupart d'entre nous, le problème majeur auquel nous devons aujourd'hui faire face, c'est l'inflation. Mais ce peut être aussi l'occasion pour vous de faire de bonnes affaires. Car si ce Robin des Bois des années 80, comme on a parfois surnommé l'inflation, détrousse l'ignorant, elle enrichit aussi celui qui est bien informé. Le superchampion que vous êtes doit parfaitement comprendre que l'inflation peut et doit être utilisée comme un mobile d'achat dans les processus décisionnels contemporains. Assimilez donc cette technique et mettez-la en pratique si vous faites de la vente aux particuliers:

"Les décisions les plus délicates que nous ayons à prendre de nos jours sont celles qui touchent à l'argent, n'est-ce pas? Il y a bien longtemps que nous ne pouvons plus nous offrir le luxe de choisir entre l'épargne, la dépense et l'investissement. Désormais, du fait de l'inflation, impossible d'épargner. Vous en connaissez comme moi les raisons, n'est-ce pas?"

(Marquez une pause pour laisser à votre interlocuteur le temps de vous répondre.)

"Exactement. Au fur et à mesure que certains facteurs économiques accroissent l'inflation, chaque dollar que nous avons mis de côté vaut moins cher que lorsque nous l'avons gagné, d'accord?"

(Autre pause pour qu'on vous réponde.)

"Eh oui, de nos jours, il faut que tout l'argent qui nous reste une fois que nous avons couvert nos dépenses courantes nous *serve à quelque chose de positif*. Et vous êtes bien d'accord avec moi que nous n'avons plus que deux possibilités. Ou bien nous essayons de trouver un investissement qui nous rapporte des intérêts supérieurs au taux d'inflation — ce qui n'est pas toujours facile quand on n'a pas la chance d'avoir une fortune, n'est-ce pas? — Ou bien nous utilisons notre argent pour vivre un peu mieux.

"Bref, il se trouve que vous avez envie de (nommez votre produit ou votre service). Parce que, dites-moi: estimez-vous que vous avez ou non le droit à une récompense après tant de travail?"

(Autre pause pour qu'on vous réponde.)

"Je ne puis une fois de plus que vous approuver. Et ma question sera la suivante: allez-vous profiter de cette récompense, ou est-ce à l'inflation que vous allez laisser le profit?"

4. L'inflation et les affaires

Si vous vous adressez à des entreprises commerciales ou industrielles, ajoutez cette technique à votre équipement d'assaut:

"À côté de toutes les tracasseries administratives auxquelles le gouvernement soumet les entreprises, vous êtes bien d'accord avec moi que l'un des principaux problèmes qui se pose en affaires, c'est l'inflation n'est-ce pas?"

(Marquez une pause pour laisser à votre interlocuteur le temps de vous répondre.)

"Mais, dites-moi: avez-vous l'impression que c'est un problème qui affecte uniquement votre entreprise?"

(Autre pause.)

"Je ne me trompe donc pas si j'affirme que tous vos concurrents doivent eux aussi faire face à l'inflation?"

(Autre pause.)

"Corrigez-moi si je fais une erreur, mais si tout le secteur d'activités qui est le vôtre doit lui aussi faire face au même problème, comment se fait-il que certaines industries s'en accommodent mieux que d'autres?"

(Autre pause.)

"Vous avez raison. Mais tout mon objectif n'est-il pas précisément de vous fournir la possibilité de prendre l'avantage dans la compétition? Et prendre l'avantage — prendre n'importe quel avantage, grand ou petit — n'est-ce pas pour vous le seul moyen de faire mieux que vos concurrents?"

5. Le malaise économique

De nos jours, beaucoup trop de gens vivent dans la crainte. Au point qu'en cette fin de siècle l'incitation à la crainte et son traitement sont devenus une véritable industrie, qui ne cesse de prospérer. Certains individus sont résolument optimistes. D'autres sont tout aussi résolument pessimistes. La plupart des gens oscillent continuellement entre ces deux extrêmes.

Il est hors de doute aussi que le rôle de prophètes de malheur qu'adoptent souvent les médias d'information paralyse grandement le pouvoir décisionnel que peuvent exercer des milliers de gens dotés d'une certaine influence.

Mais compte tenu de l'énorme majorité de ceux qui, en une heure — voire en une minute — oscillent entre la peur et l'enthousiasme, il est possible de contrecarrer les effets de cette déperdition générale de pouvoir décisionnel. C'est à cette fin qu'a été conçue cette dernière technique de règlement, qui n'exercera probablement aucun effet sur les pessimistes invétérés. Mais il est vrai qu'ils ne représentent qu'une minorité et qu'il ne faut guère espérer leur vendre autre chose que des balles de tir... et bien entendu des nouvelles alarmistes.

Voici donc cette technique avant tout destinée à ceux qui se situent dans la catégorie intermédiaire, mais qui ne pourra que réjouir aussi les optimistes résolus:

"Oui, je sais bien qu'en cette période de récession et d'inflation qui est la nôtre, les médias s'acharnent à diffuser la peur elle-même, et qu'à son tour la peur pousse à la roue de la récession. C'est votre avis aussi?

"Mais comment se fait-il selon vous qu'aucun média n'ait jamais pris la peine d'expliquer ce qui est pourtant une évidence: à savoir que c'est dans les périodes de malaise économique que la plupart des géants de l'industrie contemporaine et des sociétés commerciales de premier plan, tout comme les vendeurs les plus en vue, ont acquis la vitesse initiale qui les a portés au sommet de la réussite? Oui, alors que d'autres disaient *non* à tout, ces grands parmi les grands ont appris à faire du *oui* une habitude. Aviez-vous pris conscience de cette vérité?"

(Pause pour laisser à votre interlocuteur le temps de vous répondre.)

"Pour moi, tout se ramène à ceci: *non* a toujours été synonyme de *néant*. Et je n'aime rien de ce que le néant suggère. Suis-je dans le vrai en affirmant que vous non plus, vous n'aimez rien de ce que *néant* veut dire?"

Ce que vous perdez en ne possédant pas ce livre

La prochaine fois que vous voudrez obtenir quelque chose de quelqu'un, y réussirez-vous? Ou bien au contraire n'obtiendrez-vous rien du tout, faute de savoir maîtriser les techniques exposées dans ce livre?

"Mais je n'ai rien à vendre!"

Et c'est sans doute la vérité. Une vérité qui explique aussi pourquoi vous ne réussissez pas davantage à faire accepter aux autres vos opinions, pourquoi on ne sollicite pas votre avis, pourquoi votre influence rayonne peu et tourne court.

Pourtant, vous vous efforcez continuellement de faire prévaloir bon nombre de vos idées, de vos convictions, et d'associer les autres à vos buts. Je me trompe? Je me trompe en affirmant que vous aimeriez faire plus souvent triompher votre point de vue quand vous discutez avec vos proches, vos amis, vos collègues, vos voisins? Avec les autres en général? L'idée d'y parvenir ne vous séduit-elle pas un peu? Vous n'aimeriez pas vous aussi pratiquer avec plus de succès cet art courtois, substantiel et rentable qu'est celui de vendre?

À moins que ce ne soit le mot *vendre* qui vous semble malsonnant? Alors, appelons cela persuader et dissuader. Ou mieux encore: discuter de façon directive et réceptive. Car vous aussi ressentez le besoin de motiver de temps en temps les autres, de les instruire, de les encourager, de les rassurer. Le besoin d'atteindre vos buts et d'obtenir de l'existence ce que vous attendez d'elle.

Qu'est-ce qui vous préoccupe le plus exactement? Quelqu'un de bien précis? Votre famille? Vos convictions religieuses? La défense d'une cause politique, sociale, écologique? Votre engagement dans la vie revêt bien des aspects. Une pléthore de soucis, d'engouements, de problèmes et d'ouvertures s'offrent à vous... comme à chacun. Il s'en offre même tellement que la multitude de leurs sollicitations vous oblige à rationner votre temps, votre argent et vos énergies pour les répartir entre tous. Avez-vous jamais songé à l'énorme perte de temps que représente l'échec? Alors que nos journées ne seraient pas assez longues pour savourer tous les succès que nous pourrions accomplir, pourquoi consacrer tant de temps à des échecs cependant prévisibles? Car la plupart des échecs peuvent être évités pour peu qu'on sache s'y prendre. Éviter l'échec — l'échec de toute nature, qu'il touche à notre vie privée, professionnelle ou publique — c'est d'abord répondre à cette question qui fait l'objet du cinquième chapitre de ce livre: *pourquoi ne fais-je pas ce que je sais devoir faire?*

Ce n'est pourtant pas l'échec qui cause le plus de dommage. C'est la *peur* de l'échec. C'est pourquoi ce livre insiste tant sur les méthodes propres à vaincre la peur que nous avons d'échouer, propres à bannir celle que nous éprouvons d'être rejetés, rabroués, ou d'essuyer un refus ou une rebuffade. Grâce à ce livre vous gâcherez moins de temps à vous ronger dans l'échec et dans la peur de l'échec. Et par effet contraire et automatique vous profiterez mieux de la vie.

C'est sur la ligne de tir de la vente active que chacune des techniques exposées dans ces pages a prouvé sa valeur. Mais c'est à votre vie privée que la plupart d'entre elles peuvent ajouter la dimension nouvelle qui va la rendre mieux remplie et plus stimulante. Car non seulement ces techniques s'exerceront quand vous travaillerez, mais elles le feront aussi durant vos loisirs et dans les moments où vous devrez faire face aux réalités de la vie quotidienne. Utilisez-les pour accroître la probabilité d'apparition des événements heureux, et pour réduire celle des événements malheureux. Utilisez-les pour arrondir les angles de votre vie familiale, et favorisez-les pour éliminer les grincements de votre vie en société.

Tous ceux qui réussissent ont le don de savoir se vendre. Mais que cela veut-il dire au juste? Cela veut dire que si les gens à succès ont du succès, c'est qu'ils savent imposer aux autres leurs propres idées, leurs convictions et leurs buts infiniment mieux que ne savent le faire ceux qui n'ont pas de succès. Et le but de ce livre, c'est précisément de vous apprendre à le faire.

Jetez d'abord un coup d'oeil à sa table des matières. Et décidez-vous. Allez-vous affronter le lendemain en vous privant de l'aide que ce livre peut vous apporter?

Si vous voulez que les autres tiennent davantage compte de vos propres besoins,

si vous voulez mieux réussir votre vie personnelle,

si vous voulez mettre plus de sel dans vos relations avec les autres,

si vous voulez avoir plus de poids dans votre milieu social,

si vous voulez exercer une influence plus grande au sein de votre entourage familial,

si vous voulez que davantage de gens partagent vos idéals et vos convictions,

si vous voulez accroître le volume de vos ventes,

si vous voulez gagner davantage d'argent,

emportez dès aujourd'hui ce livre chez vous.

Table des matières

Affaires et vie pratique

* 1001 prénoms, leur origine, leur signification, Jeanne Grisé-Allard
100 stratégies pour doubler vos ventes, Robert L. Riker
* Acheter et vendre sa maison ou son condominium, Lucille Brisebois
* Acheter une franchise, Pierre Levasseur
À la retraite, re-traiter sa vie, Lucie Mercier
* Les annuelles en pots et au jardin, Albert Mondor
* Les assemblées délibérantes, Francine Girard
* La bible du potager, Edward C. Smith
* Bonne nouvelle, vous êtes engagé!, Bill Marchesin
* La bourse, Mark C. Brown
* Bricoler pour les oiseaux, France et André Dion
* Le chasse-insectes dans la maison, Odile Michaud
* Le chasse-insectes pour jardins, Odile Michaud
* Le chasse-taches, Jack Cassimatis
* Choix de carrières — Après le collégial professionnel, Guy Milot
* Choix de carrières — Après le secondaire V, Guy Milot
* Choix de carrières — Après l'université, Guy Milot
Clicking, Faith Popcorn
* Comment cultiver un jardin potager, Jean-Claude Trait
Comment lire dans les feuilles de thé, William W. Hewitt
Comment rédiger son curriculum vitæ, Julie Brazeau
Comment voir et interpréter l'aura, Ted Andrews
* Comprendre le marketing, Pierre Levasseur
La conduite automobile, Francine Levesque
La couture de A à Z, Rita Simard
Découvrir la flore forestière, Michel Sokolyk
* Des bulbes en toutes saisons, Pierre Gingras
Des pierres à faire rêver, Lucie Larose
* Des souhaits à la carte, Clément Fontaine
* Devenir exportateur, Pierre Levasseur
* Écrivez vos mémoires, S. Liechtele et R. Deschênes
* L'entretien de votre maison, Consumer Reports Books
* L'étiquette des affaires, Elena Jankovic
* EVEolution, Faith Popcorn et Lys Marigold
* Faire son testament, Me Gérald Poirier et Martine Nadeau
* Fleurs de villes, Benoit Prieur
* Fleurs sauvages du Québec, Estelle Lacoursière et Julie Therrien
* La généalogie, Marthe F.-Beauregard et Ève B.-Malak
* Gérer ses ressources humaines, Pierre Levasseur
* Les graminées, Sandra Barone et Friedrich Oehmichen
* Le grand livre des vivaces, Albert Mondor
La graphologie en 10 leçons, Claude Santoy
* Le guide Bizier et Nadeau, R. Bizier et R. Nadeau
* Le guide de l'auto 2001, J. Duval et D. Duquet
* Guide complet du bricolage et de la rénovation, Black & Decker
* Guide des arbres et des plantes à feuillage décoratif, Benoit Prieur
* Guide des fleurs pour les jardins du Québec, Benoit Prieur
* Le guide des plantes d'intérieur, Coen Gelein
* Guide des plantes pour la maison, Benoit Prieur
* Guide des voitures anciennes tome I et tome II, J. Gagnon et C. Vincent
* Guide du jardinage et de l'aménagement paysager au Québec, Benoit Prieur
* Guide du potager, Benoit Prieur
* Le guide du savoir-écrire, Jean-Paul Simard
* Le guide du vin 2001, Michel Phaneuf
* Guide gourmand 97 — Les 100 meilleurs restaurants de Montréal, Josée Blanchette
* Guide gourmand — Les bons restaurants de Québec — Sélection 1996, D. Stanton
* Le guide Mondoux, Yves Mondoux
Guide pratique des premiers soins, Raymond Kattar
Guide pratique des vins d'Italie, Jacques Orhon
* Guide Prieur saison par saison, Benoit Prieur
* Les hémérocalles, Benoit Prieur
L'île d'Orléans, Michel Lessard

* **J'aime les azalées,** Josée Deschênes
* **J'aime les bulbes d'été,** Sylvie Regimbal
J'aime les cactées, Claude Lamarche
* **J'aime les conifères,** Jacques Lafrenière
* **J'aime les petits fruits rouges,** Victor Berti
J'aime les rosiers, René Pronovost
* **J'aime les tomates,** Victor Berti
* **J'aime les violettes africaines,** Robert Davidson
J'apprends l'anglais..., Gino Silicani et Jeanne Grisé-Allard
Le jardin d'herbes, John Prenis
* **Jardins d'ombre et de lumière,** Albert Mondor
Les jardins fleuris d'oiseaux, France et André Dion
* **Lancer son entreprise,** Pierre Levasseur
* **La loi et vos droits,** Me Paul-Émile Marchand
Ma grammaire, Roland Jacob et Jacques Laurin
* **Mariage, étiquette et planification,** Suzanne Laplante
* **Le meeting,** Gary Holland
La menuiserie, Black & Decker
Mieux connaître les vins du monde, Jacques Orhon
Le nouveau guide des vins de France, Jacques Orhon
* **Nouveaux profils de carrière,** Claire Landry
L'orthographe en un clin d'œil, Jacques Laurin
* **Ouvrir et gérer un commerce de détail,** C. D. Roberge et A. Charbonneau
* **Passage obligé,** Charles Sirois
* **Le patron,** Cheryl Reimold
* **Le petit Paradis,** France Paradis
* **La planification fiscale étape par étape,** Diane Blais et Michel Lanteigne
* **Prévoir les belles années de la retraite,** Michael Gordon
Le principe 80/20, Richard Koch
Le rapport Popcorn, Faith Popcorn
* **Les secrets d'une succession sans chicane,** Justin Dugal
La taxidermie moderne, Jean Labrie
* **Les techniques de jardinage,** Paul Pouliot
Techniques de vente par téléphone, James D. Porterfield
* **Tests d'aptitude pour mieux choisir sa carrière,** Linda et Barry Gale
* **Tout ce que vous devez savoir sur le condominium,** Robert Dubois
Les travaux d'électricité, Black & Decker
Une carrière sur mesure, Denise Lemyre-Desautels
L'univers de l'astronomie, Robert Tocquet
Un paon au pays des pingouins, B. Hateley et W. H. Schmidt
La vente, Tom Hopkins
Votre destinée dans les lignes de la main, Michel Morin

Animaux

* **Le chien dans votre vie,** Matthew Margolis et Catherine Swan
Chiens hors du commun, Dr Joël Dehasse
L'éducation du chien, Dr Joël Dehasse et Dr Colette de Buyser
* **Encyclopédie des oiseaux du Québec,** W. Earl Godfrey
* **Guide des oiseaux saison par saison,** André Dion et Michel Sokolyk
Le monde fascinant des oiseaux, Rebecca Rupp
* **Nos animaux,** D. W. Stokes et L. Q. Stokes
* **Nos oiseaux, tome I,** Donald W. Stokes
* **Nos oiseaux, tome II,** Donald W. Stokes et Lillian Q. Stokes
* **Nos oiseaux, tome III,** Donald W. Stokes et Lillian Q. Stokes
* **Nourrir nos oiseaux toute l'année,** André Dion et André Demers
La palette sauvage d'Audubon, David M. Lank
* **Papillons et chenilles du Québec et de l'est du Canada,** Jean-Paul Laplante
Vous et vos oiseaux de compagnie, Jacqueline Huard-Viaux
Vous et vos poissons d'aquarium, Sonia Ganiel
Vous et votre bâtard, Ata Mamzer
Vous et votre Beagle, Martin Eylat
Vous et votre Beauceron, Pierre Boistel
Vous et votre Berger allemand, Martin Eylat
Vous et votre Bernois, Pierre Van Der Heyden
Vous et votre Bobtail, Pierre Boistel

Vous et votre Boxer, Sylvain Herriot
Vous et votre Braque allemand, Martin Eylat
Vous et votre Briard, Pierre Van Der Heyden
Vous et votre Bulldog, Pierre Van Der Heyden
Vous et votre Bullmastiff, Pierre Van Der Heyden
Vous et votre Caniche, Sav Shira
Vous et votre Chartreux, Odette Eylat
Vous et votre chat de gouttière, Annie Mamzer
Vous et votre chat tigré, Odette Eylat
Vous et votre Chihuahua, Martin Eylat
Vous et votre Chow-chow, Pierre Boistel
Vous et votre Cockatiel (Perruche callopsite), Michèle Pilotte
Vous et votre Collie, Léon Éthier
Vous et votre Dalmatien, Martin Eylat
Vous et votre Danois, Martin Eylat
Vous et votre Doberman, Paula Denis
Vous et votre Épagneul breton, Sylvain Herriot
Vous et votre furet, Manon Paradis
Vous et votre Husky, Martin Eylat
Vous et votre Labrador, Pierre Van Der Heyden
Vous et votre Lévrier afghan, Martin Eylat
Vous et votre lézard, Michèle Pilotte
Vous et votre Loulou de Poméranie, Martin Eylat
Vous et votre perroquet, Michèle Pilotte
Vous et votre perruche ondulée, Michèle Pilotte
Vous et votre petit rongeur, Martin Eylat
Vous et votre Rottweiler, Martin Eylat
Vous et votre Schnauzer, Martin Eylat
Vous et votre serpent, Guy Deland
Vous et votre Setter anglais, Martin Eylat
Vous et votre Siamois, Odette Eylat
Vous et votre Teckel, Pierre Boistel
Vous et votre Terre-Neuve, Marie-Edmée Pacreau
Vous et votre Tervueren, Pierre Van Der Heyden
Vous et votre tortue, André Gaudette
Vous et votre Westie, Léon Éthier
Vous et votre Yorkshire, Sandra Larochelle

Psychologie, vie affective, vie professionnelle, sexualité

20 minutes de répit, Ernest Lawrence Rossi et David Nimmons
101 conseils pour élever un enfant heureux, Lisa McCourt
1001 stratégies amoureuses, Marie Papillon
À dix kilos du bonheur, Danielle Bourque
L'adultère est un péché qu'on pardonne, Bonnie Eaker Weil et Ruth Winter
* **Aider mon patron à m'aider,** Eugène Houde
Aimer et se le dire, Jacques Salomé et Sylvie Galland
Aimer un homme sans se laisser dominer, Harrison Forrest
À la découverte de mon corps — Guide pour les adolescentes, Lynda Madaras
À la découverte de mon corps — Guide pour les adolescents, Lynda Madaras
L'amour comme solution, Susan Jeffers
* **L'amour, de l'exigence à la préférence,** Lucien Auger
* **L'amour en guerre,** Guy Corneau
L'amour entre elles, Claudette Savard
Les anges, mystérieux messagers, Collectif
Apprendre à dire non, Marcelle Lamarche et Pol Danheux
Apprenez à votre enfant à réfléchir, John Langrehr
L'apprentissage de la parole, R. Michnik Golinkoff et K. Hirsh-Pasek
L'approche émotivo-rationnelle, Albert Ellis et Robert A. Harper
Arrête de bouder!, Marie-France Cyr
Arrosez les fleurs pas les mauvaises herbes, Fletcher Peacock
L'art de discuter sans se disputer, Robert V. Gerard
L'art de parler en public, Ed Woblmuth
L'art d'être parents, Dr Benjamin Spock
* **Astrologie 2000,** Andrée d'Amour
Attention, parents !, Carol Soret Cope

Au cœur de l'année monastique, Victor-Antoine d'Avila-Latourrette
Balance en amour, Linda Goodman
Bébé joue et apprend, Penny Warner
Bélier en amour, Linda Goodman
Bientôt maman, Janet Whalley, Penny Simkin et Ann Keppler
* **Le bonheur au travail,** Alan Carson et Robert Dunlop
Cancer en amour, Linda Goodman
Capricorne en amour, Linda Goodman
Ces chers parents !..., Christina Crawford
Ces gens qui remettent tout à demain, Rita Emmett
Ces gens qui vous empoisonnent l'existence, Lillian Glass
* **Ces hommes qui méprisent les femmes... et les femmes qui les aiment,** Dr Susan Forward et Joan Torres
Ces pères qui ne savent pas aimer, Monique Brillon
Cessez d'être gentil, soyez vrai, Thomas d'Ansembourg
Ces visages qui en disent long, Jeanne-Élise Alazard
Changer en douceur, Alain Rochon
Changer ensemble — Les étapes du couple, Susan M. Campbell
Changer, oui, c'est possible, Martin E. P. Seligman
Les clés du succès, Napoleon Hill
Comment aider mon enfant à ne pas décrocher, Lucien Auger
Comment communiquer avec votre adolescent, E. Weinhaus et K. Friedman
Comment contrôler l'inquiétude et l'utiliser efficacement, Dr E. M. Hallowell
Comment faire l'amour sans danger, Diane Richardson
* **Comment parler en public,** S. Barrat et C. H. Godefroy
Comment s'amuser à séduire l'autre, Lili Gulliver
Comment s'entourer de gens extraordinaires, Lillian Glass
Communiquer avec les autres, c'est facile !, Érica Guilane-Nachez
Le complexe de Casanova, Peter Trachtenberg
* **Comprendre et interpréter vos rêves,** Michel Devivier et Corinne Léonard
La concentration créatrice, Jean-Paul Simard
La côte d'Adam, M. Geet Éthier
Couples en péril réagissez !, Dr Arnold Brand
Découvrez votre quotient intellectuel, Victor Serebriakoff
Découvrir un sens à sa vie avec la logothérapie, Viktor E. Frankl
Le défi de vieillir, Hubert de Ravinel
* **De ma tête à mon cœur,** Micheline Lacasse
La dépression contagieuse, Ronald M. Podell
La deuxième année de mon enfant, Frank et Theresa Caplan
Développez votre charisme, Tony Alessandra
Devenez riche, Napoleon Hill
* **Dieu ne joue pas aux dés,** Henri Laborit
Dominez votre anxiété avant qu'elle ne vous domine, Albert Ellis
Les douze premiers mois de mon enfant, Frank Caplan
* **Du nouvel amour à la famille recomposée,** Gisèle Larouche
Les dynamiques de la personne, Denis Ouimet
Dynamique des groupes, Jean-Marie Aubry
En attendant notre enfant, Yvette Pratte Marchessault
* **Les enfants de l'autre,** Erna Paris
Les enfants de l'indifférence, Andrée Ruffo
* **L'enfant unique — Enfant équilibré, parents heureux,** Ellen Peck
L'Ennéagramme au travail et en amour, Helen Palmer
Entre le rire et les larmes, Élisabeth Carrier
L'esprit dispersé, Dr Gabor Maté
* **L'esprit du grenier,** Henri Laborit
Êtes-vous faits l'un pour l'autre ?, Ellen Lederman
* **L'étonnant nouveau-né,** Marshall H. Klaus et Phyllis H. Klaus
Être soi-même, Dorothy Corkille Briggs
* **Évoluer avec ses enfants,** Pierre-Paul Gagné
Exceller sous pression, Saul Miller
* **Exercices aquatiques pour les futures mamans,** Joanne Dussault et Claudia Demers
Fantaisies amoureuses, Marie Papillon
La femme indispensable, Ellen Sue Stern
La force intérieure, J. Ensign Addington
Le fruit défendu, Carol Botwin
Gémeaux en amour, Linda Goodman
Le goût du risque, Gert Semler

Le grand dauphin blanc, Bruno Saint-Cast
* **Le grand manuel des cristaux**, Ursula Markham
La graphologie au service de votre vie intime et professionnelle, Claude Santoy
Guérir des autres, Albert Glaude
* **La guérison du cœur**, Guy Corneau
Le guide du succès, Tom Hopkins
* **Heureux comme un roi**, Benoît L'Herbier
Histoire d'une femme traquée, Gaëtan Dufour
L'histoire merveilleuse de la naissance, Jocelyne Robert
Horoscope chinois 2001, Neil Somerville
Les initiales du bonheur, Ronald Royer
L'insoutenable absence, Regina Sara Ryan
J'ai commis l'inceste, Gilles David
* **J'aime**, Yves Saint-Arnaud
J'ai rendez-vous avec moi, Micheline Lacasse
Jamais seuls ensemble, Jacques Salomé
Je crois en moi et je vais mieux !, Christ Zois et Patricia Fogarty
Je réinvente ma vie, J. E. Young et J. S. Klosko
Le jeu excessif, Ladouceur, Sylvain, Boutin et Doucet
* **Le journal intime intensif**, Ira Progoff
Le langage du corps, Julius Fast
Lion en amour, Linda Goodman
Le mal des mots, Denise Thériault
Maman a raison, papa n'a pas tort…, Dr Ron Taffel
Maman, bobo !, Collectif
Les manipulateurs et l'amour, Isabelle Nazare-Aga
Les manipulateurs sont parmi nous, Isabelle Nazare-Aga
Ma sexualité de 0 à 6 ans, Jocelyne Robert
Ma sexualité de 6 à 9 ans, Jocelyne Robert
Ma sexualité de 9 à 12 ans, Jocelyne Robert
La méditation transcendantale, Jack Forem
Le mensonge amoureux, Robert Blondin
Nous divorçons — Quoi dire à nos enfants, Darlene Weyburne
Mère à la maison et heureuse ! Cindy Tolliver
Mettez du feng shui dans votre vie, George Birdsall
* **Mon enfant naîtra-t-il en bonne santé ?**, Jonathan Scher et Carol Dix
* **Mon journal de rêves**, Nicole Gratton
Parent responsable, enfant équilibré, François Dumesnil
Parle, je t'écoute…, Kris Rosenberg
Parle-moi… j'ai des choses à te dire, Jacques Salomé
Parlez-leur d'amour et de sexualité, Jocelyne Robert
Parlez pour qu'on vous écoute, Michèle Brien
Partir ou rester ?, Peter D. Kramer
Pas de panique !, Dr R. Reid Wilson
Pensez comme Léonard de Vinci, Michael J. Gelb
Père manquant, fils manqué, Guy Corneau
Petit bonheur deviendra grand, Éliane Francœur
La peur d'aimer, Steven Carter et Julia Sokol
Les peurs infantiles, Dr John Pearce
Peut-on être un homme sans faire le mâle ?, John Stoltenberg
* **Les plaisirs du stress**, Dr Peter G. Hanson
La plénitude sexuelle, Michael Riskin et Anita Banker-Riskin
Poissons en amour, Linda Goodman
Pour en finir avec le trac, Peter Desberg
Pour entretenir la flamme, Marie Papillon
Pourquoi l'autre et pas moi ? — Le droit à la jalousie, Dr Louise Auger
Pourquoi les hommes s'en vont, Brenda Shoshanna
Le pouvoir d'Aladin, Jack Canfield et Mark Victor Hansen
Le pouvoir de la couleur, Faber Birren
Le pouvoir de la pensée « négative », Tony Humphreys
Le pouvoir de l'empathie, A.P. Ciaramicoli et C. Ketcham
Préparez votre enfant à l'école dès l'âge de 2 ans, Louise Doyon
* **Prévenir et surmonter la déprime**, Lucien Auger
Le principe de Peter, L. J. Peter et R. Hull
Les problèmes de sommeil des enfants, Dr Susan E. Gottlieb
Psychologie de l'enfant de 0 à 10 ans, Françoise Cholette-Pérusse
* **La puberté**, Angela Hines

La puissance de la vie positive, Norman Vincent Peale
La puissance de l'intention, Richard J. Leider
Qui a peur d'Alexander Lowen ?, Édith Fournier
Réfléchissez et devenez riche, Napoleon Hill
La réponse est en moi, Micheline Lacasse
Les rêves, messagers de la nuit, Nicole Gratton
Les rêves portent conseil, Laurent Lachance
Rêves, signes et coïncidences, Laurent Lachance
Rompre pour de bon !, Joyce L. Vedral
* **Rompre sans tout casser,** Linda Bérubé
Ronde et épanouie !, Cheri K. Erdman
* **S'affirmer au quotidien,** Éric Schuler
S'affirmer et communiquer, Jean-Marie Boisvert et Madeleine Beaudry
S'aider soi-même davantage, Lucien Auger
Sagittaire en amour, Linda Goodman
Scorpion en amour, Linda Goodman
Se comprendre soi-même par des tests, Collaboration
Se connaître soi-même, Gérard Artaud
* **Le secret de Blanche,** Blanche Landry
Secrets d'alcôve, Iris et Steven Finz
Les secrets de la flexibilité, Priscilla Donovan et Jacquelyn Wonder
Les secrets de l'astrologie chinoise ou le parfait bonheur, André H. Lemoine
Les secrets des 12 signes du zodiaque, Andrée D'Amour
Séduire à coup sûr, Leil Lowndes
* **Se guérir de la sottise,** Lucien Auger
S'entraider, Jacques Limoges
* **La sexualité du jeune adolescent,** Dr Lionel Gendron
La sexualité pour le plaisir et pour l'amour, D. Schmid et M.-J. Mattheeuws
Si je m'écoutais je m'entendrais, Jacques Salomé et Sylvie Galland
* **Superlady du sexe,** Susan C. Bakos
Surmonter sa peine, Adele Wilcox
La synergologie, Philippe Turchet
Taureau en amour, Linda Goodman
Te laisse pas faire ! Jocelyne Robert
Le temps d'apprendre à vivre, Lucien Auger
Tics et problèmes de tension musculaire, Kieron O'Connor et Danielle Gareau
Tirez profit de vos erreurs, Gerard I. Nierenberg
Tout se joue avant la maternelle, Masaru Ibuka
* **Travailler devant un écran,** Dr Helen Feeley
Un autre corps pour mon âme, Michael Newton
* **Un monde insolite,** Frank Edwards
Une vie à se dire, Jacques Salomé
* **Un second souffle,** Diane Hébert
Verseau en amour, Linda Goodman
* **La vie antérieure,** Henri Laborit
Vieillir au masculin, Hubert de Ravinel
Vierge en amour, Linda Goodman
Vivre avec un cardiaque, Rhoda F. Levin
Vos enfants consomment-ils des drogues ?, Steve Carper et Timothy Dimoff
Votre enfant est-il trop sensible ?, Janet Poland et Judi Craig
Votre enfant est-il victime d'intimidation ?, Sarah Lawson
Vouloir c'est pouvoir, Raymond Hull
Vous valez mieux que vous ne pensez, Patricia Cleghorn

le jour, éditeur

Affaires, loisirs, vie pratique

* **L'affrontement,** Henri Lamoureux
* **Les bains flottants,** Michael Hutchison
* **Conte pour buveurs attardés,** Michel Tremblay
* **La France à la québécoise,** André Bergeron et Émile Roberge
* **Le guide du répondeur bien branché,** Robert Blondin et Lucie Dumoulin
* **J'avais oublié que l'amour fût si beau,** Évette Doré-Joyal
* **Jean-Paul ou les hasards de la vie,** Marcel Bellier
* **Oslovik fait la bombe,** Oslovik
* **Questions réponses sur vos droits et recours,** François Huot

Animaux

L'amstaff (American Staffordshire terrier), Dr Joël Dehasse
Attirer les oiseaux, les loger, les nourrir, André Dion
Le bâtard, Dr Joël Dehasse
Le beagle, Dr Joël Dehasse
Le berger allemand, Dr Joël Dehasse
Le berger belge, Dr Joël Dehasse
Le bichon frisé, Dr Joël Dehasse
Le bichon maltais, Dr Joël Dehasse
Le bobtail, Dr Joël Dehasse
Le bouvier bernois, Dr Joël Dehasse
Le bouvier des flandres, Dr Joël Dehasse
Le boxer, Dr Joël Dehasse
Le braque allemand, Dr Joël Dehasse
Le braque de Weimar, Dr Joël Dehasse
Le cairn terrier, Dr Joël Dehasse
Le caniche, Dr Joël Dehasse
Les caniches nains et moyens, Dr Joël Dehasse
Le cavalier King Charles, Dr J. Dehasse
Le chat de gouttière, Nadège Devaux
Le chat himalayen, Nadège Devaux
Chats hors du commun, Dr Joël Dehasse
Chiens hors du commun, Dr Joël Dehasse
Le chinchilla, Manon Tremblay
Le chow-chow, Dr Joël Dehasse
Le cochon d'Inde, Michèle Pilotte
Le cockatiel (perruche callopsite), Michèle Pilotte
Le cocker américain, Dr Joël Dehasse
Le cocker spaniel, Dr Joël Dehasse
Le colley, Dr Joël Dehasse
Le dalmatien, Dr Joël Dehasse
Le doberman, Dr Joël Dehasse
Le dogue allemand (le danois), Dr Joël Dehasse
L'éducation du chat, Dr Joël Dehasse
L'éducation du chien, Dr Joël Dehasse
L'épagneul breton, Dr Joël Dehasse
Le fox-terrier à poil dur, Dr Joël Dehasse
Le furet, Manon Tremblay
Le golden retriever, Dr Joël Dehasse
Le husky, Dr Joël Dehasse
Les inséparables, Michèle Pilotte
Le Jack Russell terrier, Dr Joël Dehasse
Le labrador, Dr Joël Dehasse
Le lapin, Manon Tremblay
Le lézard, Michèle Pilotte
Le lhassa apso, Dr Joël Dehasse

Mon chien est bien élevé, Dr Joël Dehasse
Mon chien est-il dominant? Dr Joël Dehasse
Mon chien est propre, Audrey Carr et Lou Ellen Davis
Mon jeune chien a des problèmes, Dr Joël Dehasse
Nourrir les oiseaux dans sa main, Hugh Wiberg
Le perroquet, Michèle Pilotte
Le persan chinchilla, Nadège Devaux
Les persans, Nadège Devaux
Les pinsons, Michèle Pilotte
Le pit-bull, Dr Joël Dehasse
Le rat, Manon Tremblay
Le rottweiler, Dr Joël Dehasse
Le saint-bernard, Dr Joël Dehasse
Les schnauzers, Dr Joël Dehasse
Secrets d'oiseaux, Pierre Gingras
Le serin (canari), Michèle Pilotte
Le serpent, Guy Deland
Le setter anglais, Dr Joël Dehasse
Le shar-peï, Dr Joël Dehasse
Le sheltie, Dr Joël Dehasse
Le shih-tzu, Dr Joël Dehasse
Le siamois, Nadège Devaux
Le teckel, Dr Joël Dehasse
Le terre-neuve, Dr Joël Dehasse
Le westie, Dr Joël Dehasse
Le yorkshire, Dr Joël Dehasse

Ésotérisme, santé, spiritualité

L'astrologie pratique, Wofgang Reinicke
Les chemins de l'éveil, Dr Roger Walsh
Combattre la maladie d'Alzheimer, Carmel Sheridan
Dans l'œil du cyclone, Collectif
* **Échos de deux générations,** Sophie Giroux et Benoît Lacroix
La féminité cachée de Dieu, Sherry R. Anderson et Patricia Hopkins
Le grand livre de la cartomancie, Gerhard von Lentner
Jeûner pour sa santé, Nicole Boudreau
La méditation — voie de la lumière intérieure, Laurence Freeman
Le nouveau livre des horoscopes chinois, Theodora Lau
Où habite le bon Dieu?, Marc Gellman et Thomas Hartman
La parole du silence, Laurence Freeman
* **Pour en finir avec l'hystérectomie,** Dr Vicki Hufnagel et Susan K. Golant
Le pouvoir de l'auto-hypnose, Stanley Fisher
La prière, Dr Larry Dossey
Prodiges et mystères de la vie avant la naissance, Dr P. W. Nathanielz
Questions réponses sur la maladie d'Alzheimer, Dr Denis Gauvreau et Dr Marie Gendron
Questions réponses sur la ménopause, Ruth S. Jacobowitz
Questions réponses sur les matières grasses et le cholestérol, M. Brault-Dubuc et L. Caron-Lahaie
Renaître, Billy Graham
Sagesse amérindienne, Dhyani Ywahoo
S'initier à la méditation, Manon Arcand
Une nouvelle vision de la réalité, Bede Griffiths
Un monde de silence, Laurence Freeman
Un mot dans le silence, un mot pour méditer, John Main
* **Le vol de l'oiseau migrateur,** Joseph Campbell
Votre corps vous écoute, Barbara Hoberman Levine

Essais et documents

* **1759 La bataille du Canada,** Laurier L. LaPierre
* **L'administration et le développement coopératif,** Marcel Laflamme et André Roy
* **Les années Trudeau — La recherche d'une société juste,** T. S. Axworthy et P. E. Trudeau

* **Le Dragon d'eau,** R. F. Holland
* **Elle sera poète, elle aussi !** Liliane Blanc
* **Femmes et politique,** Yolande Cohen, Andrée Yanacopoulo et Nicole Brossard
* **Les femmes sont-elles allées trop loin ?,** Francine Burnonville
* **Hans Selye ou la cathédrale du stress,** Andrée Yanacopoulo
* **Hiérarchie ethnique dans la grande entreprise,** Jean-Marie Rainville
* **L'histoire des femmes au Québec,** Le collectif Clio
* **Jacques Cartier - L'odyssée intime,** Georges Cartier
Jésus, p.d.g. de l'an 2000, Laurie Beth Jones
Les mythes à travers les âges, Joseph Campbell
* **Trudeau – l'essentiel de sa pensée politique,** P. E. Trudeau et R. Graham

Psychologie, vie affective, vie professionnelle, sexualité

L'accompagnement au soir de la vie, Andrée Gauvin et Roger Régnier
Adieu, Dr Howard M. Halpern
Affirmez votre pouvoir !, Junius Podrug
L'agressivité créatrice, Dr George R. Bach et Dr Herb Goldberg
Aimer, c'est choisir d'être heureux, Barry Neil Kaufman
Aimer son prochain comme soi-même, Joseph Murphy
L'alliance amoureuse, Hal Stone et Sidra L. Stone
Les âmes sœurs, Thomas Moore
L'amour impossible, Jan Bauer
L'amour lucide, Gay Hendricks et Kathlyn Hendricks
Amour, mensonges et pièges, Guy Finley
L'amour obession, Dr Susan Foward
Apprendre à vivre et à aimer, Leo Buscaglia
Arrête ! tu m'exaspères — Protéger son territoire, Dr George Bach et Ronald Deutsch
L'art d'engager la conversation et de se faire des amis, Don Gabor
L'art de vivre heureux, Josef Kirschner
L'autosabotage, Michel Kuc
La beauté de Psyché, James Hillman
Le bonheur, c'est un choix, Barry Neil Kaufman
Le bonheur de vivre simplement, Timothy Miller
Le burnout, Collectif
Célibataire et heureux !, Vera Peiffer
Ces gens qui ont peur d'avoir peur, Elaine N. Aron
Ces hommes qui ne communiquent pas, Steven Naifeh et Gregory White Smith
C'est pas la faute des mères !, Paula J. Caplan
Ces vérités vont changer votre vie, Joseph Murphy
Le chemin de la maturité, Dr Clifford Anderson
Chocs toniques, Eric Allenbaugh
Choisir qui on aime, Howard M. Halpern
Les clés pour lâcher prise, Guy Finley
Le coeur en paix, Mariah Burton Nelson
Comment acquérir assurance et audace, Jean Brun
Comment apprendre l'autodiscipline aux enfants, Thomas Gordon
Comment faire l'amour à la même personne pour le reste de votre vie, Dagmar O'Connor
Comment faire l'amour à une femme, Michael Morgenstern
Comment faire l'amour à un homme, Alexandra Penney
Comment faire l'amour ensemble, Alexandra Penney
Comment peut-on pardonner ?, Robin Casarjian
Communication efficace, Linda Adams
Le courage de créer, Rollo May
Créez votre vie, Jean-François Decker
La culpabilité, Lewis Engel et Tom Ferguson
Le défi de l'amour, John Bradshaw
Dire oui à l'amour, Leo Buscaglia
Dominez les émotions qui vous détruisent, Dr Robert Langs
Dominez vos peurs, Vera Peiffer
La dynamique mentale, Christian H. Godefroy
Éduquer son enfant avec sa tête et son cœur, Martha H. Pieper et William J. Pieper
L'effet Mozart, Don Campbell
Éloïse, poste restante, Loïse Lavallée
Les enfants dictateurs, Fred G. Gosman
Les enfants hyperactifs et lunatiques, Dr Guy Falardeau

Entre le cœur et l'âme, Robert Sardello
Êtes-vous parano ?, Ronald K. Siegel
L'éveil de votre puissance intérieure, Anthony Robins
* **Exit final — Pour une mort dans la dignité,** Derek Humphry
Focusing au centre de soi, Dr Eugene T. Gendling
La famille, John Bradshaw
* **La famille moderne et son avenir,** Lyn Richards
La fille de son père, Linda Schierse Leonard
La Gestalt, Erving et Miriam Polster
Le grand voyage, Tom Harpur
Le harcèlement psychologique, Daniel Rhodes et Kathleen Rhodes
Harmonisez votre corps et votre esprit, Ian McDermott et Joseph O'Connor
L'héritage spirituel d'une enfance difficile, Josef Kirschner
Humeurs de femmes, Dr Deborah Sichel et Jeanne W. Driscoll
Les illusions du bonheur, Harriet Lerner
L'influence de la couleur, Betty Wood
L'intuition, Penney Peirce
Je ne peux pas m'arrêter de pleurer, John D. Martin et Frank D. Ferris
Lâcher prise, Guy Finley
Leaders efficaces, Thomas Gordon
* **Les manipulateurs,** E. L. Shostrom et D. Montgomery
Mère un jour, mère toujours !, Harriet Lerner
Messieurs, que seriez-vous sans nous ?, C. Benard et E. Schlaffer
Mesurez votre intelligence émotionnelle, S. Simmons et J. C. Simmons Jr.
Mieux vivre avec nos adolescents, Richard Cloutier
Le miracle de votre esprit, Dr Joseph Murphy
Née pour se taire, Dana Crowley Jack
Ne t'endors jamais le cœur lourd, Carol Osborn
Ni ange ni démon, Stephen Wolinsky
Nous sommes nés pour l'amour, Leo Buscaglia
Nouvelles relations entre hommes et femmes, Herb Goldberg
Option vérité, Will Schutz
L'oracle de votre subconscient, Dr Joseph Murphy
Osez dire non !, Vera Peiffer
Parents au pouvoir, John Rosemond
Parlez pour qu'on vous écoute, Michèle Brien
Paroles de jeunes, Barry Neil Kaufman
La passion de grandir, Muriel et John James
Pensées pour lâcher prise, Guy Finley
* **La personnalité,** Léo Buscaglia
Peter Pan grandit, Dr Dan Kiley
Le pouvoir créateur de la colère, Harriet Goldhor Lerner
Le pouvoir de la motivation intérieure, Shad Helmstetter
Les pouvoirs de la visualisation, Rachel Charles
La puissance de la pensée positive, Norman Vincent Peale
Prier pour lâcher prise, Guy Finley
La puissance de votre subconscient, Dr Joseph Murphy
* **Quand l'amour ne va plus,** Ann Jones et Susan Schechter
Quand on peut on veut, Lynne Bernfield
Questions réponses sur le plaisir sexuel de la femme, D. Brouillette et M. C. Courchesne
* **La rage au cœur,** Martine Langelier
Rebelles, de mère en fille, Linda Schierse Leonard
Réfléchissez et devenez riche, Napoleon Hill
Retrouver l'enfant en soi, John Bradshaw
S'affirmer — Savoir prendre sa place, R. E. Alberti et M. L. Emmons
S'affranchir de la honte, John Bradshaw
S'aimer ou le défi des relations humaines, Leo Buscaglia
S'aimer sans se fuir, Roy F. Baumeister
Savoir quand quitter, Jack Barranger
Les secrets de la communication, Richard Bandler et John Grinder
Se faire écouter d'un enfant têtu, James Windell
Se faire obéir des enfants sans frapper et sans crier, B. Unell et J. Wyckoff
Se libérer de son carcan, Warren Berland
Seuls ensemble, Dan Kiley
La sexualité des jeunes, Dr Guy Falardeau
Le succès par la pensée constructive, Napoleon Hill

La survie du couple, John Wright
Tous les chemins mènent à soi, Laurie Beth Jones
Triomphez de vous-même et des autres, Dr Joseph Murphy
* **Un homme au dessert,** Sonya Friedman
* **Uniques au monde !,** Jeanette Biondi
Vaincre l'ennemi en soi, Guy Finley
Vivre à deux aujourd'hui, Collectif sous la direction de Roger Tessier
Vivre avec passion, David Gershon et Gail Straub
Les voies de l'émerveillement, Guy Finley
Votre corps vous parle, écoutez-le !, Henry G. Tietze
Vouloir vivre, Andrée Gauvin et Roger Régnier
* **Vous êtes doué et vous ne le savez pas,** Barbara Sher
Vous êtes vraiment trop bonne..., Claudia Bepko et Jo-Ann Krestan
Y a-t-il des perfectionnistes heureux ?, Monica Ramirez Basco

---

* Pour l'Amérique du Nord seulement.
(2001/05)

Cet ouvrage a été achevé d'imprimer
au Canada en septembre 2001.

Transcontinental
IMPRESSION
IMPRIMERIE GAGNÉ